ELECTROMAGNETIC FIELDS

电磁场

雷银照◎编著

清華大学出版社
北 京

内容简介

本书是一本电磁场理论入门书。全书阐述宏观电磁场的基本概念、基本规律和基本分析方法，内容包含矢量分析、静电场、稳恒电场、稳恒磁场、时变电磁场、电磁波的传播、电磁波的辐射、超导电磁场。各章后有小结和习题，书后附有矢量分析公式、名词索引和参考文献等。

本书可作为高等学校电气类专业和电子信息类专业的本科生教材，也可供其他有关专业师生和工程技术人员阅读。

图书在版编目(CIP)数据

电磁场/雷银照编著. -- 北京：清华大学出版社，2025. 2. -- ISBN 978-7-302-68419-0

Ⅰ. O441.4

中国国家版本馆 CIP 数据核字第 2025CZ4114 号

策划编辑：刘　星
责任编辑：李　锦
封面设计：傅瑞学
责任校对：李建庄
责任印制：宋　林

出版发行：清华大学出版社
网　　址：https://www.tup.com.cn，https://www.wqxuetang.com
地　　址：北京清华大学学研大厦 A 座　**邮　　编**：100084
社 总 机：010-83470000　**邮　　购**：010-62786544
投稿与读者服务：010-62776969，c-service@tup.tsinghua.edu.cn
质量反馈：010-62772015，zhiliang@tup.tsinghua.edu.cn
课件下载：https://www.tup.com.cn，010-83470236
印 装 者：三河市龙大印装有限公司
经　　销：全国新华书店
开　　本：185mm×260mm　**印　　张**：22.25　**字　　数**：573 千字
版　　次：2025 年 4 月第 1 版　**印　　次**：2025 年 4 月第1 次印刷
印　　数：1～1500
定　　价：69.00 元

产品编号：108310-01

舒忠烈（1935—2002）

谨以此书纪念我的高等数学课老师、恩师舒忠烈先生。

舒老师给我推荐的《微积分学教程》

为我打开了一扇通向神奇世界的大门。

前言

笔者从1989年起断断续续给本科生讲授电磁场课，虽然电磁场基本规律并不多，但要讲清楚却不容易，需要投入大量时间和精力。这些年来，在有课的学期，上课前反复修改讲稿，一直修改到要上课时为止，下课后想着如何讲好下次课，整个学期都处于对教学问题的思考中。时间在这样年复一年的循环中不知不觉地过去了。与此同时，我对这门课渐渐地积累了一些心得，有了心得就想与人交流。在这种情况下，整理以往讲稿，于2008年和2010年分别出版了《电磁场》和《电磁场》(第2版)。此后这些年，根据读者意见和我的教学体会对原书又进行了全面的修改和补充，改正了一些错误，重写了阐述不够清楚的地方，加强了经典电磁场理论与现代科学技术的联系。修订结果已与原书有较大差别，于是重新投稿，出版了这本《电磁场》。

写作过程是一个创作过程，每当一个难点被自己认为表达清楚了，而且道人所未道时，一种喜悦的心情便油然而生。表面上看这本书是写给初学者的，但从实际效果看是写给我自己的，这个过程使我对电磁场理论有了进一步的理解，可用"我注六经、六经注我"来形容，这是写作本书的一个收获。

本书的写作目标是打造成具有微积分知识的本科生能看得懂、学得会的一本教材，指导思想如下。

(1) 重视数学推导。电磁场教材中的数学推导少些好还是详细些好？有人觉得数学推导少些、符号少些，读起来会轻松，似乎容易懂，但那是假象和错觉。电磁场理论的精髓都隐藏在数学表达式中，不借助数学推导，我们能真正理解的物理规律究竟有多少？电磁场理论中最富有学术价值的，恰恰是那些清晰而美妙的推导过程。数学推导详细的教材，能够通过逻辑关系把物理内涵清楚而直观地表达出来，相当于把电磁场理论的内核剖开给读者看，这是学习电磁场理论最可靠和最有效的方法。如果只知道结果，而不知道导出这个结果的出发点，不知道它的假设条件，不知道推导过程的来龙去脉，就不能真正掌握这门课，应用中就容易出错。我们常说，要从根源上考虑问题和解决问题。从问题的前提条件和基本定律出发，不跳跃，不省略，详细给出推导过程，叙述清楚前因后果，可能这就是从根源上着手了吧。

(2) 尽力叙述清楚基本概念和原理。根据笔者自己的读书体会，有3点措施有助于实现这个目标。一是例题多一些。例题的作用是帮助读者理解概念，学会分析方法，同时还能了解电磁场理论的用处。电磁场理论发展到今天，大多数电磁场问题的求解都形成了固定"套路"，多看例题，慢慢地就学会了，相应地理解便会深入一些。一般来说，一个电磁场问题如果不能定量分析，就说明我们对这个问题还没有真正了解。为了能定量分析，作为初学者，多"临摹"例题是一种有效的学习方法。学习始于模仿。基于这个认识，书中精选110多道例题，并给出了详细的求解过程。二是示意图多一些。电磁场理论是用数学描述的，比较抽象，对不易理解的问题，配上有自明性的插图或动画，往往能使问题直观，让阅读变得轻松，因此书中配有240余幅示意图和10多个视频（扫描书中对应的二维码即可观看）。三是说明的文字多一些。说明文字简略的教材，反复阅读可能还是不明白，表面上看似乎简单，实际上并不容易理解。对一些重要的公式要有文字解释，公式不会“说话”，它背后隐藏的原理需要用语言文字把它“点”出来。对于一些重要知识，要从多个角度给予说明，这样才有可能把问题说清楚。虽然实现以上3点会增加书的篇幅，使书变厚，但换来的是学习难度下降，利于自学，权衡下来还是值得的。

(3) 重视电磁学发展史的学习。笔者认为，了解电磁场概念的产生和发展对掌握这些概念很有帮助，所以本书重视历史知识的学习。希望通过学习，读者可以了解电磁场理论是怎样一步一步建立起来的，增加兴趣，拓宽视野，同时消除难点，获得启发，并有助于解决基础理论与历史文化相互分离的问题。

(4) 重视叙述经典电磁场理论在当代社会的应用，用于开阔眼界，也为今后理解这些应用打下基础，主要的相关内容有：位函数引入的理论基础，线性介质放入外场后的受力，磁悬浮的理论分析，正弦涡流的能量集中分布在1.5倍透入深度内的证明，平板导体内电磁场的扩散，铁磁质中4类损耗能够相加的论述，电磁波传播方向的确定，偏振波的空间曲线形状，基于圆偏振波的形成原理提出产生旋转电场和旋转磁场的方法，微波的特点，放射状时变电流不辐射电磁波的证明，电标位积分表达式的导出，不存在无方向性天线的论述，非理想第二类超导体的磁化曲线，如何判断一种材料是否为超导体等。

(5) 公理化叙述。虽然电磁场理论不同于数学，不可能完全公理化，但从公理化思想出发审视电磁场理论，可使叙述更加清晰，主次更加分明，有助于提纲挈领地理解电磁场理论。在大学开设的所有课程中，像电磁场课程这样前后联系紧密、逻辑推理严密的课程并不多。本书在建立基本定律之后，以此为基础逐步展开，循序渐进，自成体系，展现了电磁场理论的完美与统一，可使读者体会到逻辑的强大力量和电磁场理论的巨大威力，这是学习本门课程应有的收获。

本书初稿完成后，清华大学谈克雄教授、华中科技大学陈德智教授、苏州大学刘学观教授和北京航空航天大学李长胜副教授先后提出了许多宝贵意见。这些意见对本书的完善帮助很大，充分体现了他们的严谨学风和宽广胸怀。研究生杨勇、谢莉、张雯、霍晓云、毛雪飞、陈兴乐、辛伟、徐晋、常国桓、颜绍林、张敬因、原野、王琛、付剑津对本书都有贡献，他们或协助作图，或帮助整理书稿，或协助查找资料，或在我拿不定主意的时候请他们谈谈自己的看法；书中视频由陈兴乐和颜绍林协助制作。听我课的历届本科生一字一句地阅读和推敲，对完善本书也起到了积极的促进作用。此外，本书写作还得到了许多专家不同形式的帮助，或建议，或鼓励，或提供文献，他们是华北电力大学崔翔教授、王泽忠教授、李琳教授、齐磊教授，清华大学袁建生教授，大连理工大学陈希有教授，中国科学院电工研究所刘国强研究员，西南交通大学朱峰教授、王家素教授、马光同教授，沈阳工业大学胡岩教授，华中科技大学武新军教授，云南师范大学郑勤红教授，北京交通大学李华伟副教授等。最后，本书能够顺利出版，得益于清华大学出版社刘星老师和李锦老师的大力支持，她们做出了大量认真细致的工作。在此一并向以上各位表示衷心的感谢。

欢迎读者对本书提出批评意见和建议。

雷银照

2024年10月

阅读说明

1. 全书采用国际单位制(SI)。

2. 用希腊字母表示物理量时采用英语读音(见附录 D)。

3. 节序号左上角标注星号 * 的,表示该节选讲。

4. 用 $e^{j\omega t}$ 表示时谐电磁场的时间因子,$j=\sqrt{-1}$。

5. 参考文献按著者-出版年制标注,引用格式为(第一作者姓的首字,出版年),作者为团队时引用格式为(团队名的首字,出版年),文献页数多、不易查找时在括号()末尾右上角标注起始页。

6. 为了提高可读性,外国人名用中文译名,对应的英文名、国籍、生卒年见"配套资源"说明。

7. 习题序号左上角标注星号 * 的,表示该习题选做。

8. 习题答案见"配套资源"说明。

9. 对于面积分和体积分的符号,遵从国际主流电磁场文献的记法:$\int_S \boldsymbol{F}\cdot \mathrm{d}\boldsymbol{S}$ 表示矢量函数$\boldsymbol{F}$沿有向曲面S的曲面积分,如果S是闭曲面,记为$\oint_S \boldsymbol{F}\cdot \mathrm{d}\boldsymbol{S}$;$\int_V G\mathrm{d}V$ 表示标量函数G在区域V上的体积分。表示积分区域的大写字母S和V分别取自英文单词 surface(表面)和 volume(体积)的第一个字母。

配套资源

- **教学课件、习题答案、插图来源、外国人名索引等资源**:扫描目录上方二维码或到清华大学出版社官方网站本书页面下载。

注:请先扫描封底刮刮卡中的文泉云盘防盗码进行绑定后再获取配套资源。

符号表

量的符号	量 的 名 称	单 位 名 称	单位符号	SI 基本单位表示
∇	哈密顿算子	每米	m^{-1}	m^{-1}
∇^2	拉普拉斯算子	每二次方米	m^{-2}	m^{-2}
q,Q	电荷量,电荷	库[仑]	C	$A \cdot s$
$\boldsymbol{F}$	力	牛[顿]	N	$kg \cdot m \cdot s^{-2}$
ρ_v	电荷密度	库[仑]每立方米	C/m^3	$A \cdot s \cdot m^{-3}$
ρ_s	面电荷密度	库[仑]每平方米	C/m^2	$A \cdot s \cdot m^{-2}$
ρ_l	线电荷密度	库[仑]每米	C/m	$A \cdot s \cdot m^{-1}$
$\boldsymbol{E}$	电场强度	伏[特]每米	V/m	$kg \cdot m \cdot s^{-3} \cdot A^{-1}$
φ	电位,电标位	伏[特]	V	$kg \cdot m^2 \cdot s^{-3} \cdot A^{-1}$
A	功	焦[耳]	J	$kg \cdot m^2 \cdot s^{-2}$
W	位能,电磁场能量	焦[耳]	J	$kg \cdot m^2 \cdot s^{-2}$
$\boldsymbol{p}$	电偶极矩	库[仑]米	$C \cdot m$	$A \cdot s \cdot m$
$\boldsymbol{T}$	力矩	牛[顿]米	$N \cdot m$	$kg \cdot m^2 \cdot s^{-2}$
$\boldsymbol{P}$	极化强度	库[仑]每二次方米	C/m^2	$A \cdot s \cdot m^{-2}$
$\boldsymbol{D}$	电通[量]密度	库[仑]每平方米	C/m^2	$A \cdot s \cdot m^{-2}$
ε	电容率	法[拉]每米	F/m	$s^4 \cdot A^2 \cdot kg^{-1} \cdot m^{-3}$
U,u	电压	伏[特]	V	$kg \cdot m^2 \cdot s^{-3} \cdot A^{-1}$
W_e	电场能量	焦[耳]	J	$kg \cdot m^2 \cdot s^{-2}$
C	电容	法[拉]	F	$s^4 \cdot A^2 \cdot kg^{-1} \cdot m^{-2}$
$\boldsymbol{J}$	电流密度	安[培]每平方米	A/m^2	$A \cdot m^{-2}$
i,I	电流	安[培]	A	A
σ	电导率	西[门子]每米	S/m	$s^3 \cdot A^2 \cdot kg^{-1} \cdot m^{-3}$
V_{emf}	电动势	伏[特]	V	$kg \cdot m^2 \cdot s^{-3} \cdot A^{-1}$
R	电阻	欧[姆]	Ω	$kg \cdot m^2 \cdot s^{-3} \cdot A^{-2}$
ρ	电阻率	欧[姆]米	$\Omega \cdot m$	$kg \cdot m^3 \cdot s^{-3} \cdot A^{-2}$
$\boldsymbol{B}$	磁通[量]密度	特[斯拉]	T	$kg \cdot s^{-2} \cdot A^{-1}$
$\boldsymbol{A}$	磁矢位	韦[伯]每米	Wb/m	$kg \cdot m \cdot s^{-2} \cdot A^{-1}$
$\boldsymbol{m}$	磁偶极矩	安[培]平方米	$A \cdot m^2$	$A \cdot m^2$
$\boldsymbol{M}$	磁化强度	安[培]每米	A/m	$A \cdot m^{-1}$
$\boldsymbol{H}$	磁场强度	安[培]每米	A/m	$A \cdot m^{-1}$
μ	磁导率	牛[顿]每二次方安[培]	N/A^2	$kg \cdot m \cdot s^{-2} \cdot A^{-2}$
$\boldsymbol{K}$	面电流密度	安[培]每米	A/m	$A \cdot m^{-1}$

续表

量的符号	量的名称	单位名称	单位符号	SI基本单位表示
φ_{m}	磁标位	安[培]	A	A
W_{m}	磁场能量	焦[耳]	J	$\mathrm{kg \cdot m^2 \cdot s^{-2}}$
f	频率	赫[兹]	Hz	$\mathrm{s^{-1}}$
P	有功功率,平均功率	瓦[特]	W	$\mathrm{kg \cdot m^2 \cdot s^{-3}}$
Φ	磁通量,磁通	韦[伯]	Wb	$\mathrm{kg \cdot m^2 \cdot s^{-2} \cdot A^{-1}}$
L	自感	亨[利]	H	$\mathrm{kg \cdot m^2 \cdot s^{-2} \cdot A^{-2}}$
M, L_{12}	互感	亨[利]	H	$\mathrm{kg \cdot m^2 \cdot s^{-2} \cdot A^{-2}}$
$\boldsymbol{S}$	坡印亭矢量	瓦[特]每平方米	$\mathrm{W/m^2}$	$\mathrm{kg \cdot s^{-3}}$
t	时间	秒	s	s
ω	角频率	弧度每秒	rad/s	$\mathrm{s^{-1}}$
ϕ, θ	相位角	弧度	rad	1
Z	阻抗,波阻抗	欧[姆]	Ω	$\mathrm{kg \cdot m^2 \cdot s^{-3} \cdot A^{-2}}$
$\delta, \delta_{\mathrm{L}}$	透入深度	米	m	m
$\boldsymbol{k}$	传播矢量	弧度每米	rad/m	$\mathrm{m^{-1}}$
v	相速	米每秒	m/s	$\mathrm{m \cdot s^{-1}}$
λ	波长	米	m	m
T	周期	秒	s	s
δ	相角差	弧度	rad	1
θ_{B}	布儒斯特角	弧度	rad	1
θ_{c}	全反射临界角	弧度	rad	1
f_{mn}	截止频率	赫[兹]	Hz	$\mathrm{s^{-1}}$
λ_{mn}	截止波长	米	m	m
R_{rd}	辐射电阻	欧[姆]	Ω	$\mathrm{kg \cdot m^2 \cdot s^{-3} \cdot A^{-2}}$
t	摄氏温度	摄氏度	℃	K
T	热力学温度	开[尔文]	K	K

注:①符号表中的量按书中出现的先后排序。②方括号[ ]内的汉字,在不致混淆的情况下可以省略。③频率单位“赫[兹]”用 SI 基本单位 $\mathrm{s^{-1}}$ 表示时,难以完整体现频率概念(完整周期数/所用时间),而且单位运算过程中也容易出错。笔者认为,如果在 SI 单位制中增加一个辅助单位“周(c)”,将频率单位的符号表示为 c/s,便可以弥补这个不足。这里 c 取自 cycle(循环),表示周期现象中的一次循环,是一个计数单位。同理,与频率单位有关的“周期”(变化一周所需要的时间)、“波长”(相位差为 2π 的相邻两个等相面的距离)也应由现在的符号 s 和 m 分别修改为 s/c 和 m/c。

目录

配套资源

绪　论

0.1　什么是电磁场

两个质点之间存在万有引力，两个点电荷之间存在电场力，电场力与万有引力具有相似性，同时又有差别。历史上人们曾用超距作用的观点来解释力的作用，即相隔一定距离的两个物体之间存在直接的相互作用力，力的传递既不需要时间，也不需要任何媒介。1850年，英国物理学家、电磁学的重要奠基者法拉第(图0.1)经过长期对电性质的思考，提出了力线和场的概念。现在人们认识到：电磁场是电荷运动所产生的一种空间特性，它可以脱离电荷独立存在；静止电荷在周围空间产生静电场；运动电荷同时产生电场和磁场；变化的磁场也能产生电场；变化的电场和变化的磁场互相激发形成电磁场；电磁场弥漫于整个空间。

图0.1　法拉第(插图来源见"配套资源"中说明)

一般认为，电磁场是一种特殊的物质形态，与我们常见的实物不一样。我们最容易直接感受到的是电磁场的作用力，把带电体放入电磁场后，带电体会受到力的作用，这个力可以测量得到。换句话说，虽然电磁场似乎"虚无缥缈"，但我们可以通过它的物理效应来感受它的存在。

电磁场中存储有能量，并具有力的属性，因此电磁场的用途十分广泛，典型应用如下。

(1) 能量转换，如发电机、电动机、变压器。

(2) 信息传递，如无线电通信、广播、电视。

(3) 能量和信息的输送，如用导线连接成的电力网和有线电话网。

(4) 目标探测，如雷达、导航、遥感、地球物理勘探。

(5) 疾病诊断和治疗，如磁共振成像、微波理疗、微波热疗治癌。

(6) 交通运输，如磁悬浮列车、电磁推进船。

(7) 感应加热,如电磁炉、高频淬火、高频切割。

(8) 介质加热,如微波炉、微波干燥机。

0.2 电磁场理论的作用

电磁场理论是电类学科的理论基础。学好电磁场理论,可以更深刻地理解电磁现象,同时为后续专业课的学习打下基础。电磁场理论的基本框架和知识点比较稳定,学好电磁场理论可以终身受益。对于电类学科的学生来说,学习电磁场理论也是专业素质教育的需要。我们生活在复杂的电磁环境中,天天与通信工具、电气设备打交道,会产生许多个"为什么"。如果能够了解一些电磁现象和规律,我们在遇到问题时就不至于茫然不解。

利用电磁场理论可以预测新现象和规律。例如,1862 年,麦克斯韦通过引入位移电流得到了电磁场波动方程,并根据电磁场的传播速度和光速相等而推断存在电磁波,建立了光的电磁学说。

利用电磁场理论可以解释已有电磁现象,促进技术发展。历史上,曾有电报电缆超过 300 海里后频率较高的信号衰减较为严重的情况。1876 年,英国物理学家亥维赛推导出含有电感项的电报方程,通过进一步求解电报方程,亥维赛预言,减少信号畸变行之有效的方法是增加电路的电感。1901 年,英国邮电部开始在线路上实验加载电感线圈,到第一次世界大战结束,所有的地下通信电缆都加载了电感线圈。

利用电磁场理论可为计量、工业设计等提供理论指导。例如,1956 年,澳大利亚学者基于复变函数理论中的保角变换法分析得到了汤普森-兰帕德定理①,据此可设计出一种平行柱形电极的计算电容器,进一步就可以实现具有高准确度的阻抗绝对测量系统(唐,1992)[45]。又例如,在制作标准电感器时,事先考虑线圈的螺旋性和导线尺寸,就可用稳恒磁场理论导出电感计算式,从而为制作标准电感器提供指导意见。再例如,为了获得超导磁共振成像的均匀强磁场,要先根据磁场解析式进行线圈绕制、装配,而后进行微调。特别对于大型的科学工程,前期的概念设计更是必不可少,通过理论分析可以提供主要的变化规律,减少盲目性。

学习电磁场理论还可以得到科学方法的训练。科学方法即科学研究方法,包含逻辑化、定量化和实证化。在所有电类课程中,电磁场课程是能够完整体现科学方法的一门课程,仅仅基于几个实验定律,运用逻辑推理,就能得到麦克斯韦方程组,而且一切宏观电磁现象都可用这组方程从数学上精确预测。电磁场理论的体系完整、逻辑严密,理论与实际完美吻合。在学习这门课的过程中,会潜移默化地得到科学方法的浸润和熏陶。

0.3 电气发展简史

电磁场理论的发展与电磁学及其技术的发展密不可分。

公元前 580 年前后,西方思想史上第一个有名字留下来的哲学家——米利都(小亚细亚西部的古希腊城市)的泰勒斯被认为他知道琥珀与毛皮摩擦后,琥珀会吸引羽毛类轻微物体。琥珀是一种矿物化的淡黄色、褐色或红褐色的固体树胶,在古代用作装饰品,也可入药。英文 electricity(电气)就源自希腊语的琥珀。

---

① Thompson A M, Lampard D G, 1956. A new theorem in electrostatics and its application to calculable standards of capacitance[J]. Nature, 177(4515): 888.

公元前239年(我国战国时代末期),在秦相吕不韦主持编纂的《吕氏春秋·精通篇》中记载:“慈石召铁,或引之也”(慈石即磁石)。这句话的现代解释是:磁石能吸铁,它有一种吸引力。当时人们认为磁石与铁是母子关系,因为铁是从磁石中炼出来的,它们之间的吸引作用犹如慈母召唤儿子。磁石在我国古代用于方术、中药、指南针、选矿等。

1600年,英国医生吉尔伯特出版了磁学著作《论磁体》,他认为地球是一个巨大的磁体。该书总结了他18年或更长时间进行电和磁的实验,被后人看作英国出版的第一部真正科学意义上的著作。

1745年,德国牧师克莱斯特和荷兰莱顿大学物理学家穆申布鲁克分别独立发明了一种存储电荷的装置——莱顿瓶。最早它的构造是一只盛有水的玻璃瓶,瓶口用软木塞封住,用导线或钉子穿过木塞插入水中。充电时,把导线的外端与产生静电的摩擦物件相连。断开连接后,用手触摸导线会受到电震,以此表明电的存在[(美,2007)莱顿瓶词条]。以后的莱顿瓶都是在一个玻璃瓶的内外壁分别贴上导电的金属箔片而制成的,如图0.2所示。莱顿瓶是一个重要的发明,它可以长时间存储电荷,既是电容器又是电源,为电学研究带来了极大方便。

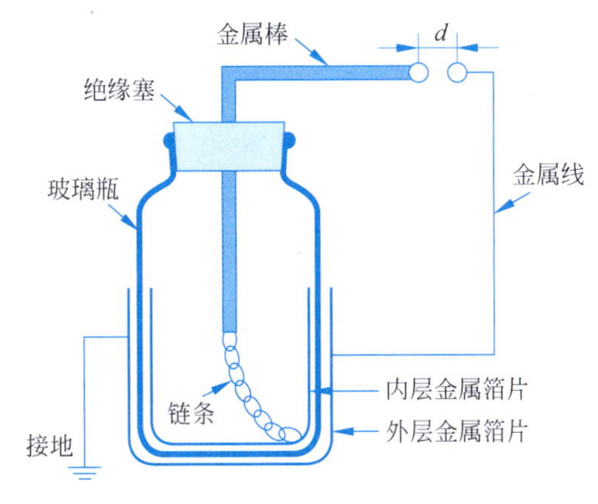

图0.2 莱顿瓶示意图

1752年,美国政治家、电学家富兰克林在雷电交加的天气里,把莱顿瓶系在风筝上放飞,收回风筝后发现莱顿瓶带电,而且莱顿瓶的放电与用摩擦电充电的莱顿瓶放电相同。这证明了云层中的电与摩擦电的同一性。这个故事广泛流传,脍炙人口,但有人怀疑它的真实性。几年后一个丹麦人做同样的实验,却遭雷击身亡。

1785年,法国学者库仑发明了精密扭秤,测量了电荷间的相互作用力,提出了电荷受力的库仑定律。

1786年,意大利波隆纳大学的解剖学教授伽伐尼把解剖后的青蛙放在一只铜盘上,当他用锌做的夹子碰到青蛙大腿时,发现青蛙肌肉会抽动,他认为青蛙肌肉内存储有动物电。

1800年,意大利帕维亚大学自然哲学教授伏打受伽伐尼的动物电启发,制成了第一个直流电源——伏打电堆。它由一连串成对的银圆板和锌圆板组成,每两圆板之间由一张浸透盐水的硬纸板隔开。伏打电堆是人类发明的第一个稳定电源,为电学研究提供了基础。

1820年4月,丹麦哥本哈根大学教授奥斯特在一次晚间讲演中,发现电流流过导线时能使磁化的罗盘针偏转,这是电和磁之间存在联系的一个明确的实验证据。这个现象最初由意大利法学家G.D.罗马尼奥西在1802年发现,但被人们忽视[(美,2007)奥斯特词条]。7月21日,奥斯特公布了实验报告。这个现象的重要性很快获得公认。在获知奥斯特的发现后,法国物理学家安培根据实验得到安培力定律,并提出磁的分子电流假说,法国学者毕奥和萨伐尔根据实验得到确定磁通密度的毕奥-萨伐尔定律。

1821 年，法拉第在沃拉斯顿实验的启发下，开展了如图 0.3 所示的水银杯旋转实验：在空玻璃杯的中央直立一根永磁体，杯中倒入水银，使永磁体上端露出水银面；水银面上放一个软木塞，一根粗铜线扎入软木塞中；粗铜线下端浸入水银，与伏打电堆的一极连接，粗铜线上端与伏打电堆的另一极相连，构成电流回路，从而使位于永磁体上端磁场中的通电粗铜线带着软木塞、绕着永磁体旋转。这是人类历史上第一台电动机。

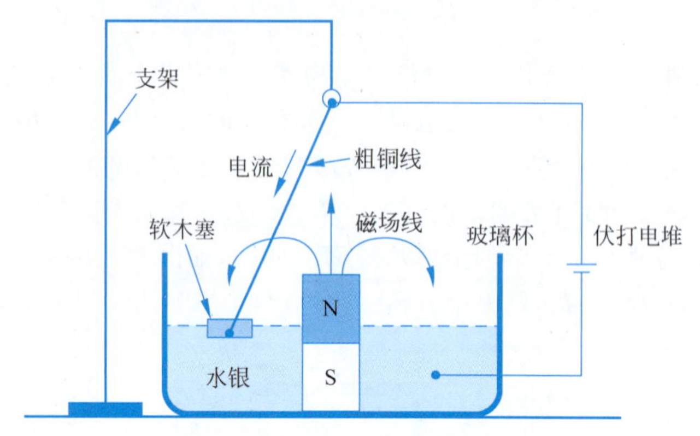

图 0.3　法拉第的水银杯旋转实验

1831 年 9 月，法拉第通过大量实验发现感应定律，为电能的大规模应用奠定了基础。同年 10 月，他基于阿拉果圆盘实验发明第一台直流发电机，这台发电机由一个磁铁及在磁铁两极中能转动的铜盘所构成。

1844 年，美国人莫尔斯和他的同伴一起使用电磁铁建成世界上第一条商用电报线路。

1847 年，德国物理学家基尔霍夫提出了电路理论中的基尔霍夫定律，该定律成为建立电路方程组的基本定律。

1851 年 2 月，美国传教士、西医士玛高温在我国宁波府译述了第一本中文电磁学著作《博物通书》，内容包括静电实验、莱顿瓶、伏打电堆、电磁铁、奥斯特实验、有线电报、汉字编码等，图 0.4 为中文封面，图 0.5 为书中的一页[①]，含 45 幅插图。汉语术语“电气”就源于该书[②]。

咸豐元年正月鐫
真神堂在寧城西門虹橋頭
耶穌會堂在東門內大街上
博物通書
耶穌降世一千八百五十一年
西醫士瑪高溫譯述

图 0.4　《博物通书》中文封面

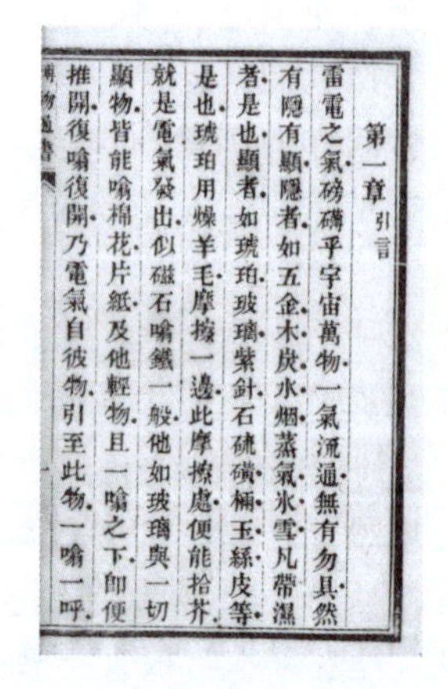
第一章 引言
雷電之氣磅礴乎宇宙萬物一氣流通無有勿具然
有隱有顯隱者如五金木炭水烟蒸氣冰雪凡帶濕
者是也顯者如琥珀玻璃紫針石硫磺樠玉絲皮等
是也琥珀用燥羊毛摩擦一邊此摩擦處便能拾芥
就是電氣發出似磁石噏鐵一般他如玻璃與一切
顯物皆能噏棉花片紙及他輕物且一噏之下即便
推開復噏復開乃電氣自彼物引至此物一噏一呼

图 0.5　《博物通书》其中一页

---

① 电子版照片由澳大利亚国立图书馆于 2006 年 8 月提供，特此致谢。

② 雷银照，2007. 电气词源考[J]. 电工技术学报，22(4)：1-7.

1851 年，德国人伦科夫发明了利用互感原理产生几万伏高压的双绕组感应圈——伦科夫感应圈。这种在次级线圈感应高压的感应圈能够产生长度超过 30 cm 的火花，1858 年获得拿破仑三世颁发的电学应用最重要发明奖（奖金 5 万法郎）。伦科夫感应圈后来极大地促进了电气技术的发展。

1856 年，意大利裔美国人梅乌奇发明了电话，之后美国电气工程师格雷、美国声学家和哑语教师贝尔（生于苏格兰，先后移民加拿大和美国）、美国发明家爱迪生等都对电话的完善和实用作出了贡献。

1860 年，英国物理学家斯旺在抽出空气的玻璃泡内装上碳化纸丝，发明了一种原始的电灯。

1866 年，用时 10 年、历经 3 次失败，连接美国和英国的全长 3300 km 大西洋海底电缆终于敷设成功，这是英国科学界的一件大事。这项工程，彻底结束了美国与世隔绝的状况，而且使海底电缆电报技术和整个电气技术有了飞跃的进步，促进了电路理论的发展和单位制的统一。

1869 年，法国电气工程师格拉姆构想出直流发电机，1871 年制造出实际运转的发电机，它产生的电压比以前的发电机高得多。1873 年在维也纳展览会上展出他们的发电机产品时，有人无意间把两台相距很远的发电机用电线连接在一起，当蒸汽机推动其中一台发电机时，位于远处的另一台发电机竟然转动起来，从而发现发电机和电动机的可逆性。

1873 年，英国物理学家麦克斯韦（图 0.6）出版巨著 *A Treatise on Electricity and Magnetism*（《电学与磁学专论》），提出电磁场方程组，全面总结和发展了电磁场理论，预言电磁波的存在，指出电磁波与光波的同一性。他的贡献使他在科学史上与牛顿、爱因斯坦齐名。

图 0.6 麦克斯韦（插图来源见“配套资源”中说明）

1879 年，世界上第一个商业发电厂在美国旧金山开业，两台电刷式发电机为 22 盏弧光灯照明提供电力，电价为每周每盏灯 10 美元。

1879—1900 年，主要由英美来华传教士口译、中国学者记录的《电学》《电学纲目》《电学测算》《通物电光》《无线电报》为我国清末电学最主要的 5 本书，也是许多汉语电学名词的主要来源。

1882 年，美国发明家爱迪生在纽约市珍珠街开办蒸汽发电厂。爱迪生是美国发明家中的佼佼者，从他的实验室推出了留声机、炭精送话器、白炽灯、高效率发电机、第一套直流电力系统等。他幼年时耳聋，使他容易处于孤立的思考状态。他曾伤害过与他合作过的一些科学家。他去世时，一些人把他看成现代电气技术革命的奠基人[（美，2007）爱迪生词条]。

1883 年，生于克罗地亚的塞尔维亚族天才发明家特斯拉研制出第一台两相交流感应电动机。

1885 年，美国西屋公司购买了特斯拉的多相交流发电机技术。这笔交易触发了爱迪生的直流体系和特斯拉-西屋的交流体系的竞争。特斯拉的工作使他成为现代交流电力系统的先驱性人物。

1886 年，在美国西屋公司的鼓励下，斯坦利在马萨诸塞州的大巴令顿建立了一座实验性质的单相交流发电站和世界上第一条利用交流输电的商业输电照明系统。该系统包含了变压器这一远距离交流输电的核心装置。此项成就使交流输电系统的传输距离比直流输电系统更远，促进了交流电力系统的迅速发展。

1888年，德国物理学家赫兹通过火花放电实验，证明了电磁波的存在，验证了电磁波的传播符合麦克斯韦的电磁场理论，而且展示了产生和接收电磁波的方法。赫兹的数学基础好，动手能力强，他把人类带进了无线电世界。

1893年4月，美国电气工程师肯涅利在他的论文中指出，如果交流电采用正弦波，就可以引入“阻抗”的概念，简便地计算交流电路。同年8月，美国电气工程师施泰因梅茨提出计算交流电路的相量法。

1895年春天，俄国物理学家波波夫在水雷军官学校完成了无线电通信实验。

1901年12月，意大利的无线电报发明人马可尼在现属加拿大的纽芬兰岛圣约翰斯港接收到从英国康沃尔郡的波尔杜海湾发出的越过大西洋的无线电信号。当时有些杰出的数学家认为，由于地球曲率的限制，电磁波通信距离为161～322 km，马可尼的这一成就改变了人们的认识，对此后出现的无线电通信、广播事业以及导航各方面的发展起到了巨大的推动作用[(美，2007)马可尼词条]。

1906年，美国人德福雷斯特请一个玻璃匠在真空二极管的阴极和阳极之间安装了第三个电极，发明了电子技术中最重要的真空三极管。用它可组成具有放大、开关、振荡等重要功能的电路。真空三极管的出现是电子技术发展史上的一个里程碑事件。

1911年，荷兰莱顿大学的卡末林·昂内斯及助手发现汞的超导电性。后来人们又相继发现包括铅、锡等大约28种化学元素以及几千种合金和化合物都有超导电性。

1912年9月，美国哥伦比亚大学电气工程专业学生阿姆斯特朗发明了含有真空三极管的反馈电路，将接收的无线电信号放大上千倍，房间里到处都能听到声音。他发现，当放大倍数很大时，这个电路成为产生无线电波的振荡器。以后他又发明了超外差接收电路以及调频系统①。每当我们看电视、听收音机或用手机通话时，这些发明都在发挥着作用。阿姆斯特朗是无线电发展史上最具创意的发明者之一。

1919年，日本学者将相同重量的巴西棕榈蜡、松香及少量的蜂蜡混合后加热至熔融态，在外部强电场中使之极化，当温度降到室温后再撤去外电场，制成了世界上第一块可长期保持极化状态的人工永电体，也叫驻极体②。

1935年前后，世界上多个国家几乎同时发明了雷达。雷达是一种利用电磁波发现并测定目标的位置、速度和方向的装置。1935年年末，英国物理学家沃森-瓦特设计出世界上第一个实用雷达，尽管所用电磁波的频率低，天线长度范围为75～105 m，但可侦察到110 km外欧洲大陆上空集结的德国飞机，这使英国空军以逸待劳，在选定的地点截击来犯的德国飞机，为1940年不列颠空战中英军的胜利立下汗马功劳。1940年2月，英国伯明翰大学物理学家兰德尔和布特通过改进已有的磁控管，产生了功率达600 kW的微波，比当时的最高纪录多100倍(张，2011)，这使雷达体积缩小，可以装在飞机上。第二次世界大战期间，英国和美国投入大量研究，大大提高了雷达性能，对盟军的胜利贡献极大。今天雷达已获得广泛应用，它的作用远远超出人们最初的预料。

1946年，美国宾夕法尼亚大学的美国陆军弹道计算研究所制造出了第一台真空管计算机

① 哈罗德·埃文斯，盖尔·巴克兰，戴维·列菲，2011. 美国创新史[M]. 倪波，等，译. 北京：中信出版社.

② 江键，夏钟福，崔黎丽，2003. 神奇的驻极体[M]. 北京：科学出版社.

ENIAC。

1947 年，美国贝尔实验室的物理学家布拉顿、巴丁和肖克莱研究了半导体的特性，制作出点触式晶体管。一年后，肖克莱设计了面接型晶体管。晶体管的出现为后来的微电子工业和计算机的普及奠定了基础，是 20 世纪人类最重要的发明之一。

1958 年，美国德州仪器公司电气工程师基尔比和仙童半导体公司的诺伊斯分别独立地发明了集成电路，这是一个划时代的成就。

1966 年，英国华裔学者高锟发表论文《光频率介质纤维表面波导》，研究了如何使光在光导纤维中远距离传输，开创性地提出只要解决好玻璃纯度和成分等问题，就能利用玻璃制作光学纤维，从而高效传输信息。

1969 年，美国医生达马迪安偶然发现，人体肿瘤或其他病灶细胞的含水情况与正常组织不同，这促成他 7 年后发明医用磁共振成像仪。该成像仪的原理基于 1946 年美国物理学家布洛赫和珀塞尔分别独立发现的磁共振现象：在外加均匀磁场中，磁矩不为零的原子核受外部电磁波的激励而发生强烈吸收能量的现象。磁共振成像仪是一种无创伤的医学诊断装置，能够获得人体组织的断层图像。它融合物理学、数学、化学、电气技术、计算机技术于一体，是 20 世纪人类最重要的发明之一。

1970 年，美国康宁玻璃公司研制出损耗为 20 dB/km 的石英纤维。同年，美国贝尔实验室研制出能在室温下连续振荡的半导体激光器。这一年成为光纤通信元年，为今天的因特网奠定了物质基础。

1977 年，美国苹果公司推出了预先组装好的、可以大量生产的个人计算机“苹果Ⅱ”。当它装上应用软件后，得到公众的极大欢迎。1983 年，苹果公司推出一种通过图形用户界面操作的个人计算机。此后，随着硬件功能越来越强大和应用软件的迅速增加，个人计算机日益普及。

1982 年，日本住友特殊金属株式会社的学者佐川真人发明了钕铁硼磁铁，极大地提高了永磁材料的磁性能。

1986 年，IBM 苏黎世实验室的学者缪勒和柏诺兹发现 Ba-La-Cu-O 系氧化物超导体在 35 K 附近达到零电阻。此后不到一年，人们又发现 Y-Ba-Cu-O 系氧化物超导体的临界温度达到 93 K，从而在液氮温度(77.4 K)下实现了超导。

2006 年 11 月，美国麻省理工学院的学者首次用无线输电技术实现让 60 W 的白炽灯在 2.13 m 处发光，效率达 40%。

2007 年 1 月，美国苹果公司推出小巧、轻薄、带触摸屏的智能手机 iPhone。这是一部便携式无线电话机，当安装了相应的应用软件后，它具有网页浏览器、电子邮箱、照相机、电子书阅读器、计算器、记事本、收音机、导航仪、游戏机、闹钟等功能，以此为基础衍生出微信、视频通话、网络支付、短视频等新应用。它荟萃了二百多年来科技发展的精华，深刻改变了使用者的生活方式。

2009 年 1 月，世界运行电压最高的中国晋东南—南阳—荆门 1000 kV 特高压交流试验示范工程投入商业运行，线路全长 640 km，变电容量 6000 MV·A，最高运行电压 1100 kV。

2010 年 6 月，中国建成云南-广东±800 kV 特高压直流输电示范工程并投入运行，输送功率为 5000 MW，是世界首条±800 kV 特高压直流输电线路。

最近 10 余年来，电气工程领域取得了许多重要进展，因为距今时间短暂，它们的价值尚未完全体现出来，故不再叙述。

说明 历史上许多重要的发明常常涉及很多人，很难断定谁是第一个发明者。其实最重要的是，谁的发明对人类有最大及最直接的影响。例如，历史上有很多文献记载至少有5人是无线电的发明者，分别是德国的赫兹、意大利的马可尼、俄国的波波夫、英国的洛奇、印度的博斯，但若论是谁直接影响了全世界无线电的发展与普及，则毫无疑问是马可尼，他的贡献最大，影响也最大(张，2011)。

0.4 学习电磁场理论的几点建议

电磁场理论学习起来有一定难度，主要原因是：第一，电磁场无形、无味，只有通过物理效应才能感受到它的存在；第二，电磁场本质上是依赖于时间和空间的矢量场，需要使用矢量分析，对数学工具的掌握要求高；第三，包含内容多，定律和定理多，理论抽象。

为学好电磁场理论，笔者根据自己的学习体会，谈以下几点粗浅看法，仅供初学者参考。

1. 积极有效地运用数学工具

学好电磁场理论，“工夫在诗外”，这个“诗外”指的是数学。学过数学，特别是学过微积分之后，回头来看电磁场理论，许多问题的理解和处理都变得非常容易。按笔者自己的理解，现代电磁场理论就是基于电磁学定律的数学演绎。用数学式可以准确、清晰地表示物理规律，它揭示物理内涵的深刻程度远超普通人的认识水平。如果回避数学推导，说明的文字就会很多，而且往往叙述不清，反而更难理解。只有知道电磁场表达式的导出过程、基于哪些条件、得到的表达式有什么特点等，才能对内容有深刻理解，才能建立正确的物理概念。物理概念的建立与数学的应用相辅相成，没有数学的支撑，概念走不远，排斥数学推导的概念往往靠不住。回顾电气发展史，我们看到，自从麦克斯韦方程组提出以后，对数学水平的要求越来越高，那些卓越的学者某种程度上都是应用数学家，例如赫兹、施泰因梅茨、谢昆诺夫、斯特莱顿等，他们的成就突出，绝非偶然。打开他们的著作看看，就一目了然。

2. 以质疑的态度阅读教科书

书是人写的，是人就会出错。不存在十全十美的书。不要以为电磁场理论已经成熟，初学者不可能提出什么问题，“从来如此，便对么？”静下心来，逐字逐句阅读教科书，用心思考，同时手边预备好纸和笔，将书中的结果在纸上一一复现出来，这是最重要的学习途径。不问为什么，囫囵吞枣，一知半解，是读书的大忌。老师讲完一章后，要从头至尾一字不落地通读一遍全章；全书学完后，将全书串起来至少完整地读一遍。慢些读，反复读。读过第二遍后，回头再看全书，往往会有豁然开朗之感，我们发现，表面上书中内容繁多，其实都是基于几个基本定律得来的，这些内容组成了一个有机联系的整体，结构清晰，体系完整，学习起来并不枯燥，也并不觉得困难。

3. 多做习题

我们在学习过程中经常会出现这种情况：课听懂了，书也看懂了，但碰到习题却不知从何处下手。通过思考把这些习题做出来后，一方面可以巩固所学知识，另一方面有助于理解物理概念，此时再回头看书，理解就会深入一个层次。很难想象，一个人不做习题就能学好一门课。可以说，电磁场理论是由大量问题组成的，也是通过求解大量问题来传授的。初学者在第一次遇到这些问题时，每一个问题都是一个科研课题，所以求解会有一定难度，这是正常现象。需要指出，与有求解过程的例题不同，本书大部分习题都比例题简单。

4. 有疑问的地方多与人讨论

通过讨论，可以去伪存真，有时还可以激发出思想火花。一个问题经过讨论后，我们往往理解得更深入、更全面。注意,如果你有新体会,请记着与人分享。一种非常有效的学习方法就是试着把自己的学习体会讲给别人听,同时讲的过程也能发现自己的不足。

5. 自己动手做实验

电磁现象是自然界的普遍现象,把这些现象重复出来,并没有我们想象的困难,如用我们手边的电线、磁铁、干电池、收音机、微波炉等就可以做出许多有趣的电磁实验。在准备实验以及实验的过程中,会加深我们对基本概念的理解,也会使记忆更持久。

6. 看几本参考书

对于某些物理概念,有时仅看一本教科书不容易理解,这时如果再看看其他参考书是如何叙述的,就可能会有一些启发;而且看参考书中对于同一个问题的不同叙述,也可以帮助我们从不同角度来理解问题。需要注意的是,不是所有的书都开卷有益,要读那些经过时间检验的有定论的好书。

7. 了解一些电磁学发展史

科学发展经历的是一条曲折的道路,教科书中形成的理论体系并不是一开始就是这样的。以麦克斯韦方程组为例,它是在库仑、奥斯特、安培、法拉第、汤姆孙等许多人工作的基础上,由麦克斯韦进一步完善、集大成,又经过亥维赛、赫兹的整理才变成今天这个形式。了解学科历史,有助于消除对这门学科的神秘感,开阔眼界,启迪思路,化解难点,树立信心。另外,学习学科发展史也有助于培养科学精神和提高科学素养。现代自然科学是19世纪末从西方传入我国的,我们只学习了自然科学的结果而没有经历自然科学产生的过程,而科学精神是伴随着科学的发展过程而产生的,我们缺少这一环节。

近代电磁场理论如果从1785年提出库仑定律算起,距今已有200多年历史,许多学说和概念经过长时间的争论和探讨,才有今天这样相对严密的表述。对于初学者来说,通过一次学习难以全部掌握,有些地方容易理解,有些地方不容易理解,一时模糊是正常的,不可能经过短短几十个学时的学习就完全掌握。任何一门课程,要想全面、正确地掌握,都要终身学习,电磁场理论也是这样。对于初学者来说,经过学习,能够看懂教材内容,掌握基本概念,熟悉基本分析方法,会计算一些典型的电磁场问题和电路参数,就达到了这门课的基本要求。

0.5 本书主要内容

本书叙述的是经典电磁场理论,适用对象为静止或低速运动的宏观物体。低速是指运动速度远小于光速,宏观意味着不考虑物体的粒子性;反映在数学上,低速说明空间坐标和时间变量都是相互无关的独立变量,不考虑粒子性说明物体内场量是位置的连续光滑函数,可以对场量施行微分运算。超出了这两个前提条件,所得结论可能就是错误的。

本书由6部分组成。

1. 矢量分析

电磁场是矢量场,研究矢量场的基本数学方法是矢量分析,第1章介绍这部分内容,并给出一些普遍适用的基本概念和基本分析方法。

2. 静止电荷产生的电场

相对于观察者静止的电荷产生的场是静电场,第2章叙述这部分内容。从分析方法上看,静电场的分析方法丰富多彩,是整个电磁场理论的基础。

3. 稳恒电流产生的电场和磁场

不随时间变化的电流是稳恒电流。第3章和第4章分别叙述稳恒电场和稳恒磁场。

4. 时变电磁场的一般规律

随时间变化的电流产生时变电磁场。第 5 章叙述如何建立描述时变电磁场普遍规律的麦克斯韦方程组,在此基础上,给出时谐电磁场的分析方法,进而分析涡流的分布规律。

5. 时谐电磁波

大小随时间按正弦变化的电流是正弦交流电流。正弦交流电流在线性介质中产生的电磁波是时谐电磁波,或称为正弦电磁波。第 6 章阐述时谐电磁波的传播规律,第 7 章阐述时谐电磁波的辐射,它们都可看作麦克斯韦方程组在正弦电流激励下的特解。

6. 超导体的电磁场

第 8 章叙述这部分内容。最近几十年来,超导体的应用逐渐增多,当学生时学习一些基本知识对今后的工作很有必要。

0.6 学时分配

本教材全部讲述约需 56 学时。若不讲述标注星号 * 部分,可用 48 学时:第 1 章矢量分析,其中一部分内容已在前期的高等数学课中学过,建议用 4～6 学时;第 2 章～第 4 章讲述静态场,虽然这部分是电磁场理论的重要基础,但部分内容已在前期普通物理课中学过,可以讲得快一些,建议用 20 学时左右;第 5 章～第 7 章讲述时变场,这是电磁场理论的关键部分,而且我们实际接触到的电磁场主要是时变场,建议用 20～24 学时;第 8 章超导电磁场部分,建议用 4～6 学时。

要想追求真理，我们必须在一生中尽可能地把所有的事物都来怀疑一次。

[法] 笛卡儿(哲学家、数学家)

第1章 矢量分析

有方向的量叫矢量，亦叫向量。没有方向的量叫数量，亦叫标量。矢量是现代数学、现代物理学中的一个重要概念。

爱尔兰数学家哈密顿第一个使用 vector(矢量)这个词来表示一个有向线段。力的平行四边形法则、莱布尼兹的位置分析设想以及复数的几何表示思想是矢量概念的 3 个重要思想源泉。麦克斯韦电磁场理论的巨大成功进一步促进了人们对矢量理论的研究。19 世纪末期，矢量分析作为数学的一个分支，其建立主要基于英国学者亥维赛和美国学者吉布斯的努力。

在我国，1883 年由美国来华传教士丁韪良译述的《格物测算·力学(卷二)》中就有计算合力的平行四边形法则，但没有出现矢量这个名词。1909 年 4 月，京师译学馆的数学教授顾澄在译述《四原原理》时将矢量的英文 vector 译为"动量"；1915 年，有人译为"有向量"；1931 年 4 月，商务印书馆出版的《英汉对照百科名汇》译为"矢量；向量"；1938 年 10 月，由科学名词审查会编印的《算学名词汇编》译为"矢量"；1940 年 1 月，由科学名词审查会编印的《理化名词汇编》译为"有向量；矢"。

目前"矢量"和"向量"通用，物理学中多用"矢量"，数学中多用"向量"。本书作者认为，用"矢量"更好，因为：①汉语中"矢"字的基本含义为"箭"，甲骨文"矢"就是一个用有箭头、箭杆、箭尾的一支箭来形象化表示的象形字，用"矢量"既贴切又形象，而"向"的基本含义为"朝着"，引申义为"方向"。②在读音上，"向量"与"相量"同音，易造成混淆。③"矢量"两个字的韵母不同，便于发音，而"向量"两个字的韵母都是 iang，不便发音。④手写时"矢"为 5 画，"向"为 6 画，向字第 3 画和第 5 画手写费时。因此，本书用"矢量"。

矢量分析是指矢量函数的微积分，它的基础是解析几何和数学分析，故矢量分析既有几何的特色，又有分析的特色。矢量分析有很强的物理背景，它是研究物理学中各种场(如电场、磁场、引力场、温度场)的强有力工具。本章首先建立场的基本概念和几何表示方法，然后重点通过引入梯度、散度和旋度来刻画场的性质，在此基础上给出场的边界条件，最后根据场的性质引入位函数，并给出矢量场解的唯一性定理。

1.1 场的描述

1.1.1 场的定义

假设在空间某个确定区域内的任意点都对应一个确定的物理量，则称这个物理量为一个场[①]。从数学角度看，就是在该区域内定义了一个函数。这个函数可以是标量，如电位、温度；

① 目前"场"的定义有两种：一种是将"函数"(即物理量)定义为场，采用这种定义的有国际电工委员会(IEC)和国际电信联盟(ITU)，见《IEC 电工电子电信英汉词典》；另一种是将"区域"定义为场，这是场的本义，例如(小，1998)。

也可以是矢量，如力、速度。物理量为标量时称为标量场，物理量为矢量时称为矢量场。场的分布区域称为场区。为今后叙述简便，在不需要特别强调的地方，用名词“场”来表示“场量”（物理量）或“场区”，具体含义根据上下文判断。

1.1.2 场量表示法

电磁场本质上是矢量场，描述电磁场需要用矢量，但有时为了简便也用标量。描述矢量或标量需要首先建立坐标系，坐标系的作用在于将代数与几何联系起来，使两者贯通，便于直观地分析和计算。最基本、最常用的坐标系是如图 1.1 所示的直角坐标系 $Oxyz$，也叫笛卡儿坐标系，它由 3 条互相垂直、并分别指定了正方向（简称正向）的直线所组成，这种带有方向的直线称为坐标轴，3 条坐标轴的共同起点 O 称为坐标原点。直角坐标系简单、直观，使用方便，电磁场理论中大量问题是在直角坐标系中进行分析的。另外两个常用的坐标系——圆柱坐标系 $O\rho\phi z$（见图 1.2）和球坐标系 $Or\theta\phi$（见图 1.3）也都是以图 1.1 所示的直角坐标系 $Oxyz$ 为基础而建立的，在这两个坐标系中，周向坐标不用字母 φ 而改用字母 ϕ，这是为了避免与电位符号 φ 混淆。需要指出，以上 3 个坐标系都是右手坐标系[①]，本书今后使用右手坐标系。

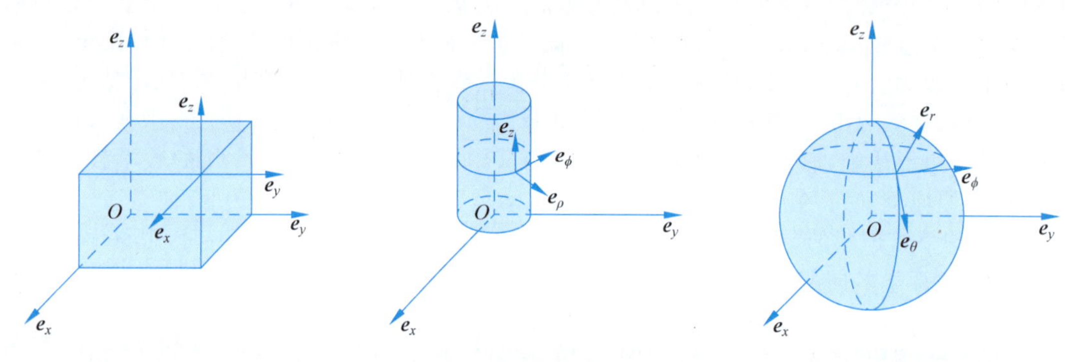

图 1.1 直角坐标系　　图 1.2 圆柱坐标系　　图 1.3 球坐标系

始点位于坐标原点 O、终点为 P 的矢量 $\overrightarrow{OP}$ 叫点 P 的位置矢量，常用黑体 $\boldsymbol{r}$ 表示。在直角坐标系 $Oxyz$ 中，设点 P 的坐标为(x,y,z)，位置矢量 $\boldsymbol{r}$ 可表示成

$$\boldsymbol{r}=\overrightarrow{OP}=x\boldsymbol{e}_x+y\boldsymbol{e}_y+z\boldsymbol{e}_z \tag{1.1}$$

式中，$\boldsymbol{e}_x$、$\boldsymbol{e}_y$、$\boldsymbol{e}_z$ 分别是直角坐标系 $Oxyz$ 的 x 轴、y 轴、z 轴坐标增大方向的基本单位矢量。位置矢量 $\boldsymbol{r}$ 也可以写成

$$\boldsymbol{r}=\overrightarrow{OP}=\boldsymbol{e}_x x+\boldsymbol{e}_y y+\boldsymbol{e}_z z$$

设 t 表示时间，标量场可表示成

$$u(P,t)=u(\boldsymbol{r},t)=u(x,y,z,t) \tag{1.2}$$

矢量场可表示成

$$\boldsymbol{F}(P,t)=\boldsymbol{F}(\boldsymbol{r},t)=\boldsymbol{F}(x,y,z,t) \tag{1.3}$$

矢量场 $\boldsymbol{F}$ 也可用直角坐标系 $Oxyz$ 中的 3 个分量 F_x、F_y、F_z 表示：

$$\boldsymbol{F}=F_x(x,y,z,t)\boldsymbol{e}_x+F_y(x,y,z,t)\boldsymbol{e}_y+F_z(x,y,z,t)\boldsymbol{e}_z \tag{1.4}$$

如果 $\boldsymbol{F}$ 是复数矢量（简称复矢量），则 $\boldsymbol{F}$ 与时间 t 无关，写成

---

① 空间中有 3 个互相垂直的有序矢量 $\boldsymbol{e}_1$、$\boldsymbol{e}_2$、$\boldsymbol{e}_3$，如果右手四指指向 $\boldsymbol{e}_1$、四指弯曲 90°后指向 $\boldsymbol{e}_2$，而拇指指向 $\boldsymbol{e}_3$，则称 $\boldsymbol{e}_1$、$\boldsymbol{e}_2$、$\boldsymbol{e}_3$ 构成右手系。

$$\boldsymbol{F}=F_x(x,y,z)\boldsymbol{e}_x+F_y(x,y,z)\boldsymbol{e}_y+F_z(x,y,z)\boldsymbol{e}_z \tag{1.5}$$

一般地，矢量用黑体字母表示，但在手写时在字母上方画一个箭头即可，写成 $\vec{F}$。

矢量 $\boldsymbol{F}$ 的大小称为矢量的模，或叫绝对值，记为$|\boldsymbol{F}|$，或记为 F（不是黑体），量纲由 $\boldsymbol{F}$ 的物理意义决定，计算式为

$$F=|\boldsymbol{F}|=\sqrt{\boldsymbol{F}\cdot\boldsymbol{F}^*} \tag{1.6}$$

式中，根号内黑点"·"表示前后两个矢量实施标积（标量积）运算，符号 $\boldsymbol{F}^*$ 右上角星号"*"表示 $\boldsymbol{F}$ 的共轭矢量。当 $\boldsymbol{F}$ 是实数矢量（简称实矢量）时，它的共轭还是它自身，即 $\boldsymbol{F}^*=\boldsymbol{F}$。当 $\boldsymbol{F}=\boldsymbol{0}$ 时，黑体 $\boldsymbol{0}$ 叫零矢量，它的模为 0，方向不定。设矢量 $\boldsymbol{F}$ 为式(1.4)，则

$$\begin{aligned}F&=|\boldsymbol{F}|=\sqrt{\boldsymbol{F}\cdot\boldsymbol{F}^*}=\sqrt{(F_x\boldsymbol{e}_x+F_y\boldsymbol{e}_y+F_z\boldsymbol{e}_z)\cdot(F_x^*\boldsymbol{e}_x+F_y^*\boldsymbol{e}_y+F_z^*\boldsymbol{e}_z)}\\&=\sqrt{F_xF_x^*+F_yF_y^*+F_zF_z^*}=\sqrt{|F_x|^2+|F_y|^2+|F_z|^2}\geqslant 0\end{aligned}$$

在电磁场理论中，随时间按正弦规律变化的场矢量常用复矢量描述，见本书第 5 章至第 7 章。

任何非零矢量 $\boldsymbol{F}$ 的单位矢量是模为 1 的矢量：

$$\boldsymbol{F}^\circ=\frac{\boldsymbol{F}}{F} \tag{1.7}$$

式中，$F\neq0$，符号 $\boldsymbol{F}^\circ$的右上角圆圈"∘"表示 $\boldsymbol{F}$ 的单位矢量，它的量纲为 1。

已知矢量的大小和单位矢量后，一个任意非零矢量 $\boldsymbol{F}$ 可表示成

$$\boldsymbol{F}=F\boldsymbol{F}^\circ=|\boldsymbol{F}|\boldsymbol{F}^\circ \tag{1.8}$$

当两个矢量的方向相同、模相等时，就说这两个矢量相等。因此，一个矢量经过平移后仍旧是原来的矢量，但经过旋转后就成为另一个矢量了。

例 1.1　记 $\mathrm{j}=\sqrt{-1}$，分别求矢量 $\boldsymbol{A}=-3\boldsymbol{e}_y$ 和 $\boldsymbol{B}=(1-\mathrm{j})\boldsymbol{e}_z$ 的单位矢量。

解　利用矢量 $\boldsymbol{F}$ 的模 $F=\sqrt{\boldsymbol{F}\cdot\boldsymbol{F}^*}$，这两个矢量的模分别为

$$A=\sqrt{\boldsymbol{A}\cdot\boldsymbol{A}^*}=\sqrt{(-3\boldsymbol{e}_y)\cdot(-3\boldsymbol{e}_y)}=3$$

$$B=\sqrt{\boldsymbol{B}\cdot\boldsymbol{B}^*}=\sqrt{(1-\mathrm{j})\boldsymbol{e}_z\cdot(1+\mathrm{j})\boldsymbol{e}_z}=\sqrt{(1-\mathrm{j}^2)\boldsymbol{e}_z\cdot\boldsymbol{e}_z}=\sqrt{2}$$

于是，由单位矢量的表达式 $\boldsymbol{F}^\circ=\boldsymbol{F}/F$，可得单位矢量

$$\boldsymbol{A}^\circ=\frac{\boldsymbol{A}}{A}=\frac{-3\boldsymbol{e}_y}{3}=-\boldsymbol{e}_y,\quad \boldsymbol{B}^\circ=\frac{\boldsymbol{B}}{B}=\frac{1-\mathrm{j}}{\sqrt{2}}\boldsymbol{e}_z$$

可见，实矢量的单位矢量仍是实矢量，复矢量的单位矢量仍是复矢量。解毕。

例 1.2　试说明矢径 $\boldsymbol{r}=x\boldsymbol{e}_x+y\boldsymbol{e}_y+z\boldsymbol{e}_z$ 与函数 $\boldsymbol{F}(\boldsymbol{r})=\boldsymbol{r}$ 的区别。

解　$\boldsymbol{r}=x\boldsymbol{e}_x+y\boldsymbol{e}_y+z\boldsymbol{e}_z$ 表示从坐标原点 O 到终点 $P(x,y,z)$的有向线段，它是一个位置矢量；而 $\boldsymbol{F}(\boldsymbol{r})=\boldsymbol{r}$ 表示一个矢量函数，它的分量大小分别为 $F_x(\boldsymbol{r})=x$，$F_y(\boldsymbol{r})=y$，$F_z(\boldsymbol{r})=z$。解毕。

1.1.3　几种常见的典型场

有时根据场的特点，可忽略某些变量，使场的分析得到简化。几种常见的典型场如下。

(1) 稳恒场。不随时间 t 变化的场称为稳恒场，例如由静止电荷产生的电场和由稳恒电流产生的磁场都是稳恒场。稳恒标量场可表示为 $u=u(x,y,z)$，稳恒矢量场可表示为 $\boldsymbol{F}=\boldsymbol{F}(x,y,z)$。

(2) 均匀场。大小和方向均与场点无关的场称为均匀场，均匀标量场可表示为 $u=u(t)$，

均匀矢量场可表示为 $\boldsymbol{F}=\boldsymbol{F}(t)$。

(3) 平行平面场。如果矢量场中所有的矢量都平行于某个平面，而且垂直于这个平面的任何直线上的所有点的场矢量都相等，这样的场称为平行平面场。此时场点位置只要两个坐标变量就可描述。

(4) 球对称场。如果场中存在一个固定点，在以该点为球心的任意球面上场函数绝对值只是球半径的函数，这样的场称为球对称场。球对称场用球坐标系 $Or\theta\phi$ 分析最方便，设固定点位于坐标原点，标量场可表示为 $u=u(r,t)$，矢量场可表示为 $\boldsymbol{F}=F(r,t)\boldsymbol{e}_r$。一个点电荷产生的静电场就是球对称场。

(5) 轴对称场。如果场中存在一条直线，在与该直线垂直的任意平面上以直线与平面的交点为圆心的圆上场函数的绝对值处处相等，这样的场称为轴对称场，这条直线叫对称轴。用圆柱坐标系 $O\rho\phi z$ 分析轴对称场最方便，设对称轴为 z 轴，则轴对称场与坐标 ϕ 无关。一根长直均匀带电导线的静电场和一个载流螺线管线圈的稳恒磁场都是轴对称场。

(6) 时变场。随时间 t 变化的场称为时变场。标量时变场可表示为 $u=u(x,y,z,t)$，矢量时变场可表示为 $\boldsymbol{F}=\boldsymbol{F}(x,y,z,t)$。

例 1.3 试判断球坐标系 $Or\theta\phi$ 中矢量场 $\boldsymbol{F}=C\boldsymbol{e}_r$ 是否为均匀场，其中 C 为常量。

解 均匀场是大小和方向均与场点无关的场。从场的表达式看，虽然场的大小 $|\boldsymbol{F}|=C$ 与场点无关，但径向单位矢量的方向(附录 A)

$$\boldsymbol{e}_r=\boldsymbol{e}_x\sin\theta\cos\phi+\boldsymbol{e}_y\sin\theta\sin\phi+\boldsymbol{e}_z\cos\theta$$

随着场点坐标 θ 和 ϕ 的变化而改变，所以给定矢量场不是均匀场。解毕。

说明 1 在 3 个常用坐标系中，直角坐标系(图 1.1)最简单，因为它的 3 个基本单位矢量 $\boldsymbol{e}_x$、$\boldsymbol{e}_y$、$\boldsymbol{e}_z$ 都是常矢量(大小和方向都不随场点、时间而变化的矢量)，它们的微分都等于 $\boldsymbol{0}$，即 $\mathrm{d}\boldsymbol{e}_x=\boldsymbol{0}$，$\mathrm{d}\boldsymbol{e}_y=\boldsymbol{0}$，$\mathrm{d}\boldsymbol{e}_z=\boldsymbol{0}$，在积分运算时这 3 个基本单位矢量都可以从积分号内提出来。在圆柱坐标系(图 1.2)中，它的 3 个基本单位矢量 $\boldsymbol{e}_\rho$、$\boldsymbol{e}_\phi$、$\boldsymbol{e}_z$ 中只有 $\boldsymbol{e}_z$ 是常矢量，而 $\boldsymbol{e}_\rho$ 和 $\boldsymbol{e}_\phi$ 的方向都可能随场点的变化而改变。在球坐标系(图 1.3)中，它的 3 个基本单位矢量 $\boldsymbol{e}_r$、$\boldsymbol{e}_\theta$、$\boldsymbol{e}_\phi$ 都不是常矢量，它们的方向都可能随场点的变化而改变。

说明 2 本书建议，在分析电磁场问题时，首先建立合适的坐标系，并写出所求量的一般表达式，然后写出表达式中各量在坐标系中的表示式，最后把这些表示式代入一般表达式化简、整理，便可得到答案。如果读者对矢量运算没有把握，可先采用直角坐标系分析，得出表达式后再利用坐标系间的变换关系和基本单位矢量间的转换关系(见附录 A)，变换到合适的坐标系中，这样做可能麻烦一些，但不易出错。另外，在分析过程中，尽量用代数符号运算，只在最后表达式中代入具体数据，这样做的好处是便于检查演算过程、减少计算量，还能得到普遍情形下的表达式。

1.2 场的图形表示

电磁场无形，因此需要一种可视化的表示方法。采用图形可以从整体上形象地展示场的分布，有助于直观地理解问题。通常，表示标量场的图形用等值面，表示矢量场的图形用矢量线或箭头图。下面分别叙述。

1.2.1　等值面

在研究稳恒标量场或某一时刻的时变场时，可描绘出一系列由场值相等的点所组成的曲面，这些曲面称为等值面。等值面的方程是

$$u(x,y,z,t_0)=C \tag{1.9}$$

这里 C 为常量。当 C 取不同值时，便得到不同的等值面。令 C 从某个 C_0 开始，每次增加一个固定值 ΔC，即取

$$u(x,y,z,t_0)=C_0+n\Delta C \quad (n=0,1,2,\cdots,N)$$

这样就得到场的一组等值面。等值面之间距离近的地方场值变化快，距离远的地方场值变化慢，沿等值面切向方向场值不变化，沿等值面法向方向场值变化最快。因此，如果能做出一组等值面，就能大致了解场的变化情况。

在地图上，把高度相等的点连接成线，按一定的高度差作图，便得到一系列等高线，由此可知地形变化情况。在气候图上，在一定时间内温度相等的点所连接起来的线是等温线。在静电场中，电位的等值面是等位面。在等幅振荡的时谐电磁场中，场的等值面是等相面。

例 1.4　试绘出真空中静止点电荷产生电场的等位面。

解　根据问题的特点，建立球坐标系 $Or\theta\phi$，以静止点电荷 q 所在位置为坐标原点 O，则空间电位的等值面(即等位面)方程为

$$\varphi=\frac{q}{4\pi\varepsilon_0 r}=C$$

式中，ε_0 是真空电容率，r 是从球心到空间任意点的距离，C 是与 q 同号的常量，$C\neq0$。等值面方程也可写成

$$r=\sqrt{x^2+y^2+z^2}=\frac{q}{4\pi\varepsilon_0 C}$$

这是一个球面方程。设 $C=C_0+n\Delta C$，$r_0=q/(4\pi\varepsilon_0 C_0)$，$\Delta C=C_0$，则半径

$$r_n=\frac{q}{4\pi\varepsilon_0(C_0+n\Delta C)}=\frac{r_0}{1+n}$$

取 $n=0,1,2,3$，就可以绘出 4 个同心球面。图 1.4 就是这些等位面，图中相邻等位面之间电位差相等。由此图可见，离点电荷越近等位面越密集，离点电荷越远等位面越稀疏。解毕。

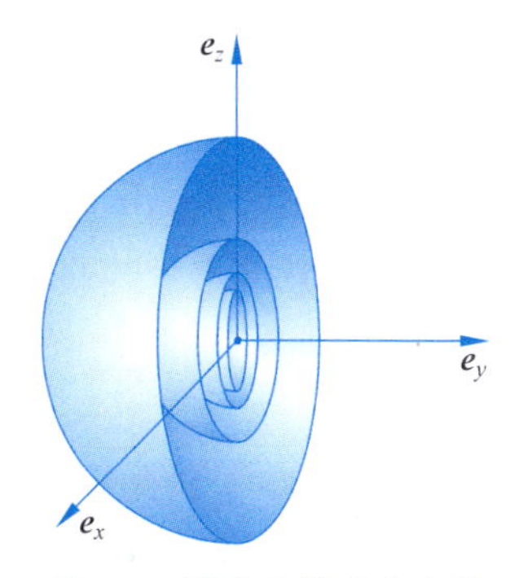

图 1.4　真空中静止点电荷的等位面

1.2.2　矢量线

设 C 是矢量场 $\boldsymbol{F}$ 中的一条光滑有向曲线(即有方向的曲线)，如果 C 上任意点切线方向与 $\boldsymbol{F}$ 的方向相同，则称 C 是矢量场 $\boldsymbol{F}$ 的一条矢量线。用矢量线可以形象地表示矢量场 $\boldsymbol{F}$ 在空间的变化。

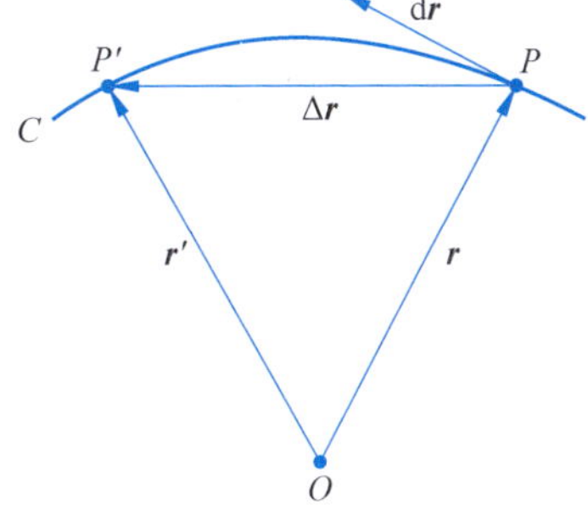

图 1.5　曲线 C 上的切线方向

如图 1.5 所示，空间中一条光滑有向曲线 C，曲线上有两点 P 和 P'，点 P'沿着曲线移至点 P。设点 O 是坐标原点，点 P 和 P'的位置矢量分别是 $\boldsymbol{r}$ 和 $\boldsymbol{r}'$，则距离矢量 $\overrightarrow{PP'}=\Delta\boldsymbol{r}=\boldsymbol{r}'-\boldsymbol{r}$。当点 P'无限接近点 P 时，极限 $\lim\limits_{P'\to P}\overrightarrow{PP'}$的方向就是点 P 切线方向，从而 $\mathrm{d}\boldsymbol{r}(P)=\lim\limits_{P'\to P}\overrightarrow{PP'}$，称 $\mathrm{d}\boldsymbol{r}$ 为有向曲线 C 的位移，它指向曲线点 P 处切线方向。根据矢量线的定义，曲线 C 上非零矢量 $\boldsymbol{F}(P,t)$与 $\mathrm{d}\boldsymbol{r}(P)$同方向意味着

这两个矢量的矢积(矢量积)为零,从而矢量线方程为

$$\boldsymbol{F}(P,t)\times \mathrm{d}\boldsymbol{r}(P)=\boldsymbol{0} \tag{1.10}$$

建立直角坐标系 $Oxyz$,将

$$\mathrm{d}\boldsymbol{r}(x,y,z)=\mathrm{d}x\boldsymbol{e}_x+\mathrm{d}y\boldsymbol{e}_y+\mathrm{d}z\boldsymbol{e}_z$$

$$\boldsymbol{F}(x,y,z,t)=F_x\boldsymbol{e}_x+F_y\boldsymbol{e}_y+F_z\boldsymbol{e}_z$$

代入方程(1.10),展开后成为

$$\begin{vmatrix} \boldsymbol{e}_x & \boldsymbol{e}_y & \boldsymbol{e}_z \\ F_x & F_y & F_z \\ \mathrm{d}x & \mathrm{d}y & \mathrm{d}z \end{vmatrix}=(F_y\mathrm{d}z-F_z\mathrm{d}y)\boldsymbol{e}_x+(F_z\mathrm{d}x-F_x\mathrm{d}z)\boldsymbol{e}_y+(F_x\mathrm{d}y-F_y\mathrm{d}x)\boldsymbol{e}_z=\boldsymbol{0} \tag{1.11}$$

一个矢量等于 $\boldsymbol{0}$,意味着所有分量均等于 0,即

$$F_y\mathrm{d}z-F_z\mathrm{d}y=0,\quad F_z\mathrm{d}x-F_x\mathrm{d}z=0,\quad F_x\mathrm{d}y-F_y\mathrm{d}x=0$$

或写成

$$F_y\mathrm{d}z=F_z\mathrm{d}y,\quad F_z\mathrm{d}x=F_x\mathrm{d}z,\quad F_x\mathrm{d}y=F_y\mathrm{d}x \tag{1.12}$$

当矢量 $\boldsymbol{F}$ 的分量满足 $F_x\neq 0, F_y\neq 0, F_z\neq 0$ 时,由方程组(1.12)得

$$\frac{\mathrm{d}x}{F_x}=\frac{\mathrm{d}y}{F_y}=\frac{\mathrm{d}z}{F_z} \tag{1.13}$$

将此式拆开,写成

$$\frac{\mathrm{d}x}{F_x}=\frac{\mathrm{d}y}{F_y},\quad \frac{\mathrm{d}y}{F_y}=\frac{\mathrm{d}z}{F_z},\quad \frac{\mathrm{d}x}{F_x}=\frac{\mathrm{d}z}{F_z}$$

这 3 个方程中只有两个是独立的,其中任意一个方程都可由另外两个方程得到。所以以上 3 个方程中任意两个方程联立起来:

$$\begin{cases} \dfrac{\mathrm{d}x}{F_x(x,y,z,t)}=\dfrac{\mathrm{d}y}{F_y(x,y,z,t)} \\ \dfrac{\mathrm{d}y}{F_y(x,y,z,t)}=\dfrac{\mathrm{d}z}{F_z(x,y,z,t)} \end{cases} \tag{1.14}$$

就得到三维场中矢量线的微分方程。

当矢量 $\boldsymbol{F}$ 的 3 个分量中其中一个等于 0、另两个不等于 0 时,例如 $F_z=0, F_x\neq 0, F_y\neq 0$,由方程组(1.12)得 $F_x\mathrm{d}y=F_y\mathrm{d}x$ 和 $\mathrm{d}z=0$,从而得二维场中矢量线的微分方程:

$$\begin{cases} \dfrac{\mathrm{d}x}{F_x(x,y,z_0,t)}=\dfrac{\mathrm{d}y}{F_y(x,y,z_0,t)} \\ z=z_0 \end{cases} \tag{1.15}$$

这说明,矢量线上切线方向为 $\mathrm{d}\boldsymbol{r}(P)=\mathrm{d}x\boldsymbol{e}_x+\mathrm{d}y\boldsymbol{e}_y$,矢量 $\boldsymbol{F}$ 是与坐标 z 无关的平行平面场。

当矢量 $\boldsymbol{F}$ 只有一个分量不等于 0 时,例如 $F_x\neq 0$,而 $F_y=0$ 和 $F_z=0$,由方程组(1.12)得 $\mathrm{d}y=0$ 和 $\mathrm{d}z=0$,从而矢量线的微分方程成为两个平面的交线:

$$\begin{cases} y=C_1 \\ z=C_2 \end{cases} \tag{1.16}$$

式中 C_1 和 C_2 均为任意常量。方程 $y=C_1$ 表示平行于坐标面 xOz 的一个平面,方程 $z=C_2$ 表示平行于坐标面 xOy 的一个平面,这两个方程联立表示这两个平面相交,矢量线是一条平行于 x 轴的直线。这说明,在直角坐标系中,矢量仅有一个分量时,它的矢量线为直线。

以上分析是在直角坐标系中进行的，如果采用圆柱坐标系或球坐标系，可以用完全相同的分析思路，从方程(1.10)出发，利用附录A得到矢量线方程。

为了正确地理解矢量线，需要注意以下几点。

(1) 光滑有向曲线 C 上任意点切线方向 $\mathrm{d}\boldsymbol{r}$ 与该点位置矢量 $\boldsymbol{r}$ 的标积为

$$\boldsymbol{r}\cdot\mathrm{d}\boldsymbol{r}=\frac{1}{2}\mathrm{d}(\boldsymbol{r}\cdot\boldsymbol{r})=\frac{1}{2}\mathrm{d}\,|\boldsymbol{r}|^2$$

因非零矢量 $\boldsymbol{A}$ 和 $\boldsymbol{B}$ 垂直的充要条件是 $\boldsymbol{A}\cdot\boldsymbol{B}=0$，所以只有非零定长矢量 $\boldsymbol{r}$ 才与位移 $\mathrm{d}\boldsymbol{r}$ 垂直，此时 $|\boldsymbol{r}|=C$(常量)。当 $|\boldsymbol{r}|$ 是变量时，非零矢量 $\boldsymbol{r}$ 与 $\mathrm{d}\boldsymbol{r}$ 并不垂直。

(2) 矢量场中的零点就是矢量等于零的点。设点 P_0 处 $\boldsymbol{F}(P_0,t)=\boldsymbol{0}$，则

$$F_x(P_0,t)=0,\quad F_y(P_0,t)=0,\quad F_z(P_0,t)=0$$

此时无法由方程组(1.14)确定矢量线，通过零点的矢量线可能不止一条。

(3) 矢量场中的无穷大点就是矢量的模趋于无穷大的点。在电磁场中，无穷大点有着明确的物理意义，它们常常是点电荷所在的点、线电荷或载流细导线所通过的点。由于任何物理量都必须为有限值，所以矢量线只能指向或背离使矢量的模为无穷大的那些点，而不能到达这些点。

(4) 当 $\boldsymbol{F}$ 为连续的光滑函数且 $\boldsymbol{F}\neq\boldsymbol{0}$ 时，矢量线填满所考察的整个区域，通过每一点有一条且仅有一条矢量线，矢量线间彼此不相交。

(5) 电磁场理论中大量使用矢量线来形象描绘场的变化，其中用得最多的是电场线和磁场线。电场线是电场强度的矢量线，磁场线是磁通密度的矢量线。在静电场中，电场线起始于正电荷而终止于负电荷；在稳恒磁场中，磁场线是围绕电流的闭合线；在时变电磁场中，电场线或起始于正电荷而终止于负电荷，或围绕磁场线构成闭合线，而磁场线是围绕电场线的闭合线。

例 1.5　如图1.6所示，无限大真空中有两根相距 $2a\,(a>0)$ 的无限长平行直导线，其中通有相等的同方向电流 I。试绘出导线周围空间的磁场线。

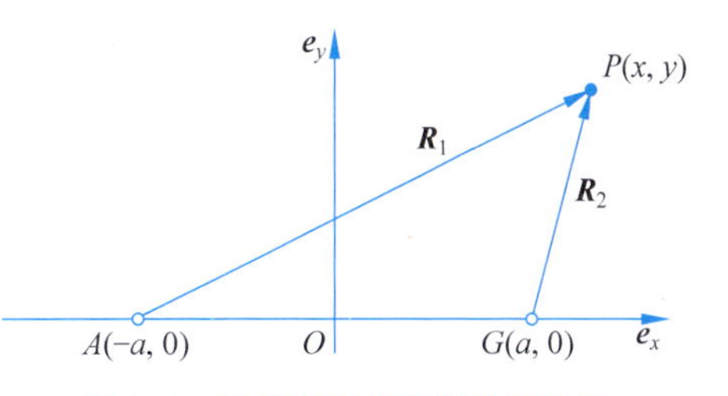

图1.6　两根平行长直载流导线在平面 $z=0$ 内的位置

解　绘制磁场线需要先求出磁通密度 $\boldsymbol{B}$ 的表达式。建立直角坐标系 $Oxyz$，使 z 轴与导线平行，电流 I 的方向与 $\boldsymbol{e}_z$ 同方向。容易看出，这是一个平行平面磁场问题，$\boldsymbol{B}$ 与 z 无关，只需在垂直于导线的平面内研究磁场分布即可，于是可用更简单的平面直角坐标系 Oxy 代替直角坐标系 $Oxyz$。

设两根长直导线分别通过平面直角坐标系 Oxy 内的点 $A(-a,0)$ 和 $G(a,0)$。利用电磁学知识，任意点 $P(x,y)$ 的磁通密度为

$$\boldsymbol{B}=\frac{\mu_0 I}{2\pi R_1}\boldsymbol{e}_z\times\left(\frac{\boldsymbol{R}_1}{R_1}\right)+\frac{\mu_0 I}{2\pi R_2}\boldsymbol{e}_z\times\left(\frac{\boldsymbol{R}_2}{R_2}\right)\tag{1.17}$$

式中，μ_0 是真空磁导率，各变量为

$$\boldsymbol{R}_1=\overrightarrow{AP}=(x+a)\boldsymbol{e}_x+y\boldsymbol{e}_y$$

$$\boldsymbol{R}_2=\overrightarrow{GP}=(x-a)\boldsymbol{e}_x+y\boldsymbol{e}_y$$

$$\boldsymbol{e}_z \times \boldsymbol{R}_1 = \boldsymbol{e}_z \times [(x+a)\boldsymbol{e}_x + y\boldsymbol{e}_y] = -y\boldsymbol{e}_x + (x+a)\boldsymbol{e}_y$$

$$\boldsymbol{e}_z \times \boldsymbol{R}_2 = \boldsymbol{e}_z \times [(x-a)\boldsymbol{e}_x + y\boldsymbol{e}_y] = -y\boldsymbol{e}_x + (x-a)\boldsymbol{e}_y$$

把以上各变量代入式(1.17),得

$$\boldsymbol{B} = \frac{\mu_0 I}{\pi R_1^2 R_2^2}[-y(x^2+y^2+a^2)\boldsymbol{e}_x + x(x^2+y^2-a^2)\boldsymbol{e}_y] \tag{1.18}$$

由式(1.18)可知:坐标原点 $O(0,0)$ 是 $\boldsymbol{B}$ 的零点,它是 A、G 两点连线的中点;点 $A(-a,0)$ 和点 $G(a,0)$ 都是无穷大点,是长直载流导线通过的点。在这 3 点 O、A、G 之外,把式(1.18)的两个磁场分量代入式(1.15),可得平面 $z=0$ 内的磁场线微分方程

$$\frac{\mathrm{d}x}{y(x^2+y^2+a^2)} + \frac{\mathrm{d}y}{x(x^2+y^2-a^2)} = 0$$

或写成

$$x(x^2-a^2)\mathrm{d}x + \frac{1}{2}\mathrm{d}(x^2y^2) + y(y^2+a^2)\mathrm{d}y = 0$$

两端积分,得到平面 $z=0$ 内的磁场线方程

$$(x^2+y^2)^2 - 2a^2(x^2-y^2) = C \tag{1.19}$$

式中 C 是积分常量。由于 $\pm x$ 和 $\pm y$ 都满足式(1.19),所以磁场线是关于 x 轴和 y 轴都对称的曲线,见图 1.7。解毕。

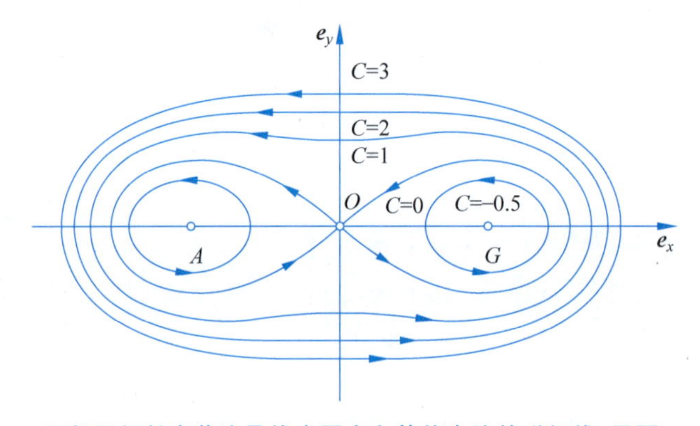

图 1.7 两根平行长直载流导线中同方向等值电流的磁场线(平面 $z=0$ 内)

说明 图 1.7 所示的曲线最初由意大利出生的法国天文学家卡西尼于 1749 年绘制,他认为行星的轨道应是某种卵形线。这种曲线被后人称为卡西尼卵形线,式(1.19)是它的方程。卡西尼卵形线的几何特征是:线上任意点到两个固定点 A 和 G 的距离乘积等于 $\sqrt{a^4+C}$;当 $C<0$ 时,曲线环绕一个固定点;当 $C>0$ 时,曲线环绕两个固定点;当 $C=0$ 时,曲线逼近中点 O,整条曲线像数字 8,这条 8 字形曲线称为双纽线。

1.2.3 箭头图

矢量场还可以用箭头图来形象地刻画,方法是:在二维坐标平面内画出正方形网格,或在三维空间内画出立方体网格,以网格的交点为始点画一个箭头,指向该点矢量方向,箭头长度与该点矢量大小成正比;保持同一比例,画出全部网格交点的箭头图形。这样,整个矢量场内全部交点处矢量的相对大小和方向就一目了然。图 1.8 就是按这个方法绘出的地面上方垂直于直流架空输电线平面内电场强度的箭头图。

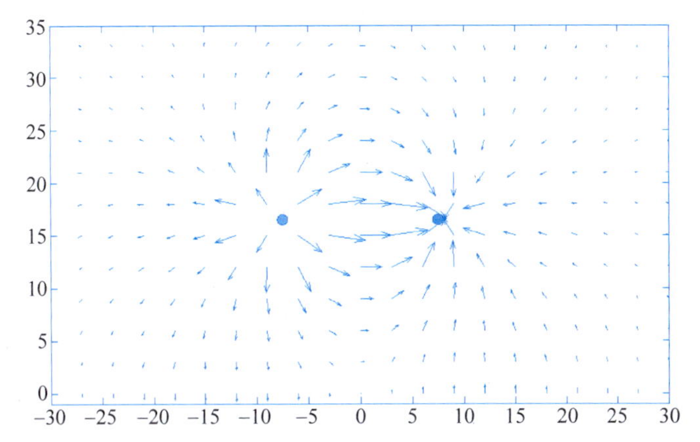

图 1.8 地面上方垂直于直流架空输电线平面内电场强度的箭头图

1.3 标量场的梯度

在标量场中，用等值面可以从整体上描述场的分布情况，但要描述场在一个点及周围的变化情况，就需要知道这一点沿各个方向的变化情况。而反映函数变化情况的数学工具是导数，所以就需要研究函数在任意点各个方向的导数。下面就来研究这个问题，在此基础上引进梯度这一数学工具。

我们在某一固定时刻 $t=t_0$ 研究标量场 $u(\boldsymbol{r},t_0)$ 的变化（为书写方便起见，今后 t_0 省略不写）。在场内任取一点 P，在从该点出发的任意射线 $\boldsymbol{l}$ 上任取一点 Q，见图 1.9，考察函数的增量与两点距离 $|\overrightarrow{PQ}|$ 之比：

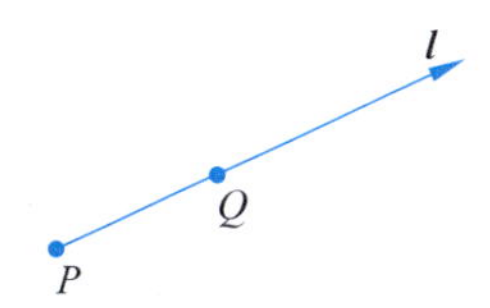

图 1.9 场中的射线

$$\frac{u(Q)-u(P)}{|\overrightarrow{PQ}|}$$

当点 Q 趋于点 P 时，如果这个比值的极限存在，则此极限就刻画了标量场 u 在点 P 沿 $\boldsymbol{l}$ 方向的变化率，记为

$$\frac{\partial u}{\partial l}=\lim_{Q\to P}\frac{u(Q)-u(P)}{|\overrightarrow{PQ}|} \tag{1.20}$$

$\partial u/\partial l$ 称为函数 u 在点 P 沿 $\boldsymbol{l}$ 方向的方向导数。

在直角坐标系 $Oxyz$ 中，因

$$\boldsymbol{r}(P)=x\boldsymbol{e}_x+y\boldsymbol{e}_y+z\boldsymbol{e}_z$$

$$\boldsymbol{r}(Q)=(x+\Delta x)\boldsymbol{e}_x+(y+\Delta y)\boldsymbol{e}_y+(z+\Delta z)\boldsymbol{e}_z$$

$$\overrightarrow{PQ}=\boldsymbol{r}(Q)-\boldsymbol{r}(P)=\boldsymbol{e}_x\Delta x+\boldsymbol{e}_y\Delta y+\boldsymbol{e}_z\Delta z$$

所以

$$\begin{aligned}u(Q)-u(P)&=u(x+\Delta x,y+\Delta y,z+\Delta z)-u(x,y,z)\\&=\frac{\partial u}{\partial x}\Delta x+\frac{\partial u}{\partial y}\Delta y+\frac{\partial u}{\partial z}\Delta z+o(|\overrightarrow{PQ}|)\\&=\left(\boldsymbol{e}_x\frac{\partial u}{\partial x}+\boldsymbol{e}_y\frac{\partial u}{\partial y}+\boldsymbol{e}_z\frac{\partial u}{\partial z}\right)\cdot(\boldsymbol{e}_x\Delta x+\boldsymbol{e}_y\Delta y+\boldsymbol{e}_z\Delta z)+o(|\overrightarrow{PQ}|)\end{aligned}$$

$$=\left(\boldsymbol{e}_x\frac{\partial u}{\partial x}+\boldsymbol{e}_y\frac{\partial u}{\partial y}+\boldsymbol{e}_z\frac{\partial u}{\partial z}\right)\cdot\overrightarrow{PQ}+o(|\overrightarrow{PQ}|)$$

式中，$o(|\overrightarrow{PQ}|)$表示当$|\overrightarrow{PQ}|\to 0$时函数$u$关于$|\overrightarrow{PQ}|$的高阶无穷小。两端同除以$|\overrightarrow{PQ}|$，得

$$\frac{u(Q)-u(P)}{|\overrightarrow{PQ}|}=\left(\boldsymbol{e}_x\frac{\partial u}{\partial x}+\boldsymbol{e}_y\frac{\partial u}{\partial y}+\boldsymbol{e}_z\frac{\partial u}{\partial z}\right)\cdot\frac{\overrightarrow{PQ}}{|\overrightarrow{PQ}|}+\frac{o(|\overrightarrow{PQ}|)}{|\overrightarrow{PQ}|}\tag{1.21}$$

当u是可微函数时，$\lim\limits_{Q\to P}\dfrac{o(|\overrightarrow{PQ}|)}{|\overrightarrow{PQ}|}=0$。记$\boldsymbol{l}^\circ=\dfrac{\overrightarrow{PQ}}{|\overrightarrow{PQ}|}$是点$P$沿$\boldsymbol{l}$方向的单位矢量，再记

$$\text{grad}u=\boldsymbol{e}_x\frac{\partial u}{\partial x}+\boldsymbol{e}_y\frac{\partial u}{\partial y}+\boldsymbol{e}_z\frac{\partial u}{\partial z}$$

这里，grad$u$称为标量场u在点P的梯度，grad是英文gradient(梯度、坡度)的缩写。于是，由式(1.20)和式(1.21)，方向导数成为

$$\frac{\partial u}{\partial l}=\lim_{Q\to P}\frac{u(Q)-u(P)}{|\overrightarrow{PQ}|}=\text{grad}u\cdot\boldsymbol{l}^\circ\tag{1.22}$$

即u在点P沿$\boldsymbol{l}$方向的方向导数$\dfrac{\partial u}{\partial l}$等于梯度grad$u$在该方向上的投影。

虽然通过点P的射线有无穷多，每个方向都有对应的方向导数，但由式(1.22)可知，只要知道点P梯度grad$u$，任意方向$\boldsymbol{l}^\circ$的方向导数都可由该点梯度与$\boldsymbol{l}^\circ$作标积运算得到。

利用标积$\boldsymbol{a}\cdot\boldsymbol{b}=ab\cos(\boldsymbol{a},\boldsymbol{b})$，由式(1.22)得

$$\frac{\partial u}{\partial l}=|\text{grad}u|\cos(\text{grad}u,\boldsymbol{l}^\circ)\tag{1.23}$$

由于grad$u$是一个确定的矢量，它的大小和方向均与单位矢量$\boldsymbol{l}^\circ$无关，所以当$\boldsymbol{l}^\circ$与grad$u$同方向时，$\cos(\text{grad}u,\boldsymbol{l}^\circ)=1$，$\dfrac{\partial u}{\partial l}=|\text{grad}u|$。也就是说，梯度方向是函数取得方向导数最大值的方向，或者说函数沿梯度方向增加最快。以爬山为例，沿梯度方向向上爬将是最陡的坡。

1846年哈密顿引入了一个符号：

$$\nabla=\boldsymbol{e}_x\frac{\partial}{\partial x}+\boldsymbol{e}_y\frac{\partial}{\partial y}+\boldsymbol{e}_z\frac{\partial}{\partial z}\tag{1.24}$$

这个符号叫哈密顿算子，也叫哈密顿算符，它既包括矢量又包括微分运算。利用哈密顿算子，梯度可表示成

$$\text{grad}u=\left(\boldsymbol{e}_x\frac{\partial}{\partial x}+\boldsymbol{e}_y\frac{\partial}{\partial y}+\boldsymbol{e}_z\frac{\partial}{\partial z}\right)u=\nabla u\tag{1.25}$$

本书大量使用符号∇，为了正确理解，说明如下。

(1) ∇是一个运算符号，本身并无意义，它只对右边的量发生作用，对左边的量不起作用，$\nabla u\neq u\nabla$。

(2) ∇是微分和矢量的组合，它既有微分的性质，又有矢量的特点。

(3) 设a、b为任意常量，φ_1、φ_2、u为函数，以下3式成立：

$$\nabla(a\varphi_1+b\varphi_2)=a\nabla\varphi_1+b\nabla\varphi_2$$

$$\nabla(\varphi_1\varphi_2)=\varphi_1\nabla\varphi_2+\varphi_2\nabla\varphi_1$$

$$\text{若}\nabla u=\boldsymbol{0}\text{，则}u=\text{常量}$$

(4) 可以把∇看作矢量形式，例如在直角坐标系$Oxyz$中，把∇u看成矢量∇和标量u的乘积：

$$\nabla u=\left(\boldsymbol{e}_x\frac{\partial}{\partial x}+\boldsymbol{e}_y\frac{\partial}{\partial y}+\boldsymbol{e}_z\frac{\partial}{\partial z}\right)u=\boldsymbol{e}_x\frac{\partial u}{\partial x}+\boldsymbol{e}_y\frac{\partial u}{\partial y}+\boldsymbol{e}_z\frac{\partial u}{\partial z}$$

(5) 符号∇在不同的坐标系中有不同的表达式，式(1.25)的中间部分是直角坐标系中的梯度式。

(6) 附录A给出了涉及符号∇的各种表达式，有效使用这个附录可以提高分析效率。

例1.6 设$\boldsymbol{r}$是位置矢量，$\boldsymbol{k}$是常矢量，$\mathrm{j}=\sqrt{-1}$，求梯度$\nabla \mathrm{e}^{-\mathrm{j}\boldsymbol{k}\cdot\boldsymbol{r}}$。

解 在直角坐标系$Oxyz$中，设$\boldsymbol{k}=k_x\boldsymbol{e}_x+k_y\boldsymbol{e}_y+k_z\boldsymbol{e}_z$和$\boldsymbol{r}=x\boldsymbol{e}_x+y\boldsymbol{e}_y+z\boldsymbol{e}_z$，则

$$\boldsymbol{k}\cdot\boldsymbol{r}=k_xx+k_yy+k_zz$$

所以

$$\begin{aligned}\nabla \mathrm{e}^{-\mathrm{j}\boldsymbol{k}\cdot\boldsymbol{r}}&=\left(\boldsymbol{e}_x\frac{\partial}{\partial x}+\boldsymbol{e}_y\frac{\partial}{\partial y}+\boldsymbol{e}_z\frac{\partial}{\partial z}\right)\mathrm{e}^{-\mathrm{j}\boldsymbol{k}\cdot\boldsymbol{r}}\\&=\boldsymbol{e}_x\frac{\partial}{\partial x}\mathrm{e}^{-\mathrm{j}\boldsymbol{k}\cdot\boldsymbol{r}}+\boldsymbol{e}_y\frac{\partial}{\partial y}\mathrm{e}^{-\mathrm{j}\boldsymbol{k}\cdot\boldsymbol{r}}+\boldsymbol{e}_z\frac{\partial}{\partial z}\mathrm{e}^{-\mathrm{j}\boldsymbol{k}\cdot\boldsymbol{r}}\\&=\boldsymbol{e}_x(-\mathrm{j}k_x\mathrm{e}^{-\mathrm{j}\boldsymbol{k}\cdot\boldsymbol{r}})+\boldsymbol{e}_y(-\mathrm{j}k_y\mathrm{e}^{-\mathrm{j}\boldsymbol{k}\cdot\boldsymbol{r}})+\boldsymbol{e}_z(-\mathrm{j}k_z\mathrm{e}^{-\mathrm{j}\boldsymbol{k}\cdot\boldsymbol{r}})\\&=-\mathrm{j}\boldsymbol{k}\mathrm{e}^{-\mathrm{j}\boldsymbol{k}\cdot\boldsymbol{r}}\end{aligned}$$

解毕。

例1.7 设$r>0$，证明$\nabla\frac{1}{r^3}=-\frac{3\boldsymbol{r}}{r^5}$。

证 在直角坐标系$Oxyz$中，位置矢量的模$r=\sqrt{x^2+y^2+z^2}$，所以

$$\begin{aligned}\nabla\frac{1}{r^3}&=\left(\boldsymbol{e}_x\frac{\partial}{\partial x}+\boldsymbol{e}_y\frac{\partial}{\partial y}+\boldsymbol{e}_z\frac{\partial}{\partial z}\right)(x^2+y^2+z^2)^{-\frac{3}{2}}\\&=-3(x^2+y^2+z^2)^{-\frac{5}{2}}(\boldsymbol{e}_xx+\boldsymbol{e}_yy+\boldsymbol{e}_zy)=-\frac{3\boldsymbol{r}}{r^5}\end{aligned}$$

证毕。

例1.8 如图1.10所示，在直角坐标系$Oxyz$中，点P和点Q的位置矢量分别为$\boldsymbol{r}=\overrightarrow{OP}=x\boldsymbol{e}_x+y\boldsymbol{e}_y+z\boldsymbol{e}_z$和$\boldsymbol{r}'=\overrightarrow{OQ}=x'\boldsymbol{e}_x+y'\boldsymbol{e}_y+z'\boldsymbol{e}_z$，两点间的距离矢量为$\boldsymbol{R}=\overrightarrow{QP}=\boldsymbol{r}-\boldsymbol{r}'$，证明

$$\nabla\frac{1}{R}=-\nabla'\frac{1}{R}=-\frac{\boldsymbol{R}}{R^3}=-\frac{\boldsymbol{r}-\boldsymbol{r}'}{|\boldsymbol{r}-\boldsymbol{r}'|^3}$$

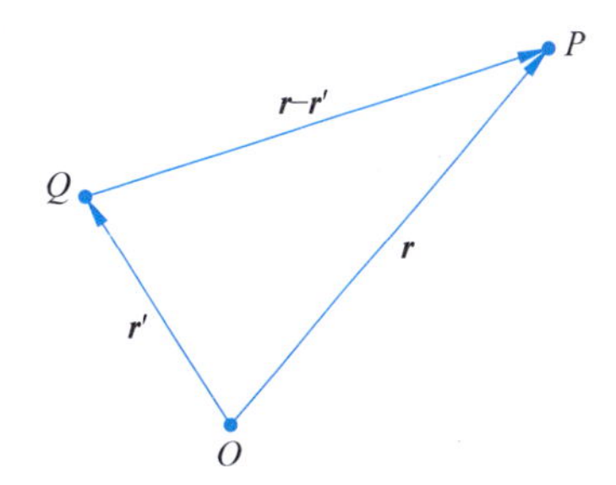

图1.10 两点间的距离矢量

式中

$$\nabla=\boldsymbol{e}_x\frac{\partial}{\partial x}+\boldsymbol{e}_y\frac{\partial}{\partial y}+\boldsymbol{e}_z\frac{\partial}{\partial z}$$

$$\nabla'=\boldsymbol{e}_x\frac{\partial}{\partial x'}+\boldsymbol{e}_y\frac{\partial}{\partial y'}+\boldsymbol{e}_z\frac{\partial}{\partial z'}$$

注意，符号∇表示对坐标x,y,z施行微分，符号∇'表示对坐标x',y',z'施行微分。

证 因

$$R=[(x-x')^2+(y-y')^2+(z-z')^2]^{1/2}$$

$$\nabla\frac{1}{R}=\boldsymbol{e}_x\frac{\partial}{\partial x}\left(\frac{1}{R}\right)+\boldsymbol{e}_y\frac{\partial}{\partial y}\left(\frac{1}{R}\right)+\boldsymbol{e}_z\frac{\partial}{\partial z}\left(\frac{1}{R}\right)$$

$$=-\frac{1}{R^3}[(x-x')\boldsymbol{e}_x+(y-y')\boldsymbol{e}_y+(z-z')\boldsymbol{e}_z]=-\frac{\boldsymbol{r}-\boldsymbol{r}'}{|\boldsymbol{r}-\boldsymbol{r}'|^3}=-\frac{\boldsymbol{R}}{R^3}$$

$$\nabla'\frac{1}{R}=\boldsymbol{e}_x\frac{\partial}{\partial x'}\left(\frac{1}{R}\right)+\boldsymbol{e}_y\frac{\partial}{\partial y'}\left(\frac{1}{R}\right)+\boldsymbol{e}_z\frac{\partial}{\partial z'}\left(\frac{1}{R}\right)$$

$$=\frac{1}{R^3}[(x-x')\boldsymbol{e}_x+(y-y')\boldsymbol{e}_y+(z-z')\boldsymbol{e}_z]=\frac{\boldsymbol{r}-\boldsymbol{r}'}{|\boldsymbol{r}-\boldsymbol{r}'|^3}=\frac{\boldsymbol{R}}{R^3}$$

对比以上两式右端，得证。

例 1.9 设函数 $u(\boldsymbol{r})=6\cos(\pi/3-\boldsymbol{k}\cdot\boldsymbol{r})$，其中 $\boldsymbol{k}=2\boldsymbol{e}_x+5\boldsymbol{e}_y-\boldsymbol{e}_z$。求 u 在点 $P(1,-1,2)$ 沿 $\boldsymbol{l}=\boldsymbol{e}_x+7\boldsymbol{e}_y-2\boldsymbol{e}_z$ 的方向导数，并求出沿该点哪个方向 u 增加得最快，沿该点哪个方向 u 减少得最快。

解 因点 $P(1,-1,2)$ 的矢径 $\boldsymbol{r}=\boldsymbol{e}_x-\boldsymbol{e}_y+2\boldsymbol{e}_z$，$\nabla u=6\sin(\pi/3-\boldsymbol{k}\cdot\boldsymbol{r})\boldsymbol{k}$，所以

$$\boldsymbol{N}=(\nabla u)\big|_{(1,-1,2)}=6(2\boldsymbol{e}_x+5\boldsymbol{e}_y-\boldsymbol{e}_z)\sin(\pi/3+5)$$

于是，①u 沿 $\boldsymbol{l}$ 的方向导数为

$$\left.\frac{\partial u}{\partial l}\right|_{(1,-1,2)}=\boldsymbol{N}\cdot\frac{\boldsymbol{l}}{|\boldsymbol{l}|}=\boldsymbol{N}\cdot\frac{\boldsymbol{e}_x+7\boldsymbol{e}_y-2\boldsymbol{e}_z}{|\boldsymbol{e}_x+7\boldsymbol{e}_y-2\boldsymbol{e}_z|}\approx-7.45$$

② u 沿该点梯度 $\boldsymbol{N}$ 的方向增加最快，这个方向的单位矢量为

$$\boldsymbol{N}^\circ=\frac{\boldsymbol{N}}{|\boldsymbol{N}|}=\frac{\sin(\pi/3+5)}{|\sin(\pi/3+5)|}\ \frac{2\boldsymbol{e}_x+5\boldsymbol{e}_y-\boldsymbol{e}_z}{\sqrt{30}}=-\frac{2\boldsymbol{e}_x+5\boldsymbol{e}_y-\boldsymbol{e}_z}{\sqrt{30}}$$

式中 $\sin(\pi/3+5)\approx-0.2338<0$；③$u$ 沿梯度 $\boldsymbol{N}$ 的相反方向减少得最快，这个方向的单位矢量为$(-\boldsymbol{N}^\circ)$。解毕。

1.4 矢量场的散度

除了用矢量线来形象化地建立矢量场的整体物理图像外，还需要借助分析的方法来找到一些量，用来刻画矢量场在空间任意点及周围区域的变化规律。虽然只要知道了矢量 $\boldsymbol{F}$，场中每点的大小和方向就都知道了，然而在许多实际问题中，我们并不知道矢量 $\boldsymbol{F}$。此时，如何描述矢量场？数学上已经证明(见 1.8 节)，在 $\boldsymbol{F}$ 未知的情况下，刻画矢量场变化规律的量只能是矢量的散度 $\mathrm{div}\boldsymbol{F}$ 和旋度 $\mathrm{curl}\boldsymbol{F}$，本节和 1.5 节将借助流动的河水来分别引入这两个重要概念。

下面引入散度的概念。

形象地说，散度是一个“探测器”，它可以探测河水中什么地方有“源泉”，什么地方有“漏洞”，以及“源泉”和“漏洞”的大小。

设河水中点 P 的流速为$\boldsymbol{v}$ (m/s)，水的密度为 $\rho(\mathrm{kg/m^3})$，则河水单位时间穿出任意曲面 S 的流量就是$\int_S\rho\boldsymbol{v}\cdot\mathrm{d}\boldsymbol{S}$ (kg/s)。当 S 是闭曲面时，用大写希腊字母 Φ 表示穿出闭曲面 S 的流量：

$$\Phi=\oint_S\boldsymbol{F}\cdot\mathrm{d}\boldsymbol{S}\tag{1.26}$$

式中 $\boldsymbol{F}=\rho\boldsymbol{v}$，$\mathrm{d}\boldsymbol{S}=\boldsymbol{n}\mathrm{d}S$，$\boldsymbol{n}$ 是曲面 S 的法向单位矢量，$\boldsymbol{n}$ 的方向指向 S 的外侧，$\mathrm{d}S$ 是曲面 S 的面元。容易理解，这个积分描述的是矢量场的区域性质，与闭曲面 S 内河水的“源泉”和“漏洞”的分布有关。如果 $\Phi>0$，说明闭曲面 S 内有“源泉”向外发散流出，见图 1.11(a)。如果

$\Phi<0$，说明闭曲面 S 内有"漏洞"，河水往"漏洞"里灌注，见图 1.11(b)。如果 $\Phi=0$，此时有两种可能：一种可能是闭曲面 S 内既没有"源泉"也没有"漏洞"，水流从闭曲面 S 的一部分灌注进去，再从闭曲面 S 的另一部分发散出来，见图 1.11(c)；另一种可能是闭曲面 S 内既有"源泉"又有"漏洞"，从"源泉"发散出来的水全部灌注进了"漏洞"中，见图 1.11(d)。

积分(1.26)反映了闭曲面 S 所包围的区域 V 内水流发散出来的流量。这个流量大小除了与函数 $\boldsymbol{F}$ 有关外，还与区域 V 的大小有关。为反映水流的发散密度，我们用流量 Φ 与体积 V 之比来表示。例如有两个区域 V_1 和 V_2，从区域 $V_1=2\ \mathrm{m}^3$ 中发散出的流量是 $\Phi_1=800\ \mathrm{kg/s}$，从区域 $V_2=3\ \mathrm{m}^3$ 中发散出的流量是 $\Phi_2=900\ \mathrm{kg/s}$，则这两个区域的单位体积内流量分别为

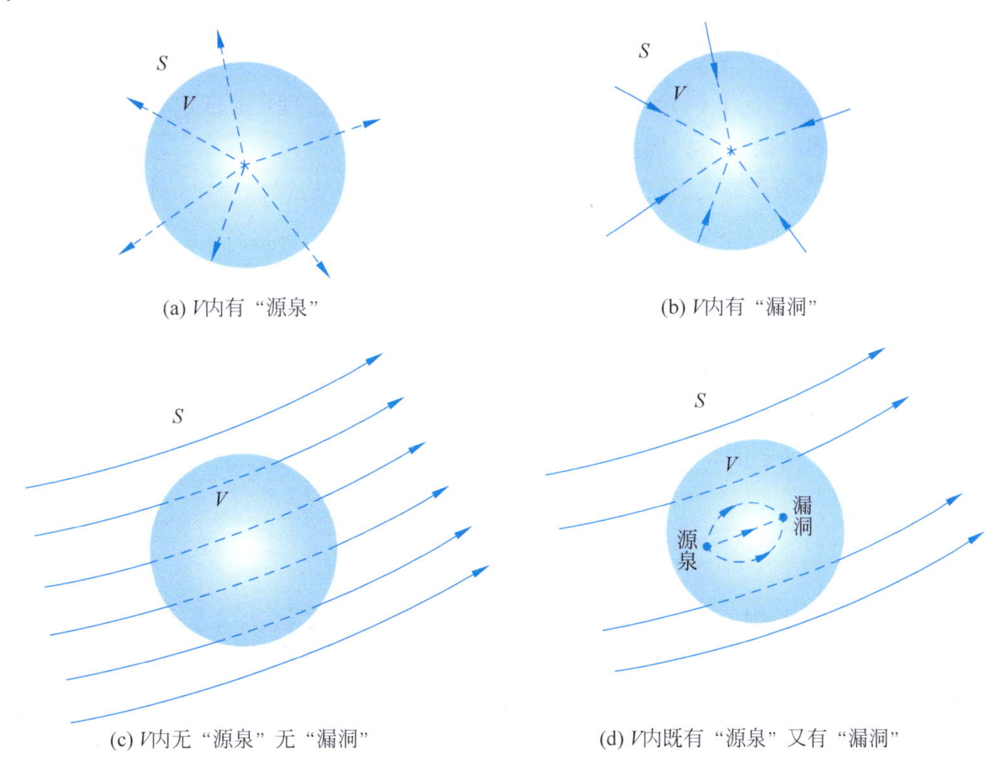

(a) V内有"源泉"　(b) V内有"漏洞"

(c) V内无"源泉"无"漏洞"　(d) V内既有"源泉"又有"漏洞"

图 1.11 "源泉"和"漏洞"的分布

$$V_1\ 区域：\frac{\Phi_1}{V_1}=\frac{800\ \mathrm{kg/s}}{2\ \mathrm{m}^3}=400\ \frac{\mathrm{kg}}{\mathrm{s}\cdot\mathrm{m}^3}$$

$$V_2\ 区域：\frac{\Phi_2}{V_2}=\frac{900\ \mathrm{kg/s}}{3\ \mathrm{m}^3}=300\ \frac{\mathrm{kg}}{\mathrm{s}\cdot\mathrm{m}^3}$$

即区域 V_1 向外发散的密度大于区域 V_2 向外发散的密度。

比值 Φ/V 只反映了区域 V 中水流向外发散的平均密度，并不能刻画区域 V 内任意点的发散密度。为了弄清 V 内各点"源泉"或"漏洞"的分布情况，我们作一小闭曲面 ΔS 包围所考察的点 P，设 ΔS 所包围的体积是 ΔV，则比值

$$\frac{\Delta\Phi}{\Delta V}=\frac{\oint_{\Delta S}\boldsymbol{F}\cdot\mathrm{d}\boldsymbol{S}}{\Delta V}$$

反映了点 P 周围小区域 ΔV 内的发散密度。注意，符号 Δ 表示增量，不要与符号 ∇ 混淆。当体

积 $\Delta V\to 0$ 且区域 ΔV 收缩为点 P 时，如果这个比值的极限存在，记作

$$\mathrm{div}\boldsymbol{F}=\lim_{\Delta V\to 0}\frac{\oint_{\Delta S}\boldsymbol{F}\cdot \mathrm{d}\boldsymbol{S}}{\Delta V} \tag{1.27}$$

此极限称为矢量场 $\boldsymbol{F}$ 在点 P 的散度(读音 sàn dù[①])。div 是英文 divergence(发散)的缩写。散度细致地刻画了矢量场 $\boldsymbol{F}$ 中各点"源泉"或"漏洞"的分布及密度大小。如果 $\mathrm{div}\boldsymbol{F}>0$，说明点 P 有"源泉"；如果 $\mathrm{div}\boldsymbol{F}<0$，说明点 P 有"漏洞"；如果 $\mathrm{div}\boldsymbol{F}=0$，说明点 P 处既不存在"源泉"也不存在"漏洞"。

与水流相似，电磁场理论中有两个常用的"流量"：电通 $\oint_S \boldsymbol{D}\cdot \mathrm{d}\boldsymbol{S}$($\boldsymbol{D}$ 是电通密度)和磁通 $\oint_S \boldsymbol{B}\cdot \mathrm{d}\boldsymbol{S}$($\boldsymbol{B}$ 是磁通密度)，它们的散度分别是 $\mathrm{div}\boldsymbol{D}$ 和 $\mathrm{div}\boldsymbol{B}$。

为得到散度计算式，这里我们介绍矢量分析中的一个基本定理：散度定理[②]。该定理给出了体积分与面积分的转换关系。散度定理表述如下：

设空间闭区域 V 的表面为 S，矢量 $\boldsymbol{F}$ 在 $V+S$ 上具有一阶连续偏导数，则有

$$\oint_S \boldsymbol{F}\cdot \mathrm{d}\boldsymbol{S}=\int_V \nabla\cdot \boldsymbol{F}\,\mathrm{d}V \tag{1.28}$$

式中 $\mathrm{d}\boldsymbol{S}$ 的方向指向 S 外侧。注意，当 V 是由多个封闭曲面所围成的区域(V 内有洞)时，散度定理仍然成立。数学中，散度定理叫高斯公式。

利用散度定理，由式(1.27)可得小闭曲面 ΔS 穿出的流量

$$\lim_{\Delta V\to 0}\Delta\Phi=\lim_{\Delta V\to 0}\oint_{\Delta S}\boldsymbol{F}\cdot \mathrm{d}\boldsymbol{S}=\lim_{\Delta V\to 0}\int_{\Delta V}\nabla\cdot \boldsymbol{F}\,\mathrm{d}V=\lim_{\Delta V\to 0}(\nabla\cdot \boldsymbol{F})\Delta V$$

于是散度计算式成为

$$\mathrm{div}\boldsymbol{F}=\lim_{\Delta V\to 0}\frac{\Delta\Phi}{\Delta V}=\nabla\cdot \boldsymbol{F} \tag{1.29}$$

在直角坐标系 $Oxyz$ 中，因

$$\nabla=\boldsymbol{e}_x\frac{\partial}{\partial x}+\boldsymbol{e}_y\frac{\partial}{\partial y}+\boldsymbol{e}_z\frac{\partial}{\partial z},\quad \boldsymbol{F}=F_x\boldsymbol{e}_x+F_y\boldsymbol{e}_y+F_z\boldsymbol{e}_z$$

从而

$$\begin{aligned}\nabla\cdot \boldsymbol{F}&=\left(\boldsymbol{e}_x\frac{\partial}{\partial x}+\boldsymbol{e}_y\frac{\partial}{\partial y}+\boldsymbol{e}_z\frac{\partial}{\partial z}\right)\cdot(F_x\boldsymbol{e}_x+F_y\boldsymbol{e}_y+F_z\boldsymbol{e}_z)\\&=\frac{\partial F_x}{\partial x}+\frac{\partial F_y}{\partial y}+\frac{\partial F_z}{\partial z}\end{aligned} \tag{1.30}$$

可见散度是一个标量。

记 $\nabla\cdot\nabla=\nabla^2$，符号 ∇^2 叫拉普拉斯算子，也叫拉普拉斯算符。在直角坐标系 $Oxyz$ 中，可写成以下形式：

$$\nabla^2=\frac{\partial^2}{\partial x^2}+\frac{\partial^2}{\partial y^2}+\frac{\partial^2}{\partial z^2}$$

---

① 汉字"散"有两个读音 sǎn 和 sàn。"散度"是指发散(fā sàn，由某一点向四周散开)的程度，因此"散度"应读 sàn dù。

② 散度定理有多种名称。1840 年高斯发表的论文中曾出现过这个定理，因此一般称它为高斯定理。但在此之前的 1831 年，奥斯特洛格拉茨基发表的论文中就已出现，而且 1828 年他在巴黎曾口头发表过，所以一些文献也把这个表达式叫高斯-奥斯特洛格拉茨基公式。现在许多文献把这个定理叫散度定理。

这是一个求二阶偏导数的符号，可作用于标量，也可作用于矢量：

$$\nabla^2 f=\frac{\partial^2 f}{\partial x^2}+\frac{\partial^2 f}{\partial y^2}+\frac{\partial^2 f}{\partial z^2}$$

$$\nabla^2 \boldsymbol{F}=\frac{\partial^2 \boldsymbol{F}}{\partial x^2}+\frac{\partial^2 \boldsymbol{F}}{\partial y^2}+\frac{\partial^2 \boldsymbol{F}}{\partial z^2}$$

使用符号∇^2表示的一个常用公式为

$$\nabla^2 \frac{1}{|\boldsymbol{r}-\boldsymbol{r}'|}=-4\pi\delta(\boldsymbol{r}-\boldsymbol{r}') \tag{1.31}$$

式中，正体希腊字母 δ 表示狄拉克函数，它是通过积分定义的，有关 δ 函数的各种运算也必须在积分的意义下进行(见附录 B)。

利用$\nabla^2 f=\nabla\cdot(\nabla f)$，式(1.31)也可写成

$$\nabla\cdot \frac{\boldsymbol{r}-\boldsymbol{r}'}{|\boldsymbol{r}-\boldsymbol{r}'|^3}=4\pi\delta(\boldsymbol{r}-\boldsymbol{r}') \tag{1.32}$$

δ 函数的定义和式(1.31)的证明见附录 B。

例 1.10 求位置矢量 $\boldsymbol{r}$ 的散度$\nabla\cdot\boldsymbol{r}$。

解 在直角坐标系 $Oxyz$ 中，有

$$\nabla\cdot\boldsymbol{r}=\left(\boldsymbol{e}_x\frac{\partial}{\partial x}+\boldsymbol{e}_y\frac{\partial}{\partial y}+\boldsymbol{e}_z\frac{\partial}{\partial z}\right)\cdot(x\boldsymbol{e}_x+y\boldsymbol{e}_y+z\boldsymbol{e}_z)=\frac{\partial x}{\partial x}+\frac{\partial y}{\partial y}+\frac{\partial z}{\partial z}=1+1+1=3$$

解毕。

例 1.11 设标量 a 和矢量 $\boldsymbol{A}$ 可微，证明$\nabla\cdot(a\boldsymbol{A})=\boldsymbol{A}\cdot\nabla a+a\,\nabla\cdot\boldsymbol{A}$。

证 在直角坐标系 $Oxyz$ 中，有

$$\begin{aligned}\nabla\cdot(a\boldsymbol{A})&=\left(\boldsymbol{e}_x\frac{\partial}{\partial x}+\boldsymbol{e}_y\frac{\partial}{\partial y}+\boldsymbol{e}_z\frac{\partial}{\partial z}\right)\cdot(aA_x\boldsymbol{e}_x+aA_y\boldsymbol{e}_y+aA_z\boldsymbol{e}_z)\\&=\frac{\partial(aA_x)}{\partial x}+\frac{\partial(aA_y)}{\partial y}+\frac{\partial(aA_z)}{\partial z}\\&=a\left(\frac{\partial A_x}{\partial x}+\frac{\partial A_y}{\partial y}+\frac{\partial A_z}{\partial z}\right)+A_x\frac{\partial a}{\partial x}+A_y\frac{\partial a}{\partial y}+A_z\frac{\partial a}{\partial z}\\&=a\,\nabla\cdot\boldsymbol{A}+\boldsymbol{A}\cdot\nabla a\end{aligned}$$

证毕。

例 1.12 设常矢量 $\boldsymbol{A}$、$\boldsymbol{B}$、$\boldsymbol{C}$、$\boldsymbol{k}_1$、$\boldsymbol{k}_2$、$\boldsymbol{k}_3$ 满足 $\boldsymbol{A}\mathrm{e}^{\mathrm{j}\boldsymbol{k}_1\cdot\boldsymbol{r}}+\boldsymbol{B}\mathrm{e}^{\mathrm{j}\boldsymbol{k}_2\cdot\boldsymbol{r}}=\boldsymbol{C}\mathrm{e}^{\mathrm{j}\boldsymbol{k}_3\cdot\boldsymbol{r}}$，证明 $\boldsymbol{A}+\boldsymbol{B}=\boldsymbol{C}$ 和 $\boldsymbol{k}_1\cdot\boldsymbol{r}=\boldsymbol{k}_2\cdot\boldsymbol{r}=\boldsymbol{k}_3\cdot\boldsymbol{r}$，这里 $\boldsymbol{r}$ 为任意矢径，$\mathrm{j}=\sqrt{-1}$。

证 利用公式$\nabla\cdot(a\boldsymbol{A})=a\,\nabla\cdot\boldsymbol{A}+\boldsymbol{A}\cdot\nabla a$，以 $\boldsymbol{r}$ 为变量，在所给等式两端求散度：

$$\nabla\cdot(\boldsymbol{A}\mathrm{e}^{\mathrm{j}\boldsymbol{k}_1\cdot\boldsymbol{r}})+\nabla\cdot(\boldsymbol{B}\mathrm{e}^{\mathrm{j}\boldsymbol{k}_2\cdot\boldsymbol{r}})=\nabla\cdot(\boldsymbol{C}\mathrm{e}^{\mathrm{j}\boldsymbol{k}_3\cdot\boldsymbol{r}})$$

得

$$\boldsymbol{k}_1\cdot\boldsymbol{A}\mathrm{e}^{\mathrm{j}\boldsymbol{k}_1\cdot\boldsymbol{r}}+\boldsymbol{k}_2\cdot\boldsymbol{B}\mathrm{e}^{\mathrm{j}\boldsymbol{k}_2\cdot\boldsymbol{r}}=\boldsymbol{k}_3\cdot\boldsymbol{C}\mathrm{e}^{\mathrm{j}\boldsymbol{k}_3\cdot\boldsymbol{r}}$$

此式与给定等式联立，消去 $\boldsymbol{C}\mathrm{e}^{\mathrm{j}\boldsymbol{k}_3\cdot\boldsymbol{r}}$，得

$$(\boldsymbol{k}_1-\boldsymbol{k}_3)\cdot\boldsymbol{A}\mathrm{e}^{\mathrm{j}(\boldsymbol{k}_1-\boldsymbol{k}_2)\cdot\boldsymbol{r}}=(\boldsymbol{k}_3-\boldsymbol{k}_2)\cdot\boldsymbol{B}$$

右端为常量，左端为 $\boldsymbol{r}$ 的函数，说明指数部分$(\boldsymbol{k}_1-\boldsymbol{k}_2)\cdot\boldsymbol{r}=0$，即 $\boldsymbol{k}_1\cdot\boldsymbol{r}=\boldsymbol{k}_2\cdot\boldsymbol{r}$。于是 $\boldsymbol{A}\mathrm{e}^{\mathrm{j}\boldsymbol{k}_1\cdot\boldsymbol{r}}+\boldsymbol{B}\mathrm{e}^{\mathrm{j}\boldsymbol{k}_2\cdot\boldsymbol{r}}=\boldsymbol{C}\mathrm{e}^{\mathrm{j}\boldsymbol{k}_3\cdot\boldsymbol{r}}$ 成为

$$(\boldsymbol{A}+\boldsymbol{B})\mathrm{e}^{\mathrm{j}(\boldsymbol{k}_1-\boldsymbol{k}_3)\cdot\boldsymbol{r}}=\boldsymbol{C}$$

即指数部分$(\boldsymbol{k}_1-\boldsymbol{k}_3)\cdot\boldsymbol{r}=0$。最后得$\boldsymbol{k}_1\cdot\boldsymbol{r}=\boldsymbol{k}_2\cdot\boldsymbol{r}=\boldsymbol{k}_3\cdot\boldsymbol{r}$和$\boldsymbol{A}+\boldsymbol{B}=\boldsymbol{C}$。证毕。

例 1.13 设标量函数 f 有二阶连续偏导数，证明$\nabla\cdot(\nabla f)=\nabla^2 f$。

证 在直角坐标系 $Oxyz$ 中，有

$$\begin{aligned}\nabla\cdot(\nabla f)&=\left(\boldsymbol{e}_x\frac{\partial}{\partial x}+\boldsymbol{e}_y\frac{\partial}{\partial y}+\boldsymbol{e}_z\frac{\partial}{\partial z}\right)\cdot\left(\boldsymbol{e}_x\frac{\partial f}{\partial x}+\boldsymbol{e}_y\frac{\partial f}{\partial y}+\boldsymbol{e}_z\frac{\partial f}{\partial z}\right)\\&=\frac{\partial^2 f}{\partial x^2}+\frac{\partial^2 f}{\partial y^2}+\frac{\partial^2 f}{\partial z^2}=\nabla^2 f\end{aligned}$$

证毕。

1.5 矢量场的旋度

下面我们从河水中的漩涡着手，引入矢量场的旋度。

形象地说，旋度是一个“小水轮”，它可以探测任意点水流是否有漩涡、旋转方向以及旋转的强弱。为此，我们在河水中放置一个小水轮。一般来说，小水轮放置的位置不同，转轴的指向不同，小水轮旋转的强弱就不同。以图 1.12 为例来说明。图 1.12(a)是河流的垂直剖面图，河底水流与河床有摩擦，越接近河床流速越小，而河面上水的流速大，我们在河水中放置一个小水轮，其转轴垂直于剖面(纸面)，不难看出，叶片上点 A 的流速大于点 A'的流速，此时小水轮顺时针旋转。图 1.12(b)是河面的水平俯视图，河水与河岸有摩擦，越接近河岸流速越小，河中间流速大，我们在河面放置一个小水轮，其转轴与河面垂直，不难看出，当小水轮靠近河岸 MM'时逆时针旋转，靠近河岸 NN'时顺时针旋转，向河面中间移动时转速会逐渐减少。

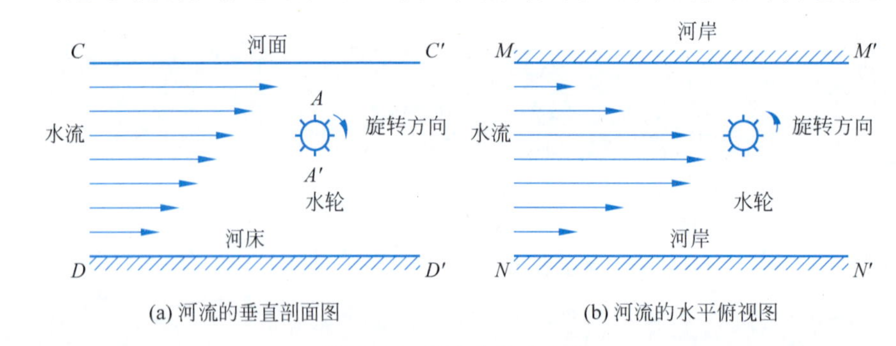

图 1.12 河水中的小水轮

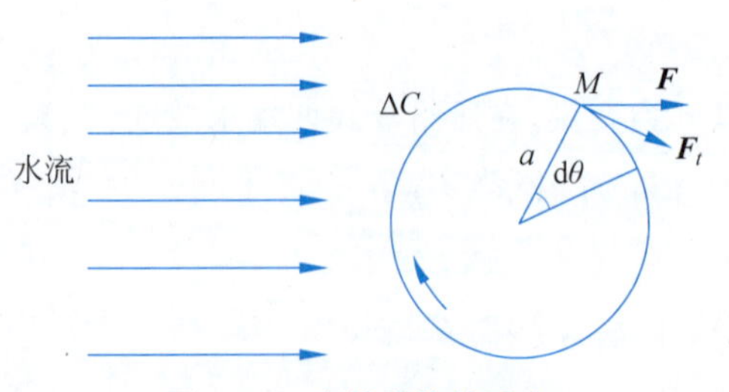

图 1.13 水轮边缘的受力

那么，有没有办法从数学上找到一个量，用它来代替小水轮刻画水流旋转的有无、方向及强弱呢？

我们设想在河水中放置一个半径为 a 的小水轮，它的边缘是一条圆曲线 ΔC，见图 1.13。

我们知道，小水轮边缘上处处都“感受”有水流施加的力 $\boldsymbol{F}$。在小水轮边缘上任意点 M 处，只有垂直于半径的切向力 F_t 才对旋转起作用，此时该点附近水流对小水轮施加的力矩为 $T=aF_t$，该力矩使小水轮转过 $\mathrm{d}\theta$ 角度所做的功是

$$\mathrm{d}A=T\,\mathrm{d}\theta=F_t a\,\mathrm{d}\theta=F_t\,\mathrm{d}r=F\cos(\boldsymbol{F},\mathrm{d}\boldsymbol{r})\mathrm{d}r=\boldsymbol{F}\cdot\mathrm{d}\boldsymbol{r}$$

所以水流施加的力沿整个小水轮边缘所做的功为

$$\Delta A=\oint_{\Delta C}\boldsymbol{F}\cdot\mathrm{d}\boldsymbol{r} \tag{1.33}$$

式中 $\mathrm{d}\boldsymbol{r}$ 是小水轮边缘的位移,方向与切线重合。这个线积分称为矢量场 $\boldsymbol{F}$ 沿闭曲线 ΔC 的环量。可以想象,如果 $\Delta A=0$,说明小水轮不旋转;如果 $|\Delta A|>0$,说明小水轮旋转。对于同一个小水轮,$|\Delta A|$ 越大,旋转的强度越大。$\Delta A>0$ 和 $\Delta A<0$ 所对应的旋转方向相反。

容易理解,仅凭 $|\Delta A|$ 的大小并不能确定一点处水流旋转的强度,因为闭曲线 ΔC 所围成的面积 ΔS 越大,$|\Delta A|$ 可能就越大,所以应该用比值 $\Delta A/\Delta S$ 来衡量水流旋转的强度。但这个比值描述的是小水轮边缘所围区域面积上环量的平均值,因此,需要使小水轮区域收缩到一个点:

$$\lim_{\Delta S\to 0}\frac{\Delta A}{\Delta S}=\lim_{\Delta S\to 0}\frac{\oint_{\Delta C}\boldsymbol{F}\cdot\mathrm{d}\boldsymbol{r}}{\Delta S} \tag{1.34}$$

为了得到这个极限,需要用到斯托克斯定理[①]。该定理给出了曲线积分与曲面积分的转换关系,在矢量分析中,它的地位与散度定理一样,是一个基本定理。在数学中,斯托克斯定理也叫斯托克斯公式。斯托克斯定理表述如下:

设 S 是分片光滑曲面,它的边界为分段光滑闭曲线 C,设矢量 $\boldsymbol{F}$ 在 $S+C$ 上具有一阶连续偏导数,则有

$$\oint_{C}\boldsymbol{F}\cdot\mathrm{d}\boldsymbol{r}=\int_{S}(\nabla\times\boldsymbol{F})\cdot\mathrm{d}\boldsymbol{S} \tag{1.35}$$

式中,C 的绕向与 $\mathrm{d}\boldsymbol{S}$ 的方向构成右手螺旋关系,就是说,自然伸直右手,当弯曲的四指指向 C 的绕向时,拇指方向就是 $\mathrm{d}\boldsymbol{S}$ 的方向,如图 1.14 所示。今后应用这个定理时均遵从此约定。注意:①如果没有给定曲面方向作参照,空间中闭曲线的绕向无法唯一确定;②当闭曲线 C 的绕向反向时记作$(-C)$,积分值将改变符号,即

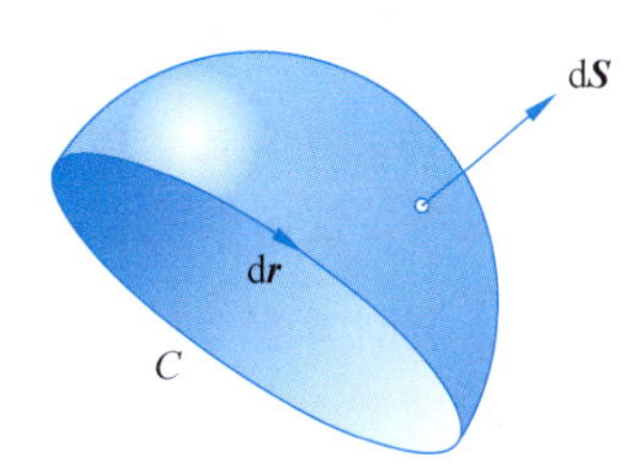

图 1.14 以有向闭曲线 C 为边界的开曲面 S

$$\oint_{C}\boldsymbol{F}\cdot\mathrm{d}\boldsymbol{r}=-\oint_{-C}\boldsymbol{F}\cdot\mathrm{d}\boldsymbol{r} \tag{1.36}$$

代入式(1.35),得

$$\oint_{-C}\boldsymbol{F}\cdot\mathrm{d}\boldsymbol{r}=-\int_{S}(\nabla\times\boldsymbol{F})\cdot\mathrm{d}\boldsymbol{S} \tag{1.37}$$

使用斯托克斯定理,极限(1.34)中的曲线积分可写成

$$\oint_{\Delta C}\boldsymbol{F}\cdot\mathrm{d}\boldsymbol{r}=\int_{\Delta S}(\nabla\times\boldsymbol{F})\cdot\mathrm{d}\boldsymbol{S}=\int_{\Delta S}[(\nabla\times\boldsymbol{F})\cdot\boldsymbol{n}]\,\mathrm{d}S$$

式中 $\mathrm{d}\boldsymbol{S}=\boldsymbol{n}\mathrm{d}S$,$\boldsymbol{n}$ 是曲面 ΔS 的法向单位矢量,也就是小水轮的转轴方向,$\boldsymbol{n}$ 的方向与小水轮旋向成右手螺旋关系。令小水轮区域收缩到点 P,即 $\Delta S\to 0$,右端积分成为

$$\int_{\Delta S}[(\nabla\times\boldsymbol{F})\cdot\boldsymbol{n}]\,\mathrm{d}S=[(\nabla\times\boldsymbol{F})\cdot\boldsymbol{n}]\,\Delta S$$

于是,极限(1.34)成为

---

① 关于斯托克斯定理,据说最早出现在英国物理学家汤姆孙(即开尔文)写给斯托克斯的信中,其后又出现在 1867 年汤姆孙和爱丁堡大学教授泰特合著的书《论自然哲学》中。1871 年泰特在写给麦克斯韦的信中说,这个定理是汤姆孙提出来的(太,2002)。

$$\lim_{\Delta S\to 0}\frac{\Delta A}{\Delta S}=(\nabla\times\boldsymbol{F})\cdot\boldsymbol{n}=|\nabla\times\boldsymbol{F}|\cos(\nabla\times\boldsymbol{F},\boldsymbol{n}) \tag{1.38}$$

这个极限反映了小水轮在 $\boldsymbol{n}$ 的方向上旋转的强弱。由式(1.38)可以看出，当 $\boldsymbol{n}$ 与 $\nabla\times\boldsymbol{F}$ 同方向时，以上极限达到最大值 $|\nabla\times\boldsymbol{F}|$，即 $\nabla\times\boldsymbol{F}$ 的方向为小水轮旋转达到最大强度时的转轴方向。

由于 $\nabla\times\boldsymbol{F}$ 与矢量 $\boldsymbol{n}$ 无关，而且已知 $\nabla\times\boldsymbol{F}$ 后，任意方向 $\boldsymbol{n}$ 的小水轮旋转的强弱都可由式(1.38)计算，所以用 $\nabla\times\boldsymbol{F}$ 可以描绘任意点的旋转情况。为今后叙述方便，记

$$\mathrm{rot}\boldsymbol{F}=\nabla\times\boldsymbol{F} \tag{1.39}$$

称 $\mathrm{rot}\boldsymbol{F}$ 为矢量场 $\boldsymbol{F}$ 的旋度。rot 是英文 rotation(旋转)的缩写。矢量场 $\boldsymbol{F}$ 的旋度还常用 $\mathrm{curl}\boldsymbol{F}$ 表示，英文 curl 是“卷曲”的意思。

在直角坐标系 $Oxyz$ 中，旋度可表示成

$$\begin{aligned}\nabla\times\boldsymbol{F}&=\left(\boldsymbol{e}_x\frac{\partial}{\partial x}+\boldsymbol{e}_y\frac{\partial}{\partial y}+\boldsymbol{e}_z\frac{\partial}{\partial z}\right)\times(F_x\boldsymbol{e}_x+F_y\boldsymbol{e}_y+F_z\boldsymbol{e}_z)\\&=\left(\frac{\partial F_z}{\partial y}-\frac{\partial F_y}{\partial z}\right)\boldsymbol{e}_x+\left(\frac{\partial F_x}{\partial z}-\frac{\partial F_z}{\partial x}\right)\boldsymbol{e}_y+\left(\frac{\partial F_y}{\partial x}-\frac{\partial F_x}{\partial y}\right)\boldsymbol{e}_z\end{aligned} \tag{1.40}$$

或用行列式书写更容易记忆：

$$\nabla\times\boldsymbol{F}=\begin{vmatrix}\boldsymbol{e}_x & \boldsymbol{e}_y & \boldsymbol{e}_z\\ \dfrac{\partial}{\partial x} & \dfrac{\partial}{\partial y} & \dfrac{\partial}{\partial z}\\ F_x & F_y & F_z\end{vmatrix} \tag{1.41}$$

例 1.14 在直角坐标系 $Oxyz$ 中，设 $\boldsymbol{F}=-y\boldsymbol{e}_x+x\boldsymbol{e}_y$，$C$ 为圆周 $x^2+y^2=a^2$，C 所张圆平面 S 的单位法向矢量为 $\boldsymbol{e}_z$。试验证斯托克斯定理。

解 先计算积分 $\oint_C\boldsymbol{F}\cdot\mathrm{d}\boldsymbol{r}$。因 $\mathrm{d}\boldsymbol{r}=\mathrm{d}x\boldsymbol{e}_x+\mathrm{d}y\boldsymbol{e}_y+\mathrm{d}z\boldsymbol{e}_z$，所以

$$\oint_C\boldsymbol{F}\cdot\mathrm{d}\boldsymbol{r}=\oint_C(-y\boldsymbol{e}_x+x\boldsymbol{e}_y)\cdot(\mathrm{d}x\boldsymbol{e}_x+\mathrm{d}y\boldsymbol{e}_y+\mathrm{d}z\boldsymbol{e}_z)=\oint_C(x\mathrm{d}y-y\mathrm{d}x)$$

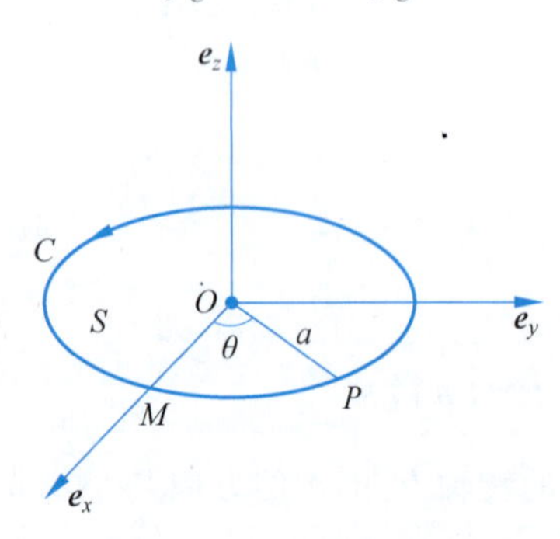

图 1.15 圆周绕向及曲面方向

因 C 的绕向与 $\boldsymbol{e}_z$ 构成右手螺旋关系，所以 xOy 平面内的圆周 C 应按图 1.15 所示绕向。再将 C 上点 P 的坐标用参数 θ 表示：$x=a\cos\theta$，$y=a\sin\theta$，这里 $\theta=\angle MOP$。这样，当点 P 沿圆周 C 按图 1.15 所示方向环绕一周时 θ 由 0 增加至 2π，积分

$$\oint_C(x\mathrm{d}y-y\mathrm{d}x)=a^2\int_0^{2\pi}(\cos^2\theta+\sin^2\theta)\mathrm{d}\theta=2\pi a^2$$

接下来计算积分 $\int_S(\nabla\times\boldsymbol{F})\cdot\mathrm{d}\boldsymbol{S}$。因 $\nabla\times\boldsymbol{F}=\nabla\times(-y\boldsymbol{e}_x+x\boldsymbol{e}_y)=2\boldsymbol{e}_z$ 和 $\mathrm{d}\boldsymbol{S}=\boldsymbol{e}_z\mathrm{d}S$，所以

$$\int_S(\nabla\times\boldsymbol{F})\cdot\mathrm{d}\boldsymbol{S}=\int_S(2\boldsymbol{e}_z)\cdot(\boldsymbol{e}_z\mathrm{d}S)=2\pi a^2$$

式中积分区域 S 是半径为 a 的圆，它的面积 $S=\pi a^2$。

以上计算表明，$\oint_C\boldsymbol{F}\cdot\mathrm{d}\boldsymbol{r}=\int_S(\nabla\times\boldsymbol{F})\cdot\mathrm{d}\boldsymbol{S}$。验证毕。

例 1.15 求矢量场 $\boldsymbol{F}=\boldsymbol{C}$(常矢量)的旋度。

解 $\boldsymbol{F}=\boldsymbol{C}$ 是一个均匀矢量场，场的大小和方向与场点坐标无关，所以

$$\nabla\times\boldsymbol{F}=\nabla\times\boldsymbol{C}=\boldsymbol{0}$$

即均匀矢量场中没有漩涡，“小水轮”不旋转（图 1.16）。这个结论与我们的直觉相符。解毕。

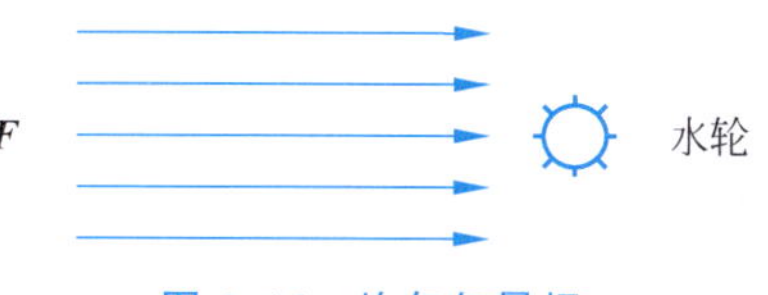

图 1.16 均匀矢量场

例 1.16 求函数 $\boldsymbol{F}=\boldsymbol{r}$ 的旋度。

解 在直角坐标系 $Oxyz$ 中，因 $\boldsymbol{r}=x\boldsymbol{e}_x+y\boldsymbol{e}_y+z\boldsymbol{e}_z$，所以

$$\nabla\times\boldsymbol{F}=\nabla\times\boldsymbol{r}=\begin{vmatrix}\boldsymbol{e}_x & \boldsymbol{e}_y & \boldsymbol{e}_z\\ \dfrac{\partial}{\partial x} & \dfrac{\partial}{\partial y} & \dfrac{\partial}{\partial z}\\ x & y & z\end{vmatrix}=\boldsymbol{e}_x\left(\frac{\partial z}{\partial y}-\frac{\partial y}{\partial z}\right)+\boldsymbol{e}_y\left(\frac{\partial x}{\partial z}-\frac{\partial z}{\partial x}\right)+\boldsymbol{e}_z\left(\frac{\partial y}{\partial x}-\frac{\partial x}{\partial y}\right)=\boldsymbol{0}$$

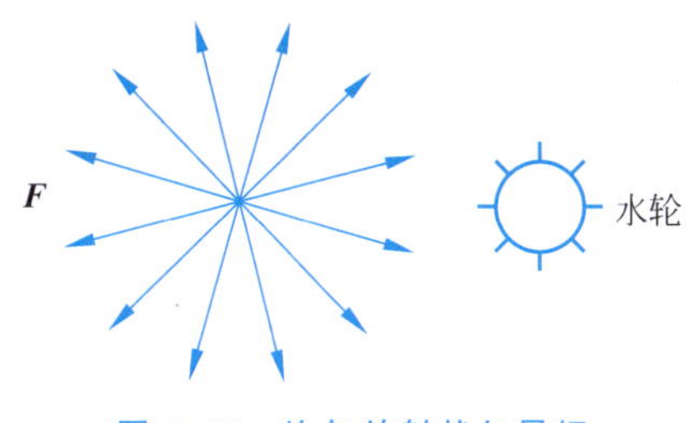

图 1.17 均匀放射状矢量场

图 1.17 绘出了矢量场 $\boldsymbol{F}=\boldsymbol{r}$ 的矢量线。即均匀放射状矢量场中没有漩涡，“小水轮”不旋转。这个结论与我们的直觉相符。解毕。

例 1.17 设 $\boldsymbol{m}$ 是常矢量，$\boldsymbol{r}$ 是位置矢量，证明 $\nabla\times(\boldsymbol{m}\times\boldsymbol{r})=2\boldsymbol{m}$。

证 在直角坐标系 $Oxyz$ 中，令 $\boldsymbol{m}=m_x\boldsymbol{e}_x+m_y\boldsymbol{e}_y+m_z\boldsymbol{e}_z$，$\boldsymbol{r}=x\boldsymbol{e}_x+y\boldsymbol{e}_y+z\boldsymbol{e}_z$，则

$$\boldsymbol{m}\times\boldsymbol{r}=\begin{vmatrix}\boldsymbol{e}_x & \boldsymbol{e}_y & \boldsymbol{e}_z\\ m_x & m_y & m_z\\ x & y & z\end{vmatrix}=\boldsymbol{e}_x(zm_y-ym_z)+\boldsymbol{e}_y(xm_z-zm_x)+\boldsymbol{e}_z(ym_x-xm_y)$$

于是

$$\nabla\times(\boldsymbol{m}\times\boldsymbol{r})=\begin{vmatrix}\boldsymbol{e}_x & \boldsymbol{e}_y & \boldsymbol{e}_z\\ \dfrac{\partial}{\partial x} & \dfrac{\partial}{\partial y} & \dfrac{\partial}{\partial z}\\ zm_y-ym_z & xm_z-zm_x & ym_x-xm_y\end{vmatrix}=2(m_x\boldsymbol{e}_x+m_y\boldsymbol{e}_y+m_z\boldsymbol{e}_z)=2\boldsymbol{m}$$

证毕。

例 1.18 设标量函数 φ 具有二阶连续偏导数，证明恒等式 $\nabla\times(\nabla\varphi)=\boldsymbol{0}$。

证 在直角坐标系 $Oxyz$ 中，因

$$\nabla\varphi=\left(\boldsymbol{e}_x\frac{\partial}{\partial x}+\boldsymbol{e}_y\frac{\partial}{\partial y}+\boldsymbol{e}_z\frac{\partial}{\partial z}\right)\varphi=\boldsymbol{e}_x\frac{\partial\varphi}{\partial x}+\boldsymbol{e}_y\frac{\partial\varphi}{\partial y}+\boldsymbol{e}_z\frac{\partial\varphi}{\partial z}$$

所以

$$\begin{aligned}\nabla\times(\nabla\varphi)&=\left(\boldsymbol{e}_x\frac{\partial}{\partial x}+\boldsymbol{e}_y\frac{\partial}{\partial y}+\boldsymbol{e}_z\frac{\partial}{\partial z}\right)\times\left(\boldsymbol{e}_x\frac{\partial\varphi}{\partial x}+\boldsymbol{e}_y\frac{\partial\varphi}{\partial y}+\boldsymbol{e}_z\frac{\partial\varphi}{\partial z}\right)\\&=\left(\frac{\partial^2\varphi}{\partial y\partial z}-\frac{\partial^2\varphi}{\partial z\partial y}\right)\boldsymbol{e}_x+\left(\frac{\partial^2\varphi}{\partial z\partial x}-\frac{\partial^2\varphi}{\partial x\partial z}\right)\boldsymbol{e}_y+\left(\frac{\partial^2\varphi}{\partial x\partial y}-\frac{\partial^2\varphi}{\partial y\partial x}\right)\boldsymbol{e}_z=\boldsymbol{0}\end{aligned}$$

证毕。

例 1.19 设矢量函数 $\boldsymbol{A}$ 具有二阶连续偏导数，证明恒等式 $\nabla\cdot(\nabla\times\boldsymbol{A})=0$。

证 在直角坐标系 $Oxyz$ 中，因

$$\nabla\times\boldsymbol{A}=\left(\frac{\partial A_z}{\partial y}-\frac{\partial A_y}{\partial z}\right)\boldsymbol{e}_x+\left(\frac{\partial A_x}{\partial z}-\frac{\partial A_z}{\partial x}\right)\boldsymbol{e}_y+\left(\frac{\partial A_y}{\partial x}-\frac{\partial A_x}{\partial y}\right)\boldsymbol{e}_z$$

所以

$$\begin{aligned}\nabla\cdot(\nabla\times\boldsymbol{A})&=\frac{\partial}{\partial x}\left(\frac{\partial A_z}{\partial y}-\frac{\partial A_y}{\partial z}\right)+\frac{\partial}{\partial y}\left(\frac{\partial A_x}{\partial z}-\frac{\partial A_z}{\partial x}\right)+\frac{\partial}{\partial z}\left(\frac{\partial A_y}{\partial x}-\frac{\partial A_x}{\partial y}\right)\\&=\frac{\partial^2 A_z}{\partial y\partial x}-\frac{\partial^2 A_y}{\partial z\partial x}+\frac{\partial^2 A_x}{\partial z\partial y}-\frac{\partial^2 A_z}{\partial x\partial y}+\frac{\partial^2 A_y}{\partial x\partial z}-\frac{\partial^2 A_x}{\partial y\partial z}=0\end{aligned}$$

证毕。

说明 矢量的曲线积分的表示方法。

在一些电磁场理论文献中，把矢量 $\boldsymbol{F}$ 沿空间有向曲线 C 的线积分表示为 $\int_C \boldsymbol{F}\cdot \mathrm{d}\boldsymbol{l}$。这个积分的物理意义是：若 $\boldsymbol{F}$ 为力场，则上述积分就等于把一质点沿有向曲线 C 移动时力 $\boldsymbol{F}$ 所做的功。位移 $\mathrm{d}\boldsymbol{l}$ 应理解为一个记号，在数学中 $\mathrm{d}\boldsymbol{l}=\mathrm{d}\boldsymbol{r}$，$\boldsymbol{r}$ 是终点位于空间曲线 C 上的位置矢量，$\mathrm{d}\boldsymbol{r}$ 的方向指向曲线 C 的方向。

由于 $\mathrm{d}\boldsymbol{r}$ 是空间曲线 C 上沿切向方向的位移，所以从物理意义上看，矢量的曲线积分应表示为 $\int_C \boldsymbol{F}\cdot\mathrm{d}\boldsymbol{r}$。这种表示法的优点是"所见即所得"，也就是记号与计算方法相一致。设空间曲线 C 上任意点的位置矢量为 $\boldsymbol{r}=x\boldsymbol{e}_x+y\boldsymbol{e}_y+z\boldsymbol{e}_z$，则沿空间曲线 C 的位移是 $\mathrm{d}\boldsymbol{r}=\boldsymbol{e}_x\mathrm{d}x+\boldsymbol{e}_y\mathrm{d}y+\boldsymbol{e}_z\mathrm{d}z$。可见这种表示法非常简单，不会产生误解。正因为这样，在数学教科书和数学手册中，矢量 $\boldsymbol{F}$ 沿空间有向曲线 C 的曲线积分都记为 $\int_C \boldsymbol{F}\cdot\mathrm{d}\boldsymbol{r}$。为了符合物理概念和方便计算，本书用记号 $\int_C \boldsymbol{F}\cdot\mathrm{d}\boldsymbol{r}$ 来表示矢量的曲线积分。

1.6 边界条件

1.6.1 导出思路

设介质 1 和介质 2 的区域分别为 V_1 和 V_2，两个介质的公共边界面为光滑曲面 Γ，场量 $\boldsymbol{F}$ 在 V_1 和 V_2 内分别有连续偏导数。由于边界面 Γ 两侧的介质不同，所以场量 $\boldsymbol{F}$ 跨越边界面时会发生突变。描述这种突变的关系式就是边界条件。

为得到边界条件，可以这样考虑：在两种介质的公共边界面两侧很薄的过渡层内，两种介质的原子相互扩散，彼此交织在一起，尽管场量 $\boldsymbol{F}$ 从一种介质跨越边界面到另一种介质改变很快，但仍可认为这个过渡层内的场量 $\boldsymbol{F}$ 及导数存在且连续。这样，边界面两侧过渡层内场量满足的边界条件既可用微分方程 $\nabla\cdot\boldsymbol{F}=g$ 和 $\nabla\times\boldsymbol{F}=\boldsymbol{G}$ 来描述(Shen，2003)[4-2]，也可用相应的积分方程 $\oint_S \boldsymbol{F}\cdot\mathrm{d}\boldsymbol{S}=\int_V g\,\mathrm{d}V$ 和 $\oint_C \boldsymbol{F}\cdot\mathrm{d}\boldsymbol{r}=\int_S \boldsymbol{G}\cdot\mathrm{d}\boldsymbol{S}$ 来描述(坡，2005)[3]。下面分别从两个积分方程出发求出法向分量边界条件和切向分量边界条件。

需要事先说明，电磁场理论中取某个量的极限为 0，并不意味着这个量就是数学中的无穷小，而是一个绝对值很小的量，例如本节取介质中小区域的长度 $\Delta h_1\to 0$，就是要把 Δh_1 看作几十个原子直径那样大小的量。各种原子的直径大约 0.3 nm(3×10^{-10} m)。

1.6.2 法向分量边界条件

如图1.18所示，在介质1、2的公共边界面Γ上任取一点P，作一围绕点P并跨越边界面的扁平圆柱ΔV，圆柱中心线与点P的法向单位矢量$\boldsymbol{n}_{12}$重合(下标12是指$\boldsymbol{n}_{12}$的方向是从介质1指向介质2)。设扁平圆柱ΔV位于V_1内的小圆柱区域为ΔV_1、位于V_2内的小扁平圆柱区域为ΔV_2，圆柱ΔV的外表面区域为ΔS，圆柱高为$\Delta h_1+\Delta h_2$，圆柱的底面面积为ΔS_0。由散度方程$\nabla\cdot\boldsymbol{F}=g$和散度定理，扁平圆柱$\Delta V$上成立积分方程

$$\oint_{\Delta S}\boldsymbol{F}\cdot\mathrm{d}\boldsymbol{S}=\int_{\Delta V}\nabla\cdot\boldsymbol{F}\mathrm{d}V=\int_{\Delta V}g\,\mathrm{d}V \tag{1.42}$$

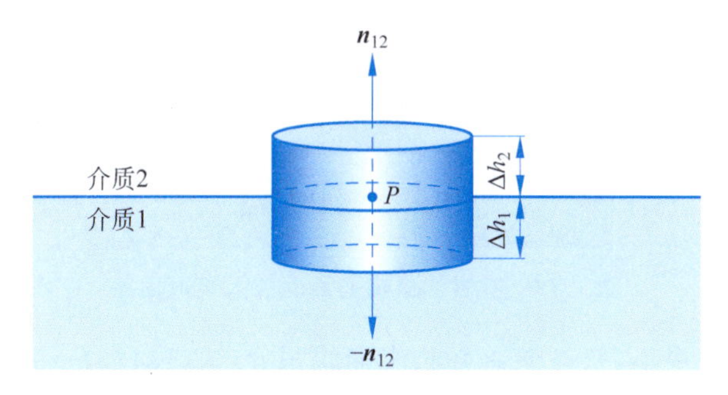

图1.18 包含场量突变面的扁平圆柱

因$\Delta h_1+\Delta h_2$很小，$\boldsymbol{F}$穿过圆柱侧面的通量可以忽略不计，所以左端

$$\oint_{\Delta S}\boldsymbol{F}\cdot\mathrm{d}\boldsymbol{S}\approx\boldsymbol{F}_2\cdot\boldsymbol{n}_{12}\Delta S_0+\boldsymbol{F}_1\cdot(-\boldsymbol{n}_{12})\Delta S_0=\boldsymbol{n}_{12}\cdot(\boldsymbol{F}_2-\boldsymbol{F}_1)\Delta S_0 \tag{1.43}$$

式中，$\boldsymbol{F}_1$是介质1中圆柱下底面上的矢量，$\boldsymbol{F}_2$是介质2中圆柱上底面上的矢量。而式(1.42)的右端为

$$\int_{\Delta V}g\,\mathrm{d}V=\int_{\Delta V_1}g_1\mathrm{d}V+\int_{\Delta V_2}g_2\mathrm{d}V\approx(g_1\Delta h_1+g_2\Delta h_2)\Delta S_0 \tag{1.44}$$

于是由式(1.42)，得近似式

$$\boldsymbol{n}_{12}\cdot(\boldsymbol{F}_2-\boldsymbol{F}_1)\approx g_1\Delta h_1+g_2\Delta h_2$$

令$\Delta h_1\to0$和$\Delta h_2\to0$，则

$$\boldsymbol{n}_{12}\cdot(\boldsymbol{F}_2-\boldsymbol{F}_1)=\rho_\mathrm{s} \tag{1.45}$$

式中

$$\rho_\mathrm{s}=\lim_{\substack{\Delta h_1\to0\\ \Delta h_2\to0}}(g_1\Delta h_1+g_2\Delta h_2) \tag{1.46}$$

下标s取自英文surface(表面)的第一个字母。ρ_s是由介质1中散度源g_1和介质2中散度源g_2共同在边界面上形成的标量源。当$|g_1|<\infty$和$|g_2|<\infty$时，$\rho_\mathrm{s}=0$。

式(1.45)就是散度方程$\nabla\cdot\boldsymbol{F}=g$对应的边界条件。因$\boldsymbol{n}_{12}$与$\boldsymbol{F}$的标积运算得到的是矢量$\boldsymbol{F}$的法向分量，所以式(1.45)是法向分量边界条件。

需要说明，当边界面上有通过外力放置上去的外源$\rho_{\mathrm{s}0}$时，$\rho_{\mathrm{s}0}$是不受场量$\boldsymbol{F}$影响的独立量，此时式(1.46)应改写为

$$\rho_\mathrm{s}=\rho_{\mathrm{s}0}+\lim_{\substack{\Delta h_1\to0\\ \Delta h_2\to0}}(g_1\Delta h_1+g_2\Delta h_2) \tag{1.47}$$

1.6.3 切向分量边界条件

如图1.19所示，在介质1、2的公共边界面Γ上任取一点P，围绕点P在两种介质内作垂

直于边界面的有向狭长矩形回路 C，它的两个长边分别位于介质 1 和介质 2 中，短边长度为 $\Delta h_1+\Delta h_2$，其中 Δh_1 位于介质 1 中，Δh_2 位于介质 2 中。边界面 Γ 上点 P 的法向单位矢量 $\boldsymbol{n}_{12}$ 位于回路 C 所张成的平面 S 上，S 的切向单位矢量和法向单位矢量分别为 $\boldsymbol{t}_1$ 和 $\boldsymbol{t}_2$，满足 $\boldsymbol{t}_1=\boldsymbol{t}_2\times\boldsymbol{n}_{12}$。利用斯托克斯定理，旋度方程 $\nabla\times\boldsymbol{F}=\boldsymbol{G}$ 对应的积分方程为

$$\oint_C \boldsymbol{F}\cdot \mathrm{d}\boldsymbol{r}=\int_S(\nabla\times\boldsymbol{F})\cdot \mathrm{d}\boldsymbol{S}=\int_S \boldsymbol{G}\cdot \mathrm{d}\boldsymbol{S} \tag{1.48}$$

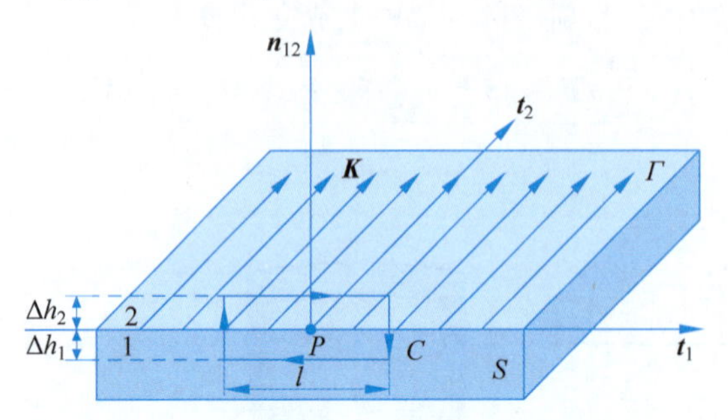

图 1.19　穿过场量突变面的狭长矩形回路

因矩形短边 $\Delta h_1+\Delta h_2$ 很小，忽略 $\boldsymbol{F}$ 在短边上的线积分，式(1.48)左端成为

$$\begin{aligned}\oint_C \boldsymbol{F}\cdot \mathrm{d}\boldsymbol{r}&\approx \boldsymbol{F}_2\cdot\boldsymbol{t}_1 l+\boldsymbol{F}_1\cdot(-\boldsymbol{t}_1)l=(\boldsymbol{F}_2-\boldsymbol{F}_1)\cdot\boldsymbol{t}_1 l\\&=(\boldsymbol{F}_2-\boldsymbol{F}_1)\cdot(\boldsymbol{t}_2\times\boldsymbol{n}_{12})l=[\boldsymbol{n}_{12}\times(\boldsymbol{F}_2-\boldsymbol{F}_1)]\cdot\boldsymbol{t}_2 l\end{aligned} \tag{1.49}$$

式中，l 是矩形长边的长度。而式(1.48)的右端为

$$\begin{aligned}\int_S \boldsymbol{G}\cdot \mathrm{d}\boldsymbol{S}&\approx \boldsymbol{G}_1\cdot(\boldsymbol{t}_2\Delta h_1 l)+\boldsymbol{G}_2\cdot(\boldsymbol{t}_2\Delta h_2 l)\\&=(\boldsymbol{G}_1\Delta h_1+\boldsymbol{G}_2\Delta h_2)\cdot\boldsymbol{t}_2 l\end{aligned} \tag{1.50}$$

将以上两式代入式(1.48)，得近似式

$$[\boldsymbol{n}_{12}\times(\boldsymbol{F}_2-\boldsymbol{F}_1)]\cdot\boldsymbol{t}_2\approx(\boldsymbol{G}_1\Delta h_1+\boldsymbol{G}_2\Delta h_2)\cdot\boldsymbol{t}_2$$

或写成

$$[\boldsymbol{n}_{12}\times(\boldsymbol{F}_2-\boldsymbol{F}_1)-(\boldsymbol{G}_1\Delta h_1+\boldsymbol{G}_2\Delta h_2)]\cdot\boldsymbol{t}_2\approx 0$$

令 $\Delta h_1\to 0$ 和 $\Delta h_2\to 0$，则

$$[\boldsymbol{n}_{12}\times(\boldsymbol{F}_2-\boldsymbol{F}_1)-\boldsymbol{K}]\cdot\boldsymbol{t}_2=0 \tag{1.51}$$

式中

$$\boldsymbol{K}=\lim_{\substack{\Delta h_1\to 0\\ \Delta h_2\to 0}}(\boldsymbol{G}_1\Delta h_1+\boldsymbol{G}_2\Delta h_2) \tag{1.52}$$

是由介质 1 中的旋度源 $\boldsymbol{G}_1$ 和介质 2 中的旋度源 $\boldsymbol{G}_2$ 共同在边界面上形成的矢量源。当 $|\boldsymbol{G}_1|<\infty$ 和 $|\boldsymbol{G}_2|<\infty$ 时，$\boldsymbol{K}=\boldsymbol{0}$。

因 $\boldsymbol{t}_2$ 方向的任意性(回路 C 的选取具有任意性)，所以由式(1.51)得

$$\boldsymbol{n}_{12}\times(\boldsymbol{F}_2-\boldsymbol{F}_1)=\boldsymbol{K} \tag{1.53}$$

这就是旋度方程 $\nabla\times\boldsymbol{F}=\boldsymbol{G}$ 所对应的边界条件。因为 $\boldsymbol{n}_{12}$ 与 $\boldsymbol{F}$ 的矢积运算得到的是矢量 $\boldsymbol{F}$ 的切向分量，所以式(1.53)是切向分量边界条件。

需要说明，当边界面上有通过外力放置上去的外源 $\boldsymbol{K}_0$ 时，$\boldsymbol{K}_0$ 是不受场量 $\boldsymbol{F}$ 影响的独立量，此时式(1.52)应改写为

$$\boldsymbol{K}=\boldsymbol{K}_0+\lim_{\substack{\Delta h_1\to 0\\ \Delta h_2\to 0}}(\boldsymbol{G}_1\Delta h_1+\boldsymbol{G}_2\Delta h_2)\tag{1.54}$$

拓展阅读：有关边界条件的精细化分析见右侧二维码。

参考资料

1.7　标量位和矢量位

当矢量场满足某些条件时，可以通过引入位函数来分析、计算矢量场。位函数简称位，是一类辅助函数。位分为标量位和矢量位两类。通过位来计算矢量场，往往具有分析过程简单，计算量少的优点，在某些情况下甚至是唯一的分析手段。

1.7.1　引入位函数的理论根据

矢量场中能够引入标量位和矢量位的理论根据分别是以下叙述的定理1和定理2。许多高等数学教材中有它们的证明①，本书不再叙述。

定理1　在一维单连域 V 内，如果具有连续偏导数的矢量 $\boldsymbol{F}$ 满足 $\nabla\times\boldsymbol{F}=\boldsymbol{0}$，则 V 内任意点 M 和任意点 P 之间存在积分 $\varphi=\int_P^M\boldsymbol{F}\cdot\mathrm{d}\boldsymbol{r}$ 满足 $\boldsymbol{F}=\nabla\varphi$。这里 φ 被称为标量位。

定理2　在二维单连域 V 内，如果具有连续偏导数的矢量 $\boldsymbol{F}$ 满足 $\nabla\cdot\boldsymbol{F}=0$，则 V 内存在矢量 $\boldsymbol{A}$ 满足 $\boldsymbol{F}=\nabla\times\boldsymbol{A}$。这里 $\boldsymbol{A}$ 被称为矢量位。

以上两个定理中分别提到的“一维单连域”和“二维单连域”是这样定义的：如果空间区域 V 内任一闭曲线 C 总可以张成一片完全属于 V 的曲面 S，则称 V 为一维单连域；如果空间区域 V 内任一闭曲面 S 所围成的区域全属于 V(即 V 内无洞)，则称 V 为二维单连域。

由以上定义可知：如图1.20所示的球内、外都是一维单连域，但球外却不是二维单连域；如图1.21所示的螺绕环的内部是二维单连域，但却不是一维单连域，螺绕环的外部既不是一维单连域，也不是二维单连域。

图1.20　球内、外都是一维单连域

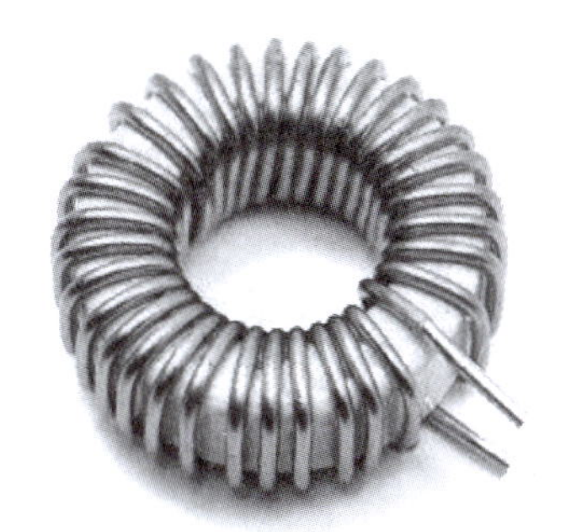
图1.21　螺绕环内是二维单连域

1.7.2　对场域的要求

定理1中的“一维单连域”并不是多余的，下面举例说明。

如图1.22所示，无限大空间中有一根长直圆柱，选取圆柱坐标系 $O\rho\phi z$，z 轴为长直圆柱的中心线，设 V 为全空间除去长直圆柱的场域，由附录A，场中矢量 $\boldsymbol{F}=\boldsymbol{e}_\phi/\rho$ 满足 $\nabla\times\boldsymbol{F}=\boldsymbol{0}$。由于任意围绕长直圆柱的闭合曲线所张成的曲面都被圆柱“捅破”，所以 V 不是一维单连域，不满足定理1中引入标量位的条件。假如不考虑这个限制条件，认为 V 中存在标量位 φ，则在

① 例如[马知恩，王绵森，2018.工科数学分析基础(下册)[M].第3版.北京：高等教育出版社.]。

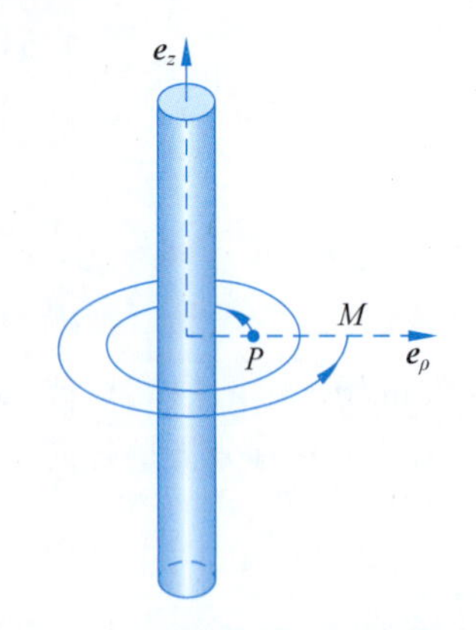

图 1.22 积分路径为环绕长直圆柱的阿基米德螺线

坐标面 $z=0$ 上某一固定的径向射线上取点 P 和点 M，设阿基米德螺线 $\rho=a\phi$（a 是常量）通过点 P 和点 M，则沿螺线从点 P 到点 M 的积分

$$\varphi=\int_P^M \boldsymbol{F}\cdot\mathrm{d}\boldsymbol{r}=\int_P^M\left(\frac{\boldsymbol{e}_\phi}{\rho}\right)\cdot(\boldsymbol{e}_\rho\mathrm{d}\rho+\boldsymbol{e}_\phi\rho\mathrm{d}\phi)=\int_0^{2n\pi}\mathrm{d}\phi=2n\pi$$

式中，n 是积分路径环绕长直圆柱的圈数。可见，$\boldsymbol{F}\neq\nabla\varphi=\nabla(2n\pi)=0$，即在非一维单连域中，即使 $\nabla\times\boldsymbol{F}=\boldsymbol{0}$，也不存在标量位 φ。

定理 2 中的“二维单连域”也不是多余的，下面举例说明。

设球坐标系 $Or\theta\phi$ 中的矢量函数 $\boldsymbol{F}(\boldsymbol{r})=\boldsymbol{r}/r^3$，它的定义域 V 是除了原点 O 之外的三维空间，即 $r>0$，于是散度 $\nabla\cdot\boldsymbol{F}=\nabla\cdot(\boldsymbol{r}/r^3)=0$。在 V 内作以原点 O 为球心、以 $a(a>0)$ 为半径的球面 S，由于球面内的原点不属于 V，所以 V 不是二维单连域，不满足定理 2 中引入矢量位的条件。假如不考虑这个限制条件，认为 V 中存在矢量位 $\boldsymbol{A}$ 满足 $\boldsymbol{F}=\nabla\times\boldsymbol{A}$，此时将 S 切割为两部分 S_1 和 S_2，设它们的周线分别为 C_1 和 C_2，考虑到 C_1 和 C_2 为绕向相反的两条重合的闭曲线，利用斯托克斯定理，得

$$\oint_S \boldsymbol{F}\cdot\mathrm{d}\boldsymbol{S}=\oint_S(\nabla\times\boldsymbol{A})\cdot\mathrm{d}\boldsymbol{S}=\oint_{C_1}\boldsymbol{A}\cdot\mathrm{d}\boldsymbol{r}+\oint_{C_2}\boldsymbol{A}\cdot\mathrm{d}\boldsymbol{r}=0$$

而实际上，面积分的正确值为

$$\oint_S \boldsymbol{F}\cdot\mathrm{d}\boldsymbol{S}=\int_0^{2\pi}\mathrm{d}\phi\int_0^{\pi}\left(\frac{\boldsymbol{e}_r}{a^2}\right)\cdot(\boldsymbol{e}_r a^2\sin\theta\mathrm{d}\theta)=4\pi$$

可见，当 V 为非二维单连域时，即使 $\nabla\cdot\boldsymbol{F}=0$，也不存在矢量位 $\boldsymbol{A}$。

1.7.3 壁障面

标量位的引入需要场域为一维单连域，矢量位的引入需要场域为二维单连域。为了引入位函数，当场域不是一维单连域或二维单连域时，可通过假想的壁障面将场域切割，切割后的子场域成为一维单连域或二维单连域，或切割成为既是一维单连域也是二维单连域的场域，各个子场域的位函数通过壁障面上的边界条件衔接。

例如，无限大空间中的平面上有一条圆环曲线。这条曲线之外的区域既不是一维单连域，也不是二维单连域。如图 1.23 所示，如果将这条曲线所处平面看作壁障面，则通过这个壁障面切割后，壁障面两侧空间成为两个半无限大空间，每一个半无限大空间既是一维单连域，也是二维单连域，壁障面成为两个半无限大空间的交界面。

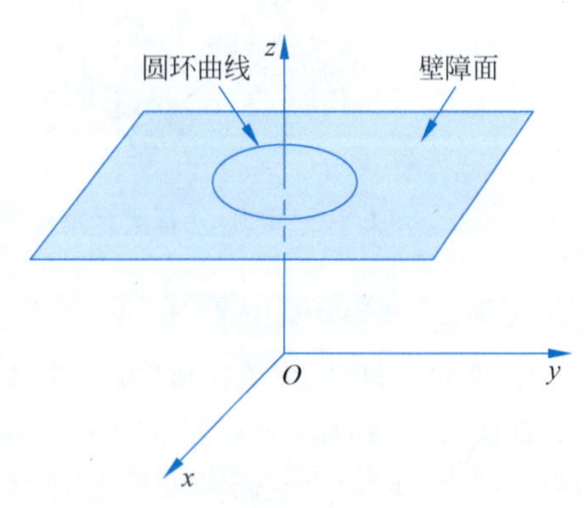

图 1.23 用壁障面切割无限大空间

在电磁场理论中，不论场域形状如何，在没有事先约定的情况下，无旋场（即 $\nabla\times\boldsymbol{F}=\boldsymbol{0}$）中引入标量位，无散场（即 $\nabla\cdot\boldsymbol{F}=0$）中引入矢量位，其前提就是默认场域已被假想的壁障面切割，同时成为一维单连域和二维单连域。

1.8 矢量场解的唯一性定理

前面分别引入了散度和旋度来刻画矢量场。为了完整描述矢量场的变化规律，是否还需要引入其他量？下面叙述的矢量场解的唯一性定理回答了这个问题。

如图1.24所示，设矢量 $\boldsymbol{F}$ 在以 S 为边界的一维单连域 V 内具有连续偏导数，$\boldsymbol{n}$ 是边界面 S 上的单位法向矢量，假定边值问题

$$\nabla\cdot\boldsymbol{F}=g,\text{在 } V \text{ 内} \tag{1.55}$$

$$\nabla\times\boldsymbol{F}=\boldsymbol{G},\text{在 } V \text{ 内} \tag{1.56}$$

$$\boldsymbol{F}\cdot\boldsymbol{n}=w,\text{在 } S \text{ 上} \tag{1.57}$$

的解 $\boldsymbol{F}$ 存在，则 $\boldsymbol{F}$ 被它的散度、旋度和法向分量边界条件所唯一确定。这里 g，$\boldsymbol{G}$，w 均为已知函数。

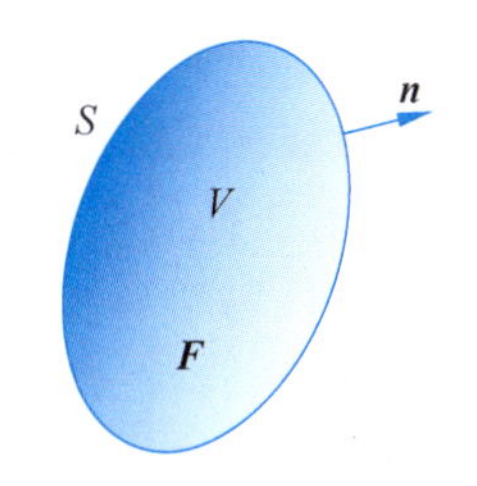

图1.24 矢量场的区域及其边界

这就是矢量场解的唯一性定理。

证 用反证法。设边值问题(1.55)～(1.57)有两个解，分别是 $\boldsymbol{F}_1$ 和 $\boldsymbol{F}_2$，则

$$\nabla\cdot\boldsymbol{F}_1=g,\quad \nabla\cdot\boldsymbol{F}_2=g,\quad \text{在 } V \text{ 内}$$

$$\nabla\times\boldsymbol{F}_1=\boldsymbol{G},\quad \nabla\times\boldsymbol{F}_2=\boldsymbol{G},\quad \text{在 } V \text{ 内}$$

$$\boldsymbol{F}_1\cdot\boldsymbol{n}=w,\quad \boldsymbol{F}_2\cdot\boldsymbol{n}=w,\quad \text{在 } S \text{ 上}$$

作矢量差

$$\boldsymbol{F}_0=\boldsymbol{F}_1-\boldsymbol{F}_2$$

于是 $\boldsymbol{F}_0$ 满足齐次边值问题：

$$\nabla\cdot\boldsymbol{F}_0=\nabla\cdot\boldsymbol{F}_1-\nabla\cdot\boldsymbol{F}_2=g-g=0,\quad \text{在 } V \text{ 内} \tag{1.58}$$

$$\nabla\times\boldsymbol{F}_0=\nabla\times\boldsymbol{F}_1-\nabla\times\boldsymbol{F}_2=\boldsymbol{G}-\boldsymbol{G}=\boldsymbol{0},\quad \text{在 } V \text{ 内} \tag{1.59}$$

$$\boldsymbol{F}_0\cdot\boldsymbol{n}=\boldsymbol{F}_1\cdot\boldsymbol{n}-\boldsymbol{F}_2\cdot\boldsymbol{n}=w-w=0,\quad \text{在 } S \text{ 上} \tag{1.60}$$

考虑到 V 为一维单连域，由 $\nabla\times\boldsymbol{F}_0=\boldsymbol{0}$，必存在标量函数 u 满足

$$\boldsymbol{F}_0=\nabla u \tag{1.61}$$

代入 $\nabla\cdot\boldsymbol{F}_0=0$，得

$$\nabla\cdot\boldsymbol{F}_0=\nabla\cdot\nabla u=\nabla^2 u=0 \tag{1.62}$$

从而由公式 $\nabla\cdot(f\boldsymbol{A})=f\,\nabla\cdot\boldsymbol{A}+\boldsymbol{A}\cdot\nabla f$（附录A），可知

$$\nabla\cdot(u\,\nabla u)=u\,\nabla^2 u+\nabla u\cdot\nabla u=|\nabla u|^2$$

在等式两端进行体积分，利用散度定理，得

$$\int_V|\nabla u|^2\mathrm{d}V=\int_V\nabla\cdot(u\,\nabla u)\mathrm{d}V=\oint_S u\boldsymbol{F}_0\cdot\mathrm{d}\boldsymbol{S} \tag{1.63}$$

再利用法向分量边界条件 $\boldsymbol{F}_0\cdot\boldsymbol{n}=0$，式(1.63)成为

$$\int_V|\nabla u|^2\mathrm{d}V=\oint_S u\boldsymbol{F}_0\cdot\boldsymbol{n}\,\mathrm{d}S=0$$

而 $|\nabla u|\geqslant 0$，所以 $\nabla u=\boldsymbol{F}_0=\boldsymbol{F}_1-\boldsymbol{F}_2=\boldsymbol{0}$，即

$$\boldsymbol{F}_1=\boldsymbol{F}_2 \tag{1.64}$$

这与假设矛盾，说明如果边值问题(1.55)～(1.57)的解存在，则解必唯一。证毕。

注意：边值问题(1.55)～(1.57)中的已知函数 g、$\boldsymbol{G}$、w 不能任意取值，因成立矢量微分公式

$$\nabla\cdot(\nabla\times\boldsymbol{F})=0$$

$$\int_V \nabla\cdot \boldsymbol{F}\,\mathrm{d}V = \oint_S \boldsymbol{F}\cdot \mathrm{d}\boldsymbol{S}$$

所以应有

$$\nabla\cdot \boldsymbol{G} = 0$$

$$\int_V g\,\mathrm{d}V = \oint_S w\,\mathrm{d}S$$

矢量场解的唯一性定理体现的思想非常重要，它为我们分析和求解矢量场指明了方向。它说明，对于任何一种矢量场，如果知道了场的散度和旋度，就知道了这个场的一般规律，也就掌握了这种场的基本属性，同时也回答了本节提出的问题。

如何建立一个既有散度又有旋度的矢量场的物理图像？我们仍以水流为例来说明。在一个盛满水的水池中，水池底部有一个小排水孔。当拔掉孔塞后，水池中的水从小孔流出去，这意味着水池中水流的散度不等于 0；同时流往排水孔的水会旋转，这说明水流的旋度不等于 $\mathbf{0}$。水池中的水一边旋转一边从小孔中流出，说明此时水流既有旋度又有散度。

小　　结

1. 描述场的工具

刻画场在任意点的变化时，标量场 u 用梯度∇u，矢量场 $\boldsymbol{F}$ 用散度$\nabla\cdot\boldsymbol{F}$ 和旋度$\nabla\times\boldsymbol{F}$；形象化表示场时，标量场 u 用等值面 $u=C$，矢量场用矢量线或箭头图。

2. 计算公式

梯度∇u，散度$\nabla\cdot\boldsymbol{F}$，旋度$\nabla\times\boldsymbol{F}$ 在直角坐标系 $Oxyz$ 中的展开式最重要：

$$\nabla u = \boldsymbol{e}_x \frac{\partial u}{\partial x} + \boldsymbol{e}_y \frac{\partial u}{\partial y} + \boldsymbol{e}_z \frac{\partial u}{\partial z}$$

$$\nabla\cdot \boldsymbol{F} = \frac{\partial F_x}{\partial x} + \frac{\partial F_y}{\partial y} + \frac{\partial F_z}{\partial z}$$

$$\nabla\times \boldsymbol{F} = \begin{vmatrix} \boldsymbol{e}_x & \boldsymbol{e}_y & \boldsymbol{e}_z \\ \dfrac{\partial}{\partial x} & \dfrac{\partial}{\partial y} & \dfrac{\partial}{\partial z} \\ F_x & F_y & F_z \end{vmatrix}$$

在其他坐标系中的展开式可直接查阅附录 A，无须记忆。

3. 基本定理

(1) 散度定理：$\oint_S \boldsymbol{F}\cdot \mathrm{d}\boldsymbol{S} = \int_V \nabla\cdot \boldsymbol{F}\,\mathrm{d}V$。

(2) 斯托克斯定理：$\oint_C \boldsymbol{F}\cdot \mathrm{d}\boldsymbol{r} = \int_S (\nabla\times \boldsymbol{F})\cdot \mathrm{d}\boldsymbol{S}$。

(3) 边界条件：方程$\nabla\cdot\boldsymbol{F}=g$ 和$\nabla\times\boldsymbol{F}=\boldsymbol{G}$ 所对应的边界条件分别为

$$\boldsymbol{n}_{12}\cdot(\boldsymbol{F}_2-\boldsymbol{F}_1)=\rho_s \quad 和 \quad \boldsymbol{n}_{12}\times(\boldsymbol{F}_2-\boldsymbol{F}_1)=\boldsymbol{K}$$

(4) 矢量场解的唯一性定理：矢量场被它的散度、旋度和它在边界面上的法向分量所唯一确定。

4. 基本要求

(1) 能够写出平行平面场的矢量线方程，并画出图形。

(2) 掌握梯度、散度和旋度的定义及物理意义。

(3) 记住直角坐标系中梯度、散度和旋度的展开式。

(4) 掌握矢量场的边界条件。

(5) 理解矢量场解的唯一性定理。

5. 注意

(1) 分析矢量场时,可先在直角坐标系中讨论,得到结果后再转换到合适的坐标系中。

(2) 手写矢量符号时,不要忘了在符号上方画一个箭头,例如 $\vec{F}$,不画箭头就成了标量。

(3) 符号∇是一个算符,它只对后面紧挨着的函数起作用,对它前面的函数不起作用。在直角坐标系 $Oxyz$ 中,$\nabla=\boldsymbol{e}_x\dfrac{\partial}{\partial x}+\boldsymbol{e}_y\dfrac{\partial}{\partial y}+\boldsymbol{e}_z\dfrac{\partial}{\partial z}$,可按矢量的运算法则与后面的函数运算;在其他坐标系中,可直接套用附录 A 中的公式。

(4) $\dfrac{\partial u}{\partial l}=\nabla u\cdot\boldsymbol{l}^{\circ}$既可看作方向导数的定义式,也可看作方向导数的计算式。

(5) 最好记住:梯度方向是函数增加最快的方向。

(6) 画矢量线时,不要忘了场值为 0 的点和场值为无限大的点。

(7) 边值问题是一个数学名词,它是为了求解某个物理问题所需要的由若干微分方程和若干边界条件组合在一起的一组数学表达式,并非真有什么"问题"。

(8) 边界条件中的场量应看作极限形式,例如式 $\boldsymbol{n}_{12}\cdot(\boldsymbol{F}_2-\boldsymbol{F}_1)=\rho_s$ 应理解成

$$\boldsymbol{n}_{12}(P)\cdot\left[\lim_{P_2\to P}\boldsymbol{F}_2(P_2)-\lim_{P_1\to P}\boldsymbol{F}_1(P_1)\right]=\rho_s(P)$$

其中,点 P 位于边界面上,P_1 和 P_2 分别位于介质 1 和介质 2 中。

习　　题

1.1　设 a、b、c 均为非零实常量,求 $\boldsymbol{F}=(a+\mathrm{j}b)\boldsymbol{e}_x+c\boldsymbol{e}_y$ 的单位矢量。

1.2　$\boldsymbol{A}=2\boldsymbol{e}_x+3\boldsymbol{e}_y+\boldsymbol{e}_z$,$\boldsymbol{B}=-\boldsymbol{e}_x+\boldsymbol{e}_y-2\boldsymbol{e}_z$。试分别计算 $\boldsymbol{A}\cdot\boldsymbol{B}$,$\boldsymbol{A}\times\boldsymbol{B}$,$(\boldsymbol{A}-\boldsymbol{B})\times(\boldsymbol{A}+\boldsymbol{B})$。

1.3　$\boldsymbol{A}=c\boldsymbol{e}_x+3\boldsymbol{e}_y+\boldsymbol{e}_z$,$\boldsymbol{B}=3\boldsymbol{e}_x+\boldsymbol{e}_y-2\boldsymbol{e}_z$。当 $\boldsymbol{A}$ 和 $\boldsymbol{B}$ 垂直时,求 c 的值。

1.4　$\boldsymbol{A}=a\boldsymbol{e}_x+b\boldsymbol{e}_y+c\boldsymbol{e}_z$,$\boldsymbol{B}=3\boldsymbol{e}_x+\boldsymbol{e}_y-2\boldsymbol{e}_z$。当 $\boldsymbol{A}$ 和 $\boldsymbol{B}$ 平行时,求 a、b、c 的值。

1.5　证明 3 点 M、N、P 所在平面的法向单位矢量为

$$\boldsymbol{n}=\frac{\boldsymbol{a}\times\boldsymbol{b}}{\sqrt{(ab)^2-(\boldsymbol{a}\cdot\boldsymbol{b})^2}}$$

式中,$\boldsymbol{a}=\overrightarrow{MN}$,$\boldsymbol{b}=\overrightarrow{MP}$,$0\leqslant(\boldsymbol{a},\boldsymbol{b})\leqslant\pi$。

1.6　设质点运动方程为 $\boldsymbol{r}(t)=\boldsymbol{e}_x\cos\omega t+\boldsymbol{e}_y\sin\omega t$。求质点速度$\boldsymbol{v}$ 和加速度 $\boldsymbol{a}$。

1.7　求曲线 $\boldsymbol{r}(t)=\boldsymbol{e}_x a\cos\omega t+\boldsymbol{e}_y a\sin\omega t+\boldsymbol{e}_z b$ 上任意点切向单位矢量 $\boldsymbol{T}^{\circ}$,其中 a、b、ω 均为实数常量(简称实常量),t 是时间变量。

1.8　已知速度场$\boldsymbol{v}=-y\boldsymbol{e}_x+x\boldsymbol{e}_y$。求$\boldsymbol{v}$ 的矢量线表达式并画出图形。

1.9　求 $f(x,y,z)=6x^2+3y^2+9yz+6z^2$ 在点$(1,1,1)$沿 $\boldsymbol{l}=\boldsymbol{e}_x+2\boldsymbol{e}_y+2\boldsymbol{e}_z$ 的方向导数。

1.10　证明梯度∇u 垂直于等值面 $u=C$(实常量)。

1.11　设曲面方程是 $F(x,y,z,t)=0$,其中 x、y、z 都是时间 t 的函数。求曲面的法向速度 v_n。

1.12 设矢量 $\boldsymbol{a}(t)$ 仅随时间 t 改变方向而不改变大小，证明 $\boldsymbol{a}(t)$ 垂直于 $\mathrm{d}\boldsymbol{a}(t)/\mathrm{d}t$。

1.13 试判断以下两式是否正确。

(1) $(\boldsymbol{A}\cdot\nabla)\boldsymbol{B}=\boldsymbol{A}(\nabla\cdot\boldsymbol{B})$

(2) $(\boldsymbol{A}\cdot\nabla)\varphi=\boldsymbol{A}\cdot(\nabla\varphi)$

1.14 证明公式

(1) $(\boldsymbol{F}\times\nabla)\times\boldsymbol{r}=-2\boldsymbol{F}$

(2) $\nabla\times(f\boldsymbol{F})=f\,\nabla\times\boldsymbol{F}+\nabla f\times\boldsymbol{F}$

1.15 已知 $\boldsymbol{F}(\boldsymbol{r})=-\frac{c}{r^3}\boldsymbol{r}$，其中 c 是实常量，$\boldsymbol{r}$ 是位置矢量，求散度 $\nabla\cdot\boldsymbol{F}$。提示：$\nabla^2\frac{1}{r}=-4\pi\delta(\boldsymbol{r})$。

1.16 试分别判别图 1.25(a)和(b)中点 P 处散度 $\nabla\cdot\boldsymbol{F}$ 的正负号。

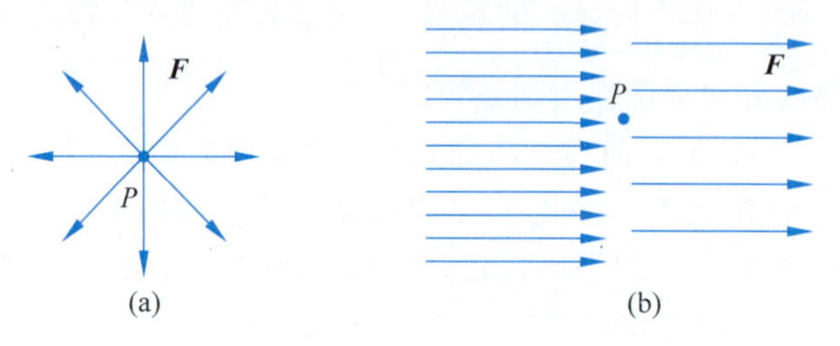

图 1.25 题 1.16 图

1.17 试根据图 1.26(a)～图 1.26(d)中矢量线分布，分别确定矢量场的散度是否为 0、旋度是否为 $\mathbf{0}$。

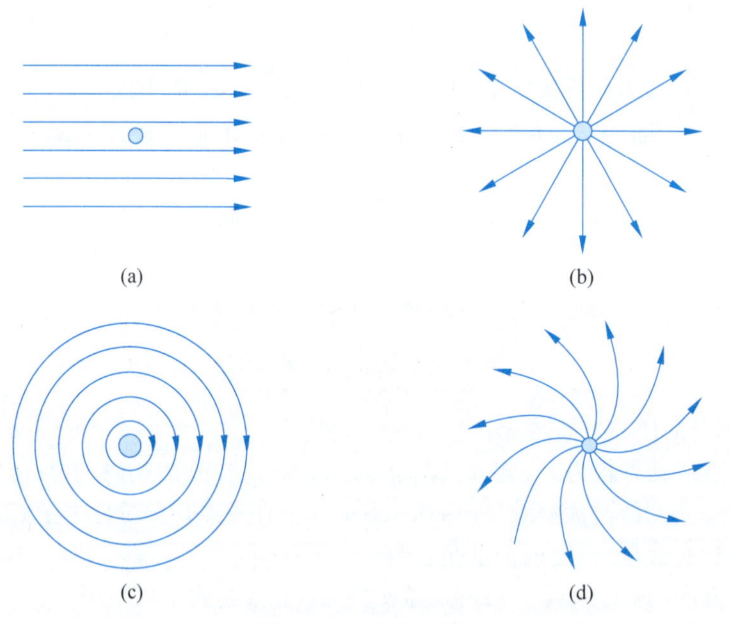

图 1.26 题 1.17 图

1.18 证明三维空间中的光滑矢量 $\boldsymbol{F}$ 在任意闭曲面 S 上满足 $\oint_S(\nabla\times\boldsymbol{F})\cdot\mathrm{d}\boldsymbol{S}=0$。

1.19 试画出一对等量同号点电荷的电场线。

尽信《书》，则不如无《书》。

孟子《尽心下》

第2章 静 电 场

几乎每人都有这样的经历：在气候干燥的冬天，触摸金属门把手的瞬间，手指像被针刺了一下，有时还能看到手指与门把手之间微弱的小火花。我们知道，这个现象是由人体带的电荷向金属门把手放电引起的。

中国人最早是通过天空中的雷电来认识电现象的，"雷"表示大气放电的声音，"电"表示大气放电的闪光。西方最早则是通过琥珀摩擦羊毛后吸住羽毛类轻微物体来认识电现象的。虽然人类很早以前就知道电，但直到1785年法国人库仑提出库仑定律之后，人们才渐渐理解它的性质，电磁学才真正诞生。

本章叙述静电场的基本概念、基本规律和基本分析方法。静电场是指相对于观察者静止不动、不随时间变化的电荷所产生的电场。叙述次序是：首先从库仑定律出发研究无限大真空中点电荷的电场，定义电场强度，导出电场强度的散度和旋度；然后，导出无限大真空中电偶极子的电场、力矩、位能和受力；接下来，叙述存在电介质时静电场的分析方法，认为极化后的电介质被大量的电偶极子所充满，把电介质占据的区域看作真空，在此基础上通过引入极化强度和电通密度，得到静电场的两个基本方程和两个边界条件；此后，给出静电场解的唯一性定理，叙述静电场边值问题的两个解析求解方法：镜像法和分离变量法；最后，分析和计算电场能量、导体之间的电容以及电场力。

2.1 真空中的电场强度

2.1.1 电荷

电荷是基本粒子的一个固有属性，它不能存在于粒子之外，不存在脱离物体的电荷。电荷只能通过存在的后果来描述。

1733年，法国人杜菲发现两种物体摩擦后，会产生两种不同的电，同性相排斥，异性相吸引。他把玻璃球和琥珀摩擦后，在玻璃球上和琥珀上产生的两种电分别命名为"玻璃电"和"琥珀电"。1747年美国人富兰克林把"玻璃电"命名为"正电"，"琥珀电"命名为"负电"，这是数学进入电磁学的萌芽阶段。富兰克林的命名沿用至今。需要说明，规定电荷的正、负完全是任意的。

电荷的多少叫电荷量，规定电荷量为正值。近代科学表明，物体由原子构成，原子由原子核和绕核旋转的电子组成；原子核带正电荷，核外全部电子带等量的负电荷，原子整体呈电中性；单个电子的电荷量为 $e \approx 1.602 \times 10^{-19}$ C。

设想用一个实验探头测量电荷，即使探头直径小到 10^{-4} m，它也是原子直径 3×10^{-10} m

的百万倍。用这种探头测量到的电荷包含大量的带电粒子。因此从宏观角度看，物体中离散分布的电荷可看作电荷连续分布，以此为基础就可以用微分和积分的方法分析、研究宏观电磁现象。

2.1.2 库仑定律

库仑定律描述的是点电荷之间作用力服从的规律。点电荷是指分布在线度(区域内两点间的最大距离)很小的区域内的电荷。当相互作用的两个带电体的线度远小于它们之间的距离时，带电体的形状及电荷的空间分布对相互作用的影响就可以忽略不计，这时将电荷占据区域看作一个不计体积的物理上无限小的一个点，占据区域上分布的总电荷就是一个点电荷。

库仑定律表述如下：无限大真空中两个静止点电荷 q_1 和 q_2 之间相互作用力的大小与两个点电荷的电荷量的乘积成正比，与两个点电荷间距离的平方成反比；作用力的方向沿着它们的连线方向，同种电荷相排斥，异种电荷相吸引。

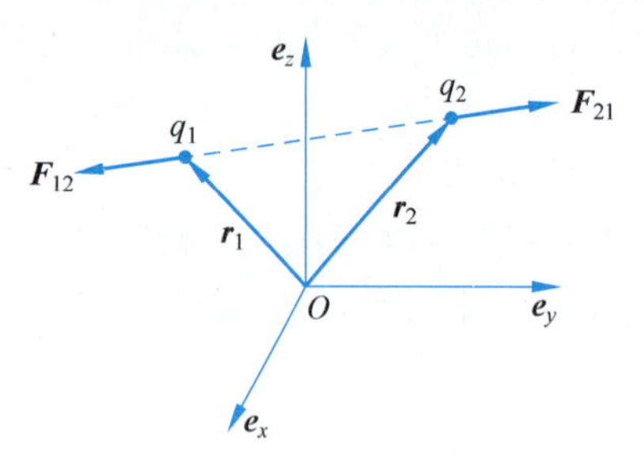

图 2.1 两个点电荷间的作用力

如图 2.1 所示，无限大真空中有两个静止点电荷 q_1 和 q_2，设 $\boldsymbol{F}_{12}$ 是 q_2 对 q_1 的作用力，在国际单位制中，库仑定律的表达式为

$$\boldsymbol{F}_{12}=\frac{q_1q_2}{4\pi\varepsilon_0R_{12}^2}\boldsymbol{R}_{12}^{\circ} \tag{2.1}$$

式中：电荷的单位是库仑(C)，距离的单位是米(m)，力的单位是牛(N)；单位矢量

$$\boldsymbol{R}_{12}^{\circ}=\frac{\boldsymbol{r}_1-\boldsymbol{r}_2}{|\boldsymbol{r}_1-\boldsymbol{r}_2|} \tag{2.2}$$

是从点电荷 q_2 指向点电荷 q_1 的单位矢量；ε_0 为真空电容率，又称为真空介电常量，其值为

$$\varepsilon_0=8.854\,187\,817\cdots\times10^{-12}\ \text{F/m}\approx8.854\times10^{-12}\ \text{F/m}$$

库仑定律[①]描述了真空中两个静止点电荷之间相互作用力的大小和方向，而力是自然科学中最重要的物理量之一，通过力的大小可以衡量电荷的多少，所以库仑定律是电磁学的基本定律。自从 1785 年库仑提出这个定律后，在已有电荷正、负规定的基础上，仿照牛顿力学研究电磁学，从此诞生了现代电磁理论。

注意：本书中的“真空”是指不存在物质微粒但可以存在电磁场的空间区域，也称为“自由空间”。

2.1.3 静电力的叠加原理

当真空中有 3 个或 3 个以上点电荷时，存在这样的实验事实：作用在每一个点电荷上的静电力的合力等于其他各个点电荷单独作用时力的矢量和。这个结论称为静电力的叠加原理。叠加原理为计算任意分布的电荷之间的静电作用问题提供了根据。

若有一个点电荷 q_0 同时受到多个点电荷 $q_1,q_2,\cdots,q_n$ 的作用力，根据库仑定律和静电力的叠加原理，q_0 所受到的合力为

$$\boldsymbol{F}=\boldsymbol{F}_{01}+\boldsymbol{F}_{02}+\cdots+\boldsymbol{F}_{0n}$$

---

① 库仑定律与万有引力定律的表达形式相同，但万有引力表现为吸引力，而电荷间的作用力既可以表现为吸引力，又可以表现为排斥力，通常比万有引力大得多，如氢原子中电子和质子间的电荷吸引力远大于万有引力，前者约为后者的 10^{39} 倍。

$$= \frac{q_0 q_1}{4\pi\varepsilon_0 R_{01}^2}\boldsymbol{R}_{01}^{\circ} + \frac{q_0 q_2}{4\pi\varepsilon_0 R_{02}^2}\boldsymbol{R}_{02}^{\circ} + \cdots + \frac{q_0 q_n}{4\pi\varepsilon_0 R_{0n}^2}\boldsymbol{R}_{0n}^{\circ}$$

$$= q_0 \sum_{i=1}^{n} \frac{\boldsymbol{R}_{0i}^{\circ} q_i}{4\pi\varepsilon_0 R_{0i}^2} \tag{2.3}$$

这里符号$\sum$表示求和。

当位于点$\boldsymbol{r}$的点电荷q_0受到一个电荷连续分布的带电体V的作用时，其作用力也可根据库仑定律和静电力的叠加原理来计算。方法是把带电体V上的电荷细分成许多份电荷元$\mathrm{d}q$，每一份电荷元看作一个点电荷，应用式(2.3)，把q_i换成$\mathrm{d}q$，$\sum$换成积分号，则点电荷q_0受到的静电力就是

$$\boldsymbol{F} = q_0 \int_V \frac{\boldsymbol{R}^{\circ}}{4\pi\varepsilon_0 R^2}\mathrm{d}q \tag{2.4}$$

式中，$\boldsymbol{R}^{\circ} = \boldsymbol{R}/R$，$\boldsymbol{R} = \boldsymbol{r} - \boldsymbol{r}'$，$R = |\boldsymbol{R}|$，$\boldsymbol{r}'$为电荷元$\mathrm{d}q$所在点的位置矢量。

如果电荷分布在体区域V中，设体电荷密度为$\rho_v = \mathrm{d}q/\mathrm{d}V(\mathrm{C/m^3})$，则其中的电荷元为$\mathrm{d}q = \rho_v \mathrm{d}V$，区域$V$中电荷对点电荷$q_0$产生的作用力为

$$\boldsymbol{F} = q_0 \int_V \frac{\boldsymbol{R}^{\circ}}{4\pi\varepsilon_0 R^2}\rho_v \mathrm{d}V \tag{2.5}$$

如果电荷分布在曲面S上，设面电荷密度为$\rho_s = \mathrm{d}q/\mathrm{d}S(\mathrm{C/m^2})$，则其中的电荷元为$\mathrm{d}q = \rho_s \mathrm{d}S$，曲面$S$上电荷对点电荷$q_0$产生的作用力为

$$\boldsymbol{F} = q_0 \int_S \frac{\boldsymbol{R}^{\circ}}{4\pi\varepsilon_0 R^2}\rho_s \mathrm{d}S \tag{2.6}$$

如果电荷分布在曲线l上，设线电荷密度为$\rho_l = \mathrm{d}q/\mathrm{d}l(\mathrm{C/m})$，这里$\mathrm{d}l$是空间曲线$l$上弧长的微分：

$$\mathrm{d}l = \sqrt{(\mathrm{d}x)^2 + (\mathrm{d}y)^2 + (\mathrm{d}z)^2} \tag{2.7}$$

则线上的电荷元为$\mathrm{d}q = \rho_l \mathrm{d}l$，曲线$l$上电荷对点电荷$q_0$产生的作用力为

$$\boldsymbol{F} = q_0 \int_l \frac{\boldsymbol{R}^{\circ}}{4\pi\varepsilon_0 R^2}\rho_l \mathrm{d}l \tag{2.8}$$

电荷以体分布形式存在是普遍情况，面分布和线分布都是体分布的特例，因此今后说到“电荷密度”指的就是“体电荷密度”。

需要指出：①符号$\mathrm{d}V$、$\mathrm{d}S$和$\mathrm{d}l$分别代表体元、面元和线元，这些小单元上的电荷$\mathrm{d}q$仍含有大量的电荷基本单元；②本书分别用符号ρ_v、ρ_s和ρ_l表示体电荷密度、面电荷密度和线电荷密度。

2.1.4 电场强度的引入

电荷周围存在电场。电场的基本性质是对位于电场中的其他电荷产生作用力，这种作用力称为电场力。为定量研究电场的这个性质，定义电场强度矢量

$$\boldsymbol{E} = \frac{\boldsymbol{F}}{q} \tag{2.9}$$

式中，q为电场内的试验点电荷，$\boldsymbol{F}$为作用于点电荷q的库仑力。可见，电场中任意点都有电场强度$\boldsymbol{E}$，它是一个空间点函数，可表示为$\boldsymbol{E} = \boldsymbol{E}(x, y, z) = \boldsymbol{E}(\boldsymbol{r})$。电场强度的实质是电场力，它的大小与试验点电荷无关，它的方向与放置在该点的正试验点电荷所受的电场力方向

相同。

电场强度是电磁场理论中两个最重要的物理量之一(另一个是磁通密度),它的单位为伏每米,符号为 V/m。

设试验点电荷为 q_0,则 n 个点电荷 $q_1,q_2,\cdots,q_n$ 在空间任意点产生的电场强度可由式(2.3)写成

$$\boldsymbol{E}=\frac{\boldsymbol{F}}{q_0}=\sum_{i=1}^{n}\frac{\boldsymbol{F}_{0i}}{q_0}=\sum_{i=1}^{n}\boldsymbol{E}_i=\sum_{i=1}^{n}\frac{q_i\boldsymbol{R}_{0i}^{\circ}}{4\pi\varepsilon_0R_{0i}^2} \tag{2.10}$$

这说明真空中的电场强度满足叠加原理。如果电荷在带电体 V 上连续分布,电荷密度为 ρ_v,则由式(2.5)可写出带电体产生的电场强度

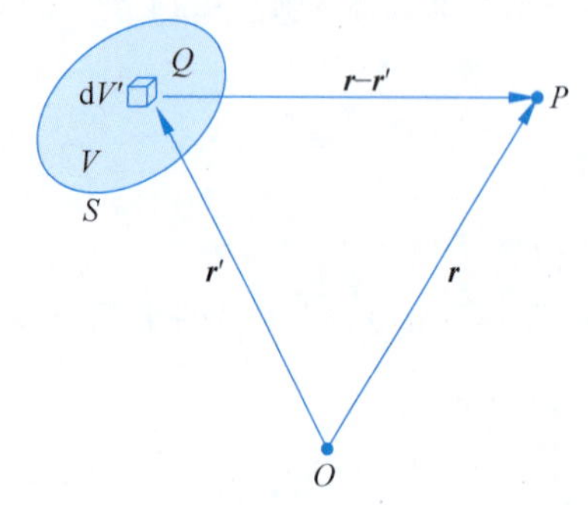

图 2.2 场点位置矢量与源点位置矢量

$$\boldsymbol{E}=\frac{\boldsymbol{F}}{q_0}=\int_V\frac{\boldsymbol{R}^{\circ}}{4\pi\varepsilon_0R^2}\rho_v\mathrm{d}V \tag{2.11}$$

或写成

$$\boldsymbol{E}(\boldsymbol{r})=\frac{1}{4\pi\varepsilon_0}\int_V\frac{\boldsymbol{r}-\boldsymbol{r}'}{|\boldsymbol{r}-\boldsymbol{r}'|^3}\rho_v(\boldsymbol{r}')\mathrm{d}V(\boldsymbol{r}') \tag{2.12}$$

式中,$\boldsymbol{r}$ 和 $\boldsymbol{r}'$ 分别是场点 P 和源点 Q 的位置矢量,$\boldsymbol{R}=\overrightarrow{QP}=\boldsymbol{r}-\boldsymbol{r}'$,$\mathrm{d}V(\boldsymbol{r}')$ 是源点 Q 周围的体元,如图 2.2 所示。为便利计,图 2.2 中将 $\mathrm{d}V(\boldsymbol{r}')$ 简记为 $\mathrm{d}V'$。

2.1.5 电场强度的散度和旋度

电场强度是矢量。由矢量场解的唯一性定理可知,为了刻画电场的变化规律,需要知道电场强度的散度和旋度。下面分别求出这两个量。

先求出电场强度的散度。根据式(2.12)得

$$\nabla\cdot\boldsymbol{E}(\boldsymbol{r})=\frac{1}{4\pi\varepsilon_0}\int_V\left(\nabla\cdot\frac{\boldsymbol{r}-\boldsymbol{r}'}{|\boldsymbol{r}-\boldsymbol{r}'|^3}\right)\rho_v(\boldsymbol{r}')\mathrm{d}V(\boldsymbol{r}') \tag{2.13}$$

式中,∇是对场点坐标(x,y,z)的微分运算,而积分是对源点坐标(x',y',z')实施的。由公式(附录 B)

$$\nabla\cdot\frac{\boldsymbol{r}-\boldsymbol{r}'}{|\boldsymbol{r}-\boldsymbol{r}'|^3}=4\pi\delta(\boldsymbol{r}-\boldsymbol{r}') \tag{2.14}$$

式(2.13)成为

$$\nabla\cdot\boldsymbol{E}(\boldsymbol{r})=\frac{1}{\varepsilon_0}\int_V\rho_v(\boldsymbol{r}')\delta(\boldsymbol{r}-\boldsymbol{r}')\mathrm{d}V(\boldsymbol{r}')$$

再利用 δ 函数的取样公式(附录 B),得

$$\nabla\cdot\boldsymbol{E}(\boldsymbol{r})=\frac{\rho_v(\boldsymbol{r})}{\varepsilon_0} \tag{2.15}$$

这就是真空中电场强度的散度表达式。根据第 1 章散度的物理意义可知,当 $\rho_v>0$ 时,电场线从电荷发出,电荷成为电场线的"源",$\nabla\cdot\boldsymbol{E}>0$;当 $\rho_v<0$ 时,电场线向电荷汇聚,电荷成为电场线的"洞",$\nabla\cdot\boldsymbol{E}<0$;当 $\rho_v=0$ 时,表示这一点无"源"无"洞",电场线通过此点,$\nabla\cdot\boldsymbol{E}=0$。

接下来求电场强度的旋度。在式(2.12)两端对场点坐标取旋度运算:

$$\nabla\times\boldsymbol{E}(\boldsymbol{r})=\frac{1}{4\pi\varepsilon_0}\int_V\rho_v(\boldsymbol{r}')\nabla\times\left(\frac{\boldsymbol{r}-\boldsymbol{r}'}{|\boldsymbol{r}-\boldsymbol{r}'|^3}\right)\mathrm{d}V(\boldsymbol{r}')$$

$$= -\frac{1}{4\pi\varepsilon_0}\int_V \rho_v(\boldsymbol{r}')\ \nabla\times\left(\nabla\frac{1}{|\boldsymbol{r}-\boldsymbol{r}'|}\right)\mathrm{d}V(\boldsymbol{r}')$$

根据矢量微分公式$\nabla\times(\nabla f)=\mathbf{0}$(附录A),得

$$\nabla\times\boldsymbol{E}(\boldsymbol{r})=\mathbf{0} \tag{2.16}$$

这就是真空中电场强度的旋度表达式。根据第1章旋度的物理意义可知,静电场是无旋场,它的电场线不会自行闭合形成“漩涡”。

原则上说,只要已知电场强度的散度式(2.15)和旋度式(2.16),无限大真空中以任何形式分布的电荷产生的电场就可以确定。为了便于应用,下面给出这两个表达式的积分形式。

在静电场中任取一区域V,设它的边界是闭曲面S,我们计算S上的积分$\oint_S \boldsymbol{E}\cdot\mathrm{d}\boldsymbol{S}$,这里$\boldsymbol{S}$的方向是闭曲面上指向外侧的法线方向。利用散度式(2.15)和散度定理,得

$$\oint_S \boldsymbol{E}\cdot\mathrm{d}\boldsymbol{S}=\int_V \nabla\cdot\boldsymbol{E}\,\mathrm{d}V=\frac{1}{\varepsilon_0}\int_V \rho_v\,\mathrm{d}V$$

因闭曲面S内全部电荷为$Q=\int_V \rho_v\,\mathrm{d}V$,所以

$$\oint_S \boldsymbol{E}\cdot\mathrm{d}\boldsymbol{S}=\frac{Q}{\varepsilon_0} \tag{2.17}$$

这就是式(2.15)所对应的积分形式,称为高斯定律,是电磁场理论中的一个重要定理,它的成立依赖于电场力的平方反比律和电场力的叠加原理。

在静电场中任取一曲面S,设它的边界是C,C上位移$\mathrm{d}\boldsymbol{r}$和曲面S上的法向单位矢量$\boldsymbol{n}$符合右手螺旋关系,我们计算沿边界C的电场环量$\oint_C \boldsymbol{E}\cdot\mathrm{d}\boldsymbol{r}$。利用斯托克斯定理,环量为

$$\oint_C \boldsymbol{E}\cdot\mathrm{d}\boldsymbol{r}=\int_S (\nabla\times\boldsymbol{E})\cdot\mathrm{d}\boldsymbol{S}$$

由$\nabla\times\boldsymbol{E}=\mathbf{0}$,得

$$\oint_C \boldsymbol{E}\cdot\mathrm{d}\boldsymbol{r}=0 \tag{2.18}$$

这就是式(2.16)所对应的积分形式。这说明,放置在静电场中的“小水轮”不“旋转”,它的电场线不会形成“漩涡”。

根据以上分析,真空中静电场的规律可用微分方程$\nabla\cdot\boldsymbol{E}=\rho_v/\varepsilon_0$和$\nabla\times\boldsymbol{E}=\mathbf{0}$来表达,这两个方程合起来构成真空中静电场的基本方程组,它们对应的积分形式分别为$\oint_S \boldsymbol{E}\cdot\mathrm{d}\boldsymbol{S}=Q/\varepsilon_0$和$\oint_C \boldsymbol{E}\cdot\mathrm{d}\boldsymbol{r}=0$。微分形式和积分形式各有用处。微分形式细致地刻画了场中各点及邻域的电场性质,因此它具有广泛的适用性。积分形式刻画了场的整体区域性质,当电场呈现对称性(例如轴对称、球对称)时,可以直接用积分形式求解。

例2.1 无限大真空中有一电荷密度为ρ_v、半径为a的均匀带电球,求球内任意点的电场强度。

解 这是一个球对称场,可用高斯定律式(2.17)求解。建立以球心为原点的球坐标系$Or\theta\phi$,再以原点O为球心作半径为$r\leqslant a$的假想球V,设球面为S。

由于任意点电场$\boldsymbol{E}$仅是r的函数,即$\boldsymbol{E}=E_r(r)\boldsymbol{e}_r$,于是

$$\oint_S \boldsymbol{E}\cdot\mathrm{d}\boldsymbol{S}=\oint_S E_r(r)\boldsymbol{e}_r\cdot\mathrm{d}\boldsymbol{S}$$

由附录 A 可知，$\boldsymbol{e}_r \cdot \mathrm{d}\boldsymbol{S}=r^2\sin\theta\mathrm{d}\theta\mathrm{d}\phi$，这样

$$\oint_S \boldsymbol{E}\cdot\mathrm{d}\boldsymbol{S}=E_r(r)r^2\int_0^{\pi}\sin\theta\mathrm{d}\theta\int_0^{2\pi}\mathrm{d}\phi=4\pi r^2E_r(r)$$

而 V 内电荷

$$Q=\int_V\rho_{\mathrm{v}}\mathrm{d}V=\frac{4}{3}\pi\rho_{\mathrm{v}}r^3$$

把以上结果代入式(2.17)，得

$$\boldsymbol{E}=\frac{\rho_{\mathrm{v}}r}{3\varepsilon_0}\boldsymbol{e}_r$$

解毕。

本节利用电场强度的显式(2.12)分别导出了电场强度的散度和旋度。也许读者会问：既然已经知道了电场强度的显式，为什么还要把显式变换成隐式的散度方程和旋度方程呢？这不是把简单问题复杂化了吗？我们说，这些推导并不是数学游戏，而是有以下两个深刻原因。

(1) 方程 $\nabla\cdot\boldsymbol{E}=\rho_{\mathrm{v}}/\varepsilon_0$ 和 $\nabla\times\boldsymbol{E}=\boldsymbol{0}$ 都是微分方程，微分方程描述的是点及邻域内场的性质，所以不论静电场是否为无限大真空区域，只要场点及邻域是真空区域，这两个方程均成立。而显式(2.12)是积分形式，只能用于计算无限大真空中的静电场。虽然这两个微分方程是利用积分式(2.12)导出的，但这两个方程所包含的内容更丰富、更一般，就好像算术题(1+2)等于3，而3并不是只有(1+2)这一种情况一样。

(2) 与显式(2.12)相比，方程 $\nabla\cdot\boldsymbol{E}=\rho_{\mathrm{v}}/\varepsilon_0$ 和 $\nabla\times\boldsymbol{E}=\boldsymbol{0}$ 可用于求解各种真空静电场。从这两个微分方程出发，可以建立真空静电场的边值问题，通过求解边值问题就可以得到具有任意电荷分布的静电场。而用式(2.12)计算静电场时，必须已知所有电荷的分布情况才能计算。

通过本章及以后内容的学习，我们将会逐渐理解以上两个原因。

2.2 真空中的电位

2.2.1 电位的引入与方程

在静电场中 $\nabla\times\boldsymbol{E}=\boldsymbol{0}$，对比矢量恒等式 $\nabla\times\nabla f=\boldsymbol{0}$，可令标量函数 φ 满足

$$\boldsymbol{E}=-\nabla\varphi \tag{2.19}$$

这里 φ 称为静电场的电位，也称为电势，它的单位为伏(V)。式(2.19)右端添加负号是为了与力学中"质点的保守力等于位能的负梯度"相一致，其物理意义是电场方向总是指向电位下降最快的方向。

电场强度是矢量，含有3个互相垂直的矢量分量，计算时往往比较麻烦；而电位是标量，只有一个量，不存在方向问题，多数情况下利用电位计算电场往往比较简单。因此，引入电位常常可以简化电场的分析和计算。

为求得电位方程，将 $\boldsymbol{E}=-\nabla\varphi$ 代入静电场方程 $\nabla\cdot\boldsymbol{E}=\rho_{\mathrm{v}}/\varepsilon_0$，得

$$\nabla^2\varphi=-\frac{\rho_{\mathrm{v}}}{\varepsilon_0} \tag{2.20}$$

这个方程称为电位的泊松方程。在无电荷分布的区域，$\rho_{\mathrm{v}}=0$，此时

$$\nabla^2\varphi=0 \tag{2.21}$$

这个方程称为电位的拉普拉斯方程。泊松方程(2.20)或拉普拉斯方程(2.21)刻画了电位在任意场点及邻域的性质，具有广泛的适用性。

例 2.2　证明无电荷分布的真空中不存在电位的极大点和极小点，极值点只能位于带电体上。

证　用反证法。假定真空中有一点 M 是电位的极大点，以该点为球心作一半径非常小的球面 S，则 S 上的电位小于球心 M 的电位，于是 S 上梯度 $\nabla\varphi$ 的方向指向球心，S 上电场 $\boldsymbol{E}=-\nabla\varphi$ 的方向指向球外，从而积分 $\oint_S \boldsymbol{E}\cdot \mathrm{d}\boldsymbol{S}>0$（$\mathrm{d}\boldsymbol{S}$ 的方向指向球外），而点 M 处没有电荷，根据高斯定律有 $\oint_S \boldsymbol{E}\cdot \mathrm{d}\boldsymbol{S}=0$。这个矛盾说明，真空中不存在电位的极大点。

同理，假定真空中有一点 N 是电位的极小点，以该点为球心作一半径非常小的球面 S，则必有 $\oint_S \boldsymbol{E}\cdot \mathrm{d}\boldsymbol{S}<0$，而点 N 处没有电荷，$\oint_S \boldsymbol{E}\cdot \mathrm{d}\boldsymbol{S}=0$。这说明真空中也不存在电位的极小点。

既然无电荷分布的真空中不存在电位的极值点，那么极值点必然位于带电体上。证毕。

说明　不能把电位的单位名称“伏特”叫“伏打”。

伏打是意大利物理学家，他发明了世界上最早的直流电源——伏打电堆，从此人类有了稳定的电源。伏打的姓名很长，是 Volta, Alessandro Giuseppe Antonio Anastasio，其中 Volta 是姓，汉语译为“伏打”。为了纪念伏打的贡献，人们把电位、电压、电动势的单位规定为“volts”，汉语译为“伏特”，简称伏，符号为 V。这里 volts 是 Volta 去掉最后一个字母 a 后加上 s 形成的。

同样情况有“法拉第”和“法拉”。法拉第的姓名是“Faraday, Michael”，“法拉第”是姓“Faraday”的音译，而作为电容单位“farads”汉语译为“法拉”，它是 Faraday 去掉最后两个字母 ay 后加上 s 形成的。

为了纪念电磁学发展历程中的那些杰出贡献者，以他们的姓为基础稍作改变作为电磁量单位，这在自然科学中是一个独特的做法。

2.2.2　由电场强度求电位

在静电场中，通过各种途径和方法求解电场强度成为静电场分析的主要内容，但有时也会反其道而行之，利用已知的电场强度求电位，使问题的分析和求解得到简化。下面我们就来导出这个关系。

设点 P 和 M 是静电场中的任意两点，C 是连接这两点的任意一条曲线，则点 P 沿曲线 C 到点 M 的积分

$$\int_P^M \boldsymbol{E}\cdot \mathrm{d}\boldsymbol{r}=-\int_P^M \nabla\varphi\cdot \mathrm{d}\boldsymbol{r}=-\int_P^M \mathrm{d}\varphi=\varphi(P)-\varphi(M) \tag{2.22}$$

取点 M 的电位 $\varphi(M)=0$，称点 M 为电位参考点。于是，任意点 P 的电位可用电场强度 $\boldsymbol{E}$ 求出

$$\varphi(P)=\int_P^M \boldsymbol{E}\cdot \mathrm{d}\boldsymbol{r} \tag{2.23}$$

式中 $\mathrm{d}\boldsymbol{r}$ 是 C 上的位移。由此可见，在已确定电位参考点的情况下，静电场中的电位只与场点有关，而与两点间的路径无关。

由于电场强度等于电位的负梯度，而常量的梯度等于零，所以场中任意点都可以选作电位参考点而不会改变电场强度。一般地，为了求解过程简单，当全部电荷位于有限区域内时，通

常选取离电荷无限远的场点为电位参考点；当电荷分布延伸到无限远时，如果选取无限远处为电位参考点而使表达式无法计算时，可选取坐标原点附近任意点为电位参考点，例如对于大地上方的静电场问题，大地表面的感应电荷可以分布到无限远，此时就选取大地表面为电位参考点。以上参考点选取方法也适用于其他位函数的计算。

例 2.3 真空中有一长直细导线，导线上均匀分布着线密度为 ρ_l 的电荷。试求相距导线为 ρ 处的电位 φ。

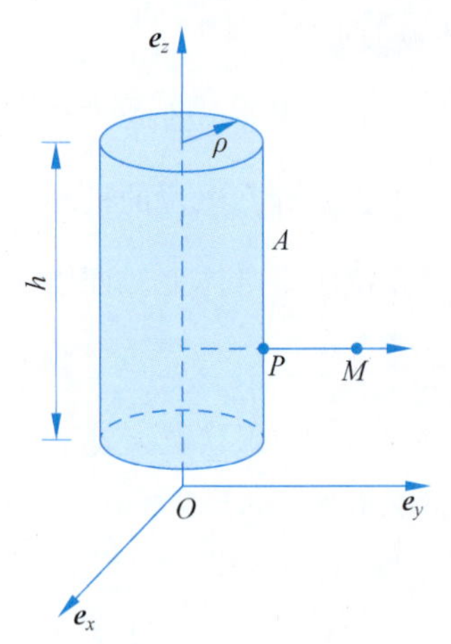

图 2.3 长直带电细导线

解 如图 2.3 所示，建立圆柱坐标系 $O\rho\phi z$，长直细导线位于 z 轴，作半径为 ρ、高为 h 的圆柱面 A。利用电场 $\boldsymbol{E}$ 的轴对称性，可知圆柱侧面上电场为 $\boldsymbol{E}=E_\rho(\rho)\boldsymbol{e}_\rho$，圆柱上、下底面上电场强度的法向量为零。这样，由高斯定律可得

$$\oint_A \boldsymbol{E}\cdot \mathrm{d}\boldsymbol{S}=\int_0^{2\pi} E_\rho \boldsymbol{e}_\rho\cdot(h\rho\mathrm{d}\phi)\boldsymbol{e}_\rho=2\pi h\rho E_\rho=\frac{\rho_l h}{\varepsilon_0}$$

从而有

$$\boldsymbol{E}=E_\rho\boldsymbol{e}_\rho=\frac{\rho_l}{2\pi\varepsilon_0\rho}\boldsymbol{e}_\rho \tag{2.24}$$

已知电场 $\boldsymbol{E}$ 后，取导线外任意点 $M(\rho_0,\phi_0,z_0)$ 为电位参考点(图 2.3)，设导线外场点为点 $P(\rho,\phi,z)$，根据附录 A，可写出从点 P 沿任意光滑曲线到点 M 路径上的位移 $\mathrm{d}\boldsymbol{r}$。这样点 P 的电位为

$$\varphi(P)=\int_P^M \boldsymbol{E}\cdot\mathrm{d}\boldsymbol{r}=\frac{\rho_l}{2\pi\varepsilon_0}\int_\rho^{\rho_0}\frac{\mathrm{d}\rho}{\rho}=\frac{\rho_l}{2\pi\varepsilon_0}\ln\frac{\rho_0}{\rho} \tag{2.25}$$

式中，ρ_0 和 ρ 分别是电位参考点和场点到长直带电细导线的距离。

从例 2.3 再一次看出，静电场中电位与场点到参考点的路径无关。解毕。

2.2.3 由电荷求电位

设无限大真空中点 $\boldsymbol{r}'$ 处有一个点电荷 q，电位参考点位于无限远，记任意点 Q 的矢径为 $\boldsymbol{r}_Q$，则

$$\boldsymbol{E}(\boldsymbol{r}_Q)=\frac{q(\boldsymbol{r}_Q-\boldsymbol{r}')}{4\pi\varepsilon_0|\boldsymbol{r}_Q-\boldsymbol{r}'|^3}=-\frac{q}{4\pi\varepsilon_0}\nabla_Q\frac{1}{|\boldsymbol{r}_Q-\boldsymbol{r}'|}$$

这里 ∇_Q 是对场点坐标 (x_Q,y_Q,z_Q) 的微分运算。这样，利用全微分 $\mathrm{d}f=\nabla f\cdot\mathrm{d}\boldsymbol{r}$，由式(2.23)可写出

$$\begin{aligned}\varphi(\boldsymbol{r})&=\int_r^\infty \boldsymbol{E}(\boldsymbol{r}_Q)\cdot\mathrm{d}\boldsymbol{r}_Q=-\frac{q}{4\pi\varepsilon_0}\int_r^\infty\nabla_Q\frac{1}{|\boldsymbol{r}_Q-\boldsymbol{r}'|}\cdot\mathrm{d}\boldsymbol{r}_Q\\&=-\frac{q}{4\pi\varepsilon_0}\int_r^\infty \mathrm{d}_Q\frac{1}{|\boldsymbol{r}_Q-\boldsymbol{r}'|}=-\frac{q}{4\pi\varepsilon_0}\left(\lim_{|\boldsymbol{r}_Q|\to\infty}\frac{1}{|\boldsymbol{r}_Q-\boldsymbol{r}'|}-\frac{1}{|\boldsymbol{r}-\boldsymbol{r}'|}\right)\end{aligned}$$

即点电荷产生的电位

$$\varphi(\boldsymbol{r})=\frac{q}{4\pi\varepsilon_0|\boldsymbol{r}-\boldsymbol{r}'|} \tag{2.26}$$

当无限大真空中的电荷分布在区域 V 内时，设它的电荷密度为 $\rho_{\mathrm{v}}(\mathrm{C/m^3})$，则 V 内任意点 $\boldsymbol{r}'$ 处微小区域内的电荷 $\mathrm{d}q=\rho_{\mathrm{v}}\mathrm{d}V$ 就可以看作点电荷。从而，由式(2.26)可求出整个区域 V

中的电荷在点 $\boldsymbol{r}$ 处产生的电位

$$\varphi(\boldsymbol{r})=\frac{1}{4\pi\varepsilon_0}\int_V \frac{\rho_{\mathrm{v}}(\boldsymbol{r}')}{|\boldsymbol{r}-\boldsymbol{r}'|}\mathrm{d}V(\boldsymbol{r}') \tag{2.27}$$

当电荷分布在一个曲面 S 上时，设面电荷密度为 $\rho_{\mathrm{s}}(\mathrm{C/m^2})$，则整个曲面 S 上的电荷在场点 $\boldsymbol{r}$ 处产生的电位为

$$\varphi(\boldsymbol{r})=\frac{1}{4\pi\varepsilon_0}\int_S \frac{\rho_{\mathrm{s}}(\boldsymbol{r}')}{|\boldsymbol{r}-\boldsymbol{r}'|}\mathrm{d}S(\boldsymbol{r}') \tag{2.28}$$

当电荷分布在一条曲线 l 上时，设线电荷密度为 $\rho_l(\mathrm{C/m})$，则整条曲线 l 上的电荷在场点 $\boldsymbol{r}$ 处产生的电位为

$$\varphi(\boldsymbol{r})=\frac{1}{4\pi\varepsilon_0}\int_l \frac{\rho_l(\boldsymbol{r}')}{|\boldsymbol{r}-\boldsymbol{r}'|}|\mathrm{d}\boldsymbol{r}'| \tag{2.29}$$

注意，式(2.26)～式(2.29)只能用于计算无限大真空中的电位，而且无限远处电位为零。

2.2.4 由电位求电压

定义：点 P 和点 M 之间的电压为由点 P 至点 M 的路径上电场强度 $\boldsymbol{E}$ 的线积分

$$U_{PM}=\int_P^M \boldsymbol{E}\cdot\mathrm{d}\boldsymbol{r} \tag{2.30}$$

式中，$\mathrm{d}\boldsymbol{r}$ 是从点 P 到点 M 路径上的位移。在静电场中，由电位计算电压非常简单：

$$U_{PM}=-\int_P^M \nabla\varphi\cdot\mathrm{d}\boldsymbol{r}=-\int_P^M \mathrm{d}\varphi=\varphi(P)-\varphi(M)$$

即静电场中的电压等于路径两端间的电位差，且与路径无关。

2.2.5 静电位能

设静电场中有一点电荷 q，在电场力 $\boldsymbol{F}=q\boldsymbol{E}=-q\nabla\varphi$ 的作用下，点电荷 q 缓慢地从场点 P 沿路径 C 移动到电位参考点 M 电场力所做的功为

$$A=\int_C \boldsymbol{F}\cdot\mathrm{d}\boldsymbol{r}=-q\int_P^M \nabla\varphi\cdot\mathrm{d}\boldsymbol{r}=-q\int_P^M \mathrm{d}\varphi=q\,[\varphi(P)-\varphi(M)]=q\varphi(P)$$

由此得

$$\varphi(P)=\frac{A}{q} \tag{2.31}$$

即静电场中电位的物理意义是电场力移动单位正电荷从场点到电位参考点所做的功。

由于点电荷的静电力做功与路径无关，只与场点和参考点的位置有关，所以我们可以引进静电位能的概念。静电位能也叫静电势能。用 $W(P)$表示点电荷 q 在点 P 的静电位能，定义点 P 的静电位能 $W(P)$与点 M 的静电位能 $W(M)$之差等于静电力使点电荷 q 从点 P 移动到点 M 所做的功 A，即

$$W(P)-W(M)=A \tag{2.32}$$

如果选定电位参考点 M 的位能 $W(M)=0$，那么静电场中任意点 P 的位能 $W(P)$在数值上就等于点电荷从该点移动到电位参考点电场力所做的功：

$$W(P)=A=q\varphi(P) \tag{2.33}$$

可见静电位能是位置的单值函数。

利用位能计算点电荷的静电力特别简单,因

$$\boldsymbol{F}=q\boldsymbol{E}=-q\nabla\varphi=-\nabla(q\varphi)=-\nabla W \tag{2.34}$$

即作用于点电荷的静电力等于静电位能的负梯度。式中负号表示静电力做功将导致静电位能降低。

2.3 真空中的电偶极子

一对电荷量相等、符号相反、中心不重合的点电荷,当它们之间的距离远小于场点到这两个点电荷的距离时,这对点电荷叫电偶极子。电偶极子是从电介质的极化(见 2.4.1 节)抽象出来的一种物理模型,除了用于描述电介质的极化外,还用于描述短直天线的电磁辐射、地震活动等现象,也是研究微波加热、脑电成像、原油降黏等问题的一种物理模型。

2.3.1 预备知识

由全微分知识可知,连续可微函数 $f(\boldsymbol{r})$ 的增量为

$$f(\boldsymbol{r}+\Delta\boldsymbol{r})-f(\boldsymbol{r})=\frac{\partial f}{\partial x}\Delta x+\frac{\partial f}{\partial y}\Delta y+\frac{\partial f}{\partial z}\Delta z+o(|\Delta\boldsymbol{r}|)=(\nabla f)\cdot\Delta\boldsymbol{r}+o(|\Delta\boldsymbol{r}|)$$

其中 $o(|\Delta\boldsymbol{r}|)$ 是当 $|\Delta\boldsymbol{r}|\to 0$ 时关于 $|\Delta\boldsymbol{r}|$ 的高阶无穷小。从而,当 $|\boldsymbol{l}|\ll|\boldsymbol{r}|$ 时,有

$$f(\boldsymbol{r}+\boldsymbol{l})\approx f(\boldsymbol{r})+\boldsymbol{l}\cdot(\nabla f) \tag{2.35}$$

式中,$|\boldsymbol{l}|$ 越小,近似程度越高。

2.3.2 电偶极子的电场

设电偶极子位于无限大真空中,电偶极子的两个点电荷的连线中点位于坐标原点 O,如图 2.4 所示。设 $\boldsymbol{l}$ 是从负点电荷 $(-q)$ 到正点电荷 $(+q)$ 的距离矢量,$\boldsymbol{r}$ 是场点 P 的矢径,则由电位的叠加原理,电偶极子在场点 P 产生的电位为

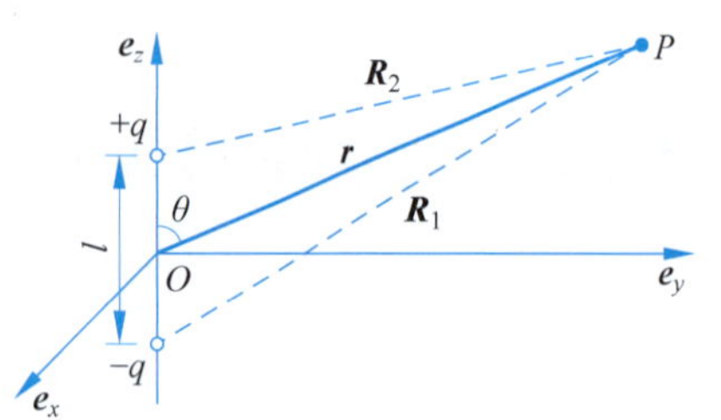

图 2.4 电偶极子

$$\varphi=\frac{q}{4\pi\varepsilon_0 R_2}+\frac{(-q)}{4\pi\varepsilon_0 R_1}=\frac{q}{4\pi\varepsilon_0}\left(\frac{1}{|\boldsymbol{r}-\boldsymbol{l}/2|}-\frac{1}{|\boldsymbol{r}+\boldsymbol{l}/2|}\right) \tag{2.36}$$

设 $f(\boldsymbol{r})=1/r$,因 $|\boldsymbol{l}|\ll|\boldsymbol{r}|$,所以右端括号内的项可用式(2.35)表示为

$$\frac{1}{|\boldsymbol{r}-\boldsymbol{l}/2|}-\frac{1}{|\boldsymbol{r}+\boldsymbol{l}/2|}\approx\left(\frac{1}{r}-\frac{\boldsymbol{l}}{2}\cdot\nabla\frac{1}{r}\right)-\left(\frac{1}{r}+\frac{\boldsymbol{l}}{2}\cdot\nabla\frac{1}{r}\right)=-\boldsymbol{l}\cdot\nabla\frac{1}{r}=\frac{\boldsymbol{l}\cdot\boldsymbol{r}}{r^3}$$

代入式(2.36),得

$$\varphi=\frac{q\boldsymbol{l}\cdot\boldsymbol{r}}{4\pi\varepsilon_0 r^3}=\frac{\boldsymbol{p}\cdot\boldsymbol{r}}{4\pi\varepsilon_0 r^3} \tag{2.37}$$

式中矢量

$$\boldsymbol{p}=q\boldsymbol{l} \tag{2.38}$$

是电偶极子的电偶极矩,它的大小是点电荷 q 与两点电荷之间距离 l 的乘积,方向从负电荷指向正电荷、与矢量 $\boldsymbol{l}$ 同方向,单位为库·米(C·m)。

当电偶极子位于 $\boldsymbol{r}'$ 时,由式(2.37)可写出场点 $\boldsymbol{r}$ 的电位:

$$\varphi(\boldsymbol{r})=\frac{\boldsymbol{p}(\boldsymbol{r}')\cdot(\boldsymbol{r}-\boldsymbol{r}')}{4\pi\varepsilon_0\,|\boldsymbol{r}-\boldsymbol{r}'|^3} \tag{2.39}$$

记 $\boldsymbol{R}=\boldsymbol{r}-\boldsymbol{r}'$，$R=|\boldsymbol{r}-\boldsymbol{r}'|$，$\boldsymbol{R}^\circ=\boldsymbol{R}/R$，由

$$\nabla\left(\frac{\boldsymbol{p}\cdot\boldsymbol{R}}{R^3}\right)=(\boldsymbol{p}\cdot\boldsymbol{R})\nabla\frac{1}{R^3}+\frac{1}{R^3}\nabla(\boldsymbol{p}\cdot\boldsymbol{R})=(\boldsymbol{p}\cdot\boldsymbol{R})\left(-\frac{3\boldsymbol{R}}{R^5}\right)+\frac{\boldsymbol{p}}{R^3}$$

得到电偶极子在场点 $\boldsymbol{r}$ 产生的电场强度：

$$\boldsymbol{E}(\boldsymbol{r})=-\nabla\varphi(\boldsymbol{r})=-\frac{1}{4\pi\varepsilon_0}\nabla\left(\frac{\boldsymbol{p}\cdot\boldsymbol{R}}{R^3}\right)$$

$$=\frac{1}{4\pi\varepsilon_0 R^3}\left[3(\boldsymbol{p}\cdot\boldsymbol{R}^\circ)\boldsymbol{R}^\circ-\boldsymbol{p}\right] \tag{2.40}$$

例 2.4 无限大真空中电偶极矩为 $\boldsymbol{p}=p\boldsymbol{e}_z$ 的电偶极子位于球坐标系 $Or\theta\phi$ 的原点，试写出电场线方程。

解 根据题意，$\boldsymbol{r}'=\boldsymbol{0}$，$\boldsymbol{r}=r\boldsymbol{e}_r$，$\boldsymbol{R}=\boldsymbol{r}-\boldsymbol{r}'=r\boldsymbol{e}_r$，$\boldsymbol{p}\cdot\boldsymbol{R}=pr\cos\theta$，代入式(2.40)，可得电偶极子产生的电场强度

$$\boldsymbol{E}=\frac{p}{4\pi\varepsilon_0 r^3}(2\cos\theta\boldsymbol{e}_r+\sin\theta\boldsymbol{e}_\theta)$$

这样，电场线方程 $\boldsymbol{E}=m\,\mathrm{d}\boldsymbol{r}\,(m>0)$ 就可以表示为

$$\frac{p}{4\pi\varepsilon_0 r^3}(2\cos\theta\boldsymbol{e}_r+\sin\theta\boldsymbol{e}_\theta)=m(\boldsymbol{e}_r\mathrm{d}r+\boldsymbol{e}_\theta r\mathrm{d}\theta+\boldsymbol{e}_\phi r\sin\theta\mathrm{d}\phi)$$

由等式两端对应的分量相等，得 3 个标量方程：

$$\frac{p}{4\pi\varepsilon_0 r^3}(2\cos\theta)=m\,\mathrm{d}r,\quad \frac{p}{4\pi\varepsilon_0 r^3}\sin\theta=mr\,\mathrm{d}\theta,\quad mr\sin\theta\,\mathrm{d}\phi=0$$

取前两个标量方程之比，得

$$\frac{\mathrm{d}r}{r}=\frac{2\cos\theta\,\mathrm{d}\theta}{\sin\theta}$$

两边积分，得 $r=C_1\sin^2\theta$（C_1 是正常量）；由第三个标量方程，得 $\mathrm{d}\phi=0$，即 $\phi=C_2$（正常量）。于是电场线方程就是

$$\begin{cases}r=C_1\sin^2\theta\\ \phi=C_2\end{cases}$$

由此作出电场线的分布，见图 2.5。解毕。

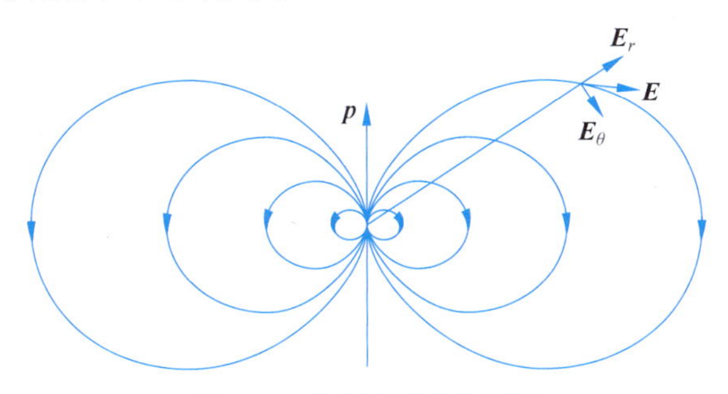

图 2.5 电偶极子的电场线

2.3.3 外电场中的电偶极子

假定电偶极子位于小刚体上。刚体是指在外力作用下形状和大小都保持不变的物体。决

定刚体运动的有3个物理量：力矩 $\boldsymbol{T}$、力 $\boldsymbol{F}$ 和位能 W。力矩驱使刚体转动，力推动刚体平动（平动是指刚体内任意两点所连成的直线在运动过程中始终保持平行的运动），位能决定刚体运动稳定后最终所处的平衡位置。

设电偶极子位于外电场 $\boldsymbol{E}=-\nabla\varphi$ 中（图2.6）。设电偶极子中的负点电荷（$-q$）和正点电荷（$+q$）分别位于点 Q 和点 P，点 Q 的矢径为 $\boldsymbol{r}$，则点 P 的矢径为 $\boldsymbol{r}+\boldsymbol{l}$。以下分别讨论电偶极子在外电场中所受的力矩、受力及具有的位能。

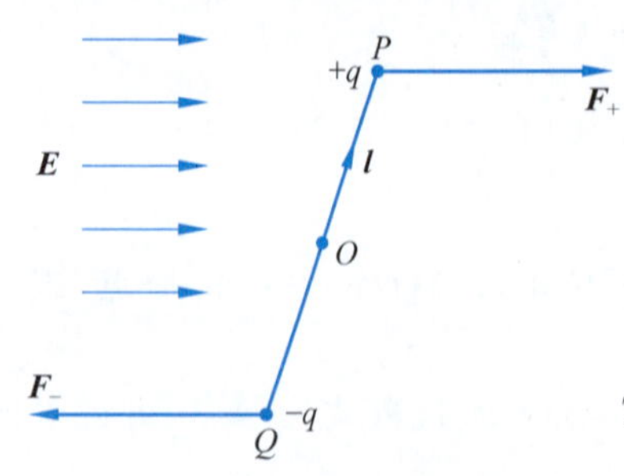

图2.6　外电场中的电偶极子

1. 力矩

在图2.6中，电偶极子的正、负点电荷在外电场 $\boldsymbol{E}$ 中所受电场力分别为

$$\boldsymbol{F}_{+}(P)=q\boldsymbol{E}(P)\quad \text{和}\quad \boldsymbol{F}_{-}(Q)=-q\boldsymbol{E}(Q)$$

由力矩定义，$\boldsymbol{F}_{+}$ 和 $\boldsymbol{F}_{-}$ 对电偶极子中点 O 的力矩分别为

$$\boldsymbol{T}_{+}(P)=\left(\frac{1}{2}\boldsymbol{l}\right)\times\boldsymbol{F}_{+}(P)=\frac{1}{2}q\boldsymbol{l}\times\boldsymbol{E}(P)=\frac{1}{2}\boldsymbol{p}\times\boldsymbol{E}(P)$$

$$\boldsymbol{T}_{-}(Q)=\left(-\frac{1}{2}\boldsymbol{l}\right)\times\boldsymbol{F}_{-}(Q)=\frac{1}{2}q\boldsymbol{l}\times\boldsymbol{E}(Q)=\frac{1}{2}\boldsymbol{p}\times\boldsymbol{E}(Q)$$

对电偶极子中点的总力矩为

$$\boldsymbol{T}=\boldsymbol{T}_{+}(P)+\boldsymbol{T}_{-}(Q)=\frac{1}{2}\boldsymbol{p}\times[\boldsymbol{E}(P)+\boldsymbol{E}(Q)]$$

由于 $\boldsymbol{E}(P)\approx\boldsymbol{E}(Q)$，所以外电场作用在电偶极子上的力矩为

$$\boldsymbol{T}=\boldsymbol{p}\times\boldsymbol{E}\tag{2.41}$$

这说明，电偶极子具有转向外电场方向的趋势。

2. 受力

在图2.6中，电偶极子在外电场中的受力等于正、负点电荷受力之和：

$$\boldsymbol{F}=\boldsymbol{F}_{+}+\boldsymbol{F}_{-}=q[\boldsymbol{E}(\boldsymbol{r}+\boldsymbol{l})-\boldsymbol{E}(\boldsymbol{r})]$$

在直角坐标系 $Oxyz$ 中，$\boldsymbol{F}$ 在 $\boldsymbol{e}_x$ 方向的分量可用式(2.35)表示为

$$F_x=q[E_x(\boldsymbol{r}+\boldsymbol{l})-E_x(\boldsymbol{r})]=q\boldsymbol{l}\cdot(\nabla E_x)=q(\boldsymbol{l}\cdot\nabla)E_x=(\boldsymbol{p}\cdot\nabla)E_x$$

同理写出分量 $F_y=(\boldsymbol{p}\cdot\nabla)E_y$ 和 $F_z=(\boldsymbol{p}\cdot\nabla)E_z$。这样，电偶极子的受力为

$$\boldsymbol{F}=F_x\boldsymbol{e}_x+F_y\boldsymbol{e}_y+F_z\boldsymbol{e}_z=(\boldsymbol{p}\cdot\nabla)(E_x\boldsymbol{e}_x+E_y\boldsymbol{e}_y+E_z\boldsymbol{e}_z)$$

即

$$\boldsymbol{F}=(\boldsymbol{p}\cdot\nabla)\boldsymbol{E}\tag{2.42}$$

此式是基于电场强度的定义式 $\boldsymbol{E}=\boldsymbol{F}/q$ 得到的，推导过程没有附加限定条件，是一个普遍成立的表达式。

当电偶极矩 $\boldsymbol{p}$ 为常矢量时，利用公式

$$\nabla(\boldsymbol{A}\cdot\boldsymbol{B})=(\boldsymbol{A}\cdot\nabla)\boldsymbol{B}+(\boldsymbol{B}\cdot\nabla)\boldsymbol{A}+\boldsymbol{A}\times(\nabla\times\boldsymbol{B})+\boldsymbol{B}\times(\nabla\times\boldsymbol{A})$$

和 $\nabla\times\boldsymbol{E}=\boldsymbol{0}$，可得 $\nabla(\boldsymbol{p}\cdot\boldsymbol{E})=(\boldsymbol{p}\cdot\nabla)\boldsymbol{E}$，所以式(2.42)也可写成

$$\boldsymbol{F}=\nabla(\boldsymbol{p}\cdot\boldsymbol{E})\tag{2.43}$$

下面分析两个特例。

特例1　外电场是均匀场。此时 $\boldsymbol{E}$ 的大小和方向均与场点无关，从而

$$\boldsymbol{F}=(\boldsymbol{p}\cdot\nabla)\boldsymbol{E}=\boldsymbol{0}\tag{2.44}$$

即位于均匀外电场中的电偶极子不受力。

特例 2 常矢量 $\boldsymbol{p}$ 与外电场 $\boldsymbol{E}$ 同方向。此时 $\boldsymbol{p}\cdot\boldsymbol{E}=pE$，式(2.43)成为

$$\boldsymbol{F}=p\nabla E \tag{2.45}$$

这说明，电偶极子在外电场变化最剧烈处受力最大，受力指向外电场绝对值增加方向，受力方向与外电场方向无关。

3. 位能

当位于外电场 $\boldsymbol{E}$ 中的电偶极子静止不动时，电偶极子受力所做的功仅是位置的函数，它的位能等于两个点电荷的位能之和：

$$W(\boldsymbol{r})=q\varphi(\boldsymbol{r}+\boldsymbol{l})+(-q)\varphi(\boldsymbol{r})$$

在直角坐标系 $Oxyz$ 中，用式(2.35)可写成

$$W(\boldsymbol{r})=q\left[\varphi(\boldsymbol{r}+\boldsymbol{l})-\varphi(\boldsymbol{l})\right]=q\boldsymbol{l}\cdot(\nabla\varphi)=q\boldsymbol{l}\cdot(-\boldsymbol{E})$$

即

$$W(\boldsymbol{r})=-\boldsymbol{p}\cdot\boldsymbol{E}(\boldsymbol{r}) \tag{2.46}$$

这表明，当 $\boldsymbol{p}$ 与 $\boldsymbol{E}$ 同方向时，$W=-pE$，电偶极子的静电位能达到最小值。由于静电位能最小值的位置是平衡状态的稳定位置，所以 $\boldsymbol{p}$ 将趋于转向外电场 $\boldsymbol{E}$ 的方向。

下面根据电偶极子在外电场中的性质，分析在不均匀电场中可以自由移动和自由转向的电偶极子是如何运动的。为便于分析，我们把电偶极子的运动人为地加以“分解”。当电偶极子放入外电场后，它受到力矩的作用产生转动，转动的结果使电偶极矩与外电场同方向，这样静电位能达到最小，力矩也成为零；然后在电场力作用下，电偶极子朝向外电场绝对值增加方向平动。例如，物体的尖端处经过摩擦后，尖端周围空间就产生不均匀电场，离尖端越近，电场强度绝对值越大，不管尖端上分布的是正电荷还是负电荷，都能吸引附近微小尺寸、微小质量的物体。位于物体尖端附近的这个微小物体，可看作一个电偶极子。

例 2.5 在点电荷为 q 的真空静电场中，有一个可以自由转向的电偶极子，它的电偶极矩为 $\boldsymbol{p}$，求电偶极子的位能、作用在电偶极子上的力矩和力。

解 设点电荷 q 位于球坐标系 $Or\theta\phi$ 的原点 O，电偶极子位于场点 $\boldsymbol{r}$。点电荷 q 在场点 $\boldsymbol{r}$ 产生的电场为

$$\boldsymbol{E}(\boldsymbol{r})=\frac{q\boldsymbol{e}_r}{4\pi\varepsilon_0 r^2}$$

在这个外电场中，电偶极子的位能为

$$W(\boldsymbol{r})=-\boldsymbol{p}\cdot\boldsymbol{E}(\boldsymbol{r})=-\frac{q\boldsymbol{p}\cdot\boldsymbol{e}_r}{4\pi\varepsilon_0 r^2}$$

由于电偶极子可以自由转向，所以最终它将转向该点外电场方向，使 $\boldsymbol{p}=p\boldsymbol{e}_r$。此时电偶极子的位能、所受力矩和受力分别为

$$W=-\frac{qp}{4\pi\varepsilon_0 r^2}$$

$$\boldsymbol{T}=\boldsymbol{p}\times\boldsymbol{E}=\frac{qp\boldsymbol{e}_r\times\boldsymbol{e}_r}{4\pi\varepsilon_0 r^2}=\boldsymbol{0}$$

$$\boldsymbol{F}=\nabla(\boldsymbol{p}\cdot\boldsymbol{E})=\frac{qp}{4\pi\varepsilon_0}\nabla\frac{1}{r^2}=\frac{qp}{2\pi\varepsilon_0 r^3}(-\boldsymbol{e}_r)$$

可见，点电荷 q 与电偶极子之间相互吸引。解毕。

2.4 电介质中的静电场

本章前3节分析了无限大真空中只有静止电荷时电场的一般性质。如果无限大真空中存在电介质,此时如何分析静电场?本节研究这个问题。

2.4.1 电介质的极化

电介质是指以极化方式而不是以传导方式传递电的作用与影响的物质。电介质可以是气态、液态或固态。

电介质中的绝大部分电荷不能像导体中的自由电荷那样自由移动,它们被紧密地束缚在一定位置上,只能在原子或分子的范围内作位移,而不能宏观移动,这种电荷称为束缚电荷。从宏观上看:在没有外电场时,电介质内正、负束缚电荷处处抵消,对外不显示电性;当有外电场时,束缚电荷发生位移,导致电介质的表面和内部不均匀处出现束缚电荷。这种现象称为电介质的极化。极化时出现宏观的束缚电荷称为极化电荷。极化电荷与自由电荷一样,都产生电场。

从微观的角度看,电介质的极化有4种形式。

(1) 电子位移极化。物质中的原子是由带正电荷的原子核和带负电荷的围绕原子核高速旋转的电子所组成。有些电介质如H_2分子、N_2分子等,由于电子分布的对称性,在没有外电场时,电子的负电荷中心与原子核的正电荷中心重合,不具有电偶极矩;当有外电场时,电子逆着电场方向发生位移,电子的负电荷中心与原子核的正电荷中心分离,形成电偶极子。这种极化称为电子位移极化。图2.7是一个原子的电子位移极化示意图,图2.7(a)是无外电场时,电子以原子核为中心同心分布;图2.7(b)是有外电场时,周围电子逆着电场方向发生位移;图2.7(c)是有外电场时,原子内电荷的分布被等效为一个电偶极子。

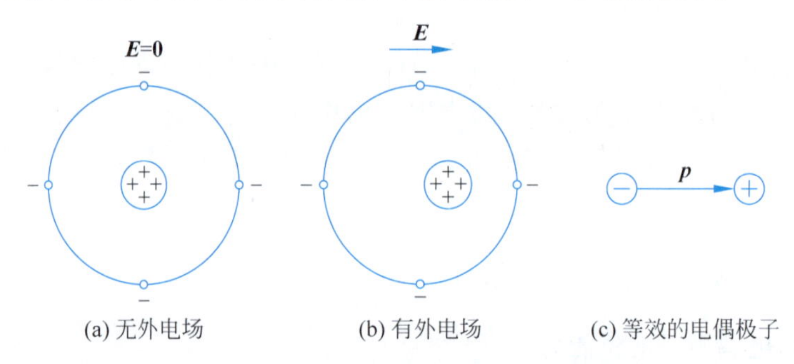

图2.7 一个原子的电子位移极化示意图

(2) 离子位移极化。有些电介质是由离子晶体(例如NaCl晶体)所组成的。离子晶体的基本单元是离子,晶体的结合靠正、负离子之间的静电力,在没有外电场时,各正、负离子所形成的电偶极矩在宏观上相互抵消;当有外电场时,所有正离子顺着电场方向发生位移,所有负离子逆着电场方向发生位移,从而使电介质极化。这种极化称为离子位移极化。

(3) 极性分子的转向极化。极性分子是指某些电介质的分子中正、负电荷的中心不重合在一起而形成固有电偶极矩的分子,它的电偶极矩不随时间变化,也很难受外界宏观条件的影响。例如,水分子(H_2O)、盐酸分子(HCl)、氨分子(NH_3)都是极性分子。以水分子为例,它的两个氢原子向两侧突出,氧原子一侧带负电荷,氢原子一侧带正电荷,形成两个小电偶极子[①];

① 正因为水分子是极性分子,所以在干燥的冬季,当我们身处湿润的空气中时,身体上多余的电荷会迅速吸附周围的水分子,从而避免了手指触及金属物体发生放电而感到的不适。

这两个小电偶极子以氧原子为顶点形成 105°夹角(图 2.8),它们合成后形成的电偶极矩的绝对值为 $p=6.17\times10^{-30}\mathrm{C\cdot m}$。当没有外电场时,由于热运动,水分子的电偶极子的取向是任意的,在各个方向上概率相等,宏观上不显示电性。当有外电场时,水分子的电偶极子发生转向,电偶极矩趋于外电场方向,从而在宏观的小体积中呈现电偶极矩。这种极化称为极性分子的转向极化。

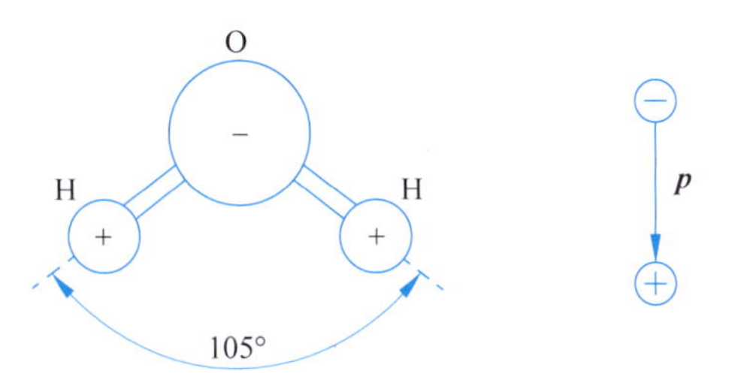

(a) 水分子中电荷分布示意图　　(b) 等效的电偶极子

图 2.8　水分子中的电荷分布示意图

(4) 界面极化。由于电介质组织成分的不均匀性,如电介质内部有杂质、缺陷等,电介质中有少量空间电荷(正、负离子或电子)在杂质、缺陷的不同电介质界面上积累,使电介质中的电荷分布不均匀,形成空间电荷层。空间电荷是束缚在晶体缺陷上的,因此不是自由电荷。这种极化称为界面极化。例如,在陶瓷等多晶体中,晶粒边界层缺陷很多,容易束缚大量的空间电荷,从而容易产生界面极化。

一般情况下,电介质的极化是以上 4 种极化的宏观总效果。

在实际电介质中,除了分布有大量束缚电荷外,还有少量自由电荷,电介质的漏电现象就是由自由电荷引起的。理想电介质内没有自由电荷。

需要说明,当外电场不太强时,极化电荷总是被牢固地束缚在电介质上,它不能从电介质的一处宏观转移到另一处,也不可能从一个物体转移到另一个物体。作为对比,导体中的自由电荷可以在导体内自由移动,很容易从一处宏观移动到另一处。

2.4.2　极化电荷产生的电场

电介质在外电场作用下会产生极化,外电场越强,沿电场方向取向的电偶极子越多,电介质极化的程度就越强。为了衡量电介质的极化程度,定义一个极化强度来度量:

$$\boldsymbol{P}=\frac{\sum_{i=1}^{N}\boldsymbol{p}_i}{\Delta V}\tag{2.47}$$

这里 $\sum_{i=1}^{N}\boldsymbol{p}_i$ 是体元 ΔV 内全部 N 个电偶极子的电偶极矩矢量和(N 是正整数)。由于矢量 $\boldsymbol{P}$ 代表了电介质单位体积内电偶极矩的矢量和,所以它是强度量。极化强度又叫极化矢量。

极化电荷与自由电荷一样,在其周围都会产生附加的电场。从产生电场的角度看,极化后的电介质可看成电介质不存在,代之以大量的电偶极子充满电介质所占据的真空区域。这样就可以利用真空中的电场表达式来分析电介质极化后产生的电场。基于这样的认识,下面分析极化电荷产生的电场。

设已极化的电介质 V 位于无限大真空中,V 内极化强度为 $\boldsymbol{P}(\boldsymbol{r}')$,则体元 $\Delta V(\boldsymbol{r}')$ 内全部电偶极矩的矢量和 $\sum_{i=1}^{N}\boldsymbol{p}_i$ 可看作微分量:

$$\mathrm{d}\boldsymbol{p}=\sum_{i=1}^{N}\boldsymbol{p}_i=\boldsymbol{P}(\boldsymbol{r}')\Delta V(\boldsymbol{r}')=\boldsymbol{P}(\boldsymbol{r}')\mathrm{d}V(\boldsymbol{r}')$$

利用无限大真空中电偶极子的电位表达式[见式(2.39)]，这个微分量在场点 $\boldsymbol{r}$ 的电位为

$$\mathrm{d}\varphi_{\mathrm{p}}(\boldsymbol{r})=\frac{\boldsymbol{P}(\boldsymbol{r}')\cdot(\boldsymbol{r}-\boldsymbol{r}')}{4\pi\varepsilon_0|\boldsymbol{r}-\boldsymbol{r}'|^3}\mathrm{d}V(\boldsymbol{r}') \tag{2.48}$$

式中，下标 p 取自英文 polarization(极化)的第一个字母。为了便于后面分析，利用关系式

$$\nabla'\frac{1}{|\boldsymbol{r}-\boldsymbol{r}'|}=\frac{\boldsymbol{r}-\boldsymbol{r}'}{|\boldsymbol{r}-\boldsymbol{r}'|^3}$$

将式(2.48)变换为

$$\mathrm{d}\varphi_{\mathrm{p}}=\frac{1}{4\pi\varepsilon_0}\boldsymbol{P}(\boldsymbol{r}')\cdot\nabla'\frac{1}{|\boldsymbol{r}-\boldsymbol{r}'|}\mathrm{d}V(\boldsymbol{r}') \tag{2.49}$$

由公式 $\boldsymbol{A}\cdot\nabla a=\nabla\cdot(a\boldsymbol{A})-a\nabla\cdot\boldsymbol{A}$，进一步变换成

$$\mathrm{d}\varphi_{\mathrm{p}}=\frac{1}{4\pi\varepsilon_0}\nabla'\cdot\left[\frac{\boldsymbol{P}(\boldsymbol{r}')}{|\boldsymbol{r}-\boldsymbol{r}'|}\right]\mathrm{d}V(\boldsymbol{r}')-\frac{1}{4\pi\varepsilon_0}\frac{\nabla'\cdot\boldsymbol{P}(\boldsymbol{r}')}{|\boldsymbol{r}-\boldsymbol{r}'|}\mathrm{d}V(\boldsymbol{r}')$$

再由散度定理，可知 V 中全部极化电荷产生的电位为

$$\varphi_{\mathrm{p}}=\frac{1}{4\pi\varepsilon_0}\oint_S\frac{\rho_{\mathrm{sp}}(\boldsymbol{r}')}{|\boldsymbol{r}-\boldsymbol{r}'|}\mathrm{d}S(\boldsymbol{r}')+\frac{1}{4\pi\varepsilon_0}\int_V\frac{\rho_{\mathrm{vp}}(\boldsymbol{r}')}{|\boldsymbol{r}-\boldsymbol{r}'|}\mathrm{d}V(\boldsymbol{r}') \tag{2.50}$$

式中，S 是电介质区域 V 的外边界面，$\boldsymbol{n}$ 是 S 上指向 V 外侧的法向单位矢量，被积函数中

$$\rho_{\mathrm{sp}}=\boldsymbol{P}\cdot\boldsymbol{n}\quad(\mathrm{C/m^2}) \tag{2.51}$$

$$\rho_{\mathrm{vp}}=-\nabla\cdot\boldsymbol{P}\quad(\mathrm{C/m^3}) \tag{2.52}$$

式(2.51)和式(2.52)下标中的 p 表示这些量是由极化电荷产生的。当极化强度是常矢量时，$\rho_{\mathrm{vp}}=0$。

观察式(2.50)可知，ρ_{sp} 相当于面电荷密度，ρ_{vp} 相当于体电荷密度。由于这两项都是极化电荷引起的，所以称 ρ_{sp} 为面极化电荷密度，ρ_{vp} 为体极化电荷密度。

2.4.3 电介质中电场的方程

当电场中有电介质时，任意点电场 $\boldsymbol{E}$ 由两部分“场源”共同产生：一是位于无限大真空中的自由电荷单独产生的电场 $\boldsymbol{E}_{\mathrm{e}}$，它是外电场；二是位于无限大真空中的极化电荷单独产生的电场 $\boldsymbol{E}_{\mathrm{p}}$。总电场 $\boldsymbol{E}$ 是外电场 $\boldsymbol{E}_{\mathrm{e}}$ 与极化电荷产生电场 $\boldsymbol{E}_{\mathrm{p}}$ 的矢量和，即 $\boldsymbol{E}=\boldsymbol{E}_{\mathrm{e}}+\boldsymbol{E}_{\mathrm{p}}$，这个记法与电介质的性质无关。

1. 散度方程及积分形式

利用无限大真空中自由电荷单独产生的电场满足 $\nabla\cdot\boldsymbol{E}_{\mathrm{e}}=\rho_{\mathrm{v}}/\varepsilon_0$ 和极化电荷单独产生的电场 $\boldsymbol{E}_{\mathrm{p}}=-\nabla\varphi_{\mathrm{p}}$，电介质内任意点电场 $\boldsymbol{E}$ 的散度为

$$\nabla\cdot\boldsymbol{E}=\nabla\cdot\boldsymbol{E}_{\mathrm{e}}+\nabla\cdot\boldsymbol{E}_{\mathrm{p}}=\frac{\rho_{\mathrm{v}}}{\varepsilon_0}+\nabla\cdot(-\nabla\varphi_{\mathrm{p}})=\frac{\rho_{\mathrm{v}}}{\varepsilon_0}-\nabla^2\varphi_{\mathrm{p}}$$

而由式(2.50)和公式 $\nabla^2\frac{1}{|\boldsymbol{r}-\boldsymbol{r}'|}=-4\pi\delta(\boldsymbol{r}-\boldsymbol{r}')$(附录 B)，可得

$$\begin{aligned}\nabla^2\varphi_{\mathrm{p}}&=-\frac{1}{\varepsilon_0}\oint_S\rho_{\mathrm{sp}}(\boldsymbol{r}')\delta(\boldsymbol{r}-\boldsymbol{r}')\mathrm{d}S(\boldsymbol{r}')-\frac{1}{\varepsilon_0}\int_V\rho_{\mathrm{vp}}(\boldsymbol{r}')\delta(\boldsymbol{r}-\boldsymbol{r}')\mathrm{d}V(\boldsymbol{r}')\\&=0-\frac{1}{\varepsilon_0}\int_V\rho_{\mathrm{vp}}(\boldsymbol{r}')\delta(\boldsymbol{r}-\boldsymbol{r}')\mathrm{d}V(\boldsymbol{r}')\end{aligned}$$

$$=-\frac{\rho_{vp}(\boldsymbol{r})}{\varepsilon_0}$$

式中右端面积分内 $\delta(\boldsymbol{r}-\boldsymbol{r}')=0$ 是因为 $\boldsymbol{r}'$ 的终点位于 S 上，$\boldsymbol{r}$ 的终点位于 V 内，$\boldsymbol{r}'\neq\boldsymbol{r}$。上式说明，电介质表面的极化电荷 ρ_{sp} 不影响 $\nabla^2\varphi_p$，这从物理概念上可以这样解释：电介质表面的极化电荷并不是分布在数学意义上厚度为零的表面上，而是分布在电介质表面附近的一个薄层中；薄层的厚度大体与几十个电介质分子的直径相当，其中的 ρ_{vp} 从内到外光滑而迅速地变化到零，从而可认为 $\rho_{sp}=0$。

根据以上分析，得

$$\nabla\cdot\boldsymbol{E}=\frac{\rho_v}{\varepsilon_0}-\nabla^2\varphi_p=\frac{\rho_v+\rho_{vp}}{\varepsilon_0}=\frac{\rho_v-\nabla\cdot\boldsymbol{P}}{\varepsilon_0}$$

进一步变形为

$$\nabla\cdot(\varepsilon_0\boldsymbol{E}+\boldsymbol{P})=\rho_v \tag{2.53}$$

引入一个新矢量

$$\boldsymbol{D}=\varepsilon_0\boldsymbol{E}+\boldsymbol{P} \tag{2.54}$$

称 $\boldsymbol{D}$ 为电通密度矢量，也称为电位移矢量，单位是库每平方米($\mathrm{C/m^2}$)。$\boldsymbol{D}$ 并不代表真实的电场，它是为了便于理论分析而引入的一个辅助矢量。利用新引进的矢量 $\boldsymbol{D}$，式(2.53)写成

$$\nabla\cdot\boldsymbol{D}=\rho_v \tag{2.55}$$

这就是电介质中静电场的散度方程。它说明，在含有电介质的电场中，任意点电通密度的散度等于该点的自由电荷密度。

在电场中任取闭曲面 S，设 S 包围的区域是 V，V 内全部自由电荷为 $Q=\int_V\rho_v\mathrm{d}V$。在方程(2.55)两端体积分：

$$\int_V\nabla\cdot\boldsymbol{D}\mathrm{d}V=\int_V\rho_v\mathrm{d}V=Q$$

使用散度定理把左端体积分转化成闭曲面 S 上的曲面积分，则散度方程 $\nabla\cdot\boldsymbol{D}=\rho_v$ 对应的积分形式为

$$\oint_S\boldsymbol{D}\cdot\mathrm{d}\boldsymbol{S}=Q \tag{2.56}$$

此式也称为有电介质存在情况下的高斯定律表达式。这说明，穿过任意闭曲面 S 的电通密度通量等于该闭曲面内自由电荷的代数和。

2. 旋度方程及积分形式

在含有电介质的电场中，利用公式 $\nabla\times\nabla f=\boldsymbol{0}$，电介质内任意点电场 $\boldsymbol{E}$ 满足

$$\nabla\times\boldsymbol{E}=\nabla\times(\boldsymbol{E}_e+\boldsymbol{E}_p)=\nabla\times(\boldsymbol{E}_e-\nabla\varphi_p)=\nabla\times\boldsymbol{E}_e-\nabla\times\nabla\varphi_p=\nabla\times\boldsymbol{E}_e$$

因真空中的静电场满足 $\nabla\times\boldsymbol{E}_e=\boldsymbol{0}$，所以

$$\nabla\times\boldsymbol{E}=\boldsymbol{0} \tag{2.57}$$

这就是静电场的旋度方程。可见，含有电介质的静电场与真空中的静电场一样，都是无旋场。

由斯托克斯定理，旋度方程 $\nabla\times\boldsymbol{E}=\boldsymbol{0}$ 对应的积分形式为

$$\oint_C\boldsymbol{E}\cdot\mathrm{d}\boldsymbol{r}=0 \tag{2.58}$$

式中，C 是静电场中任意一条有向闭曲线。

2.4.4 线性电介质的本构关系和泊松方程

当介质内存在电磁场时，描述介质内电磁场的一部分物理量与另一部分物理量之间存在着特定的函数关系，函数形式取决于介质的本身结构和材料性质，因此这个函数关系被称为本构关系或本构方程。

在经典电磁场理论中，讨论最多的是线性介质，它的特点是介质内一个物理量的变化引起另外一个物理量成正比的变化。在线性电介质中，任意点极化强度 $\boldsymbol{P}$ 与该点电场强度 $\boldsymbol{E}$ 满足线性本构关系

$$\boldsymbol{P}=\varepsilon_0\chi_e\boldsymbol{E} \tag{2.59}$$

式中，χ_e 称为电介质的极化率，它的大小与电场强度 $\boldsymbol{E}$ 无关。对于各向同性(不随空间方向而变)、均匀(与场点无关)的线性电介质，χ_e 是一个正常数，χ_e 越大，电介质越容易极化。本书限于讨论线性、各向同性的电介质。

在线性电介质中，电通密度可写成

$$\boldsymbol{D}=\varepsilon_0\boldsymbol{E}+\boldsymbol{P}=\varepsilon_0(1+\chi_e)\boldsymbol{E} \tag{2.60}$$

令

$$\varepsilon_r=1+\chi_e \tag{2.61}$$

$$\varepsilon=\varepsilon_0\varepsilon_r \tag{2.62}$$

于是

$$\boldsymbol{D}=\varepsilon_0\varepsilon_r\boldsymbol{E}=\varepsilon\boldsymbol{E} \tag{2.63}$$

式中，ε 称为电介质的电容率，也称为介电常量，单位为法每米(F/m)；ε_r 称为电介质的相对电容率，“相对”是与真空相比较而言，因 $\varepsilon_r=\varepsilon/\varepsilon_0$。$\varepsilon_r$ 是量纲为 1 的正数。真空的相对电容率 $\varepsilon_r=1$。大多数电介质满足 $1<\varepsilon_r<10$，如空气 $\varepsilon_r=1.000\,536$，玻璃 $\varepsilon_r=4.5\sim10$，干燥木材 $\varepsilon_r=1.5\sim4$，干燥土壤 $\varepsilon_r=2.5\sim3.5$。金属的相对电容率 ε_r 不能直接测量，目前还没有确切的数据[①]，只大概知道在低频场中与大多数电介质差不多(从 1 到 10)；而在静电场中，金属内 $\boldsymbol{E}=\boldsymbol{0}$ 和 $\boldsymbol{D}=\boldsymbol{0}$，因此无须知道它的相对电容率。书后附录 E 列出了一些常见材料的相对电容率。

当 ε 为常量时，通过引入电位 φ，可由 $\boldsymbol{E}=-\nabla\varphi$ 和 $\nabla\cdot\boldsymbol{D}=\rho_v$ 得到

$$\nabla\cdot\boldsymbol{D}=\varepsilon\nabla\cdot\boldsymbol{E}=\varepsilon\nabla\cdot(-\nabla\varphi)=-\varepsilon\nabla^2\varphi=\rho_v$$

即

$$\nabla^2\varphi=-\frac{\rho_v}{\varepsilon} \tag{2.64}$$

这是一个泊松方程。这说明，对于 ε 为常量的静电场问题，引入电位后，能将需要求解散度方程和旋度方程的问题转化成求解一个标量泊松方程的问题，从而可以降低求解的复杂性。

例 2.6 无界三维电介质 V 中有一点电荷 q，电介质的电容率 ε 为正常量，试求 V 内静电场。

解 建立以点电荷位置为坐标原点的球坐标系 $Or\theta\phi$。以原点 O 为球心作半径为 r 的球面 S，则 S 上电场可写成 $\boldsymbol{E}=E_r\boldsymbol{e}_r$。利用附录 A，可知

$$\oint_S\boldsymbol{D}\cdot\mathrm{d}\boldsymbol{S}=\varepsilon\oint_S\boldsymbol{E}\cdot\mathrm{d}\boldsymbol{S}=\varepsilon E_r\oint_S\boldsymbol{e}_r\cdot\mathrm{d}\boldsymbol{S}=\varepsilon E_r(4\pi r^2)$$

---

① 在光学中，金属的电容率可从光学数据和相应公式间接求出，见(玻，2006)第 14 章。

另一方面$\oint_S \boldsymbol{D}\cdot \mathrm{d}\boldsymbol{S}=q$，所以任意点 $\boldsymbol{r}$ 的场强为

$$\boldsymbol{E}=E_r\boldsymbol{e}_r=\frac{q}{4\pi\varepsilon r^2}\boldsymbol{e}_r=\frac{q\boldsymbol{r}}{4\pi\varepsilon r^3}$$

这说明，在计算 ε 为常量的无界三维区域的静电场时，只需要将无限大真空中电场表达式中的 ε_0 换成 ε 即可。解毕。

*2.4.5 线性电介质在电场中的受力

当极化率为 χ_e 的电介质放入电场中后，电介质内等效的电偶极子会发生偏转或移动，此时可用式(2.42)分析整个电介质的受力。虽然式(2.43)也是电偶极子的受力公式，但此式成立的前提是电偶极矩 $\boldsymbol{p}$ 为常矢量，而电介质在极化过程中电偶极矩 $\boldsymbol{p}$ 并非常矢量。

在电介质 V 中任取体元 $\mathrm{d}V$，则它的电偶极矩为 $\mathrm{d}\boldsymbol{p}=\boldsymbol{P}\mathrm{d}V$，从而由式(2.42)可写出单位体积的受力

$$\boldsymbol{f}=\frac{\mathrm{d}\boldsymbol{F}}{\mathrm{d}V}=(\boldsymbol{P}\cdot\nabla)\boldsymbol{E} \tag{2.65}$$

在线性电介质内，$\boldsymbol{P}=\varepsilon_0\chi_e\boldsymbol{E}$，可知

$$\boldsymbol{f}=\varepsilon_0\chi_e(\boldsymbol{E}\cdot\nabla)\boldsymbol{E} \tag{2.66}$$

利用$\nabla\times\boldsymbol{E}=\boldsymbol{0}$ 和矢量微分公式$(\boldsymbol{A}\cdot\nabla)\boldsymbol{A}=A\ \nabla A-\boldsymbol{A}\times(\nabla\times\boldsymbol{A})$，进一步有

$$\boldsymbol{f}=\varepsilon_0\chi_e E\ \nabla E \tag{2.67}$$

这里 $E=|\boldsymbol{E}|$。利用 $\boldsymbol{P}=\varepsilon_0\chi_e\boldsymbol{E}$ 和 $\varepsilon=\varepsilon_0(1+\chi_e)$，最终

$$\boldsymbol{f}=\nabla\left(\frac{\varepsilon_0\chi_e}{2}E^2\right)=\nabla\left(\frac{1}{2}\boldsymbol{P}\cdot\boldsymbol{E}\right) \tag{2.68}$$

这就是线性电介质放入电场后、单位体积电介质所受的力。

说明 水分子的固有电偶极矩演示实验。

在干燥的冬天，我们用塑料梳子的端部摩擦头发，梳子端部就会聚集许多电荷，从而在端部周围空间产生不均匀电场。此时将梳子端部靠近从水管流出来的细小水柱，我们会看到细小水柱偏向梳子端部流下去，如图 2.9 所示(图中水管是化学实验用的滴定管，水的流量可通过阀门调节)。请读者解释这个现象。

也可以用蜂蜜代替水做同样的实验。用饭勺挖少许蜂蜜，缓慢倾斜倒下，因为蜂蜜比水黏稠得多，因而流动缓慢，容易形成细丝，梳子上电荷产生的电场更容易吸引细流的蜂蜜。

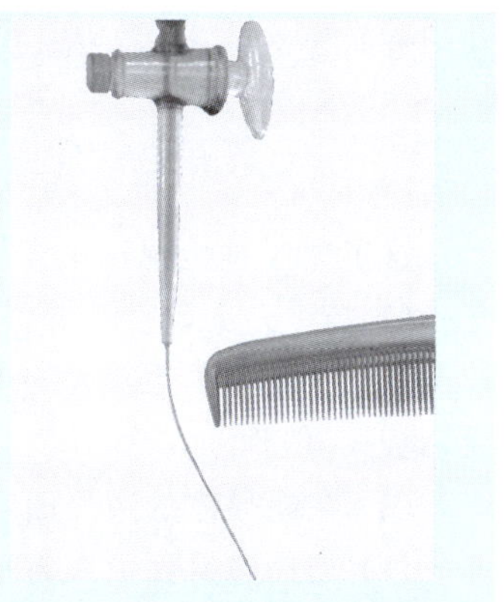

图 2.9 梳子顶端摩擦后吸引细小水柱[①]

2.5 静电场的边界条件

静电场有两个基本方程：$\nabla\cdot\boldsymbol{D}=\rho_V$ 和$\nabla\times\boldsymbol{E}=\boldsymbol{0}$。利用这两个方程，能否确定任何一个区域的静电场？回答是否定的。因为这两个方程给出的是静电场的普遍规律，对于一个具

① 2010 年 1 月 11 日博士生毛雪飞摄于北京市学院路 37 号，特此致谢。

体的静电场问题，它的电介质分布和电荷分布都有一定的特殊性，要确定这个场的具体分布情况，除了需要场方程外，还需要场的边界条件，两者缺一不可。

当存在两种以上不同的电介质时，在它们的公共边界面两侧，ε 的数值发生跃变，相应地，$\boldsymbol{D}$ 和 $\boldsymbol{E}$ 也发生跃变，此时可直接套用矢量边界条件（见 1.6 节）写出边界面两侧场量满足的关系。

2.5.1 电通密度的边界条件

由 1.6 节可知，在光滑边界面附近的散度方程 $\nabla\cdot\boldsymbol{F}=g$ 需要以边界条件

$$\boldsymbol{n}_{12}\cdot(\boldsymbol{F}_2-\boldsymbol{F}_1)=\lim_{\substack{\Delta h_1\to 0\\ \Delta h_2\to 0}}(g_1\Delta h_1+g_2\Delta h_2)$$

代替。这里 Δh_1 和 Δh_2 分别是图 1.18 中扁平圆柱在电介质 1 和电介质 2 中的高度。由上式可写出方程 $\nabla\cdot\boldsymbol{D}=\rho_{\mathrm{v}}$ 对应的边界条件：

$$\boldsymbol{n}_{12}\cdot(\boldsymbol{D}_2-\boldsymbol{D}_1)=\rho_{\mathrm{s}} \tag{2.69}$$

式中，$\boldsymbol{n}_{12}$ 是边界面上由电介质 1 指向电介质 2 的法向单位矢量，$\boldsymbol{D}_1$ 和 $\boldsymbol{D}_2$ 分别是电介质 1 中圆柱下底面上和电介质 2 中圆柱上底面上的电通密度，ρ_{s} 是边界面上的面自由电荷密度：

$$\rho_{\mathrm{s}}=\lim_{\substack{\Delta h_1\to 0\\ \Delta h_2\to 0}}(\rho_{\mathrm{v1}}\Delta h_1+\rho_{\mathrm{v2}}\Delta h_2)\quad(\mathrm{C/m^2}) \tag{2.70}$$

式(2.69)就是边界面两侧电通密度满足的边界条件。它说明，电通密度的法向分量在边界面两侧有跃变，跃变值等于该点的面自由电荷密度。

如果边界面两侧均为线性电介质，则

$$\boldsymbol{D}_1=\varepsilon_1\boldsymbol{E}_1=-\varepsilon_1\nabla\varphi_1$$

$$\boldsymbol{D}_2=\varepsilon_2\boldsymbol{E}_2=-\varepsilon_2\nabla\varphi_2$$

利用方向导数 $\frac{\partial\varphi}{\partial n}=\boldsymbol{n}\cdot\nabla\varphi$，边界条件(2.69)用电位 φ 表示为

$$\varepsilon_2\frac{\partial\varphi_2}{\partial n_{12}}-\varepsilon_1\frac{\partial\varphi_1}{\partial n_{12}}=-\rho_{\mathrm{s}} \tag{2.71}$$

这里分 4 种情况讨论 ρ_{s}。观察式(2.70)可知：

(1) 当 $|\rho_{\mathrm{v1}}|<\infty$ 和 $|\rho_{\mathrm{v2}}|<\infty$ 时，$\rho_{\mathrm{s}}=0$；

(2) 在电导率无限大的理想导体的边界面上（电导率概念见 3.3 节），其中的 ρ_{v} 可能无限大，此时一般地 $\rho_{\mathrm{s}}\neq 0$；

(3) 在超导体的边界面上，因超导体内自由电荷密度为有限值（见 8.2.5 节），所以 $\rho_{\mathrm{s}}=0$；

(4) 当在边界面上人为地放置面自由电荷时，ρ_{s0} 是一个独立标量，式(2.70)成为

$$\rho_{\mathrm{s}}=\rho_{\mathrm{s0}}+\lim_{\substack{\Delta h_1\to 0\\ \Delta h_2\to 0}}(\rho_{\mathrm{v1}}\Delta h_1+\rho_{\mathrm{v2}}\Delta h_2) \tag{2.72}$$

2.5.2 电场强度的边界条件

设两种电介质的共同边界面是光滑曲面。由 1.6 节可知，在光滑边界面附近的旋度方程 $\nabla\times\boldsymbol{F}=\boldsymbol{G}$ 需要边界条件

$$\boldsymbol{n}_{12}\times(\boldsymbol{F}_2-\boldsymbol{F}_1)=\lim_{\substack{\Delta h_1\to 0\\ \Delta h_2\to 0}}(\boldsymbol{G}_1\Delta h_1+\boldsymbol{G}_2\Delta h_2)$$

代替。直接套用这个结果，可写出方程 $\nabla\times\boldsymbol{E}=\boldsymbol{0}$ 对应的边界条件

$$\boldsymbol{n}_{12} \times (\boldsymbol{E}_2 - \boldsymbol{E}_1) = \mathbf{0} \tag{2.73}$$

这就是边界面两侧电场强度满足的边界条件。它说明,电场强度的切向分量在边界面两侧相等。

式(2.73)也可用电位 φ 表示。设点 P 位于边界面 S 上,该点的法向单位矢量是 $\boldsymbol{n}_{12}=\boldsymbol{e}_z$,切向单位矢量是 $\boldsymbol{e}_x$ 和 $\boldsymbol{e}_y$,记 P_1 和 P_2 分别是电介质 1 和电介质 2 内靠近点 P 的点,这两点均在边界面邻域内,设 $\varphi_1=\varphi(P_1)$ 和 $\varphi_2=\varphi(P_2)$,由

$$\begin{aligned}\boldsymbol{n}_{12} \times (\boldsymbol{E}_2 - \boldsymbol{E}_1) &= \boldsymbol{e}_z \times (\nabla\varphi_1 - \nabla\varphi_2) \\ &= -\left(\frac{\partial\varphi_1}{\partial y} - \frac{\partial\varphi_2}{\partial y}\right)\boldsymbol{e}_x + \left(\frac{\partial\varphi_1}{\partial x} - \frac{\partial\varphi_2}{\partial x}\right)\boldsymbol{e}_y = \mathbf{0}\end{aligned}$$

可得

$$\frac{\partial\varphi_1}{\partial y} - \frac{\partial\varphi_2}{\partial y} = 0 \quad 和 \quad \frac{\partial\varphi_1}{\partial x} - \frac{\partial\varphi_2}{\partial x} = 0$$

这说明

$$\begin{aligned}\mathrm{d}\varphi_1 - \mathrm{d}\varphi_2 &= \left(\frac{\partial\varphi_1}{\partial x}\mathrm{d}x + \frac{\partial\varphi_1}{\partial y}\mathrm{d}y\right) - \left(\frac{\partial\varphi_2}{\partial x}\mathrm{d}x + \frac{\partial\varphi_2}{\partial y}\mathrm{d}y\right) \\ &= \left(\frac{\partial\varphi_1}{\partial x} - \frac{\partial\varphi_2}{\partial x}\right)\mathrm{d}x + \left(\frac{\partial\varphi_1}{\partial y} - \frac{\partial\varphi_2}{\partial y}\right)\mathrm{d}y = 0\end{aligned}$$

从而

$$\varphi_1 - \varphi_2 = C$$

这里 C 为常量。另外,因 $|\boldsymbol{E}_1|$ 和 $|\boldsymbol{E}_2|$ 都是有限值,所以

$$\lim_{P_1 \to P}\varphi(P_1) - \lim_{P_2 \to P}\varphi(P_2) = \lim_{P_1 \to P}\int_{P_1}^{P}\boldsymbol{E}_1 \cdot \mathrm{d}\boldsymbol{r} - \lim_{P_2 \to P}\int_{P_2}^{P}\boldsymbol{E}_2 \cdot \mathrm{d}\boldsymbol{r} = 0 \tag{2.74}$$

这说明,$C=0$,边界面两侧的电位相等:

$$\varphi_1 = \varphi_2 \tag{2.75}$$

2.5.3 导体与电介质的交界面的边界条件

导体是指具有良好导电性能的物体,它内部有大量的自由电荷,这些电荷在电场作用下能够自由移动。典型的导体有金属,酸、碱、盐的电解液以及电离气体。

假如将一块导体放入静电场中,放入瞬间,导体内会产生电流,迅速达到静电平衡后,导体内电流变为零,电荷只能分布在导体表面上。此时,在导体内任作一闭曲面 $\boldsymbol{S}$,则 $\oint_S \boldsymbol{D} \cdot \mathrm{d}\boldsymbol{S} = 0$,由于 S 的任意性,所以导体内必有 $\boldsymbol{D}=\mathbf{0}$ 和 $\boldsymbol{E}=\mathbf{0}$。

如图 2.10 所示,对于中空导体(导体内含有限真空区),有两个重要情形。

(1) 中空区内无电荷[图 2.10(a)],则中空区内电场强度为零,电荷只能分布在导体外表面。因无电荷分布的真空中不存在电位的极值点(见例 2.2),中空导体内表面为等位面,所以真空区处处电位相等,即真空中电场强度为零;进一步,以内表面上任意点为球心作一微小球面 S,球面的一半位于导体内,另一半位于真空中,而导体内和中空区域均有 $\boldsymbol{E}=\mathbf{0}$,所以球面上处处 $\boldsymbol{E}=\mathbf{0}$,从而 $\boldsymbol{D}=\mathbf{0}$,球面 S 包围的自由电荷 $Q=\oint_S \boldsymbol{D} \cdot \mathrm{d}\boldsymbol{S} = 0$。

(2) 中空区内有电荷[图 2.10(b)],则导体内表面上感应有等量异号电荷,导体外表面上感应有等量同号电荷。这可以通过先在导体内作一包围中空的闭合面,然后在导体外作一包围整个导体和电荷的闭合面,利用高斯定律表达式就可以证明。

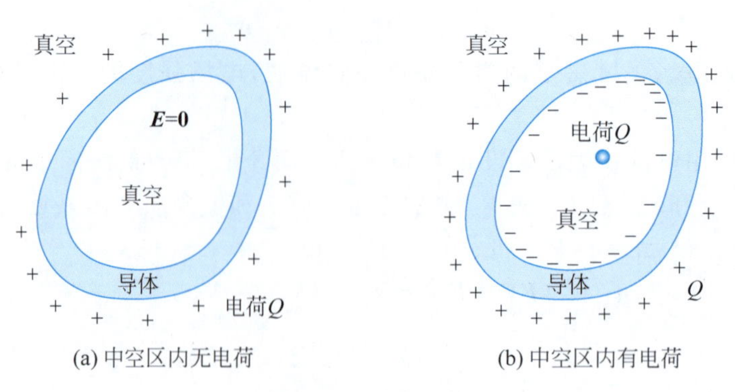

图 2.10 中空导体

根据以上导体的性质，可得到导体与电介质的交界面的边界条件。记导体为区域 1，电介质为区域 2，根据静电场中导体内 $\boldsymbol{E}_1=\mathbf{0}$ 和 $\boldsymbol{D}_1=\mathbf{0}$，由边界条件(2.69)和(2.73)可写出导体表面外侧 $\boldsymbol{D}_2$ 和 $\boldsymbol{E}_2$ 满足的边界条件

$$\boldsymbol{n}_{12}\cdot\boldsymbol{D}_2=\rho_s \tag{2.76}$$

$$\boldsymbol{n}_{12}\times\boldsymbol{E}_2=\mathbf{0} \tag{2.77}$$

这说明，在紧靠导体表面的电介质中任意点，电通密度的法向分量在数值上等于导体表面上该点的面电荷密度，电场强度的切向分量为零(即电介质中的电场线垂直于导体表面)。

当区域 2 为各向同性的线性电介质时，式(2.76)、式(2.77)用导体外侧电位 φ_2 表示为

$$\varepsilon_2\frac{\partial\varphi_2}{\partial n_{12}}=-\rho_s \tag{2.78}$$

$$\varphi_2=\text{常量} \tag{2.79}$$

如果导体的面自由电荷密度 ρ_s 未知，但导体边界面上的总电荷 Q 已知，此时式(2.78)可用式(2.80)代替：

$$Q=\oint_S\rho_s\mathrm{d}S=-\oint_S\varepsilon_2\frac{\partial\varphi_2}{\partial n_{12}}\mathrm{d}S \tag{2.80}$$

2.5.4 无限远条件

无限远条件可看作场量在无限远边界上满足的条件。

设全部电荷分布在有限区域 V 内，V 外场区在各个方向上都延伸至无限远，则电荷分布区域 V 从无限远看就是一个点电荷 q。建立球坐标系 $Or\theta\phi$，取坐标原点 O 位于 V 内，则无限远处的电位

$$\lim_{r\to\infty}\varphi=\frac{q}{4\pi\varepsilon r}$$

式中 ε 为常量，它是 V 外介质的电容率。两端同乘 r，得

$$\lim_{r\to\infty}r\varphi=C_1 \tag{2.81}$$

式中 C_1 为常量。

当有限区域 V 内的电荷分布可看作一个电偶极子时，无限远处的电位

$$\lim_{r\to\infty}\varphi=\frac{\boldsymbol{p}\cdot\boldsymbol{r}^\circ}{4\pi\varepsilon r^2}$$

式中 $\boldsymbol{p}$ 是电偶极矩，$\boldsymbol{r}^\circ$是矢径 $\boldsymbol{r}$ 的单位矢量。此时无限远条件应写成

$$\lim_{r\to\infty} |r^2\varphi| < C_2 \tag{2.82}$$

式中 C_2 为正常量。

根据电荷的分布特点，可以选择使用式(2.81)或式(2.82)。

2.5.5 关于边界条件记法的说明

用矢量表示的边界条件 $\boldsymbol{n}_{12}\cdot(\boldsymbol{D}_2-\boldsymbol{D}_1)=\rho_s$ 和 $\boldsymbol{n}_{12}\times(\boldsymbol{E}_2-\boldsymbol{E}_1)=\boldsymbol{0}$ 可以准确地描述边界面两侧场量的关系，这种关系包含数量和方向两方面。设

$$\boldsymbol{D}=D_x\boldsymbol{e}_x+D_y\boldsymbol{e}_y+D_z\boldsymbol{e}_z$$

$$\boldsymbol{E}=E_x\boldsymbol{e}_x+E_y\boldsymbol{e}_y+E_z\boldsymbol{e}_z$$

取 $\boldsymbol{n}_{12}=\boldsymbol{e}_z$，则 $\boldsymbol{e}_x$ 和 $\boldsymbol{e}_y$ 都是边界面上的切向单位矢量，于是光滑边界面上有

$$\boldsymbol{n}_{12}\cdot(\boldsymbol{D}_2-\boldsymbol{D}_1)=D_{2z}-D_{1z}=\rho_s \tag{2.83}$$

$$\boldsymbol{n}_{12}\times(\boldsymbol{E}_2-\boldsymbol{E}_1)=-(E_{2y}-E_{1y})\boldsymbol{e}_x+(E_{2x}-E_{1x})\boldsymbol{e}_y=\boldsymbol{0} \tag{2.84}$$

这说明式(2.83)只含有一个法向分量边界条件，式(2.84)包含两个切向分量边界条件

$$E_{2y}-E_{1y}=0,\quad E_{2x}-E_{1x}=0$$

这是因为边界面上任意点的法向矢量只有一个，所以法向分量对应的边界条件也只有一个；而切向矢量有无穷多个，任意方向的切向矢量都可用两个互相垂直的切向矢量合成，所以切向分量对应的边界条件包含两个标量形式的边界条件。

例 2.7 线性电介质位于真空中，证明电介质内的电场强度小于外部真空中的电场强度。

证 设电介质为区域 1，真空为区域 2，建立直角坐标系 $Oxyz$，原点 O 位于电介质表面，$\boldsymbol{n}_{12}=\boldsymbol{e}_z$，电介质和真空中的电场强度分别为

$$\boldsymbol{E}_1=E_{1x}\boldsymbol{e}_x+E_{1y}\boldsymbol{e}_y+E_{1z}\boldsymbol{e}_z \quad 和 \quad \boldsymbol{E}_2=E_{2x}\boldsymbol{e}_x+E_{2y}\boldsymbol{e}_y+E_{2z}\boldsymbol{e}_z$$

由于电介质表面上没有自由电荷，可知在电介质表面成立

$$\boldsymbol{n}_{12}\cdot(\boldsymbol{D}_2-\boldsymbol{D}_1)=\varepsilon_0(E_{2z}-\varepsilon_r E_{1z})=0$$

这里 ε_r 为电介质的相对电容率。于是 $E_{2z}=\varepsilon_r E_{1z}$，因 $\varepsilon_r\geqslant 1$，所以

$$|E_{1z}|\leqslant|E_{2z}|$$

另外，电介质表面两侧的电场强度切向分量相等，即

$$E_{1x}=E_{2x},\quad E_{1y}=E_{2y}$$

综合以上分析，可知

$$|\boldsymbol{E}_1|=\sqrt{E_{1x}^2+E_{1y}^2+E_{1z}^2}\leqslant\sqrt{E_{2x}^2+E_{2y}^2+E_{2z}^2}=|\boldsymbol{E}_2| \tag{2.85}$$

从物理概念上说，这是由于电介质表面上的极化电荷在内部产生的电场减弱了外加电场。证毕。

2.6 静电场解的唯一性定理

为了正确地写出边值问题表达式，把边界面分为内边界面和外边界面：如果边界面两侧介质内的场量均未知，称这个边界面为内边界面，如两种不同电介质的共同边界面就是内边界面，因边界面两侧电介质内的场量均未知；如果边界面其中一侧介质内场量已知，称这个边界面为外边界面，如静电场中的导体表面是外边界面，因导体内电场强度 $\boldsymbol{E}=\boldsymbol{0}$。

如图 2.11 所示，场中介质由线性、各向同性的电介质 V_1 和 V_2 所组成，对应的电容率分别为 $\varepsilon_1>0$ 和 $\varepsilon_2>0$；V_1 和 V_2 的公共边界面是内边界面 S_{12}，它的两侧都是场量未知的场区；

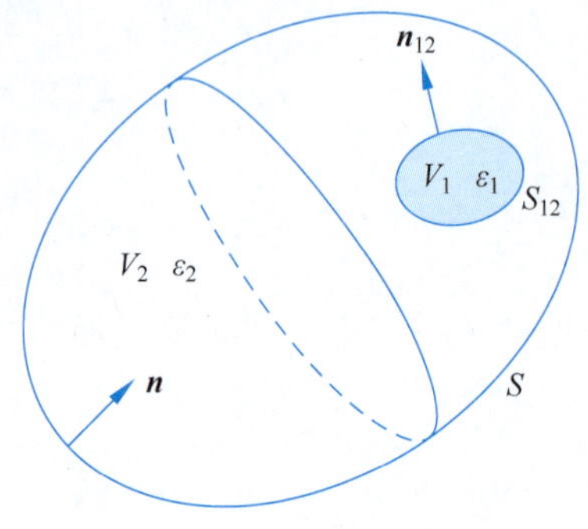

图 2.11 静电场典型场区

场区的外边界面是 S，S 的外侧是场量已知的区域。设 V_1 和 V_2 中的电位分别为 φ_1 和 φ_2，以电位为求解对象，边值问题如下：

(1) 约束方程组

$$\nabla\cdot(\varepsilon_1\nabla\varphi_1)=-\rho_{v1},\quad 在 V_1 内 \tag{2.86}$$

$$\nabla\cdot(\varepsilon_2\nabla\varphi_2)=-\rho_{v2},\quad 在 V_2 内 \tag{2.87}$$

其中，所有自由电荷均分布在有限区域内。

(2) 内边界面 S_{12} 上的边界条件

$$\varphi_2-\varphi_1=0 \tag{2.88}$$

$$\varepsilon_2\frac{\partial\varphi_2}{\partial n_{12}}-\varepsilon_1\frac{\partial\varphi_1}{\partial n_{12}}=-\rho_s \tag{2.89}$$

(3) 外边界面 S 上的边界条件

$$\varphi_2=h \tag{2.90}$$

或

$$\varepsilon_2\frac{\partial\varphi_2}{\partial n}=g \tag{2.91}$$

(4) 无限远条件

当 V_2 是无限大场区时，电位 φ_2 在无限远处满足

$$\lim_{r\to\infty}r\varphi_2=常量 \tag{2.92}$$

其中，ρ_{v1}、ρ_{v2}、ρ_s、h、g 都是已知函数；$\boldsymbol{n}_{12}$ 是内边界面 S_{12} 上从 V_1 指向 V_2 的法向单位矢量，$\boldsymbol{n}$ 是外边界面上指向待求场区的法向单位矢量；r 是坐标原点到场点的距离。

如果以上边值问题(2.86)～(2.92)的解 φ_1 和 φ_2 存在，则解唯一。这就是静电场解的唯一性定理。

下面用反证法证明。

设以上边值问题有两组解(φ_1',φ_2')和$(\varphi_1'',\varphi_2'')$，则差

$$f_1=\varphi_1'-\varphi_1'',\quad f_2=\varphi_2'-\varphi_2''$$

满足以下齐次边值问题：

$$\nabla\cdot(\varepsilon_1\nabla f_1)=0,\quad 在 V_1 内 \tag{2.93}$$

$$\nabla\cdot(\varepsilon_2\nabla f_2)=0,\quad 在 V_2 内 \tag{2.94}$$

$$f_2=f_1,\quad 在 S_{12} 上 \tag{2.95}$$

$$\varepsilon_2\frac{\partial f_2}{\partial n_{12}}=\varepsilon_1\frac{\partial f_1}{\partial n_{12}},\quad 在 S_{12} 上 \tag{2.96}$$

$$f_2=0,\quad 在 S 上 \tag{2.97}$$

或

$$\varepsilon_2\frac{\partial f_2}{\partial n}=0,\quad 在 S 上 \tag{2.98}$$

无限远处，有

$$\lim_{r\to\infty}rf_2=0 \tag{2.99}$$

在公式$\nabla\cdot(a\boldsymbol{A})=a\nabla\cdot\boldsymbol{A}+\boldsymbol{A}\cdot\nabla a$ 中，令 $a=f_1$ 和 $\boldsymbol{A}=\varepsilon_1\nabla f_1$，由方程(2.93)得

$$\nabla\cdot(f_1\varepsilon_1\nabla f_1)=f_1\nabla\cdot(\varepsilon_1\nabla f_1)+\varepsilon_1\nabla f_1\cdot\nabla f_1=\varepsilon_1|\nabla f_1|^2$$

两端体积分，利用散度定理，得

$$\int_{V_1}\varepsilon_1|\nabla f_1|^2\mathrm{d}V=\int_{V_1}\nabla\cdot(\varepsilon_1 f_1\nabla f_1)\mathrm{d}V$$

$$=\oint_{S_{12}}\varepsilon_1 f_1(\nabla f_1)\cdot(\boldsymbol{n}_{12}\mathrm{d}S)=\oint_{S_{12}}\varepsilon_1 f_1\frac{\partial f_1}{\partial n_{12}}\mathrm{d}S$$

同理，由方程(2.94)和散度定理(V_2 包含 V_1)，可得

$$\int_{V_2}\varepsilon_2|\nabla f_2|^2\mathrm{d}V=\int_{V_2}\nabla\cdot(\varepsilon_2 f_2\nabla f_2)\mathrm{d}V=-\oint_{S_{12}}\varepsilon_2 f_2\frac{\partial f_2}{\partial n_{12}}\mathrm{d}S-\oint_S\varepsilon_2 f_2\frac{\partial f_2}{\partial n}\mathrm{d}S$$

以上两式相加，得

$$\int_{V_1}\varepsilon_1|\nabla f_1|^2\mathrm{d}V+\int_{V_2}\varepsilon_2|\nabla f_2|^2\mathrm{d}V$$

$$=\oint_{S_{12}}\left(\varepsilon_1 f_1\frac{\partial f_1}{\partial n_{12}}-\varepsilon_2 f_2\frac{\partial f_2}{\partial n_{12}}\right)\mathrm{d}S-\oint_S\varepsilon_2 f_2\frac{\partial f_2}{\partial n}\mathrm{d}S \tag{2.100}$$

由式(2.95)和式(2.96)，右端第一个面积分为0；由式(2.97)和式(2.98)，右端第二个面积分也为0；如果 V_2 是无限大场区，在式(2.99)两端求关于 r 的偏导数，利用有限区域内的电荷在无限远处产生的电位为0，得

$$\lim_{r\to\infty}\frac{\partial}{\partial r}(rf_2)=\lim_{r\to\infty}\left(r\frac{\partial f_2}{\partial r}+f_2\right)=\lim_{r\to\infty}r\frac{\partial f_2}{\partial r}=0$$

在以 V_1 附近任意点为球心、以 r 为半径的球面 S 上，成立

$$\oint_S\varepsilon_2 f_2\frac{\partial f_2}{\partial n}\mathrm{d}S=\int_0^{2\pi}\mathrm{d}\phi\int_0^{\pi}\varepsilon_2(\lim_{r\to\infty}rf_2)\left(\lim_{r\to\infty}r\frac{\partial f_2}{\partial r}\right)\sin\theta\mathrm{d}\theta=0$$

这样，式(2.100)成为

$$\int_{V_1}\varepsilon_1|\nabla f_1|^2\mathrm{d}V+\int_{V_2}\varepsilon_2|\nabla f_2|^2\mathrm{d}V=0 \tag{2.101}$$

而 $\varepsilon_1>0$ 和 $\varepsilon_2>0$，所以 $\nabla f_1=\mathbf{0}$ 和 $\nabla f_2=\mathbf{0}$，即

$$f_1=C_1,\quad f_2=C_2$$

这里，C_1 和 C_2 均为常量。由式(2.95)可知，$C_1=C_2$；再由式(2.97)可得，$C_1=C_2=0$，这表明 V_1 内处处 $\varphi_1'=\varphi_1''$，V_2 内处处 $\varphi_2'=\varphi_2''$，电位唯一。当已知外边界面上电位的法向导数时，说明 φ_1' 和 φ_1'' 之间、φ_2' 和 φ_2'' 之间只相差一个常量，但这个常量并不影响电场分布，电场强度仍唯一：

$$\boldsymbol{E}_1'-\boldsymbol{E}_1''=-\nabla(\varphi_1'-\varphi_1'')=-\nabla f_1=-\nabla C_1=\mathbf{0}$$

$$\boldsymbol{E}_2'-\boldsymbol{E}_2''=-\nabla(\varphi_2'-\varphi_2'')=-\nabla f_2=-\nabla C_2=\mathbf{0}$$

从这个意义上说，当外边界面上只给定电位的法向导数时，场区内的电场仍是唯一的。证毕。

为便于理解静电场解的唯一性定理，说明如下。

(1) 不论使用什么方法求解以上边值问题，只要电位满足以上边值问题，那么这个电位就一定是所求边值问题的解，不可能再有其他解。虽然求解静电场的方法多种多样，而且这些方法各有特点，但它们的理论基础都是静电场解的唯一性定理。

(2) 静电场解的唯一性定理成立的前提是场中电介质全部为线性介质。当场中有非线性电介质时，一般不再有唯一解。

(3) 对于内边界面，需要同时使用两个边界条件(2.88)和(2.89)，缺一不可；对于外边界面，仅需要一个边界条件(2.90)或(2.91)即可。

(4) 外边界面上的两个边界条件(2.90)和(2.91)并不是从电磁场理论推导出来的,而是为了保证解的唯一性人为添加的,表达式的形式具有一定的任意性,只要它们不与实际情况相矛盾即可。对于静电场、稳恒电场、稳恒磁场、时谐电磁场来说,在它们的边值问题中,外边界面上的边界条件表达式都有一定的任意性。

(5) 当静电场中有被理想电介质完全包围的导体时,这个导体叫"电位悬浮导体"。此时导体表面是外边界面,导体电位是常量 φ_0,边界条件分两种情况:①导体电位 φ_0 已知时,用 $\varphi_2=\varphi_0$;②导体上总电荷 Q 已知时,用 $Q=-\oint_S \varepsilon_2 \dfrac{\partial \varphi_2}{\partial n_{12}}\mathrm{d}S$。这里 φ_2 为理想电介质内靠近导体的电位。

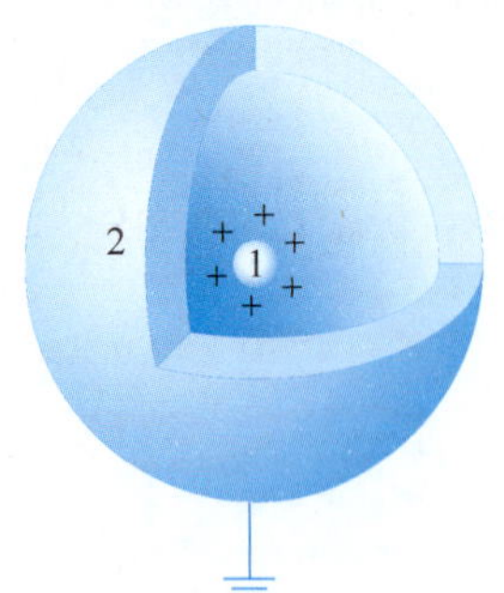

图 2.12 静电屏蔽

(6) 如图 2.12 所示,接地的金属空腔 2 完全包围了导体 1,导体 1 和导体 2 之间充满理想电介质。由于空腔内表面上电位 $\varphi=0$,所以空腔内任意点的电位 φ 具有唯一值,它的大小和分布与空腔外的电场无关,这个现象称为静电屏蔽。在工程技术中,当需要保护带电体不受外部电场影响或不使带电体影响外部电场时,都可以用一个接地的金属空腔把带电体包围起来。

2.7 静电场问题的求解

2.7.1 求解方法简介

求解各种电磁场定解问题(包含约束方程、边界条件和初始条件)是电磁场理论的主要内容之一,目前主流的求解方法是解析法和数值法。

解析法的特点是用数学方法一步一步地分析、求解给定的电磁场定解问题,直至把场量显式表达出来为止。常用的解析法有镜像法、分离变量法、复变函数法、积分变换法、近似法等(雷,2016)。能够用解析法求解的问题大多是边界规则的问题,如边界面是平面、柱面、球面、锥面、椭球面等。解析法的突出优点是:能直观显示场量与参数之间的依赖关系,没有数值不稳定问题,表达式能被他人重复导出,表达式具有科学美,并被广泛用于解决工程问题。尽管解析法的求解范围有限,但它是电磁场理论中最重要的分析方法,是数值法的基础,是电磁场理论的核心内容。

数值法的特点是用数值计算方法把待求问题的场区剖分,在此基础上形成离散形式的方程组,之后数值计算出每个剖分节点上的场值。用数值法计算电磁场的步骤如下:第一步,写出待求电磁场的定解问题;第二步,将定解问题离散,形成代数方程组;第三步,数值求解代数方程组。有代表性的电磁场数值方法有有限差分法、有限元法、时域有限差分法等。对于静电场定解问题,有一种无须剖分的数值法是模拟电荷法,它在电极内配置有限个假想电荷来模拟电极表面电荷产生的电场。数值法的最大优点是可以计算复杂边界场区的电磁场,一旦编写出计算程序,就可以方便迅速地算出结果。目前数值法已成为求解复杂边值问题的主要方法。它的不足是编写一个计算程序要花费大量时间,而且计算结果的准确性难以得到保证。现在已有一些针对常见电磁场问题的商用数值计算软件,它们主要包括前处理模块、分析计算模块和后处理模块 3 部分,成为求解一些复杂边值问题的有效工具。

在所有电磁场求解方法中,最基本、最重要的是镜像法和分离变量法。下面分别介绍。

2.7.2 镜像法

镜像法的实质是在保持待求场区的场源、电介质、边界面都不变的前提下,将待求场区之外区域中的电介质换成与待求场区相同的电介质，并在待求场区之外通过设置虚拟场源来满足边值问题中的定解条件。这样就可以使用均匀电介质中电场计算方法来计算电场。在这个方法中，电介质分界面好像镜面，虚拟电荷好像场源的像，所以把这种方法形象地称为镜像法。根据静电场解的唯一性定理，由于待求场区的场源、电介质以及边界面都没有改变，所以用镜像法可以求出静电场边值问题的解。镜像法适用于求解某些边界面为平面、圆柱面和球面的二维电场、磁场问题，也可以用于求解一些三维电磁场问题。

下面通过例题分3种典型情况进行介绍。

1. 边界面是平面

这种情况下的平面既可以是导体平面，也可以是电介质平面。

例 2.8 半无限导体上方的真空中有一点电荷 q，求导体平面上感应电荷的分布(图 2.13)。

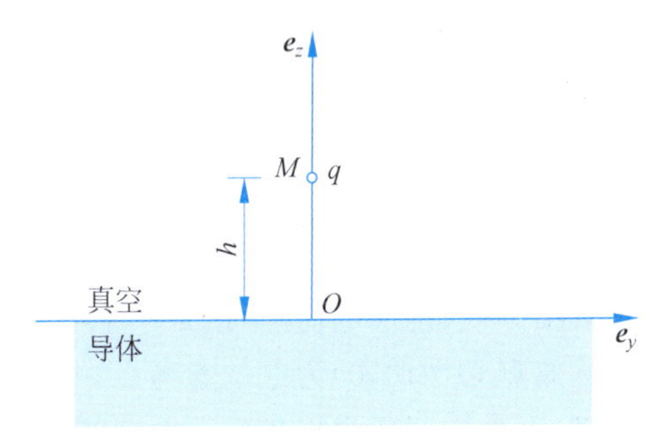

图 2.13 半无限导体平面上方的点电荷

解 建立圆柱坐标系 $O\rho\phi z$，坐标平面 $z=0$ 与导体平面重合，点电荷 q 位于 z 轴正半轴上，它距平面 $z=0$ 的距离为 h。记下半空间($z<0$)为场区 1，上半空间($z>0$)为场区 2。根据电场法向分量边界条件，可知导体表面上面电荷密度

$$\rho_s = \boldsymbol{n}_{12} \cdot (\boldsymbol{D}_2 - \boldsymbol{D}_1)\big|_{z=0} = \boldsymbol{e}_z \cdot \boldsymbol{D}_2\big|_{z=0} = \varepsilon_0 \boldsymbol{e}_z \cdot \boldsymbol{E}_2\big|_{z=0} \tag{2.102}$$

式中，导体内 $\boldsymbol{E}_1=\boldsymbol{0}$ 和 $\boldsymbol{D}_1=\boldsymbol{0}$，$\boldsymbol{E}_2$ 是上半空间的电场强度。

下面用镜像法求解。

真空中的点电荷 q 会在导体表面产生感应电荷，感应电荷在导体表面上以点 O 为圆心对称分布，点 O 处面电荷密度最大，离点 O 越远，面电荷密度越小。这样，可用位于 z 轴负半轴上的假想点电荷代替导体表面上的感应电荷来求出上半空间的电场。可以这样做：把 $z<0$ 区域的导体换成与 $z>0$ 空间相同的真空，再在点电荷 q 关于平面 $z=0$ 的对称点 $(0,0,-h)$ 放置镜像点电荷 $q'=-q$，如图 2.14 所示。

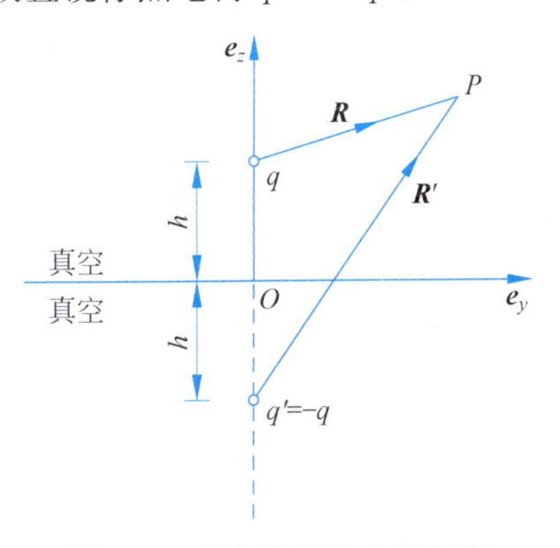

图 2.14 半无限导体上方的点电荷及镜像电荷

经以上安排后，上半空间的电荷、电介质都没有变，无限大真空中两个点电荷 q 和 $(-q)$ 在 $z=0$ 平面产生的电位为 0，即外边界面上边界条件也没有变，根据静电场解的唯一性定理，通过以上安排后求得的上半空间的电场就是所要求的解。所以，利用无限大真空中点电荷的静电场表达式，得到 $z>0$ 场区的电场

$$\boldsymbol{E}_2 = \frac{q}{4\pi\varepsilon_0}\left(\frac{\boldsymbol{R}}{R^3} - \frac{\boldsymbol{R}'}{R'^3}\right)$$

式中，$\boldsymbol{R}=\rho\boldsymbol{e}_\rho+(z-h)\boldsymbol{e}_z$，$\boldsymbol{R}'=\rho\boldsymbol{e}_\rho+(z+h)\boldsymbol{e}_z$。由此可绘出电场线分布图，如图 2.15 所示。注意，上式的适用范围是上半空间。

于是，由式(2.102)得导体平面上的面电荷密度

$$\rho_s = \varepsilon_0 \boldsymbol{e}_z \cdot \boldsymbol{E}_2\big|_{z=0} = -\frac{qh}{2\pi(\rho^2+h^2)^{3/2}} \tag{2.103}$$

解毕。

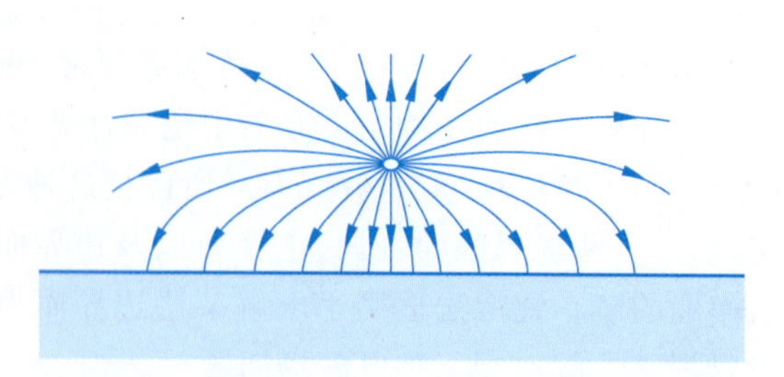

图 2.15 半无限导体上方的点电荷的电场线

例 2.9 求大地平面上方与大地平行的一根长直带电细导线产生的电位。设导线离地面高度为 h，导线上的线电荷密度为 ρ_l。

解 在图 2.13 中，把点电荷换成线电荷密度为 ρ_l 的长直细导线(场源)，导线与直线 L：$\begin{cases} y=0 \\ z=h \end{cases}$ 重合；把大地换成半无限真空，在直线 L'：$\begin{cases} y=0 \\ z=-h \end{cases}$ 处放置线电荷密度为 $(-\rho_l)$ 的镜像长直细导线(镜像电荷)。这是一个平行平面静电场，场量与坐标分量 x 无关。取大地表面的坐标原点 $O(0,0,0)$ 为电位参考点，利用无限大真空中长直带电细导线的电位式(2.25)和叠加原理，上半空间任意点 $P(x,y,z)$ 的电位为

$$\varphi(x,y,z)=\frac{\rho_l}{2\pi\varepsilon_0}\ln\frac{h}{\sqrt{y^2+(z-h)^2}}+\frac{(-\rho_l)}{2\pi\varepsilon_0}\ln\frac{h}{\sqrt{y^2+(z+h)^2}}$$

即

$$\varphi(x,y,z)=\frac{\rho_l}{4\pi\varepsilon_0}\ln\frac{y^2+(z+h)^2}{y^2+(z-h)^2} \tag{2.104}$$

解毕。

例 2.10 电容率分别为 ε_1 和 ε_2 的两种半无限电介质的交界面是平面。若在电容率为 ε_2 的电介质内距边界面为 h 处放置点电荷 q，求各点电位。

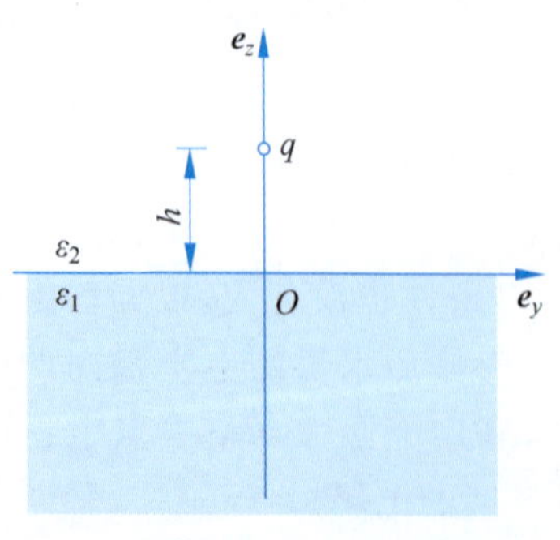

图 2.16 半无限电介质中的点电荷

解 如图 2.16 所示，建立直角坐标系 $Oxyz$，坐标平面 $z=0$ 与电介质交界面重合，点电荷 q 的坐标为 $(0,0,h)$。由于 $z<0$ 和 $z>0$ 区域都是待求场区，所以平面 $z=0$ 是内边界面。

下面分三步求解。

第一步：求上半空间的电位 φ_2。

在保持上半空间场源和电介质不变的前提下，将下半空间电介质换成和上半空间相同的电介质，全部场区的电容率都是 ε_2；同时在点电荷 q 关于平面 $z=0$ 的对称点 $(0,0,-h)$ 处放置镜像点电荷 q'，如图 2.17(a)所示。此时，上半空间任意点 $P(x,y,z)$ 的电位为

$$\varphi_2(P)=\frac{q}{4\pi\varepsilon_2 R}+\frac{q'}{4\pi\varepsilon_2 R'} \quad (z>0) \tag{2.105}$$

式中，$R=\sqrt{x^2+y^2+(z-h)^2}$，$R'=\sqrt{x^2+y^2+(z+h)^2}$。

第二步：求下半空间的电位 φ_1。

保持下半空间的场源和电介质不变，将上半空间电介质换成和下半空间相同的电介质，全

部场区的电容率都是 ε_1；同时在上半空间的点$(0,0,h)$处放置镜像点电荷 q''，用以代替上半空间的点电荷 q 和交界面上极化电荷共同在下半空间产生电场的场源，如图 2.17(b)所示。此时，下半空间任意点 $Q(x,y,z)$的电位为

$$\varphi_1(Q)=\frac{q''}{4\pi\varepsilon_1 R''}\quad (z<0) \tag{2.106}$$

式中 $R''=\sqrt{x^2+y^2+(z-h)^2}$。

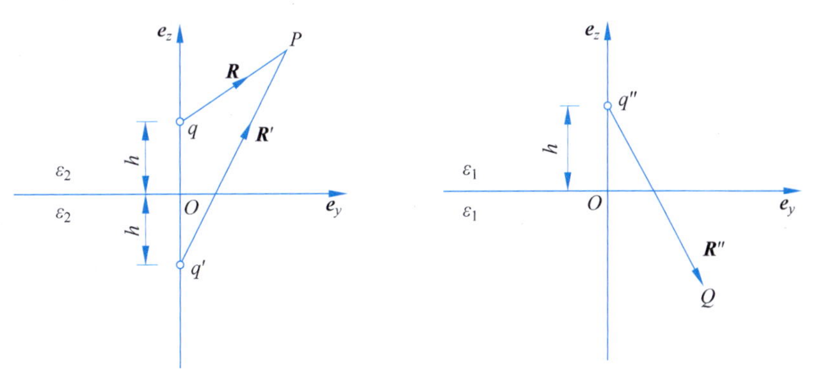

图 2.17 上、下半空间中的镜像电荷

第三步：求镜像点电荷 q'和 q''。

交界面 $z=0$ 是内边界面，面上没有自由电荷分布，两侧电位同时满足以下两个边界条件

$$\varphi_2\big|_{z=0}=\varphi_1\big|_{z=0}$$

$$\varepsilon_2\frac{\partial\varphi_2}{\partial z}\bigg|_{z=0}=\varepsilon_1\frac{\partial\varphi_1}{\partial z}\bigg|_{z=0}$$

把式(2.105)和式(2.106)代入以上两式，得

$$\frac{1}{\varepsilon_2}(q+q')=\frac{1}{\varepsilon_1}q''$$

$$q-q'=q''$$

以上两式联立求解，得

$$q'=-\frac{\varepsilon_1-\varepsilon_2}{\varepsilon_1+\varepsilon_2}q \tag{2.107}$$

$$q''=\frac{2\varepsilon_1}{\varepsilon_1+\varepsilon_2}q \tag{2.108}$$

这样，已知以上两个镜像点电荷后，就可以利用式(2.105)和式(2.106)分别计算上、下半空间中任意点的电位和电场。解毕。

2. 边界面是导体圆柱面

边界面是导体圆柱面的情况下的镜像法有专门名称，叫电轴法，用它可有效地求解两根平行圆柱导体的电场问题。

例 2.11 如图 2.18 所示，无限大真空中有两根平行长直圆柱导体，圆柱半径均为 a，圆柱轴线之间的距离是 $2h$，$h>a>0$。设两根导体圆柱上单位长电荷分别为$(+\rho_l)$和$(-\rho_l)$，求两根长直圆柱导体间真空区域的电位。

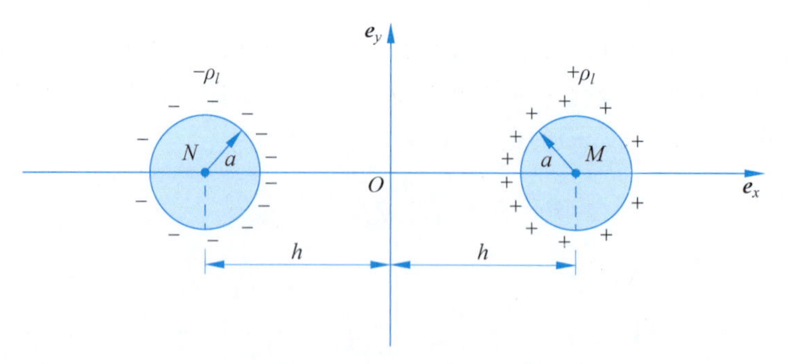

图 2.18 两根平行长直圆柱导体表面上的电荷分布

解 本题场量沿圆柱轴线方向没有变化，是一个平行平面静电场问题。如图 2.18 所示，建立平面直角坐标系 Oxy，使垂直于圆柱轴线的平面为坐标面 xOy，令带正电荷的圆柱导体的轴线过点 $M(h,0)$，带负电荷的圆柱导体的轴线过点 $N(-h,0)$。由于正、负电荷相吸引，所以在圆柱导体表面上，内侧的面电荷密度大于外侧的面电荷密度；圆柱导体表面是等位面，也是外边界面。等位面方程是

$$(x \pm h)^2 + y^2 = a^2 \tag{2.109}$$

根据问题的特点，为求出圆柱外的电场，如果能在两个圆柱内分别放置等量异号的镜像电荷，使镜像电荷产生的等位面也是圆柱面，并且这个等位面与长直导体圆柱的表面重合，那么根据静电场解的唯一性定理，圆柱外电场就是镜像电荷产生的电场。

这里用假想的两根平行长直细导线上的等量异号电荷作为本问题的镜像电荷。如图 2.19 所示，假想的导线位于圆柱内，带正电荷($+\rho_l$)的细导线过点 $A(b,0)$，带负电荷($-\rho_l$)的细导线过点 $B(-b,0)$，令原点 $O(0,0)$为电位参考点，利用式(2.25)和电位的叠加原理，任意点 $P(x,y)$的电位为

$$\begin{aligned}\varphi(x,y) &= \frac{(+\rho_l)}{2\pi\varepsilon_0}\ln\frac{b}{\sqrt{(x-b)^2+y^2}} + \frac{(-\rho_l)}{2\pi\varepsilon_0}\ln\frac{b}{\sqrt{(x+b)^2+y^2}} \\ &= \frac{\rho_l}{4\pi\varepsilon_0}\ln\frac{(x+b)^2+y^2}{(x-b)^2+y^2}\end{aligned} \tag{2.110}$$

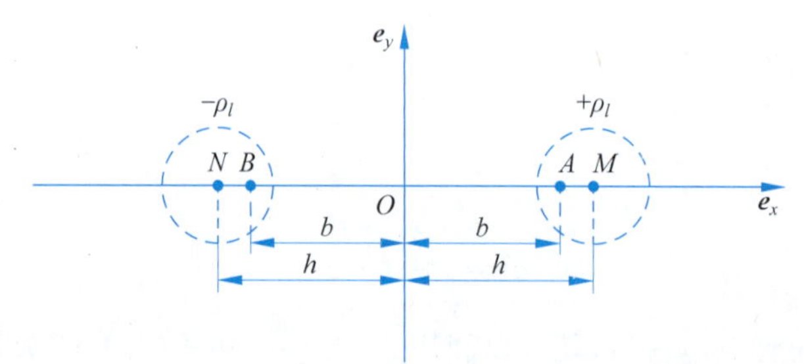

图 2.19 真空中长直平行细导线的等位面

它的等位面方程是

$$\frac{(x+b)^2+y^2}{(x-b)^2+y^2} = C$$

式中 C 是任意正常数。当 $C=1$ 时，等位面是平面 $x=0$，因此应有 $C \neq 1$，此时经过整理，得

$$\left(x - b\,\frac{C+1}{C-1}\right)^2 + y^2 = \left(\frac{2b\sqrt{C}}{C-1}\right)^2 \tag{2.111}$$

$$\frac{x^2+(y+b)^2}{x^2+(y-b)^2}=\frac{(a\cos\theta)^2+(h+a\sin\theta+b)^2}{(a\cos\theta)^2+(h+a\sin\theta-b)^2}$$

$$=\frac{a^2+(h+b)^2+2a(h+b)\sin\theta}{a^2+(h-b)^2+2a(h-b)\sin\theta}$$

$$=\frac{2(h+b)(h+a\sin\theta)}{2(h-b)(h+a\sin\theta)}$$

$$=\left(\frac{h+b}{a}\right)^2$$

所以圆柱导体表面的电位

$$\varphi(x,y)\big|_C=\frac{\rho_l}{2\pi\varepsilon}\ln\frac{h+b}{a}=U$$

或写成

$$\frac{\rho_l}{2\pi\varepsilon}=\frac{U}{\ln\dfrac{h+b}{a}}$$

代入式(2.114),最后得到空间任意点的电位

$$\varphi(x,y)=\frac{U}{2\ln\dfrac{h+b}{a}}\ln\frac{x^2+(y+b)^2}{x^2+(y-b)^2}\tag{2.115}$$

式中 $b=\sqrt{h^2-a^2}$。解毕。

3. 边界面是导体球面

下面通过例题来说明如何用镜像法求解含有导体球的静电场。

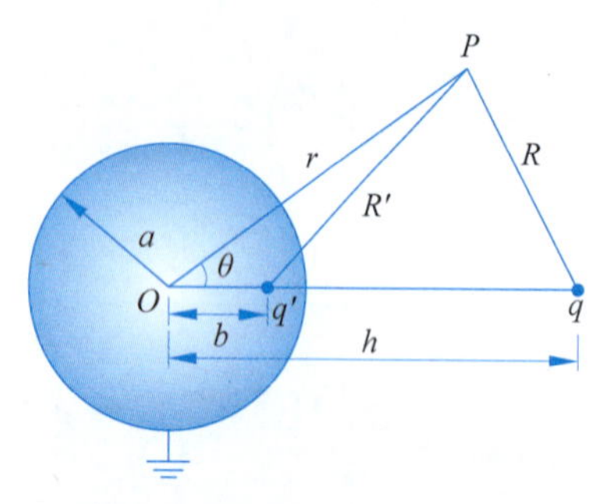

图 2.21 接地导体球外的点电荷

例 2.13 如图 2.21 所示,真空中一半径为 a 的接地导体球,球外有点电荷 q,它距球心的距离为 $h(h>a)$。求球外电位。

解 由图 2.21 可见,电场具有轴对称性,对称轴是球心到球外点电荷 q 的连线。由于球外点电荷会在导体球面上产生感应电荷,所以球外电场就由点电荷 q 和球面上感应电荷共同产生。这样,球面上感应电荷在球外产生的电场就可用导体球内的镜像点电荷 q'产生的电场来代替。由于场的轴对称性,应将镜像点电荷 q'放置在对称轴线上,设 q'与球心 O 的距离为 $b(b<a)$,见图 2.21。为求出导体球外电场,我们把导体球撤去,整个场区成为有两个点电荷 q 和 q'的无限大真空。此时,两个点电荷在球外产生的电位为

$$\varphi=\frac{q}{4\pi\varepsilon_0 R}+\frac{q'}{4\pi\varepsilon_0 R'}\tag{2.116}$$

式中,$R=(r^2+h^2-2rh\cos\theta)^{1/2}$,$R'=(r^2+b^2-2rb\cos\theta)^{1/2}$。

由于导体球接地,球面电位为 0,所以球面是待求场区的外边界面。利用球面上边界条件 $\varphi=0$,由式(2.116)可知

$$\frac{q}{R}\bigg|_{r=a}=-\frac{q'}{R'}\bigg|_{r=a}$$

两端平方,得

$$q^2(a^2+b^2)-q'^2(a^2+h^2)-2a(q^2b-q'^2h)\cos\theta=0$$

因球面是等位面，边界条件 $\varphi=0$ 的成立应与 θ 无关，所以 $\cos\theta$ 前的系数应为 0，从而

$$q^2b-q'^2h=0$$

$$q^2(a^2+b^2)-q'^2(a^2+h^2)=0$$

以上两式联立求解，可得

$$b=\frac{a^2}{h} \tag{2.117}$$

$$q'=-\frac{a}{h}q \tag{2.118}$$

于是球外任意点电位

$$\varphi=\frac{q}{4\pi\varepsilon_0}\left(\frac{1}{R}-\frac{a}{hR'}\right) \tag{2.119}$$

解毕。

2.7.3 分离变量法

在求解线性介质中的静电场问题时，如果约束方程是齐次偏微分方程，而且介质边界面与坐标面重合，一般可用分离变量法求解。求解步骤如下。

第一步：建立合适的坐标系，使坐标面与介质边界面重合。边界面是平面的，选取直角坐标系；边界面是圆柱面的，选取圆柱坐标系；边界面是球面或圆锥面的，选取球坐标系。

第二步：在选定的坐标系中写出场的边值问题。

第三步：把齐次偏微分方程的解表示为单自变量函数的乘积形式，设置分离常量，把偏微分方程分离为各个独立变量所单独满足的常微分方程。

第四步：利用电场强度绝对值为有限值和其非零性来确定分离常量。因为电场强度的本质是单位点电荷的受力，这个力不能无限大；非零性是指电场强度不能在整个求解区域上恒等于零。

第五步：把偏微分方程的通解表示为所有可能取值的常微分方程通解的乘积之和（或积分），然后利用定解条件确定待定常量，最终得到边值问题的解。

分离变量法用于求解线性偏微分方程经常是成功的，它是电磁场理论中一个重要的分析方法。下面通过一个例题来详细说明分离变量法的应用。

例 2.14 正方形截面的长直接地金属槽（图 2.22）边长为 a，槽内真空且无电荷，顶盖与槽壁绝缘；顶盖电位沿正方形边长呈正弦半波分布，靠近槽壁处电位为零，顶盖中心的电位为最大值 φ_0。求槽内电位 φ。

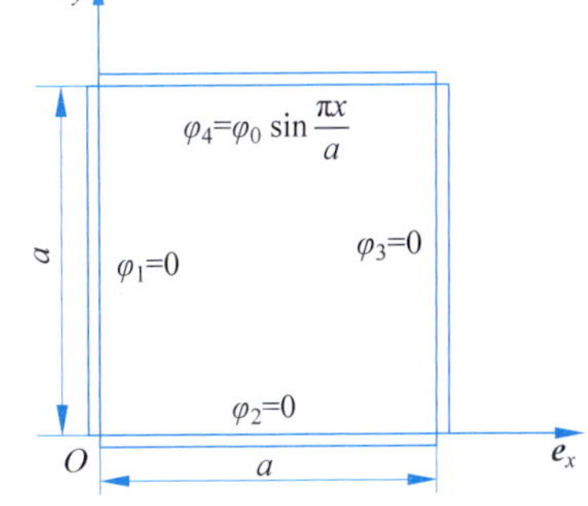

图 2.22 正方形截面的长直接地金属槽

解 以下分步求解。

第一步：金属槽截面为正方形，适合建立平面直角坐标系 Oxy，如图 2.22 所示，其中 x 轴和 y 轴分别与金属槽的两个内壁重合。

第二步：写出边值问题。本题是一个平行平面静电场问题，金属槽内电位满足方程

$$\nabla^2\varphi(x,y)=\frac{\partial^2\varphi}{\partial x^2}+\frac{\partial^2\varphi}{\partial y^2}=0,\quad 0<x<a,0<y<a \tag{2.120}$$

金属槽四壁的电位满足边界条件

$$\varphi(0,y)=0,\quad 0<y<a \tag{2.121}$$

$$\varphi(x,0)=0,\quad 0<x<a \tag{2.122}$$

$$\varphi(a,y)=0,\quad 0<y<a \tag{2.123}$$

$$\varphi(x,a)=\varphi_0\sin\frac{\pi x}{a},\quad 0<x<a \tag{2.124}$$

即4个壁面均为外边界面。

第三步：设置分离常量。设 φ 是两个函数的乘积

$$\varphi(x,y)=X(x)Y(y) \tag{2.125}$$

这里 $X(x)$ 是 x 的单变量函数，$Y(y)$ 是 y 的单变量函数。把解 $\varphi(x,y)$ 分离成 $X(x)$ 和 $Y(y)$ 的乘积，是求解过程中的关键一步，这就是分离变量法名称的由来。大量的求解实践表明，将齐次线性偏微分方程的解写成单变量函数的乘积形式是一种有效的求解方法①。把式(2.125)代入方程(2.120)，得

$$-\frac{1}{X}\frac{\mathrm{d}^2X}{\mathrm{d}x^2}=\frac{1}{Y}\frac{\mathrm{d}^2Y}{\mathrm{d}y^2}$$

此式左端是 x 的函数，右端是 y 的函数，而 x 和 y 是两个独立变量，它们不可能相互关联，所以这意味着等式两端都等于既与 x 无关、又与 y 无关的某个常量 λ。这样，上面的方程可分离成两个常微分方程：

$$X''+\lambda X=0$$

$$Y''-\lambda Y=0$$

式中，λ 称为分离常量。由边界条件(2.121)和(2.123)，可知

$$X(0)Y(y)=0 \quad 和 \quad X(a)Y(y)=0$$

而 $Y(y)\neq 0$，所以可写出以下定解问题：

$$约束方程：X''+\lambda X=0 \tag{2.126}$$

$$边界条件：X(0)=0 和 X(a)=0 \tag{2.127}$$

显然，$X(x)=0$ 是这个定解问题的一个解，但这个解没有意义，应舍去。

第四步：确定分离常量。为求出分离常量 λ，需要列出 λ 的所有可能取值情况。

(1) $\lambda<0$ 时，定解问题(2.126)～(2.127)的通解为 $X(x)=A_1\mathrm{e}^{\sqrt{-\lambda}x}+A_2\mathrm{e}^{-\sqrt{-\lambda}x}$，代入 $X(0)=0$ 和 $X(a)=0$，得 $X(x)=0$，这不满足非零解要求。

(2) $\lambda=0$ 时，定解问题(2.126)～(2.127)的通解为 $X(x)=A_1+A_2x$，代入 $X(0)=0$ 和 $X(a)=0$，得 $X(x)=0$，这也不满足非零解要求。

(3) $\lambda>0$ 时，定解问题(2.126)～(2.127)的通解为 $X(x)=A_1\cos\sqrt{\lambda}x+A_2\sin\sqrt{\lambda}x$，代入 $X(0)=0$ 和 $X(a)=0$，得 $A_1=0$ 和 $A_2\sin\sqrt{\lambda}a=0$。进一步，要使 $X(x)$ 为非零，必然 $A_2\neq 0$ 和 $\sin\sqrt{\lambda}a=0$，从而

$$\lambda=\left(\frac{n\pi}{a}\right)^2 \quad (n=1,2,3,\cdots) \tag{2.128}$$

---

① 对于某些非线性偏微分方程，有时也可将解写成单变量函数之和的形式，如求解方程 $\left(\frac{\partial\varphi}{\partial x}\right)^2+\left(\frac{\partial\varphi}{\partial y}\right)^2=1$ 时，设 $\varphi(x,y)=X(x)+Y(y)$，可得 $\varphi(x,y)=\lambda x+\sqrt{1-\lambda^2}\,y+C$，这里 λ 是分离常量，C 是待定常量。

这就是要求的分离常量。

第五步：写出偏微分方程的通解。已知分离常量λ后，方程$X''+\lambda X=0$和$Y''-\lambda Y=0$的解可分别求出：

$$X_n(x)=A_{2n}\sin\frac{n\pi x}{a}$$

$$Y_n(y)=B_{1n}e^{n\pi y/a}+B_{2n}e^{-n\pi y/a}$$

这样，所有乘积解$X_n(x)Y_n(y)$的叠加就是方程$\nabla^2\varphi=0$的通解：

$$\varphi(x,y)=\sum_{n=1}^{\infty}X_n(x)Y_n(y)=\sum_{n=1}^{\infty}(C_n e^{n\pi y/a}+D_n e^{-n\pi y/a})\sin\frac{n\pi x}{a} \tag{2.129}$$

式中，C_n和D_n均为待定常量。

第六步：利用边界条件确定待定常量。利用边界条件(2.122)，式(2.129)成为

$$\varphi(x,0)=\sum_{n=1}^{\infty}(C_n+D_n)\sin\frac{n\pi x}{a}=0$$

一个傅里叶级数等于0，意味着它的所有系数都等于0，于是$C_n+D_n=0$；再利用边界条件(2.124)，式(2.129)成为

$$\sum_{n=1}^{\infty}2C_n\sinh n\pi\sin\frac{n\pi x}{a}=\varphi_0\sin\frac{\pi x}{a}$$

右端项移至左端，合并同类项，得

$$\left(C_1\sinh\pi-\frac{\varphi_0}{2}\right)\sin\frac{\pi x}{a}+C_2\sinh(2\pi)\sin\frac{2\pi x}{a}+\cdots+C_n\sinh(n\pi)\sin\frac{n\pi x}{a}+\cdots=0$$

从而得

$$C_1\sinh\pi-\frac{\varphi_0}{2}=0, C_2=C_3=\cdots=0$$

于是，槽内电位为

$$\varphi(x,y)=\frac{\varphi_0}{\sinh\pi}\sin\frac{\pi x}{a}\mathrm{sh}\frac{\pi y}{a} \tag{2.130}$$

解毕。

说明1　为了确定分离常量，对无限大场区，需要使$|\boldsymbol{E}|<\infty$，但不要求$|\varphi|<\infty$，例如，无限大空间中均匀电场$\boldsymbol{E}=E_0\boldsymbol{e}_x(E_0>0)$的电位是$\varphi=-E_0x$，当$x\to\infty$时$|\varphi|\to\infty$。

说明2　分离变量法是学习中的一个难点，具体表现为求解步骤多，分析过程环环相扣，虽然涉及的数学知识并不难，但稍不注意就会出错，需要细心和耐心。对于书中出现的分离变量法例题，能够读懂求解过程，理解每一步骤的求解理由，在此基础上能够“比葫芦画瓢”把习题做出来，是基本的要求。

2.8　电场能量

2.8.1　电场能量的一般表达式

在力学中，如果一个物体具有做功的能力，就说它具有能量。例如，从高处落下的流水可以冲动水轮机而做功，我们就说流水具有能量。

电场是力场，力学中的能量概念完全可以引入电场。丝绸与琥珀摩擦后，琥珀能够吸引轻

微细小的羽毛而做功，说明电场具有能量。

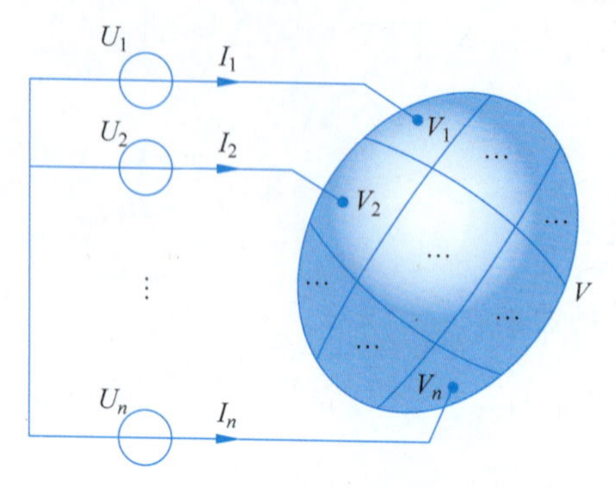

图 2.23 电场能量的建立

为了计算静电场中的电场能量，先讨论电场能量的含义。设带电体 V 中带有自由电荷 Q。设想把带电体 V 分割成 n 份，即 $V=\sum_{k=1}^{n}V_k$，其中 n 很大，小带电体 V_k 的最大尺寸和其中的电荷 Q_k 都很小，如图 2.23 所示。假定带电体 V 原先不带电，现在的小带电体 V_1，V_2，…，V_n 上的电荷是在外源作用下从时刻 $t=0$ 直到 $t\to\infty$ 期间逐步缓慢增加起来的。设想每个小带电体都分别连接一个外部电源，这些电源的其中一端全部连接在一起，具有共同的电位参考点，外源的端电压分别为 U_1，U_2，…，U_n。在这样的假定下，电场能量就是带电体原来不带电荷、连接上外源后成为现在的电荷分布时外源做功的总和。

设第 k 个小带电体 V_k 在时刻 t 的电流为 $I_k(t)=\mathrm{d}q_k(t)/\mathrm{d}t$，在 V_k 中的电荷由 $q_k(0)=0$ 增加到 $q_k(\infty)=Q_k$ 的过程中，时间 $\mathrm{d}t$ 内第 k 个外源做功为 $U_kI_k\mathrm{d}t=\varphi_kI_k\mathrm{d}t=\varphi_k\mathrm{d}q_k$，这里 φ_k 是 V_k 上的电位。对于全部 n 个小带电体而言，在时间 $\mathrm{d}t$ 内全部外源做功为

$$\sum_{k=1}^{n}U_kI_k\mathrm{d}t=\sum_{k=1}^{n}\varphi_k\mathrm{d}q_k$$

由于

$$\mathrm{d}q_k=\mathrm{d}\left(\int_{V_k}\rho_{\mathrm{v}k}\mathrm{d}V_k\right)=\int_{V_k}\mathrm{d}\rho_{\mathrm{v}k}\mathrm{d}V_k$$

所以

$$\sum_{k=1}^{n}U_kI_k\mathrm{d}t=\sum_{k=1}^{n}\varphi_k\int_{V_k}\mathrm{d}\rho_{\mathrm{v}k}\mathrm{d}V_k=\sum_{k=1}^{n}\int_{V_k}\varphi_k\mathrm{d}\rho_{\mathrm{v}k}\mathrm{d}V_k$$

当所有带电体上的电荷由 0 增加到各自的稳定值时，外源做功的总和就是电场能量：

$$W_{\mathrm{e}}=\int_0^{\infty}\sum_{k=1}^{n}U_kI_k\mathrm{d}t=\sum_{k=1}^{n}\int_{V_k}\mathrm{d}V_k\left(\int_0^{\rho_{\mathrm{v}}}\varphi_k\mathrm{d}\rho_{\mathrm{v}k}\right)$$

由于电荷连续分布，所以积分求和 $\sum_{k=1}^{n}\int_{V_k}\mathrm{d}V_k$ 可用整个区域上的体积分 $\int_V\mathrm{d}V$ 代替，于是

$$W_{\mathrm{e}}=\int_V\mathrm{d}V\int_0^{\rho_{\mathrm{v}}}\varphi\mathrm{d}\rho_{\mathrm{v}}$$

式中，积分上限 ρ_{v} 表示带电体 V 中最终的自由电荷密度。积分区域 V 可看作无限大区域，因为在自由电荷分布区域之外 $\rho_{\mathrm{v}}=0$。

因 $\mathrm{d}\rho_{\mathrm{v}}=\mathrm{d}(\nabla\cdot\boldsymbol{D})=\nabla\cdot\mathrm{d}\boldsymbol{D}$，所以

$$W_{\mathrm{e}}=\int_V\mathrm{d}V\int_{\boldsymbol{D}_0}^{\boldsymbol{D}}\varphi\,\nabla\cdot\mathrm{d}\boldsymbol{D}$$

式中，积分上限 $\boldsymbol{D}$ 是 $t\to\infty$ 时的电通密度，积分下限 $\boldsymbol{D}_0$ 是 $t=0$ 时的电通密度。利用公式 $a\,\nabla\cdot\boldsymbol{A}=\nabla\cdot(a\boldsymbol{A})-\boldsymbol{A}\cdot\nabla a$ 和散度定理，可得

$$W_{\mathrm{e}}=\int_{\boldsymbol{D}_0}^{\boldsymbol{D}}\oint_S\varphi\mathrm{d}\boldsymbol{D}\cdot\mathrm{d}\boldsymbol{S}-\int_V\mathrm{d}V\int_{\boldsymbol{D}_0}^{\boldsymbol{D}}\mathrm{d}\boldsymbol{D}\cdot\nabla\varphi$$

式中，S 是无限大区域 V 的假想外表面。设坐标原点到场点的距离为 r，全部自由电荷都分布

在有限区域内，由于 S 上，$\varphi \propto r^{-1}$，$D \propto r^{-2}$，$S \propto r^2$，从而右端第一项的值趋于零。这样，利用 $\boldsymbol{E}=-\nabla\varphi$，用 $\boldsymbol{E}$ 和 $\boldsymbol{D}$ 表示的电场能量就是

$$W_e=\int_V \mathrm{d}V\int_{\boldsymbol{D}_0}^{\boldsymbol{D}}\boldsymbol{E}\cdot\mathrm{d}\boldsymbol{D}\quad(\mathrm{J})\tag{2.131}$$

相应地，可求出电场能量密度(单位体积内的电场能量)：

$$w_e=\frac{\mathrm{d}W_e}{\mathrm{d}V}=\int_{\boldsymbol{D}_0}^{\boldsymbol{D}}\boldsymbol{E}\cdot\mathrm{d}\boldsymbol{D}\quad(\mathrm{J/m^3})\tag{2.132}$$

从以上导出过程可知，电场能量表达式(2.131)适用于描述因自由电荷增加所产生的电场能量。

这里顺便指出矢量 $\boldsymbol{D}$ 的一种解释：由于 $\boldsymbol{E}$ 是单位正点电荷所受的电场力，所以 $\boldsymbol{E}$ 可看作广义力，相应地 $\boldsymbol{E}\cdot\mathrm{d}\boldsymbol{D}$ 就是广义功，从而 $\mathrm{d}\boldsymbol{D}$ 可看作广义位移。这就是以往称矢量 $\boldsymbol{D}$ 为电位移的原因。

2.8.2 线性电介质中的电场能量

对于线性电介质，$\boldsymbol{D}$ 和 $\boldsymbol{E}$ 之间存在线性关系 $\boldsymbol{D}=\varepsilon\boldsymbol{E}$，由式(2.132)得电场能量密度

$$w_e=\int_{\boldsymbol{E}_0}^{\boldsymbol{E}}\varepsilon\boldsymbol{E}\cdot\mathrm{d}\boldsymbol{E}=\frac{1}{2}\varepsilon E^2=\frac{1}{2}\boldsymbol{E}\cdot\boldsymbol{D}\tag{2.133}$$

式中，取积分下限 $\boldsymbol{E}_0=\boldsymbol{0}$。可见，在电介质中，$\boldsymbol{E}=\boldsymbol{0}$ 时，$w_e=0$，$\boldsymbol{E}\neq\boldsymbol{0}$ 时，$w_e\neq 0$，这说明有电场的地方就有电场能量，电场能量充满了整个静电场。进一步，整个区域 V 中电场能量可求出：

$$W_e=\frac{1}{2}\int_V\boldsymbol{E}\cdot\boldsymbol{D}\,\mathrm{d}V\tag{2.134}$$

电场能量还有另外的表达式。根据公式

$$\boldsymbol{A}\cdot\nabla f=\nabla\cdot(f\boldsymbol{A})-f\,\nabla\cdot\boldsymbol{A}$$

可得

$$\boldsymbol{E}\cdot\boldsymbol{D}=-\nabla\varphi\cdot\boldsymbol{D}=\varphi\,\nabla\cdot\boldsymbol{D}-\nabla\cdot(\varphi\boldsymbol{D})=\varphi\rho_v-\nabla\cdot(\varphi\boldsymbol{D})$$

代入式(2.134)，再利用散度定理，区域 V 中电场能量为

$$W_e=\frac{1}{2}\int_V\varphi\rho_v\,\mathrm{d}V-\frac{1}{2}\oint_S\varphi\boldsymbol{D}\cdot\mathrm{d}\boldsymbol{S}$$

取 V 的闭曲面 S 是半径为 r 的无限大球面，因 $\varphi\propto r^{-1}$，$D\propto r^{-2}$，$S\propto r^2$，从而右端第二项积分的值趋于零。这样，整个电场区域 V 中电场能量为

$$W_e=\frac{1}{2}\int_V\varphi\rho_v\,\mathrm{d}V\tag{2.135}$$

这就是用自由电荷密度 ρ_v 和电位 φ 表示的线性电介质中的电场能量。

例 2.15 在线性电介质中有 n 个带电导体 $V_1,V_2,\cdots,V_n$，已知 V_k 上的电位和电荷分别为 φ_k 和 Q_k。求静电场的电场能量。

解 静电场中所有导体分别都是等位体，即 $\varphi_1,\varphi_2,\cdots,\varphi_n$ 都是常量。因在整个电场区域 V 中，带电导体外自由电荷密度为零，所以根据式(2.135)，电场能量为

$$W_e=\frac{1}{2}\int_{V_1+V_2+\cdots+V_n}\varphi\rho_v\,\mathrm{d}V=\frac{1}{2}\sum_{k=1}^{n}\int_{V_k}\varphi_k\rho_{vk}\,\mathrm{d}V=\frac{1}{2}\sum_{k=1}^{n}\varphi_k\int_{V_k}\rho_{vk}\,\mathrm{d}V$$

而导体 V_k 上电荷为 $Q_k=\int_{V_k}\rho_{vk}\,\mathrm{d}V$，所以线性电介质中全部带电导体的电场能量为

$$W_e = \frac{1}{2}\sum_{k=1}^{n}\varphi_k Q_k \tag{2.136}$$

解毕。

2.9 多导体系统的电容

电容是对导体容纳电荷能力的一种量度。用导体构成的电容器有3个作用：一是在电路中存储电荷；二是在电路中隔绝直流，通过交流；三是在调谐电路中，对靠近谐振频率的信号起放大作用，对远离谐振频率的信号起抑制作用。本节讨论静电孤立导体系统中导体间的电容。

2.9.1 静电孤立导体系统

在线性、各向同性的均匀电介质中有 $n+1$ 个相互隔开的导体，设导体上的静电荷依次为 $Q_0, Q_1, \cdots, Q_n$，满足

$$\sum_{i=0}^{n} Q_i = Q_0 + Q_1 + \cdots + Q_n = 0 \tag{2.137}$$

且电通密度线的起始点和终止点都在这个系统中的电荷上。这样的导体系统称为静电孤立导体系统。

孤立的含义是指系统内电荷对系统外电荷分布不影响，系统外电荷也对系统内电荷分布不影响。在静电场中，对电荷分布不影响意味着任意点的电场强度不变。限定 $\sum_{i=0}^{n} Q_i = 0$ 是为了保持系统内正电荷与负电荷相等，同时它也是电荷守恒定律(见3.2节)的一个普遍情形。

2.9.2 电容

在图2.24中，有两块相距很近的有相同形状和尺寸的矩形薄金属平板A与B，金属平板原先不带电，现把开关SW闭合，将直流电源的电压 $U=24$ V加在两平行金属平板之间，经过几秒钟之后断开开关SW，用验电器检查就会发现金属平板上存储有电荷。像图2.24那样，导体上能存储电荷、两个导体接近并相互绝缘的器件称为电容器。

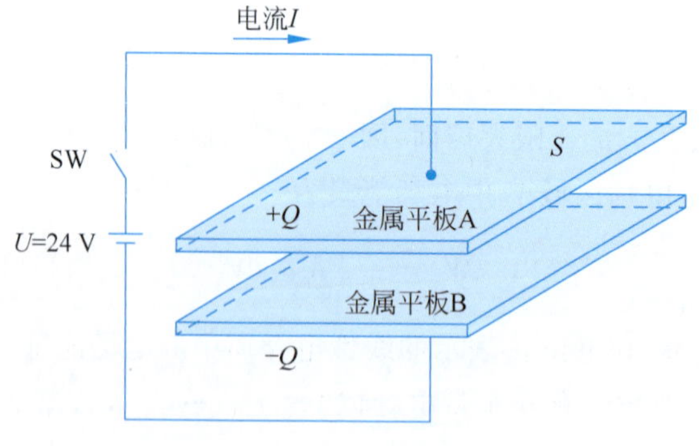

图 2.24 平行板电容器

设开关SW断开后金属平板A上电荷为 Q，由于金属平板原先不带电，所以金属平板B上必有电荷($-Q$)。忽略边缘效应(即认为电场集中分布在两平板之间，平板外电场强度为零)，设两平行金属平板间为均匀电场 $\boldsymbol{E}$，由高斯定律得

$$\boldsymbol{E} = \frac{Q}{\varepsilon_0 S_0}\boldsymbol{n}$$

式中，S_0 是其中一块金属平板一侧的面积，$\boldsymbol{n}$ 是由金属平板 A(带正电荷)指向金属平板 B(带负电荷)的法向单位矢量。设金属平板间的距离为 d，可求出金属平板间的电压为

$$U_{\mathrm{AB}}=\varphi_{\mathrm{A}}-\varphi_{\mathrm{B}}=\int_{\mathrm{A}}^{\mathrm{B}}\boldsymbol{E}\cdot\mathrm{d}\boldsymbol{r}=\frac{Q}{\varepsilon_0 S_0}\int_{\mathrm{A}}^{\mathrm{B}}\boldsymbol{n}\cdot(\boldsymbol{n}\mathrm{d}r)=\frac{Qd}{\varepsilon_0 S_0}$$

可见金属平板间电压与金属平板上存储的电荷成正比，比例系数由平行金属平板电容器的尺寸和两板间的介质所确定。

由以上分析，可以引申出电容的定义：被电介质隔开的两个任意形状和尺寸的导体上带有大小相等、符号相反的电荷，设带正电荷 Q 的导体相对于带负电荷($-Q$)的导体的电压是 U，则两导体间的电容为

$$C=\frac{Q}{U} \tag{2.138}$$

电容的单位是法(F)。这个单位很大，实用上常用微法(μF)和皮法(pF)，$1\ \mu\mathrm{F}=10^{-6}\ \mathrm{F}$，$1\ \mathrm{pF}=10^{-12}\ \mathrm{F}$。

两导体间的介质不同，电容器的电容不同。对于图 2.24 所示忽略边缘效应的平行金属平板电容器，金属平板间是真空，由前面的分析可知，它的电容为

$$C_0=\frac{Q}{U_{\mathrm{AB}}}=\frac{\varepsilon_0 S_0}{d} \tag{2.139}$$

如果两金属平板间的电介质是电容率为 ε 的电介质，则它的电容为

$$C=\frac{\varepsilon S_0}{d} \tag{2.140}$$

于是

$$\frac{C}{C_0}=\frac{\varepsilon}{\varepsilon_0}=\varepsilon_{\mathrm{r}} \tag{2.141}$$

这就是称 ε_{r} 为相对电容率的原因。同时，利用式(2.141)也可以测量 ε_{r}。

有时需要知道孤立导体的电容。孤立导体是指无限大电介质中仅有一个导体的情况。孤立导体的电容就是该导体上的电荷 Q 与该导体的电位 φ 之比。孤立导体并不"孤立"，可以认为无限远处存在着另一个导体。

已知电容器的电容 C 后，可求出图 2.24 所示金属平板电容器内存储的电场能量

$$W_{\mathrm{e}}=\frac{1}{2}\int_V \varepsilon E^2\mathrm{d}V=\frac{Q^2}{2C}=\frac{1}{2}CU_{\mathrm{AB}}^2 \tag{2.142}$$

下面说明忽略边缘效应的含义。对于实际的金属平板电容器而言，它的边缘效应是指以下两点。

(1) 电容器外的电场强度并不为零，金属平板外仍有电场分布。

(2) 在电容器的边缘处，因金属平板导体的曲率大，导致边缘附近的电场强度也大；当电容器中部的场强远低于击穿场强时，电容器边缘处的场强会先达到击穿场强而把电容器两金属平板间的介质击穿。

实际的电容器都存在边缘效应。图 2.25 是金属平板电容器端部的电场线分布图(实线是电场线，虚线是等位线)。

忽略电容器的边缘效应就是不考虑以上两点，认为电场集中分布在电容器内，电容器外的电场强度等于零；同时不考虑金属平板边缘处曲率增大而导致的场强增大。我们可以这样理解：设想电容器的两个平行板延伸到了无限远，在这样的电容器上把现在带有边缘的电容器

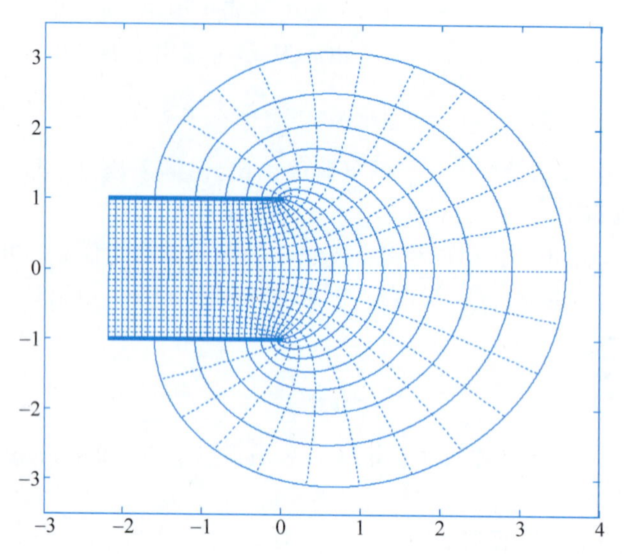

图 2.25 金属平板电容器端部的电场线分布(绘图参考(Maxwell,2017)第1卷图Ⅻ)

切割下来,假定切割下来的电容器仍保持没有切割时的电场分布,这个假定就是忽略边缘效应。对于平行金属平板电容器而言,忽略边缘效应意味着电容器外没有电场,电容器内电场均匀分布。

例 2.16 如图 2.26 所示,真空中有一同心导体球电容器,球间电介质是真空,内球 1 半径为 a,外球壳 2 的内半径为 b。求外球壳接地时同心电容器的电容,进一步求 $b\to\infty$ 时内球作为孤立导体的电容。

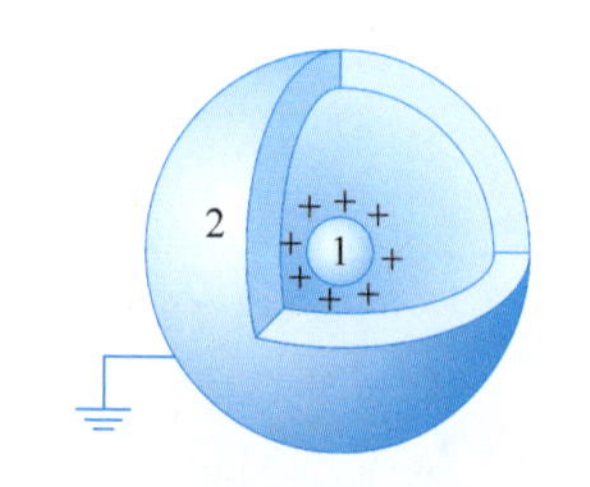

图 2.26 同心导体球电容器

解 建立球坐标系 $Or\theta\phi$,原点 O 位于球 1 的球心,设内球上电荷为 Q,则外球内表面上电荷必为$(-Q)$,内外球之间的电场为

$$\boldsymbol{E}=\frac{Q}{4\pi\varepsilon_0 r^2}\boldsymbol{e}_r$$

内球表面相对于外球的电压为

$$U_{ab}=\int_a^b \boldsymbol{E}\cdot \mathrm{d}\boldsymbol{r}=\int_a^b\left(\frac{Q\boldsymbol{e}_r}{4\pi\varepsilon_0 r^2}\right)\cdot(\boldsymbol{e}_r\,\mathrm{d}r)=\frac{Q}{4\pi\varepsilon_0}\left(\frac{1}{a}-\frac{1}{b}\right)$$

所以同心球电容器的电容为

$$C_{ab}=\frac{Q}{U_{ab}}=\frac{4\pi\varepsilon_0 ab}{b-a} \tag{2.143}$$

当 $b\to\infty$ 时,内球可看作孤立导体,它的电容为

$$C=\lim_{b\to\infty}\frac{4\pi\varepsilon_0 ab}{b-a}=4\pi\varepsilon_0 a \tag{2.144}$$

假如把地球看作无限大真空中的孤立导体球,由地球平均半径 6367.5 km,可求得地球的电容约 0.7×10^{-3} F。可见孤立导体球的电容很小。解毕。

例 2.17 如图 2.27 所示,真空中有一非平行金属平板电容器,两个矩形金属平板的夹角为 θ,交线到矩形金属平板一个边的距离为 R_1,到另一个平行边的距离为 R_2,金属平板长为 a。当金属平板长 a 和宽(R_2-R_1)都远大于两金属平板间的最大距离时,试求电容器内的电场和电容。

解　建立圆柱坐标系 $O\rho\phi z$，两金属平板面的交线为 z 轴，设位于平面 $\phi=\phi_1$ 的金属平板电位 $\varphi=0$，位于平面 $\phi=\phi_2$ 的金属平板电位 $\varphi=U$。由于两个金属平板都是等位面，且金属平板尺寸远大于两板间的最大距离，所以电容器内任意点 $P(\rho,\phi,z)$ 的电位 φ 仅是周向坐标分量 ϕ 的单变量函数。从而 φ 的约束方程(附录 A)为

$$\nabla^2\varphi=\frac{1}{\rho^2}\frac{\mathrm{d}^2\varphi}{\mathrm{d}\phi^2}=0$$

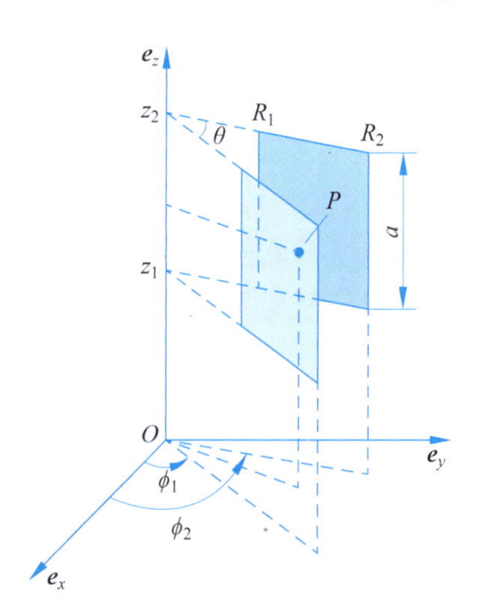

图 2.27　非平行金属平板电容器

它的通解为

$$\varphi=C_1\phi+C_2$$

式中，C_1 和 C_2 都是待定常量。利用边界条件 $\varphi|_{\phi=\phi_1}=0$ 和 $\varphi|_{\phi=\phi_2}=U$，可得

$$\varphi=\frac{\phi-\phi_1}{\phi_2-\phi_1}U=\frac{\phi-\phi_1}{\theta}U$$

进一步，可得电容器内电场强度：

$$\boldsymbol{E}=-\nabla\varphi=-\frac{1}{\rho}\frac{\mathrm{d}\varphi}{\mathrm{d}\phi}\boldsymbol{e}_\phi=-\frac{U}{\rho\theta}\boldsymbol{e}_\phi$$

根据电场法向分量边界条件，平面 $\phi=\phi_2$ 金属平板上正电荷的面密度为

$$\rho_s=\boldsymbol{n}_{12}\cdot(\boldsymbol{D}_2-\boldsymbol{D}_1)\big|_{\phi=\phi_2}=\boldsymbol{e}_\phi\cdot(\boldsymbol{0}-\varepsilon_0\boldsymbol{E})\big|_{\phi=\phi_2}=\frac{\varepsilon_0U}{\rho\theta}$$

式中，$\boldsymbol{D}_2=\boldsymbol{0}$ 是金属平板内电通密度，$\boldsymbol{D}_1$ 是电容器内电通密度。于是，该金属平板上的正电荷为

$$Q=\int_S\rho_s\mathrm{d}S=\int_{z_1}^{z_2}\mathrm{d}z\int_{R_1}^{R_2}\rho_s\mathrm{d}\rho=\frac{\varepsilon_0aU}{\theta}\ln\frac{R_2}{R_1}$$

这样，由两导体电容的定义式可得，非平行金属平板电容器的电容：

$$C=\frac{Q}{U}=\frac{\varepsilon_0a}{\theta}\ln\frac{R_2}{R_1}\tag{2.145}$$

注意，式中夹角 θ 的单位为弧度。解毕。

说明　人体也是导体。人体与大地间的电容通常在数十皮法至数百皮法之间，60%以上是脚对地面的电容。在空气干燥的季节里，如果穿皮鞋，人体大约带有 0.5 μC(1 μC=10^{-6} C)的电荷，对地电容大约为 100 pF，这样人体对地电压可达 5000 V。从这个角度看，我们每人都是“电人”。

拓展阅读：超级电容器(见右侧二维码)。

参考资料

2.9.3　部分电容

电容不仅存在于两个导体之间，而且多导体系统中任何两个导体之间都存在电容。例如，在由多根长直平行导线所组成的电力输电线路中，任意两根导线之间都有电容，每根导线与大地之间也有电容。为区别两导体系统的电容，在 3 个或更多的导体所组成的系统中导体之间的电容称为部分电容。

下面讨论多导体系统中导体上的电荷与导体之间电位差的关系，并给出部分电容的计算方法。

1. 电位系数矩阵

在 $n+1$ 个带电导体的静电孤立系统中，由于每个导体上的电荷都会在场中产生电场，所以任意点电场是所有 $n+1$ 个导体上的电荷 $Q_0, Q_1, \cdots, Q_n$ 分别单独产生电场的叠加。设导体 0 是电位参考点，则任意点 P 的电位可写成

$$\varphi(P) = p_0 Q_0 + p_1 Q_1 + \cdots + p_n Q_n \tag{2.146}$$

式中 $p_0, p_1, \cdots, p_n$ 是与电荷无关的系数。利用式 $\sum_{i=0}^{n} Q_i = 0$ 消去导体 0 上的电荷 Q_0，式(2.146)成为

$$\begin{aligned}\varphi(P) &= p_0(-Q_1 - Q_2 - \cdots - Q_n) + p_1 Q_1 + p_2 Q_2 + \cdots + p_n Q_n \\ &= (p_1 - p_0)Q_1 + (p_2 - p_0)Q_2 + \cdots + (p_n - p_0)Q_n\end{aligned}$$

或写成

$$\varphi(P) = \alpha_1 Q_1 + \alpha_2 Q_2 + \cdots + \alpha_n Q_n \tag{2.147}$$

若点 P 位于导体 i 上，则导体 i 的电位为

$$\varphi_i = \alpha_{i1} Q_1 + \alpha_{i2} Q_2 + \cdots + \alpha_{in} Q_n \tag{2.148}$$

式中，α_{ij} 称为电位系数，下标 i 表示“场点”所在导体的编号，j 表示产生电位的电荷所在导体的编号。

令 $i=1,2,\cdots,n$，由式(2.148)得

$$\begin{bmatrix}\varphi_1 \\ \varphi_2 \\ \vdots \\ \varphi_n\end{bmatrix} = \begin{bmatrix}\alpha_{11} & \alpha_{12} & \cdots & \alpha_{1n} \\ \alpha_{21} & \alpha_{22} & \cdots & \alpha_{2n} \\ \vdots & \vdots & & \vdots \\ \alpha_{n1} & \alpha_{n2} & \cdots & \alpha_{nn}\end{bmatrix} \begin{bmatrix}Q_1 \\ Q_2 \\ \vdots \\ Q_n\end{bmatrix}$$

也可简记为

$$\boldsymbol{\varphi} = \boldsymbol{\alpha Q} \tag{2.149}$$

式中，$\boldsymbol{\alpha}$ 称为电位系数矩阵，它由各个导体的形状、大小、导体间的介质、导体间的相互位置所决定，而与导体上的电位和电荷无关。

2. 导体上电荷与导体电位的关系

利用式(2.136)，前述由 $n+1$ 个导体所组成的静电孤立系统的电场能量为

$$W_e = \frac{1}{2}(\varphi_1 Q_1 + \varphi_2 Q_2 + \cdots + \varphi_n Q_n) = \frac{1}{2}\boldsymbol{Q}^{\mathrm{T}}\boldsymbol{\varphi} = \frac{1}{2}\boldsymbol{Q}^{\mathrm{T}}\boldsymbol{\alpha Q} \tag{2.150}$$

式中，上标 T 表示矩阵转置。因 $W_e \geqslant 0$，其转置后仍是本身，即

$$W_e^{\mathrm{T}} = \frac{1}{2}\boldsymbol{Q}^{\mathrm{T}}\boldsymbol{\alpha}^{\mathrm{T}}\boldsymbol{Q} = W_e \tag{2.151}$$

所以对比式(2.150)与式(2.151)，可知

$$\boldsymbol{\alpha}^{\mathrm{T}} = \boldsymbol{\alpha} \tag{2.152}$$

即 $\boldsymbol{\alpha}$ 是实对称矩阵。另外，当 $\boldsymbol{Q} \neq \boldsymbol{0}$ 时，$E > 0$，电场能量

$$W_e = \frac{1}{2}\int_{V_\infty} \varepsilon E^2 \mathrm{d}V = \frac{1}{2}\boldsymbol{Q}^{\mathrm{T}}\boldsymbol{\alpha Q} > 0$$

从而矩阵$\boldsymbol{\alpha}$ 的行列式 $\det\boldsymbol{\alpha}>0$(数,1979)[486]。这说明$\boldsymbol{\alpha}$ 存在逆矩阵$\boldsymbol{\alpha}^{-1}$。

令$\boldsymbol{\beta}=\boldsymbol{\alpha}^{-1}$,称$\boldsymbol{\beta}$ 为感应系数矩阵。由式(2.149)得

$$Q=\boldsymbol{\alpha}^{-1}\boldsymbol{\varphi}=\boldsymbol{\beta}\boldsymbol{\varphi} \tag{2.153}$$

或写成

$$\begin{cases}Q_1=\beta_{11}\varphi_1+\beta_{12}\varphi_2+\cdots+\beta_{1n}\varphi_n\\ Q_2=\beta_{21}\varphi_1+\beta_{22}\varphi_2+\cdots+\beta_{2n}\varphi_n\\ \quad\vdots\\ Q_n=\beta_{n1}\varphi_1+\beta_{n2}\varphi_2+\cdots+\beta_{nn}\varphi_n\end{cases} \tag{2.154}$$

3. 部分电容表达式

为得到部分电容的表达式,把式(2.154)中导体 i 上的电荷 Q_i 表示成导体 i 与其他 n 个导体之间电位差的线性组合:

$$\begin{aligned}Q_i&=\beta_{i1}\varphi_1+\beta_{i2}\varphi_2+\cdots+\beta_{in}\varphi_n=\beta_{ii}\varphi_i+\sum_{\substack{j=1\\ j\neq i}}^{n}\beta_{ij}\varphi_j\\ &=\beta_{ii}\varphi_i+\sum_{\substack{j=1\\ j\neq i}}^{n}\beta_{ij}(\varphi_j-\varphi_i+\varphi_i)\\ &=\beta_{ii}\varphi_i+\sum_{\substack{j=1\\ j\neq i}}^{n}(-\beta_{ij})(\varphi_i-\varphi_j)+\varphi_i\sum_{\substack{j=1\\ j\neq i}}^{n}\beta_{ij}\\ &=\varphi_i\sum_{j=1}^{n}\beta_{ij}+\sum_{\substack{j=1\\ j\neq i}}^{n}(-\beta_{ij})(\varphi_i-\varphi_j)\end{aligned} \tag{2.155}$$

引入符号

$$C_{ii}=\sum_{j=1}^{n}\beta_{ij}=\beta_{i1}+\beta_{i2}+\cdots+\beta_{in} \tag{2.156}$$

$$C_{ij}=-\beta_{ij}\quad(i\neq j) \tag{2.157}$$

$$U_{ij}=\varphi_i-\varphi_j \tag{2.158}$$

$$U_{i0}=\varphi_i-\varphi_0=\varphi_i \tag{2.159}$$

式(2.155)成为

$$Q_i=C_{ii}U_{i0}+\sum_{\substack{j=1\\ j\neq i}}^{n}C_{ij}U_{ij}=C_{i1}U_{i1}+C_{i2}U_{i2}+\cdots+C_{ii}U_{i0}+\cdots+C_{in}U_{in}$$

分别令 $i=1,2,\cdots,n$,可得

$$\begin{cases}Q_1=C_{11}U_{10}+C_{12}U_{12}+\cdots+C_{1n}U_{1n}\\ Q_2=C_{21}U_{21}+C_{22}U_{20}+\cdots+C_{2n}U_{2n}\\ \quad\vdots\\ Q_n=C_{n1}U_{n1}+C_{n2}U_{n2}+\cdots+C_{nn}U_{n0}\end{cases} \tag{2.160}$$

式中,各系数 C_{ij} 就是我们要求的部分电容。部分电容的大小仅与导体的分布、形状、尺寸及电介质有关。$C_{ii}(i>0)$称为自有部分电容,它表示导体 i 与电位参考点所在导体 0 之间的部分电容;$C_{ij}(i\neq j)$称为互有部分电容,它表示导体 i 与导体 j 之间的部分电容。

以上分析的同时给出了部分电容的求解方法：首先利用电位的叠加原理写出方程组$\boldsymbol{\varphi}=\boldsymbol{\alpha Q}$，然后求出逆矩阵$\boldsymbol{\beta}=\boldsymbol{\alpha}^{-1}$，最后把矩阵$\boldsymbol{\beta}$的元素代入式(2.156)和式(2.157)，就得到了部分电容C_{ii}和C_{ij}的表达式。虽然求解部分电容的步骤较多，但只要沿着以上步骤一步一步做下去，就能求出它们的表达式。

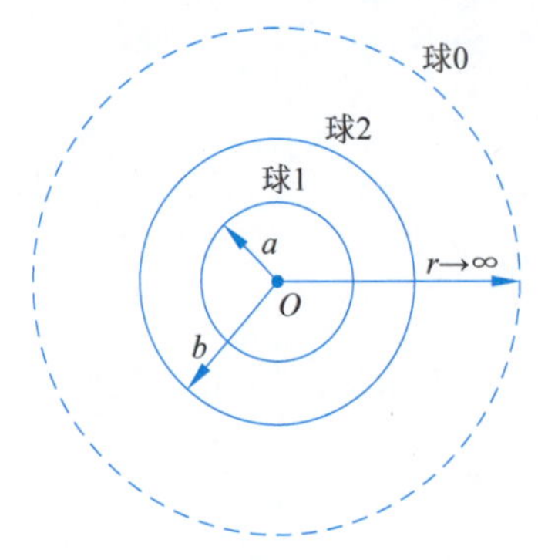

图 2.28 无限大真空中的三导体系统

例 2.18 如图 2.28 所示，无限大真空中有两个同心导体球 1 和 2，内球 1 的半径为a，外球 2 的内半径为b。认为无限远处有一个导体 0，它可看作内半径为无限大的同心导体球壳。试求此导体系统的电位系数矩阵和感应系数矩阵。

解 设球 1 上电荷为Q_1，球 2 上电荷为Q_2，导体 0 上电荷为$Q_0=-(Q_1+Q_2)$，导体 0 的电位为 0。本题的关键是求出电位系数矩阵$\boldsymbol{\alpha}$。

用电位的叠加原理分析。首先设球 1 带电Q_1，球 2 不带电，无限远球 0 的球壳带电$(-Q_1)$。这时球 2 的球壳的内表面和外表面分别感应出电荷$(-Q_1)$和Q_1，球 1 和球 2 的球壳的电位分别是

$$\varphi_1'=\frac{Q_1}{4\pi\varepsilon_0 a},\quad \varphi_2'=\frac{Q_1}{4\pi\varepsilon_0 b}$$

再设球 1 不带电，球 2 带电Q_2，无限远球 0 的球壳带电$(-Q_2)$。这时球 2 的球壳内部等电位，球 1 和球 2 的球壳的电位相等：

$$\varphi_1''=\varphi_2''=\frac{Q_2}{4\pi\varepsilon_0 b}$$

将以上两种情况的电位叠加，可分别得球 1 带电Q_1和球 2 的球壳带电Q_2的情况下两个球的电位：

$$\varphi_1=\varphi_1'+\varphi_1''=\frac{Q_1}{4\pi\varepsilon_0 a}+\frac{Q_2}{4\pi\varepsilon_0 b}$$

$$\varphi_2=\varphi_2'+\varphi_2''=\frac{Q_1}{4\pi\varepsilon_0 b}+\frac{Q_2}{4\pi\varepsilon_0 b}$$

因此，得电位系数矩阵

$$\boldsymbol{\alpha}=\begin{bmatrix}\alpha_{11} & \alpha_{12}\\ \alpha_{21} & \alpha_{22}\end{bmatrix}=\frac{1}{4\pi\varepsilon_0 ab}\begin{bmatrix}b & a\\ a & a\end{bmatrix}$$

和感应系数矩阵

$$\boldsymbol{\beta}=\boldsymbol{\alpha}^{-1}=\frac{4\pi\varepsilon_0 b}{b-a}\begin{bmatrix}a & -a\\ -a & b\end{bmatrix}$$

解毕。

例 2.19 如图 2.29(a)所示的单极直流架空输电线路，空气中有一根架空输电线 1，为避免遭受雷击，在它正上方有一根架空地线 2(架空地线通过铁塔与大地相连)，大地作为输电回路的另一根导线。设架空输电线与架空地线的导线半径均为a，距地面的高度分别为h_1和h_2，且$h_2>h_1\gg a$，$h_2-h_1\gg a$。取大地电位为 0。试求架空输电线与大地之间的电容。

解 本题共有 3 个导体：大地 0，架空输电线 1，架空地线 2。

先假设导线 2 不接地，此时系统有 3 个部分电容：C_{11}(架空输电线 1 与大地 0 之间的部

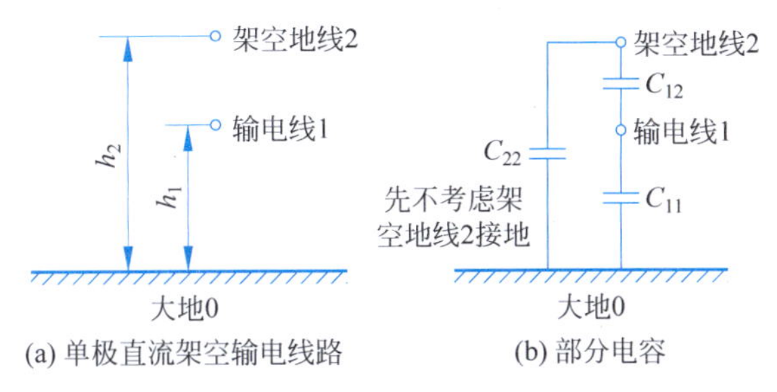

图 2.29　单极直流架空输电线路及部分电容

分电容)、C_{22}(架空地线 2 与大地 0 之间的部分电容)、C_{12}(架空输电线 1 与架空地线 2 之间的部分电容),见图 2.29(b)。设两条导线上的电荷均沿导线均匀分布,且位于各自导线几何中心的长直轴线上,根据镜像法和叠加原理,利用式(2.114)可写出半径为 a 的架空输电线 1 和架空地线 2 的表面电位分别为

$$\varphi_1=\alpha_{11}\rho_{l1}+\alpha_{12}\rho_{l2}=\frac{\rho_{l1}}{2\pi\varepsilon_0}\ln\frac{2h_1}{a}+\frac{\rho_{l2}}{2\pi\varepsilon_0}\ln\frac{h_2+h_1}{h_2-h_1}$$

$$\varphi_2=\alpha_{21}\rho_{l1}+\alpha_{22}\rho_{l2}=\frac{\rho_{l1}}{2\pi\varepsilon_0}\ln\frac{h_2+h_1}{h_2-h_1}+\frac{\rho_{l2}}{2\pi\varepsilon_0}\ln\frac{2h_2}{a}$$

其中,ρ_{l1} 和 ρ_{l2} 分别是架空输电线 1 和架空地线 2 上的线电荷密度。由以上两式可得感应系数矩阵

$$\boldsymbol{\beta}=\boldsymbol{\alpha}^{-1}=\frac{1}{\Delta}\begin{bmatrix}\alpha_{22} & -\alpha_{12}\\ -\alpha_{21} & \alpha_{11}\end{bmatrix}=\begin{bmatrix}\beta_{11} & \beta_{12}\\ \beta_{21} & \beta_{22}\end{bmatrix}$$

式中,$\beta_{11}=\frac{\alpha_{22}}{\Delta}$,$\beta_{22}=\frac{\alpha_{11}}{\Delta}$,$\beta_{12}=\beta_{21}=-\frac{\alpha_{12}}{\Delta}$,$\Delta=\alpha_{11}\alpha_{22}-\alpha_{12}^2$。把这几个量代入式(2.156)和式(2.157),各个部分电容(单位长电容)为

$$C_{11}=\beta_{11}+\beta_{12}=\frac{\alpha_{22}-\alpha_{12}}{\Delta}$$

$$C_{22}=\beta_{21}+\beta_{22}=\frac{\alpha_{11}-\alpha_{12}}{\Delta}$$

$$C_{12}=C_{21}=-\beta_{12}=\frac{\alpha_{12}}{\Delta}$$

有了以上结果后,再把架空地线 2 接地,这意味着 $U_{20}=0$ 和 $U_{12}=U_{10}$,从而由式(2.160)得

$$\rho_{l1}=C_{11}U_{10}+C_{12}U_{12}=(C_{11}+C_{12})U_{10}$$

于是,架空输电线 1 与大地 0 之间的单位长电容为

$$C_1=\frac{\rho_{l1}}{U_{10}}=C_{11}+C_{12}=\frac{\alpha_{22}}{\Delta}=\frac{2\pi\varepsilon_0\ln\frac{2h_2}{a}}{\ln\frac{2h_1}{a}\ln\frac{2h_2}{a}-\ln^2\frac{h_2+h_1}{h_2-h_1}} \tag{2.161}$$

这说明:当架空地线 2 接地时,架空输电线 1 与大地 0 间的电容实际上就是部分电容 C_{11} 和 C_{12} 的并联,这从图 2.29(b)也可以看出;架空地线 2 与大地 0 在电的连接上处于同一点,它们之间已没有部分电容,即 $C_{22}=0$;于是 $C_1=C_{11}+C_{12}$。解毕。

2.10 电 场 力

2.10.1 用电场强度定义式计算电场力

电场对电荷的作用力称为电场力。由电场强度的定义可知，位于静电场 $\boldsymbol{E}$ 中的点电荷 q 所受的电场力为

$$\boldsymbol{F}=q\boldsymbol{E} \tag{2.162}$$

注意，此时 $\boldsymbol{E}$ 是除了点电荷 q 之外其他所有电荷产生的静电场。

当电荷分布在区域 V 中时，将式(2.162)中的 q 换成 $\rho_{\mathrm{v}}\mathrm{d}V$，并在 V 上积分，就得到带电体 V 所受到的电场力

$$\boldsymbol{F}=\int_V \rho_{\mathrm{v}}\boldsymbol{E}\,\mathrm{d}V \tag{2.163}$$

在静电场中，导体表面分布有自由电荷，电介质中分布有极化电荷，所以无论计算作用在导体表面上的电场力，还是计算作用在电介质上的电场力，理论上都可用式(2.163)计算。但这种方法需要事先知道电场强度，计算起来并不容易，因此从实用的角度看，式(2.163)只适合计算无限大真空中自由电荷的电场力。

例 2.20 证明无限大真空中带有静止自由电荷的带电体的自场力为零。这里的自场力是指带电体产生的电场作用在带电体自身上的力。

证 设无限大真空中带电体区域为 V，自由电荷密度为 ρ_{v}，从而带电体 V 在任意点 $\boldsymbol{r}$ 产生的电场为

$$\boldsymbol{E}(\boldsymbol{r})=\frac{1}{4\pi\varepsilon_0}\int_V \frac{\rho_{\mathrm{v}}(\boldsymbol{r}')(\boldsymbol{r}-\boldsymbol{r}')}{|\boldsymbol{r}-\boldsymbol{r}'|^3}\mathrm{d}V(\boldsymbol{r}')$$

代入式(2.163)，可得带电体 V 的自场力

$$\begin{aligned}\boldsymbol{F}&=\int_V \rho_{\mathrm{v}}(\boldsymbol{r})E(\boldsymbol{r})\mathrm{d}V(\boldsymbol{r})\\&=\frac{1}{4\pi\varepsilon_0}\int_V \mathrm{d}V(\boldsymbol{r})\int_V \frac{\rho_{\mathrm{v}}(\boldsymbol{r})\rho_{\mathrm{v}}(\boldsymbol{r}')(\boldsymbol{r}-\boldsymbol{r}')}{|\boldsymbol{r}-\boldsymbol{r}'|^3}\mathrm{d}V(\boldsymbol{r}')\end{aligned}$$

积分变量 $\boldsymbol{r}$ 和 $\boldsymbol{r}'$ 互换位置，可知 $\boldsymbol{F}=-\boldsymbol{F}$，移项后，得自场力

$$\boldsymbol{F}=\boldsymbol{0}$$

注意：自场力是整个带电体所受的合力，就带电体的局部而言，电场力不一定为零。证毕。

2.10.2 用虚位移原理计算电场力

用虚位移原理计算电场力是一种简便、有效的方法。虚位移原理是力学中的基本原理之一，也叫虚功原理，它由约翰·伯努利于 1717 年总结得到，适用于计算各种平衡状态的力。

虚位移原理这样表述：平衡之物体在可能范围内发生虚位移时，加于物体各力所做之功的代数和等于 0。

之所以称为虚位移，是因为平衡的物体并无改变位置，各力做功仅为假定而非真实发生。作为对比，实位移是指质点在运动过程中真实发生的空间位置的微小变更。

静电场中的电荷和电介质均静止，因此可以用虚位移原理来计算客观存在的电场力。为了与实位移 $\mathrm{d}\boldsymbol{r}$ 相区别，记虚位移为 $\delta\boldsymbol{r}$（本书中符号 δ 的运算规则与微分符号 d 相同）。当要计算静电场中某点电场力 $\boldsymbol{F}$ 时，就让该点产生一个虚位移 $\delta\boldsymbol{r}$，此时电场力所做之功就是虚功，用

δA 表示，即

$$\delta A=\boldsymbol{F}\cdot\delta\boldsymbol{r} \tag{2.164}$$

考虑一个由 $n+1$ 个导体所组成的静电孤立系统（与外界没有电的联系的系统），场中都是线性电介质。设这些导体上的电荷分别为 $Q_0,Q_1,\cdots,Q_n$，编号为0的导体是电位参考点所在导体，其他导体的电位分别为 $\varphi_1,\varphi_2,\cdots,\varphi_n$。设想 n 个导体上的电位都由外部直流电源所建立，如图2.30所示。设该系统中某个质点在电场力 $\boldsymbol{F}$ 的作用下在时间段 δt 内产生了一个虚位移 $\delta\boldsymbol{r}$，所做虚功为 δA，与此对应，系统中还将产生电场能量的虚增量 δW_e，而虚功 δA 和虚增量 δW_e 都来自外源提供的虚功 δW，根据虚位移原理，系统中全部虚功的代数和等于0：

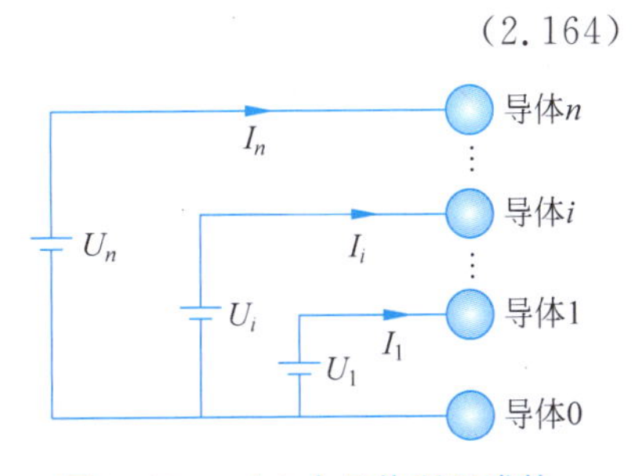

图2.30　$n+1$ 个导体所组成的静电孤立系统

$$\delta A+\delta W_e+(-\delta W)=0 \tag{2.165}$$

将

$$\delta A=\boldsymbol{F}\cdot\delta\boldsymbol{r}$$

$$\delta W_e=\delta\left(\frac{1}{2}\sum_{i=1}^{n}\varphi_iQ_i\right)=\frac{1}{2}\sum_{i=1}^{n}\varphi_i\delta Q_i+\frac{1}{2}\sum_{i=1}^{n}Q_i\delta\varphi_i$$

$$\delta W=\sum_{i=1}^{n}U_iI_i\delta t=\sum_{i=1}^{n}\varphi_i\left(\frac{\delta Q_i}{\delta t}\right)\delta t=\sum_{i=1}^{n}\varphi_i\delta Q_i$$

代入式(2.165)，整理后得

$$\boldsymbol{F}\cdot\delta\boldsymbol{r}=\frac{1}{2}\sum_{i=1}^{n}\varphi_i\delta Q_i-\frac{1}{2}\sum_{i=1}^{n}Q_i\delta\varphi_i \tag{2.166}$$

下面分两种情况分析。

(1) 所有导体上的电荷保持不变。此时 Q_i 是常量，$\delta Q_i=0$，$i=1,2,\cdots,n$。由式(2.166)得

$$\boldsymbol{F}\cdot\delta\boldsymbol{r}=-\frac{1}{2}\sum_{i=1}^{n}Q_i\delta\varphi_i=-\delta\left(\frac{1}{2}\sum_{i=1}^{n}\varphi_iQ_i\right)=-\delta W_e \tag{2.167}$$

在直角坐标系 $Oxyz$ 中，因

$$\begin{aligned}\delta W_e&=\frac{\partial W_e}{\partial x}\delta x+\frac{\partial W_e}{\partial y}\delta y+\frac{\partial W_e}{\partial z}\delta z\\&=\left(\boldsymbol{e}_x\frac{\partial W_e}{\partial x}+\boldsymbol{e}_y\frac{\partial W_e}{\partial y}+\boldsymbol{e}_z\frac{\partial W_e}{\partial z}\right)\cdot(\boldsymbol{e}_x\delta x+\boldsymbol{e}_y\delta y+\boldsymbol{e}_z\delta z)\\&=\left(\boldsymbol{e}_x\frac{\partial}{\partial x}+\boldsymbol{e}_y\frac{\partial}{\partial y}+\boldsymbol{e}_z\frac{\partial}{\partial z}\right)W_e\cdot\delta(x\boldsymbol{e}_x+y\boldsymbol{e}_y+z\boldsymbol{e}_z)\\&=\nabla W_e\cdot\delta\boldsymbol{r}\end{aligned}$$

所以式(2.167)成为

$$\boldsymbol{F}\cdot\delta\boldsymbol{r}=-\nabla W_e\cdot\delta\boldsymbol{r}$$

等式两端对比，得

$$\boldsymbol{F}=-\nabla W_e\big|_{\delta Q_i=0}\quad(i=1,2,\cdots,n) \tag{2.168}$$

即当所有导体上的电荷保持不变时，电场力等于电场能量的负梯度。

(2) 所有导体上的电位保持不变。此时 φ_i 是常量，$\delta\varphi_i=0$，$i=1,2,\cdots,n$。由式(2.166)得

$$\boldsymbol{F}\cdot\delta\boldsymbol{r}=\frac{1}{2}\sum_{i=1}^{n}\varphi_i\delta Q_i=\delta\left(\frac{1}{2}\sum_{i=1}^{n}\varphi_i Q_i\right)=\delta W_e=\nabla W_e\cdot\delta\boldsymbol{r}$$

两端对比，得

$$\boldsymbol{F}=\nabla W_e\big|_{\delta\varphi_i=0}\quad(i=1,2,\cdots,n)\tag{2.169}$$

这说明，当所有导体上的电位保持不变时，电场力等于电场能量的梯度。

在静电场中，所有导体上的电荷和电位都保持不变，因此由以上两种情况求出的电场力应该相等，即

$$\boldsymbol{F}=-\nabla W_e\big|_{\delta Q_i=0}=\nabla W_e\big|_{\delta\varphi_i=0}\quad(i=1,2,\cdots,n)\tag{2.170}$$

为了正确地使用虚位移原理计算电场力，需要指出以下几点。

(1) 用虚位移原理计算某点的电场力时，要让该点产生一个虚位移。

(2) 在计算某点的电场力时，要设法使电场能量表达式中出现一个以该点为终点的长度量，并且使这个长度量的增量方向与所求电场力方向平行，这个长度量的虚增量就是虚位移。

(3) 在直角坐标系中，基本单位矢量 $\boldsymbol{e}_x$、$\boldsymbol{e}_y$、$\boldsymbol{e}_z$ 的方向分别指向 x 轴、y 轴、z 轴增大的方向。理解这一点对确定电场力的方向非常重要。

例 2.21 设平行板电容器的极板是边长为 a 的正方形，两极板间的距离为 d，$a\gg d$，外加电压为 U，极板间电介质的电容率为 ε。忽略边缘效应，求垂直作用在两极板上的电场力。

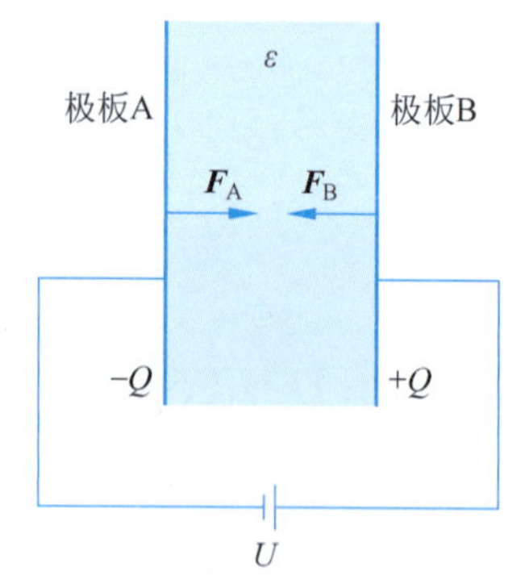

图 2.31 平行板电容器极板上的电场力

解 平行板电容器如图 2.31 所示，电容为 $C=\dfrac{Q}{U}=\dfrac{\varepsilon a^2}{d}$。进一步，求出电容器中的电场能量[见式(2.136)]

$$\begin{aligned}W_e&=\frac{1}{2}(\varphi_A Q_A+\varphi_B Q_B)=\frac{1}{2}(\varphi_B-\varphi_A)Q\\&=\frac{1}{2}UQ=\frac{1}{2}CU^2=\frac{\varepsilon a^2U^2}{2d}\end{aligned}\tag{2.171}$$

式中涉及几何尺寸的量是极板边长 a 和极板间距离 d。

由于计算对象是垂直作用在极板上的电场力，所以应该让极板在 d 的增量方向产生虚位移 $\delta\boldsymbol{r}=\delta(x\boldsymbol{e}_x)\big|_{x=d}$，于是 $\nabla\big|_{x=d}=\boldsymbol{e}_d\dfrac{\mathrm{d}}{\mathrm{d}d}$。因静电场中电压 U 保持不变意味着各导体上的电位保持不变，根据式(2.169)，极板受到的电场力为

$$\boldsymbol{F}=(\nabla\big|_{x=d})W_e=\boldsymbol{e}_d\frac{\mathrm{d}W_e}{\mathrm{d}d}=-\frac{\varepsilon a^2U^2}{2d^2}\boldsymbol{e}_d$$

式中，$\boldsymbol{e}_d$ 的方向是几何量 d 增大的方向。

下面分别计算极板 A 和 B 上的电场力。

对于极板 A，如图 2.31 所示，设想让极板 A 发生虚位移，此时单位矢量 $\boldsymbol{e}_d$ 指向 d 增大的方向，因极板 B 固定不动，极板 A 只有向左移动，d 才会增大，所以应有 $\boldsymbol{e}_d=\boldsymbol{e}_{B\to A}$(以极板 B 为始点、垂直指向极板 A 的单位矢量)。于是，极板 A 上的电场力为

$$\boldsymbol{F}_A=-\frac{\varepsilon a^2U^2}{2d^2}\boldsymbol{e}_{B\to A}=\frac{\varepsilon a^2U^2}{2d^2}\boldsymbol{e}_{A\to B}\tag{2.172}$$

这里 $\boldsymbol{e}_{A\to B}$ 是以极板 A 为始点，垂直指向极板 B 的单位矢量。

同理，极板 B 上的电场力为

$$\boldsymbol{F}_B = -\frac{\varepsilon a^2 U^2}{2d^2}\boldsymbol{e}_{A\to B} = \frac{\varepsilon a^2 U^2}{2d^2}\boldsymbol{e}_{B\to A} \tag{2.173}$$

这里 $\boldsymbol{e}_{B\to A}$ 是以极板 B 为始点，垂直指向极板 A 的单位矢量，$\boldsymbol{e}_{A\to B} = -\boldsymbol{e}_{B\to A}$。

由本例可见，垂直作用在电容器两个极板上的电场力大小相等，方向相反，电容器受挤压，电容量有增大趋势。解毕。

例 2.22 平行板电容器中有两种电介质，介质分界面平行于极板，如图 2.32 所示。求介质分界面上单位面积所受到的垂直电场力(忽略边缘效应)。

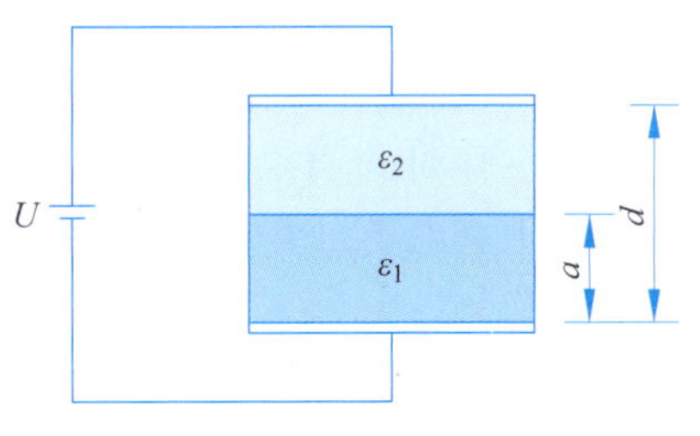

图 2.32 介质分界面平行于极板的平行板电容器

解 该电容器可看作两个平行板电容器的串联。设电容器的极板面积为 S，两极板间直流电压为 U，电容器内电场能量为

$$W_e = \frac{\varepsilon_1\varepsilon_2 SU^2}{2[(\varepsilon_2 - \varepsilon_1)a + \varepsilon_1 d]}$$

式中，长度 a 的方向垂直于分界面，所以可将 a 看作变量，通过求导得到介质边界面上单位面积受到的垂直电场力

$$\boldsymbol{f} = \frac{\boldsymbol{F}}{S} = \frac{1}{S}\nabla W_e \Big|_{x=a} = \frac{1}{S}\frac{\mathrm{d}W_e}{\mathrm{d}a}\boldsymbol{e}_a = \frac{\varepsilon_1\varepsilon_2(\varepsilon_1 - \varepsilon_2)U^2}{2[(\varepsilon_2 - \varepsilon_1)a + \varepsilon_1 d]^2}\boldsymbol{n}_{12} \tag{2.174}$$

式中，$\boldsymbol{e}_a$ 是几何量 a 增大的方向，$\boldsymbol{n}_{12}$ 是介质边界面上由介质 1 指向介质 2 的法向单位矢量，即介质面上的垂直电场力由电容率大的介质指向电容率小的介质。

利用介质分界面两侧的电通密度法向分量边界条件 $D_{1n} = D_{2n} = D$，可将式(2.174)写成电场力的普遍形式。将电容器极板间的电压

$$U = E_{1n}a + E_{2n}(d-a) = \frac{D_{1n}}{\varepsilon_1}a + \frac{D_{2n}}{\varepsilon_2}(d-a) = \left(\frac{a}{\varepsilon_1} + \frac{d-a}{\varepsilon_2}\right)D$$

代入式(2.174)，整理后得

$$\boldsymbol{f} = \frac{1}{2}\left(\frac{1}{\varepsilon_2} - \frac{1}{\varepsilon_1}\right)D^2\boldsymbol{n}_{12} \quad (\mathrm{N/m^2}) \tag{2.175}$$

这就是电场垂直于介质边界面时，边界面上垂直电场力的普遍表达式。解毕。

例 2.23 如图 2.33 所示，平行板电容器内一部分是电容率为 ε 的电介质，另一部分为真空，电介质与真空的交界平面垂直于极板。设平行板电容器的外加直流电压为 U，极板是边长为 a 的正方形平板，板间距离 $d \ll a$，求介质分界平面上单位面积所受到的垂直电场力(忽略边缘效应)。

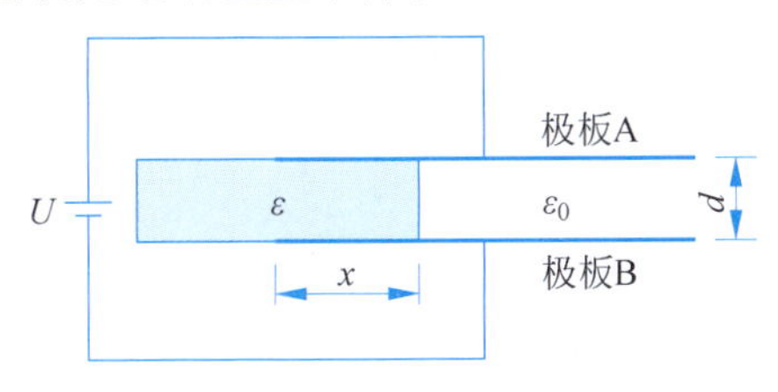

图 2.33 介质分界平面垂直于极板的平行板电容器

解 如图 2.33 所示，设平板电介质位于电容器内的宽度为 x。该电容器可看作两个平行板电容器的并联：一个电容器内电介质的电容率为 ε，极板宽度为 x，电容为 $C_1 = \varepsilon ax/d$；另一个电容器内是真空，极板宽度为$(a-x)$，电容为 $C_2 = \varepsilon_0 a(a-x)/d$；于是整个电容器的电容为 $C=$

C_1+C_2。

在电容器两端电压U不变的前提下，电容器中电场能量为

$$W_e=\frac{1}{2}CU^2=\frac{aU^2}{2d}[\varepsilon_0 a+(\varepsilon-\varepsilon_0)x]$$

为得到电容器内介质边界平面上的垂直电场力，应让x产生虚位移$\delta\boldsymbol{r}=\delta(x\boldsymbol{e}_x)$，于是电容器内电介质与真空的交界平面上单位面积的受力就是

$$\boldsymbol{f}=\frac{\boldsymbol{F}}{S}=\frac{\nabla W_e(x)}{S}=\frac{1}{S}\left(\boldsymbol{e}_x\frac{\mathrm{d}}{\mathrm{d}x}\right)W_e=\frac{U^2}{2d^2}(\varepsilon-\varepsilon_0)\boldsymbol{e}_x \tag{2.176}$$

这里，$S=ad$是电容器内介质边界平面的面积，$\boldsymbol{e}_x$的方向是x增大的方向。因只有电介质边界平面向右移动，x才会增大，所以$\boldsymbol{e}_x$的方向指向真空侧。这说明，介质边界平面上单位面积所受到的垂直电场力由电容率大的介质指向电容率小的介质，即电容率为ε的介质有被拉进电容器的趋势。

利用介质边界平面两侧的电场强度切向分量边界条件$E_{1t}=E_{2t}=E$，可将式(2.176)写成电场力的普遍形式。利用介质边界平面上$E=U/d$，由式(2.176)得

$$\boldsymbol{f}=\frac{1}{2}(\varepsilon_1-\varepsilon_2)E^2\boldsymbol{n}_{12}\quad(\mathrm{N/m^2}) \tag{2.177}$$

这就是电场平行于介质边界面时，边界面上垂直电场力的普遍表达式。解毕。

说明1 随着电荷系统尺寸的缩小，与磁场力相比，电场力将逐渐占支配地位。对于由两个平行板构成的电容器来说，垂直于极板的电场力F_e与电荷系统的特征尺寸l_c(即物体正好放在边长为l_c的长方体内)的关系为

$$F_e=\frac{\varepsilon SU^2}{2d^2}\propto l_c^2 \tag{2.178}$$

这里S是平行板的面积，$S\propto l_c^2$；电容率ε与尺度无关；U是两平行板之间的电压，在平行板电容器内为均匀电场的条件下，击穿电压与间距近似呈线性关系①，$U\propto d\propto l_c$。而磁场力$F_m\propto l_c^4$[见式(4.170)]，所以

$$\frac{F_e}{F_m}\propto\frac{1}{l_c^2} \tag{2.179}$$

可见，当$l_c\ll 1$时$F_e\gg F_m$。这就是微米尺度下电场力起主导作用的原因。

说明2 利用虚位移原理，可得静电场中作用在线性电介质上的力密度(Stratton, 1941)[137]：

$$\boldsymbol{f}=\rho_v\boldsymbol{E}-\frac{1}{2}E^2\nabla\varepsilon+\frac{1}{2}\nabla\left(E^2\tau\frac{\partial\varepsilon}{\partial\tau}\right)\quad(\mathrm{N/m^3}) \tag{2.180}$$

式中τ为介质密度($\mathrm{kg/m^3}$)。右端第一项代表自由电荷所受的电场力，第二项代表介质电容率不均匀处的受力，第三项代表介质变形处的受力。

---

① 严璋，朱德恒，2007. 高电压绝缘技术[M]. 第2版. 北京：中国电力出版社.

小　结

1. 基本概念

电场强度 $\boldsymbol{E}$ 等于单位试验点电荷 q 所受的电场力，$\boldsymbol{E}=\boldsymbol{F}/q$。

2. 定律和公式

(1) 库仑定律：在无限大真空中，位于点 $\boldsymbol{r}_1$ 的点电荷 q_1 对位于点 $\boldsymbol{r}_2$ 的点电荷 q_2 的作用力为

$$\boldsymbol{F}_{21}=\frac{q_1q_2(\boldsymbol{r}_2-\boldsymbol{r}_1)}{4\pi\varepsilon_0|\boldsymbol{r}_2-\boldsymbol{r}_1|^3}$$

(2) 无限大真空中点 $\boldsymbol{r}'$ 的点电荷 q 在点 $\boldsymbol{r}$ 产生的电场强度为

$$\boldsymbol{E}(\boldsymbol{r})=\frac{q(\boldsymbol{r}-\boldsymbol{r}')}{4\pi\varepsilon_0|\boldsymbol{r}-\boldsymbol{r}'|^3}$$

(3) 真空中电偶极子的电位、电场强度分别为

$$\varphi=\frac{\boldsymbol{p}\cdot\boldsymbol{R}}{4\pi\varepsilon_0R^3},\quad \boldsymbol{E}=\frac{1}{4\pi\varepsilon_0R^3}[3(\boldsymbol{p}\cdot\boldsymbol{R}^\circ)\boldsymbol{R}^\circ-\boldsymbol{p}]$$

(4) 电偶极子在外电场 $\boldsymbol{E}$ 中的运动取决于

$$\boldsymbol{F}=(\boldsymbol{p}\cdot\nabla)\boldsymbol{E},\quad \boldsymbol{T}=\boldsymbol{p}\times\boldsymbol{E},\quad \boldsymbol{W}=-\boldsymbol{p}\cdot\boldsymbol{E}$$

(5) 静电场的基本方程：$\nabla\times\boldsymbol{E}=\boldsymbol{0}$ 和 $\nabla\cdot\boldsymbol{D}=\rho_{\mathrm{v}}$。

(6) 静电场边界条件：$\boldsymbol{n}_{12}\times(\boldsymbol{E}_2-\boldsymbol{E}_1)=\boldsymbol{0}$ 和 $\boldsymbol{n}_{12}\cdot(\boldsymbol{D}_2-\boldsymbol{D}_1)=\rho_{\mathrm{s}}$。

(7) 电场能量：$W_{\mathrm{e}}=\dfrac{1}{2}\displaystyle\int_V\boldsymbol{E}\cdot\boldsymbol{D}\,\mathrm{d}V$（线性电介质）。

(8) 电场力：$\boldsymbol{F}=-\nabla W_{\mathrm{e}}$（电荷为常量）或 $\boldsymbol{F}=\nabla W_{\mathrm{e}}$（电位为常量）。

3. 定义

(1) 电位：$\boldsymbol{E}=-\nabla\varphi$。

(2) 极化强度：$\boldsymbol{P}=\dfrac{\sum\limits_{i=1}^{N}\boldsymbol{p}_i}{\Delta V}$。

(3) 电通密度：$\boldsymbol{D}=\varepsilon_0\boldsymbol{E}+\boldsymbol{P}$。

4. 线性静电场边值问题及求解

(1) 电位的边值问题。

约束方程：$\nabla^2\varphi=-\dfrac{\rho_{\mathrm{v}}}{\varepsilon}$（$\varepsilon$ 是常量）。

内边界面上的边界条件：$\varphi_1=\varphi_2$ 和 $\varepsilon_2\dfrac{\partial\varphi_2}{\partial n_{12}}-\varepsilon_1\dfrac{\partial\varphi_1}{\partial n_{12}}=-\rho_{\mathrm{s}}$。

外边界面上的边界条件：$\varphi_2=f$ 或 $\varepsilon_2\dfrac{\partial\varphi_2}{\partial n}=g$（$f$ 和 g 都是已知函数）。

无限远条件：$\lim\limits_{r\to\infty}r\varphi=$常量 或 $\lim\limits_{r\to\infty}|r^2\varphi|<C$（常量）。

(2) 静电场解的唯一性定理：线性静电场边值问题有唯一解。

(3) 镜像法是一种间接求解线性静电场边值问题的重要分析方法，求解的关键是把不均匀电介质通过置换变成全空间均匀电介质。

(4) 分离变量法是一种直接解析求解线性齐次偏微分方程的重要方法，求解的关键是确定分离常量。

5. 要求

(1) 会计算电偶极子的电场，掌握电偶极子在外电场中的性质。

(2) 了解电介质极化的原因。

(3) 能写出以电位为待求量的线性静电场边值问题。

(4) 能用镜像法求解边界面为平面的典型静电场问题。

(5) 能计算典型静电场问题的电容。

(6) 能计算典型静电场问题的电场力。

6. 注意

(1) 电荷是基本粒子的一种固有属性。

(2) 镜像电荷必须位于求解区域外。

(3) 用虚位移原理计算电场力时，电场力方向是几何量增大的方向。

(4) 在微米尺度下，与磁场力相比，电场力起支配作用。

习　题

2.1 半径为 a 的空心球面上均匀分布着总电荷量为 Q 的自由电荷，分别求球内和球外的电场强度。

2.2 球坐标系 $Or\theta\phi$ 中的电位函数分别为

(1) $\varphi(r,\theta,\phi)=Ar\sin\theta(\sin\phi+B\cos\phi)$

(2) $\varphi(r,\theta,\phi)=Ar^2\cos\theta\sin\phi$

(3) $\varphi(r,\theta,\phi)=\dfrac{q}{4\pi\varepsilon_0 r}\mathrm{e}^{-\alpha r}$

式中，A、B、q、α 均为常量。求产生这些电位的电荷分布。

2.3 无限大真空中，直角坐标系 $Oxyz$ 中边长为 a 的立方体 $V(0\leqslant x\leqslant a, 0\leqslant y\leqslant a, 0\leqslant z\leqslant a)$ 内电位 $\varphi=x^3$，试求 V 内的全部电荷。

2.4 两个质量同为 m、电荷同为 Q 的小球被长为 l 的细丝吊在同一点下(图 2.34)，设细丝的倾斜角为 θ，证明每个小球上电荷为 $Q=4l\sin\theta\sqrt{\pi\varepsilon_0 mg\tan\theta}$。

2.5 求均匀电场 $\boldsymbol{E}_0$ 中的电位。

2.6 真空中两个电偶极子 $\boldsymbol{p}_1$ 和 $\boldsymbol{p}_2$，它们的位置矢量分别为 $\boldsymbol{r}_1$ 和 $\boldsymbol{r}_2$。试求 $\boldsymbol{p}_1$ 作用于 $\boldsymbol{p}_2$ 的电场力 $\boldsymbol{F}_{21}$。

2.7 证明静电场 $\boldsymbol{E}$ 中线性电介质单位体积的受力 $\boldsymbol{f}=(\varepsilon-\varepsilon_0)\nabla E^2/2$，这里 ε 是电介质的电容率。

2.8 设 $\boldsymbol{c}$ 是电介质 1 和 2 的公共光滑交界面上点 P 处任意切向方向的单位矢量，$\boldsymbol{n}_{12}$ 是点 P 从电介质 1 指向电介质 2 的法向单位矢量，证明 $\boldsymbol{c}\cdot(\boldsymbol{E}_2-\boldsymbol{E}_1)=0$ 的充分必要条件是 $\boldsymbol{n}_{12}\times(\boldsymbol{E}_2-\boldsymbol{E}_1)=\boldsymbol{0}$。这里 $\boldsymbol{E}_1$ 和 $\boldsymbol{E}_2$ 分别是点 P 两侧电介质内的电场强度。

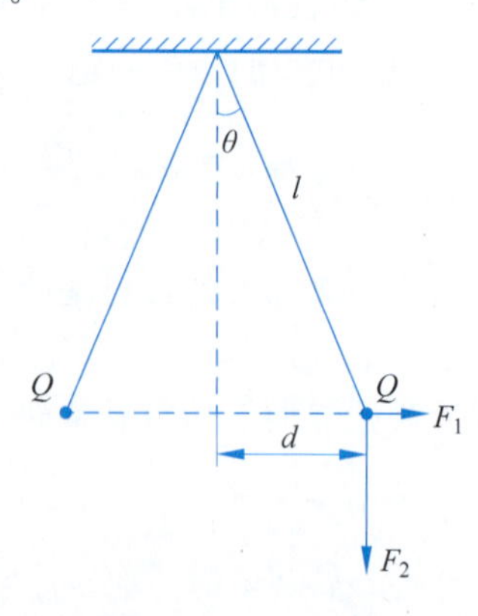

图 2.34　题 2.4 图

2.9　试用公式$\int_V \nabla\times\boldsymbol{A}\,\mathrm{d}V=\oint_S \mathrm{d}\boldsymbol{S}\times\boldsymbol{A}$导出静电场边界条件$\boldsymbol{n}_{12}\times(\boldsymbol{E}_2-\boldsymbol{E}_1)=\boldsymbol{0}$。

2.10　半无限导体平面上方有一电偶极矩为$\boldsymbol{p}$的电偶极子，它到导体平面的距离为a。试求镜像电偶极子的电偶极矩$\boldsymbol{p}'$和位置。

2.11　半径为a的长直实心圆柱导体表面上均匀分布有自由电荷，沿轴线单位长电荷ρ_l(C/m)是常量。在圆柱外，沿周向等分分布3种电介质，电容率分别为ε_1、ε_2、ε_3(图2.35)。假定圆柱外电场强度只有径向分量，求圆柱外电介质中的电场强度和电通密度。

2.12　证明：电场线从电容率为ε_1的电介质进入电容率为ε_2的电介质时，入射角θ_1和折射角θ_2满足$\tan\theta_1/\tan\theta_2=\varepsilon_1/\varepsilon_2$(图2.36)。

2.13　观察图2.37，下半空间电介质的电容率为ε_1，上半空间电介质的电容率为ε_2，在上半空间有一相距边界面为h的长直导线，导线上均匀分布着线密度为ρ_l的自由电荷。求导线的单位长受力$\boldsymbol{F}$。

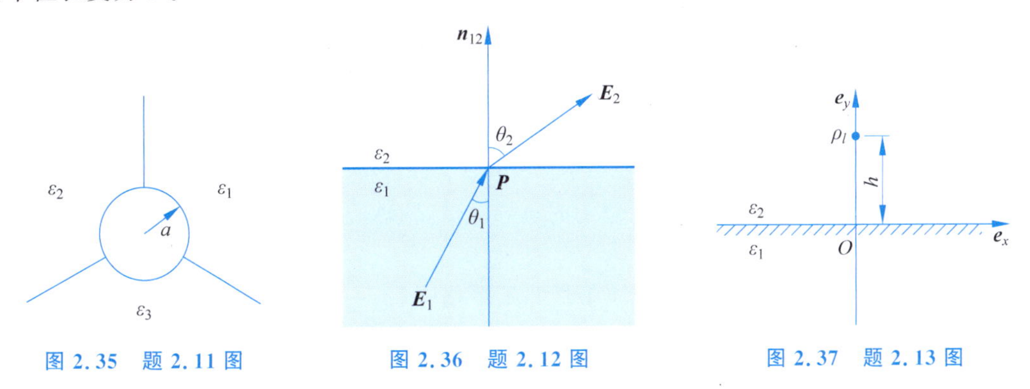

图2.35　题2.11图　　图2.36　题2.12图　　图2.37　题2.13图

2.14　长直偏心电缆的内导体半径为a_1，外导体内半径为a_2，两圆柱中心轴线相距为d，导体间电介质的电容率为ε(图2.38)。已知内外导体间的电压为U，试求两圆柱间的电位。

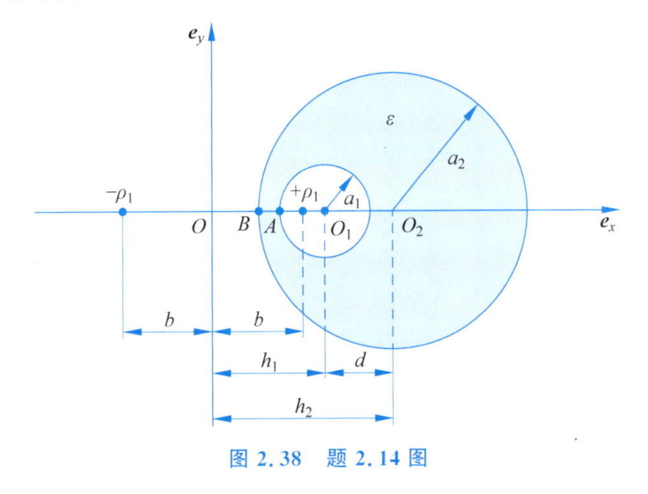

图2.38　题2.14图

2.15　如图2.39所示，无限大真空中半径分别为a_1和a_2的两平行圆柱导体中心轴线间的距离为$d=h_1+h_2(d>a_1+a_2)$，试确定电轴位置。

2.16　接地大块导体内有一半径为R的球形空腔，腔内充满电容率为ε的电介质。将点电荷q放置在腔内距球心为a点处。求腔壁上感应电荷的面密度ρ_s。

2.17　长直正方形截面的接地金属槽(图2.40)，边长为a，槽内真空，槽的顶盖与槽壁绝缘，顶盖电位为φ_0。求槽内电位。

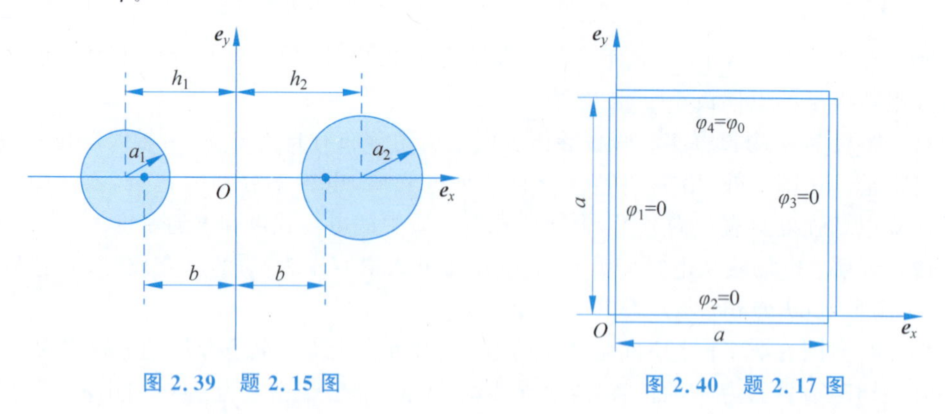

图 2.39　题 2.15 图　　　图 2.40　题 2.17 图

*2.18　均匀静电场$\boldsymbol{E}_0$中放置一电容率为ε的电介质圆柱棒，圆柱半径为a，圆柱中心线与$\boldsymbol{E}_0$垂直，圆柱棒周围为无限大真空。试求电介质内外的电场强度。提示：先写出圆柱内外电位的约束方程，然后用分离变量法求解。

2.19　无限大真空中半径为a的球形区域内分布着密度为ρ_v的自由电荷，ρ_v为常量。试求电场能量。

2.20　无限大真空中两个半径均为a的小导体球，两球心相距为$d(d\gg a)$。求两球间的电容。

2.21　真空中一电容器的两个金属平板并不严格平行，一端距离是$d-a$，另一端距离是$d+a(d\gg a)$，金属平板面积为S。忽略边缘效应，证明电容器的电容为$C\approx\dfrac{\varepsilon_0 S}{d}\left(1+\dfrac{a^2}{3d^2}\right)$。

2.22　接地的导体球壳内放置有点电荷Q，试用电位系数证明球壳内壁表面分布的感应电荷为$(-Q)$。

2.23　无限大真空中有3个半径分别为a、b、c的导体球A、B、C(图2.41)，球间距离R_{12}、R_{23}、R_{31}均远大于3个球的半径，对于任意导体球而言，其他导体球可看作一个点。试求导体球的电位与导体球上电荷的关系式。

2.24　如图2.42所示，半径为a的接地导体球外、距球心为r处放置点电荷Q，试利用电位系数求出导体球上的感应电荷Q'。

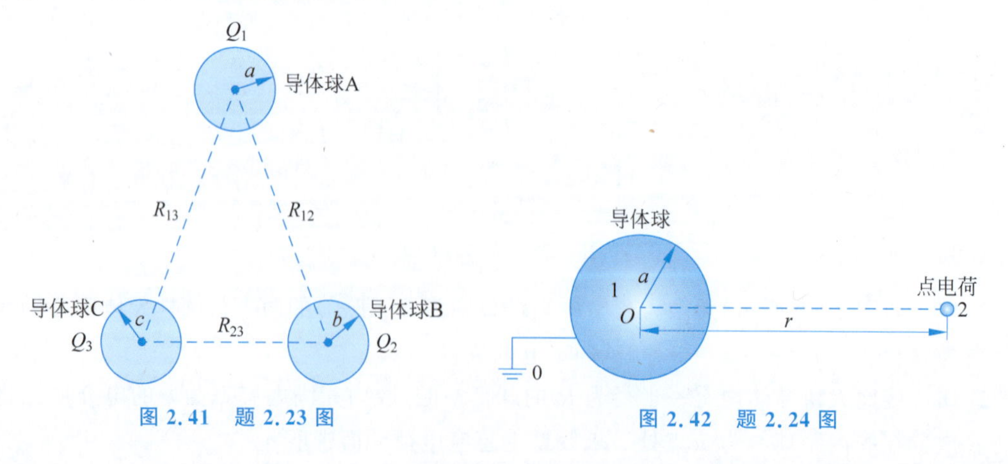

图 2.41　题 2.23 图　　　图 2.42　题 2.24 图

2.25　设两根导线的半径均为a，导线间距为$d(d\gg a)$，两根平行于大地的导线相距地面

高度分别为 h_1 和 h_2。试计算考虑大地影响后两线传输线的部分电容。

2.26　如图 2.43 所示，真空中一同心导体球电容器，球间为真空，内球半径为 a，外球内半径为 b。试求内球接地时电容器的电容。

2.27　地面上方有一块带正电荷的云块。云块、地面以及二者之间的空间可以看作尺寸很大的平行板电容器，其中电场强度 $\boldsymbol{E}_0$ 的方向是由云块指向地面。如图 2.44 所示，在距地面高为 h 处架设一长直圆柱接地导线，导线半径为 $a(a \ll h)$，在外电场 $\boldsymbol{E}_0$ 中导线上会产生感应电荷。设大地为零电位，求接地导线周围空间的电位。

2.28　如图 2.45 所示，极板间距离为 d、电压为 U 的两矩形平行板电极，竖直浸于不可压缩的、电容率为 ε 的液态电介质中。已知电介质的质量密度为 ρ_m，忽略电容器的边缘效应，求两极板间液体上升的高度。

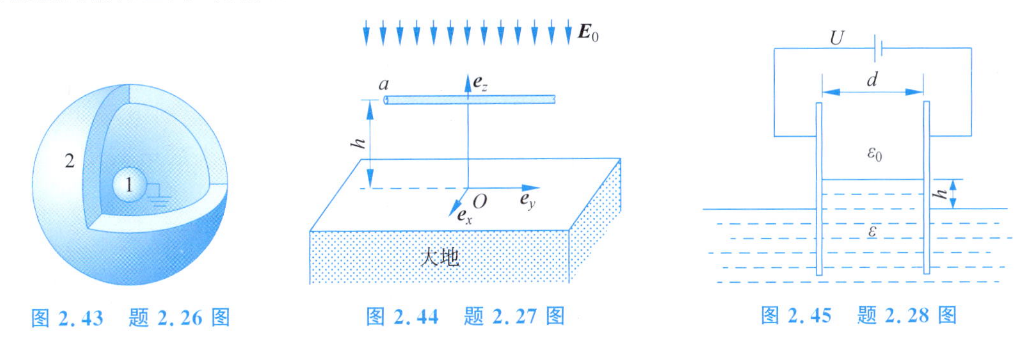

图 2.43　题 2.26 图　　图 2.44　题 2.27 图　　图 2.45　题 2.28 图

*2.29　设平行板电容器的极板为边长为 a 的正方形，两极板间的距离为 d，$a \gg d$，外加电压为 U，极板间电介质的电容率为 ε。忽略边缘效应，求垂直拉开电容器极板所需的外力。提示：外力应大于拉开过程中电容器的最大静电吸引力。

其实我们从来就没有弄明白过一件事情，只是我们不断地加深理解。

[法] 庞加莱(数学家)

第3章 稳恒电场

第 2 章讨论了与静止电荷有关的电现象。在静电场中，除了限定电荷的大小和分布不随时间变化外，还限定电荷相对于观察者静止。从这一章开始，讨论与运动电荷有关的现象。电荷的有序运动形成电流。不随时间变化的电流叫稳恒电流，稳恒电流产生的电场叫稳恒电场[①]。在稳恒电场中，电荷分布不随时间变化，移动走的电荷被别处移动来的电荷所代替，即电荷在任何时刻都是动态平衡的。

本章讨论大块导体中稳恒电场的分布规律，叙述次序是：首先，从电荷守恒定律出发导出连续性方程；接着，给出欧姆定律的微分形式，指出导体中净电荷为零；然后，在此基础上，分析稳恒电场的分布和稳恒电流的分布，写出稳恒电场的边值问题，并介绍基于稳恒电场与静电场的相似性来求解稳恒电场的方法；最后，作为稳恒电场理论的应用，分别叙述绝缘电阻、接地电阻的分析方法以及测量电阻率的四电极法。

3.1 电　　流

电流是一个客观的物理现象，通过它的各种效应，如热效应、磁效应、化学效应等，我们能够感受它的存在。通常情况下，电流的产生需要两个条件：一是存在电场；二是存在可以自由移动的电荷。

描述电流分布状态的物理量是电流密度，它可以细致地刻画各点电荷的移动情况。电流密度是矢量，常用 $\boldsymbol{J}$ 表示，它的方向为该点正电荷移动的方向，等于电流分布体元 ΔV 中所有自由移动的点电荷与其速度乘积的总和除以体元体积 ΔV：

$$\boldsymbol{J}=\frac{1}{\Delta V}\sum_{i=1}^{N}q_i\boldsymbol{v}_i \tag{3.1}$$

式中，N 是体元 ΔV 中自由移动的点电荷数，q_i 是第 i 个点电荷，$\boldsymbol{v}_i$ 是第 i 个点电荷的运动速度。

在 ΔV 中，如果全部自由移动的点电荷都保持同一速度 $\boldsymbol{v}$，则该点电流密度可写成

$$\boldsymbol{J}=\frac{1}{\Delta V}\left(\sum_{i=1}^{N}q_i\right)\boldsymbol{v}=\frac{\Delta Q}{\Delta V}\boldsymbol{v}=\rho_{\mathrm{v}}\boldsymbol{v} \tag{3.2}$$

式中，$\Delta Q=\sum_{i=1}^{N}q_i$ 是 ΔV 中全部自由电荷，$\rho_{\mathrm{v}}=\Delta Q/\Delta V$ 是 ΔV 中的自由电荷密度。通常 $\boldsymbol{J}$ 和

① 稳恒电场在有的书中叫恒定电场。从字面上看，“恒定”含有不随时间变化的意思，而“稳恒”含有动态平衡的意思，“稳恒电场”似乎比“恒定电场”的含义准确。

ρ_v 都是位置矢量 $\boldsymbol{r}$ 和时间 t 的函数。

在电解液或气态导体中，通常同时存在正、负两种带电离子；在电场中，正、负离子总是沿着相反方向移动。设正离子的电荷密度和移动速度分别为 ρ_{v+} 和 $\boldsymbol{v}_+$，负离子的电荷密度和移动速度分别为 ρ_{v-} 和 $\boldsymbol{v}_-$，则电解液或气态导体中任意体元的电荷密度 ρ_v 可写成

$$\rho_v = \rho_{v+} + \rho_{v-} \tag{3.3}$$

相应地，其中的电流密度 $\boldsymbol{J}$ 可写成

$$\boldsymbol{J} = \rho_{v+}\boldsymbol{v}_+ + \rho_{v-}\boldsymbol{v}_- \tag{3.4}$$

而在金属导体中，原子最外层的电子可以很容易挣脱原子核的束缚成为自由电子。自由电子带负电荷，可以在金属中自由移动。原子失去自由电子后变成正离子，正离子形成规则的点阵。虽然正离子可以在自己的平衡位置附近作微小振动，但可近似看作静止不动。设金属导体中自由电子的电荷密度为 ρ_{v-}，移动速度为 $\boldsymbol{v}_-$；正离子的电荷密度为 ρ_{v+}，移动速度为 $\boldsymbol{v}_+$，则金属导体中电流密度可近似写成

$$\boldsymbol{J} = \rho_{v+}\boldsymbol{v}_+ + \rho_{v-}\boldsymbol{v}_- \approx \rho_{v-}\boldsymbol{v}_- \quad (\boldsymbol{v}_+ \approx \boldsymbol{0}) \tag{3.5}$$

已知 $\boldsymbol{J}$ 后，通过有向曲面 $\boldsymbol{S}$ 的电流密度的通量就是通过此面的电流

$$i(t) = \int_S \boldsymbol{J}(\boldsymbol{r},t) \cdot \mathrm{d}\boldsymbol{S}(\boldsymbol{r}) \tag{3.6}$$

它表示单位时间内通过曲面 $\boldsymbol{S}$ 的总电荷量。电流的单位是安，符号是 A。一般而言，电流是时间的函数。当电流与时间无关时，这个电流叫稳恒电流，常用大写英文字母 I 表示。

电流是标量，本无方向可言，但在描述细导线中的电流分布时，人们常用“电流方向”的说法，实质上这是指电流密度方向。以此说法为基础，规定只在一个方向上流动的电流叫直流电流，大小和方向随时间作周期性变化且一周期内平均值为零的电流叫交流电流。

导体或半导体中的载流子在电场力驱动下形成的电流叫传导电流，这些载流子有金属中的自由电子，半导体中的电子和空穴，以及电解液或气态导体中的正、负离子等。电荷不是由电场力驱动而在空间运动所形成的电流叫运流电流，本书不讨论这部分内容。由随时间变化的电场激发的电流叫位移电流，没有位移电流就没有电磁波，这将在第 5 章～第 7 章详细分析。

说明 在一个逻辑体系中，必须有未定义的原始概念，否则将出现循环定义。在现行的国际单位制中，电流是一个未被定义的基本量。注意：在单位制中确定基本量具有一定的任意性。

在所有的单位制中，长度和时间是共同的基本量。在力学中，除了长度和时间外还要增加一个基本量：质量或力。而在电磁学中，仅有这 3 个量还不够，因为电荷、电流、电场强度、磁通密度不能被这 3 个量所表示。根据安培力定律，磁场作用力由电流产生，所以为使电磁学与力学联系起来，必须再引进一个电学量作为第四个基本量。从概念上看，电荷是比电流更基本的物理现象，没有电荷就没有电流，所以可以选择电荷为基本量，这就是历史上出现的静电单位制。后来人们认识到含有电流的公式比含有电荷的公式多，把电流作为基本量来导出其他量的单位比较方便，而且与电荷相比，电流与其他量的联系更为广泛，如通过两根平行线电流的相互作用力公式(见例 4.17)能够建立电学量、磁学量和力学量之间的联系。这样，1946 年国际计量委员会批准了一项决议，将电流视为除长度、时间、质量外的第四个基本量，选定长度单位为米、质量单位为千克、时间单位为秒、电流单位为安，由此构成

一个体系，称为 MKSA 单位制。这里 MKSA 分别是 Meter(米)、Kilogram(千克)、Second(秒)、Ampere(安)的缩写。MKSA 单位制能够成功地适用于力学和电磁学，但对于热学等其他学科却不够用，于是在 1960 年第 11 届国际计量大会上将热力学温度的开尔文和发光强度的坎德拉也增加为基本单位。进一步，在 1971 年第 14 届国际计量大会上，将物质的量的单位摩尔加入基本单位表中，这样就使基本单位达到了 7 个，而所有其他单位都由这 7 个基本单位导出。这种经过扩充的 MKSA 单位制称为国际单位制(SI)，可以说，它是迄今为止最适宜人类工商、科研活动的单位制。

3.2 连续性方程

实验指出，在一个不与外界发生电荷交换的任意孤立系统内，不论发生什么过程(机械的、电的、化学的、核的过程等)，系统内正、负电荷的代数和总是保持不变。这就是电荷守恒定律，它是自然界的基本定律之一。

为便于今后定量分析，需要把用文字表述的电荷守恒定律“翻译”成数学表达式。

电荷守恒定律是说，任意孤立系统 V 内总电荷是常量，即

$$Q(t)=\int_V \rho_v(\boldsymbol{r},t)\mathrm{d}V(\boldsymbol{r})=\int_V [\rho_{v+}(\boldsymbol{r},t)+\rho_{v-}(\boldsymbol{r},t)]\mathrm{d}V(\boldsymbol{r})=\text{常量} \tag{3.7}$$

两端求对时间 t 的导数可以消除式中的“常量”，成为

$$\frac{\mathrm{d}Q}{\mathrm{d}t}=\frac{\mathrm{d}}{\mathrm{d}t}\int_V \rho_{v+}\,\mathrm{d}V+\frac{\mathrm{d}}{\mathrm{d}t}\int_V \rho_{v-}\,\mathrm{d}V=0 \tag{3.8}$$

利用公式

$$\frac{\mathrm{d}}{\mathrm{d}t}\int_V F\mathrm{d}V=\int_V \left[\nabla\cdot(F\boldsymbol{v})+\frac{\partial F}{\partial t}\right]\mathrm{d}V$$

式(3.8)写成

$$\begin{aligned}\frac{\mathrm{d}Q}{\mathrm{d}t}&=\int_V \left[\nabla\cdot(\rho_{v+}\boldsymbol{v}_+)+\frac{\partial\rho_{v+}}{\partial t}\right]\mathrm{d}V+\int_V \left[\nabla\cdot(\rho_{v-}\boldsymbol{v}_-)+\frac{\partial\rho_{v-}}{\partial t}\right]\mathrm{d}V\\&=\int_V \left[\nabla\cdot(\rho_{v+}\boldsymbol{v}_++\rho_{v-}\boldsymbol{v}_-)+\frac{\partial}{\partial t}(\rho_{v+}+\rho_{v-})\right]\mathrm{d}V\\&=\int_V \left(\nabla\cdot\boldsymbol{J}+\frac{\partial\rho_v}{\partial t}\right)\mathrm{d}V=0\end{aligned} \tag{3.9}$$

此式对任意孤立系统 V 都成立，意味着被积函数恒等于 0，即

$$\nabla\cdot\boldsymbol{J}=-\frac{\partial\rho_v}{\partial t} \tag{3.10}$$

这就是电荷守恒定律所对应的数学表达式，称为连续性方程。它说明，“电荷随时间减少的速率成为电流的源泉”，或者“电流从某处流出时，该处的电荷必然减少。”

下面利用连续性方程导出几个特例。

特例 1 稳恒电场的连续性方程

在稳恒电场中，ρ_v 不随 t 变化，$\partial\rho_v/\partial t=0$，因此由方程(3.10)可写出稳恒电场的连续性方程

$$\nabla\cdot\boldsymbol{J}=0 \tag{3.11}$$

对应的积分方程为

$$\oint_S \boldsymbol{J}\cdot \mathrm{d}\boldsymbol{S}=\sum_{k=1}^{n}\int_{S_k}\boldsymbol{J}\cdot \mathrm{d}\boldsymbol{S}=\sum_{k=1}^{n} I_k=0 \tag{3.12}$$

式中，$S=S_1+S_2+\cdots+S_n$。这说明，穿出任意闭曲面的稳恒电流之和等于0，电流流出多少，一定流进多少；或者说，在稳恒电场中，电流线总是闭合的。这就是电路理论中的基尔霍夫电流定律。

特例2 两种导体的公共边界面上电流密度的法向边界条件

对照1.6节内容，可写出方程(3.10)所对应的边界条件

$$\boldsymbol{n}_{12}\cdot(\boldsymbol{J}_2-\boldsymbol{J}_1)=-\frac{\partial \rho_s}{\partial t} \tag{3.13}$$

式中，ρ_s 是面自由电荷密度，$\boldsymbol{n}_{12}$ 是边界面上由导体1指向导体2的法向单位矢量。

特例3 真空中载流直导线两个端面上的电荷分布

如图3.1所示，记一段载流直导线为区域1，其中的电流密度是 $\boldsymbol{J}_1$，导线外真空为区域2。由于真空中没有传导电流，$\boldsymbol{J}_2=\boldsymbol{0}$，利用边界条件(3.13)，可知载流直导线的端面上传导电流密度满足

$$\boldsymbol{n}_{12}\cdot\boldsymbol{J}_1=\frac{\partial \rho_s}{\partial t} \tag{3.14}$$

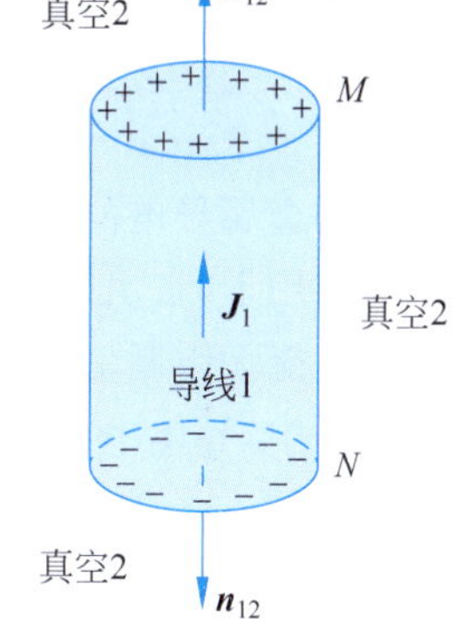

图3.1 载流直导线两个端面上的电荷分布

在载流直导线的上端面 M 上，电流密度 $\boldsymbol{J}_1$ 与这个端面的法向单位矢量 $\boldsymbol{n}_{12}$ 同方向，$\boldsymbol{J}_1=J_M\boldsymbol{n}_{12}$，代入式(3.14)，得

$$\boldsymbol{n}_{12}\cdot\boldsymbol{J}_1=\boldsymbol{n}_{12}\cdot(J_M\boldsymbol{n}_{12})=J_M=\frac{\partial \rho_s}{\partial t}$$

于是，上端面 M 上的法向电流密度为

$$J_M=\frac{\partial(+\rho_s)}{\partial t} \tag{3.15}$$

而在载流直导线的下端面 N 上，电流密度 $\boldsymbol{J}_1$ 与这个端面的法向单位矢量 $\boldsymbol{n}_{12}$ 反方向，$\boldsymbol{J}_1=J_N(-\boldsymbol{n}_{12})$，代入式(3.14)，得

$$\boldsymbol{n}_{12}\cdot\boldsymbol{J}_1=\boldsymbol{n}_{12}\cdot(-J_N\boldsymbol{n}_{12})=-J_N=\frac{\partial \rho_s}{\partial t}$$

于是，下端面 N 上的法向电流密度为

$$J_N=\frac{\partial(-\rho_s)}{\partial t} \tag{3.16}$$

对比式(3.15)和式(3.16)可见，载流直导线的两个端面上分布着符号相反的电荷。因此，可把一小段载流直导线(电流随时间变化的电流元)看作电偶极子。

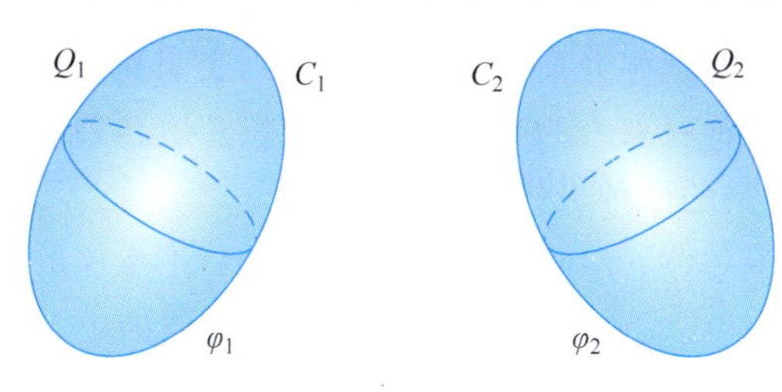

图3.2 真空中两个相距甚远的导体

例3.1 如图3.2所示，真空中有两个相距甚远的导体1和导体2，导体1的电位和电容分别为 φ_1 和 C_1，导体2的电位和电容分别为 φ_2 和 C_2。试求这两个导体用细导线连接起来后导体的电位 φ 和导线上移动的电荷 Q。

解 设连接前导体1和导体2上的电荷分别为 Q_1 和 Q_2，连接后导体1和导体2的电荷分别为 Q_1' 和 Q_2'。根据电荷守恒定律，连接前后总的电荷保持不变，即

$$Q_1+Q_2=Q_1'+Q_2'$$

式中，$Q_1=C_1\varphi_1$，$Q_2=C_2\varphi_2$。考虑到两个导体用细导线连接起来后导体电位相等，即 $Q_1'=C_1\varphi$ 和 $Q_2'=C_2\varphi$。于是

$$C_1\varphi_1+C_2\varphi_2=C_1\varphi+C_2\varphi$$

由此解得

$$\varphi=\frac{C_1\varphi_1+C_2\varphi_2}{C_1+C_2}$$

和

$$Q=|Q_1-Q_1'|=|C_1\varphi_1-C_1\varphi|=\frac{C_1C_2}{C_1+C_2}|\varphi_1-\varphi_2|$$

解毕。

3.3 欧姆定律的微分形式

根据金属导电的经典理论，金属导体内有正离子组成的点阵和带负电荷的自由电子。在外电场作用下，自由电子得到加速，由于自由电子与点阵的碰撞对自由电子产生阻力，所以自由电子不能无限制地加速，最终获得一个有限的平均速度 $\boldsymbol{v}$，称为漂移速度（也叫驱引速度）。在弱电场中，导体中自由电子的漂移速度与电场强度成正比，即

$$\boldsymbol{v}=-\mu_{\mathrm{m}}\boldsymbol{E} \tag{3.17}$$

式中，比例系数 μ_{m} 称为电子迁移率，μ_{m} 为正值，它表示单位电场强度下自由电子的漂移速度，负号表示自由电子漂移速度与电场方向相反。由此得电流密度

$$\boldsymbol{J}=n(-e)\boldsymbol{v}=ne\mu_{\mathrm{m}}\boldsymbol{E} \tag{3.18}$$

式中，n 是自由电子浓度（单位体积内自由电子的个数），e 是自由电子的电荷量，是一个正值。令

$$\sigma=ne\mu_{\mathrm{m}} \tag{3.19}$$

式(3.18)成为

$$\boldsymbol{J}=\sigma\boldsymbol{E} \tag{3.20}$$

式中，σ 称为电导率，单位为西每米（S/m）。电导率的倒数 $\rho=1/\sigma$ 称为电阻率，单位为欧米（Ω·m）。用希腊字母 ρ 表示电阻率是国内外文献的惯例，本书中圆柱坐标系的径向坐标也用 ρ 表示，要注意区别。

式(3.20)为欧姆定律的微分形式，它适用于电场强度不是非常大和频率不是非常高的情况。

电导率 σ 是衡量材料导电性能的一个重要参数。如果 $\sigma=0$，则表明材料中电荷无法脱离原子束缚而自由移动，不能通过传导电流，这种材料称为理想介质；如果 $\sigma\to\infty$，则表明材料中电荷可以毫无阻力地自由移动，不产生焦耳热损耗，这种材料称为理想导体。理想介质和理想导体都是为了理论分析方便而引入的假想材料，是材料的两种极端情况。

任何材料都有导电性，从弱到强可分为绝缘体、半导体、导体和超导体。大体上，绝缘体的电导率小于 10^{-7} S/m，好的绝缘体的电导率范围是 10^{-10} S/m～10^{-17} S/m；半导体的电导率范围是 10^{-7} S/m～10^{4} S/m；导体的电导率大于 10^{4} S/m，大多数金属的电导率范围是 10^{6} S/m～10^{7} S/m；超导体在超导状态下导电性能最好，一般认为，它的电导率大于 10^{28} S/m。本书附录 E 列出了一些材料的电导率参考值。

例 3.2 一金属丝长 $l=3.6$ m，横截面积 $S=1.0$ mm^2，当金属丝两端施加稳恒电压 $U=2.0$ V 时，金属丝中稳恒电流 $I=1.0$ A。取金属丝的自由电子浓度 $n=5.8\times10^{28}$ m^{-3}，自由电子的电荷量 $e\approx1.6\times10^{-19}$ C。求金属丝的电导率 σ、迁移率 μ_{m} 和自由电子的漂移速度 v。

解 由金属丝中的电流密度 $J=I/S$ 和电场强度 $E=U/l$，可分别得

$$\sigma=\frac{J}{E}=\frac{Il}{SU}=\frac{1.0\times3.6}{1.0\times10^{-6}\times2.0}=1.8\times10^{6}\quad(\text{S/m})$$

$$\mu_{\text{m}}=\frac{\sigma}{ne}=\frac{1.8\times10^{6}}{5.8\times10^{28}\times1.6\times10^{-19}}=0.19\times10^{-3}\quad[\text{m}^2/(\text{V}\cdot\text{s})]$$

$$v=\frac{J}{ne}=\frac{I}{neS}=\frac{1.0}{5.8\times10^{28}\times1.6\times10^{-19}\times1.0\times10^{-6}}=1.1\times10^{-4}\quad(\text{m/s})$$

解毕。

说明 导体中自由电子的漂移速度约为 0.1 mm/s。我们知道，开关闭合后电灯立刻点亮，说明导体中自由电子的漂移速度并不是电能的传播速度。如果电能依靠导体中的电子来传输，近似取三峡到上海的直线距离为 1000 km，那么三峡电站的电能通过导线输送到上海大约需要 300 年。这显然与事实不符。

3.4 导体中自由电荷的分布

线性、各向同性、均匀导体内不可能积累净电荷，净电荷只能分布在导体表面。导体上的净电荷是指导体内任意点周围体元 ΔV 内正、负自由电荷的代数和。下面讨论这个问题。

在适用于欧姆定律的导体内，电流密度 $\boldsymbol{J}=\sigma\boldsymbol{E}$，它的散度

$$\nabla\cdot\boldsymbol{J}=\nabla\cdot(\sigma\boldsymbol{E})=\frac{\sigma}{\varepsilon}\nabla\cdot\boldsymbol{D}=\frac{\sigma}{\varepsilon}\rho_{\text{v}}$$

于是，由连续性方程 $\nabla\cdot\boldsymbol{J}+\partial\rho_{\text{v}}/\partial t=0$，得

$$\frac{\partial\rho_{\text{v}}}{\partial t}+\frac{\sigma}{\varepsilon}\rho_{\text{v}}=0\tag{3.21}$$

这是一个一阶线性齐次偏微分方程。

用分离变量法求解。在以上方程中，导体中的 ρ_{v} 是 $\boldsymbol{r}$ 和 t 的函数，设 $\rho_{\text{v}}(\boldsymbol{r},t)=X(\boldsymbol{r})Y(t)$，代入以上方程，得

$$X\left(\frac{\mathrm{d}Y}{\mathrm{d}t}+\frac{\sigma}{\varepsilon}Y\right)=0$$

而 $X\neq0$，从而得到方程

$$\frac{\mathrm{d}Y}{\mathrm{d}t}+\frac{\sigma}{\varepsilon}Y=0$$

它的解为

$$Y(t)=Y(0)\mathrm{e}^{-\frac{t}{\tau}}$$

于是，方程(3.21)的解成为

$$\rho_{\text{v}}(\boldsymbol{r},t)=X(\boldsymbol{r})Y(t)=X(\boldsymbol{r})Y(0)\mathrm{e}^{-\frac{t}{\tau}}$$

即

$$\rho_v(\boldsymbol{r},t)=\rho_v(\boldsymbol{r},0)\mathrm{e}^{-\frac{t}{\tau}} \tag{3.22}$$

式中 $\tau=\varepsilon/\sigma$ 称为松弛时间常量。

式(3.22)说明，在适用于欧姆定律的导体内，净电荷密度随时间按指数规律衰减，τ 越小，衰减越快。当 $t=3\tau$ 时，$\rho_v(\boldsymbol{r},t)=\rho_v(\boldsymbol{r},0)\mathrm{e}^{-3}\approx 5\%\rho_v(\boldsymbol{r},0)$。这从物理概念上可这样解释：当导体内某处有净电荷聚集时，由于电荷之间互相排斥，该处的电荷向周围扩散，从而使电荷密度减少。对任意介质而言，凡能显著导电的，τ 都非常小。对于金属，τ 的典型值为 10^{-18} s，远小于电磁波的周期，因此可以认为金属中总有 $\rho_v=\rho_{v+}+\rho_{v-}=0$。此时，如果金属上带有净电荷，则净电荷只能分布在金属表面。与此对比，绝缘材料内的净电荷密度的衰减速度就非常慢，如云母是良绝缘体，它的电导率 $\sigma=10^{-15}$ S/m、电容率 $\varepsilon=6\varepsilon_0$，从而松弛时间常量 $\tau=5.31\times10^4$ s(约 15 小时)。

为了正确理解以上结果，指出以下两点。

(1) 导体内净电荷为零并不表明导体内没有电荷，只是说明导体内体元 ΔV 内正、负自由电荷的代数和为零。

(2) 净电荷只能分布在导体表面，并不意味着电流也只能分布在导体表面。导体内电流是松散束缚的自由电子在外加电场作用下移动的结果，这些自由电子在原子中都有对应的等量正电荷与之平衡，移动的自由电子离开原子后，马上又有邻近的自由电子移动过来填补位置，所以从动态平衡的角度看，导体内净电荷为零，同时也可以有电流。

说明 1 关于松弛时间。在物理学中，物质系统由非平衡状态自发地趋于平衡状态的过程称为松弛过程，松弛过程所经历的时间称为松弛时间。例如，物质系统内部温度由不均匀趋于均匀就是一种松弛过程，经历的时间就是松弛时间；电容器的放电过程也是一种松弛过程，放电时间就是松弛时间。在整个松弛时间内，系统由最初的非平衡状态趋于初值的 1/e(约 37%)时所经历的时间称为松弛时间常量。不同的物理过程，松弛时间常量往往差别很大，其数值的大小与系统的物质结构、尺寸等因素有关。

说明 2 利用导电性能差的导体松弛时间长的特点，可以避开干燥的冬天手指上电荷快速向金属门把手放电所引起的不适。我们知道，运动的人体与衣服摩擦后身体表面会有电荷积累，由于混凝土墙面的导电性差、松弛时间长，所以开门前手掌先触摸一下混凝土墙面，手指上的电荷就会缓慢转移到墙面上，而不会形成快速的放电过程，然后拿钥匙开门，手指就不会有针刺一样的感觉了。

3.5 稳恒电场的性质

3.5.1 稳恒电场的分布

当大块导体中存在稳恒电场时，导体内 $\boldsymbol{E}\neq\boldsymbol{0}$。由于稳恒电场不随时间变化，所以可认为电场强度 $\boldsymbol{E}$ 和电通密度 $\boldsymbol{D}$ 也满足静电场基本方程组：

$$\nabla\times\boldsymbol{E}=\boldsymbol{0} \tag{3.23}$$

$$\nabla\cdot\boldsymbol{D}=\rho_v \tag{3.24}$$

注意，以上两式只是假设。由于以此为基础的推论与实验相符，说明稳恒电场中以上两式确实成立。

3.5.2 稳恒电流的分布

在稳恒电场中，电荷分布不随时间 t 变化，连续性方程成为

$$\nabla \cdot \boldsymbol{J}=0 \tag{3.25}$$

即稳恒电场中的电流线（电流密度矢量线）是无头无尾的闭合线。

假设电导率为 σ 的导体内存在一条闭合的电流线 C。设由 C 张成的曲面为 S，则由斯托克斯定理和方程 $\nabla\times\boldsymbol{E}=\boldsymbol{0}$，得

$$\oint_C \boldsymbol{J}\cdot \mathrm{d}\boldsymbol{r}=\sigma\oint_C \boldsymbol{E}\cdot \mathrm{d}\boldsymbol{r}=\sigma\int_S(\nabla\times\boldsymbol{E})\cdot \mathrm{d}\boldsymbol{S}=0$$

另外，在闭合电流线 C 上 $\boldsymbol{J}$ 和 $\mathrm{d}\boldsymbol{r}$ 处处同方向，从而

$$\oint_C \boldsymbol{J}\cdot \mathrm{d}\boldsymbol{r}=\oint_C J\,|\,\mathrm{d}\boldsymbol{r}\,|>0$$

可见以上两式矛盾，这说明导体内不存在闭合的电流线。既然稳恒电场中的电流线是无头无尾的闭合线，而导体中又不存在闭合的电流线，说明稳恒电场中的电流线必须通过一段不是导体的区域来构成闭合回路。这个不是导体的区域所对应的装置就是提供稳恒电流的电源。电源的作用是提供驱动电荷定向运动的电场。

3.5.3 电动势

考虑电源后，欧姆定律的微分形式应改写成

$$\boldsymbol{J}=\sigma(\boldsymbol{E}+\boldsymbol{E}_0) \tag{3.26}$$

式中，σ 是闭合电流线上的电导率；$\boldsymbol{E}$ 是由动态稳定的自由电荷产生的电场强度，不论在电源内还是在电源外，它的方向都是由正极指向负极；$\boldsymbol{E}_0$ 是电源内由非静电力所建立的电场强度，它只存在于电源内，方向从电源的负极指向正极。非静电力是通过化学的、机械的、热的、光的等方式产生驱动电荷运动的力。这种在电源内部由非静电力移动单位正电荷从负极到正极所做的功

$$V_{\mathrm{emf}}=\int_-^+ \boldsymbol{E}_0\cdot \mathrm{d}\boldsymbol{r} \tag{3.27}$$

称为电源的电动势，它是一个表征电源做功能力的物理量。电动势 V_{emf} 的单位是伏(V)，下标 emf 是 electromotive force（电动势）的缩写。

从式(3.27)可见，电动势在数值上等于理想电压源两端的电压。因非静电力只存在于电源内，电源外 $\boldsymbol{E}_0=\boldsymbol{0}$，而稳恒电场中的电流闭合线 C 必通过电源，所以式(3.27)也可以写成

$$V_{\mathrm{emf}}=\oint_C \boldsymbol{E}_0\cdot \mathrm{d}\boldsymbol{r} \tag{3.28}$$

即电源的电动势等于非静电力建立的电场强度沿电流闭合线 C 的积分。

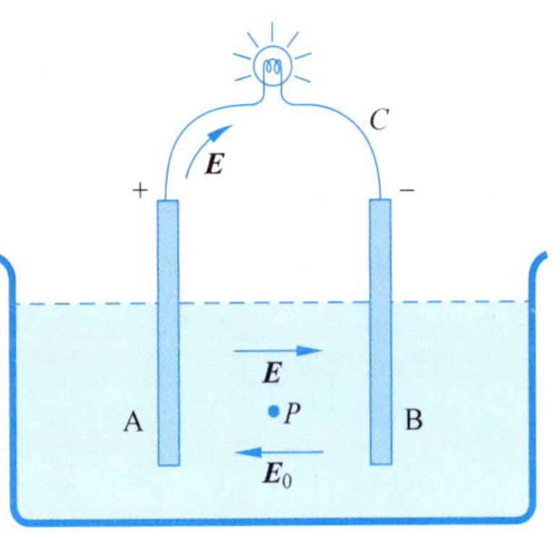

图 3.3 白炽灯通过导线与电源构成闭合回路

例 3.3 图 3.3 中有一稳恒电流的电源（电池），取一个小白炽灯通过导线连接在电源的正、负极两端，使电路形成电流闭合线 C。试用式(3.26)导出电动势 V_{emf} 的表达式。

解 利用式(3.26)，沿闭合线 C 计算线积分

$$\oint_C \frac{\boldsymbol{J}\cdot \mathrm{d}\boldsymbol{r}}{\sigma}=\oint_C(\boldsymbol{E}+\boldsymbol{E}_0)\cdot \mathrm{d}\boldsymbol{r} \tag{3.29}$$

由于静电场 $\boldsymbol{E}$ 满足$\nabla\times\boldsymbol{E}=\mathbf{0}$，其环路积分为零，从而右端得

$$\oint_C(\boldsymbol{E}+\boldsymbol{E}_0)\cdot\mathrm{d}\boldsymbol{r}=\oint_C\boldsymbol{E}_0\cdot\mathrm{d}\boldsymbol{r}=\int_{B\to P\to A}\boldsymbol{E}_0\cdot\mathrm{d}\boldsymbol{r}=V_{\mathrm{emf}}$$

式中，V_{emf} 是电池内通过化学方式产生的电动势。设电源内、外的电流密度分别为 $\boldsymbol{J}_1$ 和 $\boldsymbol{J}_2$，电流路径的横截面面积分别是 S_1 和 S_2，则电流 $I=J_1S_1=J_2S_2$，这样式(3.29)的左端成为

$$\oint_C\frac{\boldsymbol{J}\cdot\mathrm{d}\boldsymbol{r}}{\sigma}=\int_{B\to P\to A}\left(\frac{I}{\sigma_1S_1}\right)\mathrm{d}l+\int_{A\to\mathrm{bulb}\to B}\left(\frac{I}{\sigma_2S_2}\right)\mathrm{d}l=I(r+R)$$

式中，$\mathrm{d}l=|\mathrm{d}\boldsymbol{r}|$是回路线元，$r$ 是电源内阻，R 是电源外部回路的电阻，积分限中英文 bulb(电灯泡)表示积分路径经过小白炽灯。把以上两式代入式(3.29)，得

$$V_{\mathrm{emf}}=I(r+R)\tag{3.30}$$

这就是电路理论中的全电路欧姆定律。解毕。

3.6 稳恒电场的边值问题

3.6.1 稳恒电场的方程

描述稳恒电场的最重要的物理量是电场强度 $\boldsymbol{E}$ 和电流密度 $\boldsymbol{J}$，它们分别满足方程

$$\nabla\times\boldsymbol{E}=\mathbf{0}\tag{3.31}$$

和

$$\nabla\cdot\boldsymbol{J}=0\tag{3.32}$$

其中 $\boldsymbol{J}$ 和 $\boldsymbol{E}$ 之间满足本构关系

$$\boldsymbol{J}=\sigma(\boldsymbol{E}+\boldsymbol{E}_0)\tag{3.33}$$

式(3.31)和式(3.32)分别给出了稳恒电场的旋度和散度，根据矢量场解的唯一性定理，由式(3.31)和式(3.32)以及关系式(3.33)就可以确定稳恒电场的一般规律。

在稳恒电场中$\nabla\times\boldsymbol{E}=\mathbf{0}$，对比矢量恒等式$\nabla\times\nabla f=\mathbf{0}$，可引入电位 φ 满足 $\boldsymbol{E}=-\nabla\varphi$，从而式(3.33)可写成

$$\boldsymbol{J}=-\sigma\nabla\varphi+\sigma\boldsymbol{E}_0\tag{3.34}$$

代入$\nabla\cdot\boldsymbol{J}=0$，得

$$\nabla\cdot(\sigma\nabla\varphi)=\nabla\cdot(\sigma\boldsymbol{E}_0)\tag{3.35}$$

当电导率 σ 是常量时，电位满足泊松方程

$$\nabla^2\varphi=\nabla\cdot\boldsymbol{E}_0\tag{3.36}$$

电源外 $\boldsymbol{E}_0=\mathbf{0}$，电位满足拉普拉斯方程

$$\nabla^2\varphi=0\tag{3.37}$$

3.6.2 稳恒电场的边界条件

直接套用 1.6 节结果，可以写出稳恒电场的基本方程$\nabla\times\boldsymbol{E}=\mathbf{0}$ 和$\nabla\cdot\boldsymbol{J}=0$ 所分别对应的边界条件

$$\boldsymbol{n}_{12}\times(\boldsymbol{E}_2-\boldsymbol{E}_1)=\mathbf{0}\tag{3.38}$$

和

$$\boldsymbol{n}_{12}\cdot(\boldsymbol{J}_2-\boldsymbol{J}_1)=0\tag{3.39}$$

这就是稳恒电场在边界面两侧满足的边界条件。

现在利用以上两个边界条件，分析以下 3 种情况。

1. 用电位表示边界条件

仿照静电场中电位边界条件的推导方法，利用边界条件(3.38)和(3.39)，可得不同导体边界面两侧电位的边界条件

$$\varphi_1 = \varphi_2 \tag{3.40}$$

$$\sigma_1 \frac{\partial \varphi_1}{\partial n_{12}} = \sigma_2 \frac{\partial \varphi_2}{\partial n_{12}} \tag{3.41}$$

2. 电场线(或电流密度线)的折射

如图 3.4 所示，在导体 1 和导体 2 的边界面上点 P 处，两种导体内的电场强度(或电流密度)与法线之间的夹角分别为 α_1 和 α_2，α_1 是入射角，α_2 是折射角。设两种导体的电导率分别为 σ_1 和 σ_2，由 $\boldsymbol{n}_{12} \cdot (\boldsymbol{J}_2 - \boldsymbol{J}_1) = 0$，得

$$\sigma_1 E_1 \cos\alpha_1 = \sigma_2 E_2 \cos\alpha_2$$

再由 $\boldsymbol{n}_{12} \times (\boldsymbol{E}_2 - \boldsymbol{E}_1) = \boldsymbol{0}$，得

$$E_1 \sin\alpha_1 = E_2 \sin\alpha_2$$

以上两式相比，得

$$\frac{\tan\alpha_1}{\tan\alpha_2} = \frac{\sigma_1}{\sigma_2} \tag{3.42}$$

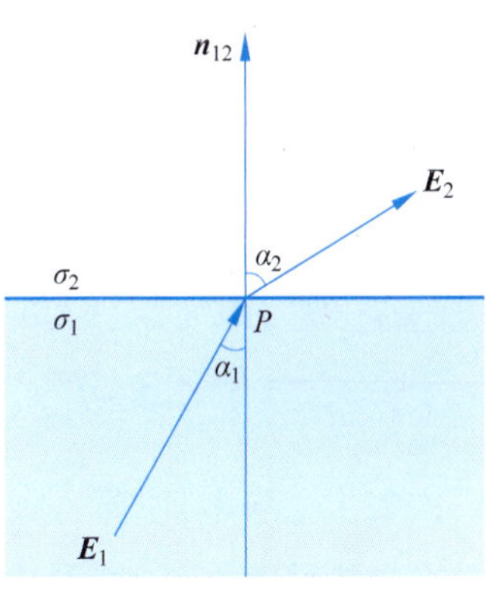

图 3.4 电场线的折射

可见电场线(或电流密度线)入射角的正切与折射角的正切之比等于两种导体的电导率之比。

3. 电流从良导体流入不良导体

设良导体的电导率是 σ_1，不良导体的电导率是 σ_2，$\sigma_1 \gg \sigma_2$，则由式(3.42)可知，只要入射角 $\alpha_1 \neq 90°$，折射角的正切

$$\tan\alpha_2 = \frac{\sigma_2}{\sigma_1} \tan\alpha_1 \approx 0 \tag{3.43}$$

也就是说，当电流从良导体进入不良导体时，不良导体内的电流密度线几乎与边界面垂直。例如，通有电流的导体与绝缘性能不好的绝缘体接触时，绝缘体中有漏电流分布，这些漏电流从导体流出时近似与导体表面垂直。再例如，金属接地电极埋入土壤后，电流由金属电极流入土壤时电流密度线近似与金属电极表面垂直，如图 3.5 所示。

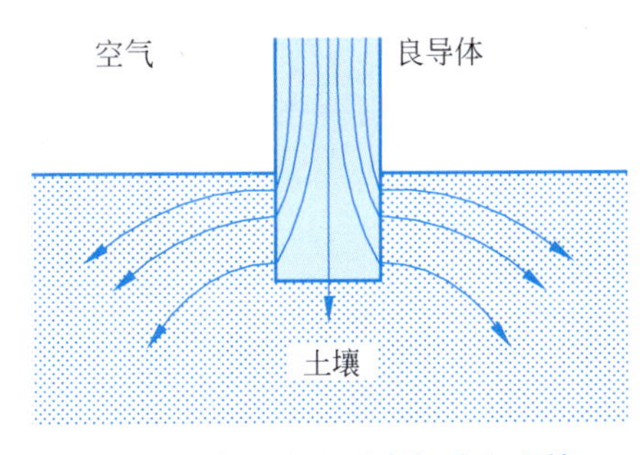

图 3.5 电流由金属电极流入土壤

3.6.3 稳恒电场的电位边值问题

在电导率 σ 为常量的稳恒电场中，以电位 φ 为未知量的边值问题可写成

(1) 约束方程：

$$\nabla^2 \varphi = \nabla \cdot \boldsymbol{E}_0 \tag{3.44}$$

(2) 内边界面上的边界条件：

$$\varphi_1 = \varphi_2 \tag{3.45}$$

$$\sigma_1 \frac{\partial \varphi_1}{\partial n_{12}} = \sigma_2 \frac{\partial \varphi_2}{\partial n_{12}} \tag{3.46}$$

这是一个圆柱面方程，它的半径是$\frac{2b\sqrt{C}}{|C-1|}$，圆心位于点$\left(b\frac{C+1}{C-1},0\right)$。当$C<1$时，圆心位于$x$轴的负半轴上；当$C>1$时，圆心位于$x$轴的正半轴上。

接下来，让假想的两根平行长直细导线上的电荷产生的等位面[见式(2.111)]与圆柱导体表面[见式(2.109)]重合，从而距离h和半径a可分别写成

$$h=b\frac{C+1}{|C-1|},\quad a=\frac{2b\sqrt{C}}{|C-1|}$$

注意到

$$h^2-a^2=\left(b\frac{C+1}{C-1}\right)^2-\left(\frac{2b\sqrt{C}}{C-1}\right)^2=b^2$$

即细导线的位置尺寸

$$b=\sqrt{h^2-a^2} \tag{2.112}$$

这样，由式(2.110)可知，两根平行长直圆柱导体外任意点$P(x,y)$的电位为

$$\varphi(x,y)=\frac{\rho_l}{4\pi\varepsilon_0}\ln\frac{(x+\sqrt{h^2-a^2})^2+y^2}{(x-\sqrt{h^2-a^2})^2+y^2} \tag{2.113}$$

解毕。

用镜像法求解导体表面为圆柱面的静电场问题时，镜像电荷是细直导线上的电荷，这根假想的细导线叫电轴。由以上分析可知，确定电轴位置是电轴法的关键，位置尺寸b确定后就可以计算电场。

为加深对电轴法的理解，下面再举一例。

例 2.12 如图2.20所示，半径为a的长直圆柱导体与大地表面平行，圆柱轴线到地面的距离为h。若圆柱导体对地电压为U，求空间任意点电位。

解 这是一个平行平面静电场问题。建立平面直角坐标系Oxy，令x轴与大地表面重合，y轴垂直穿过圆柱轴线，如图2.20所示。取大地表面的电位为零。设导体圆柱上单位长电荷为ρ_l。利用镜像法，以大地表面为对称面，在大地中圆柱导体的对称位置放置半径为a的镜像带电圆柱，然后撤去大地，认为上、下两个半空间都是无限大真空。由电轴法，电轴位置$b=\sqrt{h^2-a^2}$，大地上方、圆柱导体外的电位是

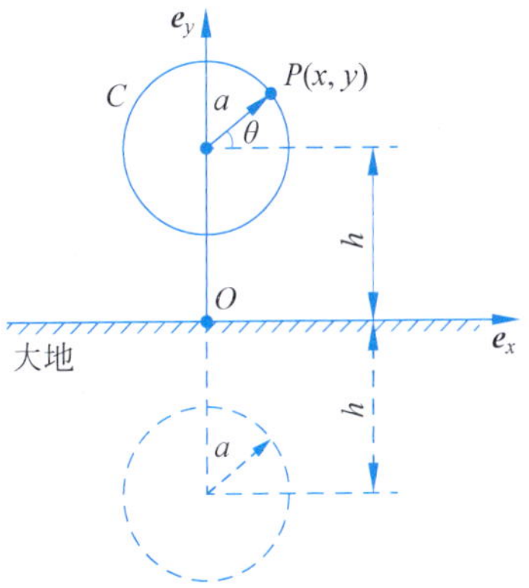

$$\varphi(x,y)=\frac{\rho_l}{4\pi\varepsilon_0}\ln\frac{x^2+(y+b)^2}{x^2+(y-b)^2} \tag{2.114}$$

图 2.20 大地上方带电圆柱导体及镜像

注意，虚拟的镜像电轴必须放置在待求场区外。

式(2.114)中的ρ_l未知，但可利用圆柱导体对地电压U求出。由于图2.20中圆C上任意点$P(x,y)$满足$x^2+(y-h)^2=a^2$，它的参数方程是

$$x=a\cos\theta \quad 和 \quad y=h+a\sin\theta \quad (0\leqslant\theta<2\pi)$$

利用$a^2+b^2=h^2$，式(2.114)中比值

(3) 外边界面上的边界条件：

$$\varphi = f \tag{3.47}$$

或

$$\sigma \frac{\partial \varphi}{\partial n} = g \tag{3.48}$$

(4) 无限远条件：

$$\lim_{r \to \infty} r\varphi = \text{常量} \tag{3.49}$$

式中，$\boldsymbol{E}_0$ 是电源内由非静电力建立的电场强度，f 和 g 都是已知函数，r 是坐标原点到场点的距离。

需要注意的是，稳恒电场中导体电位并非常量，导体内电场强度 $\boldsymbol{E} \neq \boldsymbol{0}$；作为对比，静电场中导体电位是常量，导体内电场强度 $\boldsymbol{E} = \boldsymbol{0}$。

3.7 稳恒电场与静电场的相似性

3.7.1 静电比拟

在自然科学的许多学科中，常见到两个不同的物理系统能抽象出相同的数学模型，这种用同一数学模型描述的系统称为相似系统，如一个由电阻、电感、电容组成的电路的数学模型，可以与一个由制动器、重物、弹簧的适当组合而构成的机械系统的数学模型相似。利用系统的相似性，可以为模型的建立、计算和实验提供很大方便。

在电磁场理论中，导体中稳恒电场（电源外）与电介质中静电场（电荷外）是两个相似系统，它们各自的场量满足相同的方程和边界条件，二者的对比如表 3.1 所示。

表 3.1 稳恒电场与静电场的对比

稳恒电场（电源外）	静电场（电荷外）	稳恒电场（电源外）	静电场（电荷外）
$\nabla \times \boldsymbol{E} = \boldsymbol{0}$	$\nabla \times \boldsymbol{E} = \boldsymbol{0}$	$\nabla^2 \varphi = 0$	$\nabla^2 \varphi = 0$
$\nabla \cdot \boldsymbol{J} = 0$	$\nabla \cdot \boldsymbol{D} = 0$	$\varphi_1 = \varphi_2$	$\varphi_1 = \varphi_2$
$\boldsymbol{J} = \sigma \boldsymbol{E}$	$\boldsymbol{D} = \varepsilon \boldsymbol{E}$	$\sigma_1 \frac{\partial \varphi_1}{\partial n_{12}} = \sigma_2 \frac{\partial \varphi_2}{\partial n_{12}}$	$\varepsilon_1 \frac{\partial \varphi_1}{\partial n_{12}} = \varepsilon_2 \frac{\partial \varphi_2}{\partial n_{12}}$

观察表 3.1 可见，导体中稳恒电场的 $\boldsymbol{E}$、$\boldsymbol{J}$、σ、φ 分别与电介质中静电场的 $\boldsymbol{E}$、$\boldsymbol{D}$、ε、φ 相对应，它们的方程、边界条件以及本构关系在数学上具有相同的表示形式，因此它们的物理规律在数学上也必然具有相同的表达式。这样，就可利用两种场的相似性，通过求解一种场而得到另一种场的数学表达式，如在求解导体中的稳恒电场时，可先求解电介质中的静电场，然后把静电场的有关参数和量换成与稳恒电场对应的参数和量即可。这种求解方法称为静电比拟。

3.7.2 电容与电阻的乘积

根据电介质中静电场和导体中稳恒电场的性质，可得一个重要性质：

线性、各向同性、均匀导电的无限大介质中两个电极之间的电容 C 和电阻 R 满足关系

$$RC = \frac{\varepsilon}{\sigma} \tag{3.50}$$

式中，ε 和 σ 分别是导电介质的电容率和电导率。

证 如图 3.6 所示，用横截面为 S_0 的细导线把电压为 U 的稳恒电压源与两个电极 Γ_1 和 Γ_2 连接起来。设 Γ_1 和 Γ_2 上的电荷分别是 Q 和 $(-Q)$。在 Γ_1 外侧、电容率为 ε 的导电介质

内作一无限接近于Γ_1的闭合曲面S_1，则有

$$Q=\varepsilon\oint_{S_1}\boldsymbol{E}\cdot\mathrm{d}\boldsymbol{S}$$

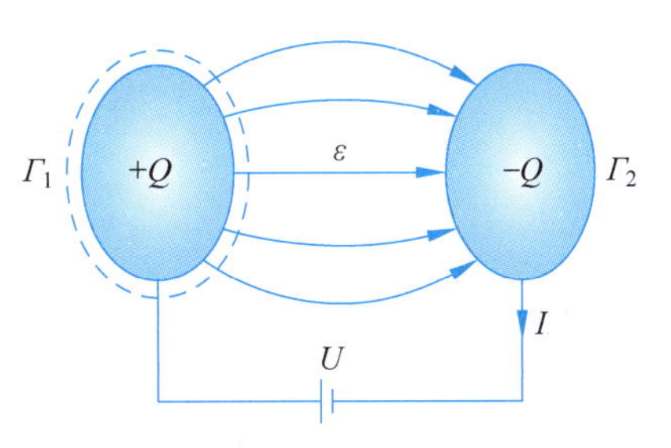

图 3.6 被电介质隔开的两个导体

再设通过电源的电流是I，则从Γ_1流出的电流满足关系式

$$\oint_{S_1}\boldsymbol{J}\cdot\mathrm{d}\boldsymbol{S}=\int_{S_0}\boldsymbol{J}\cdot\mathrm{d}\boldsymbol{S}+\int_{S_1-S_0}\boldsymbol{J}\cdot\mathrm{d}\boldsymbol{S}$$
$$=-I+\int_{S_1-S_0}\boldsymbol{J}\cdot\mathrm{d}\boldsymbol{S}=0$$

考虑到细导线的横截面积S_0趋于零，由以上两式可得

$$I=\int_{S_1-S_0}\boldsymbol{J}\cdot\mathrm{d}\boldsymbol{S}=\sigma\int_{S_1-S_0}\boldsymbol{E}\cdot\mathrm{d}\boldsymbol{S}=\sigma\oint_{S_1}\boldsymbol{E}\cdot\mathrm{d}\boldsymbol{S}=\frac{\sigma Q}{\varepsilon}$$

式中，$\boldsymbol{J}$是导电介质内无限靠近Γ_1表面的电流密度，σ是导电介质的电导率。

这样，根据电容和电阻的定义式，最后得

$$RC=\left(\frac{U}{I}\right)\left(\frac{Q}{U}\right)=\frac{Q}{I}=\frac{\varepsilon}{\sigma}$$

证毕。

利用上述性质，当已知两电极间的电容时，就能得到这个电极系统的电阻；反过来，如果能够计算或测量得到这个电极系统的电阻，就能根据该性质计算得到该电极系统的电容。

例 3.4 电容率为ε的无限大均匀电介质中有一个电容为C的电容器，若将电容器的电介质用电导率为σ的电介质替换，设电容器两电极间电阻为R，试证明电阻吸收的功率P与电容器中电场能量W_e之间满足关系

$$P=\frac{2\sigma}{\varepsilon}W_e \tag{3.51}$$

证明 设电极间的电压为U，则电容器中电场能量为$W_e=CU^2/2$。当两个电极位于电导率为σ的电介质中时，设两电极间的电压仍为U，则电阻吸收的功率为$P=U^2/R$。这样，比值

$$\frac{P}{W_e}=\left(\frac{U^2}{R}\right)\left(\frac{2}{CU^2}\right)=\frac{2}{RC}$$

利用式(3.50)，于是

$$\frac{P}{W_e}=\frac{2\sigma}{\varepsilon}$$

证毕。

例 3.5 一电容器中充满了电容率$\varepsilon=3\varepsilon_0$、电导率$\sigma=1.0\times10^{-7}$ S/m的均匀电介质，电容器的外部是真空，测量得到电容器的电阻$R=10$ MΩ。求电容器的电容C。

解 忽略电容器的边缘效应，认为电场集中分布在电容器内，电容器外没有电场分布。此时用式(3.50)可以求出电容：

$$C=\frac{\varepsilon}{R\sigma}=\frac{3\times8.854\times10^{-12}}{10\times10^6\times1.0\times10^{-7}}=26.6\times10^{-12}(\mathrm{F})=26.6(\mathrm{pF})$$

在式(3.50)的导出过程中，假定两个导体均处于无限大均匀电介质中，而本题电容器内电介质的电容率$\varepsilon=3\varepsilon_0$，电容器外是真空，所以严格地说，本题不能用式(3.50)计算，但是，当忽略电容器的边缘效应后，就可以这样计算了。解毕。

3.8 绝缘电阻和接地电阻

3.8.1 绝缘电阻

电气设备中的绝缘材料总有绝缘缺陷，这些绝缘缺陷有的是在制造过程中产生的，有的是在运行过程中产生的，主要有内部气隙、局部开裂、局部受潮、磨损、材料的劣化变质、整体受潮等。

材料中的绝缘缺陷会导致位于电场中的绝缘材料内有微弱的泄漏电流流过。材料的绝缘状态可用绝缘电阻的大小来判断。绝缘电阻是指用绝缘材料隔开的两个导体之间的电阻。绝缘电阻 R 等于两导体间的稳恒电压 U 与泄漏的稳恒电流 I 之比，即

$$R=\frac{U}{I} \tag{3.52}$$

用绝缘电阻表可以测量绝缘电阻。

下面举例说明绝缘电阻的计算方法。

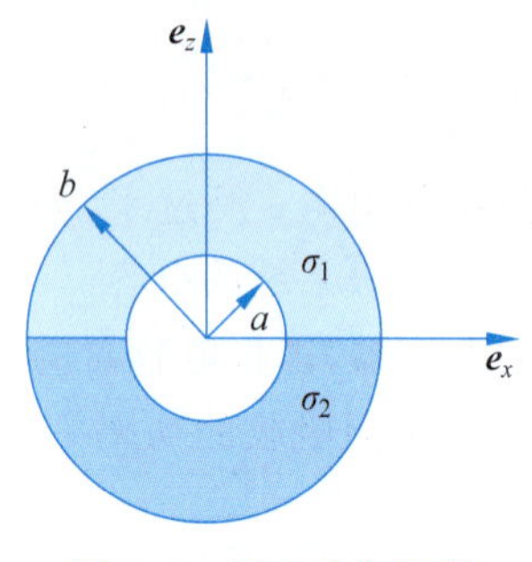

图 3.7 同心球电容器

例 3.6 同心球电容器如图 3.7 所示，内球半径为 a，外球半径为 b，两球面间充满了两种均匀绝缘材料，每种材料各占一半区域，边界面是平面。试求内外导体球面间的绝缘电阻。

解 如图 3.7 所示，建立球坐标系 $Or\theta\phi$，坐标原点 O 位于球心，z 轴垂直于两种绝缘材料的边界面。在内、外导体球面间施加稳恒电压 U，设内球电位为 $\varphi=U$，外球电位为 $\varphi=0$。容易判断，这是一个以 z 轴为对称轴的轴对称场，两球面间的电位 φ 仅是坐标分量 r 的单变量函数。

在两球面之间作半径为 $r(a<r<b)$ 的同心球面 S，设它的上、下半球面分别是 S_1 和 S_2，则从内球面流向外球面的泄漏电流 I 为

$$\begin{aligned}I&=\int_{S_1}\boldsymbol{J}_1\cdot\mathrm{d}\boldsymbol{S}+\int_{S_2}\boldsymbol{J}_2\cdot\mathrm{d}\boldsymbol{S}\\&=\sigma_1\int_{S_1}\boldsymbol{E}_1\cdot\mathrm{d}\boldsymbol{S}+\sigma_2\int_{S_2}\boldsymbol{E}_2\cdot\mathrm{d}\boldsymbol{S}\\&=2\pi(\sigma_1E_{1r}+\sigma_2E_{2r})r^2\end{aligned}$$

式中 $\boldsymbol{J}_1=\sigma_1\boldsymbol{E}_1$ 和 $\boldsymbol{J}_2=\sigma_2\boldsymbol{E}_2$ 分别是 S_1 和 S_2 上的电流密度。利用绝缘材料边界面两侧电场强度切向分量相等这个边界条件，得 $E_{1r}=E_{2r}$。从而同心球面 S 上电场强度的径向分量

$$E_{1r}=E_{2r}=\frac{I}{2\pi(\sigma_1+\sigma_2)r^2}$$

进一步

$$U=\int_a^b\boldsymbol{E}_1\cdot\mathrm{d}\boldsymbol{r}=\int_a^b(E_{1r}\boldsymbol{e}_r)\cdot(\boldsymbol{e}_r\mathrm{d}r)=\frac{I(b-a)}{2\pi(\sigma_1+\sigma_2)ab}$$

于是，内、外导体球面间的绝缘电阻为

$$R=\frac{U}{I}=\frac{b-a}{2\pi(\sigma_1+\sigma_2)ab} \tag{3.53}$$

解毕。

例 3.7 两个非平行导体平板之间充满电阻率为 ρ 的绝缘材料(见图 2.27)，忽略边缘效

应，试计算两导体板间的绝缘电阻。

解 根据同一导体系统中电容 C 和电阻 R 之间的关系式 $RC=\varepsilon/\sigma$[见式(3.50)]，利用电容 C 的表达式[见式(2.145)]，得两导体板间的绝缘电阻

$$R=\frac{\varepsilon_0}{\sigma C}=\frac{\rho\theta}{a\ln(R_2/R_1)} \tag{3.54}$$

解毕。

3.8.2 接地电阻

电气系统中为了工作和安全的需要，常将电气设备的一部分与大地作电气连接，这就是接地。接地通过接地装置来实现。接地装置由接地极和接地线所组成。直接与土壤紧密接触的导体称为接地极，设备需要接地的地方与接地极连接的导线被称为接地线。接地极分为自然接地极和人工接地极两类。埋没(mò)在地下的自来水管、金属井管、建筑物地下的钢筋混凝土基础等都是自然接地极。人工接地极可以是垂直埋没的角钢、圆钢或钢管，以及水平埋没的圆钢等。设备通过接地可以保障电气系统的正常工作，保护人身安全，防止雷击和防止干扰等，与此对应，接地的种类有工作接地、保护接地、防雷接地和屏蔽接地等。

反映接地状况的一个重要参数是接地电阻。在电路理论中，一端口无源电阻网络的电阻定义为端口电压与流入端口的电流之比。而对于接地装置，由于大地为半无限介质，不存在端口，所以需要给出接地电阻的定义。考虑到实际电气设备是单点接地，与该接地点构成回路的另一端点在大地地面的远方，所以给出以下定义。

稳恒电流源的一端连接在接地极上，另一端连接在与接地极相距无限远的大地表面。设稳恒电流源通过接地极流入大地的电流为 I，接地极上的电位为 φ_e，无限远处大地表面的电位为 φ_0，定义接地电阻为

$$R=\frac{\varphi_e-\varphi_0}{I} \tag{3.55}$$

这里下标 e 取自英文 earth electrode(接地极)的第一个字母。

由这个定义可知，当接地极上的电流通过大地向无限远流散时，电流依次流过接地极、穿出接地极与大地土壤的接触面、通过土壤流向无限远，所以接地电阻由接地极本身的电阻、接地极与土壤之间的接触电阻、土壤电阻这 3 个电阻所组成，如图 3.8(a)所示。这 3 个电阻中，与土壤电阻相比，接地极本身的电阻与接触电阻都很小，所以接地电阻主要是指大地土壤的电阻。接地电阻越小，说明设备与大地之间的电气连接越好。如图 3.8(b)所示，接地极附近的土壤中电流密度 $|\boldsymbol{J}|$ 大，距离接地极越远，$|\boldsymbol{J}|$ 越小，无限远处 $|\boldsymbol{J}|\to 0$，所以接地极与大地表面无限远处的电位差 $\varphi_e-\varphi_0=\int_C \boldsymbol{E}\cdot \mathrm{d}\boldsymbol{r}=\int_C \rho\boldsymbol{J}\cdot \mathrm{d}\boldsymbol{r}$($C$ 是接地极到大地表面无限远的路径)在数值上主要取决于接地极附近土壤的导电情况和接地极的形状及尺寸。

例 3.8 如图 3.9 所示，半径为 a 的金属球接地极埋没深度为 d，$a<d$，大地的电导率是 σ，求接地电阻 R。

解 下面分两种情况分析。

(1) 接地极深埋。此时认为埋没深度 $d\to\infty$，地面影响忽略不计。设大地中任意点电位为 φ，电位参考点位于无限远处，建立球坐标系 $Or\theta\phi$，选取金属球的球心为坐标原点 O。由于大地中的电位 φ 只与半径 r 有关，所以满足方程

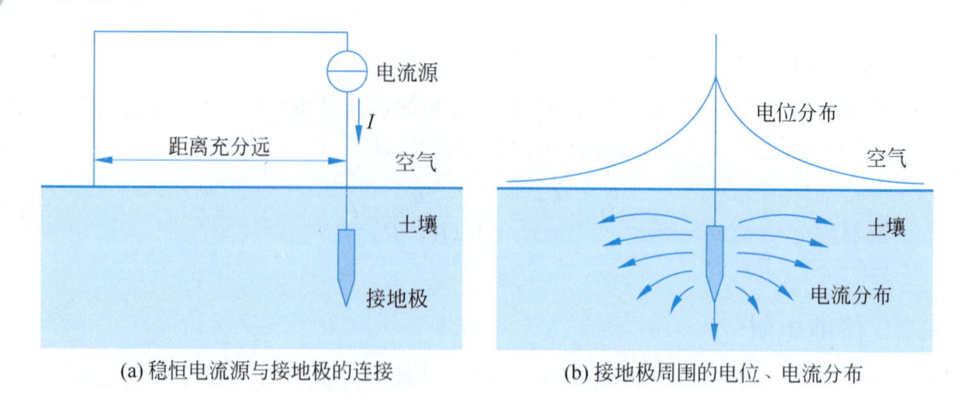

(a) 稳恒电流源与接地极的连接 (b) 接地极周围的电位、电流分布

图 3.8 接地极示意图

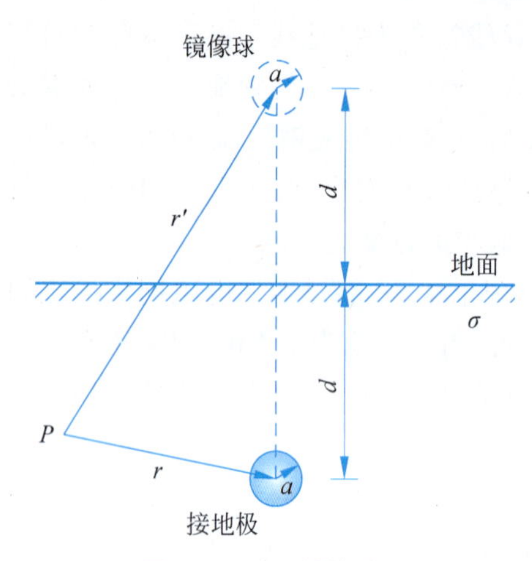

图 3.9 埋没的接地极

$$\nabla^2\varphi=\frac{1}{r^2}\frac{\mathrm{d}}{\mathrm{d}r}\left(r^2\frac{\mathrm{d}\varphi}{\mathrm{d}r}\right)=0$$

其通解为

$$\varphi(r)=-\frac{C_1}{r}+C_2$$

式中，C_1 和 C_2 是积分常量。

由无限远条件可知，$\left|\lim\limits_{r\to\infty}r\varphi\right|<\infty$，从而 $C_2=0$。另一方面，设金属球表面的电位为 $\varphi(a)=\varphi_e$，这样 $C_1=-a\varphi_e$。于是，大地中任意点电位为

$$\varphi(r)=\frac{a}{r}\varphi_e \tag{3.56}$$

进一步，通过接地极流入大地的总电流为

$$I=\int_{S-S_0}\boldsymbol{J}\cdot\mathrm{d}\boldsymbol{S}=\int_{S-S_0}\sigma\boldsymbol{E}\cdot\mathrm{d}\boldsymbol{S}=\sigma\int_{S-S_0}\boldsymbol{E}\cdot\mathrm{d}\boldsymbol{S} \tag{3.57}$$

式中，S 是大地中与金属球同心的球面，S_0 是电流源连接接地极的圆柱细导线的横截面。设 S_0 是球面 S 的一部分，z 轴（对称轴）穿过 S_0 的中心，设 S_0 的边界（圆环）上坐标为(r,θ_0,ϕ)，其中 $\theta_0\to0$。利用 $\mathrm{d}\boldsymbol{S}$ 的表达式（附录 A），可写出

$$\boldsymbol{E}\cdot\mathrm{d}\boldsymbol{S}=-\nabla\varphi\cdot\mathrm{d}\boldsymbol{S}=-\frac{\mathrm{d}\varphi}{\mathrm{d}r}\boldsymbol{e}_r\cdot\mathrm{d}\boldsymbol{S}=a\varphi_e\sin\theta\,\mathrm{d}\theta\,\mathrm{d}\phi$$

代入式(3.57)，得

$$I=\lim_{\theta_0\to0}\sigma a\varphi_e\int_{\theta_0}^{\pi}\sin\theta\,\mathrm{d}\theta\int_0^{2\pi}\mathrm{d}\phi=4\pi\sigma a\varphi_e$$

从而大地中任意点电位可写成

$$\varphi(r)=\frac{a}{r}\varphi_e=\frac{a}{r}\left(\frac{I}{4\pi\sigma a}\right)=\frac{I}{4\pi\sigma r} \tag{3.58}$$

根据接地电阻的定义，由式(3.58)可求出深埋金属球的接地电阻：

$$R=\frac{\varphi(a)-\varphi(\infty)}{I}=\frac{1}{4\pi\sigma a} \tag{3.59}$$

(2) 接地极浅埋。如图 3.9 所示，考虑上半空间的影响（地面是内边界面），利用镜像法，认为在接地极正上方距地面高度 d 处有一半径为 a 的镜像金属球，镜像球的外部充满了电导率为 σ 的导体，从镜像球流向导体的电流也是 I。因为只有这样，场量才满足内边界面上的边

界条件：地面两侧的电场强度切向分量相等，地面内侧的电流密度法向分量为零。于是由式(3.56)可知，在下半空间的任意点 P 处，从金属球流出的电流单独作用时产生的电位为 $\varphi=\varphi_e a/r$（r 是金属球的球心到点 P 的距离），从镜像球流出的电流单独作用时产生的电位为 $\varphi=\varphi_e a/r'$（r' 是镜像球的球心到点 P 的距离），由电位的叠加原理，从金属球流出的电流和从镜像球流出的电流共同在下半空间点 P 产生的电位为

$$\varphi(r)=\frac{a}{r}\varphi_e+\frac{a}{r'}\varphi_e=a\varphi_e\left(\frac{1}{r}+\frac{1}{r'}\right) \tag{3.60}$$

式中，φ_e 是接地极深埋时金属球表面的电位，由式(3.58)可得 $\varphi_e=I/(4\pi\sigma a)$。这样，式(3.60)可写成

$$\varphi(r)=\frac{I}{4\pi\sigma}\left(\frac{1}{r}+\frac{1}{r'}\right) \tag{3.61}$$

取点 P 在金属球面上，有 $r=a$，$r'=2d-a$，金属球面的电位为

$$\varphi(a)=\frac{I}{4\pi\sigma}\left(\frac{1}{a}+\frac{1}{2d-a}\right)\approx\frac{I}{4\pi\sigma a}\left(1+\frac{a}{2d}\right)$$

根据接地电阻的定义，浅埋金属球的接地电阻为

$$R=\frac{\varphi(a)-\varphi(\infty)}{I}=\frac{1}{4\pi\sigma a}\left(1+\frac{a}{2d}\right) \tag{3.62}$$

当 $d\rightarrow\infty$ 时就是无限大均匀导体中深埋的金属球接地极的接地电阻。因而右端括号中第二项 $a/(2d)$ 反映了接地极埋没深度对接地电阻的影响。解毕。

关于接地电阻，需要指出以下3点。

(1) 在计算接地电阻时把土壤看成线性、各向同性的均匀导体，这样做只是为了便于分析而采用的一种近似，实际土壤的导电情况非常复杂。

(2) 电流由接地极流向大地时，大地表面会形成以电流入地点为中心的电流分布。人行走在接地极附近的地面上，设一只脚的电位为 φ_1，另一只脚的电位为 φ_2，两脚之间的电位差 $U_{step}=\varphi_1-\varphi_2$ 称为跨步电压。在跨步电压的作用下，人体中通过电流 $I_k=U_{step}/(2R_f+R_k)$，这里 R_f 是脚与大地的接触电阻，R_k 是人体电阻，决定人体电阻的因素有很多，它是一个变化量。当跨步电压较大时，人体中的电流就较大，从而对人造成伤害。因此为了避免跨步电压对人、畜的伤害，在接地极上方的地面上应设置人、畜活动的禁止区域。禁止区域面积大小与比值 I/σ 成正比（I 是通过接地极流入大地的电流，σ 是接地极附近土壤的电导率），比值 I/σ 越大，禁止区域的面积就越大。

(3) 人体触电后产生的物理效应取决于通过人体的电流而不是电压。当频率为15～100 Hz的交流电流通过人体时，人身所察觉到的最小电流约1 mA，能自主摆脱的最大电流约10 mA，数值因人而异。影响触电后果的因素有：电流通过身体的路径（靠近电流路径的器官最可能受到影响）、电流的大小和持续时间。人体中最容易受到电流影响的内脏器官是心脏，心脏各部分的肌肉会因来自外部的电刺激而各自产生任意性的不规则收缩，有时会因心脏丧失泵血功能而死亡。触电直接引起的死亡是窒息、呼吸停止和心室纤维性颤动，其中后者被认为是触电死亡的最普遍原因。“大多数触电的人，不包括被烧的，要么死去，要么完全恢复，很少有后遗症。如果有，可能是白内障、胸痛或神经系统的各种疾病，既可能是暂时性的，也有时是永久性的。”[（美，2007）电击词条]

*3.9 测量电阻率的四电极法

电阻率是表征材料导电性能的一个参数,电阻率小的材料导电性能好,电阻率大的材料导电性能差。不同使用场合对材料的电阻率有不同的要求,例如,制作半导体器件时,对硅单晶材料的电阻率就有要求,不同的器件对硅片电阻率数值要求不同;再例如,为保证设备正常工作和人身安全,希望通信设备和电力设备的接地极周围土壤的电阻率越小越好。通过测量材料的电阻率还可以对不同的金属元素和合金进行分类,用于判定金属材料的硬度、热处理情况等。

电阻率的测量方法有多种。四电极法是目前测量土壤、半导体等材料电阻率的重要方法,它具有设备简单、操作方便、测量结果比较准确的优点,适合生产现场使用。这个方法是由美国标准局的学者温纳①提出的,也叫温纳法。

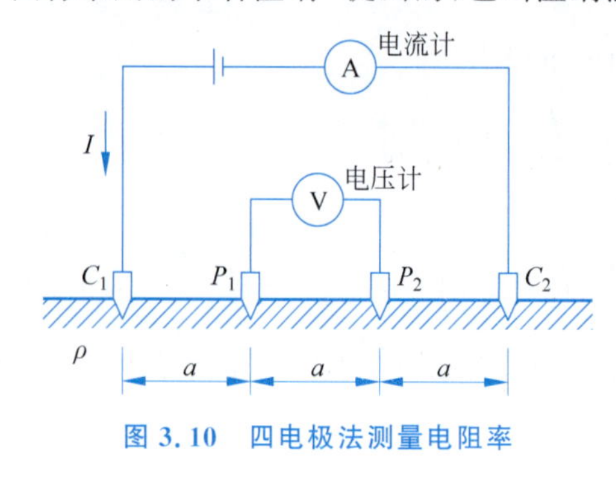

图 3.10 四电极法测量电阻率

3.9.1 测量方法

四电极法的测量电路如图 3.10 所示,图中 C_1、P_1、P_2、C_2 是 4 根金属电极,它们等距离排列在一条直线上,而且 4 根电极同时与被测材料接触,外面的一对电极 C_1 和 C_2 用来通过电流,里面的一对电极 P_1 和 P_2 用来测量电压。设电极 C_1 和 C_2 间流过的稳恒电流为 I,电极 P_1 和 P_2 间的电压为 U,电极的最小间距为 a,则被测材料的电阻率为

$$\rho = 2\pi a \frac{U}{I} \tag{3.63}$$

下面给出式(3.63)的导出过程。

3.9.2 测量原理

先分析单电极情况②。假设一电极与半无限被测材料表面接触于点 A,稳恒电流从电极流入被测材料,如图 3.11 所示。可以认为在被测材料内,以点 A 为球心、以 r 为半径的半球面上电流均匀分布。这样,材料内的半球面上任意点电流密度为

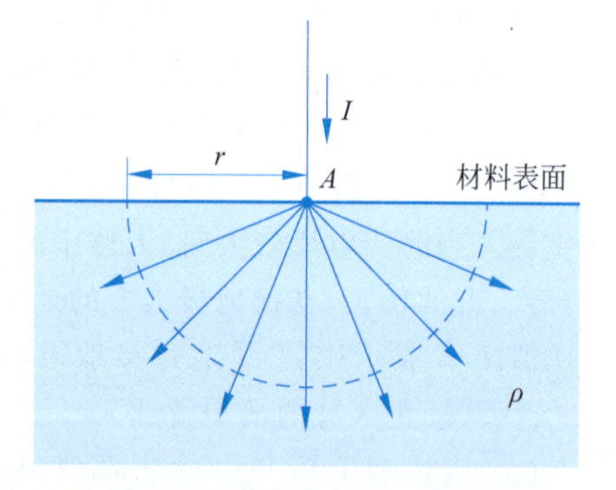

图 3.11 电流从电极流入被测材料

$$\boldsymbol{J} = \frac{I}{2\pi r^2}\boldsymbol{e}_r$$

式中,$\boldsymbol{e}_r$ 是球面上的径向单位矢量。根据欧姆定律的微分形式,半球面上的电场强度为

$$\boldsymbol{E} = \frac{\boldsymbol{J}}{\sigma} = \rho \boldsymbol{J} = \frac{\rho I}{2\pi r^2}\boldsymbol{e}_r$$

令无限远处的电位为零,则图 3.11 中半球面上的电位为

$$\varphi = \int_r^\infty \boldsymbol{E} \cdot \mathrm{d}\boldsymbol{r} = \int_r^\infty \boldsymbol{E} \cdot (\boldsymbol{e}_r \mathrm{d}r) = \frac{\rho I}{2\pi}\int_r^\infty \frac{\mathrm{d}r}{r^2} = \frac{\rho I}{2\pi r} \tag{3.64}$$

---

① Wenner F.,1915. Bulletin of Bureau of Standards,Report. No. 258,12(3).

② 推导方法参考(黄昆,韩汝琦,1979. 半导体物理基础[M]. 北京:科学出版社.)

如果稳恒电流从被测材料流入单电极，此时只要把式(3.64)中的 I 换成($-I$)就可以得到半球面上的电位

$$\varphi=-\frac{\rho I}{2\pi r} \tag{3.65}$$

接下来分析图 3.10 所示的四电极情况。因电极 P_1 和 P_2 中均没有电流流过，所以只需考虑电极 C_1 和 C_2 中的电流产生的电位即可。由于被测材料表面的电位是电极 C_1 和 C_2 中的电流分别产生电位的叠加，因此应用式(3.64)和式(3.65)，图 3.10 中点 P_1 处电位可写成

$$\varphi(P_1)=\frac{\rho I}{2\pi}\left(\frac{1}{\overline{C_1P_1}}-\frac{1}{\overline{P_1C_2}}\right)=\frac{\rho I}{2\pi}\left(\frac{1}{a}-\frac{1}{2a}\right)=\frac{\rho I}{4\pi a}$$

式中，$\overline{C_1P_1}$ 表示电极 C_1 和 P_1 间的距离，$\overline{P_1C_2}$ 表示电极 P_1 和 C_2 间的距离。同理，电极 P_2 处电位可写成

$$\varphi(P_2)=\frac{\rho I}{2\pi}\left(\frac{1}{\overline{C_1P_2}}-\frac{1}{\overline{P_2C_2}}\right)=\frac{\rho I}{2\pi}\left(\frac{1}{2a}-\frac{1}{a}\right)=-\frac{\rho I}{4\pi a}$$

这样，电极 P_1 和 P_2 间的电压(图 3.10 中电压计的读数)为

$$U=\varphi(P_1)-\varphi(P_2)=\frac{\rho I}{2\pi a} \tag{3.66}$$

由此得 $\rho=2\pi aU/I$，这就是式(3.63)的由来。

3.9.3 关于四电极法的说明

(1) 为什么使用 4 根电极？这是因为金属电极与被测材料接触点处往往具有较大的接触电阻，而且连接电极的导线也有电阻，如果用电极 C_1 和 C_2 同时测量电流和电压，串联在电极 C_1 和 C_2 之间的接触电阻和导线电阻就会影响测量结果。当采用四电极法时，由于电极 P_1 和 P_2 之间的电压计中没有电流通过，所以点 P_1 处和 P_2 处的两个接触电阻和二者之间的导线电阻都不影响电压计的读数；而对于电极 C_1 和 C_2 中流过的电流 I，可以通过调节回路中的可变电阻使电流保持不变。也就是说，接触电阻和导线电阻都不影响电压计和电流计的读数，这就是四电极法测量电阻率具有较高准确度的原因。

(2) 使用式(3.63)的前提是被测材料为半无限大区域，而所有实际的被测材料都是有限尺寸，这就要求被测材料的边缘与电极的距离要远大于电极之间的最小距离。

(3) 四电极法测得的是电极附近材料的平均电阻率。

小　结

1. 基本概念

(1) 电流密度是矢量，它描述导体内各点电荷的移动情况。电流是标量，它等于电流密度通过有向曲面的通量。

(2) 适用于欧姆定律的导体内没有净电荷，净电荷只能分布在导体表面。

(3) 稳恒电场中的电流线是闭合线，但载流导体内不存在闭合电流线。

(4) 当电流从良导体进入不良导体时，不良导体内的电场线(或电流线)近似与边界面垂直。

(5) 导体中的稳恒电场和电介质中的静电场有相同的数学模型，通过求解电介质中的静电场可以类比得到导体中的稳恒电场。

(6) 绝缘电阻是指用绝缘材料隔开的两个导体之间的电阻，等于两导体间的稳恒电压与

泄漏的稳恒电流之比。

(7) 稳恒电流源的一端连接在接地极上、另一端连接在与接地极相距甚远的大地表面上,则接地电阻为接地极相对于大地表面甚远处的电位差与流入接地极电流之比 $R=(\varphi_e-\varphi_0)/I$。

2. 重要公式

(1) 运动带电粒子的电流密度:$\boldsymbol{J}=\rho_{v+}\boldsymbol{v}_+ +\rho_{v-}\boldsymbol{v}_-$。

(2) 连续性方程:$\nabla\cdot\boldsymbol{J}=-\partial\rho_v/\partial t$。

(3) 线性导体的本构关系:$\boldsymbol{J}=\sigma\boldsymbol{E}$。

(4) 稳恒电场的基本方程:$\nabla\times\boldsymbol{E}=\boldsymbol{0}$ 和 $\nabla\cdot\boldsymbol{J}=0$。

(5) 稳恒电场的边界条件:$\boldsymbol{n}_{12}\times(\boldsymbol{E}_2-\boldsymbol{E}_1)=\boldsymbol{0}$ 和 $\boldsymbol{n}_{12}\cdot(\boldsymbol{J}_2-\boldsymbol{J}_1)=0$。

(6) 含有电源的欧姆定律的微分形式:$\boldsymbol{J}=\sigma(\boldsymbol{E}+\boldsymbol{E}_0)$。

(7) 电源的电动势:$V_{\text{emf}}=\oint_C \boldsymbol{E}_0\cdot\mathrm{d}\boldsymbol{r}$。

(8) 无限大均匀电介质中两个导体间的电容与电阻之间满足 $RC=\varepsilon/\sigma$。

3. 线性稳恒电场的边值问题

约束方程:$\nabla^2\varphi=\nabla\cdot\boldsymbol{E}_0$(电源外 $\boldsymbol{E}_0=\boldsymbol{0}$)。

内边界面上的边界条件:$\varphi_1=\varphi_2$ 和 $\sigma_1\dfrac{\partial\varphi_1}{\partial n_{12}}=\sigma_2\dfrac{\partial\varphi_2}{\partial n_{12}}$。

外边界面上的边界条件:$\varphi=f$ 或 $\sigma\dfrac{\partial\varphi}{\partial n}=g$($f$ 和 g 均为已知函数)。

无限远条件:$\lim\limits_{r\to\infty} r\varphi=$常量。

4. 要求

(1) 能通过静电比拟计算典型的稳恒电场。

(2) 能列出线性稳恒电场的边值问题。

(3) 能计算典型稳恒电场问题的绝缘电阻、接地电阻和跨步电压。

5. 注意

(1) 电流是现行国际单位制中的基本量。基本量不用定义。

(2) 不能把电流叫电流强度,电流是通量,不是强度量,也不是密度量。

(3) 稳恒电场中导体电位不是常量。

(4) 不要把接地电阻看成接地极本身的电阻。

习　题

3.1 如图 3.12 所示,与电池相连接的两个电极 A 和 B 插入电解池,设任意时刻电解池中均有 N 个阳离子和 N 个阴离子,电解池中离子从一个电极移动到另一个电极的时间为 t,单个离子所带电量为 e。试求电解液中的电流密度和通过电解液内某个截面 S 的电流。

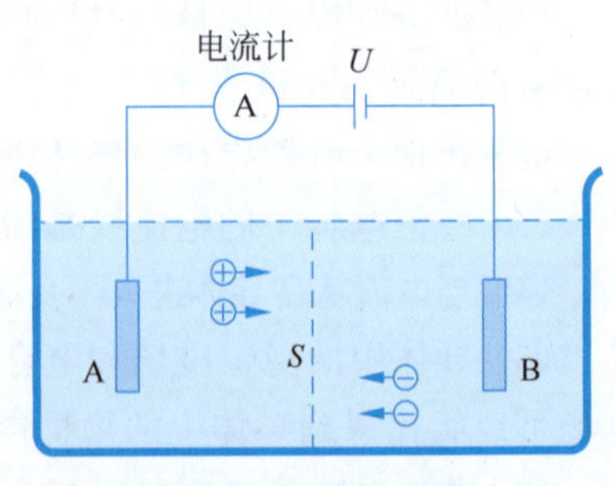

图 3.12　题 3.1 图

3.2 电容率为 ε 的无限大电介质中有两个相距甚远的导体球,电位参考点在无限远处,导体球 1 的电压为

U_1，导体球2上无电荷、半径为 a，当用导线把两个导体球连接起来后，导体球1的电压为 U_0。试求导体球1的电容 C_1 和连接导致的能量损耗 ΔW_e。提示：连接前后电荷总量保持不变，$C_1U_1=(C_1+C_2)U_0$。

3.3 证明稳恒电流密度 $\boldsymbol{J}$ 满足 $\nabla\cdot\dfrac{\boldsymbol{J}(\boldsymbol{r}')}{|\boldsymbol{r}-\boldsymbol{r}'|}=-\nabla'\cdot\dfrac{\boldsymbol{J}(\boldsymbol{r}')}{|\boldsymbol{r}-\boldsymbol{r}'|}$。

3.4 电容器充电后与电源断开，经过10 min后，两极间电压减少一半。已知电容器中电介质的相对电容率等于3，试求电介质的电导率。

3.5 如图3.13所示，已知电导率 σ 为常量的圆柱导体中通过稳恒电流 I，证明导体中电流沿截面均匀分布。

3.6 半径分别为 a 和 b 的两个同心导体球壳之间分布着两种电介质，如图3.14所示，左半部分电介质的电导率为 σ_1，右半部分电介质的电导率为 σ_2。设由内球壳流向外球壳的电流为 I，求电介质中的电流密度。

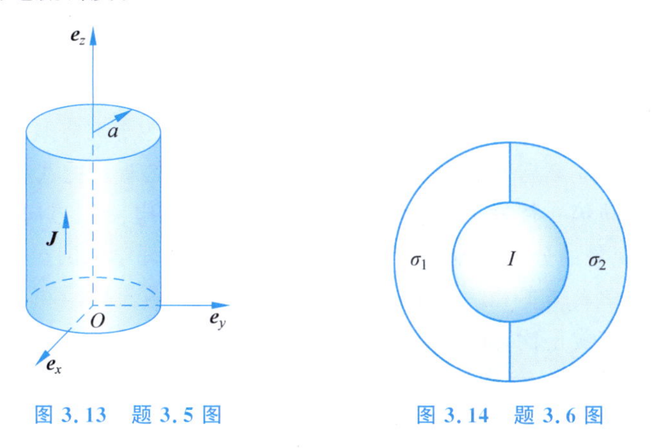

图3.13 题3.5图　　图3.14 题3.6图

3.7 设长直同轴电缆的内、外导体半径分别为 a 和 b，导体间绝缘电介质的电导率为 σ，求长为 l 的同轴电缆的绝缘电阻。

3.8 极板面积为 S 的平行板电容器中充满了厚度分别为 h_1 和 h_2 的两层绝缘电介质，电介质边界面与电容器的极板平行，两层电介质的电导率分别为 σ_1 和 σ_2，忽略边缘效应，求两极板间的绝缘电阻。

3.9 有一半球形接地极，如图3.15所示，设接地极为理想导体(电导率为无限大)，半径为 a，大地土壤的电导率为 σ，流出接地极进入土壤的稳恒电流为 I。求大地表面的电位和步长为 c 时的跨步电压(图中点 A 和点 B 间的电位差)。

3.10 两个半径分别为 a 和 b 的球形导体深埋在土壤中，如图3.16所示，它们之间相距为 d，$d\gg a$，$d\gg b$，设大地的电导率为 σ，求两球间的电阻。

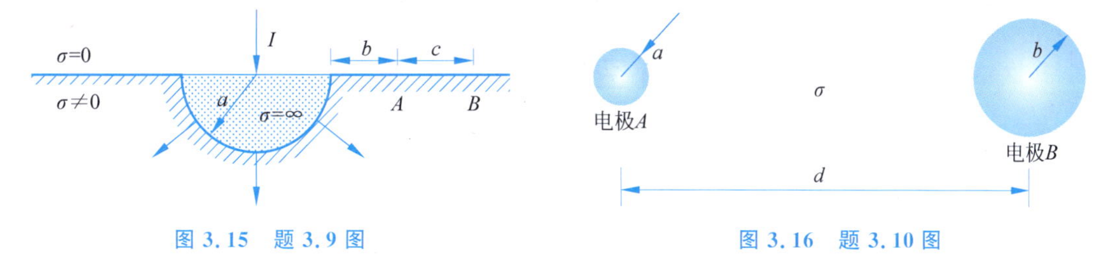

图3.15 题3.9图　　图3.16 题3.10图

一目了然的真理不费力就可以懂，懂了能感到暂时的愉快，但是很快就被遗忘了。

［意］薄伽丘(小说家)

第4章　稳恒磁场

磁现象与电现象相似，相同极性的磁极相排斥，不同极性的磁极相吸引。1785 年库仑实验证实了磁极与点电荷一样，两个磁极之间的作用力与它们之间距离的平方成反比。但在 1820 年以前，人们一直没有考虑过这两种现象之间的联系。

1820 年 7 月 21 日，丹麦物理学家奥斯特发表了实验报告：载流导体周围存在磁场，也就是说，电流能够产生磁场。这在当时是个非常惊人的发现，因为那时电现象和磁现象是被分别研究的。奥斯特的工作立刻启发了许多学者，人们迅速重复奥斯特的实验，很快有了新发现。法国物理学家安培于同年 9 月发现两根平行载流直导线中的电流同方向时吸引、反方向时排斥，并提出了解释磁现象的分子电流假说。与此同时，法国物理学家阿拉果制作了第一个电磁铁。同年 10 月，法国学者毕奥和萨伐尔通过实验得到：长直载流导线在一点产生的磁通密度的大小与导线中的电流成正比，而与离开长直导线的距离成反比；由此出发，法国数学家、物理学家拉普拉斯导出了毕奥-萨伐尔定律的数学表达式。从此以后，电流的磁效应得到确认，揭开了电磁学迅速发展的历史序幕。

稳恒电流同时产生稳恒电场和稳恒磁场，前一章讨论稳恒电场，这一章讨论稳恒磁场。对照稳恒磁场与静电场，可以看出两者非常相似：安培力定律对应于库仑定律，都是描述两个点源之间作用力的定律，作用力的大小都与距离的平方成反比；磁通密度对应于电场强度，都是由作用力定义的物理量；磁介质对应于电介质，电介质看作由真空中的电偶极子所组成，磁介质看作由真空中的磁偶极子所组成。正是由于这些相似性，本章仿照静电场的分析方法来分析稳恒磁场。叙述次序是：首先，从安培力定律出发，引出计算磁通密度的毕奥-萨伐尔定律，并利用该定律研究无限大真空中磁场的散度和旋度；然后，导出真空中磁偶极子的磁场、力矩、受力和位能的表达式，在此基础上，把磁场中的磁介质看作无限大真空中由磁偶极子组成的区域，通过引入磁化强度和磁场强度，得到稳恒磁场的两个基本方程和对应的边界条件，并分别给出两个典型位函数的约束方程和边界条件；进一步，给出一般磁介质中的磁场能量，继而讨论铁磁质的磁滞回线；最后，给出电感和磁场力的计算方法。

4.1　真空中的磁通密度

4.1.1　安培力定律

安培通过实验建立了载流回路间相互作用力的安培力定律：

无限大真空中有两个通有稳恒电流的回路 C_1 和 C_2(图 4.1)，回路 C_1 上的电流 I_1 对回路 C_2 上的电流 I_2 的作用力为

$$\boldsymbol{F}_{21}=\oint_{C_2} I_2 \mathrm{d}\boldsymbol{r}_2 \times\left(\oint_{C_1} \frac{\mu_0}{4\pi} \frac{I_1 \mathrm{d}\boldsymbol{r}_1 \times \boldsymbol{R}_{21}^{\circ}}{R_{21}^2}\right) \tag{4.1}$$

式中，电流元 $I_1\mathrm{d}\boldsymbol{r}_1$ 和 $I_2\mathrm{d}\boldsymbol{r}_2$ 的方向分别是回路 C_1 和回路 C_2 上该点的电流方向；单位矢量

$$\boldsymbol{R}_{21}^{\circ}=\frac{\boldsymbol{r}_2-\boldsymbol{r}_1}{|\boldsymbol{r}_2-\boldsymbol{r}_1|}$$

是由电流元 $I_1\mathrm{d}\boldsymbol{r}_1$ 指向电流元 $I_2\mathrm{d}\boldsymbol{r}_2$ 的单位矢量；μ_0 是真空磁导率，其值为

$$\mu_0=4\pi\times10^{-7}\ \mathrm{H/m}$$

这个数值很重要，以后经常用到。

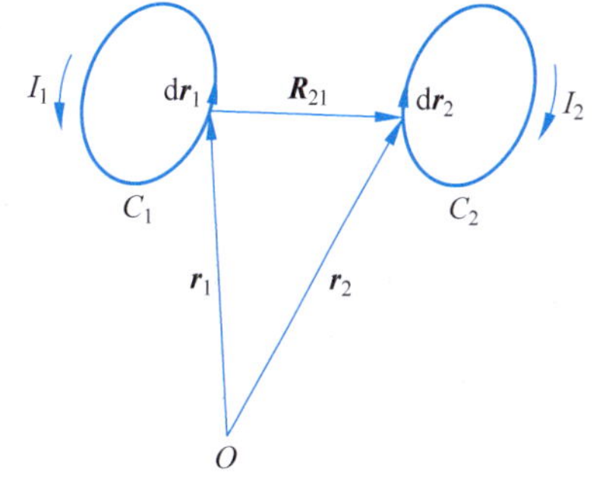

图 4.1 两个载流回路之间的作用力

4.1.2 毕奥-萨伐尔定律

在式(4.1)中，令

$$\boldsymbol{B}(\boldsymbol{r})=\frac{\mu_0}{4\pi}\oint_{C_1}\frac{I_1\mathrm{d}\boldsymbol{r}_1\times(\boldsymbol{r}-\boldsymbol{r}_1)}{|\boldsymbol{r}-\boldsymbol{r}_1|^3} \tag{4.2}$$

矢量 $\boldsymbol{B}$ 称为磁通密度，单位为特，符号为 T，1 T=1 N/(A·m)。式(4.2)称为毕奥-萨伐尔定律，它给出了回路 C_1 中电流 I_1 在空间任意点 $\boldsymbol{r}$ 产生的磁通密度。磁通密度 $\boldsymbol{B}$ 与电场强度 $\boldsymbol{E}$ 一样，都是电磁场理论中最重要的物理量①。由式(4.2)可知：①电流周围必有磁通密度；②真空中的磁通密度满足叠加原理，即任意点磁通密度是每个电流元单独产生的磁通密度之和(积分的实质是分段求和)。

与电荷周围存在电场一样，电流周围存在磁场，描述磁场大小和方向的量是磁通密度 $\boldsymbol{B}$。磁场的基本性质是对磁场中的电流产生作用力，这个力叫安培力，由式(4.1)和式(4.2)，它的计算式为

$$\boldsymbol{F}_{21}=\oint_{C_2} I_2\mathrm{d}\boldsymbol{r}_2\times\boldsymbol{B}(\boldsymbol{r}_2) \tag{4.3}$$

这表明，磁场中的电流元所受到的磁场力垂直于电流元与磁通密度所组成的平面，磁通密度的大小等于电流元与磁场垂直时单位电流元所受到磁场力。

当产生磁通密度 $\boldsymbol{B}$ 的电流元是体分布时，式(4.2)中的线电流元 $I_1\mathrm{d}\boldsymbol{r}_1$ 可用体电流元 $\boldsymbol{J}\mathrm{d}V$ 代替。设导线横截面的面元是 $\mathrm{d}S$，因位移 $\mathrm{d}\boldsymbol{r}$ 的方向与该点电流密度 $\boldsymbol{J}$ 同方向，所以

$$I\mathrm{d}\boldsymbol{r}=(J\mathrm{d}S)\mathrm{d}\boldsymbol{r}=\boldsymbol{J}(\mathrm{d}S\,|\mathrm{d}\boldsymbol{r}|)=\boldsymbol{J}\mathrm{d}V$$

由于电流体分布为普遍情况，所以毕奥-萨伐尔定律的一般形式为

$$\boldsymbol{B}(\boldsymbol{r})=\frac{\mu_0}{4\pi}\int_V\frac{\boldsymbol{J}(\boldsymbol{r}')\mathrm{d}V(\boldsymbol{r}')\times(\boldsymbol{r}-\boldsymbol{r}')}{|\boldsymbol{r}-\boldsymbol{r}'|^3} \tag{4.4}$$

式中，V 是电流分布区域，$\boldsymbol{r}'$ 是源点(电流元 $\boldsymbol{J}\mathrm{d}V$ 所在点)位置矢量，$\boldsymbol{r}$ 是场点位置矢量，如图 4.2 所示。为便利计，图中将 $\boldsymbol{J}(\boldsymbol{r}')\mathrm{d}V(\boldsymbol{r}')$ 简记为 $\boldsymbol{J}'\mathrm{d}V'$。

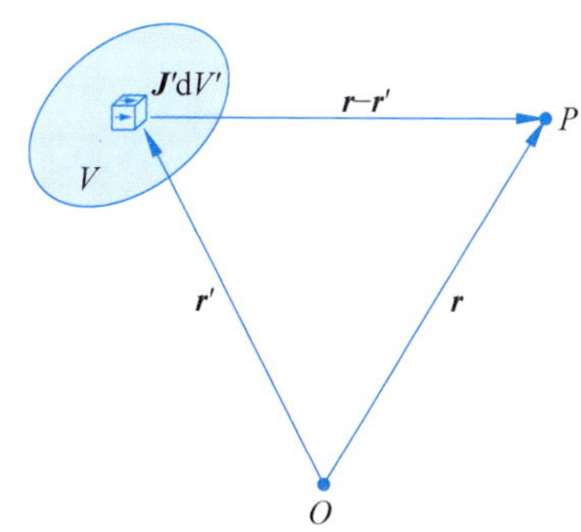

图 4.2 电流体分布时的电流元和场点位置

① 这两个物理量的实质都是力，$\boldsymbol{E}$ 是点电荷的受力，$\boldsymbol{B}$ 是电流元的受力，而力是改变物体运动状态的原因，它们都是可以测量的量。这就是它们成为宏观电磁场理论中两个最重要的物理量的原因。

有些情况下，电流分布可看作面分布，此时用 $\boldsymbol{K}\mathrm{d}S$ 代替 $\boldsymbol{J}\mathrm{d}V$，相应地，毕奥-萨伐尔定律成为

$$\boldsymbol{B}(\boldsymbol{r})=\frac{\mu_0}{4\pi}\int_S \frac{\boldsymbol{K}(\boldsymbol{r}')\mathrm{d}S(\boldsymbol{r}')\times(\boldsymbol{r}-\boldsymbol{r}')}{|\boldsymbol{r}-\boldsymbol{r}'|^3} \tag{4.5}$$

式中，S 是面电流分布区域，$\boldsymbol{K}$ 是面电流密度(A/m)。

需要指出，当电流是线分布时，毕奥-萨伐尔定律表达式中的积分区域必须是电流流过的整个闭合回路，因为稳恒电流只能以闭合回路的形式才能存在。

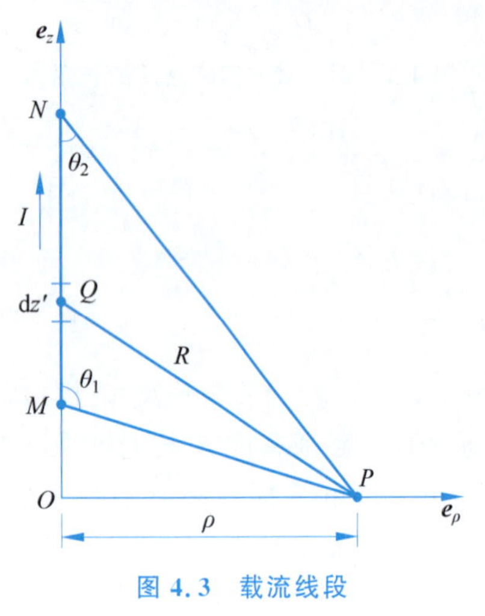

图 4.3 载流线段

例 4.1 如图 4.3 所示，真空中一无限长直载流细导线，导线中电流为 I，电流方向指向 $\boldsymbol{e}_z$ 方向，试计算载流段 MN 在导线外点 P 产生的磁通密度 $\boldsymbol{B}$。已知三角形 ΔPMN 的两个角 $\theta_1=\angle PMN$ 和 $\theta_2=\angle PNM$，点 P 到导线的距离为 ρ。

解 建立圆柱坐标系 $O\rho\phi z$，使线段 MN 与 z 轴重合，电流 I 的方向与 $\boldsymbol{e}_z$ 同方向，场点 $P(\rho,\phi,z)$ 位于坐标平面 $z=0$ 上。根据毕奥-萨伐尔定律(4.2)，这段电流产生的磁通密度为

$$\boldsymbol{B}(\boldsymbol{r})=\frac{\mu_0}{4\pi}\int_{z_M}^{z_N}\frac{I\mathrm{d}\boldsymbol{r}'\times(\boldsymbol{r}-\boldsymbol{r}')}{|\boldsymbol{r}-\boldsymbol{r}'|^3}$$

其中，源点 $Q(0,\phi',z')$ 的位置矢量为 $\boldsymbol{r}'=z'\boldsymbol{e}_z$，位移 $\mathrm{d}\boldsymbol{r}'=\mathrm{d}z'\boldsymbol{e}_z$，场点 $P(\rho,\phi,0)$ 的位置矢量为 $\boldsymbol{r}=\rho\boldsymbol{e}_\rho$。于是

$$\begin{aligned}\boldsymbol{B}(\boldsymbol{r})&=\frac{\mu_0}{4\pi}\int_{z_M}^{z_N}\frac{(I\mathrm{d}z'\boldsymbol{e}_z)\times(\rho\boldsymbol{e}_\rho-z'\boldsymbol{e}_z)}{|\rho\boldsymbol{e}_\rho-z'\boldsymbol{e}_z|^3}=\frac{\mu_0 I}{4\pi}\int_{z_M}^{z_N}\frac{\rho\mathrm{d}z'\boldsymbol{e}_\phi}{[\rho^2+(z')^2]^{3/2}}\\&=\boldsymbol{e}_\phi\frac{\mu_0 I}{4\pi\rho}\left(\frac{z_N}{\sqrt{\rho^2+z_N^2}}-\frac{z_M}{\sqrt{\rho^2+z_M^2}}\right)\end{aligned}$$

式中，z_N 和 z_M 分别是端点 N 和 M 的 z 轴坐标，$\boldsymbol{e}_\rho$ 和 $\boldsymbol{e}_\phi$ 分别是场点 P 的径向和周向的单位矢量，这两个矢量在积分中都是常矢量，可以放到积分号外。进一步，观察图 4.3 中的三角形 $\triangle PMN$，可知

$$\frac{z_N}{\sqrt{\rho^2+z_N^2}}=\cos\theta_2,\quad \frac{z_M}{\sqrt{\rho^2+z_M^2}}=\cos(\pi-\theta_1)=-\cos\theta_1$$

最后，得到载流线段 MN 在场点 P 产生的磁通密度：

$$\boldsymbol{B}(\rho,\phi,z)=\frac{\mu_0 I}{4\pi\rho}(\cos\theta_1+\cos\theta_2)\boldsymbol{e}_\phi \tag{4.6}$$

式中 $\boldsymbol{e}_\phi$ 为场点 P 处垂直进入纸面的单位矢量。

式(4.6)是一个有用的公式，可用来便捷地计算载流线段产生的磁场。解毕。

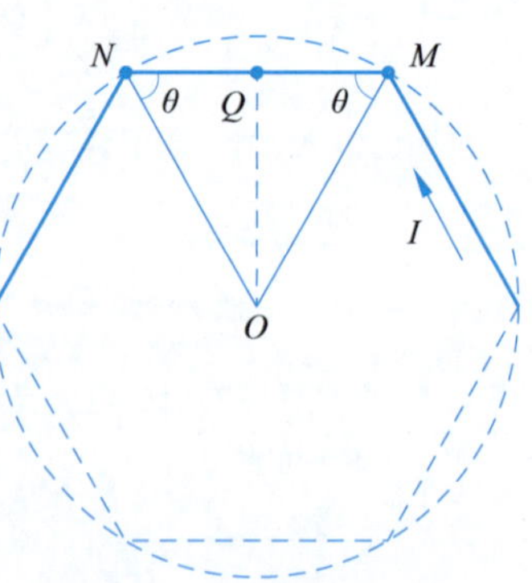

图 4.4 正多边形的一边

例 4.2 如图 4.4 所示，真空中一周长为 l 的正 n 边形载流平面回路，$n\geqslant 3$，回路电流为 I。求：载流回路中心的磁通密度 $\boldsymbol{B}_n$，$n\to\infty$ 时中心的磁通密度 $\boldsymbol{B}_0$，比值 B_n/B_0 达最大值时 n 的值。

解 设正 n 边形外接圆的圆心为 O，其中一边的两个端点分别为 M 和 N，电流由点 M 流向点 N。下面利用式(4.6)计算点 O 的磁通密度。

因三角形 $\triangle MON$ 是等腰三角形，圆心角 $\angle MON=\frac{2\pi}{n}$，三角形内角和 $2\theta+\frac{2\pi}{n}=\pi$，所以

$$\theta=\frac{\pi}{2}-\frac{\pi}{n}$$

圆心 O 到线段 MN 的距离

$$\overline{QO}=\frac{l}{2n}\tan\theta=\frac{l}{2n}\tan\left(\frac{\pi}{2}-\frac{\pi}{n}\right)=\frac{l}{2n}\cot\frac{\pi}{n}$$

于是利用式(4.6)，可得载流线段 MN 在圆心产生的磁通密度

$$\boldsymbol{B}_{MN}=\frac{\mu_0 I}{2\pi\overline{QO}}\cos\theta\boldsymbol{e}_\phi=\frac{\mu_0 nI}{\pi l}\sin\frac{\pi}{n}\tan\frac{\pi}{n}\boldsymbol{e}_\phi$$

由于正多边形的每一边在圆心产生的磁通密度均有相同方向，所以正 n 边形载流回路在圆心产生的磁通密度为

$$\boldsymbol{B}_n=n\boldsymbol{B}_{MN}=\frac{\mu_0 n^2 I}{\pi l}\sin\frac{\pi}{n}\tan\frac{\pi}{n}\boldsymbol{e}_\phi \tag{4.7}$$

再利用 $\lim\limits_{n\to\infty}\frac{n}{\pi}\sin\frac{\pi}{n}=1$，可知

$$\boldsymbol{B}_0=\lim_{n\to\infty}\boldsymbol{B}_n=\frac{\pi\mu_0 I}{l}\boldsymbol{e}_\phi \tag{4.8}$$

这就是周长为 l 的载流圆环在圆心产生的磁场。于是，比值

$$p_n=\frac{|\boldsymbol{B}_n|}{|\boldsymbol{B}_0|}=\frac{B_n}{B_0}=\left(\frac{n}{\pi}\right)^2\sin\frac{\pi}{n}\tan\frac{\pi}{n} \tag{4.9}$$

随着 $n(n\geqslant 3)$ 的增加，p_n 单调减少，$p_3>p_4>p_5>\cdots>1$，最大值为 $p_3\approx 1.368$。

本题说明，长度相等的两根导线，绕成正多边形线圈比绕成圆形线圈在中心产生的磁场大，其中等边三角形产生的磁场最大；但正多边形线圈存在导线折弯和受力不均匀问题，没有圆形线圈绕制方便。解毕。

4.1.3 磁通密度的散度和旋度

为确定一个矢量场，需要同时知道它的散度和旋度。下面从毕奥-萨伐尔定律出发，分别求出无限大真空中的 $\nabla\cdot\boldsymbol{B}$ 和 $\nabla\times\boldsymbol{B}$。

为书写简便，以下记 $\boldsymbol{R}=\boldsymbol{r}-\boldsymbol{r}'$，$R=|\boldsymbol{r}-\boldsymbol{r}'|$。

1. 磁矢位的引入

利用公式 $\nabla\times(f\boldsymbol{C})=-\boldsymbol{C}\times\nabla f$（$\boldsymbol{C}$ 是常矢量），可知

$$\nabla\times\frac{\boldsymbol{J}(\boldsymbol{r}')}{R}=-\boldsymbol{J}(\boldsymbol{r}')\times\nabla\frac{1}{R}=\frac{\boldsymbol{J}(\boldsymbol{r}')\times\boldsymbol{R}}{R^3}$$

式中，∇ 只对 $\boldsymbol{r}$ 起作用，$\boldsymbol{J}(\boldsymbol{r}')$ 与 $\boldsymbol{r}$ 无关。这样，毕奥-萨伐尔定律[见式(4.4)]可写成

$$\boldsymbol{B}(\boldsymbol{r})=\nabla\times\frac{\mu_0}{4\pi}\int_V\frac{\boldsymbol{J}(\boldsymbol{r}')}{R}\mathrm{d}V(\boldsymbol{r}') \tag{4.10}$$

令

$$\boldsymbol{A}(\boldsymbol{r})=\frac{\mu_0}{4\pi}\int_V\frac{\boldsymbol{J}(\boldsymbol{r}')}{R}\mathrm{d}V(\boldsymbol{r}') \tag{4.11}$$

式(4.10)变形为

$$\boldsymbol{B}=\nabla\times\boldsymbol{A} \tag{4.12}$$

矢量 $\boldsymbol{A}$ 称为磁矢位,单位是韦每米(Wb/m)。可见磁通密度等于磁矢位的旋度。

引入磁矢位 $\boldsymbol{A}$ 是为了方便计算磁通密度 $\boldsymbol{B}$,$\boldsymbol{A}$ 的作用非常重要,在大多数情况下,利用 $\boldsymbol{A}$ 可使磁场问题的分析变得简单。

需要注意,式(4.11)只能用于计算无限大真空中由传导电流产生的磁矢位。

2. 磁通密度的散度

根据公式 $\nabla\cdot(\nabla\times\boldsymbol{F})=0$,由式(4.12),得

$$\nabla\cdot\boldsymbol{B}=\nabla\cdot(\nabla\times\boldsymbol{A})=0 \tag{4.13}$$

即磁通密度的散度为0。这说明,磁场线为闭合曲线。

定义穿过磁场中任意曲面 S(无论闭合与否)的磁通量为

$$\Phi=\int_S\boldsymbol{B}\cdot\mathrm{d}\boldsymbol{S} \tag{4.14}$$

式中,$\mathrm{d}\boldsymbol{S}$ 是曲面 S 上的有向面元,$\boldsymbol{B}$ 是 $\mathrm{d}\boldsymbol{S}$ 处的磁通密度。磁通量简称磁通,单位是韦(Wb)。利用这个定义,穿出任意闭曲面 S 的磁通为

$$\Phi=\oint_S\boldsymbol{B}\cdot\mathrm{d}\boldsymbol{S}=\int_V\nabla\cdot\boldsymbol{B}\,\mathrm{d}V=0 \tag{4.15}$$

式中,V 是闭曲面 S 所包围的区域。此式是 $\nabla\cdot\boldsymbol{B}=0$ 对应的积分形式,是磁通连续性的数学表达式,它说明从任意闭曲面穿出的磁通等于穿入的磁通。

3. 磁通密度的旋度

利用公式

$$\nabla\times(\nabla\times\boldsymbol{F})=\nabla(\nabla\cdot\boldsymbol{F})-\nabla^2\boldsymbol{F}$$

磁通密度的旋度为

$$\nabla\times\boldsymbol{B}=\nabla\times(\nabla\times\boldsymbol{A})=\nabla(\nabla\cdot\boldsymbol{A})-\nabla^2\boldsymbol{A} \tag{4.16}$$

可见,为了得到 $\nabla\times\boldsymbol{B}$,需要分别知道 $\nabla\cdot\boldsymbol{A}$ 和 $\nabla^2\boldsymbol{A}$。

先求 $\nabla\cdot\boldsymbol{A}$。利用关系式(见习题3.3)

$$\nabla\cdot\frac{\boldsymbol{J}(\boldsymbol{r}')}{R}=-\nabla'\cdot\frac{\boldsymbol{J}(\boldsymbol{r}')}{R}$$

和式(4.11),再利用散度定理,得

$$\begin{aligned}\nabla\cdot\boldsymbol{A}&=\frac{\mu_0}{4\pi}\int_V\nabla\cdot\frac{\boldsymbol{J}(\boldsymbol{r}')}{R}\mathrm{d}V(\boldsymbol{r}')\\&=-\frac{\mu_0}{4\pi}\int_V\nabla'\cdot\frac{\boldsymbol{J}(\boldsymbol{r}')}{R}\mathrm{d}V(\boldsymbol{r}')\\&=-\frac{\mu_0}{4\pi}\oint_S\frac{\boldsymbol{J}(\boldsymbol{r}')\cdot\boldsymbol{n}(\boldsymbol{r}')}{R}\mathrm{d}S(\boldsymbol{r}')\end{aligned}$$

式中,$\boldsymbol{n}(\boldsymbol{r}')$ 是闭曲面 S 上的法向单位矢量。因 V 外为真空,根据稳恒电场边界条件(3.39),可知被积函数中 $\boldsymbol{J}(\boldsymbol{r}')\cdot\boldsymbol{n}(\boldsymbol{r}')=0$,从而

$$\nabla\cdot\boldsymbol{A}=0 \tag{4.17}$$

接下来求 $\nabla^2\boldsymbol{A}(\boldsymbol{r})$。从式(4.11)出发,利用公式 $\nabla^2(\boldsymbol{C}f)=\boldsymbol{C}\,\nabla^2 f$($\boldsymbol{C}$ 是常矢量)和 $\nabla^2\dfrac{1}{R}=-4\pi\delta(\boldsymbol{r}-\boldsymbol{r}')$,得

$$\nabla^2 \boldsymbol{A}(\boldsymbol{r}) = \frac{\mu_0}{4\pi}\int_V \nabla^2 \frac{\boldsymbol{J}(\boldsymbol{r}')}{R}\mathrm{d}V(\boldsymbol{r}')$$

$$= \frac{\mu_0}{4\pi}\int_V \boldsymbol{J}(\boldsymbol{r}')\nabla^2\frac{1}{R}\mathrm{d}V(\boldsymbol{r}')$$

$$= -\mu_0\int_V \boldsymbol{J}(\boldsymbol{r}')\delta(\boldsymbol{r}-\boldsymbol{r}')\mathrm{d}V(\boldsymbol{r}')$$

由 δ 函数的取样性质(附录 B),得

$$\nabla^2 \boldsymbol{A}(\boldsymbol{r}) = -\mu_0 \boldsymbol{J}(\boldsymbol{r}) \tag{4.18}$$

这样,由式(4.17)和式(4.18),式(4.16)变形为

$$\nabla\times\boldsymbol{B} = \mu_0 \boldsymbol{J} \tag{4.19}$$

这说明稳恒电流的磁场是有旋场,磁场线是环绕传导电流的闭曲线。

利用斯托克斯定理,式(4.19)也可用积分形式来表示:

$$\oint_C \boldsymbol{B}\cdot\mathrm{d}\boldsymbol{r} = \int_S(\nabla\times\boldsymbol{B})\cdot\mathrm{d}\boldsymbol{S} = \mu_0\int_S \boldsymbol{J}\cdot\mathrm{d}\boldsymbol{S} \tag{4.20}$$

式中,C 是磁场中的任一闭曲线,S 是闭曲线 C 所张成的曲面。设穿过曲面 S 的电流为 $I=\int_S \boldsymbol{J}\cdot\mathrm{d}\boldsymbol{S}$,$C$ 的绕向和电流 I 的参考方向成右手螺旋关系,则式(4.20) 成为

$$\oint_C \boldsymbol{B}\cdot\mathrm{d}\boldsymbol{r} = \mu_0 I \tag{4.21}$$

此式称为安培定律,也叫安培环路定律。这个定律建立了磁场与产生该磁场的电流的基本联系,它说明磁通密度 $\boldsymbol{B}$ 沿任意闭合回路 C 的线积分等于该回路所包围的传导电流的 μ_0 倍。

例 4.3　求无限大真空中长直载流细导线的磁矢位。

解　设导线中的稳恒电流为 I,导线位于圆柱坐标系 $O\rho\phi z$ 的 z 轴,I 的参考方向与 $\boldsymbol{e}_z$ 同方向,此时磁矢位 $\boldsymbol{A}=A_z(\rho)\boldsymbol{e}_z$。由安培定律得圆环 C:$\rho=\rho>0$ 上的磁场

$$\boldsymbol{B} = \frac{\mu_0 I}{2\pi\rho}\boldsymbol{e}_\phi$$

另一方面,有

$$\boldsymbol{B} = \nabla\times\boldsymbol{A} = \nabla\times(A_z\boldsymbol{e}_z) = -\frac{\mathrm{d}A_z}{\mathrm{d}\rho}\boldsymbol{e}_\phi$$

以上两式相等,可知

$$\mathrm{d}A_z = -\frac{\mu_0 I}{2\pi\rho}\mathrm{d}\rho$$

两端积分,得

$$\int_{\rho_0}^{\rho}\mathrm{d}A_z = \int_{\rho_0}^{\rho}\left(-\frac{\mu_0 I}{2\pi\rho}\right)\mathrm{d}\rho$$

$$A_z(\rho) - A_z(\rho_0) = \frac{\mu_0 I}{2\pi}\ln\frac{\rho_0}{\rho}$$

最后得

$$A_z(\rho) = \frac{\mu_0 I}{2\pi}\ln\frac{\rho_0}{\rho} + A_z(\rho_0) \tag{4.22}$$

式中,$A_z(\rho_0)$是常量,用 $\boldsymbol{B}=\nabla\times[A_z(\rho)\boldsymbol{e}_z]$计算磁场时没有影响。

例 4.3 也可用式(4.11)直接计算。由 $\boldsymbol{r}=\rho\boldsymbol{e}_\rho+z\boldsymbol{e}_z$,$\boldsymbol{r}'=z'\boldsymbol{e}_z$,$\mathrm{d}\boldsymbol{r}'=\boldsymbol{e}_z\mathrm{d}z'$,可写出长直线

电流产生的磁矢位：

$$\boldsymbol{A}(\boldsymbol{r})=\frac{\mu_0}{4\pi}\int_C\frac{I\mathrm{d}\boldsymbol{r}'}{|\boldsymbol{r}-\boldsymbol{r}'|}=\boldsymbol{e}_z\frac{\mu_0 I}{4\pi}\int_{-\infty}^{\infty}\frac{\mathrm{d}z'}{\sqrt{\rho^2+(z-z')^2}}$$

这里 C 是线电流分布区域。可见 $\boldsymbol{A}$ 只有一个分量 A_z，令 $h=z-z'$，得

$$A_z(\rho)=\frac{\mu_0 I}{4\pi}\int_{-\infty}^{\infty}\frac{\mathrm{d}h}{\sqrt{\rho^2+h^2}}=\frac{\mu_0 I}{2\pi}\int_0^{\infty}\frac{\mathrm{d}h}{\sqrt{\rho^2+h^2}}=\frac{\mu_0 I}{2\pi}\left[\ln(h+\sqrt{\rho^2+h^2})\right]\Big|_0^{\infty}$$

$$=\lim_{h\to\infty}\frac{\mu_0 I}{2\pi}\ln\frac{h+\sqrt{\rho^2+h^2}}{\rho}\to\infty$$

右端数值无限大源于载流导线无限长。为避开这个无限大，我们计算任意场点 $\boldsymbol{r}(\rho,\phi,z)$ 与定点 $\boldsymbol{r}(\rho_0,\phi_0,z_0)$ 间磁矢位的差：

$$A_z(\rho)-A_z(\rho_0)=\lim_{h\to\infty}\frac{\mu_0 I}{2\pi}\left(\ln\frac{h+\sqrt{\rho^2+h^2}}{\rho}-\ln\frac{h+\sqrt{\rho_0^2+h^2}}{\rho_0}\right)=\frac{\mu_0 I}{2\pi}\ln\frac{\rho_0}{\rho}$$

这个结果与式(4.22)相同。

注意，磁通密度是一个可以测量的物理量，不可能无限大，但作为辅助量的磁矢位可以无限大。今后在计算电位、磁矢位以及后面的磁标位时，如果位函数无限大，都可以通过计算场点与任意定点的位函数的差来避开。解毕。

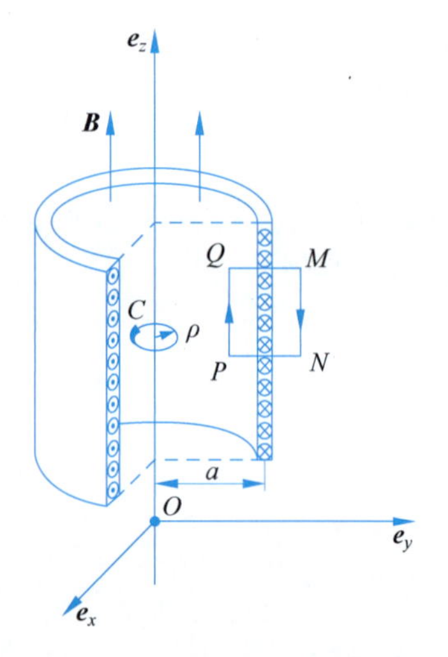

图 4.5 长直密绕单层螺线管的磁场

例 4.4 求无限大真空中长直密绕单层螺线管内外的磁矢位。如图 4.5 所示，螺线管半径为 a，匝数密度为 n（单位长匝数），电流为 I。

解 建立圆柱坐标系 $O\rho\phi z$，螺线管轴线为 z 轴，I 的方向与 $\boldsymbol{e}_z$ 成右手螺旋关系。长直密绕单层螺线管内磁场均匀、外部磁场为零，磁矢位只有周向分量 $\boldsymbol{A}=A_\phi\boldsymbol{e}_\phi$。如图 4.5 所示，作矩形积分回路 $PQMNP$，矩形边 PQ 位于螺线管内，并与轴线平行，另一边 MN 位于螺线管外，在该回路上利用安培定律，得螺线管内磁通密度

$$\boldsymbol{B}_{\mathrm{in}}=\mu_0 nI\boldsymbol{e}_z \tag{4.23}$$

在螺线管内以 z 轴为中心作垂直于轴线的圆回路 C，穿过该回路的磁通

$$\Phi=\int_S\boldsymbol{B}\cdot\mathrm{d}\boldsymbol{S}=\int_S(\nabla\times\boldsymbol{A})\cdot\mathrm{d}\boldsymbol{S}=\oint_C\boldsymbol{A}\cdot\mathrm{d}\boldsymbol{r}=2\pi\rho A_\phi$$

这里，积分区域 S 是以回路 C 为边界的圆平面。另一方面，磁通

$$\Phi=\int_S\boldsymbol{B}\cdot\mathrm{d}\boldsymbol{S}=\begin{cases}\pi\rho^2 B_{\mathrm{in}}, & \rho<a\\ \pi a^2 B_{\mathrm{in}}, & \rho>a\end{cases}$$

综合以上三式，得

$$\boldsymbol{A}=A_\phi\boldsymbol{e}_\phi=\frac{\Phi}{2\pi\rho}\boldsymbol{e}_\phi=\begin{cases}\dfrac{\mu_0 nI\rho}{2}\boldsymbol{e}_\phi, & \rho<a\\ \dfrac{\mu_0 nIa^2}{2\rho}\boldsymbol{e}_\phi, & \rho>a\end{cases} \tag{4.24}$$

可见，长直密绕螺线管外的磁场为零，但磁矢位并不为零。解毕。

说明　螺线管是由细导线均匀绕成的圆筒形线圈，它的轴向长度通常比直径大得多。用螺线管可以产生可控的均匀磁场；螺线管产生的磁场可将插棒式铁芯吸进螺线管内，铁芯的运动常出现于驱动开关、继电器或其他电器装置。图 4.6 是空心单层螺线管的磁场线分布示意图。

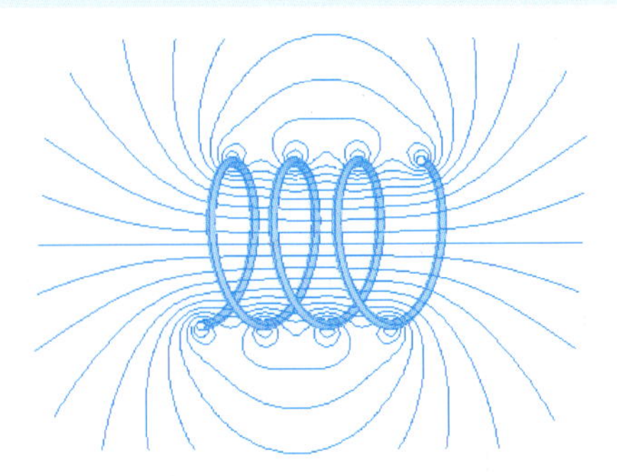

图 4.6　空心单层螺线管的磁场线分布示意图①

4.2　真空中的磁偶极子

设电流集中分布在一个有限区域内，当场点到这个区域的距离远大于区域本身尺寸时，可以把这个区域看作一个载流小线圈，这样的小线圈叫磁偶极子。例如，一个载流线圈从远处看就是一个磁偶极子。磁偶极子是从磁介质的磁化抽象出来的一种物理模型，除了用于描述磁介质的磁化外，还用于描述小线圈的电磁辐射、磁共振等现象，也是研究磁粉探伤、磁法选矿、潜艇磁场模拟等问题的一种物理模型。

4.2.1　磁偶极子的磁场

1. 磁偶极子的磁矢位

如图 4.7 所示，无限大真空中有一载流线圈 C，选取坐标原点 O 位于线圈 C 附近。设线圈中稳恒电流为 I，它的参考方向与闭曲线 C 的绕向相同，则线圈上点 Q 的电流元为 $\boldsymbol{J}(\boldsymbol{r}')\mathrm{d}V(\boldsymbol{r}')=I\mathrm{d}\boldsymbol{r}'$。于是由式(4.11)，可写出场点 $P(\boldsymbol{r})$ 的磁矢位

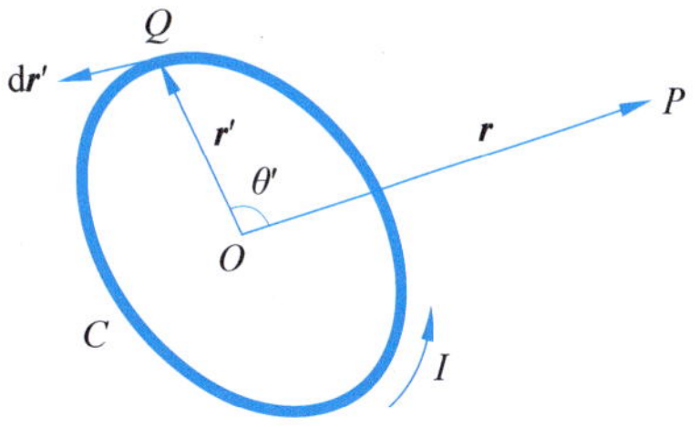

$$\boldsymbol{A}(\boldsymbol{r})=\frac{\mu_0}{4\pi}\oint_C\frac{I\,\mathrm{d}\boldsymbol{r}'}{|\boldsymbol{r}-\boldsymbol{r}'|}\tag{4.25}$$

图 4.7　真空中的载流线圈

在远离线圈 C 的场点 $P(\boldsymbol{r})$ 处，$r\gg r'$（$r=|\boldsymbol{r}|$，$r'=|\boldsymbol{r}'|$）。此时从场点位置看，载流线圈所占据区域都集中在原点 O 上，这个载流线圈 C 可看作一个磁偶极子。这样，可将式(4.25)的被积函数 $1/|\boldsymbol{r}-\boldsymbol{r}'|$ 在点 $\boldsymbol{r}'=\boldsymbol{0}$ 处展开成泰勒级数(附录 A)

$$\frac{1}{|\boldsymbol{r}-\boldsymbol{r}'|}=\frac{1}{r}+\frac{\boldsymbol{r}'\cdot\boldsymbol{r}}{r^3}+\frac{3(\boldsymbol{r}'\cdot\boldsymbol{r})^2-r'^2r^2}{2r^5}+\cdots$$

保留级数的前两项，式(4.25)成为

① 此图由陈德智教授提供，特此致谢。

$$\boldsymbol{A}=\frac{\mu_0 I}{4\pi r}\oint_C \mathrm{d}\boldsymbol{r}'+\frac{\mu_0 I}{4\pi r^3}\oint_C \boldsymbol{r}'\cdot\boldsymbol{r}\,\mathrm{d}\boldsymbol{r}' \tag{4.26}$$

进一步,在公式

$$\oint_C f\,\mathrm{d}\boldsymbol{r}=\int_S \mathrm{d}\boldsymbol{S}\times\nabla f$$

中,分别令 $f=1$ 和 $f=\boldsymbol{r}'\cdot\boldsymbol{r}$,得$\oint_C \mathrm{d}\boldsymbol{r}'=\boldsymbol{0}$ 和

$$\oint_C \boldsymbol{r}'\cdot\boldsymbol{r}\,\mathrm{d}\boldsymbol{r}'=\int_S \mathrm{d}\boldsymbol{S}'\times\nabla'(\boldsymbol{r}'\cdot\boldsymbol{r})=\left(\int_S \mathrm{d}\boldsymbol{S}'\right)\times\boldsymbol{r}=\boldsymbol{S}\times\boldsymbol{r}$$

从而原点 O 处的磁偶极子产生的磁矢位为

$$\boldsymbol{A}=\frac{\mu_0}{4\pi r^3}\boldsymbol{m}\times\boldsymbol{r} \tag{4.27}$$

式中,$\boldsymbol{m}=I\boldsymbol{S}$ 是磁偶极矩,$\boldsymbol{S}$ 是闭曲线 C 所张曲面 S 的面积矢量,$\boldsymbol{S}$ 的表达式这样得到:在公式

$$\int_S (\mathrm{d}\boldsymbol{S}\times\nabla)\times\boldsymbol{F}=\oint_C \mathrm{d}\boldsymbol{r}\times\boldsymbol{F}$$

中,令 $\boldsymbol{F}=\boldsymbol{r}$,利用$(\mathrm{d}\boldsymbol{S}\times\nabla)\times\boldsymbol{r}=-2\mathrm{d}\boldsymbol{S}$,得

$$\boldsymbol{S}=\frac{1}{2}\oint_C \boldsymbol{r}\times\mathrm{d}\boldsymbol{r} \tag{4.28}$$

如果磁偶极子不在坐标原点 O 上,而在点 $Q(\boldsymbol{r}')$上,则由式(4.27)可写出点 $P(\boldsymbol{r})$的磁矢位

$$\boldsymbol{A}=\frac{\mu_0}{4\pi}\frac{\boldsymbol{m}\times(\boldsymbol{r}-\boldsymbol{r}')}{|\boldsymbol{r}-\boldsymbol{r}'|^3} \tag{4.29}$$

2. 磁偶极子的磁通密度

设磁偶极子位于坐标系的原点,利用公式

$$\nabla\times(f\boldsymbol{A})=f\,\nabla\times\boldsymbol{A}-\boldsymbol{A}\times\nabla f$$

由式(4.27)可以求出磁偶极子在原点外($r>0$)产生的磁通密度

$$\begin{aligned}\boldsymbol{B}=\nabla\times\boldsymbol{A}&=\frac{\mu_0}{4\pi}\nabla\times\left(\frac{\boldsymbol{m}\times\boldsymbol{r}}{r^3}\right)\\&=\frac{\mu_0}{4\pi}\left[\frac{\nabla\times(\boldsymbol{m}\times\boldsymbol{r})}{r^3}-(\boldsymbol{m}\times\boldsymbol{r})\times\nabla\frac{1}{r^3}\right]\end{aligned} \tag{4.30}$$

利用

$$\nabla\frac{1}{r^3}=-\frac{3\boldsymbol{r}^\circ}{r^4}\quad(例\ 1.7)$$

$$\nabla\times(\boldsymbol{m}\times\boldsymbol{r})=2\boldsymbol{m}\quad(例\ 1.17)$$

$$(\boldsymbol{m}\times\boldsymbol{r}^\circ)\times\boldsymbol{r}^\circ=\boldsymbol{r}^\circ(\boldsymbol{r}^\circ\cdot\boldsymbol{m})-\boldsymbol{m}$$

式(4.30)变形为

$$\boldsymbol{B}=\frac{\mu_0}{4\pi r^3}[3(\boldsymbol{m}\cdot\boldsymbol{r}^\circ)\boldsymbol{r}^\circ-\boldsymbol{m}] \tag{4.31}$$

如果磁偶极子位于点 $Q(\boldsymbol{r}')$,则由式(4.31)可得场点 $P(\boldsymbol{r})$的磁通密度

$$\boldsymbol{B}=\frac{\mu_0}{4\pi R^3}[3(\boldsymbol{m}\cdot\boldsymbol{R}^\circ)\boldsymbol{R}^\circ-\boldsymbol{m}] \tag{4.32}$$

式中，$R=|\boldsymbol{r}-\boldsymbol{r}'|>0$，$\boldsymbol{R}^{\circ}=(\boldsymbol{r}-\boldsymbol{r}')/R$。此式和电偶极子电场式(2.40)形式相同，所以磁偶极子的磁场线分布图与电偶极子的电场线分布(图2.5)相同。

3. 磁偶极矩的计算

下面讨论两种常见电流分布情况的磁偶极矩 $\boldsymbol{m}$ 的计算方法。

(1) 磁偶极子是一个平面电流回路。当一条线状电流回路 C 与一个平面重合时，该回路就是平面电流回路，如图4.8所示。由矢积的几何意义可知，图4.8中阴影三角形的面积矢量 $\mathrm{d}\boldsymbol{S}'$ 为矢积 $\boldsymbol{r}'\times\mathrm{d}\boldsymbol{r}'$ 的一半，即 $\mathrm{d}\boldsymbol{S}'=\boldsymbol{r}'\times\mathrm{d}\boldsymbol{r}'/2$，从而可写出平面电流回路的磁偶极矩

$$\boldsymbol{m}=I\int_S \mathrm{d}\boldsymbol{S}'=I\left(\frac{1}{2}\oint_C \boldsymbol{r}'\times\mathrm{d}\boldsymbol{r}'\right)=I\boldsymbol{S} \tag{4.33}$$

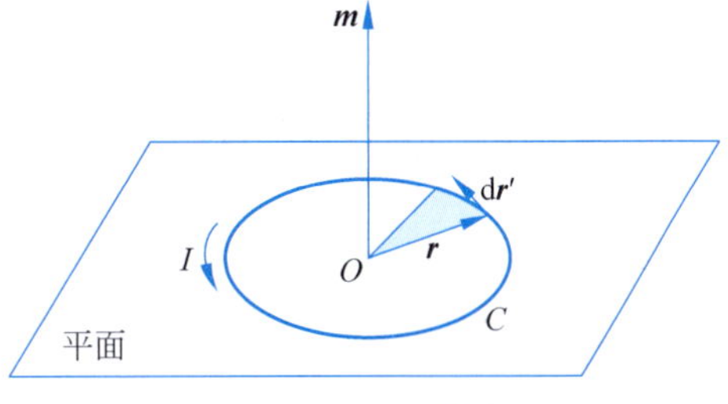

图4.8　平面电流

式中，平面内电流 I 的方向为逆时针绕向，$\boldsymbol{S}$ 是电流回路 C 的面积矢量(大小等于平面内回路 C 所围成的面积，方向垂直于电流回路所在平面、与电流 I 的绕向成右手螺旋关系)。由式(4.33)可见，此时磁偶极矩 $\boldsymbol{m}$ 的方向就是 $\boldsymbol{S}$ 的方向。

(2) 磁偶极子是一个三维载流区域 V。设 V 位于原点 O 附近，此时沿 V 中闭合电流线把 V 分割成许多闭合线管 $C_1,C_2,\cdots,C_n$(n 很大)，这样 V 中电流产生的磁矢位就是所有闭合线管中的电流产生的磁矢位之和：

$$\boldsymbol{A}=\sum_{i=1}^{n}\boldsymbol{A}_i=\frac{\mu_0}{4\pi r^3}\left(\sum_{i=1}^{n}\boldsymbol{m}_i\right)\times\boldsymbol{r} \tag{4.34}$$

式中

$$\sum_{i=1}^{n}\boldsymbol{m}_i=\sum_{i=1}^{n}I_i\int_{S_i}\mathrm{d}\boldsymbol{S}'_i=\frac{1}{2}\sum_{i=1}^{n}\oint_{C_i}\boldsymbol{r}'\times(I_i\,\mathrm{d}\boldsymbol{r}'_i)$$

为载流区域的磁偶极矩。区域 V 中电流线管很多，线电流元 $I_i\,\mathrm{d}\boldsymbol{r}'_i$ 可换成电流元 $\boldsymbol{J}(\boldsymbol{r}')\mathrm{d}V(\boldsymbol{r}')$，$\sum_{i=1}^{n}\oint_{C_i}$ 可换成 $\int_V$，从而载流区域的磁偶极矩可写成

$$\boldsymbol{m}=\sum_{i=1}^{\infty}\boldsymbol{m}_i=\frac{1}{2}\int_V \boldsymbol{r}'\times\boldsymbol{J}(\boldsymbol{r}')\mathrm{d}V(\boldsymbol{r}') \tag{4.35}$$

4.2.2　外磁场中的磁偶极子

设磁偶极矩为 $\boldsymbol{m}$ 的磁偶极子位于外磁场 $\boldsymbol{B}$ 中，认为磁偶极子所在物体是一个小刚体，形成磁偶极子的载流回路 C 张成的曲面为 S。下面依次分析磁偶极子在外磁场中的受力 $\boldsymbol{F}$、力矩 $\boldsymbol{T}$ 和位能 W。

1. 受力

由安培力公式(4.3)，磁偶极子在外磁场 $\boldsymbol{B}$ 中的受力为

$$\boldsymbol{F}=\oint_C I\,\mathrm{d}\boldsymbol{r}\times\boldsymbol{B}(\boldsymbol{r})$$

利用公式 $\oint_C \mathrm{d}\boldsymbol{r}\times\boldsymbol{F}=\int_S(\mathrm{d}\boldsymbol{S}\times\nabla)\times\boldsymbol{F}$，考虑到曲面 S 的线度非常小，于是

$$\boldsymbol{F}=\int_S(I\,\mathrm{d}\boldsymbol{S}\times\nabla)\times\boldsymbol{B}=(I\boldsymbol{S}\times\nabla)\times\boldsymbol{B}$$

即磁偶极子的受力为

$$\boldsymbol{F}=(\boldsymbol{m}\times\nabla)\times\boldsymbol{B} \tag{4.36}$$

此式在推导过程中没有施加限定条件，是一个普遍成立的表达式。

当磁偶极矩 $\boldsymbol{m}$ 为常矢量时，由 $\nabla\cdot\boldsymbol{B}=0$ 和矢量微分公式

$$\nabla(\boldsymbol{A}\cdot\boldsymbol{B})=(\boldsymbol{A}\times\nabla)\times\boldsymbol{B}+(\boldsymbol{B}\cdot\nabla)\boldsymbol{A}+\boldsymbol{A}(\nabla\cdot\boldsymbol{B})+\boldsymbol{B}\times(\nabla\times\boldsymbol{A})$$

得

$$\nabla(\boldsymbol{m}\cdot\boldsymbol{B})=(\boldsymbol{m}\times\nabla)\times\boldsymbol{B}$$

这样，外磁场 $\boldsymbol{B}$ 中 $\boldsymbol{m}$ 为常矢量的磁偶极子的受力为

$$\boldsymbol{F}=\nabla(\boldsymbol{m}\cdot\boldsymbol{B}) \tag{4.37}$$

下面分析两个特例。

特例 1　当外磁场是均匀场时，$\boldsymbol{B}$ 是常矢量，从而

$$\boldsymbol{F}=(\boldsymbol{m}\times\nabla)\times\boldsymbol{B}=\boldsymbol{0} \tag{4.38}$$

即位于均匀外磁场中的磁偶极子不受力。

特例 2　当常矢量 $\boldsymbol{m}$ 与外磁场 $\boldsymbol{B}$ 同方向时，$\boldsymbol{m}\cdot\boldsymbol{B}=mB$，从而

$$\boldsymbol{F}=\nabla(\boldsymbol{m}\cdot\boldsymbol{B})=m\nabla B \tag{4.39}$$

这说明，磁偶极子在外磁场变化最剧烈处受力最大，受力指向外磁场绝对值增加方向，受力方向与外磁场方向无关。

2. 力矩

因磁偶极子载流回路 C 上电流元 $I\mathrm{d}\boldsymbol{r}$ 所受的磁场力 $\mathrm{d}\boldsymbol{F}(\boldsymbol{r})$ 对坐标原点的力矩为

$$\mathrm{d}\boldsymbol{T}(\boldsymbol{r})=\boldsymbol{r}\times\mathrm{d}\boldsymbol{F}(\boldsymbol{r})=\boldsymbol{r}\times(I\mathrm{d}\boldsymbol{r}\times\boldsymbol{B})=I(\boldsymbol{r}\cdot\boldsymbol{B})\mathrm{d}\boldsymbol{r}-I\boldsymbol{B}(\boldsymbol{r}\cdot\mathrm{d}\boldsymbol{r})$$

从而整个磁偶极子所受力矩为

$$\boldsymbol{T}=I\oint_C(\boldsymbol{r}\cdot\boldsymbol{B})\mathrm{d}\boldsymbol{r}-I\boldsymbol{B}\oint_C\boldsymbol{r}\cdot\mathrm{d}\boldsymbol{r}=I\oint_C(\boldsymbol{r}\cdot\boldsymbol{B})\mathrm{d}\boldsymbol{r} \tag{4.40}$$

式中 $\oint_C\boldsymbol{r}\cdot\mathrm{d}\boldsymbol{r}=\int_S(\nabla\times\boldsymbol{r})\cdot\mathrm{d}\boldsymbol{S}=0$。根据公式 $\oint_C f\mathrm{d}\boldsymbol{r}=\int_S\mathrm{d}\boldsymbol{S}\times\nabla f$，式(4.40)为

$$\boldsymbol{T}=I\int_S[\mathrm{d}\boldsymbol{S}\times\nabla(\boldsymbol{r}\cdot\boldsymbol{B})]$$

因曲面 S 的线度很小，S 上的 $\boldsymbol{B}$ 可看作常矢量：

$$\nabla(\boldsymbol{r}\cdot\boldsymbol{B})=\left(\boldsymbol{e}_x\frac{\partial}{\partial x}+\boldsymbol{e}_y\frac{\partial}{\partial y}+\boldsymbol{e}_z\frac{\partial}{\partial z}\right)(xB_x+yB_y+zB_z)=\boldsymbol{B}$$

所以

$$\boldsymbol{T}=I\int_S(\mathrm{d}\boldsymbol{S}\times\boldsymbol{B})=\left(I\int_S\mathrm{d}\boldsymbol{S}\right)\times\boldsymbol{B}=(I\boldsymbol{S})\times\boldsymbol{B}$$

即

$$\boldsymbol{T}=\boldsymbol{m}\times\boldsymbol{B} \tag{4.41}$$

这说明，磁偶极子具有转向外磁场方向的趋势。

3. 位能

在外磁场 $\boldsymbol{B}$ 中，设 $\boldsymbol{m}$ 是常矢量，利用公式 $\nabla\times\nabla f=\boldsymbol{0}$，可得磁场力 $\boldsymbol{F}$ 作用下磁偶极子沿任意闭曲线 C 的做功：

$$\oint_C\boldsymbol{F}\cdot\mathrm{d}\boldsymbol{r}=\oint_C\nabla(\boldsymbol{m}\cdot\boldsymbol{B})\cdot\mathrm{d}\boldsymbol{r}=\int_S[\nabla\times\nabla(\boldsymbol{m}\cdot\boldsymbol{B})]\cdot\mathrm{d}\boldsymbol{S}=0 \tag{4.42}$$

即磁场力做功与路径无关，仿照静电位能的引入方法(见 2.2.5 节)，对比式 $\boldsymbol{F}=-\nabla W$ 和 $\boldsymbol{F}=\nabla(\boldsymbol{m}\cdot\boldsymbol{B})$，可知磁偶极子的位能

$$W=-\boldsymbol{m}\cdot\boldsymbol{B}+C=-mB\cos\theta+C$$

这里 C 是常量,θ 是 $\boldsymbol{m}$ 和 $\boldsymbol{B}$ 的夹角。取 $\theta=\pi/2$ 时,$W=0$,从而 $C=0$,这样

$$W=-\boldsymbol{m}\cdot\boldsymbol{B} \tag{4.43}$$

这表明,当 $\boldsymbol{m}$ 与 $\boldsymbol{B}$ 同方向时,位能达到最小值 $W=-mB$,此时磁偶极子处于稳定平衡状态。

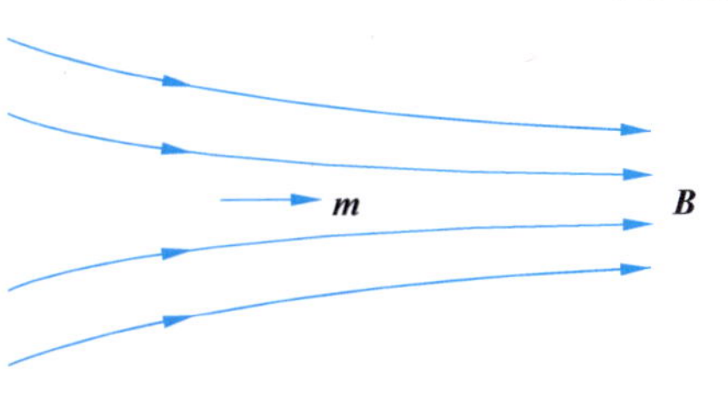

图 4.9 磁偶极子在外磁场中的受力

综合以上内容可见,在外磁场中,磁偶极子受到的力矩将使磁偶极矩趋于转向外磁场方向,与外磁场同方向后位能变成最小,磁偶极子的受力将促使磁偶极子向外磁场增加的方向平移,如图 4.9 所示。

例 4.5 直角坐标系的 z 轴上有两个相距为 a 的磁偶极子,它们的磁偶极矩分别为 $\boldsymbol{m}_1$ 和 $\boldsymbol{m}_2$,周围是无限大真空,设 $\boldsymbol{m}_1$ 和 $\boldsymbol{m}_2$ 同方向。求以下两种情况的位能:①磁偶极矩的方向垂直于 $\boldsymbol{e}_z$,见图 4.10(a);②磁偶极矩的方向与 $\boldsymbol{e}_z$ 方向相同,见图 4.10(b)。

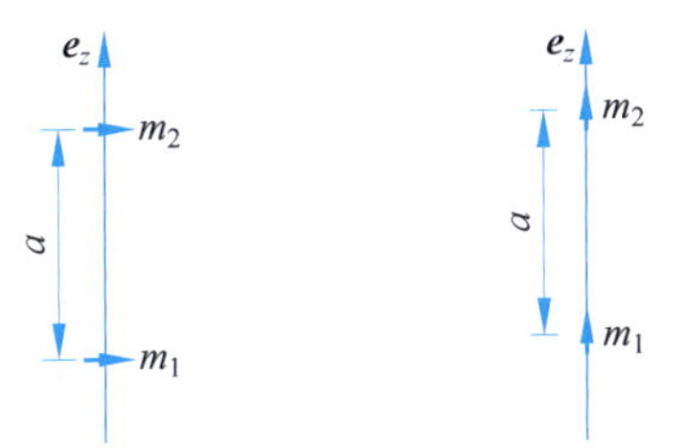

图 4.10 无限大真空中两个平行的磁偶极子

解 设 $\boldsymbol{m}_1$ 位于坐标原点 O,$\boldsymbol{m}_2$ 位于点 $P(0,0,a)$,点 P 的位置矢量为 $\boldsymbol{r}=a\boldsymbol{e}_z$。利用式(4.31)和式(4.43),磁偶极子 $\boldsymbol{m}_2$ 的位能为

$$\begin{aligned}W&=-\boldsymbol{m}_2\cdot\boldsymbol{B}_1(\boldsymbol{r})\\&=-\frac{\mu_0}{4\pi a^3}[3(\boldsymbol{m}_1\cdot\boldsymbol{e}_z)(\boldsymbol{m}_2\cdot\boldsymbol{e}_z)-m_1m_2]\\&=-\frac{\mu_0 m_1 m_2}{4\pi a^3}(3\cos\theta_1\cos\theta_2-1)\end{aligned}$$

式中,$\boldsymbol{B}_1(\boldsymbol{r})$是 $\boldsymbol{m}_1$ 在点 P 产生的磁通密度,θ_1 为 $\boldsymbol{m}_1$ 和 $\boldsymbol{e}_z$ 的夹角,θ_2 为 $\boldsymbol{m}_2$ 和 $\boldsymbol{e}_z$ 的夹角。于是,分别得:①当磁偶极矩的方向垂直于 $\boldsymbol{e}_z$ 时[见图 4.10(a)],$\theta_1=\theta_2=\pi/2$,位能

$$W_{\perp}=\frac{\mu_0 m_1 m_2}{4\pi a^3}>0$$

② 当磁偶极矩的方向与 $\boldsymbol{e}_z$ 方向相同时,$\theta_1=\theta_2=0$,位能

$$W_{\parallel}=-\frac{\mu_0 m_1 m_2}{2\pi a^3}<0$$

因为 $\theta_1=\theta_2=0$ 时,W 取得最小值 $W_{\parallel}$,所以图 4.10(b)的排布能使系统稳定。这就是针状铁磁质放入外磁场后在轴向方向最容易磁化的原因。解毕。

例 4.6 位于无限大真空中的长直载流导线附近,有一可以自由转向的磁偶极子,试求磁偶极子的受力。

解 建立圆柱坐标系 $O\rho\phi z$,导线位于 z 轴。设导线中电流 I 的参考方向为 $\boldsymbol{e}_z$,磁偶极矩为 $\boldsymbol{m}$ 的磁偶极子位于点 $P(\rho,\phi,z)$。利用安培定律得点 P 磁场:

$$\boldsymbol{B}=\frac{\mu_0 I}{2\pi\rho}\boldsymbol{e}_\phi$$

可以自由转向的磁偶极子必然使 $\boldsymbol{m}$ 与 $\boldsymbol{e}_\phi$ 同方向,所以磁偶极子的位能

$$W=-\boldsymbol{m}\cdot\boldsymbol{B}=-\frac{\mu_0 I\boldsymbol{m}\cdot\boldsymbol{e}_\phi}{2\pi\rho}=-\frac{\mu_0 mI}{2\pi\rho}$$

于是,磁偶极子的受力

$$\boldsymbol{F}=-\nabla W=\frac{\mu_0 mI}{2\pi}\nabla\left(\frac{1}{\rho}\right)=\frac{\mu_0 mI}{2\pi\rho^2}(-\boldsymbol{e}_\rho)$$

可见磁偶极子被长直载流导线所吸引。解毕。

4.2.3 磁偶极子与电偶极子的性质对比

稳恒磁场中的磁偶极子与静电场中的电偶极子在场的性质方面具有相似性,两者对比见表 4.1。通过这个表也可以帮助记忆公式。

表 4.1 电偶极子与磁偶极子的性质对比

量	电偶极子	磁偶极子
偶极矩	$\boldsymbol{p}=q\boldsymbol{l}$	$\boldsymbol{m}=I\boldsymbol{S}$
位函数	$\varphi=\frac{1}{4\pi\varepsilon_0 R^3}\boldsymbol{p}\cdot\boldsymbol{R}$	$\boldsymbol{A}=\frac{\mu_0}{4\pi R^3}\boldsymbol{m}\times\boldsymbol{R}$
场强	$\boldsymbol{E}=\frac{1}{4\pi\varepsilon_0 R^3}[3(\boldsymbol{p}\cdot\boldsymbol{R}^\circ)\boldsymbol{R}^\circ-\boldsymbol{p}]$	$\boldsymbol{B}=\frac{\mu_0}{4\pi R^3}[3(\boldsymbol{m}\cdot\boldsymbol{R}^\circ)\boldsymbol{R}^\circ-\boldsymbol{m}]$
受力	$\boldsymbol{F}=(\boldsymbol{p}\cdot\nabla)\boldsymbol{E}$	$\boldsymbol{F}=(\boldsymbol{m}\times\nabla)\times\boldsymbol{B}$
力矩	$\boldsymbol{T}=\boldsymbol{p}\times\boldsymbol{E}$	$\boldsymbol{T}=\boldsymbol{m}\times\boldsymbol{B}$
位能	$W=-\boldsymbol{p}\cdot\boldsymbol{E}$	$W=-\boldsymbol{m}\cdot\boldsymbol{B}$

4.3 磁介质中的稳恒磁场

4.3.1 磁介质的磁化

磁介质是指放入磁场中能产生附加磁场,从而改变原来磁场分布的物质。自然界中所有实体物质都是磁介质。任何实体物质都由原子组成,原子的磁性有 3 个主要来源:一是电子的自旋;二是电子绕原子核旋转;三是根据楞次定律,外加磁场使绕原子核旋转的电子作某种加速或减速以对抗外磁场的作用。原子对外界产生的磁效应可用一个磁偶极子的磁偶极矩 $\boldsymbol{m}$ 来等效。在外加磁场作用下,磁介质中由这种大量等效的磁偶极子产生附加磁场的现象叫作磁介质的磁化。

为衡量磁介质的磁化程度,定义一个磁化强度来度量:

$$\boldsymbol{M}=\frac{\sum_{i=1}^{N}\boldsymbol{m}_i}{\Delta V}\tag{4.44}$$

这里 $\sum_{i=1}^{N}\boldsymbol{m}_i$ 是体元 ΔV 内全部 N 个磁偶极矩的矢量和(N 是大的正整数)。由于矢量 $\boldsymbol{M}$ 代表了单位体积内的矢量和,所以它是一个强度量,磁化强度又叫磁化矢量,它的单位为安每米(A/m)。

从产生磁场的角度看,磁介质磁化后可看作磁介质不存在,代之以大量的磁偶极子充满磁介质所占据的真空区域。这样就可以利用真空中的磁场表达式来分析磁介质磁化后产生的磁场。基于这个认识,我们把 ΔV 内的全部磁偶极矩总和 $\sum_{i=1}^{N}\boldsymbol{m}_i$ 看作微分量 $\mathrm{d}\boldsymbol{m}=\boldsymbol{M}\mathrm{d}V$,从而由式(4.29)可写出 $\mathrm{d}\boldsymbol{m}$ 产生的磁矢位:

$$\mathrm{d}\boldsymbol{A}_{\mathrm{m}}(\boldsymbol{r})=\frac{\mu_0}{4\pi}\frac{\mathrm{d}\boldsymbol{m}(\boldsymbol{r}')\times(\boldsymbol{r}-\boldsymbol{r}')}{|\boldsymbol{r}-\boldsymbol{r}'|^3}=\frac{\mu_0}{4\pi}\mathrm{d}\boldsymbol{m}(\boldsymbol{r}')\times\nabla'\frac{1}{|\boldsymbol{r}-\boldsymbol{r}'|}$$

下标 m 取自英文 magnetization(磁化)的第一个字母。从而,磁介质 V 磁化后全部磁偶极矩产生的磁矢位为

$$\boldsymbol{A}_{\mathrm{m}}(\boldsymbol{r})=\frac{\mu_0}{4\pi}\int_V \boldsymbol{M}'\times\nabla'\frac{1}{|\boldsymbol{r}-\boldsymbol{r}'|}\mathrm{d}V' \tag{4.45}$$

式中,$\boldsymbol{M}'$ 和 V' 分别是 $\boldsymbol{M}(\boldsymbol{r}')$ 和 $V(\boldsymbol{r}')$ 的简写。

下面分析式(4.45)。在公式 $\boldsymbol{F}\times\nabla a=a\nabla\times\boldsymbol{F}-\nabla\times(a\boldsymbol{F})$ 中,令 $\boldsymbol{F}=\boldsymbol{M}$,$a=1/|\boldsymbol{r}-\boldsymbol{r}'|$,有

$$\boldsymbol{A}_{\mathrm{m}}(\boldsymbol{r})=\frac{\mu_0}{4\pi}\int_V \frac{\nabla'\times\boldsymbol{M}'}{|\boldsymbol{r}-\boldsymbol{r}'|}\mathrm{d}V'-\frac{\mu_0}{4\pi}\int_V \nabla'\times\left(\frac{\boldsymbol{M}'}{|\boldsymbol{r}-\boldsymbol{r}'|}\right)\mathrm{d}V' \tag{4.46}$$

对于右端第二项,利用公式 $\int_V \nabla\times\boldsymbol{F}\mathrm{d}V=-\oint_S \boldsymbol{F}\times\mathrm{d}\boldsymbol{S}$,可知

$$\boldsymbol{A}_{\mathrm{m}}(\boldsymbol{r})=\frac{\mu_0}{4\pi}\int_V \frac{\boldsymbol{J}_{\mathrm{m}}(\boldsymbol{r}')}{|\boldsymbol{r}-\boldsymbol{r}'|}\mathrm{d}V(\boldsymbol{r}')+\frac{\mu_0}{4\pi}\oint_S \frac{\boldsymbol{K}_{\mathrm{m}}(\boldsymbol{r}')}{|\boldsymbol{r}-\boldsymbol{r}'|}\mathrm{d}S(\boldsymbol{r}') \tag{4.47}$$

其中

$$\boldsymbol{J}_{\mathrm{m}}=\nabla\times\boldsymbol{M}\quad(\mathrm{A/m^2}) \tag{4.48}$$

$$\boldsymbol{K}_{\mathrm{m}}=\boldsymbol{M}\times\boldsymbol{n}\quad(\mathrm{A/m}) \tag{4.49}$$

这里,S 是磁介质区域 V 的表面,$\boldsymbol{n}$ 是表面 S 上的法向单位矢量。

对比式(4.47)和式(4.11)可以看出,$\boldsymbol{J}_{\mathrm{m}}$ 和 $\boldsymbol{K}_{\mathrm{m}}$ 分别相当于电流密度和面电流密度。由于 $\boldsymbol{J}_{\mathrm{m}}$ 和 $\boldsymbol{K}_{\mathrm{m}}$ 都是磁介质的磁化引起的,所以这两个量分别称为磁化电流密度和面磁化电流密度。

若磁介质均匀磁化,磁化强度 $\boldsymbol{M}$ 成为常矢量,磁介质内磁化电流密度 $\boldsymbol{J}_{\mathrm{m}}=\boldsymbol{0}$,仅在磁介质表面有磁化电流。例如,分布在轴向均匀磁化的圆柱磁介质表面的磁化电流如图 4.11 所示,从产生磁场的角度看,它相当于一个通有稳恒电流的单层密绕螺线管线圈。

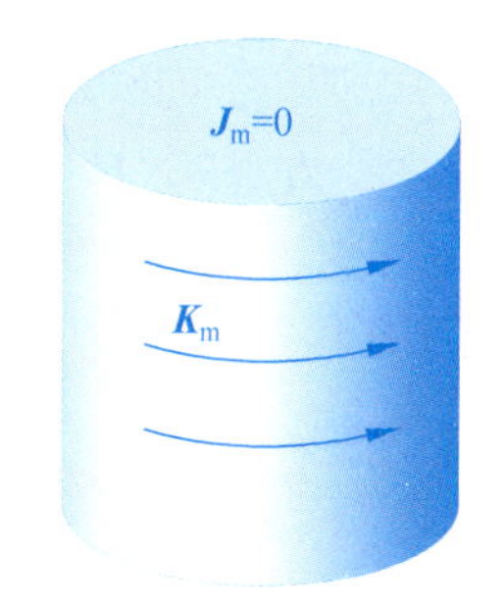

图 4.11 分布在轴向均匀磁化的圆柱磁介质侧面的磁化电流

4.3.2 磁介质中磁场的方程

虽然磁化电流的形成机制与传导电流不同,但两者都产生磁场。当磁介质磁化后,任意点磁场 $\boldsymbol{B}$ 等于传导电流产生的磁场 $\boldsymbol{B}_{\mathrm{c}}$ 与磁化电流产生的磁场 $\boldsymbol{B}_{\mathrm{m}}$ 的矢量和,即 $\boldsymbol{B}=\boldsymbol{B}_{\mathrm{c}}+\boldsymbol{B}_{\mathrm{m}}$,这个记法与磁介质的性质无关。

1. 散度方程及积分形式

由 $\boldsymbol{B}_{\mathrm{m}}=\nabla\times\boldsymbol{A}_{\mathrm{m}}$ 和公式 $\nabla\cdot(\nabla\times\boldsymbol{F})=0$,可得

$$\nabla\cdot\boldsymbol{B}=\nabla\cdot(\boldsymbol{B}_{\mathrm{c}}+\boldsymbol{B}_{\mathrm{m}})=\nabla\cdot\boldsymbol{B}_{\mathrm{c}}+\nabla\cdot(\nabla\times\boldsymbol{A}_{\mathrm{m}})=\nabla\cdot\boldsymbol{B}_{\mathrm{c}}=0$$

即散度方程

$$\nabla\cdot\boldsymbol{B}=0 \tag{4.50}$$

这说明,含有磁介质的稳恒磁场是无散场,场中既无“源泉”,也无“漏洞”,磁场线是无头无尾的闭曲线。

散度方程 $\nabla\cdot\boldsymbol{B}=0$ 对应的积分方程是

$$\oint_S \boldsymbol{B}\cdot\mathrm{d}\boldsymbol{S}=0 \tag{4.51}$$

此式也叫磁场的高斯定理，它表明，通过任意闭曲面的磁通量恒等于0。

2. 旋度方程及积分形式

设在含有磁介质的磁场中，传导电流密度为$\boldsymbol{J}$，磁介质中磁化强度为$\boldsymbol{M}$，磁化电流密度为$\boldsymbol{J}_m$，则磁介质中任意点磁场$\boldsymbol{B}$满足

$$\nabla\times\boldsymbol{B}=\nabla\times\boldsymbol{B}_c+\nabla\times\boldsymbol{B}_m=\mu_0\boldsymbol{J}+\mu_0\boldsymbol{J}_m=\mu_0\boldsymbol{J}+\mu_0\nabla\times\boldsymbol{M}$$

或写成

$$\nabla\times\left(\frac{\boldsymbol{B}}{\mu_0}-\boldsymbol{M}\right)=\boldsymbol{J} \tag{4.52}$$

引入一个新矢量

$$\boldsymbol{H}=\frac{\boldsymbol{B}}{\mu_0}-\boldsymbol{M} \tag{4.53}$$

式(4.52)写成

$$\nabla\times\boldsymbol{H}=\boldsymbol{J} \tag{4.54}$$

此式就是磁场的旋度方程。式中，$\boldsymbol{H}$称为磁场强度，单位是安每米(A/m)，它同时包含磁介质中的磁通密度和磁化强度。$\boldsymbol{H}$是为了便于理论分析而引入的辅助量，并不代表真实的磁场。式(4.54)说明，稳恒磁场是有旋场，$\boldsymbol{H}$线围绕传导电流构成闭曲线，传导电流分布处为“漩涡”中心。注意，方程$\nabla\times\boldsymbol{H}=\boldsymbol{J}$中的$\boldsymbol{H}$和$\boldsymbol{J}$是同一点的两个矢量，如果该点没有传导电流，则$\nabla\times\boldsymbol{H}=\boldsymbol{0}$。

旋度方程$\nabla\times\boldsymbol{H}=\boldsymbol{J}$对应的积分方程是

$$\oint_C\boldsymbol{H}\cdot\mathrm{d}\boldsymbol{r}=I \tag{4.55}$$

其中

$$I=\int_S\boldsymbol{J}\cdot\mathrm{d}\boldsymbol{S} \tag{4.56}$$

是穿过曲面S的传导电流。式(4.55)是存在磁介质情况下安培定律的表达式，也叫存在磁介质情况下的安培环路定律。这个定律表明，磁场强度$\boldsymbol{H}$沿任意闭曲线C的线积分等于该闭曲线所包围的全部传导电流。注意，以上两式中，C的绕向与S的法向矢量之间构成右手螺旋关系。

说明 关于矢量$\boldsymbol{B}$的名称，目前一些中文文献称为“磁感应强度”。历史上，麦克斯韦叫它“磁感应”[(Maxwell,2017) 400节]，此后人们大多沿用这个叫法。直到1931年在伦敦召开的国际电工委员会(IEC)电磁量与单位委员会的会议上，通过投票才最终把一些电磁量与单位统一确定下来，其中称$\boldsymbol{B}$为磁通密度。此后，1995年国际电工委员会(IEC)和国际电信联盟(ITU)给出的基础术语国际标准中采用磁通密度，2002年发布的中国国家标准GB/T 2900.60—2002《电工术语 电磁学》中定名为“磁通密度”。由于以上原因，本书称$\boldsymbol{B}$为磁通密度。但这个叫法在逻辑顺序上存在问题，就是在尚无出现磁通的概念时先出现磁通密度的叫法。其实从概念上看，矢量$\boldsymbol{B}$才应该叫磁场强度，叫矢量$\boldsymbol{H}$为磁场强度并不恰当。

4.3.3 磁化率

在各向同性的磁介质中，$\boldsymbol{M}$和$\boldsymbol{H}$的方向一致，存在本构关系

$$\boldsymbol{M}=\chi_m\boldsymbol{H} \tag{4.57}$$

式中，χ_m 是量纲为 1 的数，称为磁介质的磁化率，$-1\leqslant\chi_m<\infty$。可见，$|\chi_m|$ 越大，磁介质的磁化能力越强。真空的磁化率 $\chi_m=0$，即真空不能被磁化。基于以上本构关系，不断改变 H，测量 M 的变化，就可得到一条 M 随 H 的变化曲线，这条曲线称为磁化曲线。通过磁化曲线就可以知道磁介质的磁性质。

已知磁化率 χ_m 后，令 $\mu_r=1+\chi_m$，由式(4.53)得

$$\boldsymbol{B}=\mu_0(\boldsymbol{H}+\boldsymbol{M})=\mu_0(1+\chi_m)\boldsymbol{H}=\mu_0\mu_r\boldsymbol{H}$$

再令 $\mu=\mu_0\mu_r$，得

$$\boldsymbol{B}=\mu\boldsymbol{H} \tag{4.58}$$

μ 称为磁介质的磁导率，μ_r 称为相对磁导率（“相对”是与真空相比较而言，因 $\mu_r=\mu/\mu_0$），μ_r 是量纲为 1 的非负数，μ_r 越大，磁介质越容易磁化。式(4.58)表明，在各向同性的磁介质中，矢量 $\boldsymbol{M}$、$\boldsymbol{B}$ 和 $\boldsymbol{H}$ 的方向均相同。

说明　物质的磁性。

物质按磁性大体划分为 5 类：抗磁性、顺磁性、反铁磁性、亚铁磁性和铁磁性，前 3 类属于弱磁性，后两类属于强磁性。通常所说的磁性材料是指强磁性材料，有兴趣的读者可阅读有关文献，如(宛，1999)。下面简要介绍抗磁性物质、顺磁性物质和铁磁性物质，后面分别简称抗磁质、顺磁质和铁磁质。

抗磁质：$-1\leqslant\chi_m<0$。$\chi_m=-1$ 时为完全抗磁质。大部分抗磁质的磁化率 $\chi_m=(-10^{-4})\sim(-10^{-6})$，如金为 -3.44×10^{-5}，银为 -2.53×10^{-5}，铜为 -9.4×10^{-6}，水为 -9.0×10^{-6}。

顺磁质：$0<\chi_m\ll1$。大部分顺磁质的磁化率 $\chi_m=10^{-5}\sim10^{-4}$，如铝为 2.1×10^{-5}，铂为 2.93×10^{-4}，空气为 3.65×10^{-7}。对于大多数应用场合来说，不管是抗磁质还是顺磁质，因它们的磁化率绝对值都很小，所以可以认为磁化率都等于零。

铁磁质：$\chi_m\gg1$。铁磁质的最大特点是 M 与 H 之间呈非单值关系，会发生磁滞现象(见 4.6 节)。常温下，铁磁质的磁化率不是常数，磁化率等于磁化曲线上工作点的切线斜率：

$$\chi_m=\frac{\partial M}{\partial H} \tag{4.59}$$

式中，M 依赖于以前的磁化状态，而且 M 至少是 H 和 f(频率)的二元函数。在铁磁质中 $\chi_m\gg1$，由 $\mu=\mu_0(1+\chi_m)\approx\mu_0\chi_m$，得

$$\boldsymbol{B}=\mu\boldsymbol{H}=\frac{\mu}{\chi_m}\boldsymbol{M}\approx\mu_0\boldsymbol{M} \tag{4.60}$$

即铁磁质中 B 与 M 成正比。这说明铁磁质的 $B\sim H$ 曲线与 $M\sim H$ 曲线的形状相似，因此也把铁磁质的 $B\sim H$ 曲线称为磁化曲线。

需要指出：①常温下，金属元素中的铁、钴、镍及合金，各种铁氧体，都是磁性材料，广泛用于制造电机、变压器、永磁体、磁芯等；②磁性材料的磁化率为几百到几十万，如镍锌铁氧体约 650，锰锌铁氧体约 750，铁约 4000，坡莫合金[①]约 70 000；③当铁磁质的温度超过某一数值时，铁磁性消失，转变为顺磁质；④磁性材料的磁化率(或磁导率)受多种因素影响，基于磁化率的磁场计算得到的都是近似值。

---

① 坡莫合金是一种镍铁合金的注册商品名，译自英文 permalloy。这种合金在弱磁场中具有高导磁性和低磁滞现象(见 4.6.1 节)，由旅美瑞士学者埃尔曼于 1914 年发明。

*4.3.4 线性磁介质在磁场中的受力

当磁化率为 χ_m 的磁介质放入外磁场中，磁介质内等效的磁偶极子会发生偏转或微小的移动，此时可用式(4.36)分析整个磁介质的受力。

在磁介质中取体元 $\mathrm{d}V$，它的磁偶极矩为 $\mathrm{d}\boldsymbol{m}=\boldsymbol{M}\mathrm{d}V$，从而由式(4.36)可写出单位体积的受力：

$$\boldsymbol{f}=\frac{\mathrm{d}\boldsymbol{F}}{\mathrm{d}V}=(\boldsymbol{M}\times\nabla)\times\boldsymbol{B} \tag{4.61}$$

式中，$\boldsymbol{B}$ 是体元 $\mathrm{d}V$ 内磁通密度。在 μ 为常量的磁介质内，$\boldsymbol{M}=\chi_m\boldsymbol{H}$，$\boldsymbol{B}=\mu\boldsymbol{H}$，式(4.61)变形为

$$\boldsymbol{f}=\chi_m\mu(\boldsymbol{H}\times\nabla)\times\boldsymbol{H}$$

利用矢量微分公式 $(\boldsymbol{A}\times\nabla)\times\boldsymbol{A}=A\nabla A-\boldsymbol{A}(\nabla\cdot\boldsymbol{A})$ 和 $\nabla\cdot\boldsymbol{H}=0$，可知

$$\boldsymbol{f}=\chi_m\mu H\nabla H$$

这里 $H=|\boldsymbol{H}|$。最终

$$\boldsymbol{f}=\nabla\left(\frac{\chi_m}{2\mu}B^2\right)=\nabla\left(\frac{1}{2}\boldsymbol{M}\cdot\boldsymbol{B}\right) \tag{4.62}$$

这就是 μ 为常量的磁介质放入外磁场后，单位体积磁介质所受的力。

说明 1778年，荷兰医生布鲁格曼斯最早发现金属铋和锑被磁场排斥。1845年11月，法拉第用丝线的一端系在含铅玻璃棒的中间，另一端吊起来。他发现，当移动磁铁、使玻璃棒进入磁铁的两极间时，玻璃棒被磁场排斥，趋向跟磁场方向成直角的位置，如图4.12所示[图中N极(北极)是指外部磁场线离开磁铁的极，S极(南极)是指外部磁场线进入磁铁的极(IEC，2004)]。他把这个特性命名为抗磁性。法拉第的实验表明，许多物质有抗磁性，甚至木头、牛肉、苹果、面包都被磁场排斥。

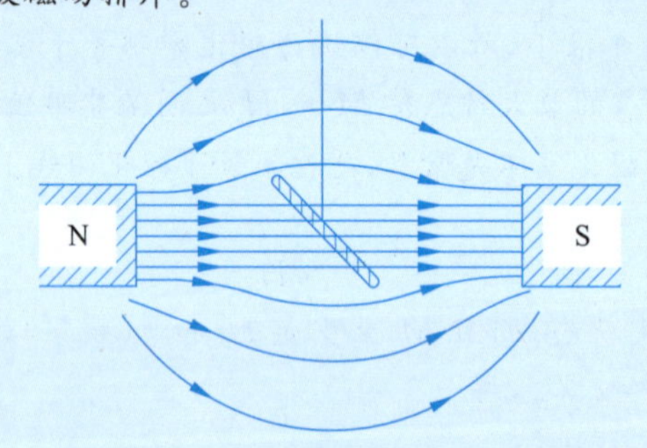

图4.12 法拉第的抗磁性实验示意图

以上现象可以通过磁介质在磁场中的受力来证明。设磁介质放入稳恒磁场中，磁介质的体积为 V，由式(4.62)，当磁介质线度很小时，整个磁介质的受力为

$$\boldsymbol{F}=\int_V\boldsymbol{f}\,\mathrm{d}V=\int_V\nabla\left(\frac{\chi_m}{2\mu}B^2\right)\mathrm{d}V\approx\frac{\chi_m V}{2\mu}\nabla B^2 \tag{4.63}$$

式中，B 是磁介质 V 内磁通密度的绝对值。由式(4.63)可知以下3点结论。①当 $\chi_m<0$ 时，$\boldsymbol{F}$ 与 ∇B^2 反方向，而 ∇B^2 指向磁场增大方向，即抗磁质放在外磁场中会被磁极排斥。以图4.12为例，玻璃棒含铅，而铅是抗磁质，所以玻璃棒两端会被磁极轻微排斥，驱使玻璃棒转动，达到与磁场方向相垂直的位置。再如，金是抗磁质，金的小柱体在磁场中会被尖磁极轻微排斥，如图4.13所示。②当 $\chi_m>0$ 时，$\boldsymbol{F}$ 与 ∇B^2 同方向，即顺磁性、反铁磁性、亚铁磁

性、铁磁性的物质放在外磁场中会被尖磁极吸引，其中前两种被轻微吸引，后两种被强烈吸引。例如，铝是顺磁质，铝的小柱体在磁场中会被尖磁极轻微吸引，如图 4.13 所示。③如果磁场为均匀场，则 B 为常量，$\nabla B^2=\mathbf{0}$，即均匀磁场中磁介质不受力。

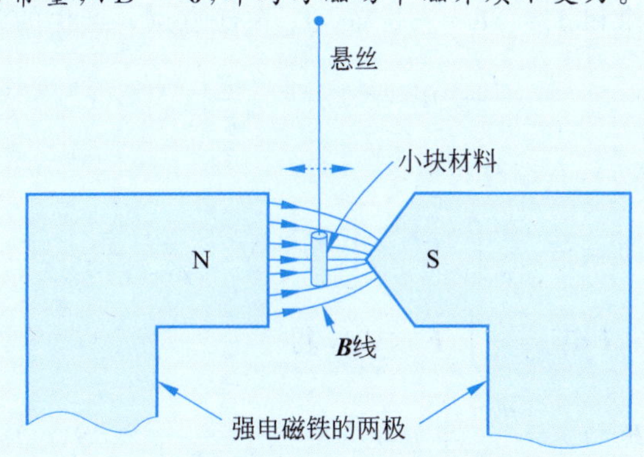

图 4.13 金的小柱体被尖磁极轻微排斥，而铝的小柱体被尖磁极轻微吸引

（绘图参见“配套资源”中“插图来源”说明）

实验视频

拓展视频：部分弱磁性物质在非均匀外磁场中的表现见右侧二维码。

4.3.5 无限大线性均匀磁介质中磁场的计算

当磁导率为常量的无限大线性均匀磁介质中有传导电流时，磁场可用显式表达，计算特别简单。此时，磁场方程组是

$$\nabla\times\boldsymbol{B}=\mu\boldsymbol{J},\quad \nabla\cdot\boldsymbol{B}=0,\quad \boldsymbol{B}=\mu\boldsymbol{H}$$

而无限大真空中的磁场方程组是

$$\nabla\times\boldsymbol{B}=\mu_0\boldsymbol{J},\quad \nabla\cdot\boldsymbol{B}=0,\quad \boldsymbol{B}=\mu_0\boldsymbol{H}$$

对比这两种情况可知，只要把适用于无限大真空的毕奥-萨伐尔定律表达式(4.4)中的 μ_0 换成 μ，就可以用于计算磁导率为常量的无限大磁介质中的磁场，其表达式为

$$\boldsymbol{B}(\boldsymbol{r})=\frac{\mu}{4\pi}\int_V\frac{\boldsymbol{J}(\boldsymbol{r}')\times(\boldsymbol{r}-\boldsymbol{r}')}{|\boldsymbol{r}-\boldsymbol{r}'|^3}\mathrm{d}V(\boldsymbol{r}')\tag{4.64}$$

在计算稳恒磁场时，式(4.64)用处极大。在静电场中，许多物质的相对电容率都与真空相对电容率 $\varepsilon_r=1$ 在数值上相差较大(附录 E)，特别是电场中有导体时，导体表面就成为电场的外边界面，这就使静电场的计算多数情况下需要通过求解边值问题来解决。而对稳恒磁场来说，除了铁磁质之外，绝大多数物质(如水、铜、铝、木材、橡胶等)的磁化率接近真空磁化率 $\chi_m=0$，所以在计算稳恒电流产生的磁场时，只要场中没有铁磁质，就可认为场源位于无限大真空中，直接用毕奥-萨伐尔定律计算。顺便指出，在场源随时间变化的真空电磁场中，用毕奥-萨伐尔定律计算场源附近的磁场同样有效，见 7.3.2 节。

例 4.7 如图 4.14 所示，无限大真空中一线性、各向同性导体球 V，球半径为 a，球面为 S，球的电导率和磁导率分别为 σ 和 μ_0，球内有一稳恒电流源 $\boldsymbol{J}_0\Delta V$(电流元)，求磁通密度的径向分量 $B_r(\boldsymbol{r})$。

图 4.14 导体球内的稳恒电流元

解 由于球的磁导率 μ_0 和外部真空的磁导率相等，所以

本题可看作无限大真空中传导电流产生磁场的计算。建立直角坐标系 $Oxyz$，原点 O 位于球心。任意点的磁场由两个场源共同产生：一个是位于点 $\boldsymbol{r}'$ 处的外源稳恒电流元 $\boldsymbol{J}_0\Delta V$，另一个是由外源稳恒电流元在导体球内激发的传导电流密度 $\boldsymbol{J}_c$。

利用毕奥-萨伐尔定律和 $\boldsymbol{J}_c=\sigma\boldsymbol{E}=-\sigma\nabla\varphi$，$\boldsymbol{J}_c$ 在任意点 $\boldsymbol{r}$ 产生的磁场为

$$\boldsymbol{B}_c(\boldsymbol{r})=\frac{\mu_0}{4\pi}\int_V\boldsymbol{J}_c(\boldsymbol{r}')\times\frac{\boldsymbol{r}-\boldsymbol{r}'}{|\boldsymbol{r}-\boldsymbol{r}'|^3}\mathrm{d}V(\boldsymbol{r}')=-\frac{\mu_0\sigma}{4\pi}\int_V\nabla'\varphi(\boldsymbol{r}')\times\nabla'\frac{1}{|\boldsymbol{r}-\boldsymbol{r}'|}\mathrm{d}V(\boldsymbol{r}')$$

由公式 $\nabla a\times\nabla b=\nabla\times(a\nabla b)$，右端改写成

$$\boldsymbol{B}_c(\boldsymbol{r})=-\frac{\mu_0\sigma}{4\pi}\int_V\nabla'\times\left[\varphi(\boldsymbol{r}')\nabla'\frac{1}{|\boldsymbol{r}-\boldsymbol{r}'|}\right]\mathrm{d}V(\boldsymbol{r}')$$

利用公式(附录 A) $\int_V\nabla\times\boldsymbol{F}\mathrm{d}V=-\oint_S\boldsymbol{F}\times\mathrm{d}\boldsymbol{S}$，得

$$\boldsymbol{B}_c(\boldsymbol{r})=\frac{\mu_0\sigma}{4\pi}\oint_S\varphi(\boldsymbol{r}')\nabla'\frac{1}{|\boldsymbol{r}-\boldsymbol{r}'|}\times\mathrm{d}\boldsymbol{S}(\boldsymbol{r}')$$

在球面 S 上，$\mathrm{d}\boldsymbol{S}(\boldsymbol{r}')=(\boldsymbol{r}'/a)\mathrm{d}S(\boldsymbol{r}')$，而且

$$\nabla'\frac{1}{|\boldsymbol{r}-\boldsymbol{r}'|}\times\mathrm{d}\boldsymbol{S}(\boldsymbol{r}')=\frac{(\boldsymbol{r}-\boldsymbol{r}')\times\boldsymbol{r}'}{a|\boldsymbol{r}-\boldsymbol{r}'|^3}\mathrm{d}S(\boldsymbol{r}')=\frac{\boldsymbol{r}\times\boldsymbol{r}'}{a|\boldsymbol{r}-\boldsymbol{r}'|^3}\mathrm{d}S(\boldsymbol{r}')$$

所以由 $\boldsymbol{J}_c$ 产生的磁通密度在任意点的径向分量为

$$B_{cr}=\boldsymbol{B}_c\cdot\left(\frac{\boldsymbol{r}}{r}\right)=\frac{\mu_0\sigma}{4\pi ar}\oint_S\varphi(\boldsymbol{r}')\frac{(\boldsymbol{r}\times\boldsymbol{r}')\cdot\boldsymbol{r}}{|\boldsymbol{r}-\boldsymbol{r}'|^3}\mathrm{d}S(\boldsymbol{r}')=0 \tag{4.65}$$

式中，$(\boldsymbol{r}\times\boldsymbol{r}')\cdot\boldsymbol{r}=0$。

于是，利用叠加原理，可得 $\boldsymbol{J}_0\Delta V$ 和 $\boldsymbol{J}_c$ 共同产生的任意点的磁通密度径向分量：

$$\begin{aligned}B_r(\boldsymbol{r})&=\frac{\mu_0}{4\pi}\frac{\boldsymbol{J}_0(\boldsymbol{r}')\times(\boldsymbol{r}-\boldsymbol{r}')}{|\boldsymbol{r}-\boldsymbol{r}'|^3}\cdot\left(\frac{\boldsymbol{r}}{r}\right)\Delta V(\boldsymbol{r}')\\&=\frac{\mu_0}{4\pi r}\frac{[\boldsymbol{r}'\times\boldsymbol{J}_0(\boldsymbol{r}')]\cdot\boldsymbol{r}}{|\boldsymbol{r}-\boldsymbol{r}'|^3}\Delta V(\boldsymbol{r}')\end{aligned} \tag{4.66}$$

以上求解说明，不论电流元 $\boldsymbol{J}_0\Delta V$ 位于球内何处，都可用毕奥-萨伐尔定律简单地计算任意点磁场的径向分量。计算方法是：认为球内电流元位于无限大真空中，用毕奥-萨伐尔定律求出磁通密度，然后再求出径向分量，所得结果就是导体球内电流元及激发的传导电流共同产生的磁场径向分量。这个结果可用于研究生物磁学问题，如通过测量头皮的磁通密度径向分量来研究病灶电流元的位置、分布及活动情况。本例分析参考了(马，1995)。解毕。

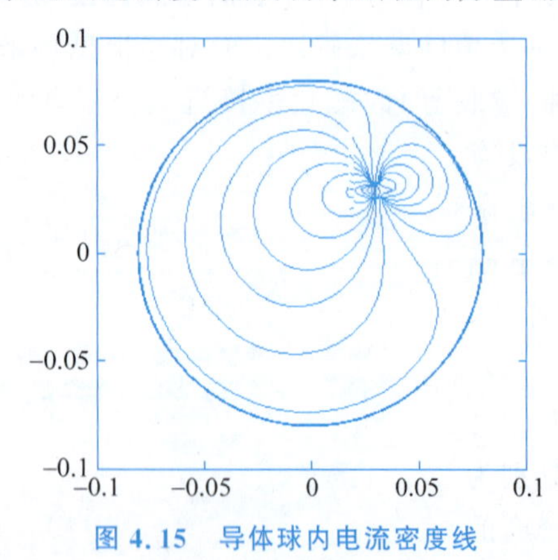

图 4.15　导体球内电流密度线

说明　如何想到球内传导电流在球面产生的磁场没有径向分量呢？从物理概念上看，球内电流密度线分布如图 4.15 所示，球面内侧的 $\boldsymbol{J}$ 线应与球面相切，而 $\boldsymbol{B}$ 线又垂直环绕 $\boldsymbol{J}$ 线。这样，$\boldsymbol{B}$ 线也应与球面相切，球面两侧只有 $\boldsymbol{B}$ 的切向分量而没有径向分量。推导结果，确实如此。

4.3.6 边界条件

在两种不同磁介质的公共边界面两侧，直接利用 1.6 节中的结果，可分别写出磁场的散度方程$\nabla\cdot\boldsymbol{B}=0$ 和旋度方程$\nabla\times\boldsymbol{H}=\boldsymbol{J}$ 所对应的两个边界条件：

$$\boldsymbol{n}_{12}\cdot(\boldsymbol{B}_2-\boldsymbol{B}_1)=0 \tag{4.67}$$

$$\boldsymbol{n}_{12}\times(\boldsymbol{H}_2-\boldsymbol{H}_1)=\boldsymbol{K} \tag{4.68}$$

式中，$\boldsymbol{n}_{12}$ 是边界面上由介质 1 指向介质 2 的法向单位矢量，$\boldsymbol{B}_1$ 和 $\boldsymbol{B}_2$ 分别是介质 1 和介质 2 中靠近边界面的磁通密度，$\boldsymbol{H}_1$ 和 $\boldsymbol{H}_2$ 分别是介质 1 和介质 2 中靠近边界面的磁场强度，矢量

$$\boldsymbol{K}=\lim_{\substack{\Delta h_1\to 0\\ \Delta h_2\to 0}}(\Delta h_1\boldsymbol{J}_1+\Delta h_2\boldsymbol{J}_2)\quad (\text{A/m}) \tag{4.69}$$

称为面电流密度，它描述了边界面两侧薄层内传导电流的分布情况。

以上两个边界条件说明，在边界面两侧，磁通密度的法向分量保持不变，磁场强度的切向分量发生跃变。

下面分 4 种情况讨论面电流密度 $\boldsymbol{K}$。观察式(4.69)可知：

(1) 当$|\boldsymbol{J}_1|<\infty$和$|\boldsymbol{J}_2|<\infty$时，$\boldsymbol{K}=\boldsymbol{0}$；

(2) 在理想导体边界面上，因电导率 $\sigma\to\infty$，电流密度可能无限大，一般地 $\boldsymbol{K}\neq\boldsymbol{0}$；

(3) 在超导体边界面上，因超导电流密度受临界电流密度的制约(见 8.2.5 节)，而临界电流密度有限，所以超导体边界面上 $\boldsymbol{K}=\boldsymbol{0}$；

(4) 当边界面上放置有外源面电流密度 $\boldsymbol{K}_0$ 时，$\boldsymbol{K}_0$ 是一个独立矢量，式(4.69)应写成

$$\boldsymbol{K}=\boldsymbol{K}_0+\lim_{\substack{\Delta h_1\to 0\\ \Delta h_2\to 0}}(\boldsymbol{J}_1\Delta h_1+\boldsymbol{J}_2\Delta h_2) \tag{4.70}$$

例 4.8 为了获得较强的磁场，常把线圈缠绕在铁芯上，由于铁芯磁导率比空气磁导率大得多，所以磁场线可以集中分布在铁芯内。设环状铁芯的相对磁导率为 μ_r，铁芯中心线的长为 l，铁芯上有一长为 l_0 的小空气隙，如图 4.16 所示。求铁芯上 N 匝线圈中通有稳恒电流 I 时空气隙中的磁通密度。

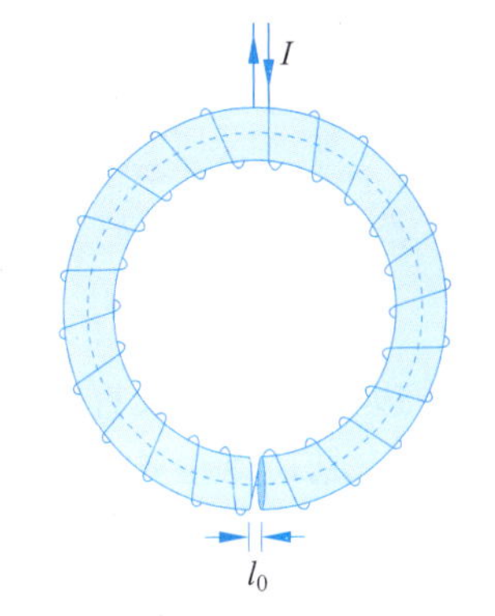

图 4.16 带空气隙的环状铁芯

解 如图 4.16 中的虚线所示，沿铁芯中心线穿过空气隙作闭曲线 C，由$\oint_C \boldsymbol{H}\cdot\mathrm{d}\boldsymbol{r}=NI$ 得

$$H_{\text{core}}l+H_0l_0=NI$$

式中，H_{core} 是铁芯中的磁场强度，H_0 是空气隙中的磁场强度。利用铁芯端面上的边界条件 $\boldsymbol{n}_{12}\cdot(\boldsymbol{B}_2-\boldsymbol{B}_1)=0$，得

$$\mu_r H_{\text{core}}=H_0$$

联立以上两式解出 H_0，得空气隙中的磁通密度

$$B_0=\mu_0H_0=\frac{\mu_0\mu_r NI}{l+l_0\mu_r}$$

可见，当 $l_0\mu_r\gg l$ 时 $B_0\approx\mu_0 NI/l_0$，空气隙中的磁通密度与 NI 成正比，与 l_0 成反比。解毕。

例 4.9 磁导率 μ 为常量的半无限磁介质上方是真空，真空中有一根相距磁介质平面为 h 的长直平行载流导线，电流为 I，如图 4.17 所示。试分别求出真空和磁介质中的磁通密度。

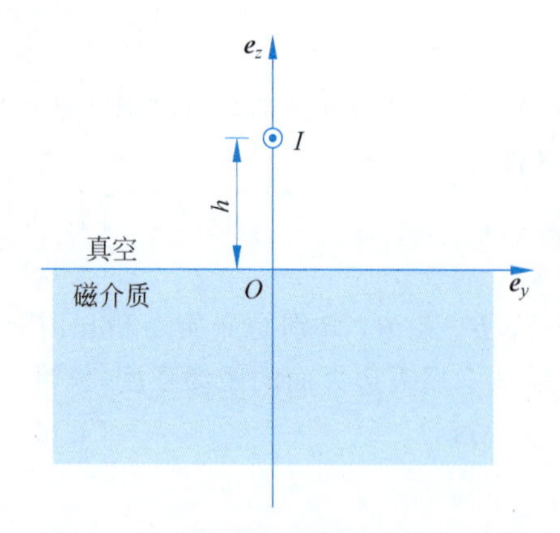

图 4.17 半无限磁介质上方真空中的长直载流导线

解 本题适合用镜像法求解。

先来分析本题。图 4.17 中磁介质的磁导率 μ 为常量,说明这是一个线性磁场问题,可以使用叠加原理分析。由于无限大线性、均匀磁介质中的磁场可以直接写出解的显式表达式,所以在求上部半无限真空中的磁场时,可以将下部半无限磁介质换成半无限真空,使整个场区为无限大真空,磁化电流在上部真空产生的磁场用位于镜像点的长直、同方向线电流 I' 产生的磁场来代替,如图 4.18(a)所示;在求下部半无限磁介质中的磁场时,可以将上部半无限真空换成与下部半无限磁介质相同的磁介质,使整个场区为同一磁介质,长直线电流和磁化电流共同在下部磁介质中产生的磁场用位于长直线电流处的长直、同方向线电流 I'' 产生的磁场来代替,如图 4.18(b)所示。

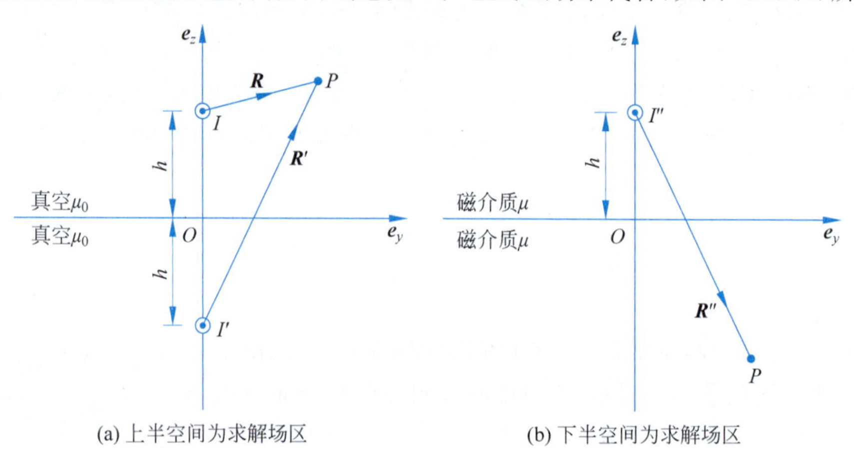

图 4.18 上、下半空间中的镜像电流

下面根据以上分析求磁场。如图 4.17 所示,建立直角坐标系 $Oxyz$,坐标平面 $z=0$ 与磁介质边界面重合,长直线电流 I 过点 $(0,0,h)$,电流方向为 $\boldsymbol{e}_x$ 方向。由于该平行平面场与坐标 x 无关,所以在平面 $x=0$ 内计算磁场即可。利用安培定律和磁场的叠加原理,由图 4.18(a)可写出上部真空中任意点 $P(0,y,z)$ 的磁场:

$$\boldsymbol{B}_2(P)=\frac{\mu_0 I}{2\pi R}\boldsymbol{e}_x\times\left(\frac{\boldsymbol{R}}{R}\right)+\frac{\mu_0 I'}{2\pi R'}\boldsymbol{e}_x\times\left(\frac{\boldsymbol{R}'}{R'}\right) \tag{4.71}$$

式中,$\boldsymbol{R}=y\boldsymbol{e}_y+(z-h)\boldsymbol{e}_z$,$\boldsymbol{R}'=y\boldsymbol{e}_y+(z+h)\boldsymbol{e}_z$,$z>0$。再由图 4.18(b)可写出下部磁介质中任意点 $P(0,y,z)$ 的磁场:

$$\boldsymbol{B}_1(P)=\frac{\mu I''}{2\pi R''}\boldsymbol{e}_x\times\left(\frac{\boldsymbol{R}''}{R''}\right) \tag{4.72}$$

式中,$\boldsymbol{R}''=y\boldsymbol{e}_y+(z-h)\boldsymbol{e}_z$,$z<0$。

由于边界面两侧的磁场均未知,所以真空与磁介质的交界面是内边界面。利用内边界面上的两个边界条件

$$\boldsymbol{n}_{12}\cdot(\boldsymbol{B}_2-\boldsymbol{B}_1)\Big|_{z=0}=\boldsymbol{e}_z\cdot(\boldsymbol{B}_2-\boldsymbol{B}_1)\Big|_{z=0}=\frac{y(\mu_0 I+\mu_0 I'-\mu I'')}{2\pi(y^2+h^2)}=0$$

$$\boldsymbol{n}_{12}\times(\boldsymbol{H}_2-\boldsymbol{H}_1)\big|_{z=0}=\boldsymbol{e}_z\times\left(\frac{\boldsymbol{B}_2}{\mu_0}-\frac{\boldsymbol{B}_1}{\mu}\right)\bigg|_{z=0}=\frac{h(-I+I'+I'')}{2\pi(y^2+h^2)}\boldsymbol{e}_x=\boldsymbol{0}$$

得到

$$\mu_0 I+\mu_0 I'-\mu I''=0$$

$$-I+I'+I''=0$$

由这两式联立解出镜像电流：

$$I'=\frac{2\mu_0}{\mu+\mu_0}I \tag{4.73}$$

$$I''=\frac{\mu-\mu_0}{\mu+\mu_0}I \tag{4.74}$$

代入式(4.71)和式(4.72)就分别得到上、下两个场区的磁场。解毕。

4.4 磁矢位和磁标位

在求解稳恒磁场问题时，可以通过直接求解方程组$\nabla\cdot\boldsymbol{B}=0$和$\nabla\times\boldsymbol{H}=\boldsymbol{J}$得到磁通密度$\boldsymbol{B}$和磁场强度$\boldsymbol{H}$，但更普遍的求解方法是通过引入位函数来求解。稳恒磁场中最常见、最重要的位函数是磁矢位$\boldsymbol{A}$，其次是磁标位φ_m。下面分别叙述它们的约束方程和边界条件，并分别给出平行平面磁场和轴对称磁场的求解例。

4.4.1 磁矢位方程和边界条件

1. 磁矢位的定义

磁场中$\nabla\cdot\boldsymbol{B}=0$，对比矢量恒等式$\nabla\cdot(\nabla\times\boldsymbol{F})=0$，可引入量位$\boldsymbol{A}$满足

$$\boldsymbol{B}=\nabla\times\boldsymbol{A} \tag{4.75}$$

称$\boldsymbol{A}$为磁矢位，单位为韦每米(Wb/m)。由式(4.75)引入的磁矢位具有普遍性，无论磁介质是线性还是非线性都适用，而式(4.11)给出的磁矢位只能用于计算场区磁导率全为μ_0时的磁场问题。

平行平面磁场问题和轴对称磁场问题特别适合用磁矢位$\boldsymbol{A}$分析。以平行平面磁场为例，建立直角坐标系$Oxyz$，设分量$B_z=0$，即

$$B_z=(\nabla\times\boldsymbol{A})\cdot\boldsymbol{e}_z=\frac{\partial A_y}{\partial x}-\frac{\partial A_x}{\partial y}=0$$

这对任意变量x和y均成立，说明$A_x=0$和$A_y=0$，于是磁矢位$\boldsymbol{A}$只有垂直分量：

$$\boldsymbol{A}=A_z\boldsymbol{e}_z \tag{4.76}$$

与此类似，轴对称磁场中的磁矢位只有周向分量(习题4.14)：

$$\boldsymbol{A}=A_\phi\boldsymbol{e}_\phi \tag{4.77}$$

其中对称轴是圆柱坐标系$O\rho\phi z$的z轴。

2. 约束方程

设磁介质的磁导率μ为常量、电导率σ为零，把$\boldsymbol{H}=\boldsymbol{B}/\mu=(\nabla\times\boldsymbol{A})/\mu$代入方程$\nabla\times\boldsymbol{H}=\boldsymbol{J}$($\boldsymbol{J}$为已知的外源电流密度)，得$\nabla\times(\nabla\times\boldsymbol{A})=\mu\boldsymbol{J}$。根据矢量场解的唯一性定理，确定矢量场的变化规律必须同时知道场的旋度和散度，而旋度由$\nabla\times\boldsymbol{A}=\boldsymbol{B}$给出、散度$\nabla\cdot\boldsymbol{A}$未知，为了与无限大真空中稳恒磁场磁矢位的散度为零保持一致，令$\nabla\cdot\boldsymbol{A}=0$。这样，利用公式$\nabla\times(\nabla\times\boldsymbol{F})=\nabla(\nabla\cdot\boldsymbol{F})-\nabla^2\boldsymbol{F}$，得磁矢位满足的两个约束方程：

$$\nabla^2 \boldsymbol{A} = -\mu \boldsymbol{J} \tag{4.78}$$

$$\nabla \cdot \boldsymbol{A} = 0 \tag{4.79}$$

其中，方程(4.78)为磁矢位的基本方程，方程(4.79)为辅助方程，两个方程联立可以完整地描述磁矢位的变化规律。需要指出，$\nabla \cdot \boldsymbol{A}=0$ 是一种人为的规定，它有一个专门名称，称为库仑规范。在平行平面磁场问题和轴对称磁场问题中库仑规范自动满足。

3. 内边界面上的边界条件

在两种介质的公共边界面上，利用 1.6.3 节的结果，由 $|\boldsymbol{B}|<\infty$，可写出 $\nabla\times\boldsymbol{A}=\boldsymbol{B}$ 对应的边界条件：

$$\boldsymbol{n}_{12} \times (\boldsymbol{A}_2 - \boldsymbol{A}_1) = \boldsymbol{0} \tag{4.80}$$

此式相当于 $\boldsymbol{n}_{12}\cdot(\boldsymbol{B}_2-\boldsymbol{B}_1)=0$。再把 $\boldsymbol{H}=(\nabla\times\boldsymbol{A})/\mu$ 代入 $\boldsymbol{n}_{12}\times(\boldsymbol{H}_2-\boldsymbol{H}_1)=\boldsymbol{K}$ 中，可得另一个边界条件：

$$\boldsymbol{n}_{12} \times \left(\frac{\nabla\times\boldsymbol{A}_2}{\mu_2} - \frac{\nabla\times\boldsymbol{A}_1}{\mu_1}\right) = \boldsymbol{K} \tag{4.81}$$

其中，$\boldsymbol{K}$ 是已知函数，$\boldsymbol{n}_{12}$ 是边界面上从介质 1 指向介质 2 的法向单位矢量。

对于内边界面，以上两个边界条件必须同时满足，缺一不可。

4. 磁矢位的有限性

在有限场域内，必有 $|\boldsymbol{A}|<\infty$。当全部场源分布在有限区域内时，在离场源的无限远处，可把全部场源看作点源，应有 $\lim\limits_{r\to\infty} r\boldsymbol{A}=\boldsymbol{C}$(常矢量)。

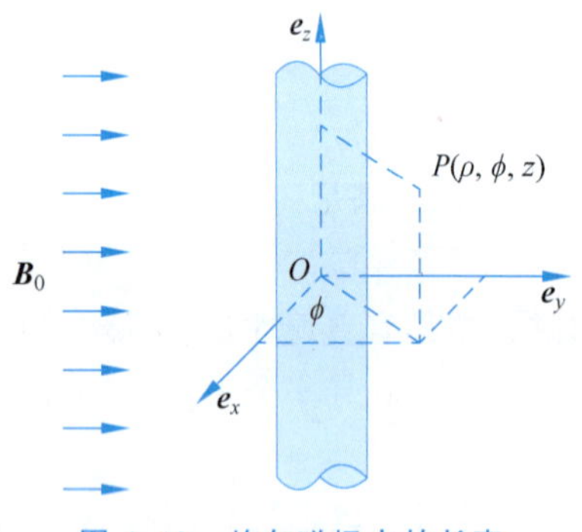

图 4.19　均匀磁场中的长直圆柱磁介质

例 4.10　如图 4.19 所示，半径为 a 的长直圆柱磁介质(μ 为常量，$\sigma=0$)放入均匀磁场 $\boldsymbol{B}_0$ 中，圆柱中心线与 $\boldsymbol{B}_0$ 垂直，圆柱外是真空。试求圆柱内、外的磁场。

解　用磁矢位求解。下面分步写出求解过程。

第一步，建立合适的坐标系。

磁介质为圆柱体，可建立圆柱坐标系 $O\rho\phi z$，取 z 轴与圆柱中心线重合，外部均匀磁场为 $\boldsymbol{B}_0=B_0\boldsymbol{e}_y$。

第二步，写出磁矢位方程并求出通解。

本题是平行平面磁场问题，场量与 z 无关，可记 $\boldsymbol{A}=A_z(\rho,\phi)\boldsymbol{e}_z$，自动满足库仑规范 $\nabla\cdot\boldsymbol{A}=0$，从而

$$\nabla^2 A_z = \frac{1}{\rho}\frac{\partial}{\partial\rho}\left(\rho\frac{\partial A_z}{\partial\rho}\right) + \frac{1}{\rho^2}\frac{\partial^2 A_z}{\partial\phi^2} = 0 \tag{4.82}$$

由于 $A_z(\rho,\phi)$ 和磁场径向分量 $B_\rho=\dfrac{1}{\rho}\dfrac{\partial A_z}{\partial\phi}$ 都是变量 ϕ 的周期函数，所以满足两个周期性条件

$$A_z(\rho,0) = A_z(\rho,2\pi) \tag{4.83}$$

$$\left.\frac{\partial A_z(\rho,\phi)}{\partial\phi}\right|_{\phi=0} = \left.\frac{\partial A_z(\rho,\phi)}{\partial\phi}\right|_{\phi=2\pi} \tag{4.84}$$

在这两个周期性条件的限定下，用分离变量法可求出方程(4.82)的通解(附录 C)：

$$A_z(\rho,\phi) = C_0 + D_0\ln\rho + \sum_{n=1}^{\infty}\left(\frac{C_n}{\rho^n} + D_n\rho^n\right)(M_n\cos n\phi + N_n\sin n\phi) \tag{4.85}$$

式中 C_0、D_0、C_n、D_n、M_n、N_n 都是待定常量。进一步，得磁通密度的两个分量

$$B_\rho = \frac{1}{\rho}\frac{\partial A_z}{\partial \phi} = \left(\frac{C_1}{\rho^2} + D_1\right)(-M_1\sin\phi + N_1\cos\phi) +$$

$$\sum_{n=2}^{\infty} n\left(\frac{C_n}{\rho^{n+1}} + D_n\rho^{n-1}\right)(-M_n\sin n\phi + N_n\cos n\phi)$$

$$B_\phi = -\frac{\partial A_z}{\partial \rho} = -\frac{D_0}{\rho} + \left(\frac{C_1}{\rho^2} - D_1\right)(M_1\cos\phi + N_1\sin\phi) +$$

$$\sum_{n=2}^{\infty} n\left(\frac{C_n}{\rho^{n+1}} - D_n\rho^{n-1}\right)(M_n\cos n\phi + N_n\sin n\phi)$$

由以上两个分量式可知：$\boldsymbol{B}$ 与 C_0 无关，可取 $C_0=0$；$0\leqslant\rho<a$ 时，$C_1=C_2=\cdots=0$ 和 $D_0=0$，否则 $\rho\to0$ 时，B_ρ 无界；$\rho>a$ 时，$D_2=D_3=\cdots=0$，否则 $\rho\to\infty$时，B_ϕ 无界。于是，由式(4.85)可写出圆柱内、外的通解：

$$A_{z1}(\rho,\phi) = \sum_{n=1}^{\infty}\rho^n(b_n\cos n\phi + c_n\sin n\phi) \tag{4.86}$$

$$A_{z2}(\rho,\phi) = w\ln\rho + \rho(p\cos\phi + q\sin\phi) + \sum_{n=1}^{\infty}\frac{1}{\rho^n}(g_n\cos n\phi + h_n\sin n\phi) \tag{4.87}$$

式中，w、p、q、b_n、c_n、g_n、h_n 都是待定常量。

第三步，确定待定常量。

在直角坐标系 $Oxyz$ 中，无限远处 $\lim\limits_{\rho\to\infty}\boldsymbol{B}_2=B_0\boldsymbol{e}_y$，即

$$\boldsymbol{e}_x\lim_{\rho\to\infty}\frac{\partial A_{z2}}{\partial y} - \boldsymbol{e}_y\lim_{\rho\to\infty}\frac{\partial A_{z2}}{\partial x} = B_0\boldsymbol{e}_y$$

从而 $\lim\limits_{\rho\to\infty}\dfrac{\partial A_{z2}}{\partial y}=0$ 和 $\lim\limits_{\rho\to\infty}\dfrac{\partial A_{z2}}{\partial x}=-B_0$，这样无限远条件为

$$\lim_{\rho\to\infty}A_{z2}(\rho,\phi) = -B_0x = -B_0\rho\cos\phi$$

再由通解(4.87)，可得 $w=0$，$p=-B_0$，$q=0$。

进一步，再由内边界面上的边界条件(4.80)和(4.81)，可写出

$$A_{z1}(a,\phi) = A_{z2}(a,\phi) \tag{4.88}$$

$$\frac{1}{\mu_r}\frac{\partial A_{z1}}{\partial\rho}\bigg|_{\rho=a} = \frac{\partial A_{z2}}{\partial\rho}\bigg|_{\rho=a} \tag{4.89}$$

这里 $\mu_r=\mu/\mu_0$。从而得到

$$b_1 = -\frac{2\mu_r B_0}{\mu_r+1},\quad c_1=0,\quad g_1=-a^2B_0\frac{\mu_r-1}{\mu_r+1},\quad h_1=0,$$

$$b_n=0,\quad c_n=0,\quad g_n=0,\quad h_n=0,\quad n=2,3,\cdots$$

第四步，求圆柱内、外的磁场。

根据以上分析，圆柱内、外的磁矢位分别为

$$\boldsymbol{A}_1 = -\frac{2\mu_r}{\mu_r+1}B_0\rho\cos\phi\,\boldsymbol{e}_z \tag{4.90}$$

$$\boldsymbol{A}_2 = -\left(1+\frac{a^2}{\rho^2}\frac{\mu_r-1}{\mu_r+1}\right)B_0\rho\cos\phi\,\boldsymbol{e}_z \tag{4.91}$$

以此为基础，由 $\boldsymbol{B}=\nabla\times\boldsymbol{A}$ 和 $\boldsymbol{e}_y=\boldsymbol{e}_\rho\sin\phi+\boldsymbol{e}_\phi\cos\phi$，可分别求出圆柱内、外的磁场：

$$\boldsymbol{B}_1 = \frac{2\mu_r}{1+\mu_r}\boldsymbol{B}_0 \tag{4.92}$$

$$\boldsymbol{B}_2 = \boldsymbol{B}_0 + \frac{a^2}{\rho^2}\frac{\chi_m}{1+\mu_r}B_0(\boldsymbol{e}_\rho \sin\phi - \boldsymbol{e}_\phi \cos\phi) \tag{4.93}$$

式(4.92)说明：圆柱内的磁通密度 $\boldsymbol{B}_1 \neq \mu \boldsymbol{H}_0$；圆柱内是均匀磁场；$\mu_r<1$ 时 $B_1<B_0$，$\mu_r>1$ 时 $B_1>B_0$，$\mu_r\to\infty$ 时 $\boldsymbol{B}_1\to 2\boldsymbol{B}_0$。式(4.93)说明：圆柱外磁场发生畸变，圆柱附近畸变最显著。$z=0$ 平面内，$\mu_r>1$ 时的磁场线分布如图 4.20 所示。

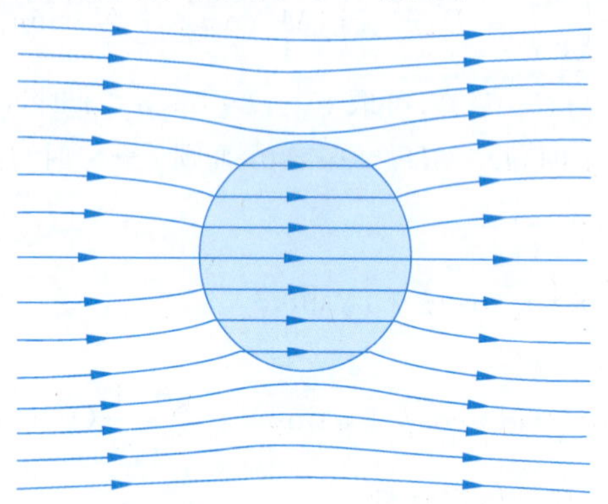

图 4.20 圆柱磁介质（$\mu_r>1$）垂直放入均匀磁场后的磁场线分布

顺便指出，如果设外部均匀磁场的方向为 x 轴正方向，即 $\boldsymbol{B}_0 = B_0\boldsymbol{e}_x$，则 $A_z(\rho,-\phi)=A_z(\rho,\phi)$，式(4.85)中 $N_n=0$，这将使求解变得简单。但对初学者来说，难以一开始就看到这个特点，所以本题求解采用了更加普遍的方法。解毕。

4.4.2 磁标位方程和边界条件

1. 磁标位的定义

因静电场中 $\nabla\times\boldsymbol{E}=\boldsymbol{0}$，所以可引入电位 φ 使 $\boldsymbol{E}=-\nabla\varphi$，这样就可以把矢量问题转化为标量问题，使许多静电场问题的求解变得简单。在稳恒磁场中，一般地 $\nabla\times\boldsymbol{H}=\boldsymbol{J}\neq\boldsymbol{0}$，因此 $\boldsymbol{H}$ 不能表示成标量函数的负梯度，但在 $\boldsymbol{J}=\boldsymbol{0}$ 的区域内 $\nabla\times\boldsymbol{H}=\boldsymbol{0}$，就可引入标量位 φ_m，使

$$\boldsymbol{H} = -\nabla\varphi_m \tag{4.94}$$

这里称 φ_m 为磁标位，单位为安(A)。

2. 约束方程

设磁化强度 $\boldsymbol{M}$ 是已知矢量。在 $\boldsymbol{J}=\boldsymbol{0}$ 的区域内，有

$$\boldsymbol{B} = \mu_0(\boldsymbol{H}+\boldsymbol{M}) = \mu_0(\boldsymbol{M}-\nabla\varphi_m) \tag{4.95}$$

代入 $\nabla\cdot\boldsymbol{B}=0$，可得磁标位的方程

$$\nabla^2\varphi_m = \nabla\cdot\boldsymbol{M} \tag{4.96}$$

这个方程适用于求解 $\boldsymbol{J}=\boldsymbol{0}$ 区域内已知磁化强度的稳恒磁场问题。

3. 内边界面上的边界条件

设内边界面上没有面电流，即 $\boldsymbol{K}=\boldsymbol{0}$，利用边界条件 $\boldsymbol{n}_{12}\times(\boldsymbol{H}_2-\boldsymbol{H}_1)=\boldsymbol{0}$，可知 $\boldsymbol{n}_{12}\times(\nabla\varphi_{m1}-\nabla\varphi_{m2})=\boldsymbol{0}$，这意味着边界面两侧磁场强度的切向分量相等，仿照静电场中电位边界条件的推导，可得

$$\varphi_{m1} = \varphi_{m2} \tag{4.97}$$

再将 $\boldsymbol{B}=\mu_0(\boldsymbol{M}-\nabla\varphi_{\mathrm{m}})$ 代入另一个边界条件 $\boldsymbol{n}_{12}\cdot(\boldsymbol{B}_2-\boldsymbol{B}_1)=0$ 中，可得

$$\frac{\partial\varphi_{\mathrm{m1}}}{\partial n_{12}}-\frac{\partial\varphi_{\mathrm{m2}}}{\partial n_{12}}=\boldsymbol{n}_{12}\cdot(\boldsymbol{M}_1-\boldsymbol{M}_2) \tag{4.98}$$

4. 磁标位的有限性

在有限场区内，$|\varphi_{\mathrm{m}}|<\infty$。当全部场源分布在有限区域内时，在离场源的无限远处，可把全部场源看作点源，应有 $\lim\limits_{r\to\infty} r\varphi_{\mathrm{m}}=C$（常量）。

例 4.11 如图 4.21 所示，真空中一半径为 a 的均匀磁化球，磁化强度为常矢量 $\boldsymbol{M}$，试用分离变量法求出球内、外磁通密度。

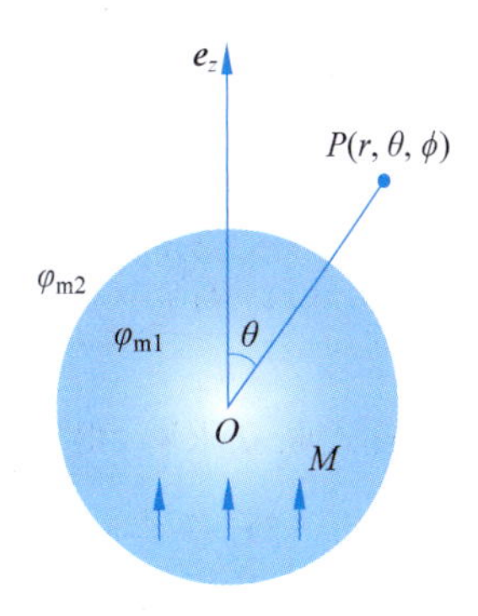

图 4.21 均匀磁化球

解 本题没有传导电流，球内、外均满足 $\nabla\times\boldsymbol{H}=\boldsymbol{0}$，可用磁标位求解。题中已知磁化强度 $\boldsymbol{M}$，可用方程(4.96)和边界条件(4.97)～(4.98)来描述。建立球坐标系 $Or\theta\phi$，原点 O 位于球心，取 $\boldsymbol{e}_z$ 与 $\boldsymbol{M}$ 的方向重合。设球内、外磁标位分别为 φ_{m1} 和 φ_{m2}，令球心 $\varphi_{\mathrm{m1}}=0$。此时球内 $\boldsymbol{M}=M_0\boldsymbol{e}_z$（$M_0$ 是常量），且 $\nabla\cdot\boldsymbol{M}=0$，球内、外磁标位均满足方程 $\nabla^2\varphi_{\mathrm{m}}=0$，考虑到 φ_{m} 与 ϕ 无关，从而(附录 A)

$$\nabla^2\varphi_{\mathrm{m}}(r,\theta)=\frac{1}{r^2}\frac{\partial}{\partial r}\left(r^2\frac{\partial\varphi_{\mathrm{m}}}{\partial r}\right)+\frac{1}{r^2\sin\theta}\frac{\partial}{\partial\theta}\left(\sin\theta\frac{\partial\varphi_{\mathrm{m}}}{\partial\theta}\right)=0 \tag{4.99}$$

用分离变量法可求出以上方程的通解(附录 C)：

$$\varphi_{\mathrm{m}}(r,\theta)=\sum_{n=0}^{\infty}\left(D_n r^n+\frac{G_n}{r^{n+1}}\right)\mathrm{P}_n(\cos\theta) \tag{4.100}$$

式中，D_n 和 G_n 是两个待定常量，$\mathrm{P}_n(\cos\theta)$ 是勒让德多项式。

因 $\boldsymbol{B}=-\mu_0\nabla\varphi_{\mathrm{m}}$ 的绝对值有限，即 $\nabla\varphi_{\mathrm{m}}$ 的两个分量

$$\frac{\partial\varphi_{\mathrm{m}}}{\partial r}=-\frac{G_0}{r^2}+\sum_{n=1}^{\infty}\left[nD_n r^{n-1}-\frac{(n+1)G_n}{r^{n+2}}\right]\mathrm{P}_n(\cos\theta)$$

$$\frac{1}{r}\frac{\partial\varphi_{\mathrm{m}}}{\partial\theta}=\sum_{n=1}^{\infty}\left(D_n r^{n-1}+\frac{G_n}{r^{n+2}}\right)\frac{\mathrm{d}}{\mathrm{d}\theta}\mathrm{P}_n(\cos\theta)$$

均为有限值，从而球内(包含 $r\to0$)应有 $G_n=0(n\geqslant0)$，球外(包含 $r\to\infty$)应有 $D_n=0(n\geqslant2)$。考虑到 $\varphi_{\mathrm{m1}}(0,\theta)=0$，球内、外的磁标位可写成

$$\varphi_{\mathrm{m1}}(r,\theta)=\sum_{n=1}^{\infty}D_n r^n\mathrm{P}_n(\cos\theta) \tag{4.101}$$

$$\varphi_{\mathrm{m2}}(r,\theta)=C_0+C_1 r\mathrm{P}_1(\cos\theta)+\sum_{n=0}^{\infty}\frac{G_n}{r^{n+1}}\mathrm{P}_n(\cos\theta) \tag{4.102}$$

C_0 和 C_1 都是待定常量。根据无限远处 $\boldsymbol{B}_2=-\mu_0\nabla\varphi_{\mathrm{m2}}\to\boldsymbol{0}$，得 $C_1=0$。

在内边界面 $r=a$(球面)上，利用边界条件 $\varphi_{\mathrm{m1}}(a,\theta)=\varphi_{\mathrm{m2}}(a,\theta)$，得

$$\left(C_0+\frac{G_0}{a}\right)\mathrm{P}_0(\cos\theta)+\left(\frac{G_1}{a^2}-D_1 a\right)\mathrm{P}_1(\cos\theta)+\sum_{n=2}^{\infty}\left(\frac{G_n}{a^{n+1}}-D_n a^n\right)\mathrm{P}_n(\cos\theta)=0 \tag{4.103}$$

再利用边界条件

$$\left.\frac{\partial \varphi_{m1}}{\partial r}\right|_{r=a} - \left.\frac{\partial \varphi_{m2}}{\partial r}\right|_{r=a} = \boldsymbol{e}_r \cdot \boldsymbol{M} = M_0 \cos\theta = M_0 \mathrm{P}_1(\cos\theta)$$

得

$$\frac{G_0}{a^2}\mathrm{P}_0(\cos\theta) + \left(D_1 + \frac{2G_1}{a^3} - M_0\right)\mathrm{P}_1(\cos\theta) + \sum_{n=2}^{\infty}\left[nD_n a^{n-1} + \frac{(n+1)G_n}{a^{n+2}}\right]\mathrm{P}_n(\cos\theta) = 0 \tag{4.104}$$

注意到勒让德多项式 $\mathrm{P}_n(\cos\theta)$是正交多项式，意味着级数(4.103)和(4.104)中的全部系数都等于 0，即

$$C_0 + \frac{G_0}{a} = 0,\quad \frac{G_1}{a^2} - D_1 a = 0,\quad G_0 = 0,\quad D_1 + \frac{2G_1}{a^3} - M_0 = 0,$$

$$\frac{G_n}{a^{n+1}} - D_n a^n = 0,\quad nD_n a^{n-1} + \frac{(n+1)G_n}{a^{n+2}} = 0,\quad n \geqslant 2$$

以上各式联立求解，得

$$C_0 = 0,\quad D_1 = \frac{1}{3}M_0,\quad D_2 = D_3 = \cdots = 0,\quad G_0 = 0,\quad G_1 = \frac{1}{3}M_0 a^3,\quad G_2 = G_3 = \cdots = 0$$

于是，球内、外的磁标位分别为

$$\varphi_{m1} = \frac{1}{3}M_0 r\cos\theta \tag{4.105}$$

$$\varphi_{m2} = \frac{M_0 a^3}{3r^2}\cos\theta \tag{4.106}$$

在此基础上，球内、外磁通密度可分别求出：

$$\boldsymbol{B}_1 = \mu_0(\boldsymbol{M} - \nabla\varphi_{m1}) = \frac{2\mu_0}{3}M_0(\cos\theta\boldsymbol{e}_r - \sin\theta\boldsymbol{e}_\theta) = \frac{2\mu_0}{3}\boldsymbol{M} \tag{4.107}$$

$$\boldsymbol{B}_2 = -\mu_0\nabla\varphi_{m2} = \frac{\mu_0 a^3 M_0}{3r^3}(2\cos\theta\boldsymbol{e}_r + \sin\theta\boldsymbol{e}_\theta) = \frac{\mu_0}{3}\left(\frac{a}{r}\right)^3\left[\frac{3}{r^2}(\boldsymbol{M}\cdot\boldsymbol{r})\boldsymbol{r} - \boldsymbol{M}\right] \tag{4.108}$$

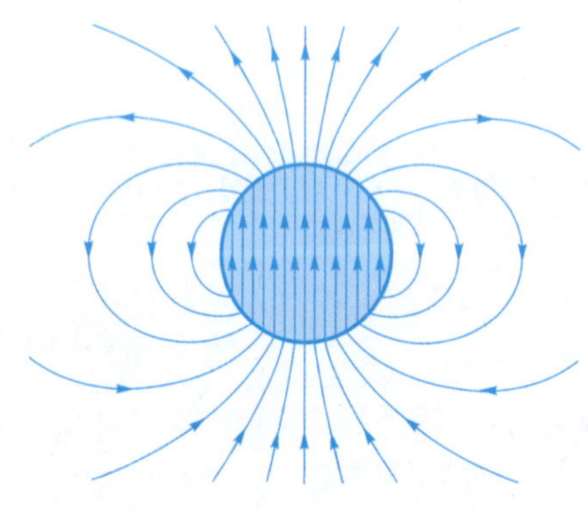

图 4.22 均匀磁化球的磁场线分布

设 V 为磁化球体积，$\boldsymbol{m} = (4\pi a^3/3)\boldsymbol{M} = V\boldsymbol{M}$，根据以上结果，球外磁标位和球外磁场可分别写成

$$\varphi_{m2} = \frac{a^3}{3r^3}\boldsymbol{M}\cdot\boldsymbol{r} = \frac{\boldsymbol{m}\cdot\boldsymbol{r}}{4\pi r^3} \tag{4.109}$$

$$\boldsymbol{B}_2 = \frac{\mu_0}{4\pi r^3}\left[\frac{3}{r^2}(\boldsymbol{m}\cdot\boldsymbol{r})\boldsymbol{r} - \boldsymbol{m}\right] \tag{4.110}$$

这说明，球外磁场是位于球心、磁偶极矩为 $\boldsymbol{m} = V\boldsymbol{M}$ 的磁偶极子产生的磁场。均匀磁化球的磁场线分布如图 4.22 所示，球内磁场线为平行于 $\boldsymbol{M}$ 的平行线，球外磁场线的分布与电偶极子的电场线分布(图 2.5)相同。解毕。

4.5 磁场能量

4.5.1 磁场能量的一般表达式

位于稳恒载流回路附近的小磁针会发生偏转，说明磁场具有能量。

稳恒磁场中的磁场能量是指外源在线圈中缓慢建立电流的过程中反抗线圈的感应电动势而做的功。下面据此导出磁场能量的表达式。

假定稳恒磁场中有 n 个静止的线状载流回路。设时刻 t 第 k 个回路 C_k 中的外源电动势为 $V_{\text{emf}k}(t)$，电流为 $i_k(t)$，电阻两端电压为 $u_k(t)$。在回路 C_k 中的电流由 $i_k(0)=0$ 缓慢增加到 $i_k(\infty)=I_k$ 的过程中，回路 C_k 中任意时刻 t 的电动势和电阻两端的电压满足基尔霍夫电压定律：

$$V_{\text{emf}k}=u_k+\frac{\mathrm{d}\Phi_k}{\mathrm{d}t} \tag{4.111}$$

式中，$\mathrm{d}\Phi_k/\mathrm{d}t$ 是由穿过回路 C_k 的总磁通 Φ_k 随时间 t 变化而产生的感应电压，而 Φ_k 可用全部电流在 C_k 上产生的磁矢位 $\boldsymbol{A}$ 写成

$$\Phi_k=\int_{S_k}\boldsymbol{B}\cdot\mathrm{d}\boldsymbol{S}=\int_{S_k}\nabla\times\boldsymbol{A}\cdot\mathrm{d}\boldsymbol{S}=\oint_{C_k}\boldsymbol{A}\cdot\mathrm{d}\boldsymbol{r}$$

所以

$$\frac{\mathrm{d}\Phi_k}{\mathrm{d}t}=\frac{\mathrm{d}}{\mathrm{d}t}\oint_{C_k}\boldsymbol{A}\cdot\mathrm{d}\boldsymbol{r}=\oint_{C_k}\frac{\partial\boldsymbol{A}}{\partial t}\cdot\mathrm{d}\boldsymbol{r} \tag{4.112}$$

式中，$\boldsymbol{B}$ 是全部电流在 C_k 所张曲面 S_k 上产生的磁通密度，$\mathrm{d}\boldsymbol{r}$ 的方向与 $\mathrm{d}\boldsymbol{S}$ 的方向成右手螺旋关系。于是，利用静止介质中 $\dfrac{\mathrm{d}\boldsymbol{A}}{\mathrm{d}t}=\dfrac{\partial\boldsymbol{A}}{\partial t}$（附录 A），式(4.111)成为

$$V_{\text{emf}k}=u_k+\oint_{C_k}\frac{\partial\boldsymbol{A}}{\partial t}\cdot\mathrm{d}\boldsymbol{r}=u_k+\oint_{C_k}\frac{\mathrm{d}\boldsymbol{A}}{\mathrm{d}t}\cdot\mathrm{d}\boldsymbol{r}$$

两端同乘 $i_k\mathrm{d}t$，得

$$V_{\text{emf}k}i_k\mathrm{d}t=u_ki_k\mathrm{d}t+\oint_{C_k}\mathrm{d}\boldsymbol{A}\cdot i_k\mathrm{d}\boldsymbol{r}$$

对于全部 n 个载流回路，得

$$\sum_{k=1}^{n}V_{\text{emf}k}i_k\mathrm{d}t=\sum_{k=1}^{n}u_ki_k\mathrm{d}t+\sum_{k=1}^{n}\oint_{C_k}\mathrm{d}\boldsymbol{A}\cdot i_k\mathrm{d}\boldsymbol{r} \tag{4.113}$$

式中，$\sum\limits_{k=1}^{n}V_{\text{emf}k}i_k\mathrm{d}t$ 为外源在 $\mathrm{d}t$ 时间内做功的总和。当所有回路中的电流从零增加到各自的稳定值时，由式(4.113)得

$$\int_0^{\infty}\sum_{k=1}^{n}V_{\text{emf}k}i_k\mathrm{d}t=\sum_{k=1}^{n}\int_0^{\infty}u_ki_k\mathrm{d}t+\sum_{k=1}^{n}\oint_{C_k}\int_{\boldsymbol{A}_0}^{\boldsymbol{A}_\infty}\mathrm{d}\boldsymbol{A}\cdot(i_k\mathrm{d}\boldsymbol{r}) \tag{4.114}$$

这里，积分下限 $\boldsymbol{A}_0$ 和积分上限 $\boldsymbol{A}_\infty$ 分别是回路 C_k 上 $t=0$ 和 $t\to\infty$ 时的磁矢位。式(4.114)表明，外源做功(左端项)的一部分转化为回路的焦耳热(右端第一项)，另一部分(右端第二项)就是外源反抗线圈的感应电动势所做的功。根据磁场能量的定义，式(4.114)右端第二项就是磁场能量：

$$W_{\text{m}}=\sum_{k=1}^{n}\oint_{C_k}\int_{\boldsymbol{A}_0}^{\boldsymbol{A}_\infty}\mathrm{d}\boldsymbol{A}\cdot(i_k\mathrm{d}\boldsymbol{r}) \tag{4.115}$$

当电流连续分布时，式(4.115)中 $\sum\limits_{k=1}^{n}\oint_{C_k}i_k\mathrm{d}\boldsymbol{r}$ 可换成 $\int_{V_{\text{c}}}\boldsymbol{J}\mathrm{d}V$（$V_{\text{c}}$ 是传导电流 $\boldsymbol{J}$ 的分布区域），磁场能量表达式成为

$$W_{\text{m}}=\int_{V_{\text{c}}}\mathrm{d}V\int_{\boldsymbol{A}_0}^{\boldsymbol{A}}\boldsymbol{J}\cdot\mathrm{d}\boldsymbol{A} \tag{4.116}$$

式中，积分下限 $\boldsymbol{A}_0$ 和积分上限 $\boldsymbol{A}$ 分别是磁介质中 $t=0$ 和 $t\to\infty$ 时的磁矢位。由于 V_c 之外 $\boldsymbol{J}=\boldsymbol{0}$，所以积分区域 V_c 可以换成无限大区域 V。

下面用 $\boldsymbol{B}$ 和 $\boldsymbol{H}$ 表示磁场能量。利用 $\nabla\times\boldsymbol{H}=\boldsymbol{J}$ 和 $\nabla\times\boldsymbol{A}=\boldsymbol{B}$，可知

$$\boldsymbol{J}\cdot \mathrm{d}\boldsymbol{A}=(\nabla\times\boldsymbol{H})\cdot \mathrm{d}\boldsymbol{A}=\nabla\cdot(\boldsymbol{H}\times \mathrm{d}\boldsymbol{A})+\boldsymbol{H}\cdot(\nabla\times \mathrm{d}\boldsymbol{A})=\nabla\cdot(\boldsymbol{H}\times \mathrm{d}\boldsymbol{A})+\boldsymbol{H}\cdot \mathrm{d}\boldsymbol{B}$$

代入式(4.116)，利用散度定理，得

$$W_{\mathrm{m}}=\oint_S\int_{\boldsymbol{A}_0}^{\boldsymbol{A}}(\boldsymbol{H}\times \mathrm{d}\boldsymbol{A})\cdot \mathrm{d}\boldsymbol{S}+\int_V \mathrm{d}V\int_{\boldsymbol{B}_0}^{\boldsymbol{B}}\boldsymbol{H}\cdot \mathrm{d}\boldsymbol{B}$$

式中，V 是无限大区域，S 是无限大球面。设 $\boldsymbol{J}$ 分布在有限区域内且 $|\boldsymbol{J}|<\infty$，这样在 S 上 $H\propto r^{-2}$，$A\propto r^{-1}$，$S\propto r^2$，右端第一项以 r^{-1} 方式趋于零。故用 $\boldsymbol{B}$ 和 $\boldsymbol{H}$ 表示的磁场能量为

$$W_{\mathrm{m}}=\int_V \mathrm{d}V\int_{\boldsymbol{B}_0}^{\boldsymbol{B}}\boldsymbol{H}\cdot \mathrm{d}\boldsymbol{B}\quad(\mathrm{J})\tag{4.117}$$

由此得磁场能量密度(单位体积内的磁场能量)

$$w_{\mathrm{m}}=\frac{\mathrm{d}W_{\mathrm{m}}}{\mathrm{d}V}=\int_{\boldsymbol{B}_0}^{\boldsymbol{B}}\boldsymbol{H}\cdot \mathrm{d}\boldsymbol{B}\quad(\mathrm{J/m^3})\tag{4.118}$$

$\boldsymbol{B}$ 和 $\boldsymbol{H}$ 是磁场中两个最重要的物理量，因此以上两式分别是磁场能量和磁场能量密度的一般表达式。

4.5.2 线性磁介质中的磁场能量

1. 用 $\boldsymbol{H}$ 和 $\boldsymbol{B}$ 表示磁场能量

磁导率为常量的线性磁介质中 $\boldsymbol{B}=\mu\boldsymbol{H}$，由式(4.118)得到线性磁介质内的磁场能量密度

$$w_{\mathrm{m}}=\int_{\boldsymbol{H}_0}^{\boldsymbol{H}}\mu\boldsymbol{H}\cdot \mathrm{d}\boldsymbol{H}=\frac{1}{2}\mu H^2=\frac{1}{2}\boldsymbol{H}\cdot\boldsymbol{B}\tag{4.119}$$

式中，取积分下限 $\boldsymbol{H}_0=\boldsymbol{0}$。可见，线性磁介质中 $\boldsymbol{B}=\boldsymbol{0}$ 时 $w_{\mathrm{m}}=0$，$\boldsymbol{B}\neq\boldsymbol{0}$ 时 $w_{\mathrm{m}}\neq 0$，有磁场的地方就有磁场能量，磁场能量充满了整个场区。进一步，整个场区的磁场能量就可求出

$$W_{\mathrm{m}}=\frac{1}{2}\int_V\boldsymbol{H}\cdot\boldsymbol{B}\,\mathrm{d}V\tag{4.120}$$

式中，积分区域 V 是三维无限大空间。

2. 用 $\boldsymbol{A}$ 和 $\boldsymbol{J}$ 表示磁场能量

下面基于式(4.120)导出用电流密度表示的磁场能量表达式。根据 $\boldsymbol{B}=\nabla\times\boldsymbol{A}$ 和 $\nabla\times\boldsymbol{H}=\boldsymbol{J}$，可得

$$\boldsymbol{H}\cdot\boldsymbol{B}=\boldsymbol{H}\cdot(\nabla\times\boldsymbol{A})=(\nabla\times\boldsymbol{H})\cdot\boldsymbol{A}-\nabla\cdot(\boldsymbol{H}\times\boldsymbol{A})=\boldsymbol{J}\cdot\boldsymbol{A}-\nabla\cdot(\boldsymbol{H}\times\boldsymbol{A})$$

代入式(4.120)，得

$$W_{\mathrm{m}}=\frac{1}{2}\int_V\boldsymbol{J}\cdot\boldsymbol{A}\,\mathrm{d}V-\frac{1}{2}\oint_S(\boldsymbol{H}\times\boldsymbol{A})\cdot \mathrm{d}\boldsymbol{S}$$

式中，积分区域 S 是半径为 r 的无限大球面。在 S 上，$H\propto r^{-2}$，$A\propto r^{-1}$，$S\propto r^2$，右端第二个积分趋于零。考虑到 $\boldsymbol{J}$ 的分布区域是 V_c，所以

$$W_{\mathrm{m}}=\frac{1}{2}\int_{V_c}\boldsymbol{A}\cdot\boldsymbol{J}\,\mathrm{d}V\tag{4.121}$$

这就是用 $\boldsymbol{A}$ 和 $\boldsymbol{J}$ 表示的线性磁介质中磁场能量表达式。

3. 用 I 和 $\boldsymbol{\Phi}$ 表示磁场能量

当磁场全部由 n 个载流回路产生时，设这 n 个载流回路 $C_1,C_2,\cdots,C_n$ 中分别通有电流

$I_1, I_2, \cdots, I_n$，则任意载流回路 C_i 上的电流元 $\boldsymbol{J}\mathrm{d}V = I_i \mathrm{d}\boldsymbol{r}_i$。这样，根据式(4.121)，$n$ 个载流回路产生的磁场能量为

$$W_{\mathrm{m}} = \frac{1}{2}\int_{V_c} \boldsymbol{A} \cdot \boldsymbol{J}\mathrm{d}V = \frac{1}{2}\sum_{i=1}^{n}\oint_{C_i} \boldsymbol{A} \cdot (I_i \mathrm{d}\boldsymbol{r}_i) = \frac{1}{2}\sum_{i=1}^{n} I_i \oint_{C_i} \boldsymbol{A} \cdot \mathrm{d}\boldsymbol{r}_i$$

而穿过回路 C_i 的全磁通为 $\Phi_i = \oint_{C_i} \boldsymbol{A} \cdot \mathrm{d}\boldsymbol{r}_i$，于是载流导线回路系统的磁场能量为

$$W_{\mathrm{m}} = \frac{1}{2} I_1 \Phi_1 + \frac{1}{2} I_2 \Phi_2 + \cdots + \frac{1}{2} I_n \Phi_n \tag{4.122}$$

4. 磁场能量不满足叠加原理

设电流分布区域 V_{c} 由 V_{c1} 和 V_{c2} 组成，V_{c1} 中电流单独产生的磁通密度和磁场强度分别为 $\boldsymbol{B}_1$ 和 $\boldsymbol{H}_1$，V_{c2} 中电流单独产生的磁通密度和磁场强度分别为 $\boldsymbol{B}_2$ 和 $\boldsymbol{H}_2$。利用叠加原理，两个区域中的电流共同产生的磁通密度和磁场强度分别为

$$\boldsymbol{B} = \boldsymbol{B}_1 + \boldsymbol{B}_2$$

$$\boldsymbol{H} = \boldsymbol{H}_1 + \boldsymbol{H}_2$$

从而整个磁场区域 V 中的磁场能量为

$$\begin{aligned} W_{\mathrm{m}} &= \frac{1}{2}\int_V (\boldsymbol{H}_1 + \boldsymbol{H}_2) \cdot (\boldsymbol{B}_1 + \boldsymbol{B}_2)\mathrm{d}V \\ &= \frac{1}{2}\int_V \boldsymbol{H}_1 \cdot \boldsymbol{B}_1 \mathrm{d}V + \frac{1}{2}\int_V (\boldsymbol{H}_1 \cdot \boldsymbol{B}_2 + \boldsymbol{H}_2 \cdot \boldsymbol{B}_1)\mathrm{d}V + \frac{1}{2}\int_V \boldsymbol{H}_2 \cdot \boldsymbol{B}_2 \mathrm{d}V \end{aligned} \tag{4.123}$$

右端第一项是 V_{c1} 中电流单独产生的能量，记为 W_{m1}；最后一项是 V_{c2} 中电流单独产生的能量，记为 W_{m2}；而中间一项是 V_{c1} 和 V_{c2} 中电流相互作用的能量，记为 W_{m12}。这说明 $W_{\mathrm{m}} \neq W_{\mathrm{m2}} + W_{\mathrm{m2}}$，即磁场能量不满足叠加原理。

4.5.3 空气中磁场能量密度与电场能量密度的对比

在不引起空气放电的前提下，空气中能够保持的最大电场强度约为 $E_{\max} = 3\times 10^6$ V/m（即 3 kV/mm），因此空气中电场能量密度的最大值为

$$w_{\mathrm{e}} = \frac{1}{2}\varepsilon_0 E_{\max}^2 \approx 40 \quad (\mathrm{J/m^3})$$

对于磁场，由于永磁体具有很强的剩磁，在空气中产生 $B=1$ T 的磁场很容易，所以空气中磁场能量密度可达

$$w_{\mathrm{m}} = \frac{B^2}{2\mu_0} \approx 40 \times 10^4 \quad (\mathrm{J/m^3})$$

两者相差万倍：

$$\frac{w_{\mathrm{m}}}{w_{\mathrm{e}}} = 10^4$$

可见，在空气中获得大的磁场能量密度要比获得大的电场能量密度容易得多（电，2004）[119]。因此，大多数宏观尺度上电能与机械能转换装置是利用磁场来进行的，例如，汽轮发电机、水轮发电机把机械能通过磁场转换成电能①，而电动机、电磁发射装置则把电能通过磁场转换成机械能。

---

① 这里的“电能”是指以 kW·h 表示的供电能量。

4.6 磁滞回线

4.6.1 磁滞现象

1881年，德国物理学家瓦尔堡发表了铁材料的磁滞回线的实验结果。他发现，铁丝在外加磁场中时，铁丝的磁化跟不上外加磁场的变化。1890年，英国物理学家尤因观察到，使用交流电的电磁铁，铁芯的磁化滞后于电流的变化，独立发现了磁滞现象并命名。磁滞现象是普遍存在的滞后现象的一种，它的特点是结果落后于原因，一般情况下，如果用 y 表示结果，用 x 表示原因，则在直角坐标系 Oxy 平面上会形成一条闭合曲线，称为滞后回线。

为了演示磁滞现象，如图4.23所示，将均匀、各向同性的铁磁质制成内半径和外半径相差不大的圆环试件，圆环上绕两个线圈，一个为均匀密绕的单层 N 匝线圈，当这个线圈通入电流后，会在试件内激发产生磁场，称这个线圈为激磁线圈，另一个为测量线圈，这个线圈用于测量试件内磁通。对于这种对称结构的闭合圆环试件来说，激磁线圈通入电流 I 后，圆环外无漏磁场，圆环试件截面 S 上磁通 Φ 处处相等，从而沿圆环中心线 l 各处的磁场强度 H 都相等，这样由安培定律[见式(4.55)]可准确求得 $H=NI/l$。然后通过连接测量线圈的磁通计测量得到磁通 Φ，就可求出磁通密度 $B=\Phi/S$，从而获得比较准确的 B-H 关系曲线。

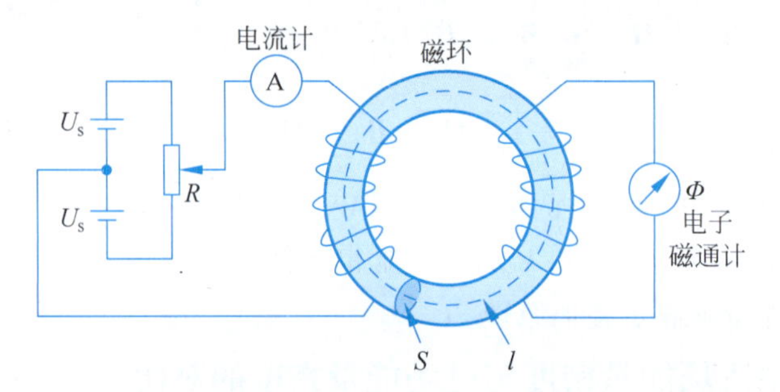

图4.23 静态磁滞曲线的测量电路[绘图参考(曾，2002)[514]]

在圆环铁磁质试件未被磁化的状态下，线圈中的电流 I 从0开始逐步缓慢增加，因而与电流 I 成正比的磁场强度 H 也缓慢增加，圆环中 B 随 H 的增加而增大，如图4.24曲线 OP_1 段所示，这条曲线称为起始磁化曲线；在饱和点 P_1 处，当 H 逐步缓慢减少时，B 也跟着减少，但并不沿着起始磁化曲线原路返回，而是沿着高于起始磁化曲线的另一条曲线 P_1P_2 减少；当 H 减少到0时，B 并不同时为0，铁磁质内仍有磁通密度 $B_r=\overline{OP_2}=\mu_0 M_r\neq 0$，这里 B_r 和 M_r 分别称为剩余磁通密度和剩余磁化强度。

要使铁磁质内的磁通密度减少到0，就必须施加反向磁场强度。使 $B=0$ 的反向磁场强度 H_c 称为矫顽力(点 P_3 的横坐标)。进一步，当 H 反方向增加时，B 反方向增大，直至达到饱和点 P_4。在点 P_4 处，若按横坐标正向增加 H，其中的 B 就会沿着曲线 $P_4\to P_5\to P_6\to P_1$ 增加，到此完成一个循环，在平面 $B\sim H$ 上描绘出一条闭曲线

$$C: P_1\to P_2\to P_3\to P_4\to P_5\to P_6\to P_1$$

这条闭曲线称为磁滞回线，它反映了 B 的变化滞后于 H 的变化的现象，如图4.24所示。这个现象称为磁滞现象。所有铁磁质都有磁滞现象。

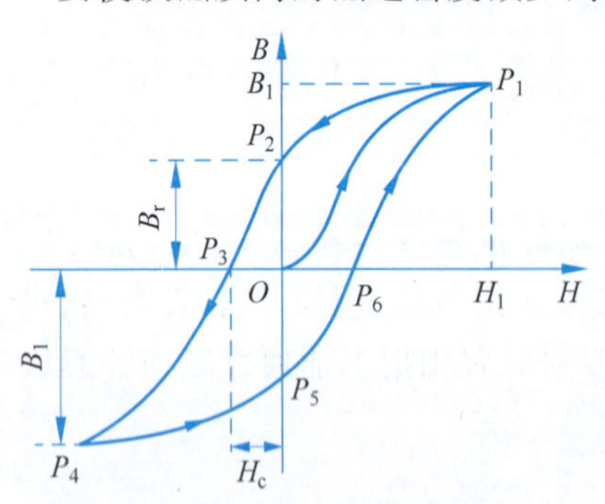

图4.24 铁磁质的磁滞回线

说明1 “磁滞”的英文是hysteresis，它与“歇斯底里”的英文hysterics相似。歇斯底里是指人的一种神经疾病，发作时情绪异常、行为怪异，而磁滞回线的示意图4.24只是从宏观角度画出的近似曲线，实际材料的磁滞回线形状非常复杂，“行为怪异”，可能最初的命名者尤因已认识到了这一点。

说明2 铁磁质的磁滞回线形状与激磁电流的频率 f 有密切关系。图4.24可认为是 $f \to 0$ 时的磁滞回线。用20钢制成的闭合圆环在3种不同频率的正弦电流激励下的磁滞回线实验曲线如图4.25所示，实验过程中 H 随时间按正弦规律变化，且电流幅值保持不变。这表明，随着频率的增加，磁滞回线的形状逐渐趋于椭圆形状，且椭圆长轴趋向横轴方向。

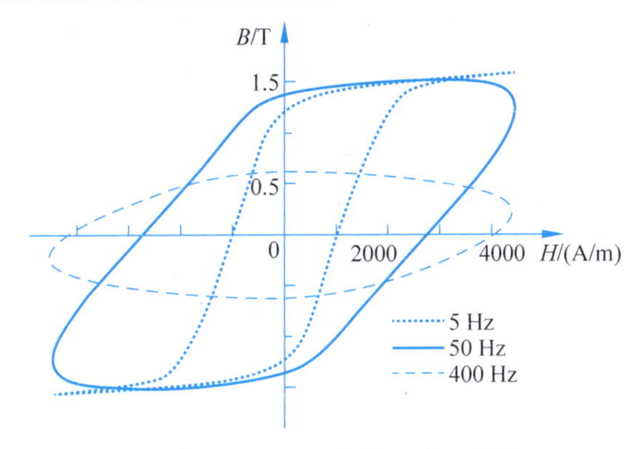

图4.25 不同频率的磁滞回线[①]

4.6.2 磁滞损耗

如果磁场沿着磁滞回线 C 循环一周，则由式(4.118)可写出铁磁质单位体积每周所消耗的能量：

$$w_h = \oint_C \boldsymbol{H} \cdot d\boldsymbol{B} \tag{4.124}$$

这是一种不可逆的热损失，称为磁滞损耗。磁滞损耗以热的形式释放出来，使铁磁质温度升高。

可以证明，积分 $\oint_C \boldsymbol{H} \cdot d\boldsymbol{B}$ 恰为磁滞回线的面积 S_{loop}。在图4.24中，设 $\boldsymbol{H}_{1234}(\boldsymbol{B})$ 是曲线段 $P_1 \to P_2 \to P_3 \to P_4$ 上的值，$\boldsymbol{H}_{4561}(\boldsymbol{B})$ 是曲线段 $P_4 \to P_5 \to P_6 \to P_1$ 上的值，则差值 $\boldsymbol{H}_{4561}(\boldsymbol{B}) - \boldsymbol{H}_{1234}(\boldsymbol{B})$ 就相当于磁滞回线在横轴方向的宽度，根据数学中平面图形的面积计算方法，可知

$$\begin{aligned}
\oint_C \boldsymbol{H} \cdot d\boldsymbol{B} &= \int_{P_4 \to P_5 \to P_6 \to P_1 \to P_2 \to P_3 \to P_4} \boldsymbol{H} \cdot d\boldsymbol{B} \\
&= \int_{-B_1}^{B_1} \boldsymbol{H}_{4561}(\boldsymbol{B}) \cdot d\boldsymbol{B} + \int_{B_1}^{-B_1} \boldsymbol{H}_{1234}(\boldsymbol{B}) \cdot d\boldsymbol{B} \\
&= \int_{-B_1}^{B_1} [\boldsymbol{H}_{4561}(\boldsymbol{B}) - \boldsymbol{H}_{1234}(\boldsymbol{B})] \cdot d\boldsymbol{B}
\end{aligned}$$

① 此图由博士生辛伟测量，特此致谢。

设 S_{loop} 为磁滞回线的面积，得

$$\oint_C \boldsymbol{H} \cdot \mathrm{d}\boldsymbol{B} = S_{\text{loop}} \tag{4.125}$$

当铁磁质中的磁场强度 H 是由 50 Hz 正弦交流电流产生时，对应的磁通密度 B 沿磁滞回线每秒重复循环 50 次。在周期磁化情况下，设外源的周期和频率分别为 T 和 f，铁磁质单位体积在一周期内所吸收的平均功率为

$$p_{\text{h}} = \frac{w_{\text{h}}}{T} = f\oint_C \boldsymbol{H} \cdot \mathrm{d}\boldsymbol{B} \tag{4.126}$$

利用式(4.125)，得

$$p_{\text{h}} = fS_{\text{loop}} \tag{4.127}$$

这就是铁磁质单位体积的磁滞损耗。可见，磁滞回线的面积越小，磁滞损耗越小。同时，式(4.127)给出了一种计算 p_{h} 的方法：估算出磁滞回线的面积后乘以频率即可。对于大部分铁磁质，$S_{\text{loop}} = 10 \sim 400\ \text{J/m}^3$。

说明 由于磁滞现象的复杂性，磁滞回线面积 S_{loop} 难以用解析式准确表达，只能近似计算。1892 年，施泰因梅茨找到了一个计算磁滞损耗的经验公式

$$p_{\text{h}} = \sigma_{\text{h}} f B_{\text{m}}^{1.6} \quad (\text{W/m}^3) \tag{4.128}$$

式中：σ_{h} 是由铁磁质决定的量，称为磁滞常量，也称为施泰因梅茨常量，普通钢的 σ_{h} 约为 3000，硅钢的 σ_{h} 约为 300；f 是频率(Hz)；B_{m} 是磁通密度最大值(T)。此式适用于频率小于 100 Hz、磁通密度趋于饱和的情况。

随着磁性材料的进步，经验公式中指数 1.6 可能有变化。设普遍情况下的指数为 n，则一般形式的经验公式为 $p_{\text{h}} = \sigma_{\text{h}} f B_{\text{m}}^n$。为得到 n 和 σ_{h}，可写成对数形式：

$$\ln p_{\text{h}} = n \ln B_{\text{m}} + \ln(\sigma_{\text{h}} f) \tag{4.129}$$

可见，$\ln p_{\text{h}}$ 与 $\ln B_{\text{m}}$ 两者呈直线关系。据此，n 和 σ_{h} 就可以根据实验结果由最小二乘法求出。

4.6.3 磁导率

铁磁质的磁导率不是常量。磁滞回线上任意点对应的磁导率是该点切线的斜率，即

$$\mu = \frac{\partial B}{\partial H} \tag{4.130}$$

式中，$B = |\boldsymbol{B}|$，$H = |\boldsymbol{H}|$。

需要特别指出两种情况。

(1) 当铁磁质元件的工作点在 $B \sim H$ 曲线的原点附近时，起始磁导率是一个重要参数。起始磁导率就是起始磁化曲线在原点的斜率，含义是

$$\mu_{\text{i}} = \left(\frac{\partial B}{\partial H}\right)_{H=0} \tag{4.131}$$

例如，工业纯铁及钢 $\mu_{\text{i}} = 100\mu_0 \sim 300\mu_0$，软磁纯铁约 $\mu_{\text{i}} = 10^3 \mu_0$。

(2) 当铁磁质工作在正弦电流激励的强磁场中时，如载有大的正弦电流的铁芯线圈，其工作点沿磁滞回线移动，$\partial B / \partial H$ 是一个随时间 t 变化的周期函数。此时，铁芯的磁导率可看作 $\partial B / \partial H$ 在一周期 T 内的平均值：

$$\mu_{av}=\frac{1}{T}\int_0^T\frac{\partial B}{\partial H}dt \tag{4.132}$$

其近似值为(克，1979)[348]

$$\mu_{av}\approx\frac{B_{max}}{H_{max}} \tag{4.133}$$

式中，B_{max} 和 H_{max} 分别等于磁滞回线上 B 和 H 所能达到的最大值。

4.6.4　退磁曲线

对于永磁体，当图 4.24 中的磁滞回线是饱和曲线时，第二象限的 B-H 曲线($P_2\to P_3$)特别重要，称为退磁曲线，它反映了永磁体从剩磁状态(点 P_2)到完全退磁状态(点 P_3)的变化过程，是描述永磁体磁性能优劣的特征曲线。

例 4.12　一个有空气隙的圆环永磁体及退磁曲线分别如图 4.26(a)和图 4.26(b)所示，设永磁体中心线长为 l，空气隙长为 l_a。忽略漏磁通，求空气隙中的磁通密度。

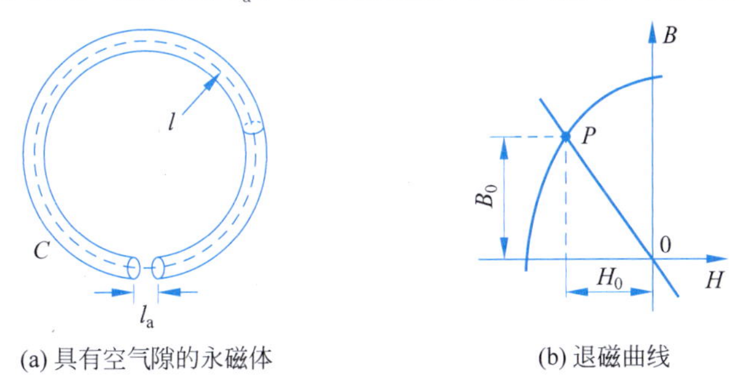

(a) 具有空气隙的永磁体　　(b) 退磁曲线

图 4.26　圆环永磁体及退磁曲线

解　设圆环永磁体的中心线通过空气隙构成圆回路 C(图 4.26(a)中虚线)，永磁体内磁场强度为 H，空气隙中磁通密度为 B_a，则由安培定律，得

$$\oint_C \boldsymbol{H}\cdot d\boldsymbol{r}=Hl+\frac{B_a}{\mu_0}l_a=0$$

于是

$$B_a=-\frac{\mu_0 l}{l_a}H$$

这是一条过原点，斜率为负的直线，见图 4.26(b)。这条直线上的任意点给出了空气隙中磁通密度 B_a(纵坐标)与永磁体内磁场强度 H(横坐标)的关系，而退磁曲线上的任意点给出了永磁体内磁通密度 B(纵坐标)与磁场强度 H(横坐标)的关系。这两条曲线的横坐标是同一量(永磁体内磁场强度 H)。根据空气隙与永磁体交界面两侧磁通密度法向分量相等这一边界条件，应有 $B=B_a$，而满足这个条件的只能是这两条曲线的交点 $P(H_0,B_0)$。交点 P 的纵坐标 B_0 就是空气隙中磁通密度，也是永磁体内磁通密度。这说明，空气隙中磁通密度随着空气隙的长度而变化，空气隙越小，直线斜率绝对值越大，空气隙中磁通密度越接近剩磁 B_r；反之，空气隙越大，空气隙中磁通密度越小。解毕。

4.7　电　　感

电感是对载流导体产生磁通能力的一种量度，它是电路的一个基本参数。电感包括自感和互感。在稳恒电流的情况下，电感的大小反映了载流系统存储磁场能量的能力；在电流变化的情况下,电感的大小反映了载流系统内产生感应电动势的能力,它与电容、电阻一起共同决定了电路的瞬变过程。本节叙述电感的基本概念和基本计算方法。

以下假定稳恒磁场中没有铁磁质。

4.7.1 自感

无限大真空中有一稳恒载流回路 C,其中电流为 I,设回路 C 张成的曲面为 S,则由电流 I 产生的、穿过曲面 S 的磁通为

$$\Phi=\int_S \boldsymbol{B}\cdot \mathrm{d}\boldsymbol{S}=\int_S(\nabla\times\boldsymbol{A})\cdot \mathrm{d}\boldsymbol{S}=\oint_C \boldsymbol{A}\cdot \mathrm{d}\boldsymbol{r} \tag{4.134}$$

这里,磁通密度 $\boldsymbol{B}$ 和磁矢位 $\boldsymbol{A}$ 都由回路 C 中电流 I 产生,C 中电流绕向与 $\mathrm{d}\boldsymbol{S}$ 的正向成右手螺旋关系,也可以说,回路 C 的绕向与磁通 Φ 的正向构成右手螺旋关系。由式(4.11)可写出的磁矢位表达式:

$$\boldsymbol{A}(\boldsymbol{r})=\frac{\mu_0}{4\pi}\oint_C \frac{I\mathrm{d}\boldsymbol{r}_1}{|\boldsymbol{r}-\boldsymbol{r}_1|}$$

式中,$\boldsymbol{r}_1$ 是回路 C 上任意点的位置矢量,$\mathrm{d}\boldsymbol{r}_1$ 的方向与回路 C 上该点电流同方向。代入式(4.134),得穿过回路 C 的磁通

$$\Phi=\oint_C \boldsymbol{A}(\boldsymbol{r})\cdot \mathrm{d}\boldsymbol{r}=\oint_C \boldsymbol{A}(\boldsymbol{r}_2)\cdot \mathrm{d}\boldsymbol{r}_2=\oint_C\left(\frac{\mu_0}{4\pi}\oint_C \frac{I\mathrm{d}\boldsymbol{r}_1}{|\boldsymbol{r}_2-\boldsymbol{r}_1|}\right)\cdot \mathrm{d}\boldsymbol{r}_2 \tag{4.135}$$

式中,$\boldsymbol{r}_2$ 是回路 C 上任意点的位置矢量,$\mathrm{d}\boldsymbol{r}_2$ 的方向与回路 C 上该点电流同方向。

由以上分析可见,Φ 与 I 成正比,即

$$\Phi=LI \tag{4.136}$$

其中

$$L=\frac{\mu_0}{4\pi}\oint_C\oint_C \frac{\mathrm{d}\boldsymbol{r}_1\cdot \mathrm{d}\boldsymbol{r}_2}{|\boldsymbol{r}_2-\boldsymbol{r}_1|} \tag{4.137}$$

比例系数 L 称为回路 C 的自感,单位为亨(H)。自感 L 的值等于回路 C 中流过单位电流产生的、穿过自身回路的磁通。

4.7.2 互感

如图 4.27 所示,无限大真空中有两个载流回路 C_1 和 C_2,其中的稳恒电流分别为 I_1 和 I_2。C_1 中的电流 I_1 在空间任意点 $\boldsymbol{r}$ 产生的磁矢位为

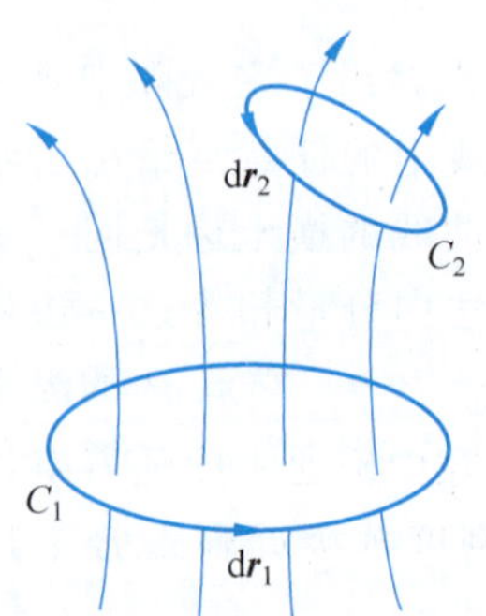

图 4.27 回路 C_1 和 C_2 间的互感

$$\boldsymbol{A}_1(\boldsymbol{r})=\frac{\mu_0 I_1}{4\pi}\oint_{C_1} \frac{\mathrm{d}\boldsymbol{r}_1}{|\boldsymbol{r}-\boldsymbol{r}_1|} \tag{4.138}$$

式中,$\boldsymbol{r}_1$ 是坐标原点到 C_1 上的位置矢量。由式(4.138)可写出回路 C_1 中的电流 I_1 产生的、穿过回路 C_2 的磁通

$$\begin{aligned}\Phi_{21}&=\oint_{C_2}\boldsymbol{A}_1(\boldsymbol{r}_2)\cdot \mathrm{d}\boldsymbol{r}_2\\&=\oint_{C_2}\left(\frac{\mu_0}{4\pi}\oint_{C_1} \frac{I_1\mathrm{d}\boldsymbol{r}_1}{|\boldsymbol{r}_2-\boldsymbol{r}_1|}\right)\cdot \mathrm{d}\boldsymbol{r}_2\end{aligned} \tag{4.139}$$

式中,$\boldsymbol{r}_2$ 是坐标原点到 C_2 的位置矢量;Φ_{21} 的下标 21 的含义是:第一个数字 2 表示产生磁通的“位置”,第二个数字 1 表示产生磁通的“根源”。令

$$L_{21}=\frac{\mu_0}{4\pi}\oint_{C_2}\oint_{C_1}\frac{\mathrm{d}\boldsymbol{r}_1\cdot\mathrm{d}\boldsymbol{r}_2}{|\boldsymbol{r}_2-\boldsymbol{r}_1|}\tag{4.140}$$

式(4.139)变形为

$$\Phi_{21}=L_{21}I_1\tag{4.141}$$

比例系数 L_{21} 称为回路 C_1 对回路 C_2 的互感,它的单位是亨(H)。L_{21} 的数值等于回路 C_1 中流过 1 A 电流时产生的、穿过回路 C_2 的磁通。

同理,由回路 C_2 中的电流 I_2 产生的、穿过回路 C_1 的磁通为

$$\Phi_{12}=L_{12}I_2\tag{4.142}$$

式中,

$$L_{12}=\frac{\mu_0}{4\pi}\oint_{C_1}\oint_{C_2}\frac{\mathrm{d}\boldsymbol{r}_2\cdot\mathrm{d}\boldsymbol{r}_1}{|\boldsymbol{r}_1-\boldsymbol{r}_2|}\tag{4.143}$$

称为回路 C_2 对回路 C_1 的互感。对比式(4.143)和式(4.140),可知

$$M\equiv L_{21}=L_{12}\tag{4.144}$$

这里 M 称为回路 C_1 和 C_2 间的互感。

需要指出:①互感 L_{12} 可以为正,也可以为负,这取决于两个回路中电流的方向。当外来磁通增强回路本身的磁通时互感为正,反之,当外来磁通减弱回路本身的磁通时互感为负。以图 4.27 为例,对于 C_2 而言,C_1 中电流产生的磁通是外来磁通,它增强了穿过 C_2 的磁通,因此 C_1 和 C_2 间互感为正;如果 C_1 中电流与图 4.27 中方向相反,则 C_1 中电流产生的磁通会减弱穿过 C_2 的磁通,C_1 和 C_2 间互感为负。②互感绝对值 $|L_{12}|$ 仅与回路 C_1 和 C_2 的形状、尺寸和相对位置有关,而与电流大小无关。

例 4.13　如图 4.28 所示,无限大真空中有两个平行的同轴细导线圆环回路 C_1 和 C_2,两个圆环的半径分别为 a 和 b,圆心间的距离为 $h(h>0)$。两圆环中的电流方向如图 4.28 所示,求互感 M。

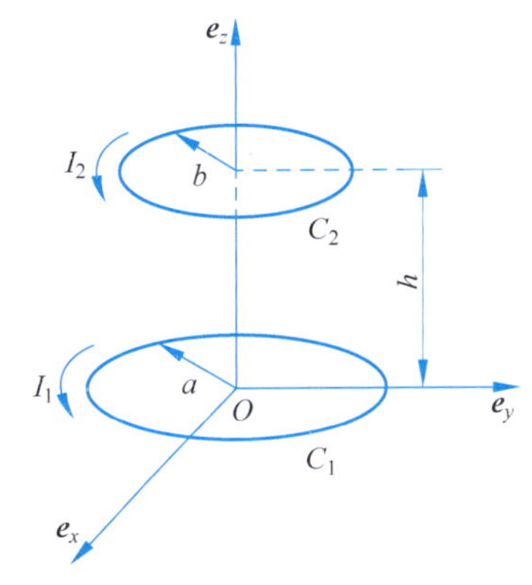

图 4.28　两平行同轴细导线圆环的互感

解　首先写出式(4.143)中的各量表达式,然后代入该式化简计算即可。为此,建立圆柱坐标系 $O\rho\phi z$,设圆环 C_1 位于平面 $z=0$,圆环 C_2 位于平面 $z=h$。由于回路 C_1 上任意点$(a,\phi_1,0)$的位置矢量为

$$\boldsymbol{r}_1=a(\cos\phi_1\boldsymbol{e}_x+\sin\phi_1\boldsymbol{e}_y)$$

回路 C_2 上任意点(b,ϕ_2,h)的位置矢量为

$$\boldsymbol{r}_2=b(\cos\phi_2\boldsymbol{e}_x+\sin\phi_2\boldsymbol{e}_y)+h\boldsymbol{e}_z$$

于是

$$\mathrm{d}\boldsymbol{r}_1=a(-\sin\phi_1\boldsymbol{e}_x+\cos\phi_1\boldsymbol{e}_y)\mathrm{d}\phi_1$$
$$\mathrm{d}\boldsymbol{r}_2=b(-\sin\phi_2\boldsymbol{e}_x+\cos\phi_2\boldsymbol{e}_y)\mathrm{d}\phi_2$$
$$\mathrm{d}\boldsymbol{r}_1\cdot\mathrm{d}\boldsymbol{r}_2=ab\cos(\phi_1-\phi_2)\mathrm{d}\phi_1\mathrm{d}\phi_2$$
$$|\boldsymbol{r}_1-\boldsymbol{r}_2|=\sqrt{a^2+b^2+h^2-2ab\cos(\phi_1-\phi_2)}$$

对于积分限,因 C_1 和 C_2 中的电流方向均与 $\boldsymbol{e}_z$ 方向成右手螺旋关系,所以 ϕ_1 和 ϕ_2 取值应沿电流方向环绕一周,即这两个积分变量的积分区间均可取为$[-\pi,\pi]$。以上各量代入式(4.143),得

$$M=\frac{\mu_0}{4\pi}\int_{-\pi}^{\pi}\mathrm{d}\phi_2\int_{-\pi}^{\pi}\frac{ab\cos(\phi_1-\phi_2)\mathrm{d}\phi_1}{\sqrt{a^2+b^2+h^2-2ab\cos(\phi_1-\phi_2)}}$$

对内层积分，令 $\phi_1-\phi_2=\pi-2\alpha$，则 $\mathrm{d}\phi_1=-2\mathrm{d}\alpha$，$\cos(\phi_1-\phi_2)=-\cos2\alpha=2\sin^2\alpha-1$。于是

$$M=\frac{\mu_0 ab}{2\pi}\int_{-\pi}^{\pi}\mathrm{d}\phi_2\int_{\frac{1}{2}\phi_2}^{\pi+\frac{1}{2}\phi_2}\frac{(2\sin^2\alpha-1)\mathrm{d}\alpha}{\sqrt{(a+b)^2+h^2-4ab\sin^2\alpha}}$$

内层积分与 ϕ_2 无关(因该积分对 ϕ_2 求导为零)，可取积分限中的 $\phi_2=-\pi$，所以

$$M=\frac{\mu_0 ab}{2\pi}\int_{-\pi}^{\pi}\mathrm{d}\phi_2\int_{-\pi/2}^{\pi/2}\frac{(2\sin^2\alpha-1)\mathrm{d}\alpha}{\sqrt{(a+b)^2+h^2-4ab\sin^2\alpha}}$$

$$=\mu_0\sqrt{ab}\,k\int_0^{\pi/2}\frac{2\sin^2\alpha-1}{\sqrt{1-k^2\sin^2\alpha}}\mathrm{d}\alpha \tag{4.145}$$

式中

$$k=\sqrt{\frac{4ab}{(a+b)^2+h^2}}\quad(0<k<1)$$

利用恒等式

$$2\sin^2\alpha-1=\frac{2}{k^2}\left[1-\frac{k^2}{2}-(\sqrt{1-k^2\sin^2\alpha})^2\right]$$

式(4.145)变形为

$$M=\mu_0\sqrt{ab}\left[\left(\frac{2}{k}-k\right)K(k)-\frac{2}{k}E(k)\right] \tag{4.146}$$

式中

$$K(k)=\int_0^{\frac{\pi}{2}}\frac{\mathrm{d}\alpha}{\sqrt{1-k^2\sin^2\alpha}}$$

$$E(k)=\int_0^{\frac{\pi}{2}}\sqrt{1-k^2\sin^2\alpha}\,\mathrm{d}\alpha$$

分别称为第一类和第二类完全椭圆积分。这两个积分都无法用初等函数的有限形式所表示，如果用级数表示，则(数，1979)[602]

$$K(k)=\frac{\pi}{2}\left\{1+\sum_{n=1}^{\infty}\left[\frac{(2n-1)!!}{(2n)!!}\right]^2k^{2n}\right\}$$

$$E(k)=\frac{\pi}{2}\left\{1-\sum_{n=1}^{\infty}\left[\frac{(2n-1)!!}{(2n)!!}\right]^2\frac{k^{2n}}{2n-1}\right\}$$

这里，$(2n-1)!!=1\times3\times5\times\cdots\times(2n-1)$，$(2n)!!=2\times4\times6\times\cdots\times(2n)$。把这两个级数代入式(4.146)，整理后得(雷，1991)[35]

$$M=\frac{\pi\mu_0\sqrt{ab}\,k^3}{8}\sum_{n=0}^{\infty}\left[\frac{(2n+1)!!}{(2n)!!}\right]^2\frac{k^{2n}}{(n+1)(n+2)}$$

$$=\frac{\pi\mu_0\sqrt{ab}\,k^3}{16}\left(1+\frac{3k^2}{4}+\frac{75k^4}{128}+\frac{245k^6}{512}+\cdots\right) \tag{4.147}$$

当 $k\ll1$ 时，右端括号内的值近似等于 1，于是

$$M\approx\frac{\pi\mu_0 a^2b^2}{2[(a+b)^2+h^2]^{3/2}} \tag{4.148}$$

观察图 4.28,C_1 和 C_2 中的磁通是互相增强的,确实 $M>0$。解毕。

4.7.3 用磁场能量计算电感

在线性磁介质中,设有两个稳恒载流回路 C_1 和 C_2,回路电流分别为 I_1 和 I_2,则穿过回路 C_1 的全磁通 Φ_1 就是由 I_1 产生的磁通 $L_{11}I_1$ 与由 I_2 产生的磁通 $L_{12}I_2$ 之和,即 $\Phi_1=L_{11}I_1+L_{12}I_2$。同理,穿过回路 C_2 的全磁通是 $\Phi_2=L_{21}I_1+L_{22}I_2$。用矩阵形式表示这两个回路的全磁通,有

$$\begin{bmatrix}\Phi_1\\ \Phi_2\end{bmatrix}=\begin{bmatrix}L_{11} & L_{12}\\ L_{21} & L_{22}\end{bmatrix}\begin{bmatrix}I_1\\ I_2\end{bmatrix}$$

一般地,当 n 个载流回路 $C_1,C_2,\cdots,C_n$ 中分别通有电流 $I_1,I_2,\cdots,I_n$ 时,各个回路的全磁通满足矩阵关系

$$\boldsymbol{\Phi}=\boldsymbol{LI} \tag{4.149}$$

式中

$$\boldsymbol{\Phi}=\begin{bmatrix}\Phi_1\\ \Phi_2\\ \vdots\\ \Phi_n\end{bmatrix},\quad \boldsymbol{L}=\begin{bmatrix}L_{11} & L_{12} & \cdots & L_{1n}\\ L_{21} & L_{22} & \cdots & L_{2n}\\ \vdots & \vdots & & \vdots\\ L_{n1} & L_{n2} & \cdots & L_{nn}\end{bmatrix},\quad \boldsymbol{I}=\begin{bmatrix}I_1\\ I_2\\ \vdots\\ I_n\end{bmatrix}$$

利用以上列向量和式(4.122),可以写出 n 个载流回路的磁场能量:

$$W_{\mathrm{m}}=\frac{1}{2}\boldsymbol{I}^{\mathrm{T}}\boldsymbol{\Phi}=\frac{1}{2}\boldsymbol{I}^{\mathrm{T}}\boldsymbol{LI}=\frac{1}{2}\sum_{i=1}^{n}\sum_{j=1}^{n}L_{ij}I_iI_j \tag{4.150}$$

式中,$\boldsymbol{I}^{\mathrm{T}}$ 是电流列向量的转置。

另一方面,设仅回路 C_i 中电流 I_i 单独产生的磁通密度和磁场强度分别为 $\boldsymbol{B}_i$ 和 $\boldsymbol{H}_i$,利用叠加原理,n 个回路中电流共同产生的磁通密度和磁场强度分别为

$$\boldsymbol{B}=\boldsymbol{B}_1+\boldsymbol{B}_2+\cdots+\boldsymbol{B}_n=\sum_{j=1}^{n}\boldsymbol{B}_j$$

$$\boldsymbol{H}=\boldsymbol{H}_1+\boldsymbol{H}_2+\cdots+\boldsymbol{H}_n=\sum_{i=1}^{n}\boldsymbol{H}_i$$

从而场中的磁场能量为

$$\begin{aligned}W_{\mathrm{m}}&=\frac{1}{2}\int_V\boldsymbol{H}\cdot\boldsymbol{B}\,\mathrm{d}V=\frac{1}{2}\int_V\left(\sum_{i=1}^{n}\boldsymbol{H}_i\right)\cdot\left(\sum_{j=1}^{n}\boldsymbol{B}_j\right)\mathrm{d}V\\&=\frac{1}{2}\int_V\sum_{i=1}^{n}\sum_{j=1}^{n}\boldsymbol{H}_i\cdot\boldsymbol{B}_j\,\mathrm{d}V=\frac{1}{2}\sum_{i=1}^{n}\sum_{j=1}^{n}\int_V\boldsymbol{H}_i\cdot\boldsymbol{B}_j\,\mathrm{d}V\end{aligned} \tag{4.151}$$

有了以上结果后,对比式(4.150)和式(4.151),得

$$I_iI_jL_{ij}=\int_V\boldsymbol{H}_i\cdot\boldsymbol{B}_j\,\mathrm{d}V$$

从而

$$L_{ij}=\frac{1}{I_iI_j}\int_V\boldsymbol{H}_i\cdot\boldsymbol{B}_j\,\mathrm{d}V \tag{4.152}$$

当 $i\neq j$ 时,L_{ij} 就是回路 C_i 与 C_j 间的互感。当 $i=j$ 时,式(4.152)为

$$L_{ii}=\frac{1}{I_i^2}\int_V\boldsymbol{H}_i\cdot\boldsymbol{B}_i\,\mathrm{d}V \tag{4.153}$$

这是回路 C_i 的自感。

例 4.14 在无限大线性、均匀磁介质中，证明互感满足

$$L_{ij}=L_{ji} \tag{4.154}$$

自感满足

$$L_{ii}>0 \tag{4.155}$$

证 由于场中磁介质为线性，所以

$$\int_V \boldsymbol{H}_i \cdot \boldsymbol{B}_j \, \mathrm{d}V=\int_V \mu \boldsymbol{H}_i \cdot \boldsymbol{H}_j \, \mathrm{d}V=\int_V \boldsymbol{H}_j \cdot \boldsymbol{B}_i \, \mathrm{d}V$$

由式(4.152)可知，$L_{ij}=L_{ji}$。这说明任意两个回路之间的互感的“源点”和“场点”可以互换。因此，在只有两个回路的线性系统中，互感符号的下标可以省略。

对于自感，由式(4.153)，得

$$L_{ii}=\frac{1}{I_i^2}\int_V \mu \boldsymbol{H}_i \cdot \boldsymbol{H}_i \, \mathrm{d}V=\int_V \mu\left(\frac{H_i}{I_i}\right)^2 \mathrm{d}V>0$$

式中，$\mu>0$。这说明自感恒为正。证毕。

例 4.15 证明线性磁介质中的电感 L_{ij} 与磁场能量 W_{m} 满足关系

$$L_{ij}=\frac{\partial^2 W_{\mathrm{m}}}{\partial I_i \partial I_j} \tag{4.156}$$

证 由式(4.150)得

$$\begin{aligned}2W_{\mathrm{m}}=&L_{11}I_1^2+L_{12}I_1I_2+\cdots+L_{1n}I_1I_n+L_{21}I_2I_1+L_{22}I_2^2+\cdots+L_{2n}I_2I_n\\&\cdots+L_{n1}I_nI_1+L_{n2}I_nI_2+\cdots+L_{nn}I_n^2\end{aligned}$$

以 $i=1$ 和 $j=2$ 为例，两端求对 I_1 的偏导数，得

$$2\frac{\partial W_{\mathrm{m}}}{\partial I_1}=2L_{11}I_1+L_{12}I_2+\cdots+L_{1n}I_n+L_{21}I_2+L_{31}I_3+\cdots+L_{n1}I_n$$

进一步，两端求对 I_2 的偏导数，得

$$2\frac{\partial^2 W_{\mathrm{m}}}{\partial I_1 \partial I_2}=L_{12}+L_{21}=2L_{12}$$

于是

$$L_{12}=\frac{\partial^2 W_{\mathrm{m}}}{\partial I_1 \partial I_2}$$

推而广之，便得式(4.156)。证毕。

4.7.4 关于电感的说明

(1) 式 $\Phi=\oint_C \boldsymbol{A} \cdot \mathrm{d}\boldsymbol{r}$ 是由磁场的基本性质 $\nabla \cdot \boldsymbol{B}=0$ 决定的，与磁介质性质无关。

(2) 计算自感时，必须考虑回路截面的实际尺寸，不能认为载流导线截面积无限小。因为计算自感时，总是先假定回路中电流非零，当回路的截面积无限小时，其中的电流密度就成了无穷大，从而导致磁通无穷大，这是不可能发生的。

(3) 式(4.143)仅适用于计算无限大真空中载流回路的电感。

(4) 对于形状复杂的线圈，一般不存在简单的电感表达式，甚至有时对所求出的表达式是否正确都不能肯定。在此提供一个“好”方法：当对某种分析方法的正确性不能肯定时，或使用了许多分析、计算“技巧”都无法得到电感时，可通过计算磁场能量来求电感，这是最可靠的

手段。它的计算公式是

$$L_{ij}=\frac{\int_V \boldsymbol{B}_i \cdot \boldsymbol{H}_j \mathrm{d}V}{I_i I_j}$$

式中,积分区域 V 是整个磁场分布区域。

4.8 磁场力

磁场力包括安培力和洛伦兹力。安培力为磁场对传导电流的作用力,洛伦兹力为磁场对运动电荷的作用力。本节分析并计算稳恒磁场中的安培力。

4.8.1 用安培力定律计算磁场力

在稳恒磁场 $\boldsymbol{B}$ 中,磁场作用在电流元 $I\mathrm{d}\boldsymbol{r}$ 上的力 $\mathrm{d}\boldsymbol{F}$ 服从安培力定律

$$\mathrm{d}\boldsymbol{F}=I\mathrm{d}\boldsymbol{r}\times\boldsymbol{B} \tag{4.157}$$

可见,在 1 T 的磁场中,垂直于磁场、长为 1 m、电流为 1 A 的载流直导线所受的磁场力是 1 N。注意,式中 $\boldsymbol{B}$ 是除了电流元之外其他所有电流产生的稳恒磁场。

当电流分布在区域 V 中时,将式(4.157)中 $I\mathrm{d}\boldsymbol{r}$ 换成 $\boldsymbol{J}\mathrm{d}V$,并在载流区域上积分,就得到载流导体上的安培力

$$\boldsymbol{F}=\int_V \boldsymbol{J}\times\boldsymbol{B}\mathrm{d}V \tag{4.158}$$

式中 $\boldsymbol{J}$ 为 V 中的电流密度。

虽然式(4.158)形式简单,但在计算磁场力时,需要事先同时知道载流导体中的电流密度和载流导体所在位置的磁通密度,这在许多情况下并不容易知道。因此从实用的角度看,式(4.158)只适合计算无限大真空中载流导体的磁场力。

例 4.16 证明无限大真空中稳恒电流载流体的自场力为 0。这里的自场力是指载流体产生的磁场作用在载流体自身的力。

证 设载流体 V 中电流密度为 $\boldsymbol{J}(\boldsymbol{r})$,由毕奥-萨伐尔定律,稳恒电流在真空中产生的磁场为

$$\boldsymbol{B}(\boldsymbol{r})=-\frac{\mu_0}{4\pi}\int_V \boldsymbol{J}(\boldsymbol{r}')\times\nabla\frac{1}{|\boldsymbol{r}-\boldsymbol{r}'|}\mathrm{d}V(\boldsymbol{r}')$$

设 $\boldsymbol{R}=\boldsymbol{r}-\boldsymbol{r}'$,$R=|\boldsymbol{r}-\boldsymbol{r}'|$,代入式(4.158),得

$$\boldsymbol{F}=-\frac{\mu_0}{4\pi}\int_V\int_V \boldsymbol{J}(\boldsymbol{r})\times\left[\boldsymbol{J}(\boldsymbol{r}')\times\nabla\frac{1}{R}\right]\mathrm{d}V(\boldsymbol{r})\mathrm{d}V(\boldsymbol{r}')$$

由公式 $\boldsymbol{A}\times(\boldsymbol{B}\times\boldsymbol{C})=\boldsymbol{B}(\boldsymbol{A}\cdot\boldsymbol{C})-\boldsymbol{C}(\boldsymbol{A}\cdot\boldsymbol{B})$,被积函数可变形为

$$\boldsymbol{J}(\boldsymbol{r})\times\left[\boldsymbol{J}(\boldsymbol{r}')\times\nabla\frac{1}{R}\right]=\boldsymbol{J}(\boldsymbol{r}')\left[\boldsymbol{J}(\boldsymbol{r})\cdot\nabla\frac{1}{R}\right]+\frac{\boldsymbol{R}}{R^3}[\boldsymbol{J}(\boldsymbol{r})\cdot\boldsymbol{J}(\boldsymbol{r}')]$$

再由公式 $\boldsymbol{A}\cdot\nabla f=\nabla\cdot(f\boldsymbol{A})-f\,\nabla\cdot A$,右端第一个方括号中的量的体积分是

$$\int_V \boldsymbol{J}(\boldsymbol{r})\cdot\nabla\frac{1}{R}\mathrm{d}V(\boldsymbol{r})=\int_V \nabla\cdot\left(\frac{\boldsymbol{J}}{R}\right)\mathrm{d}V-\int_V\frac{\nabla\cdot\boldsymbol{J}}{R}\mathrm{d}V=\oint_S\frac{\boldsymbol{J}\cdot\boldsymbol{n}}{R}\mathrm{d}S-\int_V\frac{\nabla\cdot\boldsymbol{J}}{R}\mathrm{d}V=0$$

以上利用了 S 上 $\boldsymbol{J}\cdot\boldsymbol{n}=0$ 和 V 内 $\nabla\cdot\boldsymbol{J}=0$。

这样,自场力为

$$\boldsymbol{F}=-\frac{\mu_0}{4\pi}\int_V\int_V\frac{\boldsymbol{R}}{R^3}[\boldsymbol{J}(\boldsymbol{r})\cdot\boldsymbol{J}(\boldsymbol{r}')]\mathrm{d}V(\boldsymbol{r})\mathrm{d}V(\boldsymbol{r}')$$

将积分变量 $\boldsymbol{r}$ 和 $\boldsymbol{r}'$ 互换位置，可知 $\boldsymbol{F}=-\boldsymbol{F}$。故

$$\boldsymbol{F}=\boldsymbol{0}$$

即稳恒电流产生的自场力是 $\boldsymbol{0}$。

注意：稳恒电流的自场力是整个电流系统所受的合力，就电流系统的一个局部而言，磁场力不一定为零。证毕。

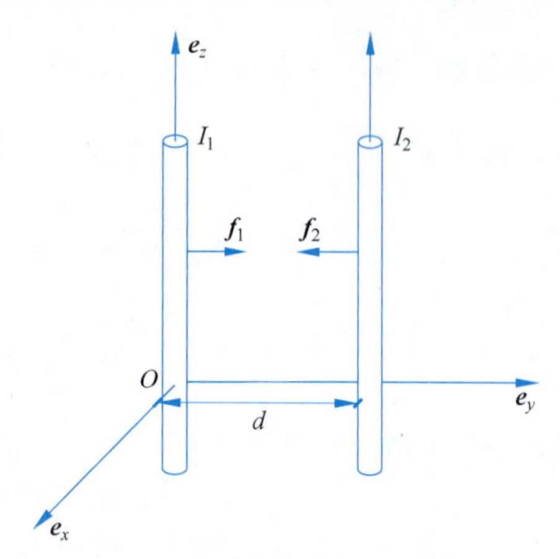

图 4.29 长直平行载流导线的受力

例 4.17 求无限大真空中两根长直平行载流导线之间的磁场力。

解 无限大真空中有两根长直平行载流导线 1 和 2，两导线上分别流过同一方向的稳恒电流 I_1 和 I_2，导线间距是 d，建立直角坐标系 $Oxyz$，电流与 $\boldsymbol{e}_z$ 同方向，如图 4.29 所示。

利用安培定律，可得载流导线 2 中电流在导线 1 的位置上产生的磁场：

$$\boldsymbol{B}_{12}=\frac{\mu_0 I_2}{2\pi d}\boldsymbol{e}_x$$

利用式(4.157)，得载流导线 1 单位长受力为

$$\boldsymbol{f}_1=I_1\boldsymbol{e}_z\times\boldsymbol{B}_{12}=I_1\boldsymbol{e}_z\times\frac{\mu_0 I_2}{2\pi d}\boldsymbol{e}_x=\frac{\mu_0 I_1 I_2}{2\pi d}\boldsymbol{e}_y \tag{4.159}$$

同样，载流导线 1 中电流在导线 2 的位置上产生的磁场为

$$\boldsymbol{B}_{21}=\frac{\mu_0 I_1}{2\pi d}(-\boldsymbol{e}_x)$$

载流导线 2 在该磁场的作用下单位长受力为

$$\boldsymbol{f}_2=I_2\boldsymbol{e}_z\times\boldsymbol{B}_{21}=I_2\boldsymbol{e}_z\times\frac{\mu_0 I_1}{2\pi d}(-\boldsymbol{e}_x)=\frac{\mu_0 I_1 I_2}{2\pi d}(-\boldsymbol{e}_y) \tag{4.160}$$

对比式(4.159)和式(4.160)可见，当两根导线中电流同方向时，虽然 $I_1\neq I_2$，但所受到的磁场力大小相等，方向相反，相互吸引。

用以上分析方法，同样可求出两根长直平行载流导线中电流方向相反时的受力。设图 4.29 中电流 I_1 的方向仍是 $\boldsymbol{e}_z$，电流 I_2 的方向为$(-\boldsymbol{e}_z)$，则导线 1 单位长受力 $\boldsymbol{f}_1$ 和导线 2 单位长受力 $\boldsymbol{f}_2$ 满足关系

$$\boldsymbol{f}_1=\frac{\mu_0 I_1 I_2}{2\pi d}(-\boldsymbol{e}_y)=-\boldsymbol{f}_2 \tag{4.161}$$

以上分析表明，在两根长直载流导线之间，电流同向相吸，异向相斥；力的大小与两根导线中电流的乘积成正比，与导线间距成反比。设 $d=1$ m，$I_1=I_2=1$ A，可得 $f_1=f_2=2\times10^{-7}$ N/m。解毕。

4.8.2 用虚位移原理计算磁场力

用虚位移原理可以计算各种平衡状态的磁场力，这特别适用于磁介质不均匀的场合，分析思路与 2.10.2 节相同。

考虑一个由 n 个载流线圈组成的线性稳恒电流系统。为简便起见，设线圈的电阻为零，线圈 C_i 与电压为 U_i 的外源相连接，线圈 C_i 中电流为 $I_i, i=1,2,\cdots,n$。若某一个载流线圈在磁场力 $\boldsymbol{F}$ 作用下，在时间 δt 内产生了一个虚位移 $\delta\boldsymbol{r}$，它所做的虚功为 δA，相应地，稳恒磁场中磁场能量会产生虚增量 δW_{m}，而这两部分虚功都来自外源提供的虚功 δW。根据虚位移原理，系统中全部虚功的代数和等于0，即

$$\delta A+\delta W_{\mathrm{m}}+(-\delta W)=0 \tag{4.162}$$

利用

$$\delta A=\boldsymbol{F}\cdot\delta\boldsymbol{r}$$

$$\delta W_{\mathrm{m}}=\delta\left(\frac{1}{2}\sum_{i=1}^{n}I_i\Phi_i\right)=\frac{1}{2}\sum_{i=1}^{n}I_i\delta\Phi_i+\frac{1}{2}\sum_{i=1}^{n}\Phi_i\delta I_i$$

$$\delta W=\sum_{i=1}^{n}I_iU_i\delta t=\sum_{i=1}^{n}I_i\left(\frac{\delta\Phi_i}{\delta t}\right)\delta t=\sum_{i=1}^{n}I_i\delta\Phi_i$$

代入式(4.162)，得

$$\boldsymbol{F}\cdot\delta\boldsymbol{r}=\frac{1}{2}\sum_{i=1}^{n}I_i\delta\Phi_i-\frac{1}{2}\sum_{i=1}^{n}\Phi_i\delta I_i \tag{4.163}$$

下面分两种情况讨论。

(1) 所有线圈的全磁通 $\Phi_1,\Phi_2,\cdots,\Phi_n$ 保持不变。此时 $\delta\Phi_i=0$，式(4.163)变形为

$$\boldsymbol{F}\cdot\delta\boldsymbol{r}=-\frac{1}{2}\sum_{i=1}^{n}\Phi_i\delta I_i=-\delta\left(\frac{1}{2}\sum_{i=1}^{n}\Phi_iI_i\right)=-\delta W_{\mathrm{m}} \tag{4.164}$$

而 $\delta W_{\mathrm{m}}=\nabla W_{\mathrm{m}}\cdot\delta\boldsymbol{r}$，从而

$$\boldsymbol{F}\cdot\delta\boldsymbol{r}=-\nabla W_{\mathrm{m}}\cdot\delta\boldsymbol{r}$$

两端对比，磁场力为

$$\boldsymbol{F}=-\nabla W_{\mathrm{m}}\big|_{\delta\Phi_i=0}\quad(i=1,2,\cdots,n) \tag{4.165}$$

这说明，当所有线圈的全磁通不变时，磁场力等于磁场能量的负梯度。

(2) 所有线圈中的电流 $I_1,I_2,\cdots,I_n$ 保持不变。此时 $\delta I_i=0$，式(4.163)变形为

$$\boldsymbol{F}\cdot\delta\boldsymbol{r}=\frac{1}{2}\sum_{i=1}^{n}I_i\delta\Phi_i=\delta\left(\frac{1}{2}\sum_{i=1}^{n}I_i\Phi_i\right)=\delta W_{\mathrm{m}}=\nabla W_{\mathrm{m}}\cdot\delta\boldsymbol{r}$$

两端对比，于是磁场力为

$$\boldsymbol{F}=\nabla W_{\mathrm{m}}\big|_{\delta I_i=0}\quad(i=1,2,\cdots,n) \tag{4.166}$$

这说明，当所有线圈中的电流保持不变时，磁场力等于磁场能量的梯度。

在稳恒磁场中，全部线圈中的全磁通和电流都不改变，因此以上两种情况的磁场力应该相等，即

$$\boldsymbol{F}=-\nabla W_{\mathrm{m}}\big|_{\delta\Phi_i=0}=\nabla W_{\mathrm{m}}\big|_{\delta I_i=0}\quad(i=1,2,\cdots,n) \tag{4.167}$$

电磁铁、大多数电动机是利用磁场力工作的。利用今天的技术条件，可以产生几特的磁场和几千安的电流，从而可以获得强大的磁场力。

例 4.18 一载流线圈的自感是 L，证明线圈上磁场力 $\boldsymbol{F}$ 满足式(4.167)。

证 设线圈中稳恒电流为 I，则线圈的磁通为 $\Phi=LI$，磁场能量为

$$W_{\mathrm{m}}=\frac{1}{2}LI^2=\frac{\Phi^2}{2L}$$

由式(4.165)得

$$\boldsymbol{F}=-\nabla W_{\mathrm{m}}\big|_{\Phi=C_1}=-\frac{\Phi^2}{2}\nabla\left(\frac{1}{L}\right)=\frac{I^2}{2}\nabla L=\nabla\left(\frac{1}{2}LI^2\right)\bigg|_{I=C_2}=\nabla W_{\mathrm{m}}\big|_{I=C_2}$$

这里 C_1 和 C_2 都是常量。证毕。

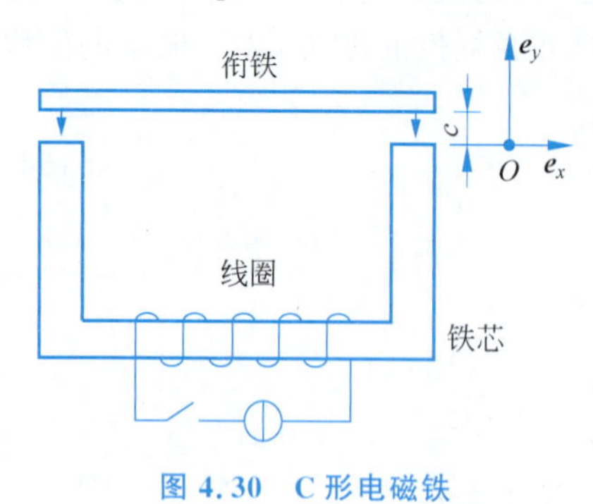

图 4.30 C 形电磁铁

例 4.19 如图 4.30 所示，C 形电磁铁由绕有线圈的铁芯和衔铁(可动铁芯)构成。设铁芯和衔铁的磁导率均为无限大，线圈匝数为 N，电流为 I，铁芯横截面的面积为 S_1，两个空气隙的间距都等于 c。求作用在衔铁其中一端的磁场力 $\boldsymbol{F}_{\mathrm{m}}$。

解 先求电磁铁存储的磁场能量。由于铁芯和衔铁的磁导率为无限大，所以其中的磁场强度 $H\to 0$。设空气隙中磁场强度为 H_0，磁通 Φ 在沿空气隙、铁芯、衔铁的磁场线路径 l 上处处相等，从而根据安培定律，得 $\oint_l \boldsymbol{H}\cdot\mathrm{d}\boldsymbol{r}=2cH_0=NI$。由此得

$$\Phi=\mu_0H_0S_1=\frac{\mu_0NIS_1}{2c}$$

这样，电磁铁存储的磁场能量为

$$W_{\mathrm{m}}=\frac{1}{2}NI\Phi=\frac{\mu_0(NI)^2S_1}{4c}$$

接下来求磁场力。如图 4.30 所示，建立直角坐标系 $Oxyz$，坐标平面 xOz 与铁芯端面重合，y 轴正向指向衔铁。求衔铁上磁场力，就让整个衔铁发生虚位移 $\delta\boldsymbol{r}$，同时保持线圈电流不变，从而衔铁所受的磁场力为

$$\boldsymbol{F}=(\nabla|_{y=c})W_{\mathrm{m}}=\frac{\mu_0(NI)^2S_1}{4c^2}(-\boldsymbol{e}_c)=\mu_0H_0^2S_1(-\boldsymbol{e}_c)$$

由于衔铁平行于铁芯的两个端面，所以这个磁场力是整个衔铁的受力，其中一个端面的受力应是上式的一半：

$$\boldsymbol{F}_{\mathrm{m}}=\frac{1}{2}\mu_0H_0^2S_1(-\boldsymbol{e}_c) \tag{4.168}$$

下面判别磁场力方向。因 $\boldsymbol{e}_c$ 的方向是 c 增大的方向，而只有衔铁远离铁芯，c 才能增大，所以 $\boldsymbol{e}_c$ 的方向是从铁芯端面垂直指向衔铁，这样($-\boldsymbol{e}_c$)的方向就是从衔铁垂直指向铁芯，即衔铁受力为吸引力。

由以上分析可知，铁芯单位面积吸引衔铁的磁场力为

$$f_{\mathrm{m}}=\frac{F_{\mathrm{m}}}{2S_1}=\frac{1}{2}\mu_0H_0^2 \tag{4.169}$$

即单位面积上的磁场力等于空气隙中的磁场能量密度。解毕。

说明 1 随着电流系统的尺寸增大，与电场力相比，磁场力将逐渐占支配地位。磁场力是体积力，大小取决于电流分布区域的体积。磁场力主要体现在宏观尺度的装置上，由大电流驱动的装置可产生很大的磁场力，同时要使用许多导电材料和铁磁质。例如，对于通有稳恒电流的两根平行直导线来说，长为 l 的导线上磁场力 F_{m} 与电流系统的特征尺寸 l_c 的关系为

$$F_m=\frac{\mu_0 I_1 I_2}{2\pi d}l=\frac{\mu_0 (J_1 S_1)(J_2 S_2)}{2\pi d}l\propto l_c^4 \tag{4.170}$$

式中，J_1 和 J_2 分别是两根导线中的电流密度，均与尺度无关，S_1 和 S_2 分别是两根导线的横截面积，$S_1\propto l_c^2$，$S_2\propto l_c^2$，$l\propto l_c$，$d\propto l_c$。

说明 2 利用虚位移原理，可求出稳恒磁场作用在线性磁介质上的力密度(Stratton，1941)[153]

$$\boldsymbol{f}=\mu\boldsymbol{J}\times\boldsymbol{H}-\frac{1}{2}H^2\nabla\mu+\frac{1}{2}\nabla\left(H^2\tau\frac{\partial\mu}{\partial\tau}\right)\quad (\mathrm{N/m^3}) \tag{4.171}$$

式中，τ 为介质密度($\mathrm{kg/m^3}$)。右端第一项代表传导电流所受的安培力，第二项代表介质磁导率不均匀处的受力，第三项代表介质变形处的受力，一般情况下安培力起主要作用。

说明 3 电磁铁是铁芯上密绕线圈所组成的一种器件，广泛应用在电气装置中。线圈通入电流后，铁芯被磁化。在设计电磁铁时，可使铁芯中的磁通可变、反向或在有无之间变动。在电气发展史上，电磁铁作用巨大，继电器、莫尔斯电报机、伦科夫感应圈、电机、变压器、电话机、长距离有线电报装备、赫兹实验、阴极射线的产生、电子的发现等都离不开电磁铁。电磁铁的结构简单，但它的功能却非常神奇。很难想象，假如历史上不使用电磁铁，今天的电气技术会成为什么样子。俱往矣，以往许多使用电磁铁的场合今天已被固态器件所代替。

小 结

1. 基本概念

磁通密度 $\boldsymbol{B}$ 等于单位电流元所受的安培力 $\mathrm{d}\boldsymbol{F}=I\mathrm{d}\boldsymbol{r}\times\boldsymbol{B}$，它是经典电磁场理论中最重要的两个物理量之一。

2. 定律和公式

(1) 毕奥-萨伐尔定律

$$\boldsymbol{B}(\boldsymbol{r})=\frac{\mu_0}{4\pi}\int_V\frac{\boldsymbol{J}(\boldsymbol{r}')\times(\boldsymbol{r}-\boldsymbol{r}')}{|\boldsymbol{r}-\boldsymbol{r}'|^3}\mathrm{d}V(\boldsymbol{r}')\quad(\text{全空间 }\mu_0)$$

(2) 磁偶极子的磁矢位和磁通密度分别为

$$\boldsymbol{A}=\frac{\mu_0}{4\pi}\frac{\boldsymbol{m}\times\boldsymbol{R}}{R^3}$$

$$\boldsymbol{B}=\frac{\mu_0}{4\pi R^3}[3(\boldsymbol{m}\cdot\boldsymbol{R}^\circ)\boldsymbol{R}^\circ-\boldsymbol{m}]$$

(3) 磁偶极子在外磁场 $\boldsymbol{B}$ 中的运动取决于受力 $\boldsymbol{F}=\nabla(\boldsymbol{m}\times\nabla)\times\boldsymbol{B}$，力矩 $\boldsymbol{T}=\boldsymbol{m}\times\boldsymbol{B}$，位能 $W=-\boldsymbol{m}\cdot\boldsymbol{B}$。

(4) 稳恒磁场的基本方程：$\nabla\times\boldsymbol{H}=\boldsymbol{J}$ 和 $\nabla\cdot\boldsymbol{B}=0$。

(5) 磁场边界条件：$\boldsymbol{n}_{12}\times(\boldsymbol{H}_2-\boldsymbol{H}_1)=\boldsymbol{K}$ 和 $\boldsymbol{n}_{12}\cdot(\boldsymbol{B}_2-\boldsymbol{B}_1)=0$。

(6) 线性磁介质中的磁场能量：$W_m=\frac{1}{2}\int_V\boldsymbol{H}\cdot\boldsymbol{B}\mathrm{d}V$。

(7) 铁磁质的磁滞损耗：$P_h=fVS_{\mathrm{loop}}$。

(8) 载流导体的自感：$L=\frac{2W_m}{I^2}$或$L=\frac{\partial^2 W_m}{\partial I^2}$。

(9) 载流导体的互感：$L_{12}=\frac{\partial^2 W_m}{\partial I_1 \partial I_2}$。

(10) 磁场力：$\boldsymbol{F}=-\nabla W_m$(全磁通为常量)或$\boldsymbol{F}=\nabla W_m$(电流为常量)。

3. 定义

(1) 磁矢位：$\boldsymbol{B}=\nabla\times\boldsymbol{A}$。

(2) 磁标位：$\boldsymbol{H}=-\nabla\varphi_m$(无传导电流的区域)。

(3) 磁化强度：$\boldsymbol{M}=\frac{\sum_{i=1}^{N}\boldsymbol{m}_i}{\Delta V}$。

(4) 磁场强度：$\boldsymbol{H}=\frac{\boldsymbol{B}}{\mu_0}-\boldsymbol{M}$。

4. 线性稳恒磁场的方程和边界条件

(1) 待求量为 $\boldsymbol{H}$ 和 $\boldsymbol{B}$。

约束方程：$\nabla\times\boldsymbol{H}=\boldsymbol{J}$ 和$\nabla\cdot\boldsymbol{B}=0$。

内边界面上的边界条件：$\boldsymbol{n}_{12}\times(\boldsymbol{H}_2-\boldsymbol{H}_1)=\boldsymbol{K}$ 和 $\boldsymbol{n}_{12}\cdot(\boldsymbol{B}_2-\boldsymbol{B}_1)=0$。

(2) 待求量为 $\boldsymbol{A}$。

约束方程：$\nabla^2\boldsymbol{A}=-\mu\boldsymbol{J}$ 和$\nabla\cdot\boldsymbol{A}=0$(平行平面磁场中磁矢位只有垂直分量，轴对称磁场中磁矢位只有周向分量)。

内边界面上的边界条件：$\boldsymbol{n}_{12}\times(\boldsymbol{A}_2-\boldsymbol{A}_1)=\boldsymbol{0}$ 和 $\boldsymbol{n}_{12}\times\left(\frac{\nabla\times\boldsymbol{A}_2}{\mu_2}-\frac{\nabla\times\boldsymbol{A}_1}{\mu_1}\right)=\boldsymbol{K}$。

(3) 待求量为 φ_m。

约束方程：$\nabla^2\varphi_m=\nabla\cdot\boldsymbol{M}$($\boldsymbol{M}$ 是已知矢量)。

内边界面上的边界条件：$\varphi_{m1}=\varphi_{m2}$($\boldsymbol{K}=\boldsymbol{0}$)和$\frac{\partial\varphi_{m1}}{\partial n_{12}}-\frac{\partial\varphi_{m2}}{\partial n_{12}}=\boldsymbol{n}_{12}\cdot(\boldsymbol{M}_1-\boldsymbol{M}_2)$。

5. 要求

(1) 会计算无限大真空中稳恒电流产生的磁场。

(2) 会计算磁偶极子的磁场，掌握磁偶极子在外磁场中的性质。

(3) 了解磁介质磁化的原因。

(4) 掌握铁磁质的磁滞现象。

(5) 能解析求解简单对称的线性稳恒磁场的边值问题。

(6) 能计算典型稳恒磁场问题的电感。

(7) 能用虚位移原理计算典型稳恒磁场的磁场力。

6. 注意

(1) 面电流密度的单位符号是 A/m，不是 A/m^2。

(2) 如果细导线中通有稳恒电流，则导线必须构成闭合回路。

(3) 引入磁标位的条件是场区内没有传导电流。

(4) 计算载流导体的自感时，必须考虑导体的横截面。

(5) 随着电流系统的尺寸增大，与电场力相比，磁场力将起决定性作用。

附注 4A 地 磁 场

地磁场是地球产生的磁场。地球表面磁场分布类似位于地心的磁偶极子的磁场分布，磁偶极子的中心线与地球的自转轴目前约呈 $\theta=11.5°$的夹角。空间的磁场线从南半球穿出地球表面，从北半球进入，如图 4.31 所示。地磁极的位置并不固定。在地球表面，地磁极处的磁通密度约 60 μT，赤道处约 30 μT，平均值约 45 μT。北京地区现代地磁场的磁倾角(地磁场的磁通密度矢量与该点水平面的夹角)为 57.2°，磁通密度约 55 μT(其中，水平分量 30 μT，垂直分量 46 μT)，对应的磁场强度约 44 A/m，约等于 2.8 A 稳恒电流通过一根长直导线在相距 1 cm 位置上产生的磁场强度，从这个角度看，地磁场的数值相当大。

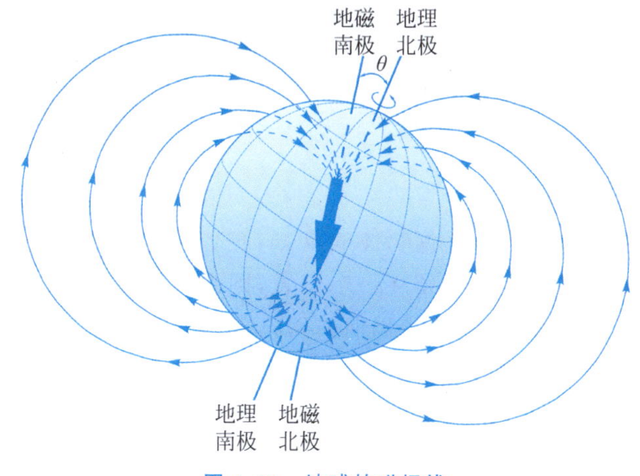

图 4.31 地球的磁场线

附注 4B 寻找下落不明的忆阻器

电路理论中有 3 个基本无源元件：电容器、电阻器、电感器。1971 年，加利福尼亚大学伯克利分校教授蔡少棠发表了一篇论文[①]《忆阻器：下落不明的电路元件》，指出电路中应该有第 4 个基本元件——忆阻器。

电磁场理论中有 4 个最重要的物理量，分别是电荷密度 ρ_v、电流密度 $\boldsymbol{J}$、电场强度 $\boldsymbol{E}$、磁通密度 $\boldsymbol{B}$，前两个是激励，后两个是响应，它们都是微分型量。与这 4 个量相对应的是积分型量：

$$\text{电荷 } q=\int_V \rho_v \mathrm{d}V, \quad \text{电流 } i=\int_S \boldsymbol{J}\cdot \mathrm{d}\boldsymbol{S}, \quad \text{电压 } u=\int_C \boldsymbol{E}\cdot \mathrm{d}\boldsymbol{r}, \quad \text{磁通 } \Phi=\int_S \boldsymbol{B}\cdot \mathrm{d}\boldsymbol{S}$$

这 4 个积分量是电路理论中的四大基本量，它们两两之间可组成 6 种关系，其中 5 种我们已熟知：①电荷与电压之间满足 $\mathrm{d}q=C\mathrm{d}u$，系数 C 是电容；②电荷与电流之间来自电流的定义 $\mathrm{d}q=i\mathrm{d}t$；③电压与电流之间符合欧姆定律 $\mathrm{d}u=R\mathrm{d}i$，系数 R 是电阻；④磁通与电压之间符合法拉第感应定律 $\mathrm{d}\Phi=u\mathrm{d}t$；⑤磁通与电流之间满足 $\mathrm{d}\Phi=L\mathrm{d}i$，系数 L 是电感。还有一种关系没有确定，即缺少磁通与电荷之间的关系。蔡少棠根据对称性观点提出，磁通和电荷之间满足 $\mathrm{d}\Phi=M\mathrm{d}q$，系数 M 对应的元件就是“忆阻器”。他在这篇论文中提供了忆阻器的原始理论架构，给出了忆阻器的很多有趣并且具有很大应用价值的特性，推测忆阻器有天然的记忆能力。

---

① Chua Leon O，1971. Memristor-the missing circuit element[J]. IEEE Transactions on Circuit Theory，18(5)：507-519.

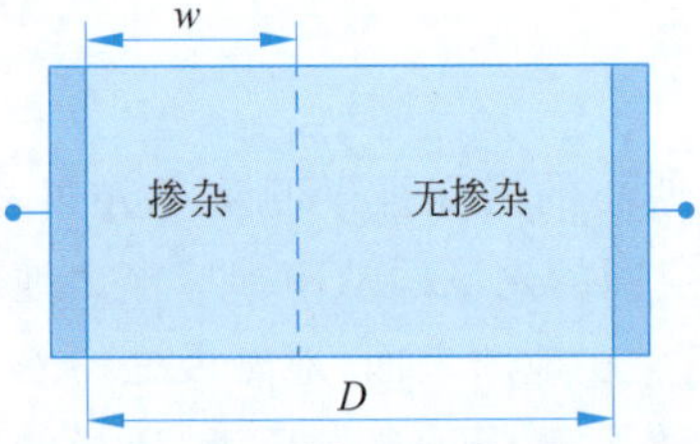

图 4.32 惠普实验室的忆阻器模型

在 2008 年 5 月 1 日的《自然》杂志上，惠普实验室的研究人员发表了一篇论文①《寻获下落不明的忆阻器》。他们通过一个简单的具有解析式的例子指出，忆阻现象在纳米尺度的电子系统中确实存在。他们的研究对象如图 4.32 所示，在两层金属之间有两层厚度为 D 的半导体薄膜，掺杂质的一层厚度为 w，另一层不掺杂。这是一个流控、时不变、一端口无源电路元件，它对于一些特定范围的状态变量 w 具有忆阻特性。

惠普实验室的工作引起了人们的极大兴趣。人们推测，忆阻器的实现可使手机使用数周或更久而不需充电，个人计算机开机后可以立即启动，笔记本计算机在电池耗尽之后仍记忆上次的信息，等等。

附注 4C 磁 悬 浮

1. 磁悬浮的含义

磁悬浮是指通过施加磁场力来平衡物体的重力，使之不与周围物体接触而停留在空中的一种状态。一个物体在磁场中若能停留在一个位置，则必须稳定悬浮。稳定悬浮是指当物体受到微小扰动而偏离平衡位置后，物体将仍能回到原来的平衡位置。不需要支撑，也不需要悬挂，不用电源，也不用反馈控制系统，仅仅依靠一组永磁体就将物体稳定悬浮起来，是一件非常奇妙的事情。

2. 平衡条件和稳定性

物体在外加磁场中稳定悬浮时，施于物体的力有两个，一个是磁介质本身的重力 $\boldsymbol{F}_{\mathrm{g}}$，一个是磁介质放入外磁场后的磁场力 $\boldsymbol{F}_{\mathrm{m}}$，这两个力都是保守力，它们的合力 $\boldsymbol{F}$ 也是保守力，于是引进位能 W，使

$$\boldsymbol{F}=\boldsymbol{F}_{\mathrm{g}}+\boldsymbol{F}_{\mathrm{m}}=-\nabla W \tag{4.172}$$

从而利用位能可以方便地描述磁悬浮以及磁悬浮的稳定性。

首先来看磁悬浮时的平衡条件。当物体悬浮在磁场中时，物体处于平衡状态，此时物体质心(质量中心)是静止的，从而它的加速度等于 $\mathbf{0}$，根据牛顿第二定律，这表明整个物体受力的合力等于 $\mathbf{0}$，即

$$\nabla W=\mathbf{0} \tag{4.173}$$

再来看磁悬浮的稳定性。当物体稳定磁悬浮时，一旦物体偏离平衡位置，施加在它上面的保守力就迫使它返回平衡位置，也就是说物体从非平衡位置返回到平衡位置时是顺着保守力进行的，而保守力做功将导致位能下降，所以物体处于稳定平衡位置时位能达到极小。建立直角坐标系 $Oxyz$，设位能 W 的定义域为 D，D 内任意点的位置矢量为 $\boldsymbol{r}=x\boldsymbol{e}_x+y\boldsymbol{e}_y+z\boldsymbol{e}_z$，稳定悬浮平衡点的位置矢量为 $\boldsymbol{r}_0=x_0\boldsymbol{e}_x+y_0\boldsymbol{e}_y+z_0\boldsymbol{e}_z$，使位能达到极小就是找到 $\boldsymbol{r}_0$，使

$$W(\boldsymbol{r}_0)=\min_{(x,y,z)\in D} W(\boldsymbol{r}) \tag{4.174}$$

应用泰勒公式和式(4.173)，点 $\boldsymbol{r}_0$ 附近成立

① Dmitri B. Strukov, Gregory S. Snider, Duncan R. Stewart & R. Stanley Williams, 2008. The missing memristor found[J]. Nature, 453: 80-83.

$$W(\boldsymbol{r}_0+\Delta x\boldsymbol{e}_x)-W(\boldsymbol{r}_0)=\frac{1}{2}\frac{\partial^2 W(\boldsymbol{r}_0)}{\partial x^2}(\Delta x)^2+o_x(|\Delta x|^2) \tag{4.175}$$

由于右端第二项是右端第一项的高阶无穷小，因此在平衡点的充分小邻域内，左端差值的符号取决于右端第一项。当 $W(\boldsymbol{r}_0)$为极小值时，意味着 $\Delta x\to 0$ 时 $W(\boldsymbol{r}_0+\Delta x\boldsymbol{e}_x)-W(\boldsymbol{r}_0)>0$，从而$\dfrac{\partial^2 W(\boldsymbol{r}_0)}{\partial x^2}>0$。同理，$\dfrac{\partial^2 W(\boldsymbol{r}_0)}{\partial y^2}>0$ 和$\dfrac{\partial^2 W(\boldsymbol{r}_0)}{\partial z^2}>0$。于是，得到稳定磁悬浮的必要条件：

$$\nabla^2 W=\frac{\partial^2 W(\boldsymbol{r}_0)}{\partial x^2}+\frac{\partial^2 W(\boldsymbol{r}_0)}{\partial y^2}+\frac{\partial^2 W(\boldsymbol{r}_0)}{\partial z^2}>0 \tag{4.176}$$

3. 抗磁质的磁悬浮

现在考虑将线性磁介质 V 放入外磁场 $\boldsymbol{B}$ 后的悬浮问题。设直角坐标系 z 轴的正向垂直于水平面指向大地上方，稳定悬浮的平衡点位于 z 轴的正半轴上。为了分析方便，把磁介质看作一个具有一定质量的几何点即质点，它的坐标为(x,y,z)，则外磁场中磁介质悬浮后的位能为

$$W(x,y,z)=mgz-\frac{\chi_{\mathrm{m}}V}{2\mu}B^2 \tag{4.177}$$

式中，m、V、μ 分别是磁介质的质量、体积、磁导率，g 是重力加速度。右端第一项是重力位能，坐标原点 O 为位能参考点；第二项是磁介质放入外磁场后的位能，可由式(4.62)得到。注意，式中 B 是磁通密度的模，与磁场方向无关。

先分析悬浮时的平衡条件。将式(4.177)代入式(4.173)，得分量表达式：

$$\frac{\partial B}{\partial x}=0 \tag{4.178}$$

$$\frac{\partial B}{\partial y}=0 \tag{4.179}$$

$$B\frac{\partial B}{\partial z}=\frac{\mu g\rho_{\mathrm{m}}}{\chi_{\mathrm{m}}} \tag{4.180}$$

式中，$\rho_{\mathrm{m}}=m/V$ 是磁介质的质量密度。

接下来证明在不用电源，也没有反馈控制系统的情况下，只有抗磁质才可能稳定悬浮。由于在无传导电流分布区域$\nabla\times\boldsymbol{B}=\boldsymbol{0}$，所以

$$\nabla\times\nabla\times\boldsymbol{B}=\nabla(\nabla\cdot\boldsymbol{B})-\nabla^2\boldsymbol{B}=-\nabla^2\boldsymbol{B}=\boldsymbol{0}$$

再由矢量微分公式$\nabla\cdot(f\boldsymbol{A})=f\nabla\cdot\boldsymbol{A}+\boldsymbol{A}\cdot\nabla f$ 和非均匀磁场中∇B_x、∇B_y、∇B_z 至少一个非零，得

$$\begin{aligned}\nabla^2 B^2&=\nabla\cdot(\nabla B_x^2+\nabla B_y^2+\nabla B_z^2)\\&=2\,\nabla\cdot(B_x\nabla B_x+B_y\nabla B_y+B_z\nabla B_z)\\&=2(\boldsymbol{B}\cdot\nabla^2\boldsymbol{B}+|\nabla B_x|^2+|\nabla B_y|^2+|\nabla B_z|^2)\\&=2(|\nabla B_x|^2+|\nabla B_y|^2+|\nabla B_z|^2)>0\end{aligned}$$

在此基础上，利用式(4.176)和式(4.177)，得

$$\nabla^2 W=\nabla^2\left(mgz-\frac{\chi_{\mathrm{m}}V}{2\mu}B^2\right)=-\frac{\chi_{\mathrm{m}}V}{2\mu}\nabla^2 B^2>0$$

这说明

$$\chi_{\mathrm{m}}<0 \tag{4.181}$$

式(4.178)～(4.181)就构成了磁介质在平衡点处稳定悬浮的必要条件。

4. 磁悬浮实验

1997年，荷兰奈梅亨大学的盖姆等人通过比特线圈（内外线圈电流相等的两个空心圆柱线圈同轴地套起来）产生的16 T磁场将一些小物体（活青蛙、蝗虫、水滴、花朵、榛子等）悬浮起来。设活青蛙的磁化率等于水的磁化率$\chi_m=-9.0\times10^{-6}$（活青蛙含水约87%），活青蛙的质量密度等于水的质量密度$\rho_m=10^3\ \mathrm{kg/m^3}$，取重力加速度$g=9.8\ \mathrm{m/s^2}$，由式（4.180），得

$$B\frac{\partial B}{\partial z}=\frac{\mu_0 g\rho_m}{\chi_m}=-\frac{4\pi\times10^{-7}\times9.8\times10^3}{9.0\times10^{-6}}\approx-1368\ \mathrm{T^2/m} \tag{4.182}$$

这就是活青蛙稳定悬浮时，平衡点附近磁场需要达到的要求。$B\partial B/\partial z$的数值同时取决于磁场大小和磁场沿垂直于地面方向的磁场梯度。图4.33是比特线圈沿对称轴的截面，内层线圈上端端部附近是悬浮区域，就是图中圆点附近。图4.34是一只悬浮在比特线圈磁场中的活青蛙。图4.33和图4.34的来源见“配套资源”中说明。

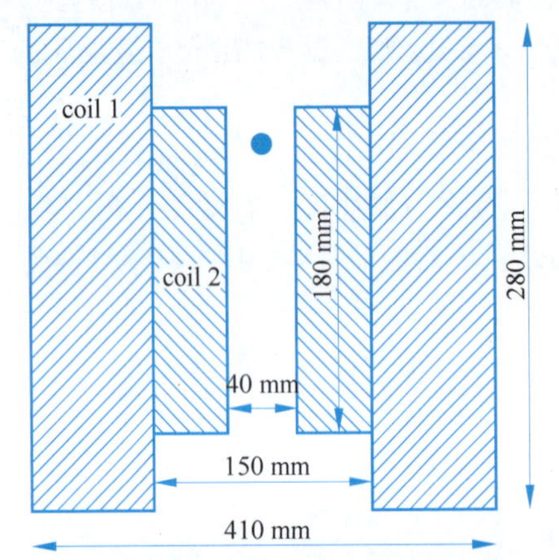

图4.33 比特线圈沿对称轴的截面和悬浮位置

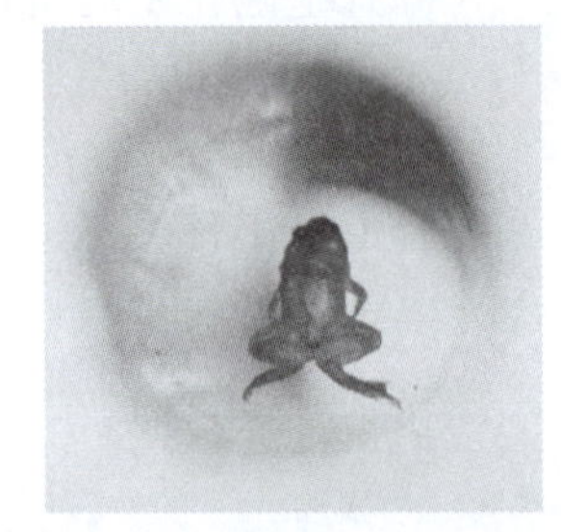
图4.34 磁场中稳定悬浮的活青蛙

χ_m是决定悬浮难易程度的一个重要参数，$|\chi_m|$越大悬浮越容易。以热解石墨片为例，磁化率约$\chi_m=-4.0\times10^{-4}$，质量密度约$\rho_m=2.2\times10^3\ \mathrm{kg/m^3}$，由式（4.180），得

$$B\frac{\partial B}{\partial z}=\frac{\mu_0 g\rho_m}{\chi_m}=\frac{4\pi\times10^{-7}\times9.8\times2.2\times10^3}{(-4.0\times10^{-4})}\approx-68\ \mathrm{T^2/m} \tag{4.183}$$

对比式（4.182）和式（4.183）的右端数值，可见热解石墨片悬浮要比活青蛙悬浮容易得多。实验这样做：准备一个边长10 mm、厚度0.5 mm的正方形热解石墨片，放置在由4个正方体钕铁硼永磁体所组成的阵列磁体上方；永磁体阵列的上、下面为磁极，阵列对角线上的两个极性相同，即一条对角线上全为N极，另一条对角线上全为S极。图4.35就是热解石墨片稳定悬浮在永磁体阵列上方的照片。

(a) 悬浮照片

(b) 悬浮的侧面照片

图4.35 稳定悬浮在永磁体阵列上方的热解石墨片（本书作者拍摄）

习 题

4.1 证明真空中不可能单独存在通有稳恒电流的不闭合导线。

4.2 如图 4.36 所示，无限大真空中的矩形载流导线回路位于坐标平面 xOy 上，其中电流为 I，矩形两边的长度分别为 $2a$ 和 $2b$。求回路中心点 O 正上方点 P 的磁通密度。

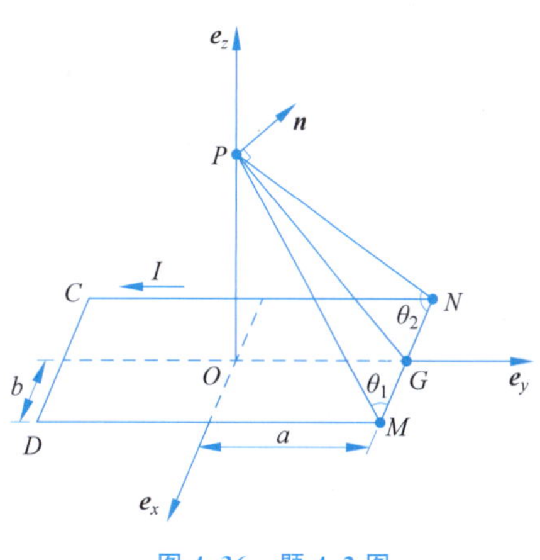

图 4.36 题 4.2 图

4.3 无限长圆柱导体中通有稳恒电流 I，圆柱半径为 $a(a>0)$，求圆柱内、外的磁通密度的旋度。提示：建立圆柱坐标系 $O\rho\phi z$，z 轴与圆柱轴线重合，z 轴正向与电流同方向。

4.4 证明：在均匀磁场的边缘处，磁通密度不可能突然降为零。换言之，实际磁场总存在边缘效应。

4.5 把地球看作以太阳为圆心、以 $a=1.5\times 10^{11}$ m 为半径的圆周上绕太阳公转的点电荷 $q=10^6$ C。设地球以速度 $v=3\times 10^4$ m/s 绕太阳旋转，求太阳处的磁通密度 $\boldsymbol{B}$。

4.6 半径为 $r_0=1$ cm 的长直圆柱导体，其内部磁场为

$$\boldsymbol{B}=\frac{10^4\mu_0}{a^2 r}(\sin ar - ar\cos ar)\boldsymbol{e}_\phi \text{ T}$$

这里 $a=\pi/(2r_0)$，r 是场点到导体中心线的距离。求导体中的电流。

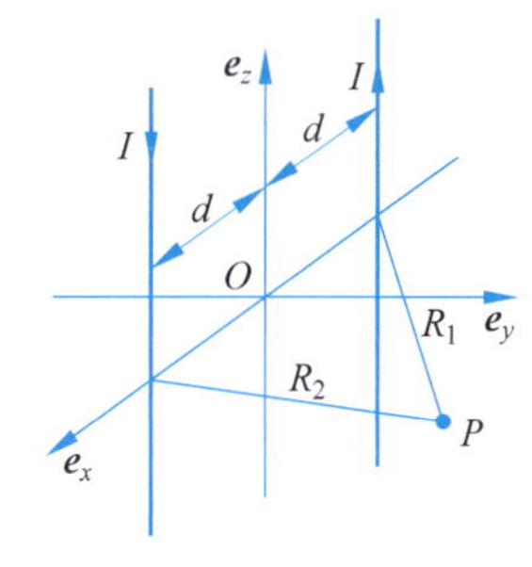

图 4.37 题 4.7 图

4.7 无限大真空中一对平行长直导线，线间距离是 $2d$，导线中分别通有方向相反的稳恒电流 I，见图 4.37。求任意点 P 的磁矢位 $\boldsymbol{A}$。

4.8 半径为 a 的球面均匀带电，电荷为 Q，球内、外都是真空。设球面绕一直径以恒定角速度 ω 旋转。在远离球面的场点处，可将带电旋转球视作磁偶极子，求它的磁偶极矩和磁矢位。

4.9 如图 4.38 所示，无限大真空中有两个小圆柱磁石，它们的磁偶极矩分别为 $\boldsymbol{m}_1$ 和 $\boldsymbol{m}_2=-2\boldsymbol{m}_1$，两个磁石的中心线重合，在两个磁石间的连线上放置一个小磁针(例如指南针)，求小磁针不受两个磁石影响时的位置。

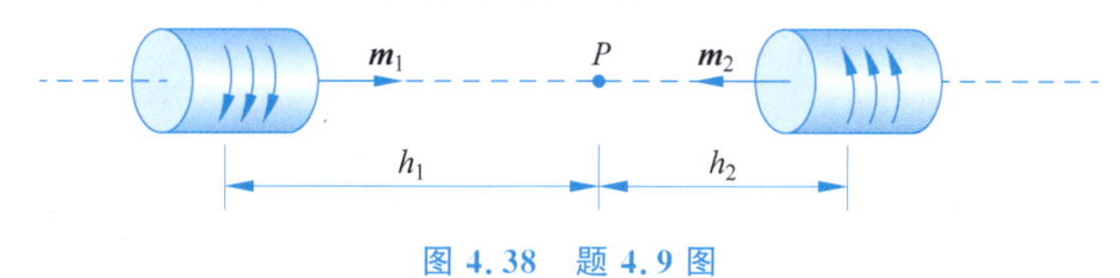

图 4.38 题 4.9 图

4.10 建立直角坐标系 $Oxyz$，设磁场中的磁通密度 $\boldsymbol{B}=B(x)\boldsymbol{e}_y$，$B(x)$ 随 x 的增大而单调减少。今有一沿轴向均匀磁化的短圆柱永磁体置于磁场中，磁化强度 $\boldsymbol{M}$ 的方向与 $\boldsymbol{e}_y$ 方向重合，永磁体的体积为 V。求永磁体的受力。

4.11 试从方程 $\nabla\times\boldsymbol{H}=\boldsymbol{J}$ 出发，利用公式 $\oint_S \mathrm{d}\boldsymbol{S}\times\boldsymbol{A}=\int_V \nabla\times\boldsymbol{A}\,\mathrm{d}V$，导出稳恒磁场边界条

件 $\boldsymbol{n}_{12}\times(\boldsymbol{H}_2-\boldsymbol{H}_1)=\boldsymbol{K}$。

4.12 有限场区内的磁通密度 $\boldsymbol{B}(x,y,z)=axz\boldsymbol{e}_x+byz\boldsymbol{e}_y+cxy\boldsymbol{e}_z$，试分别给出实数常量 a、b、c 的取值范围。如果场区为三维无限大空间，a、b、c 分别为多少？

4.13 两种半无限磁介质以平面为交界面相连，它们的磁导率 μ_1 和 μ_2 均为常量。在磁导率为 μ_2 的磁介质中有一根相距交界面为 h 的长直平行载流导线，电流为 I。试分别求出两种磁介质中的磁通密度。

4.14 在轴对称稳恒磁场中，设对称轴是圆柱坐标系 $O\rho\phi z$ 的 z 轴，证明磁矢位可表示为 $\boldsymbol{A}=A_\phi\boldsymbol{e}_\phi$。

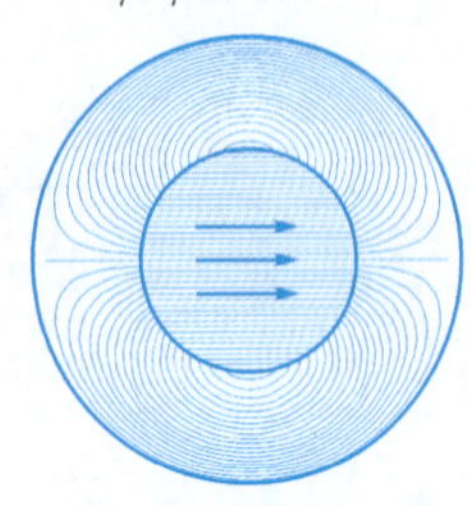

图 4.39 题 4.15 图

4.15 图 4.39 是长直空心圆柱永磁体横截面的磁场线分布图，这个磁体俗称永磁魔环(夏，2000)。设一永磁魔环的内半径是 r_1，外半径是 r_2，以圆柱中心线为 z 轴建立圆柱坐标系 $O\rho\phi z$，已知永磁体的磁化强度 $\boldsymbol{M}=M_0(\boldsymbol{e}_\rho\cos\phi+\boldsymbol{e}_\phi\sin\phi)$，这里 M_0 是正常量。试写出永磁体内、外磁标位的约束方程和边界条件。永磁魔环的神奇之处有：①永磁圆柱空心内为均匀磁场；②当 $r_2/r_1>\mathrm{e}\approx2.72$ 时，空心区域的磁通密度大于永磁体的剩磁；③圆柱外无漏磁。

4.16 设无限大真空中同时存在稳恒电流区域和永磁体，已知电流区域内的电流密度为 $\boldsymbol{J}$、永磁体的磁化强度为 $\boldsymbol{M}$。试写出场中磁矢位 $\boldsymbol{A}$ 的约束方程。提示：可取 $\nabla\cdot\boldsymbol{A}=0$。

4.17 设由理想导体组成的长直同轴电缆的内导体半径为 a，外导体的内半径为 b，内、外导体间介质的磁导率为 μ_0，内、外导体中的稳恒电流相等、方向相反。试求导体间的磁矢位。

4.18 半径为 a 的长直实心圆柱导体中通有稳恒电流 I，导体的磁导率为 μ，圆柱外区域的磁导率为 μ_0。求圆柱内、外的磁矢位 $\boldsymbol{A}$。提示：通过 $\boldsymbol{B}$ 求出 $\boldsymbol{A}$。

4.19 半径为 a、相对磁导率为 μ_r 的实心球体位于均匀磁场 $\boldsymbol{B}_0=\mu_0\boldsymbol{H}_0$ 中，求球内的磁化电流和球内、外的磁场。

4.20 设位于无界场区中的磁介质满足 $\boldsymbol{B}=\mu\boldsymbol{H}$，场区内同时存在有限区域的永磁体和稳恒电流，试求磁场能量。

4.21 一变压器的工作频率为 50 Hz，它的铁芯体积为 0.034 m^3，铁芯的磁滞回线如图 4.24 所示。为估算磁滞回线面积，把磁滞回线放在直角坐标纸上，数磁滞回线占据的方格数，然后将方格数与每个方格代表的 $\mathrm{J/m^3}$ 数相乘即可。设磁滞回线共有 42.5 个方格，每个方格代表 12 $\mathrm{J/m^3}$。试估算变压器的磁滞损耗。

4.22 设退火纯铁的初始磁化曲线在 1.2 T 以下可用直线 $B=4770\mu_0H$ 近似表示。在用这种材料制作成的圆环铁芯上密绕线圈，当线圈中通入 3 A 电流时，铁芯内产生 1 T 的磁通密度。如果线圈没有铁芯，要使铁芯内产生相同的磁通密度，线圈中需要通入多大电流？

4.23 如图 4.40 所示，试计算无限大真空中两平行金属狭长片的单位长自感。设它的宽度 w 远大于两片间的距离 d，忽略边缘效应，认为两狭长片之间是均匀磁场。

4.24 如图 4.41 所示，同轴电缆可看作由两根长直同轴金属薄壁圆筒组成，设内圆筒的半径为 a，外圆筒的半径为 $b(b>a)$，圆筒间磁介质的磁导率为 μ_0，内、外圆筒表面均匀分布着电流，电流互为反方向。求电缆的自感 L。

4.25 在平均半径为 R 的圆形手镯状磁芯上密绕有两个线圈，匝数分别为 N_1 和 N_2。磁芯的横截面为圆形，半径为 a，$R\gg a$，磁芯的磁导率为 $\mu\gg\mu_0$。试计算两线圈间的互感。

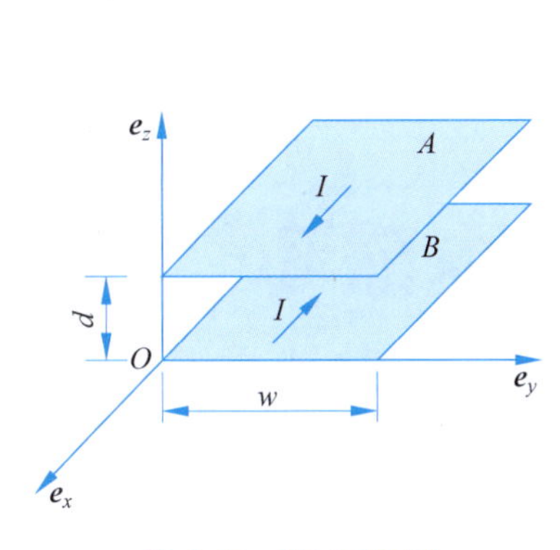

图 4.40 题 4.23 图

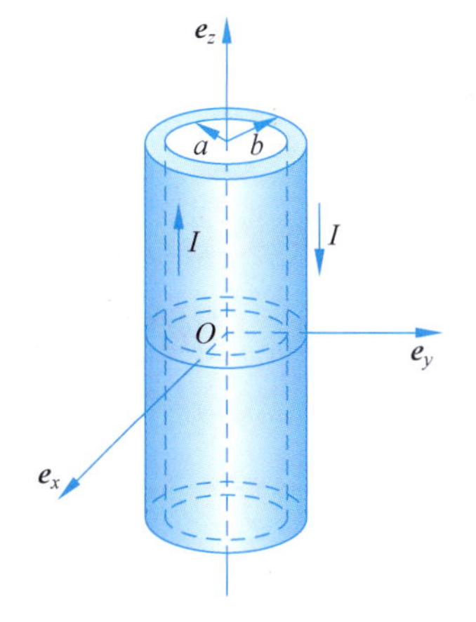

图 4.41 题 4.24 图

4.26 真空中线圈 1 的自感为 L_1，线圈 2 的自感为 L_2，它们之间的互感为 M，证明 $|M| \leqslant \sqrt{L_1 L_2}$。

4.27 如图 4.40 所示，无限大真空中有两个平行金属平板 A 和 B，它们之间的距离为 d，宽度都等于 w。在平板 A 中沿 $\boldsymbol{e}_x$ 方向通以稳恒电流 I，在平板 B 中沿相反方向通以稳恒电流 I，在两平板之间施加电压 U。试利用平板 A 或 B 在垂直于平板方向上的受力为零证明 $\dfrac{U}{I}=\dfrac{d}{w}\sqrt{\dfrac{\mu_0}{\varepsilon_0}}$。

4.28 如图 4.42 所示，认为 C 形电磁铁的铁芯磁导率 $\mu \to \infty$，空气隙两侧的上、下两磁极面平行，并错开一定距离，两极面相对重合的长度是 x，极面纵深宽度是 l，空气隙的间距是 y，电磁铁激磁线圈中的稳恒电流是 I，匝数是 N。求：①线圈自感 L，②上、下两极面分别在水平和垂直方向所受的磁场力。

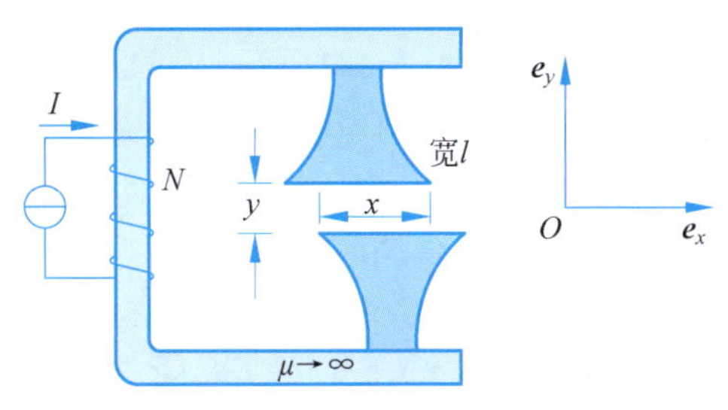

图 4.42 题 4.28 图

中国人重实际，所以常常过分强调实践过程中的困难，有时是实在的困难，有时只是想象的。

蒋梦麟《西潮》

第5章　时变电磁场

场量(电场强度、磁通密度)随时间变化的电磁场是时变电磁场。静电场、稳恒电场、稳恒磁场都是时变电磁场的特例。时变电磁场是电磁场理论中的重要内容,应用极其广泛,无线电通信、大型交流电力系统都是时变电磁场的具体应用。

描述宏观时变电磁场的理论核心是麦克斯韦方程组。麦克斯韦1873年出版的著作《电学与磁学专论》集中总结了他的电磁场理论。他在该书528节中写道,撰写这部论著主要就是希望把法拉第的物理观点用数学表达出来。他在安培定律中补充了位移电流一项,在此基础上预言电场和磁场以波动形式传播。通过计算波的传播速度,他发现电磁扰动速度和光速接近,麦克斯韦在781节写道：如果发现电磁扰动的传播速度与光的速度相同,而且这不但在空气中是如此,在别的透明介质中也是如此,则我们有很强的理由相信光是一种电磁现象。

从麦克斯韦建立电磁场方程组至今已有一百多年。在这期间,赫兹实验、近代无线电技术和通信技术的广泛应用,充分证明了麦克斯韦方程组作为描述宏观电磁现象基本规律的正确性。

本章叙述宏观时变电磁现象所遵循的一般规律,内容包括4部分：第一部分介绍麦克斯韦方程组是如何建立的,并给出物质的电磁本构关系和相应的边界条件；第二部分通过导出坡印亭定理,说明电磁场中的能量是如何流动和如何转换的；第三部分介绍时谐电磁场的数学描述方法——相量法；第四部分讨论导体内电磁场的分布,包括外加时谐均匀磁场分别在半无限导体和平板导体内产生的涡流电磁场,实心圆柱导体内正弦电流产生的时谐电磁场,以及外加磁场迅速减少为零时平板导体内电磁场的扩散过程。

5.1　法拉第感应定律

自从1820年奥斯特发现电流的磁效应后,人们就一直研究是否存在相反的效应,即磁场能否产生电流。法拉第通过一系列实验,研究了变化磁场与电场之间的关系,1831年,发现了以他名字命名的法拉第感应定律。1834年,彼得堡科学院的爱沙尼亚物理学家楞次通过大量实验,提出了判断闭合回路中感应电流方向的楞次定律。1845年,德国物理学家诺曼把用文字表述的以上两个定律做了数学概括,写出了对应的数学表达式。今天,法拉第感应定律的数学表达式普遍写为

$$V_{\text{emf}} = -\frac{\mathrm{d}\Phi}{\mathrm{d}t} \tag{5.1}$$

式中,V_{emf}是闭合回路中的感应电动势,Φ是闭合回路中的磁通,t是时间,负号是楞次定律的

体现。

闭合回路中有感应电动势意味着回路中存在感应电场 $\boldsymbol{E}$。根据电动势的定义，任意闭合回路 C 内的感应电动势为

$$V_{\mathrm{emf}}=\oint_C \boldsymbol{E}\cdot \mathrm{d}\boldsymbol{r} \tag{5.2}$$

设回路 C 所张成的曲面是 $\boldsymbol{S}$，C 的绕向与 $\boldsymbol{S}$ 的正向成右手螺旋关系，利用 $\Phi=\int_S \boldsymbol{B}\cdot \mathrm{d}\boldsymbol{S}$，式(5.1)的积分形式为

$$\oint_C \boldsymbol{E}\cdot \mathrm{d}\boldsymbol{r}=-\frac{\mathrm{d}}{\mathrm{d}t}\int_S \boldsymbol{B}\cdot \mathrm{d}\boldsymbol{S} \tag{5.3}$$

注意：以上两个表达式与回路 C 的材料性质无关。

最早发现回路中感应电动势与回路材料性质无关的是法拉第。他将两根不同的金属导线扭在一起，两线之间用丝绸绝缘，一端焊接起来，另一端串联进去一个电流计。这样，两根导线在磁场中就处于相同状态。如果回路中的感应电动势与回路材料性质有关，那么回路中就会有感应电流，这将由电流计显示出来。法拉第发现，不论回路的材料性质如何，感应电流都不受任何影响[(Maxwell，2017)534 节]。换言之，在不导电的介质或真空中任取闭合回路 C，只要该回路内的磁通随时间变化，则回路 C 上任意点就会产生电场强度 $\boldsymbol{E}$，C 中就会产生感应电动势 V_{emf}。

当闭合回路 C 的位置或形状随时间 t 变化时，利用公式(见附录 A)

$$\frac{\mathrm{d}}{\mathrm{d}t}\int_S \boldsymbol{F}\cdot \mathrm{d}\boldsymbol{S}=\int_S\left(\frac{\partial \boldsymbol{F}}{\partial t}+\boldsymbol{v}\nabla\cdot \boldsymbol{F}\right)\cdot \mathrm{d}\boldsymbol{S}-\oint_C(\boldsymbol{v}\times\boldsymbol{F})\cdot \mathrm{d}\boldsymbol{r}$$

式(5.3)可写成

$$\oint_C \boldsymbol{E}\cdot \mathrm{d}\boldsymbol{r}=-\int_S\left(\frac{\partial \boldsymbol{B}}{\partial t}+\boldsymbol{v}\nabla\cdot \boldsymbol{B}\right)\cdot \mathrm{d}\boldsymbol{S}+\oint_C(\boldsymbol{v}\times\boldsymbol{B})\cdot \mathrm{d}\boldsymbol{r} \tag{5.4}$$

式中，$\boldsymbol{v}=\mathrm{d}\boldsymbol{r}/\mathrm{d}t$ 是矢径 $\boldsymbol{r}$ 终点的运动速度，空间坐标 x、y、z 和时间 t 均为独立变量①。麦克斯韦论证后认为[(Maxwell，2017)604 节]，时变电磁场中的磁通密度与稳恒磁场中的磁通密度一样，满足性质 $\nabla\cdot\boldsymbol{B}=0$②。于是，法拉第感应定律的另一种积分形式为

$$\oint_C \boldsymbol{E}\cdot \mathrm{d}\boldsymbol{r}=-\int_S\frac{\partial \boldsymbol{B}}{\partial t}\cdot \mathrm{d}\boldsymbol{S}+\oint_C(\boldsymbol{v}\times\boldsymbol{B})\cdot \mathrm{d}\boldsymbol{r} \tag{5.5}$$

右端第一项

$$V_{\mathrm{emf}}^{\mathrm{tr}}=-\int_S\frac{\partial \boldsymbol{B}}{\partial t}\cdot \mathrm{d}\boldsymbol{S} \tag{5.6}$$

表示穿过静止回路 C 的变化磁场产生的感应电动势，就像变压器(transformer)中的电动势；右端第二项

$$V_{\mathrm{emf}}^{\mathrm{m}}=\oint_C(\boldsymbol{v}\times\boldsymbol{B})\cdot \mathrm{d}\boldsymbol{r} \tag{5.7}$$

表示回路 C 在磁场中运动(motional)产生的感应电动势，与式(5.2)对比可见，对应的电场强

---

① 根据狭义相对论中的洛伦兹变换，当物体运动速度远小于光速时，空间坐标 x、y、z 和时间 t 均可视为独立变量。

② 可以这样证明：在静止介质、静止场源的时变场中，$\boldsymbol{v}=\boldsymbol{0}$，由式(5.4)可得 $\nabla\times\boldsymbol{E}=-\partial\boldsymbol{B}/\partial t$，两端取散度，利用公式 $\nabla\cdot(\nabla\times\boldsymbol{A})=0$，得 $\partial(\nabla\cdot\boldsymbol{B})/\partial t=0$，即 $\nabla\cdot\boldsymbol{B}=C$，这里 C 是与时间 t 无关的常量；由于稳恒磁场中的磁通密度 $\boldsymbol{B}$ 满足 $\nabla\cdot\boldsymbol{B}=0$，所以 $C=0$，从而时变电磁场中 $\nabla\cdot\boldsymbol{B}(x,y,z,t)=0$。

度为

$$\boldsymbol{E}' = \boldsymbol{v} \times \boldsymbol{B} \tag{5.8}$$

这说明，当回路 C 的一部分为导体时，导体内自由电荷 q 所受的力为

$$\boldsymbol{F} = q\boldsymbol{E}' = q\boldsymbol{v} \times \boldsymbol{B} \tag{5.9}$$

这个力是由感应电场产生的非静电力。

注意，$V_{\text{emf}}^{\text{tr}}$ 和 $V_{\text{emf}}^{\text{m}}$ 分别为静止参考系和运动参考系中的观测值，两者可以相加是由于式(5.5)左端描绘的是一个区域内的总效果。

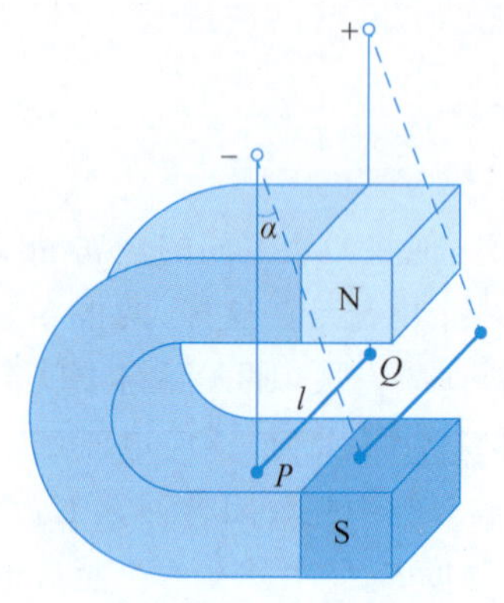

图 5.1 磁场中一段运动的直导线

例 5.1 如图 5.1 所示，直导线段 $\overline{PQ}$ 位于 U 形永磁体内，设两磁极间为均匀磁场 $\boldsymbol{B}$，磁场方向从 N 极指向 S 极，两极外的空间中磁场 $\boldsymbol{B}=\boldsymbol{0}$，令 $\overline{PQ}=l$，直导线段向两极外空间摆动，速度为 $\boldsymbol{v}$。求直导线段两端的感应电动势。

解 永磁体的磁场不随时间变化，所以感应电动势仅由导体运动产生。如图 5.1 所示，两极空间内磁通密度 $\boldsymbol{B}$ 的方向从 N 极指向 S 极，利用矢积计算方法(附录 A)，可得直导线段上感应电场的电场强度：

$$\boldsymbol{E}' = \boldsymbol{v} \times \boldsymbol{B} = \boldsymbol{l}^{\circ} Bv\sin\left(\alpha + \frac{\pi}{2}\right) = \boldsymbol{l}^{\circ} Bv\cos\alpha$$

式中，α 是摆动的细线与铅垂线的夹角，$\boldsymbol{l}^{\circ}$是距离矢量 $\boldsymbol{l}=\overrightarrow{PQ}$ 的单位矢量。进一步，电动势为

$$V_{\text{emf}} = \oint_C \boldsymbol{E}' \cdot \mathrm{d}\boldsymbol{r} = \oint_C (Bv\cos\alpha)\boldsymbol{l}^{\circ} \cdot \mathrm{d}\boldsymbol{r}$$

根据电动势的定义，有向闭曲线 C 的方向在电源内与 $\boldsymbol{E}'$同方向，于是

$$V_{\text{emf}} = \int_P^Q (Bv\cos\alpha)\boldsymbol{l}^{\circ} \cdot \mathrm{d}\boldsymbol{r} = (Bv\cos\alpha)\boldsymbol{l}^{\circ} \cdot \boldsymbol{l} = Blv\cos\alpha \tag{5.10}$$

此时点 Q 为正极“+”，点 P 为负极“−”。解毕。

例 5.2 图 5.2 为法拉第圆盘发电机的示意图，它由带金属转轴的圆铜盘和电磁铁组成。设转轴半径为 a，圆盘半径为 b、厚度为 d、电导率为 σ，圆盘位于电磁铁的两磁极之间，磁极间的均匀磁场 $\boldsymbol{B}_0$ 垂直穿过圆盘。在转轴上和圆盘边缘各有一个静止的电刷与圆盘接触，两个电刷与电阻负载 R 用导线构成闭合回路。在外力驱动下圆盘以角速度 ω 匀速旋转，求发电机回路中电流 I。

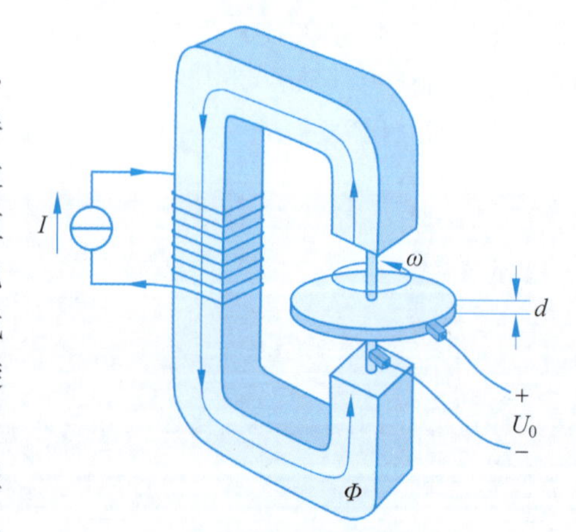

图 5.2 法拉第圆盘发电机[绘图参考(Shen，2003)]

解 旋转的圆盘内存在由外力驱动转动而产生的电场强度 $\boldsymbol{E}'$和由传导电流 I 产生的电场强度 $\boldsymbol{E}$。忽略导线电阻和电刷的接触电阻，通过法拉第圆盘发电机的电流为

$$I = \frac{V_{\text{emf}}}{R_0 + R}$$

式中，V_{emf} 为旋转的圆盘内由外力产生的感应电动势，R_0 为圆盘电阻(由圆盘转轴至圆盘边缘)，R 为外部直流电路的电阻。

建立圆柱坐标系 $O\rho\phi z$，以圆盘转轴中心为原点 O，转轴中心线为 z 轴。因圆盘上任意点 $Q(\rho,\phi,z)$ 的速度 $\boldsymbol{v}=\omega\rho\boldsymbol{e}_\phi$，该点电场强度由式(5.8)得

$$\boldsymbol{E}'=\boldsymbol{v}\times\boldsymbol{B}_0=(\omega\rho\boldsymbol{e}_\phi)\times(B_0\boldsymbol{e}_z)=\rho\omega B_0\boldsymbol{e}_\rho$$

所以感应电动势

$$V_{\text{emf}}=\int_a^b\boldsymbol{E}'\cdot\mathrm{d}\boldsymbol{r}=\int_a^b(\rho\omega B_0\boldsymbol{e}_\rho)\cdot(\boldsymbol{e}_\rho\mathrm{d}\rho)=\frac{1}{2}\omega B_0(b^2-a^2) \tag{5.11}$$

下面求圆盘电阻。设 $\boldsymbol{J}$ 是圆盘中的传导电流密度，则圆盘转轴与边缘间的电压

$$U=\int_a^b\boldsymbol{E}\cdot\mathrm{d}\boldsymbol{r}=\int_a^b\frac{\boldsymbol{J}}{\sigma}\cdot\mathrm{d}\boldsymbol{r}=\int_a^b\left(\frac{I}{2\pi\rho\sigma d}\boldsymbol{e}_\rho\right)\cdot(\boldsymbol{e}_\rho\mathrm{d}\rho)=\frac{I}{2\pi\sigma d}\ln\frac{b}{a} \tag{5.12}$$

这样，两个电刷间圆盘的电阻为

$$R_0=\frac{U}{I}=\frac{1}{2\pi\sigma d}\ln\frac{b}{a} \tag{5.13}$$

发电机回路电流为

$$I=\frac{V_{\text{emf}}}{R_0+R}=\frac{\pi\omega\sigma B_0(b^2-a^2)d}{\ln(b/a)+2\pi\sigma Rd} \tag{5.14}$$

当 $R=0$ 时，可得短路电流

$$I_0=\frac{\pi\omega\sigma B_0(b^2-a^2)d}{\ln(b/a)} \tag{5.15}$$

例如，若 $\omega=314\ \text{rad/s}$，$\sigma=58\ \text{MS/m}$，$B_0=1\ \text{T}$，$a=5\ \text{mm}$，$b=50\ \text{mm}$，$d=3\ \text{mm}$，则由以上各式算出：$V_{\text{emf}}=0.389\ \text{V}$，$R_0=2.11\ \mu\Omega$，$I_0=184\ \text{kA}$。可见，法拉第圆盘发电机是一个能够输出大电流、低电压的稳恒直流电源。解毕。

5.2 麦克斯韦方程组的建立

5.2.1 微分形式的麦克斯韦方程组

到目前为止，基于实验定律，一共得到描述静止场源、静止介质电磁场的6个矢量方程：

$$\nabla\times\boldsymbol{E}=\boldsymbol{0} \tag{5.16}$$

$$\nabla\cdot\boldsymbol{D}=\rho_{\text{v}} \tag{5.17}$$

$$\nabla\times\boldsymbol{H}=\boldsymbol{J} \tag{5.18}$$

$$\nabla\cdot\boldsymbol{B}=0 \tag{5.19}$$

$$\nabla\cdot\boldsymbol{J}=-\frac{\partial\rho_{\text{v}}}{\partial t} \tag{5.20}$$

$$\nabla\times\boldsymbol{E}=-\frac{\partial\boldsymbol{B}}{\partial t} \tag{5.21}$$

式(5.16)和式(5.17)是静电场的方程组，它主要来源于库仑定律；式(5.18)和式(5.19)是稳恒磁场的方程组，它主要来源于毕奥-萨伐尔定律；式(5.20)是一个普遍成立的基本方程，它来源于电荷守恒定律；式(5.21)描述变化磁场所遵循的规律，它来源于法拉第感应定律。

在这6个方程中，前3个方程适用于与时间无关的场，后3个方程适用于时变场。现在的问题是，前3个方程能否用于时变场？

下面分别分析。

对方程(5.16)，因稳恒场中 $\partial\boldsymbol{B}/\partial t=\boldsymbol{0}$，代入方程(5.21)，得 $\nabla\times\boldsymbol{E}=\boldsymbol{0}$，即方程(5.21)已经

包含方程(5.16)。

对方程(5.17),麦克斯韦认为它在时变场中仍然成立[(Maxwell,2017) 612 节]。

对方程(5.18),在它两端取散度,根据公式$\nabla\cdot(\nabla\times\boldsymbol{F})=0$,得$\nabla\cdot(\nabla\times\boldsymbol{H})=\nabla\cdot\boldsymbol{J}=0$,但在时变场中,由方程(5.20)可知$\nabla\cdot\boldsymbol{J}=-\partial\rho_{\mathrm{v}}/\partial t\neq0$,可见方程(5.18)和方程(5.20)矛盾。由于方程(5.20)是电荷守恒定律的数学反映,而电荷守恒定律是自然界的基本定律,所以方程(5.18)必须修改。为此这样分析:利用方程(5.20)和方程(5.17),得

$$\nabla\cdot\boldsymbol{J}+\frac{\partial\rho_{\mathrm{v}}}{\partial t}=\nabla\cdot\boldsymbol{J}+\frac{\partial}{\partial t}\nabla\cdot\boldsymbol{D}=\nabla\cdot\left(\boldsymbol{J}+\frac{\partial\boldsymbol{D}}{\partial t}\right)=0$$

这意味着只要把方程(5.18)右端的$\boldsymbol{J}$换成$\boldsymbol{J}+\partial\boldsymbol{D}/\partial t$,矛盾就能解决。麦克斯韦在《电学和磁学专论》中写道:本论著的主要特点之一就在于一个学说,它断言电磁现象所依赖的真实电流与传导电流不同,而是在估计电的总运动时必须把电位移随时间的变化考虑进去。[(Maxwell,2017)610 节]于是在时变场的情况下,方程(5.18)应修改为

$$\nabla\times\boldsymbol{H}=\boldsymbol{J}+\frac{\partial\boldsymbol{D}}{\partial t}$$

右端项中$\partial\boldsymbol{D}/\partial t$和传导电流密度$\boldsymbol{J}$并列,而$\boldsymbol{D}$以往叫电位移矢量,所以$\partial\boldsymbol{D}/\partial t$叫位移电流密度。这说明,$\partial\boldsymbol{D}/\partial t$与$\boldsymbol{J}$一样可以激发磁场。位移电流密度$\partial\boldsymbol{D}/\partial t$的引入是麦克斯韦对电磁场理论作出的重大贡献。

综合以上分析,结合矢量场解的唯一性定理(矢量场的变化规律同时由矢量场的旋度和散度决定),可知静止介质中每个正常点上的场矢量满足以下方程组

$$\nabla\cdot\boldsymbol{D}=\rho_{\mathrm{v}}\tag{5.22}$$

$$\nabla\cdot\boldsymbol{B}=0\tag{5.23}$$

$$\nabla\times\boldsymbol{E}=-\frac{\partial\boldsymbol{B}}{\partial t}\tag{5.24}$$

$$\nabla\times\boldsymbol{H}=\boldsymbol{J}+\frac{\partial\boldsymbol{D}}{\partial t}\tag{5.25}$$

正常点指场矢量及其导数都是位置和时间的连续函数的那些点。由以上方程组可见,式(5.22)和式(5.24)分别描述了时变电场的散度和旋度,式(5.23)和式(5.25)分别描述了时变磁场的散度和旋度,4个方程联立描述了时变电场和时变磁场的变化规律。这组方程就是经典电磁场理论的基本方程组,称为麦克斯韦方程组。

我们知道,旋度是对空间坐标的一种偏导数运算,而偏导数描述的是量的变化。因此,从麦克斯韦方程组中的两个旋度方程(5.24)~(5.25)可看出以下两点。

(1) 方程左端描述场量随空间的变化,方程右端描述场量随时间的变化,这两种不同的变化率相等,说明这两种变化可以互相转化。

(2) 电场强度的旋度等于磁通密度对时间的减少率,说明电场线环绕磁场线;磁场强度的旋度等于全电流(传导电流与位移电流之和)的电流密度,说明磁场线环绕电流线和电场线。

综合以上两点可知,当场源随时间变化时,周围的电场和磁场都将随时间变化,随时间变化的磁场转化成空间上变化的电场(见方程(5.24)),随时间变化的电场转化成空间上变化的磁场(见方程(5.25)),电场和磁场相互转化、相互环绕,成为相互联系的统一整体,这个整体称为电磁场。这种随时间和空间位置相互转化的电磁场是一种扰动的波,称为电磁波,它以有限速度向周围空间传播。注意,电磁波是电磁场的一种表现形式。

麦克斯韦方程组描述了宏观电磁场的普遍规律，可以解释当时已知的所有电磁场问题，所以麦克斯韦方程组又称为电磁场方程组。自从有了麦克斯韦方程组，电磁现象一下子变得清晰起来，丰富多彩的电磁现象背后竟有一组方程在支配着，而且方程组竟如此简单。一百多年来，由它所预言的许多现象被精细的实验所证实，显示了电磁场理论的巨大威力。“这是19世纪科学发展的登峰造极之作，也是人类寻求自然界真理超凡入圣的发现。”(张，2011)

说明1　麦克斯韦成功的原因有许多，外因方面，最重要的是他结识了汤姆孙(即开尔文，见图5.3)。

汤姆孙22岁就成为英国格拉斯哥大学教授。他于1866年因敷设大西洋海底电缆电报线路的贡献受封爵士，1892年，因他在工程和物理学方面的贡献而晋升为贵族，称为开尔文男爵。汤姆孙是麦克斯韦的堂姐夫在格拉斯哥大学的同事，麦克斯韦读中学时就见过他。麦克斯韦在剑桥大学主修数学和逻辑学时，汤姆孙就曾鼓励他去研读法拉第的实验结果，看能否用数学把法拉第发现的很多现象串通起来(张，2011)。虽然汤姆孙对这个课题很有兴趣，可他是个大忙人，当时正在负责建造横跨大西洋的海底电缆电报线路，无法全身心投入研究，也就对这件事没有深究下去。麦克斯韦接受了他的建议，读了汤姆孙关于该课题的所有文章，而且选汤姆孙为导师。最终麦克斯韦在综合前人研究的基础上，提出了电磁场方程组，统一了电、磁、光。需要指出，“这一理论起源于汤姆孙，而且麦克斯韦很快就承认了这种恩惠。”[(美，2007)开尔文词条]1873年2月1日，麦克斯韦在他的著作“序言”中说“由于他的建议和帮助，以及他发表的论文，我在这个课题上所学到的大部分知识都归功于他。”(Maxwell，2017)这里的“他”就是汤姆孙。

图5.3　汤姆孙(插图来源见书后“配套资源”中说明)

说明2　麦克斯韦可能对他关于电磁波预言的想法并不坚定，也没有认识到这件事情的极端重要性。他可能认为，实验是由法拉第完成的，想法是由汤姆孙提出的，自己只不过是参考了汤姆孙的论文做了一些数学化的描述和系统化的整理。否则，他为什么不去研究电磁波辐射实验，却去经营卡文迪什实验室，把大量时间用于整理和出版已存放约100年之久的卡文迪什的记录手稿？麦克斯韦谦虚、无私，他所创建的卡文迪什实验室后来诞生了许多重大的科学成果，如电子的发现和DNA结构的发现，成为科学发现的一个摇篮，可以说这是对麦克斯韦的最好回报和纪念。

说明3　在麦克斯韦的著作中，描述电磁传播的术语是“电磁扰动”，赫兹实验后才出现术语“电磁波”。1900年，由美国传教士、江南制造局翻译馆的兼职译员卫理(1854—1944)口译、中国学者范熙庸笔述的中文译书《无线电报》中最早使用的术语是“赫而此浪”(赫兹波)、“电浪”(电波)、“电磁浪”(电磁波)。1905年后，大量中国人赴日本留学，此后日文汉字术语“电磁波”进入中文，1935年后，中文出版物中已罕见使用“电浪”和“电磁浪”。

5.2.2　积分形式的麦克斯韦方程组

在静止场源、静止介质的电磁场中，分别应用散度定理和斯托克斯定理，微分形式的麦克斯韦方程组(5.22)～(5.25)可分别写成以下积分形式：

$$\oint_S \boldsymbol{D} \cdot \mathrm{d}\boldsymbol{S} = \int_V \rho_v \mathrm{d}V \tag{5.26}$$

$$\oint_S \boldsymbol{B} \cdot \mathrm{d}\boldsymbol{S} = 0 \tag{5.27}$$

$$\oint_C \boldsymbol{E} \cdot \mathrm{d}\boldsymbol{r} = -\int_S \frac{\partial \boldsymbol{B}}{\partial t} \cdot \mathrm{d}\boldsymbol{S} \tag{5.28}$$

$$\oint_C \boldsymbol{H} \cdot \mathrm{d}\boldsymbol{r} = \int_S \boldsymbol{J} \cdot \mathrm{d}\boldsymbol{S} + \int_S \frac{\partial \boldsymbol{D}}{\partial t} \cdot \mathrm{d}\boldsymbol{S} \tag{5.29}$$

注意：式(5.26)和式(5.27)中的积分区域 S 是区域 V 的表面，S 是闭曲面，矢量 $\boldsymbol{S}$ 的正向指向 V 的外侧；式(5.28)和式(5.29)中的积分区域 S 是闭合回路 C 所围成的开曲面，C 的绕向与 $\boldsymbol{S}$ 的正向成右手螺旋关系。这两个 S 的含义不同。

麦克斯韦方程组的微分形式和积分形式各有特点。微分形式细致地描述了场量在场内各点及其邻域的性质，当场量存在对于空间和时间的偏导数时，微分形式一定成立。积分形式描述了电磁场的区域性质，不论场量在区域内是否连续都成立。由于微分方程可以精确地描述区域内各点的性质，所以原则上只要列出了相应的微分方程，就可以预测场在各点的变化，而且使用数学中大量已知的微分公式和有关定理后，可以揭示更深层次的变化规律；另外，从实用的角度看，除少量高度对称的电磁场问题可以直接使用积分方程求解外，大量电磁场问题需要使用微分方程建立定解问题才能求解。正因为这样，我们平时所说的“麦克斯韦方程组”或“电磁场方程组”就是指微分形式的方程组(5.22)～(5.25)。

5.2.3 本构关系

麦克斯韦方程组只是给出了宏观电磁场的普遍规律，仅仅使用这个方程组还不足以区别不同介质中电磁场的特性。

我们知道，$\boldsymbol{E}$ 和 $\boldsymbol{B}$ 是电磁场中的两个基本物理量，它们都是强度量，具有实在的物理意义，都可以直接测量出来。一般情况下，$\boldsymbol{H}$、$\boldsymbol{D}$、$\boldsymbol{J}$ 都是 $\boldsymbol{E}$ 和 $\boldsymbol{B}$ 的函数，可表示为 $\boldsymbol{H}=\boldsymbol{H}(\boldsymbol{E},\boldsymbol{B})$，$\boldsymbol{D}=\boldsymbol{D}(\boldsymbol{E},\boldsymbol{B})$，$\boldsymbol{J}=\boldsymbol{J}(\boldsymbol{E},\boldsymbol{B})$，这些函数关系取决于介质的本身结构以及宏观电磁性质，不同介质对应不同的函数表达式，称这些表达式为介质的本构关系，或称为物质方程。知道了以上 3 个本构关系后，再结合麦克斯韦方程组，就可以区别不同介质中场量的变化规律。

当各向同性介质中的场强 $\boldsymbol{E}$ 和 $\boldsymbol{B}$ 都不是很大时，可认为本构关系是线性关系：

$$\boldsymbol{D} = \varepsilon \boldsymbol{E} \tag{5.30}$$

$$\boldsymbol{B} = \mu \boldsymbol{H} \tag{5.31}$$

$$\boldsymbol{J} = \sigma \boldsymbol{E} \tag{5.32}$$

式中，系数 ε、μ、σ 分别是介质的电容率、磁导率、电导率。如果介质中存在电源，式(5.32)应换成

$$\boldsymbol{J} = \sigma(\boldsymbol{E} + \boldsymbol{E}_0) \tag{5.33}$$

式中，$\boldsymbol{E}_0$ 是电源中由非静电力建立的电场强度。

需要说明，系数 ε、μ、σ 为常量只适用于场强不大的静态场或变化不太快的时变场。如果场强很大，本构关系可能变成非线性关系；或者，虽然场强不大但频率很高，系数 ε、μ、σ 的大小可能随频率改变，具体变化情况随介质性质不同而不同。例如：大多数电介质在频率小于 10^7 Hz 的范围内，电容率与频率无关；当频率远小于 10^{13} Hz 时，金属的电导率与直流电导率

相等；当频率远大于 10^{13} Hz 时，电磁波可以穿过一些薄金属板，用 X 射线检测金属压力容器壁内的裂纹就是基于这个现象；强功率激光出现以后，本构关系呈现出非线性，出现了倍频、混频等现象。

5.2.4　边界条件

有了麦克斯韦方程组和介质的本构关系后，是否就可以从理论上确定一个形状、大小都给定的介质内的电磁场分布呢？回答是否定的。因为麦克斯韦方程组描述的是宏观电磁场的普遍规律，它不涉及介质性质；加上介质的本构关系后，描述的是这种具体物质内电磁场的变化规律，它与介质的形状、大小无关。为了确定具有一定形状和尺寸的介质内的电磁场分布，还需要知道介质边界面两侧电磁场的约束关系即边界条件。只要场中存在介质的边界面，边界条件就不能缺少。注意，真空也是一种介质。

当电磁场中存在多种介质时，利用麦克斯韦方程组的积分形式(5.26)～(5.29)和1.6节的结果，并注意到$\partial \boldsymbol{D}/\partial t$ 和$\partial \boldsymbol{B}/\partial t$ 均为有限值，可得以下边界条件：

$$\boldsymbol{n}_{12} \cdot (\boldsymbol{D}_2 - \boldsymbol{D}_1) = \rho_s \tag{5.34}$$

$$\boldsymbol{n}_{12} \cdot (\boldsymbol{B}_2 - \boldsymbol{B}_1) = 0 \tag{5.35}$$

$$\boldsymbol{n}_{12} \times (\boldsymbol{E}_2 - \boldsymbol{E}_1) = \boldsymbol{0} \tag{5.36}$$

$$\boldsymbol{n}_{12} \times (\boldsymbol{H}_2 - \boldsymbol{H}_1) = \boldsymbol{K} \tag{5.37}$$

式中，$\boldsymbol{n}_{12}$ 表示边界面上由介质1指向介质2的法向单位矢量，$\boldsymbol{K}$ 是边界面上的面电流密度，ρ_s 是边界面上由自由电荷形成的面密度。

例5.3　证明边界面两侧的电场强度 $\boldsymbol{E}_1$、$\boldsymbol{E}_2$ 和边界面上的法向单位矢量 $\boldsymbol{n}_{12}$ 都在一个平面内。

证　由边界条件 $\boldsymbol{n}_{12} \times (\boldsymbol{E}_2 - \boldsymbol{E}_1) = \boldsymbol{0}$，得 $\boldsymbol{n}_{12} \times \boldsymbol{E}_2 = \boldsymbol{n}_{12} \times \boldsymbol{E}_1$，两端点乘 $\boldsymbol{E}_1$，得

$$\boldsymbol{E}_1 \cdot (\boldsymbol{n}_{12} \times \boldsymbol{E}_2) = \boldsymbol{E}_1 \cdot (\boldsymbol{n}_{12} \times \boldsymbol{E}_1) = \boldsymbol{n}_{12} \cdot (\boldsymbol{E}_1 \times \boldsymbol{E}_1) = 0$$

由解析几何知识可知，混合积$|\boldsymbol{F} \cdot (\boldsymbol{G} \times \boldsymbol{L})|$等于以 $\boldsymbol{F}$、$\boldsymbol{G}$、$\boldsymbol{L}$ 为邻边组成的平行六面体的体积，所以 $\boldsymbol{E}_1 \cdot (\boldsymbol{n}_{12} \times \boldsymbol{E}_2) = 0$ 说明 $\boldsymbol{E}_1$、$\boldsymbol{n}_{12}$、$\boldsymbol{E}_2$ 共面。证毕。

由以上结论，还可以得到以下推论：在边界面两侧均为各向同性的线性电介质内，$\boldsymbol{D}_1 = \varepsilon_1 \boldsymbol{E}_1$，$\boldsymbol{D}_2 = \varepsilon_2 \boldsymbol{E}_2$，则 $\boldsymbol{D}_1$、$\boldsymbol{D}_2$、$\boldsymbol{n}_{12}$ 都在一个平面内，因

$$\boldsymbol{D}_1 \cdot (\boldsymbol{n}_{12} \times \boldsymbol{D}_2) = \varepsilon_1 \varepsilon_2 \boldsymbol{E}_1 \cdot (\boldsymbol{n}_{12} \times \boldsymbol{E}_2) = \varepsilon_1 \varepsilon_2 \boldsymbol{n}_{12} \cdot (\boldsymbol{E}_1 \times \boldsymbol{E}_1) = 0$$

例5.4　如图5.4所示，平行板电容器的电容是 C，极板面积是 S，两极板间电压是 $u = U_m \cos\omega t$，这里 U_m 是振幅，ω 是角频率，t 是时间。设电容器内充满理想电介质，忽略电容器的边缘效应，试求电容器内电流 $i(t)$。

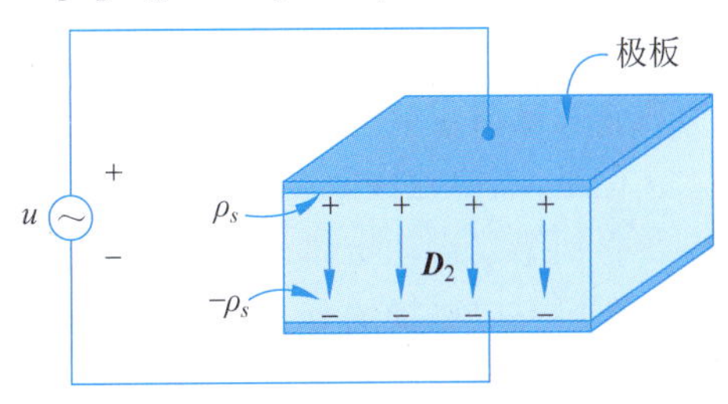

图5.4　平行板电容器

解　因电容器内充满理想电介质，所以电容器内只有位移电流。设两极板间的电场均匀分布，电容器内电场强度垂直于极板平面，记图中上极板为区域1，电容器内为区域2，垂直上极板表面指向电容器内的法向单位矢量是 $\boldsymbol{n}_{12}$，上极板上的电荷是 Q，认为上极板导体内 $\boldsymbol{D}_1 = \boldsymbol{0}$，由电通密度法向分量边界条件(5.34)，可得上极板的面电荷密度

$$\rho_s = \boldsymbol{n}_{12} \cdot (\boldsymbol{D}_2 - \boldsymbol{D}_1) = \boldsymbol{n}_{12} \cdot \boldsymbol{D}_2 = D_2$$

而

$$\rho_s = \frac{Q}{S} = \frac{Cu}{S} = \frac{CU_m}{S}\cos\omega t$$

所以位移电流密度为

$$\frac{\partial D_2}{\partial t} = \frac{\partial \rho_s}{\partial t} = -\frac{\omega CU_m}{S}\sin\omega t$$

由此得电容器内的电流

$$i(t) = \int_S \frac{\partial \boldsymbol{D}_2}{\partial t} \cdot \mathrm{d}\boldsymbol{S} = \frac{\partial D_2}{\partial t}S = -\omega CU_m \sin\omega t$$

解毕。

说明 在时变场中，除个别情形外，一般不用电压的概念。两点间的电压定义为由点 P 到点 M 的规定路径上电场强度的线积分 $U_{PM} = \int_P^M \boldsymbol{E} \cdot \mathrm{d}\boldsymbol{r}$。从存在性的角度看，只要存在 $\boldsymbol{E}$ 就有电压，但电压值不唯一，因时变场中一般地 $\nabla \times \boldsymbol{E} \neq \boldsymbol{0}$，积分 $\int_P^M \boldsymbol{E} \cdot \mathrm{d}\boldsymbol{r}$ 与路径有关。只在时变场满足 $\nabla \times \boldsymbol{E} = \boldsymbol{0}$ 时电压才有唯一值，例如：① 平行板电容器内电场近似均匀分布，$\nabla \times \boldsymbol{E} \approx \boldsymbol{0}$，电容器两端的电压值唯一；② 在平行双线和同轴线的电磁场中，电场和磁场沿导线轴线方向均无分量，而且沿轴线方向不变，从而 $\nabla \times \boldsymbol{E} = \boldsymbol{0}$，电压值唯一。

5.2.5 关于麦克斯韦方程组的说明

为了准确地理解麦克斯韦方程组，指出以下几点。

(1) 微分形式的麦克斯韦方程组确定了一个正常点上 6 个量 $\boldsymbol{E}$、$\boldsymbol{B}$、$\boldsymbol{D}$、$\boldsymbol{H}$、$\boldsymbol{J}$、ρ_v 之间的函数关系。前 4 个量 $\boldsymbol{E}$、$\boldsymbol{B}$、$\boldsymbol{D}$、$\boldsymbol{H}$ 是场矢量，在所有正常点上都存在，它们是由场源激发的电磁响应。后两个量 $\boldsymbol{J}$ 和 ρ_v 与场源有关，两者之间由方程 $\nabla \cdot \boldsymbol{J} = -\partial\rho_v/\partial t$ 所限定：在理想介质中，$\boldsymbol{J} = \boldsymbol{0}$ 和 $\rho_v = 0$；在适合欧姆定律的导体中，$\boldsymbol{J} = \sigma\boldsymbol{E}$；在场源内，$\boldsymbol{J}$ 和 ρ_v 由场源决定，与场量 $\boldsymbol{E}$、$\boldsymbol{B}$、$\boldsymbol{D}$、$\boldsymbol{H}$ 无关。

(2) 理论和实践均表明，由微分形式的麦克斯韦方程组加上基于这组方程得到的边界条件，再计入场的初始条件所组成的定解问题可以完整地描述宏观线性电磁场问题，当定解问题的解存在时，其解唯一。这说明，为了从数学上求解宏观线性电磁场问题，麦克斯韦方程组作为理论基础已足够。

但是，当讨论涉及电磁场的经典动力学问题时，则需要将麦克斯韦方程组和洛伦兹力定律以及牛顿第二运动定律结合起来，才能进行完整的分析。例如，研究机电能量转换问题时，一方面要研究电磁场的分布和大小，另一方面还要研究物体运动的各物理因素（如力、动量和能量）之间的关系，而连接这两个领域的桥梁就是洛伦兹力定律。

(3) 从数学上可以“证明”位移电流的存在性。我们引入一个矢量 $\boldsymbol{d}$，使它的散度等于自由电荷密度 ρ_v，即

$$\nabla \cdot \boldsymbol{d} = \rho_v$$

这样，连续性方程可写成

$$\nabla \cdot \boldsymbol{J} + \frac{\partial \rho_v}{\partial t} = \nabla \cdot \boldsymbol{J} + \frac{\partial}{\partial t}(\nabla \cdot \boldsymbol{d}) = \nabla \cdot \left(\boldsymbol{J} + \frac{\partial \boldsymbol{d}}{\partial t}\right) = 0$$

由矢量恒等式$\nabla \cdot (\nabla \times \boldsymbol{A})=0$，可引入一个矢量$\boldsymbol{h}$，满足

$$\boldsymbol{J}+\frac{\partial \boldsymbol{d}}{\partial t}=\nabla \times \boldsymbol{h}$$

这与方程(5.25)在数学形式上完全相同。将$\nabla \cdot \boldsymbol{d}=\rho_{\mathrm{v}}$和$\nabla \cdot \boldsymbol{D}=\rho_{\mathrm{v}}$对比，可取$\boldsymbol{d}=\boldsymbol{D}$，这说明方程(5.25)中存在位移电流密度$\partial \boldsymbol{D}/\partial t$在逻辑上是成立的。

麦克斯韦的这个理论超越了时代，当时许多人对此感到困惑。麦克斯韦认为，他的理论可能是对的，但又没有充分的把握(马，2011)[94]。后来位移电流被赫兹实验证实时，麦克斯韦已去世8年。

(4) 麦克斯韦方程组不能用于描述原子、分子尺度的微观电磁场，在尺度、波长和场强这3方面都分别存在适用界限(蔡，2002)[391]。

(5) 矢量形式的麦克斯韦方程组，最早由亥维赛根据电磁场的对称性于1885年导出，1890年赫兹也写出了同样形式的方程组，因此这组方程也叫麦克斯韦-亥维赛-赫兹方程组(太，2002)[63]。

5.3 坡印亭定理

5.3.1 电磁场能量与电磁功率

我们知道，微波炉能加热食物，这说明时变电磁场具有能量。

在2.8.1节导出电场能量表达式和4.5.1节导出磁场能量表达式的过程中，分别假定场中能量是缓慢建立的，建立过程用一系列稳恒场来代替。而在时变场中，电场与磁场相互关联，电磁场能量的计算成为一个难题。

麦克斯韦认为[(Maxwell，2017)638节]，时变电磁场的能量仅由电场能量和磁场能量这两部分组成，而且每一部分能量都按稳恒场中得到的公式计算。根据这个假设，时变电磁场区域V中的能量W可写成电场能量W_{e}与磁场能量W_{m}之和，即

$$W=W_{\mathrm{e}}+W_{\mathrm{m}}=\int_V\left(\int_{\boldsymbol{D}_0}^{\boldsymbol{D}} \boldsymbol{E} \cdot \mathrm{d}\boldsymbol{D}+\int_{\boldsymbol{B}_0}^{\boldsymbol{B}} \boldsymbol{H} \cdot \mathrm{d}\boldsymbol{B}\right) \mathrm{d}V \tag{5.38}$$

式中，W是时间t的函数，$\boldsymbol{E}$、$\boldsymbol{D}$、$\boldsymbol{H}$、$\boldsymbol{B}$都是瞬时值。

假设麦克斯韦的看法是正确的，则由式(5.38)可以立即得到时变电磁场中任意点的电磁能密度(电磁场能量密度的简称)

$$w(x,y,z,t)=\frac{\mathrm{d}W}{\mathrm{d}V}=\int_{\boldsymbol{D}_0}^{\boldsymbol{D}} \boldsymbol{E} \cdot \mathrm{d}\boldsymbol{D}+\int_{\boldsymbol{B}_0}^{\boldsymbol{B}} \boldsymbol{H} \cdot \mathrm{d}\boldsymbol{B} \tag{5.39}$$

这表明，时变电磁场中分布着能量，场中各点都有确定的能量密度，其值等于电场能量密度w_{e}与磁场能量密度w_{m}之和。这个概念同样适用于时变场中的非线性介质，因为一个物理系统最终所具有的能量，与该系统建立过程是缓慢的还是快速的无关，也与该系统是线性的还是非线性的无关。

在电容率ε和磁导率μ均为常量的介质中，$\boldsymbol{D}=\varepsilon\boldsymbol{E}$，$\boldsymbol{B}=\mu\boldsymbol{H}$，利用$\mathrm{d}(\boldsymbol{F}\cdot\boldsymbol{F})=2\boldsymbol{F}\cdot\mathrm{d}\boldsymbol{F}$，电磁能密度为

$$w=\frac{1}{\varepsilon}\int_{\boldsymbol{D}_0}^{\boldsymbol{D}} \boldsymbol{D} \cdot \mathrm{d}\boldsymbol{D}+\frac{1}{\mu}\int_{\boldsymbol{B}_0}^{\boldsymbol{B}} \boldsymbol{B} \cdot \mathrm{d}\boldsymbol{B}=\frac{1}{2}(\boldsymbol{E}\cdot\boldsymbol{D}+\boldsymbol{H}\cdot\boldsymbol{B}) \tag{5.40}$$

式中，取积分下限$\boldsymbol{D}_0=\boldsymbol{0}$和$\boldsymbol{B}_0=\boldsymbol{0}$。特别地，真空的电磁能密度为

$$w=\frac{1}{2}\left(\varepsilon_0 E^2+\frac{B^2}{\mu_0}\right) \tag{5.41}$$

已知电磁场能量后，求能量关于时间 t 的导数，就能知道电磁场单位时间内的做功，即电磁功率。设电磁场区域 V 静止，则由式(5.38)可得瞬时电磁功率

$$\frac{\mathrm{d}W}{\mathrm{d}t}=\int_V \frac{\partial w}{\partial t}\mathrm{d}V=\int_V \frac{\partial}{\partial t}\left(\int_{\boldsymbol{D}_0}^{\boldsymbol{D}} \boldsymbol{E}\cdot \mathrm{d}\boldsymbol{D}+\int_{\boldsymbol{B}_0}^{\boldsymbol{B}} \boldsymbol{H}\cdot \mathrm{d}\boldsymbol{B}\right)\mathrm{d}V \tag{5.42}$$

考虑到介质静止，有

$$\frac{\mathrm{d}\boldsymbol{D}}{\mathrm{d}t}=\frac{\partial \boldsymbol{D}}{\partial t},\quad \frac{\mathrm{d}\boldsymbol{B}}{\mathrm{d}t}=\frac{\partial \boldsymbol{B}}{\partial t}$$

于是

$$\frac{\partial}{\partial t}\int_{\boldsymbol{D}_0}^{\boldsymbol{D}} \boldsymbol{E}\cdot \mathrm{d}\boldsymbol{D}=\frac{\partial}{\partial t}\int_{t_0}^{t} \boldsymbol{E}(\boldsymbol{r},t')\cdot \frac{\mathrm{d}\boldsymbol{D}(\boldsymbol{r},t')}{\mathrm{d}t'}\mathrm{d}t'=\frac{\partial}{\partial t}\int_{t_0}^{t} \boldsymbol{E}(\boldsymbol{r},t')\cdot \frac{\partial \boldsymbol{D}(\boldsymbol{r},t')}{\partial t'}\mathrm{d}t'=\boldsymbol{E}\cdot \frac{\partial \boldsymbol{D}}{\partial t}$$

同理

$$\frac{\partial}{\partial t}\int_{\boldsymbol{B}_0}^{\boldsymbol{B}} \boldsymbol{H}\cdot \mathrm{d}\boldsymbol{B}=\boldsymbol{H}\cdot \frac{\partial \boldsymbol{B}}{\partial t}$$

这样，式(5.42)变形为

$$\frac{\mathrm{d}W}{\mathrm{d}t}=\int_V \left(\boldsymbol{E}\cdot \frac{\partial \boldsymbol{D}}{\partial t}+\boldsymbol{H}\cdot \frac{\partial \boldsymbol{B}}{\partial t}\right)\mathrm{d}V \tag{5.43}$$

进一步，得电磁功率密度

$$\frac{\partial w}{\partial t}=\boldsymbol{E}\cdot \frac{\partial \boldsymbol{D}}{\partial t}+\boldsymbol{H}\cdot \frac{\partial \boldsymbol{B}}{\partial t} \tag{5.44}$$

注意，以上各式都是基于麦克斯韦的假设而得到的。

5.3.2 坡印亭定理的导出

电磁场能量是如何流动和转换的呢？坡印亭定理给出了一个说明。

由麦克斯韦方程组中的两个旋度方程

$$\nabla\times \boldsymbol{E}=-\frac{\partial \boldsymbol{B}}{\partial t}$$

$$\nabla\times \boldsymbol{H}=\boldsymbol{J}+\frac{\partial \boldsymbol{D}}{\partial t}$$

和矢量微分公式$\nabla\cdot(\boldsymbol{E}\times\boldsymbol{H})=\boldsymbol{H}\cdot(\nabla\times\boldsymbol{E})-\boldsymbol{E}\cdot(\nabla\times\boldsymbol{H})$，得

$$\nabla\cdot(\boldsymbol{E}\times\boldsymbol{H})=-\boldsymbol{E}\cdot\boldsymbol{J}-\boldsymbol{E}\cdot\frac{\partial \boldsymbol{D}}{\partial t}-\boldsymbol{H}\cdot\frac{\partial \boldsymbol{B}}{\partial t}$$

在承认麦克斯韦关于电磁场能量的假设前提下，由式(5.44)可知

$$\nabla\cdot(\boldsymbol{E}\times\boldsymbol{H})=-\boldsymbol{E}\cdot\boldsymbol{J}-\frac{\partial w}{\partial t} \tag{5.45}$$

设外源中非静电力产生的电场强度为 $\boldsymbol{E}_0$，则 $\boldsymbol{J}=\sigma(\boldsymbol{E}+\boldsymbol{E}_0)$，或 $\boldsymbol{E}=(\boldsymbol{J}/\sigma)-\boldsymbol{E}_0$，代入右端第一项，得

$$\boldsymbol{E}_0\cdot\boldsymbol{J}=\frac{J^2}{\sigma}+\frac{\partial w}{\partial t}+\nabla\cdot(\boldsymbol{E}\times\boldsymbol{H}) \tag{5.46}$$

在场中任取闭区域 V，设它的闭曲面为 A，应用散度定理，可得 V 上的体积分

$$\int_V \boldsymbol{E}_0\cdot\boldsymbol{J}\,\mathrm{d}V=\int_V \frac{J^2}{\sigma}\mathrm{d}V+\frac{\mathrm{d}W}{\mathrm{d}t}+\oint_A (\boldsymbol{E}\times\boldsymbol{H})\cdot \mathrm{d}\boldsymbol{A} \tag{5.47}$$

式中每项都具有功率量纲。注意，V 的闭曲面用 A 表示而不用 S，是为了避免与坡印亭矢量的符号 $\boldsymbol{S}$ 混淆，当后面遇到坡印亭矢量和闭曲面同时出现情况时，都照此处理。

式(5.47)反映了静止介质中电磁场功率的平衡关系，称为坡印亭定理。它首先由麦克斯韦在卡文迪什实验室的学生，后来成为伯明翰大学教授的坡印亭于 1884 年得到，同年稍后又由曾任电报员的亥维赛得到。

5.3.3 坡印亭定理表达式中各项的物理解释

坡印亭定理表达式(5.47)中的各项通常的物理解释如下。

(1) 左端项 $\int_V \boldsymbol{E}_0 \cdot \boldsymbol{J}\,\mathrm{d}V$ 是电源提供的瞬时功率。

(2) 右端第一项 $\int_V (J^2/\sigma)\,\mathrm{d}V$ 是传导电流损耗的瞬时焦耳热功率。

(3) 右端第二项 $\mathrm{d}W/\mathrm{d}t$ 是区域 V 内存储的瞬时电磁功率。对于线性介质，$\boldsymbol{D}=\varepsilon\boldsymbol{E}$，$\boldsymbol{B}=\mu\boldsymbol{H}$，有

$$\frac{\mathrm{d}W}{\mathrm{d}t}=\int_V\left(\boldsymbol{E}\cdot\frac{\partial \boldsymbol{D}}{\partial t}+\boldsymbol{H}\cdot\frac{\partial \boldsymbol{B}}{\partial t}\right)\mathrm{d}V=\frac{\mathrm{d}}{\mathrm{d}t}\int_V\left(\frac{1}{2}\boldsymbol{E}\cdot\boldsymbol{D}+\frac{1}{2}\boldsymbol{H}\cdot\boldsymbol{B}\right)\mathrm{d}V \tag{5.48}$$

(4) 右端第三项 $\oint_A (\boldsymbol{E}\times\boldsymbol{H})\cdot\mathrm{d}\boldsymbol{A}$ 是穿过闭曲面 A 向外流出的瞬时功率。

从整个式(5.47)来看，电源提供的总功率(左端项)一部分转换为焦耳热功率(右端第一项)，一部分用于增加区域 V 内的电磁功率(右端第二项)，其余就是穿过闭曲面 A 向外输送的功率(右端第三项)。也就是说，被积函数 $\boldsymbol{E}\times\boldsymbol{H}$ 是单位时间穿过单位面积的电磁场能量流，即穿出闭曲面 A 单位面积的瞬时电磁功率，记

$$\boldsymbol{S}=\boldsymbol{E}\times\boldsymbol{H} \tag{5.49}$$

称 $\boldsymbol{S}$ 为坡印亭矢量，它表示场中某点的能流密度，单位为瓦每平方米，符号为

$$\frac{\mathrm{V}}{\mathrm{m}}\times\frac{\mathrm{A}}{\mathrm{m}}=\frac{\mathrm{W}}{\mathrm{m}^2}$$

坡印亭矢量 $\boldsymbol{S}$ 同时给出了能流密度的大小和方向：大小为 $|\boldsymbol{S}|=|\boldsymbol{E}\times\boldsymbol{H}|=EH\sin\theta$ (θ 为 $\boldsymbol{E}$ 与 $\boldsymbol{H}$ 之间的夹角，$0\leqslant\theta\leqslant\pi$)，方向垂直于 $\boldsymbol{E}$ 和 $\boldsymbol{H}$ 所组成的平面，$\boldsymbol{E}$、$\boldsymbol{H}$ 与 $\boldsymbol{S}$ 顺次构成右手螺旋关系，如图 5.5 所示。

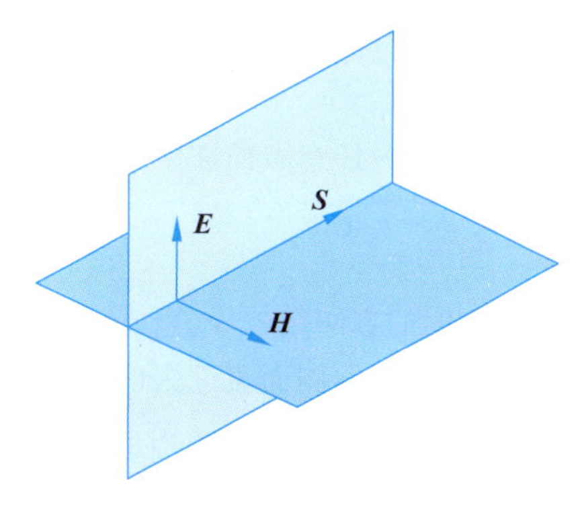

图 5.5 坡印亭矢量的方向

坡印亭定理的上述解释与能量守恒定律相容。大量实践表明，用坡印亭定理和坡印亭矢量来分析电磁功率的流动与转换是卓有成效的手段，这也间接表明，麦克斯韦关于电磁场能量的假设是正确的。“理论不是绝对真理，而是对一组自然现象所遵循的关系能够自洽的分析表述。根据这个标准，在与新的实验结果发生冲突之前，有充分理由保留坡印亭-亥维赛的观点。”(Stratton，1941)[135]

需要指出，只有在闭曲面积分的意义下理解坡印亭矢量才是正确的，原因如下。

(1) 坡印亭矢量 $\boldsymbol{S}\neq\boldsymbol{0}$ 并不意味着一定有功率流动。例如，一静止电荷附近有一稳恒载流线圈，在它们周围区域 V 内，$\boldsymbol{E}\neq\boldsymbol{0}$ 和 $\boldsymbol{H}\neq\boldsymbol{0}$，从而 $\boldsymbol{S}=\boldsymbol{E}\times\boldsymbol{H}\neq\boldsymbol{0}$，而场中并没有能量流动。但如果计算 $\boldsymbol{S}$ 在闭曲面 A 上的积分，根据 V 内 $\nabla\times\boldsymbol{E}=\boldsymbol{0}$ 和 $\nabla\times\boldsymbol{H}=\boldsymbol{0}$，则有

$$\oint_A \boldsymbol{S}\cdot \mathrm{d}\boldsymbol{A}=\int_V \nabla\cdot(\boldsymbol{E}\times\boldsymbol{H})\mathrm{d}V=\int_V(\boldsymbol{H}\cdot\nabla\times\boldsymbol{E}-\boldsymbol{E}\cdot\nabla\times\boldsymbol{H})\mathrm{d}V=0$$

即此时没有能量流动。

(2) 能流密度除了用坡印亭矢量 $\boldsymbol{S}=\boldsymbol{E}\times\boldsymbol{H}$ 表示外，还可以用其他形式表示。例如，当 $\boldsymbol{F}$ 是 V 中光滑的矢量函数时，则矢量 $\boldsymbol{G}=\boldsymbol{S}+\nabla\times\boldsymbol{F}$ 满足

$$\oint_A \boldsymbol{G}\cdot \mathrm{d}\boldsymbol{A}=\oint_A \boldsymbol{S}\cdot \mathrm{d}\boldsymbol{A}+\oint_A \nabla\times\boldsymbol{F}\cdot \mathrm{d}\boldsymbol{A}=\oint_A \boldsymbol{S}\cdot \mathrm{d}\boldsymbol{A}$$

这说明，表示能流密度的矢量不唯一，但闭曲面上的积分值唯一。

5.3.4 坡印亭矢量的应用

下面举例说明坡印亭矢量的应用。

例 5.5 如图 5.6 所示，有一圆柱形平行板电容器，内部充满电容率为 ε 的电介质，两极板的间距为 h，极板半径为 a。忽略边缘效应，认为电容器内电场均匀分布，试分析电容器内电磁功率的流动情况。

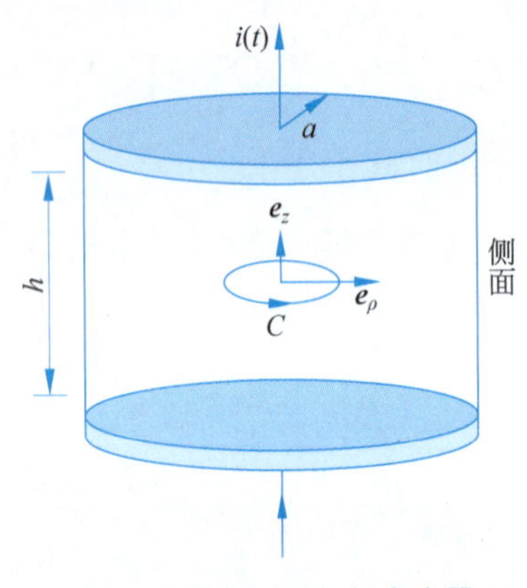

图 5.6 圆柱形平行板电容器

解 建立圆柱坐标系 $O\rho\phi z$，原点 O 位于下极板的中心，使 z 轴与电容器的中心轴线重合。根据题意，电磁场集中分布在电容器内，$\boldsymbol{E}$ 和 $\boldsymbol{H}$ 的大小均与周向坐标 ϕ 无关(轴对称场)，$\boldsymbol{E}=E(t)\boldsymbol{e}_z$，$\boldsymbol{H}=H(\rho,t)\boldsymbol{e}_\phi$。

在电容器内作圆 C，它围成的圆平面 A_ρ 与极板平行，圆心位于 z 轴上，利用

$$\oint_C \boldsymbol{H}\cdot \mathrm{d}\boldsymbol{r}=\int_{A_\rho}\frac{\partial \boldsymbol{D}}{\partial t}\cdot \mathrm{d}\boldsymbol{A}$$

得

$$2\pi\rho H=\pi\varepsilon\rho^2\frac{\mathrm{d}E}{\mathrm{d}t}$$

这里 ρ 是圆的半径。从而

$$\boldsymbol{H}=H\boldsymbol{e}_\phi=\frac{1}{2}\varepsilon\rho\frac{\mathrm{d}E}{\mathrm{d}t}\boldsymbol{e}_\phi$$

这样，电容器内任意点的坡印亭矢量为

$$\boldsymbol{S}=\boldsymbol{E}\times\boldsymbol{H}=\frac{1}{2}\varepsilon\rho E\frac{\mathrm{d}E}{\mathrm{d}t}(-\boldsymbol{e}_\rho)$$

即能流密度的方向是$(-\boldsymbol{e}_\rho)$。由此得到结论：电容器内增加的能量并不是通过连接极板的导线，而是从电容器侧面流进去的。

已知坡印亭矢量 $\boldsymbol{S}$ 后，可求出从电容器侧面 A_h 流进去的电磁功率

$$\int_{A_h}\boldsymbol{S}\big|_{\rho=a}\cdot(-\mathrm{d}\boldsymbol{A})=\int_0^h \mathrm{d}z\int_0^{2\pi}\boldsymbol{S}\big|_{\rho=a}\cdot(-\boldsymbol{e}_\rho)a\,\mathrm{d}\phi$$

$$=\pi a^2 h\varepsilon E\frac{\mathrm{d}E}{\mathrm{d}t}=\frac{\mathrm{d}}{\mathrm{d}t}\int_V\left(\frac{1}{2}\varepsilon E^2\right)\mathrm{d}V$$

式中积分区域 V 表示电容器内的区域。这说明，从电容器侧面流入的电磁功率等于电容器内增加的电场功率。解毕。

例 5.6 一长直同轴电缆，内、外导体均为理想导体，内导体的半径为 a，外导体的内半径为 b，电缆长为 h，如图 5.7 所示。今在电缆的内、外导体间连接电压为 U 的电压源，试分析电

缆内电磁功率的流动情况。

解　建立圆柱坐标系 $O\rho\phi z$，令内导体的中心轴为 z 轴，$\boldsymbol{e}_z$ 与内导体中的电流 I 同方向。在此假定下，电缆内、外任意点的电场强度 $\boldsymbol{E}$ 和磁场强度 $\boldsymbol{H}$ 都与坐标变量 ϕ、z 无关。

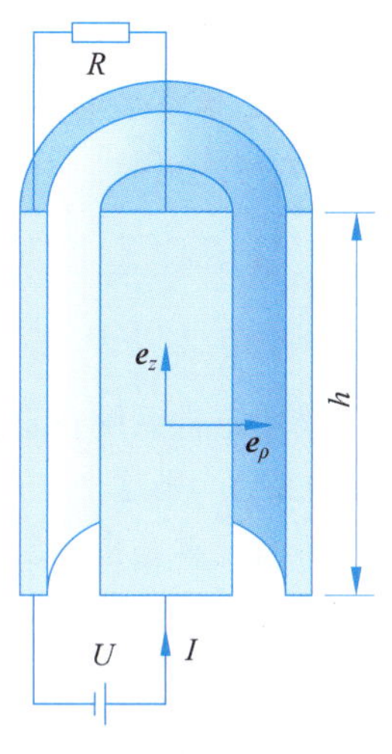

图 5.7　同轴电缆示意图

先求出内、外导体间的电场强度 $\boldsymbol{E}$。由附录 A，内、外导体间的电位满足方程

$$\nabla^2\varphi=\frac{1}{\rho}\frac{\mathrm{d}}{\mathrm{d}\rho}\left(\rho\frac{\mathrm{d}\varphi}{\mathrm{d}\rho}\right)=0$$

由此得

$$\frac{\mathrm{d}\varphi}{\mathrm{d}\rho}=\frac{C_0}{\rho}$$

式中 C_0 是待定常量。于是

$$\boldsymbol{E}=-\nabla\varphi=-\frac{\mathrm{d}\varphi}{\mathrm{d}\rho}\boldsymbol{e}_\rho=-\frac{C_0}{\rho}\boldsymbol{e}_\rho$$

而

$$U=\int_a^b\boldsymbol{E}\cdot\mathrm{d}\boldsymbol{r}=\int_a^b\left(-\frac{C_0}{\rho}\boldsymbol{e}_\rho\right)\cdot(\boldsymbol{e}_\rho\mathrm{d}\rho)=-C_0\ln\frac{b}{a}$$

所以

$$C_0=-\frac{U}{\ln(b/a)}$$

$$\boldsymbol{E}=\frac{U}{\rho\ln(b/a)}\boldsymbol{e}_\rho$$

然后利用安培环路定律 $\oint_C\boldsymbol{H}\cdot\mathrm{d}\boldsymbol{r}=I$，可求得内、外导体间半径为 $\rho(a<\rho<b)$ 的同轴圆 C 上的磁场强度：

$$\boldsymbol{H}=\frac{I}{2\pi\rho}\boldsymbol{e}_\phi$$

由以上结果，可写出内、外导体间的坡印亭矢量：

$$\boldsymbol{S}=\boldsymbol{E}\times\boldsymbol{H}=\frac{UI}{2\pi\rho^2\ln(b/a)}\boldsymbol{e}_z$$

进一步，由电源流向负载的功率为

$$P=\int_{A_{ab}}\boldsymbol{S}\cdot\mathrm{d}\boldsymbol{A}=\int_{A_{ab}}(\boldsymbol{S}\cdot\boldsymbol{e}_z)\mathrm{d}A=\int_0^{2\pi}\mathrm{d}\phi\int_a^b(\boldsymbol{S}\cdot\boldsymbol{e}_z)\rho\mathrm{d}\rho=UI$$

式中，A_{ab} 是内、外导体间的横截面。这个结果说明，负载上消耗的功率是通过同轴电缆内、外导体间的场区传输的，而不是从导线内部传输的；导线的作用是建立空间电磁场并引导电磁功率定向传输。解毕。

说明　电磁功率通过导线外部空间传送的直接证据是电缆。电缆是由一根或多根相互绝缘的导电线芯置于密封护套中构成的绝缘导线，它主要由导电线芯、绝缘层、密封护套和外部的保护覆盖层所组成。电缆与普通导线的区别主要是电缆尺寸较大，结构较复杂。

由于电磁功率是在导电线芯外的空间传输的，所以线芯外的绝缘材料不同，电磁功率的传播速度不同。以电力电缆为例，普通黏性油浸纸绝缘电缆的传播速度约 160×10^6 m/s，交联聚乙烯绝缘电缆的传播速度约 170×10^6 m/s，传播速度的差异主要是导线芯外的绝缘材料不同造成的。

5.4 时谐电磁场

线性定常系统在正弦电源激励下产生的场量，不论初始状态如何，如果随着时间 $t\to\infty$ 而变为正弦量，则这个电磁场就是时谐电磁场。时谐电磁场是一类重要的电磁场，有着广泛的应用。所谓定常是指介质参数不随时间而变，而且介质与电源之间没有相对运动。

线性定常系统的数学模型由比例（响应与激励成正比）、对时间的积分和对时间的微分这 3 种运算组成，数学表达形式上，对应于常系数线性偏微分方程组。当线性定常系统的输入是正弦波形时，经过比例、积分和微分运算后，其稳态输出仍是同频率的正弦波形。就是说，当场源随时间 t 按正弦规律

$$s=S_{\mathrm{m}}\cos(\omega t+\phi_1)$$

变化时，线性定常系统的稳态输出也必然是同频率的正弦量：

$$g=G_{\mathrm{m}}\cos(\omega t+\phi_2)$$

式中，ω 是正弦量的角频率，单位是弧度每秒（rad/s），$\omega=2\pi f$（f 是频率）。

5.4.1 场量采用正弦波的优点

（1）计算简便。正弦量可以用相量法计算，能将同频率正弦量对时间的微分变成正弦量的相量乘以 $\mathrm{j}\omega$，对时间的积分变成正弦量的相量除以 $\mathrm{j}\omega$；通过引入阻抗，容易求得线性定常系统对正弦激励的稳态响应；可以用相量图表示各个正弦量的相对大小和相位关系。使用相量法求解线性定常稳态电磁场问题，能将方程简化，使求解变得容易。

（2）正弦场量容易产生。电力系统中的正弦电压用交流发电机产生，高频电子线路中的正弦信号用正弦波振荡电路产生。

（3）利用正弦场量可以连续、稳定、高质量地输送电磁能。在电力系统中，通过变压器升高正弦电压可以远距离输送电能，并有利于提高电能品质；在无线电技术中，采用正弦载波信号可以连续辐射电磁波。

（4）如果已知一个线性定常系统对任一正弦量的响应，那么原则上也就知道了它对任一信号的响应（狄，1979）。

5.4.2 相量法

1. 相量法简史

19 世纪末，面对日益复杂的交流输电网络，如何简便地设计电力系统成为一个重要问题。1893 年 4 月，爱迪生的主要助手、印度出生的美国电气工程师肯涅利在他的论文《阻抗》中指出，如果交流电采用正弦波，就可以引入阻抗概念，像直流电路那样方便地利用欧姆定律计算交流电路。受肯涅利论文的启发，美国电气工程师施泰因梅茨在 1893 年 8 月召开的第 5 届国际电气会议（芝加哥）上宣读的著名论文《复数及其在电气工程领域的应用》中，使用复数表示正弦电压和正弦电流，提出了计算交流电路的相量法。利用相量法设计电力系统，无须先耗资建造无把握的系统，就能事先预测系统的运行情况。1897 年，施泰因梅茨与人合著《交流电现象的理论与计算》，当时只有很少人能读懂。为了提高电气工程师的数学水平，施泰因梅茨通

过出版著作、讲课和指导普及相量法，其后逐渐被全世界的电气工作者所采用[（美，2007）施泰因梅茨词条]。翻开今天的电类学科教科书，可以看到相量法已成为电类学生的必读内容。

相量法的提出，促使交流设备迅速商品化，对交流电的普及起到了巨大的推动作用，同时也推动了电气理论和技术的快速发展。

2. 正弦量的相量表示

时谐电磁场用复量表示可以简化数学处理。以电场强度 $\boldsymbol{E}$ 为例，设它的角频率为 ω，在直角坐标系 $Oxyz$ 中分解为

$$\boldsymbol{E}(\boldsymbol{r},t)=E_x(\boldsymbol{r},t)\boldsymbol{e}_x+E_y(\boldsymbol{r},t)\boldsymbol{e}_y+E_z(\boldsymbol{r},t)\boldsymbol{e}_z \tag{5.50}$$

各分量为

$$E_x(\boldsymbol{r},t)=\sqrt{2}E_{x\mathrm{e}}(\boldsymbol{r})\cos[\omega t+\phi_x(\boldsymbol{r})] \tag{5.51}$$

$$E_y(\boldsymbol{r},t)=\sqrt{2}E_{y\mathrm{e}}(\boldsymbol{r})\cos[\omega t+\phi_y(\boldsymbol{r})] \tag{5.52}$$

$$E_z(\boldsymbol{r},t)=\sqrt{2}E_{z\mathrm{e}}(\boldsymbol{r})\cos[\omega t+\phi_z(\boldsymbol{r})] \tag{5.53}$$

式中，$E_{x\mathrm{e}}$、$E_{y\mathrm{e}}$、$E_{z\mathrm{e}}$ 是各分量的有效值，ϕ_x、ϕ_y、ϕ_z 是初相角，它们都是场点 $\boldsymbol{r}$ 的实数函数，而与时间 t 无关。利用

$$\mathrm{Re}[\mathrm{e}^{\mathrm{j}(\omega t+\phi)}]=\mathrm{Re}[\cos(\omega t+\phi)+\mathrm{j}\sin(\omega t+\phi)]=\cos(\omega t+\phi)$$

式(5.51)～式(5.53)可分别写成

$$E_x(\boldsymbol{r},t)=\mathrm{Re}[\sqrt{2}E_{x\mathrm{e}}(\boldsymbol{r})\mathrm{e}^{\mathrm{j}\phi_x(\boldsymbol{r})}\mathrm{e}^{\mathrm{j}\omega t}]$$

$$E_y(\boldsymbol{r},t)=\mathrm{Re}[\sqrt{2}E_{y\mathrm{e}}(\boldsymbol{r})\mathrm{e}^{\mathrm{j}\phi_y(\boldsymbol{r})}\mathrm{e}^{\mathrm{j}\omega t}]$$

$$E_z(\boldsymbol{r},t)=\mathrm{Re}[\sqrt{2}E_{z\mathrm{e}}(\boldsymbol{r})\mathrm{e}^{\mathrm{j}\phi_z(\boldsymbol{r})}\mathrm{e}^{\mathrm{j}\omega t}]$$

式中，Re 表示取复量的实部，$\mathrm{j}=\sqrt{-1}$ 为虚数单位。把以上 3 个分量代入式(5.50)，得

$$\boldsymbol{E}(\boldsymbol{r},t)=\mathrm{Re}[\sqrt{2}(E_{x\mathrm{e}}\mathrm{e}^{\mathrm{j}\phi_x}\boldsymbol{e}_x+E_{y\mathrm{e}}\mathrm{e}^{\mathrm{j}\phi_y}\boldsymbol{e}_y+E_{z\mathrm{e}}\mathrm{e}^{\mathrm{j}\phi_z}\boldsymbol{e}_z)\mathrm{e}^{\mathrm{j}\omega t}] \tag{5.54}$$

令

$$\dot{E}_x(\boldsymbol{r})=E_{x\mathrm{e}}(\boldsymbol{r})\mathrm{e}^{\mathrm{j}\phi_x(\boldsymbol{r})} \tag{5.55}$$

$$\dot{E}_y(\boldsymbol{r})=E_{y\mathrm{e}}(\boldsymbol{r})\mathrm{e}^{\mathrm{j}\phi_y(\boldsymbol{r})} \tag{5.56}$$

$$\dot{E}_z(\boldsymbol{r})=E_{z\mathrm{e}}(\boldsymbol{r})\mathrm{e}^{\mathrm{j}\phi_z(\boldsymbol{r})} \tag{5.57}$$

这 3 个复量称为电场强度分量的相量。相量的模（即相量的绝对值）是正弦量的有效值，相量的辐角是正弦量的初相角。相量只与场点的位置有关，而与时间无关。以上把随时间按正弦规律变化的量用相量表示的方法称为相量法，也叫符号法。

利用相量法，式(5.54)可写成

$$\boldsymbol{E}(\boldsymbol{r},t)=\sqrt{2}\mathrm{Re}[(\dot{E}_x\boldsymbol{e}_x+\dot{E}_y\boldsymbol{e}_y+\dot{E}_z\boldsymbol{e}_z)\mathrm{e}^{\mathrm{j}\omega t}]=\mathrm{Re}(\sqrt{2}\dot{\boldsymbol{E}}\mathrm{e}^{\mathrm{j}\omega t}) \tag{5.58}$$

右端中

$$\dot{\boldsymbol{E}}=\dot{E}_x\boldsymbol{e}_x+\dot{E}_y\boldsymbol{e}_y+\dot{E}_z\boldsymbol{e}_z \tag{5.59}$$

是由电场强度的有效值组成的相量矢量。

同理，时谐电磁场中的磁通密度可写成

$$\boldsymbol{B}(\boldsymbol{r},t)=\mathrm{Re}(\sqrt{2}\dot{\boldsymbol{B}}\mathrm{e}^{\mathrm{j}\omega t}) \tag{5.60}$$

式中 $\dot{\boldsymbol{B}}$ 是磁通密度的相量矢量。

可见，为了得到相量 $\dot{\boldsymbol{E}}$，应先将时间域（简称时域）中的正弦量 $\boldsymbol{E}(\boldsymbol{r},t)$ 写成 $\mathrm{Re}(\sqrt{2}\dot{\boldsymbol{E}}\mathrm{e}^{\mathrm{j}\omega t})$，然后去掉 Re 和 $\sqrt{2}\mathrm{e}^{\mathrm{j}\omega t}$，剩下的就是频率域（简称频域）中的相量 $\dot{\boldsymbol{E}}$。反过来，为了得到时域中的正弦量 $\boldsymbol{E}(\boldsymbol{r},t)$，应将频域中的相量 $\dot{\boldsymbol{E}}$ 乘以 $\sqrt{2}\mathrm{e}^{\mathrm{j}\omega t}$，然后取 $\mathrm{Re}(\sqrt{2}\dot{\boldsymbol{E}}\mathrm{e}^{\mathrm{j}\omega t})$ 即可。

利用相量法，正弦量对时间的微积分运算变得非常简单。仍以电场强度为例，微分

$$\frac{\partial}{\partial t}\boldsymbol{E}(\boldsymbol{r},t)=\frac{\partial}{\partial t}\mathrm{Re}(\sqrt{2}\dot{\boldsymbol{E}}\mathrm{e}^{\mathrm{j}\omega t})=\mathrm{Re}(\mathrm{j}\omega\sqrt{2}\dot{\boldsymbol{E}}\mathrm{e}^{\mathrm{j}\omega t})$$

即 $\frac{\partial}{\partial t}\boldsymbol{E}(\boldsymbol{r},t)$ 对应的相量为 $\mathrm{j}\omega\dot{\boldsymbol{E}}$；对于积分

$$\int_{-\infty}^{t}\boldsymbol{E}(\boldsymbol{r},t)\mathrm{d}t=\int_{-\infty}^{t}\mathrm{Re}(\sqrt{2}\dot{\boldsymbol{E}}\mathrm{e}^{\mathrm{j}\omega t})\mathrm{d}t=\mathrm{Re}\left(\frac{\sqrt{2}\dot{\boldsymbol{E}}\mathrm{e}^{\mathrm{j}\omega t}}{\mathrm{j}\omega}\right)$$

即 $\int_{-\infty}^{t}\boldsymbol{E}(\boldsymbol{r},t)\mathrm{d}t$ 对应的相量为 $\dot{\boldsymbol{E}}/(\mathrm{j}\omega)$。这说明，时域中的微积分运算变成了频域中的乘除法运算。正因为这个特点，用相量法求解常系数线性微分方程时，能将方程降维，求解变得容易。

3. 注意事项

（1）相量法不能求解非线性介质中的电磁场问题。

（2）如果时间 t 的变化区间为 $(0,\infty)$，相量法失效。

（3）数学中常用正体英文字母 i 表示虚数单位，电路理论中常用斜体英文字母 i 表示电流，为了区别这两种情况，电磁场理论中用正体英文字母 j 表示虚数单位。

（4）时谐电磁场的场量不论是用余弦函数表示，还是用正弦函数表示，本质上都一样，因为余弦函数和正弦函数可以互相转换：

$$\sin\phi=\cos\left(\phi-\frac{\pi}{2}\right)$$

但在讨论均匀平面电磁波的偏振时，用余弦函数比用正弦函数简单。本书今后一律用余弦函数表示时谐电磁场的场量。

（5）复量符号正上方加黑点“·”，表示该量在时域中对应一个随时间变化的正弦量。如果一个复量不与时域中的正弦量对应，就不能在复量符号上方加黑点。

（6）已知相量后就确定了有效值和初相角，但不能确定频率。

（7）一般地，相量的有效值和辐角都是场点的函数。当正弦电流被限制在不计导线横截面的细导线中时，可认为导线中电流的有效值与场点无关。

（8）真实的场矢量是瞬时矢量，相量矢量只是为便于分析而采用的一种数学表示式。也许相量的表示式有多种，但瞬时矢量却是唯一的。

（9）相量的模不等于对应正弦量的模。以式(5.55)为例，相量 $\dot{E}_x$ 的模 $|\dot{E}_x|=E_{ex}$ 是正弦量的有效值，而正弦量 $E_x(\boldsymbol{r},t)$ 的模 $|E_x(\boldsymbol{r},t)|$ 是一个随时间变化的非负量。

例 5.7 写出以下磁场强度的相量：

$$\boldsymbol{H}(z,t)=3\cos(\omega t-kz+\pi/4)\boldsymbol{e}_x-4\sin(\omega t-kz)\boldsymbol{e}_y$$

解 先将磁场强度用余弦函数表示：

$$\boldsymbol{H}(z,t)=3\cos(\omega t-kz+\pi/4)\boldsymbol{e}_x-4\cos(\omega t-kz-\pi/2)\boldsymbol{e}_y$$

再变换成指数形式：

$$\boldsymbol{H}(z,t)=\mathrm{Re}(3\mathrm{e}^{\mathrm{j}\omega t}\mathrm{e}^{-\mathrm{j}kz}\mathrm{e}^{\mathrm{j}\pi/4}\boldsymbol{e}_x)-\mathrm{Re}(4\mathrm{e}^{\mathrm{j}\omega t}\mathrm{e}^{-\mathrm{j}kz}\mathrm{e}^{-\mathrm{j}\pi/2}\boldsymbol{e}_y)$$

$$=\mathrm{Re}\left[\sqrt{2}\left(\frac{3\mathrm{e}^{\mathrm{j}\pi/4}}{\sqrt{2}}\boldsymbol{e}_x-\frac{4\mathrm{e}^{-\mathrm{j}\pi/2}}{\sqrt{2}}\boldsymbol{e}_y\right)\mathrm{e}^{\mathrm{j}\omega t}\mathrm{e}^{-\mathrm{j}kz}\right]$$

去掉右端中的符号 Re 和$\sqrt{2}\,\mathrm{e}^{\mathrm{j}\omega t}$，所求相量为

$$\dot{\boldsymbol{H}}=\left(\frac{3\mathrm{e}^{\mathrm{j}\pi/4}}{\sqrt{2}}\boldsymbol{e}_x-\frac{4\mathrm{e}^{-\mathrm{j}\pi/2}}{\sqrt{2}}\boldsymbol{e}_{y'}\right)\mathrm{e}^{-\mathrm{j}kz}=[1.5(1+\mathrm{j})\boldsymbol{e}_x+\mathrm{j}2\sqrt{2}\boldsymbol{e}_y]\mathrm{e}^{-\mathrm{j}kz}$$

解毕。

例 5.8 已知球坐标系 $Or\theta\phi$ 中的空间电场：

$$\dot{\boldsymbol{E}}=\frac{C\dot{I}}{r}\mathrm{e}^{-\mathrm{j}kr}\sin\theta\boldsymbol{e}_\phi$$

这里 C 和 k 都是正常量，$\dot{I}$ 是天线中电流相量。试写出电场 $\dot{\boldsymbol{E}}$ 的有效值和辐角。

解 设 $\dot{I}=I\mathrm{e}^{\mathrm{j}\phi_0}$，电场相量成为

$$\dot{\boldsymbol{E}}=\frac{CI}{r}\mathrm{e}^{\mathrm{j}(\phi_0-kr)}\sin\theta\boldsymbol{e}_\phi$$

从而，相量的有效值是

$$E=|\dot{\boldsymbol{E}}|=\frac{CI}{r}\left|\sin\theta\mathrm{e}^{\mathrm{j}(\phi_0-kr)}\boldsymbol{e}_\phi\right|=\frac{CI}{r}|\sin\theta|$$

电场相量的辐角是

$$\phi=\arg\dot{\boldsymbol{E}}=\arg\left[\frac{CI}{r}\mathrm{e}^{\mathrm{j}(\phi_0-kr)}\sin\theta\boldsymbol{e}_\phi\right]=\phi_0-kr$$

解毕。

说明 相量的模既可以用正弦量的有效值表示，也可以用正弦量的振幅表示。

用有效值表示的优点是：①电工设备的额定电压、电流，交流测量仪表的电压、电流示值都是有效值；②电路理论中的正弦电压、电流一般用有效值表示，可以使电磁场理论和电路理论中的表达式统一起来，不需要特别地记忆；③复坡印亭矢量的表达式简单(见 5.4.4 节)，没有用振幅表示时的因子 1/2。

用振幅表示的优点是：①判断介质工作在线性区域还是非线性区域是由场量的振幅决定的，如铁磁质中磁通密度的饱和值取决于磁化电流的振幅；②绝缘材料的绝缘强度取决于电场强度的振幅，电气设备的耐压值取决于电压的振幅。

在分析电磁场时如果能够使用相量法，说明分析对象是线性稳态电磁场。既然如此，无论是用有效值还是用振幅表示相量，两者都没有本质的区别。这里“稳态”的含义是指所考察的量随时间按正弦函数变化，换路产生的瞬态过程已消失。

5.4.3 相量形式的麦克斯韦方程组和边界条件

在时谐电磁场中，利用相量法，麦克斯韦方程组可变换成以下形式

$$\mathrm{Re}[\sqrt{2}(\nabla\cdot\dot{\boldsymbol{D}}-\dot{\rho}_\mathrm{v})\mathrm{e}^{\mathrm{j}\omega t}]=0$$

$$\mathrm{Re}[\sqrt{2}(\nabla\cdot\dot{\boldsymbol{B}})\mathrm{e}^{\mathrm{j}\omega t}]=0$$

$$\mathrm{Re}[\sqrt{2}(\nabla\times\dot{\boldsymbol{H}}-\dot{\boldsymbol{J}}-\mathrm{j}\omega\dot{\boldsymbol{D}})\mathrm{e}^{\mathrm{j}\omega t}]=\boldsymbol{0}$$

$$\mathrm{Re}[\sqrt{2}(\nabla\times\dot{\boldsymbol{E}}+\mathrm{j}\omega\dot{\boldsymbol{B}})\mathrm{e}^{\mathrm{j}\omega t}]=\boldsymbol{0}$$

从而可得麦克斯韦方程组的相量形式：

$$\nabla\cdot\dot{\boldsymbol{D}}=\dot{\rho}_{\mathrm{v}} \tag{5.61}$$

$$\nabla\cdot\dot{\boldsymbol{B}}=0 \tag{5.62}$$

$$\nabla\times\dot{\boldsymbol{E}}=-\mathrm{j}\omega\dot{\boldsymbol{B}} \tag{5.63}$$

$$\nabla\times\dot{\boldsymbol{H}}=\dot{\boldsymbol{J}}+\mathrm{j}\omega\dot{\boldsymbol{D}} \tag{5.64}$$

以上4个方程中，后两个旋度方程最重要。因为在方程(5.63)两端取散度运算，可得

$$\nabla\cdot(\nabla\times\dot{\boldsymbol{E}})=-\mathrm{j}\omega\nabla\cdot\dot{\boldsymbol{B}}=0$$

从而$\nabla\cdot\dot{\boldsymbol{B}}=0$，这是方程(5.62)。接着，在方程(5.64)两端取散度运算，利用电荷守恒定律的相量形式$\nabla\cdot\dot{\boldsymbol{J}}=-\mathrm{j}\omega\dot{\rho}_{\mathrm{v}}$，得

$$\nabla\cdot(\nabla\times\dot{\boldsymbol{H}})=\nabla\cdot\dot{\boldsymbol{J}}+\mathrm{j}\omega\,\nabla\cdot\dot{\boldsymbol{D}}=-\mathrm{j}\omega(\dot{\rho}_{\mathrm{v}}-\nabla\cdot\dot{\boldsymbol{D}})=0$$

这是方程(5.61)。这说明，在电荷守恒的前提下，描述时谐电磁场只需两个旋度方程(5.63)和(5.64)。

时谐电磁场的边界条件可由两个旋度方程(5.63)和(5.64)的积分形式按1.6节分析方法分别导出：

$$\boldsymbol{n}_{12}\times(\dot{\boldsymbol{E}}_2-\dot{\boldsymbol{E}}_1)=\boldsymbol{0} \tag{5.65}$$

$$\boldsymbol{n}_{12}\times(\dot{\boldsymbol{H}}_2-\dot{\boldsymbol{H}}_1)=\dot{\boldsymbol{K}} \tag{5.66}$$

式中，$\boldsymbol{n}_{12}$表示边界面上由介质1指向介质2的法向单位矢量，$\dot{\boldsymbol{K}}$是边界面上的面电流密度(A/m)。

时谐电磁场是线性场，介质的本构关系必然是线性方程：

$$\dot{\boldsymbol{D}}=\varepsilon\dot{\boldsymbol{E}} \tag{5.67}$$

$$\dot{\boldsymbol{B}}=\mu\dot{\boldsymbol{H}} \tag{5.68}$$

$$\dot{\boldsymbol{J}}=\sigma\dot{\boldsymbol{E}} \tag{5.69}$$

式中，系数ε、μ、σ都与时间无关。

用反证法可以证明，如果时谐电磁场的解$\dot{\boldsymbol{E}}$和$\dot{\boldsymbol{H}}$存在，则由方程(5.63)～(5.64)、边界条件(5.65)～(5.66)联立组成的边值问题有唯一解。

正弦量用相量法表示后，$\dot{\boldsymbol{E}}$、$\dot{\boldsymbol{B}}$、$\dot{\boldsymbol{D}}$、$\dot{\boldsymbol{H}}$、$\dot{\boldsymbol{J}}$、$\dot{\rho}_{\mathrm{v}}$都只是场点位置矢量$\boldsymbol{r}$的函数，而与时间t无关，麦克斯韦方程组的相量形式(5.63)～(5.64)成为三维空间坐标变量的方程组，求解时谐电磁场的难度降低了。

当已知相量矢量$\dot{\boldsymbol{E}}$和$\dot{\boldsymbol{B}}$后，代入以下两式

$$\boldsymbol{E}(\boldsymbol{r},t)=\mathrm{Re}(\sqrt{2}\,\dot{\boldsymbol{E}}\mathrm{e}^{\mathrm{j}\omega t})$$

$$\boldsymbol{B}(\boldsymbol{r},t)=\mathrm{Re}(\sqrt{2}\,\dot{\boldsymbol{B}}\mathrm{e}^{\mathrm{j}\omega t})$$

就可得到场量的瞬时式。

例5.9 如图5.8所示，载流导线突然断开的瞬间会在周围空间产生变化的电磁场。证明：与导线中的电流在空间产生的电场相比，空气隙中的位移电流在空间产生的电场更强。

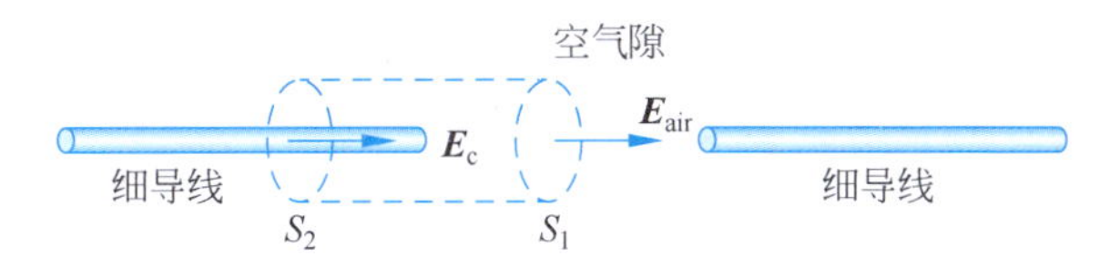

图 5.8　载流导线突然断开后的空气隙电场

证　靠近导线表面作圆柱面 S 包围断开后的一根导线，设 S 包围的区域是圆柱 V，V 的底面 S_1 位于断开的空气隙中，底面 S_2 垂直切割导线，如图 5.8 所示。导线很细，圆柱 V 的侧面电场没有法向分量。在时谐场中，设电场强度的方向从左至右，根据 $\nabla \cdot \dot{\boldsymbol{J}} = -\mathrm{j}\omega \dot{\rho}_v$，可得

$$\oint_S \dot{\boldsymbol{J}} \cdot \mathrm{d}\boldsymbol{S} = -\mathrm{j}\omega \int_V \dot{\rho}_v \mathrm{d}V = -\mathrm{j}\omega \int_V \nabla \cdot \dot{\boldsymbol{D}} \mathrm{d}V = -\mathrm{j}\omega\varepsilon_0 \oint_S \dot{\boldsymbol{E}} \cdot \mathrm{d}\boldsymbol{S}$$

利用导线中的传导电流密度 $\dot{\boldsymbol{J}} = \sigma \dot{\boldsymbol{E}}$，右端移至左端，得

$$\oint_S (\dot{\boldsymbol{J}} + \mathrm{j}\omega\varepsilon_0 \dot{\boldsymbol{E}}) \cdot \mathrm{d}\boldsymbol{S} = \int_{S_2} (\sigma + \mathrm{j}\omega\varepsilon_0) \dot{\boldsymbol{E}}_c \cdot \mathrm{d}\boldsymbol{S} + \int_{S_1} \mathrm{j}\omega\varepsilon_0 \dot{\boldsymbol{E}}_{air} \cdot \mathrm{d}\boldsymbol{S}$$

$$= -(\sigma + \mathrm{j}\omega\varepsilon_0) \dot{E}_c S_2 + \mathrm{j}\omega\varepsilon_0 \dot{E}_{air} S_1 = 0$$

这里，$\dot{\boldsymbol{E}}_c$ 是导体中的电场强度，$\dot{\boldsymbol{E}}_{air}$ 是空气隙中的电场强度。由 $S_1 = S_2$，得

$$(\sigma + \mathrm{j}\omega\varepsilon_0) \dot{E}_c = \mathrm{j}\omega\varepsilon_0 \dot{E}_{air}$$

于是，空气隙中的电场有效值 E_{air} 与导体中的电场有效值 E_c 之比为

$$\frac{E_{air}}{E_c} = \frac{|\dot{E}_{air}|}{|\dot{E}_c|} = \left| \frac{\sigma + \mathrm{j}\omega\varepsilon_0}{\mathrm{j}\omega\varepsilon_0} \right| = \sqrt{1 + \left(\frac{\sigma}{\omega\varepsilon_0}\right)^2} \gg 1$$

此例说明，载流导线断开后，空间电场主要由空气隙中的位移电流产生，导线中的传导电流在空间产生的电场可以忽略不计。证毕。

实验视频

拓展视频：电路断开瞬间收音机接收电磁波的演示见右侧二维码。

5.4.4　复坡印亭矢量

1. 定义式

与电路理论中复功率表达式 $\tilde{S} = \dot{U}\dot{I}^* = P + \mathrm{j}Q$ 相似（电压 $\dot{U}$ 和电流 $\dot{I}$ 都是有效值相量），定义

$$\boldsymbol{S}_{cpv} = \dot{\boldsymbol{E}} \times \dot{\boldsymbol{H}}^* \tag{5.70}$$

$\boldsymbol{S}_{cpv}$ 称为复坡印亭矢量，下标 cpv 取自英文 complex Poynting vector（复坡印亭矢量）的第一个字母，$\dot{\boldsymbol{H}}$ 右上角的星号“ * ”表示取相量 $\dot{\boldsymbol{H}}$ 的共轭。引入复坡印亭矢量的目的是用相量矢量 $\dot{\boldsymbol{E}}$ 和 $\dot{\boldsymbol{H}}$ 计算平均能流密度的大小和方向。

注意，$\boldsymbol{S}_{cpv}$ 是定义在复域中的矢量，时域中没有对应的物理量，$\boldsymbol{S}_{cpv}$ 不是相量，不能把 $\boldsymbol{S}_{cpv}$ 写成 $\dot{\boldsymbol{S}}_{cpv}$。

2. 平均能流密度

在时谐电磁场中，坡印亭矢量 $\boldsymbol{S}(\boldsymbol{r},t)$ 在一周期 T 内的平均值

$$\boldsymbol{S}_{av}(\boldsymbol{r}) = \frac{1}{T}\int_0^T \boldsymbol{S}(\boldsymbol{r},t)\mathrm{d}t \tag{5.71}$$

称为平均能流密度。可以证明，平均能流密度等于复坡印亭矢量的实部，即

$$\boldsymbol{S}_{\text{av}} = \text{Re}(\boldsymbol{S}_{\text{cpv}}) = \text{Re}(\dot{\boldsymbol{E}} \times \dot{\boldsymbol{H}}^*) \tag{5.72}$$

因任意复量 C 的实部 $\text{Re}(C)$ 可表示为

$$\text{Re}(C) = \frac{1}{2}(C + C^*)$$

所以坡印亭矢量

$$\begin{aligned}
\boldsymbol{S}(\boldsymbol{r},t) &= \boldsymbol{E}(\boldsymbol{r},t) \times \boldsymbol{H}(\boldsymbol{r},t) = \text{Re}(\sqrt{2}\dot{\boldsymbol{E}}\text{e}^{\text{j}\omega t}) \times \text{Re}(\sqrt{2}\dot{\boldsymbol{H}}\text{e}^{\text{j}\omega t}) \\
&= \frac{1}{2}(\dot{\boldsymbol{E}}\text{e}^{\text{j}\omega t} + \dot{\boldsymbol{E}}^*\text{e}^{-\text{j}\omega t}) \times (\dot{\boldsymbol{H}}\text{e}^{\text{j}\omega t} + \dot{\boldsymbol{H}}^*\text{e}^{-\text{j}\omega t}) \\
&= \frac{1}{2}(\dot{\boldsymbol{E}} \times \dot{\boldsymbol{H}}^* + \dot{\boldsymbol{E}}^* \times \dot{\boldsymbol{H}}) + \frac{1}{2}(\dot{\boldsymbol{E}} \times \dot{\boldsymbol{H}}\text{e}^{\text{j}2\omega t} + \dot{\boldsymbol{E}}^* \times \dot{\boldsymbol{H}}^*\text{e}^{-\text{j}2\omega t})
\end{aligned}$$

利用积分 $\int_0^T \text{e}^{\pm\text{j}2\omega t}\text{d}t = 0$，可得平均能流密度

$$\begin{aligned}
\boldsymbol{S}_{\text{av}}(\boldsymbol{r}) &= \frac{1}{T}\int_0^T \boldsymbol{S}(\boldsymbol{r},t)\text{d}t = \frac{1}{2}(\dot{\boldsymbol{E}} \times \dot{\boldsymbol{H}}^* + \dot{\boldsymbol{E}}^* \times \dot{\boldsymbol{H}}) \\
&= \frac{1}{2}(\boldsymbol{S}_{\text{cpv}} + \boldsymbol{S}_{\text{cpv}}^*) = \text{Re}(\boldsymbol{S}_{\text{cpv}})
\end{aligned}$$

证毕。

3. 场区吸收的复功率

在线性介质中，任取无源的静止区域 V，它的边界面是闭曲面 A，由方程 $\nabla \times \dot{\boldsymbol{H}} = \dot{\boldsymbol{J}} + \text{j}\omega\dot{\boldsymbol{D}}$ 和 $\nabla \times \dot{\boldsymbol{E}} = -\text{j}\omega\dot{\boldsymbol{B}}$，可知区域 V 吸收的复功率

$$\begin{aligned}
\oint_A \boldsymbol{S}_{\text{cpv}} \cdot \text{d}(-\boldsymbol{A}) &= -\int_V \nabla \cdot (\dot{\boldsymbol{E}} \times \dot{\boldsymbol{H}}^*)\text{d}V \\
&= \int_V [\dot{\boldsymbol{E}} \cdot (\nabla \times \dot{\boldsymbol{H}}^*) - \dot{\boldsymbol{H}}^* \cdot (\nabla \times \dot{\boldsymbol{E}})]\text{d}V \\
&= \int_V (\dot{\boldsymbol{E}} \cdot \dot{\boldsymbol{J}}^* - \text{j}\omega\dot{\boldsymbol{E}} \cdot \dot{\boldsymbol{D}}^* + \text{j}\omega\dot{\boldsymbol{H}}^* \cdot \dot{\boldsymbol{B}})\text{d}V
\end{aligned}$$

左端 $(-\boldsymbol{A})$ 中的负号"$-$"表示曲面方向指向闭曲面 A 内。因 V 内无源，$\dot{\boldsymbol{J}} = \sigma\dot{\boldsymbol{E}}$，所以

$$-\oint_A \boldsymbol{S}_{\text{cpv}} \cdot \text{d}\boldsymbol{A} = \int_V \sigma E^2 \text{d}V + \text{j}\omega\int_V (\mu H^2 - \varepsilon E^2)\text{d}V = P + \text{j}Q \tag{5.73}$$

式中

$$P = -\text{Re}\oint_A \boldsymbol{S}_{\text{cpv}} \cdot \text{d}\boldsymbol{A} = \int_V \sigma E^2 \text{d}V \tag{5.74}$$

$$Q = -\text{Im}\oint_A \boldsymbol{S}_{\text{cpv}} \cdot \text{d}\boldsymbol{A} = \omega\int_V (\mu H^2 - \varepsilon E^2)\text{d}V \tag{5.75}$$

P 是介质吸收的有功功率(焦耳热功率)，Q 是介质吸收的无功功率；Re 表示取复量的实部，Im 表示取复量的虚部。需要指出，因

$$P = -\oint_A \text{Re}(\boldsymbol{S}_{\text{cpv}}) \cdot \text{d}\boldsymbol{A} = -\oint_A \boldsymbol{S}_{\text{av}} \cdot \text{d}\boldsymbol{A}$$

所以有功功率也叫平均功率。

为加深对式(5.73)的理解，下面与正弦电流电路的复功率作对比。在正弦电流电路中，电阻 R、电感 L、电容 C 所吸收的复功率分别是

$$\tilde{S}_R = \dot{U}_R\dot{I}_R^* = (R\dot{I}_R)\dot{I}_R^* = RI_R^2$$

$$\widetilde{S}_L=\dot{U}_L\dot{I}_L^*=(\mathrm{j}\omega L\dot{I}_L)\dot{I}_L^*=\mathrm{j}\omega LI_L^2$$

$$\widetilde{S}_C=\dot{U}_C\dot{I}_C^*=\dot{U}_C(\mathrm{j}\omega C\dot{U}_C)^*=-\mathrm{j}\omega CU_C^2$$

整个电路所吸收的复功率为以上3项之和：

$$\widetilde{S}=\widetilde{S}_R+\widetilde{S}_L+\widetilde{S}_C=RI_R^2+\mathrm{j}\omega(LI_L^2-CU_C^2)=P_R+\mathrm{j}(Q_L-Q_C) \tag{5.76}$$

式中，$P_R=RI_R^2$ 是电阻吸收的有功功率，$Q_L=\omega LI_L^2$ 是电感吸收的无功功率，$Q_C=\omega CU_C^2$ 是电容产生的无功功率。

4. 内阻抗

在正弦电路中，通过引入阻抗，就能像分析直流电路那样使用欧姆定律分析交流电路，这给正弦交流电路分析带来了极大方便。基于同样的理由，在时谐场中也可以引入阻抗。如果把区域 V 吸收的复功率看作正弦电流电路中一个阻抗 Z 所吸收的复功率 $\widetilde{S}$，对比式(5.73)和式(5.76)，可知

$$-\oint_A \boldsymbol{S}_{\mathrm{cpv}}\cdot \mathrm{d}\boldsymbol{A}=\widetilde{S}=\dot{U}\dot{I}^*=(Z\dot{I})\dot{I}^*=ZI^2$$

式中，$\dot{U}$ 为阻抗两端的电压相量，$\dot{I}$ 为流过阻抗的电流相量。从而，可得闭曲面 A 内介质的等效阻抗

$$Z=R+\mathrm{j}X=-\frac{1}{I^2}\oint_A \boldsymbol{S}_{\mathrm{cpv}}\cdot \mathrm{d}\boldsymbol{A} \tag{5.77}$$

这里 Z 称为内阻抗，相应地它的实部 R 和虚部 X 分别称为内电阻和内电抗。

式(5.77)可看作内阻抗的定义式，它避开了电压相量 $\dot{U}$，使内阻抗具有唯一值。如果采用 $Z=\dot{U}/\dot{I}$ 定义内阻抗，因时变电磁场中的电压随积分路径改变，从而会造成内阻抗的多值性。

注意，Z 和 $\boldsymbol{S}_{\mathrm{cpv}}$ 一样，都是定义在复域中的量，时域中都没有对应的物理量，因此不能把 Z 写成 $\dot{Z}$。

5.5 涡流电磁场

5.5.1 涡流

当导体位于交变磁场中时，变化的磁场在导体内激发感应电场，感应电场驱使导体内的自由电荷运动形成感应电流。感应电流属于传导电流，它产生焦耳热，使导体内的电磁场迅速衰减，同时感应电流产生的磁场将抵消导体内原来的磁场，造成去磁作用。感应电流犹如水中的漩涡，所以感应电流被形象地称为涡电流，简称涡流。

由涡流产生的焦耳热对于电机、变压器和其他含有铁芯的器件是一种能量损耗，叫涡流损耗。但涡流也有许多应用，如可用于感应加热、金属表面淬火、电磁阻尼、积分功率计、金属表面的无损检测、感应电动机、无接触传递转矩的连接器等。

5.5.2 导体内位移电流与涡流的对比

在交变电磁场情况下，导体内的电流是位移电流与涡流之和，位移电流由随时间变化的电场产生，涡流由感应电场产生。

设电导率为 $\sigma(\sigma>0)$ 的导体内有角频率为 ω 的时谐电场 $\dot{\boldsymbol{E}}$，则导体内位移电流密度为

$\dot{\boldsymbol{J}}_d = j\omega\dot{\boldsymbol{D}} = j\omega\varepsilon\dot{\boldsymbol{E}}$，涡流密度为 $\dot{\boldsymbol{J}} = \sigma\dot{\boldsymbol{E}}$，两者的绝对值之比为

$$\frac{|\dot{\boldsymbol{J}}_d|}{|\dot{\boldsymbol{J}}|} = \frac{\omega\varepsilon}{\sigma} \tag{5.78}$$

对于良导体来说，比值 $\omega\varepsilon/\sigma$ 很小，如金属铝的电导率为 $\sigma = 38\times10^6$ S/m，电容率为 $\varepsilon\approx\varepsilon_0 = 8.854\times10^{-12}$ F/m，当频率 $f = 10^6$ Hz 时，$\omega\varepsilon/\sigma\approx1.46\times10^{-12}$。这说明，良导体内的位移电流可以忽略不计。

注意：①非良导体内的位移电流一般不能忽略，如在频率 $f = 10^9$ Hz 的电磁场中，人体肌肉的相对电容率和电导率分别为 $\varepsilon_r\approx50$ 和 $\sigma\approx1.7$ S/m，此时 $\omega\varepsilon/\sigma\approx1.64$，位移电流密度大于涡流密度。②良导体内比值 $\omega\varepsilon/\sigma\ll1$ 直到频率达到红外频段(3×10^{12} Hz～4×10^{14} Hz)仍然满足，如果频率继续提高，经典电磁场理论不再适用。

5.5.3 涡流电磁场的时域方程

因良导体内位移电流可以忽略，而且净电荷密度 $\rho_v = 0$(见 3.4 节)，所以良导体内场量满足以下方程组

$$\nabla\cdot\boldsymbol{D} = 0 \tag{5.79}$$

$$\nabla\cdot\boldsymbol{B} = 0 \tag{5.80}$$

$$\nabla\times\boldsymbol{E} = -\frac{\partial\boldsymbol{B}}{\partial t} \tag{5.81}$$

$$\nabla\times\boldsymbol{H} = \boldsymbol{J} \tag{5.82}$$

其中

$$\boldsymbol{D} = \varepsilon\boldsymbol{E} \tag{5.83}$$

$$\boldsymbol{B} = \mu\boldsymbol{H} \tag{5.84}$$

$$\boldsymbol{J} = \sigma\boldsymbol{E} \tag{5.85}$$

把 $\boldsymbol{E} = \boldsymbol{J}/\sigma$ 和 $\boldsymbol{B} = \mu\boldsymbol{H}$ 代入式(5.81)，得

$$\nabla\times\boldsymbol{J} = -\sigma\mu\frac{\partial\boldsymbol{H}}{\partial t}$$

两端取旋度运算，利用 $\nabla\times\boldsymbol{H} = \boldsymbol{J}$，得

$$\nabla\times(\nabla\times\boldsymbol{J}) = \nabla(\nabla\cdot\boldsymbol{J}) - \nabla^2\boldsymbol{J} = -\sigma\mu\frac{\partial\boldsymbol{J}}{\partial t}$$

在 $\nabla\times\boldsymbol{H} = \boldsymbol{J}$ 两端取散度，得 $\nabla\cdot\boldsymbol{J} = 0$。于是，$\boldsymbol{J}$ 的时域方程为

$$\nabla^2\boldsymbol{J} - \sigma\mu\frac{\partial\boldsymbol{J}}{\partial t} = \boldsymbol{0} \tag{5.86}$$

这就是涡流密度满足的方程，它是一个矢量形式的扩散方程。自然界中气体的扩散过程(气体分子从密度较大的区域自发地传递到密度较小的区域)、热传导过程(热量通过分子热运动从高温区传向低温区)、半导体 PN 结中载流子的扩散过程等都满足扩散方程。

实际上，良导体内 $\boldsymbol{E}$ 和 $\boldsymbol{H}$ 都满足扩散方程。对于 $\boldsymbol{E}$，把本构关系 $\boldsymbol{J} = \sigma\boldsymbol{E}$ 代入方程组(5.86)，立即得到

$$\nabla^2\boldsymbol{E} - \sigma\mu\frac{\partial\boldsymbol{E}}{\partial t} = \boldsymbol{0} \tag{5.87}$$

对于 $\boldsymbol{H}$，在方程 $\nabla\times\boldsymbol{H} = \boldsymbol{J}$ 两端取旋度运算，得

$$\nabla\times(\nabla\times \boldsymbol{H})=\nabla\times \boldsymbol{J}=-\sigma\mu\frac{\partial \boldsymbol{H}}{\partial t}$$

即

$$\nabla(\nabla\cdot \boldsymbol{H})-\nabla^2 \boldsymbol{H}=-\sigma\mu\frac{\partial \boldsymbol{H}}{\partial t}$$

再由$\nabla\cdot \boldsymbol{B}=\mu\nabla\cdot \boldsymbol{H}=0$,得

$$\nabla^2 \boldsymbol{H}-\sigma\mu\frac{\partial \boldsymbol{H}}{\partial t}=\boldsymbol{0} \tag{5.88}$$

方程(5.86)～(5.88)就是良导体内涡流密度 $\boldsymbol{J}$、电场强度 $\boldsymbol{E}$ 和磁场强度 $\boldsymbol{H}$ 分别满足的时域方程。从描述场量的完整性看,除了以上3个方程外,还应分别补上方程$\nabla\cdot \boldsymbol{J}=0$、$\nabla\cdot \boldsymbol{E}=0$ 和$\nabla\cdot \boldsymbol{H}=0$。这3个方程可用于确定通解中的待定常量。

5.5.4 涡流电磁场的频域方程

在时谐电磁场中,所有场量均为同频率的正弦量。此时使用相量法将电磁场时域方程写成相量形式的频域方程,时间变量消失,方程中只有空间变量,方程的求解变得简单。

在时域方程(5.86)～(5.88)中,把$\partial/\partial t$ 换成 $\mathrm{j}\omega$,场量 $\boldsymbol{J}$、$\boldsymbol{E}$、$\boldsymbol{H}$ 分别换成相量 $\dot{\boldsymbol{J}}$、$\dot{\boldsymbol{E}}$、$\dot{\boldsymbol{H}}$,就能得到良导体内电磁场的频域方程:

$$\nabla^2\dot{\boldsymbol{J}}-\mathrm{j}\omega\sigma\mu\dot{\boldsymbol{J}}=\boldsymbol{0} \tag{5.89}$$

$$\nabla^2\dot{\boldsymbol{E}}-\mathrm{j}\omega\sigma\mu\dot{\boldsymbol{E}}=\boldsymbol{0} \tag{5.90}$$

$$\nabla^2\dot{\boldsymbol{H}}-\mathrm{j}\omega\sigma\mu\dot{\boldsymbol{H}}=\boldsymbol{0} \tag{5.91}$$

可见,影响涡流场的3个参数 ω、σ 和 μ 以乘积形式出现,在方程中具有相同位置。为减少方程中参数数量,设

$$k_{\mathrm{c}}^2=-\mathrm{j}\omega\sigma\mu \tag{5.92}$$

下标 c 取自英文 conductor(导体)的第一个字母。于是,方程(5.89)～(5.91)分别成为仅含唯一参数 k_{c} 的矢量方程:

$$\nabla^2\dot{\boldsymbol{J}}+k_{\mathrm{c}}^2\dot{\boldsymbol{J}}=\boldsymbol{0} \tag{5.93}$$

$$\nabla^2\dot{\boldsymbol{E}}+k_{\mathrm{c}}^2\dot{\boldsymbol{E}}=\boldsymbol{0} \tag{5.94}$$

$$\nabla^2\dot{\boldsymbol{H}}+k_{\mathrm{c}}^2\dot{\boldsymbol{H}}=\boldsymbol{0} \tag{5.95}$$

这3个方程的数学式相同,都是用相量表示扩散方程后得到的,历史上最早由德国学者亥姆霍兹给出了一个普遍研究,此后称这样的方程为亥姆霍兹方程。

一般而言,涡流问题在所有电磁场问题中求解难度最大,只在一些特殊情况下能得到解析解,数值计算也不容易,但涡流现象的演示却非常简单,原理也容易理解。

拓展视频:铜管中永磁体降落实验见右侧二维码。

实验视频

5.6 半无限导体内的时谐涡流电磁场

5.6.1 半无限导体内电磁场的表达式和趋肤效应

如图5.9所示,$x>0$ 区域是电导率为 σ 的良导体,$x<0$ 区域是真空,设真空中外加正弦

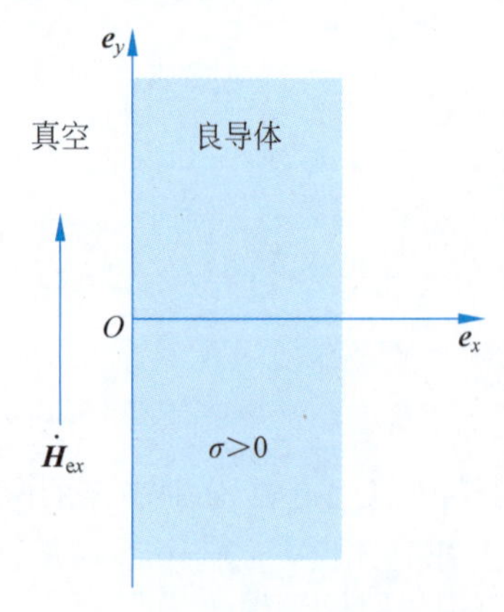

图 5.9 正弦均匀磁场中的半无限导体

均匀磁场[①]为 $\boldsymbol{H}_{\mathrm{ex}}=\sqrt{2}H_0\cos\omega t\boldsymbol{e}_y$（$H_0$ 是正常量，$\omega=2\pi f$），对应的相量为 $\dot{\boldsymbol{H}}_{\mathrm{ex}}=H_0\boldsymbol{e}_y$。

容易看出，在外部正弦均匀磁场的激励下，图 5.9 导体内的场量只是坐标分量 x 的函数，半无限导体内的磁场强度可写成 $\dot{\boldsymbol{H}}=\dot{H}_y(x)\boldsymbol{e}_y$，代入方程(5.95)，得

$$\frac{\mathrm{d}^2\dot{H}_y}{\mathrm{d}x^2}+k_c^2\dot{H}_y=0 \tag{5.96}$$

式中

$$k_c=\pm\sqrt{-\mathrm{j}\omega\sigma\mu}=\pm(1-\mathrm{j})\sqrt{\frac{\omega\sigma\mu}{2}} \tag{5.97}$$

k_c 有两个值，无论取哪个均可，只须前后一致。在此约定，今后取 $\mathrm{Re}(k_c)>0$ 的那个值：

$$k_c=(1-\mathrm{j})p \tag{5.98}$$

式中，$p=\sqrt{\pi\sigma\mu f}$，f 是时谐电磁场的频率。于是，方程(5.96)的通解为

$$\dot{H}_y(x)=A_1\mathrm{e}^{(1+\mathrm{j})px}+A_2\mathrm{e}^{-(1+\mathrm{j})px}$$

式中，A_1 和 A_2 都是待定常量。因 $x\to\infty$ 时 $|\dot{H}_y(x)|=0$，所以应有 $A_1=0$。这样，半无限导体内的磁场强度为

$$\dot{\boldsymbol{H}}(x)=A_2\mathrm{e}^{-(1+\mathrm{j})px}\boldsymbol{e}_y$$

再由磁场强度的切向分量边界条件

$$\boldsymbol{e}_x\times\left[\lim_{x\to0+}\dot{\boldsymbol{H}}(x)-\lim_{x\to0-}\dot{\boldsymbol{H}}_{\mathrm{ex}}(x)\right]=(A_2-H_0)\boldsymbol{e}_z=\boldsymbol{0}$$

得 $A_2=H_0$。最后，导体内的磁场强度为

$$\dot{\boldsymbol{H}}(x)=H_0\mathrm{e}^{-(1+\mathrm{j})px}\boldsymbol{e}_y \tag{5.99}$$

进一步，半无限导体内电磁场时域表达式分别为

$$\boldsymbol{H}(x,t)=\mathrm{Re}(\sqrt{2}\dot{\boldsymbol{H}}\mathrm{e}^{\mathrm{j}\omega t})=\sqrt{2}H_0\mathrm{e}^{-px}\cos(\omega t-px)\boldsymbol{e}_y \tag{5.100}$$

$$\boldsymbol{J}(x,t)=\nabla\times\boldsymbol{H}(x,t)=\sqrt{2}J_0\mathrm{e}^{-px}\cos\left(\omega t-px+\frac{\pi}{4}\right)(-\boldsymbol{e}_z) \tag{5.101}$$

$$\boldsymbol{E}(x,t)=\frac{\boldsymbol{J}(x,t)}{\sigma}=\sqrt{2}E_0\mathrm{e}^{-px}\cos\left(\omega t-px+\frac{\pi}{4}\right)(-\boldsymbol{e}_z) \tag{5.102}$$

式中，$J_0=\sqrt{2}pH_0$，$E_0=J_0/\sigma$。

观察以上 3 式可知以下结论。

(1) 在时谐电磁场中，靠近导体表面的电磁场和感应电流都大，导体内部的电磁场和感应电流都小；外施磁场变化越快，导体表面的感应电流越大，导体内感应电流越小。这一现象称为涡流的趋肤效应。导体内场量的振幅随深度增加按指数 e^{-px} 衰减。为了衡量衰减程度，定

---

① 良导体表面外的正弦均匀磁场可以这样产生：真空中一列垂直入射到良导体表面的时谐电磁波，在传播到良导体表面后近似发生全反射，真空中的反射波与入射波叠加形成驻波，导体表面成为电场驻波的波节、磁场驻波的波腹，良导体"感受"到的就是电场为零、磁场为正弦均匀场的电磁场(见 6.5.2 节)。

义：当场量振幅衰减到表面值的 1/e(约 37%)时对应的距离叫透入深度,用符号 δ 表示。因此 δ 满足 $\mathrm{e}^{-p\delta}=\mathrm{e}^{-1}$,从而透入深度

$$\delta=\frac{1}{p}=\frac{1}{\sqrt{\pi\sigma\mu f}} \tag{5.103}$$

δ 的大小直接反映了趋肤效应的程度。例如,处于微波波段(频率在 3×10^{8} Hz～3×10^{11} Hz 之间)的铜导体,当 $f=10^{9}$ Hz 时,$\delta\approx2\times10^{-6}$ m$=2$ μm,电磁场只在导体表面附近,导体内部没有电磁场。为了直观地观察场量在导体内随透入深度倍数的衰减情况,图 5.10 绘出了 3 个不同时刻 J 随 x/δ 的衰减曲线,图中双点划线对应 $\omega t=0$,虚线对应 $\omega t=\pi/2$,点划线对应 $\omega t=\pi$,最外侧的两条实线是包络线 $\mathrm{e}^{-x/\delta}$ 和($-\mathrm{e}^{-x/\delta}$)。

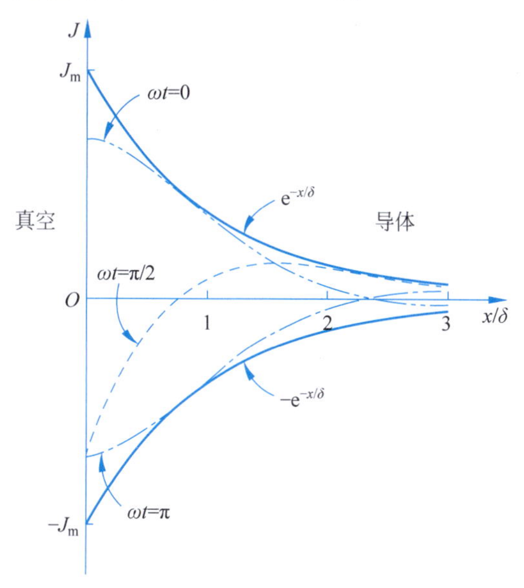

图 5.10　半无限导体内 3 个不同时刻时谐涡流的衰减

(2) 导体内时谐电磁场的各个场量都是正弦行波(见本节后“说明”),它们平行于导体表面向导体纵深方向传播,传播速度是

$$v=\frac{\mathrm{d}x}{\mathrm{d}t}=\frac{\omega}{p}=\sqrt{\frac{2\omega}{\sigma\mu}} \tag{5.104}$$

例如,设时谐电磁场的频率为 $f=50$ Hz,介质电导率为 $\sigma=58$ MS/m 和磁导率为 $\mu=\mu_0$,则传播速度为 $v=2.94$ m/s。这说明导体内时谐电磁场的传播速度并不快。

注意:①“透入深度”只用于描述时谐场中导体内的涡流问题,也就是适用于稳态场的涡流问题;对于脉冲涡流问题,不存在透入深度的概念,因为涡流的去磁效应还没有来得及产生作用,外施激励就消失了。②不要混淆透入深度符号 δ 和狄拉克函数符号 $\mathrm{\delta}$,前者代表一个物理量,用斜体字母表示,后者代表一个专有函数,用正体字母表示。

5.6.2　电场能量密度和磁场能量密度

利用式(5.100)和式(5.102),可求出导体内的磁场能量密度和电场能量密度分别为

$$w_{\mathrm{m}}=\frac{1}{2}\boldsymbol{B}\cdot\boldsymbol{H}=\mu H_0^2\mathrm{e}^{-2px}\cos^2(\omega t-px) \tag{5.105}$$

$$w_{\mathrm{e}}=\frac{1}{2}\boldsymbol{E}\cdot\boldsymbol{D}=\varepsilon E_0^2\mathrm{e}^{-2px}\cos^2\left(\omega t-px+\frac{\pi}{4}\right) \tag{5.106}$$

利用积分($\omega T=2\pi$)

$$\frac{1}{T}\int_0^T \cos^2(\omega t-\phi)\mathrm{d}t=\frac{1}{2}$$

分别得 w_m 和 w_e 在一周期内的平均值：

$$\bar{w}_m=\frac{1}{T}\int_0^T w_m \mathrm{d}t=\frac{1}{2}\mu H_0^2 \mathrm{e}^{-2px} \tag{5.107}$$

$$\bar{w}_e=\frac{1}{T}\int_0^T w_e \mathrm{d}t=\frac{1}{2}\varepsilon E_0^2 \mathrm{e}^{-2px} \tag{5.108}$$

进一步，利用 $E_0=\sqrt{2}pH_0/\sigma$，可得

$$\frac{\bar{w}_m}{\bar{w}_e}=\frac{\mu H_0^2}{\varepsilon E_0^2}=\frac{\sigma}{\omega\varepsilon}\gg 1 \tag{5.109}$$

这说明，与磁场能量相比，电场能量非常小，可以忽略不计。因此良导体内的电磁场主要是磁场。

5.6.3 平均能流密度

利用式(5.102)，可写出导体内电场强度的相量形式：

$$\dot{\boldsymbol{E}}=-\frac{1+\mathrm{j}}{\sqrt{2}}E_0 \mathrm{e}^{-\frac{1+\mathrm{j}}{\delta}x}\boldsymbol{e}_z$$

再利用式(5.99)，得半无限导体内任意点复坡印亭矢量

$$\boldsymbol{S}_{\mathrm{cpv}}=\dot{\boldsymbol{E}}\times\dot{\boldsymbol{H}}^*=(1+\mathrm{j})S_{\mathrm{av0}}\mathrm{e}^{-\frac{2x}{\delta}}\boldsymbol{e}_x$$

从而半无限导体内任意点的平均能流密度为

$$\boldsymbol{S}_{\mathrm{av}}=\mathrm{Re}(\boldsymbol{S}_{\mathrm{cpv}})=S_{\mathrm{av0}}\mathrm{e}^{-\frac{2x}{\delta}}\boldsymbol{e}_x \tag{5.110}$$

式中

$$S_{\mathrm{av0}}=\frac{1}{\sqrt{2}}E_0H_0=\sqrt{\frac{\omega\mu}{2\sigma}}H_0^2 \tag{5.111}$$

为导体表面内侧的平均能流密度。

式(5.110)说明，平均能流密度垂直于导体表面，随深度的增加呈指数衰减，在距表面 $x=\delta$ 处衰减到表面值的 $1/\mathrm{e}^2\approx 14\%$，在距表面 $x=1.5\delta$ 处衰减到表面值的 $1/\mathrm{e}^3\approx 5\%$，即导体内电磁场能量集中分布在距离表面 1.5 倍透入深度内。虽然不存在厚度无限的导体，但因为涡流的趋肤效应，当导体厚度大于 1.5δ 时有限厚度的导体也可以近似看作无限厚。图 5.11 绘出了半无限导体内平均能流密度随透入深度倍数变化的衰减曲线，图中取导体表面的平均能流密度为 1。

工业中的时谐涡流检测技术就是根据上述涡流电磁场的分布特点来实施无损检测的。方法是将一个通有正弦电流的线圈放置在待测金属物体上，线圈产生的时谐磁场进入金属后激发时谐涡流，时谐涡流又在金属外部空间产生时谐磁场，这个时谐磁场使线圈两端电压发生变化，通过测量这个变化可以间接知道金属物体近表面的状况(如裂纹)和参数(金属电导率、厚度等)。观察图 5.11 中的曲线可知，时谐涡流检测技术能够检测的导体深度大约在 1.5δ 内，因为：①越靠近导体表面，S_{av} 的数值越大，相对地，检测误差越小，而当 $x>1.5\delta$ 后，S_{av} 迅速减少，相对地，检测误差增大；②越靠近导体表面，曲线斜率越大，这意味着深度稍微改变一点，S_{av} 的变化就很大，这会使检测灵敏度提高，而当 $x>1.5\delta$ 后，曲线将越来越平坦，检测灵

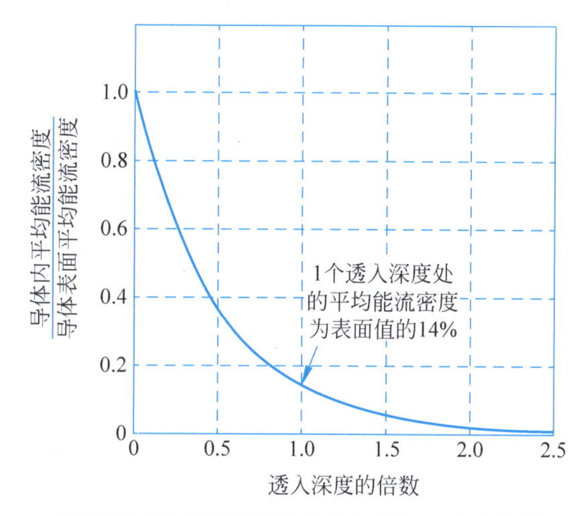

图 5.11　半无限导体内平均能流密度与透入深度倍数的关系曲线

敏度迅速变差。

5.6.4　时谐涡流电磁场的分布特点

由以上半无限导体内电场、磁场、涡流和平均能流密度的表达式，可以得到时谐涡流电磁场的以下几个特点。

(1) 时谐涡流具有趋肤效应，反映趋肤效应程度的参数是透入深度。透入深度与电导率、磁导率、频率三者乘积的平方根成反比，乘积越大，趋肤效应越突出。

(2) 导体内的时谐电磁场是朝深度方向传播、振幅按指数衰减的正弦行波。

(3) 导体内的磁场能量密度远大于电场能量密度。

(4) 时谐电磁场的能量集中分布在导体表面附近 1.5 倍透入深度区域内。

(5) 涡流平行于电场、垂直于磁场。

(6) 导体内场量的振幅与外磁场振幅(或有效值)成正比，通过控制外磁场的大小可以影响时谐涡流分布区域的大小。

例 5.10　试分别计算半无限铜导体和半无限铁导体分别在频率为 50 Hz、400 Hz、1 kHz 的时谐磁场中的透入深度。设铜的电导率和磁导率分别为 $\sigma=58$ MS/m 和 $\mu=\mu_0$，铁的电导率和磁导率分别为 $\sigma=2.9$ MS/m 和 $\mu=1000\mu_0$。

解　利用半无限导体内时谐涡流场的透入深度 $\delta=1/\sqrt{\pi\sigma\mu f}$，计算结果见表 5.1。由表 5.1 可知：①趋肤效应随着频率的增加而增强；②与铜相比，铁的趋肤效应更严重，即使在低频下也非常显著，因此一般不用铁作导线。解毕。

表 5.1　铜和铁的透入深度

频率/Hz	铜/mm	铁/mm
50	9.35	1.32
400	3.30	0.467
1000	2.09	0.296

说明　式(5.100)～式(5.102)都是形如 $F(x-at)$ 的函数。这样的函数表示向 x 正向传播的行波，其中 x 是距离，t 是时间，a 是速度，x 和 t 异号。

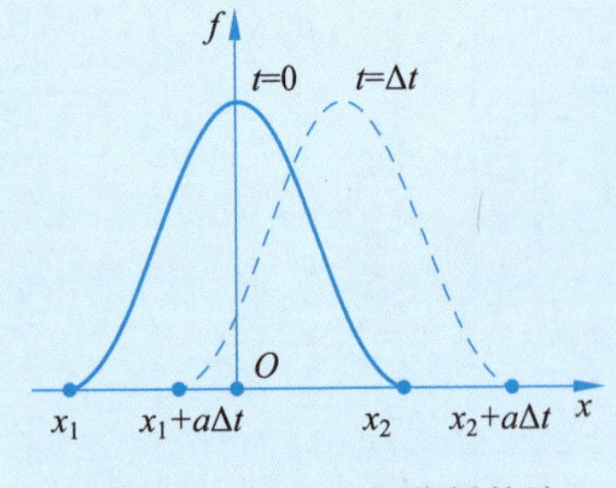

图 5.12 沿 x 正向传播的波

为 t 赋不同的值，可以看出 $f(x,t)=F(x-at)$ 在各时刻的位置。在 $t=0$ 时，$f(x,0)=F(x)$，如图 5.12 中的实线所示。经过时间 Δt 后，$f(x,\Delta t)=F(x-a\Delta t)$，在$(x,f)$平面上，它相当于原来的图形向右平移一段距离 $a\Delta t$，如图 5.12 中的虚线所示。这说明，$F(x-at)$是一个向 x 正向传播的波，在传播过程中波的大小和形状都保持不变，只有位置在改变。这种向坐标正向传播的波叫正向行波，也叫入射波。

同理，函数 $F(x+at)$表示以速度 a 向 x 反方向（简称反向）传播的波，此时 x 和 t 同号。这种向坐标反向传播的波叫反向行波，也叫反射波。

电磁场理论中常见的是正弦行波，例如，在直角坐标系 $Oxyz$ 中沿 x 正向传播的正弦行波表达式为

$$f(x,t)=\sqrt{2}F\cos(\omega t-kx+\phi)=\mathrm{Re}[\sqrt{2}(F\mathrm{e}^{\mathrm{j}\phi})\mathrm{e}^{\mathrm{j}(\omega t-kx)}]$$

5.7 平板导体内的时谐涡流电磁场

5.7.1 平板导体内电磁场的表达式

如图 5.13 所示，厚度为 a 的平板导体置于正弦均匀磁场中，磁场方向与平板表面平行，平板外为无限大真空。建立直角坐标系 $Oxyz$，原点 O 位于平板中心，均匀磁场为 $\boldsymbol{H}_{\mathrm{ex}}=\sqrt{2}H_0\cos\omega t\boldsymbol{e}_z$（$H_0$ 是正常量，$\omega=2\pi f$），对应的相量为 $\dot{\boldsymbol{H}}_{\mathrm{ex}}=H_0\boldsymbol{e}_z$。设平板为良导体，电导率为 σ、磁导率为 μ。下面求出平板导体内的电磁场。

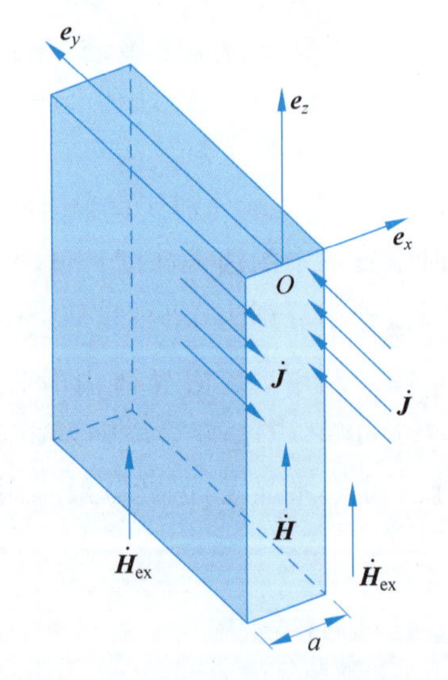

图 5.13 正弦均匀磁场中的平板导体（磁场方向与平板平行）

根据磁场分布特点，平板导体内的磁场强度可写成 $\dot{\boldsymbol{H}}=\dot{H}(x)\boldsymbol{e}_z$，$\dot{H}(x)$满足方程

$$\frac{\mathrm{d}^2\dot{H}}{\mathrm{d}x^2}+k_c^2\dot{H}=0 \tag{5.112}$$

式中，$k_c=p(1-\mathrm{j})$，$p=\sqrt{\pi\sigma\mu f}$。这个方程的通解为

$$\dot{H}(x)=C_1\mathrm{e}^{(1+\mathrm{j})px}+C_2\mathrm{e}^{-(1+\mathrm{j})px} \tag{5.113}$$

式中，C_1 和 C_2 均为待定常量。

令 $b=a/2$，由平板两侧磁场强度的对称性和边界条件可知

$$\dot{H}(-b+0)=\dot{H}(b-0)=H_0 \tag{5.114}$$

将式(5.113)代入，得

$$C_1=C_2=\frac{H_0}{2\cosh(pb+\mathrm{j}pb)}$$

这里，$\cosh x=(\mathrm{e}^x+\mathrm{e}^{-x})/2$。这样，平板导体内的磁场强度为

$$\dot{\boldsymbol{H}}(x)=H_0\frac{\cosh(px+\mathrm{j}px)}{\cosh(pb+\mathrm{j}pb)}\boldsymbol{e}_z \tag{5.115}$$

进一步,得平板内涡流密度

$$\dot{\boldsymbol{J}}(x)=-\frac{\mathrm{d}\dot{H}}{\mathrm{d}x}\boldsymbol{e}_y=-(1+\mathrm{j})pH_0\frac{\sinh(px+\mathrm{j}px)}{\cosh(pb+\mathrm{j}pb)}\boldsymbol{e}_y \tag{5.116}$$

式中,$\sinh x=(\mathrm{e}^x-\mathrm{e}^{-x})/2$。

由以上结果,可求出 $\dot{\boldsymbol{H}}$ 和 $\dot{\boldsymbol{J}}$ 的有效值:

$$H(x)=\sqrt{\dot{\boldsymbol{H}}\cdot\dot{\boldsymbol{H}}^*}=H_0\sqrt{\frac{\cosh(2px)+\cos(2px)}{\cosh\eta+\cos\eta}} \tag{5.117}$$

$$J(x)=\sqrt{\dot{\boldsymbol{J}}\cdot\dot{\boldsymbol{J}}^*}=\sqrt{2}\,pH_0\sqrt{\frac{\cosh(2px)-\cos(2px)}{\cosh\eta+\cos\eta}} \tag{5.118}$$

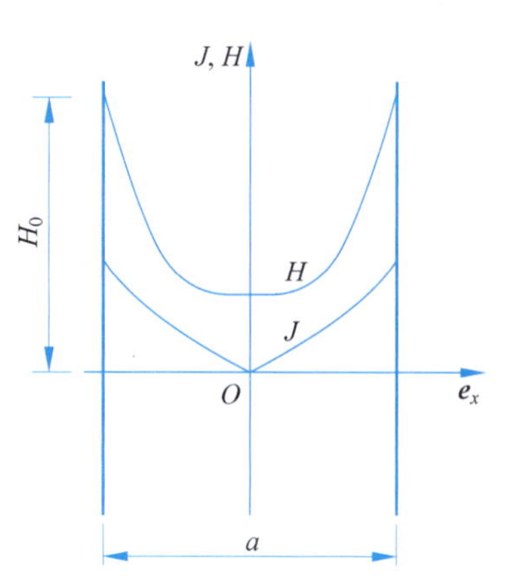

图 5.14 平板内磁场强度有效值与涡流密度有效值的分布

式中,$\eta=ap=a/\delta$。平板内磁场强度有效值 $H(x)$和涡流密度有效值 $J(x)$随深度 x 的变化曲线如图 5.14 所示。由该图可知:①有效值 $H(x)$和 $J(x)$关于深度 x 均为偶函数;②平板外均匀正弦磁场向平板内扩散时,平板表面磁场最大,越往内部磁场越小,中心处磁场最小;③涡流趋向平板表面集中,越往内部涡流越小,中心处为零($x=0$ 附近曲线 $J(x)$不光滑是由于 $\lim\limits_{x\to 0}J(x)$与$|x|$成正比)。

5.7.2 涡流损耗密度

与 H_0 相比,工程中常用平板内的平均磁通密度:

$$B_{\mathrm{av}}=\frac{1}{S}\left|\int_S\dot{\boldsymbol{B}}\cdot\mathrm{d}\boldsymbol{S}\right|=\frac{\mu}{a}\left|\int_{-b}^{b}\dot{\boldsymbol{H}}(x)\cdot(\boldsymbol{e}_z\,\mathrm{d}x)\right|$$

式中,$S=al$ 是平板截面的面积,l 是矩形截面的长边边长。把式(5.115)代入,得

$$B_{\mathrm{av}}=\frac{\sqrt{2}\mu H_0}{\eta}\sqrt{\frac{\cosh\eta-\cos\eta}{\cosh\eta+\cos\eta}}$$

于是,由式(5.118),通过比值 J/B_{av} 得涡流密度有效值

$$J=\frac{\eta pB_{\mathrm{av}}}{\mu}\sqrt{\frac{\cosh(2px)-\cos(2px)}{\cosh\eta-\cos\eta}} \tag{5.119}$$

由此得平板内涡流损耗密度(单位体积内的涡流损耗):

$$p_{\mathrm{e}}=\frac{1}{V}\int_V\dot{\boldsymbol{E}}\cdot\dot{\boldsymbol{J}}^*\,\mathrm{d}V=\frac{1}{a\sigma}\int_{-b}^{b}J^2\,\mathrm{d}x \tag{5.120}$$

把式(5.119)代入,积分后得

$$p_{\mathrm{e}}=\frac{1}{24}\sigma(a\omega B_{0\mathrm{m}})^2F(\eta) \tag{5.121}$$

式中,$B_{0\mathrm{m}}=\sqrt{2}B_{\mathrm{av}}$,$\eta=a/\delta(\delta=1/\sqrt{\pi\sigma\mu f})$,函数

$$F(\eta)=\frac{3}{\eta}G(\eta)=\frac{3}{\eta}\frac{\sinh\eta-\sin\eta}{\cosh\eta-\cos\eta} \tag{5.122}$$

图 5.15 中实线为 $F(\eta)$ 的变化曲线，虚线为 $G(\eta)$ 的变化曲线。观察这两条曲线可见，$\eta\leqslant 1.5$ 时 $F(\eta)\approx 1$，$\eta\geqslant 3.8$ 时 $G(\eta)\approx 1$。

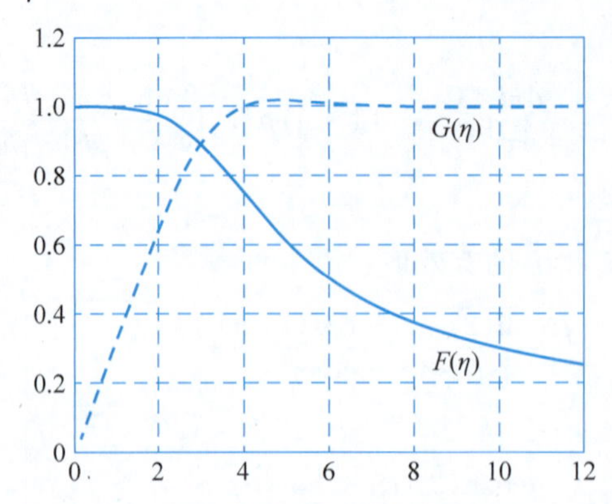

图 5.15　函数 $F(\eta)$ 和 $G(\eta)$ 随 η 变化的曲线（横坐标为 η，纵坐标为 F 和 G）

5.7.3　特例

（1）当 $a\leqslant 1.5\delta$（薄板）时，$\eta\leqslant 1.5$，$F(\eta)\approx 1$，平板内涡流大体均匀分布，式(5.121)变形为

$$p_{\mathrm{e}}=\frac{1}{24}\sigma(a\omega B_{0\mathrm{m}})^2 \tag{5.123}$$

由式(5.123)可知：①涡流损耗与频率的平方和平板内平均磁通密度的平方成正比；②降低材料的电导率可以降低涡流损耗；③涡流损耗与平板厚度的平方成正比，这就是变压器和发电机的铁芯均用电工钢片叠成的原因。

（2）当 $a\geqslant 3.8\delta$（厚板）时，$\eta\geqslant 3.8$，$G(\eta)\approx 1$，$F(\eta)\approx 3/\eta$，导体板内的涡流呈现严重的趋肤效应，式(5.121)变形为

$$p_{\mathrm{e}}=\frac{a\omega B_{0\mathrm{m}}^2}{4}\sqrt{\frac{\sigma\omega}{2\mu}} \tag{5.124}$$

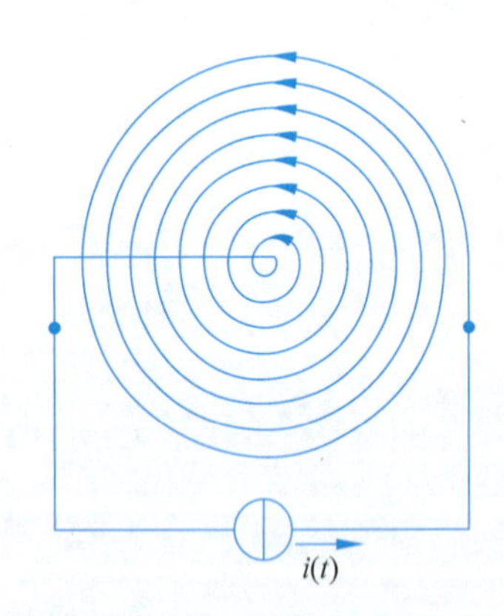

图 5.16　电磁炉中盘式螺旋线圈的示意图

例 5.11　电磁炉是一种利用正弦磁场加热的厨房电器。在盘式螺旋线圈(图 5.16)中通入频率为 20～50 kHz（这个范围的频率可以避开噪声）的正弦电流，放置在线圈上方的金属锅底可被加热。设电流频率 $f=40$ kHz，锅底导体板厚度 $a=1.8$ mm。试粗略比较锅底分别是铜板和铁板的情况下的涡流损耗密度。设铜板的电导率和磁导率分别为 $\sigma_{\mathrm{C}}=58$ MS/m 和 $\mu_{\mathrm{C}}=\mu_0$，铁板的电导率和磁导率分别为 $\sigma_{\mathrm{F}}=\sigma_{\mathrm{C}}/20$ 和 $\mu_{\mathrm{F}}=10\mu_0$（μ_{F} 为磁滞回线上 $\partial B/\partial H$ 在一周期内的平均值）。由于盘式螺旋线圈与导体板之间区域内线圈产生的与盘面平行的磁场远大于与盘面垂直的磁场，所以锅底内电磁场可用图 5.13 所示时谐场近似描述[严格求解见（雷，2000）]。

解　由 $\eta=a/\delta=a\sqrt{\pi\sigma\mu f}$，得

$$\text{铜板：}\eta_{\mathrm{C}}=a\sqrt{\pi\sigma_{\mathrm{C}}\mu_0 f}=5.45$$

$$\text{铁板：}\eta_{\mathrm{F}}=a\sqrt{\pi\sigma_{\mathrm{F}}\mu_{\mathrm{F}} f}=3.85$$

再由式(5.121)，得铁板内和铜板内的涡流损耗密度之比：

$$\frac{p_{eF}}{p_{eC}}=\frac{\sigma_F F(\eta_F)}{\sigma_C F(\eta_C)}\left(\frac{\mu_F H_{0m}}{\mu_C H_{0m}}\right)^2\approx\frac{\sigma_F\eta_C}{\sigma_C\eta_F}\left(\frac{\mu_F}{\mu_C}\right)^2=\frac{1\times5.45}{20\times3.85}\times10^2=7.08$$

由上式可知，在相等的激磁电流、频率、尺寸下，铁板的涡流损耗大于铜板的涡流损耗。

与铜锅、铝锅相比，铁锅的磁导率很大，能使磁场集中，而且在交变场中还产生磁滞损耗和剩余损耗（见本章后附注5 A），这些损耗最终都以热的形式释放出来。而铜和铝都是弱磁性物质，它们不产生磁滞损耗和剩余损耗。

综合以上因素，电磁炉采用铁锅会被迅速加热。这就是电磁炉广泛采用铁锅的原因。解毕。

说明　式(5.121)适用于低频涡流的损耗计算，对于高频不适用，因为推导过程中采用了边界条件 $\dot{H}(\pm b)=H_0$，这个条件忽略了涡流在导体外产生的磁场。平板导体置于外加磁场后，当频率比较低时，导体内涡流密度小，它在导体外产生的磁场也小，此时导体外的磁场主要是外磁场；但如果频率比较高，导体内涡流集中在表面附近，它在导体外产生的磁场就比较大，此时导体外磁场是外加磁场与涡流产生磁场的叠加，如果忽略涡流产生磁场就会导致很大误差，甚至发生错误，如根据式(5.123)，$f\to\infty$ 时 $p_e\to\infty$，而实际上此时涡流集中在表面，$p_e\to0$。

*5.8　载流长直圆柱导体内的时谐电磁场

金属导线主要用于传输电能和信息，这些导线有输电线、控制和测量用导线、电话线等。这些导线大多可看作实心圆柱导体。本节研究载有正弦电流的长直实心圆柱良导体内的场分布和内阻抗。

5.8.1　圆柱导体内的场分布

如图5.17所示，无限大真空中一长直圆柱良导体内载有角频率为 ω 的正弦电流 $i=\sqrt{2}I\cos\omega t$，圆柱导体的半径为 a，电导率为 σ，磁导率为 μ，建立圆柱坐标系 $O\rho\phi z$，圆柱中心轴线与 z 轴重合，圆柱内电流密度 $\dot{\boldsymbol{J}}$ 与 $\boldsymbol{e}_z$ 同方向。

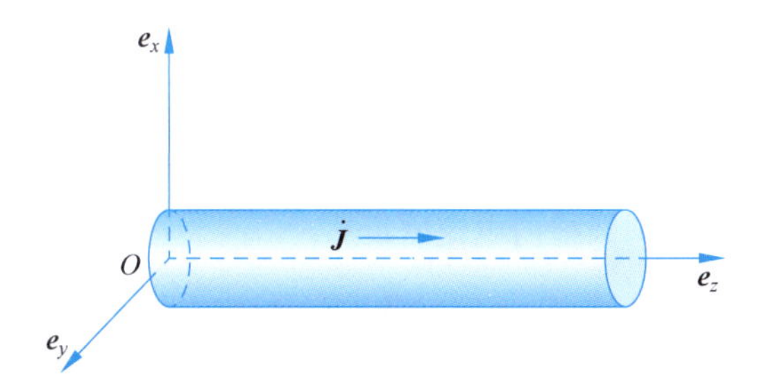

图5.17　载有正弦电流的长直实心圆柱良导体

由问题的轴对称性，圆柱内（$\rho<a$）电流密度可表示为 $\dot{\boldsymbol{J}}=\dot{J}_z(\rho)\boldsymbol{e}_z$，代入方程(5.93)，利用附录A，得约束方程

$$\nabla^2\dot{J}_z+k_c^2\dot{J}_z=0$$

即

$$\frac{\mathrm{d}^2\dot{J}_z}{\mathrm{d}\rho^2}+\frac{1}{\rho}\frac{\mathrm{d}\dot{J}_z}{\mathrm{d}\rho}+k_c^2\dot{J}_z=0$$

这里，$k_c=p(1-\mathrm{j})$，$p=\sqrt{\pi\sigma\mu f}$。作变量代换，设 $x=k_c\rho$，则

$$\frac{\mathrm{d}^2\dot{J}_z}{\mathrm{d}x^2}+\frac{1}{x}\frac{\mathrm{d}\dot{J}_z}{\mathrm{d}x}+\dot{J}_z=0 \tag{5.125}$$

对比贝塞尔方程的标准形式

$$\frac{\mathrm{d}^2u}{\mathrm{d}x^2}+\frac{1}{x}\frac{\mathrm{d}u}{\mathrm{d}x}+\left(1-\frac{n^2}{x^2}\right)u=0 \tag{5.126}$$

$$(n=0,1,2,\cdots)$$

可见，式(5.125)为 $n=0$ 时的贝塞尔方程。由贝塞尔方程的通解表达式(数，1979)[665]，可写出方程(5.125)的非零解：

$$\dot{J}_z(\rho)=C\mathrm{J}_0(x) \tag{5.127}$$

式中，C 是待定常量，$x=k_c\rho$，$\mathrm{J}_0(x)$是第一类零阶贝塞尔函数。

贝塞尔函数是一类特殊函数，只要已知整数 n 和变量 x，$\mathrm{J}_n(x)$的值就确定了。$\mathrm{J}_n(x)$的级数式是

$$\mathrm{J}_n(x)=\left(\frac{x}{2}\right)^n\sum_{m=0}^{\infty}\frac{(-1)^m}{m!(m+n)!}\left(\frac{x}{2}\right)^{2m} \tag{5.128}$$

它适用于除去半实轴$(-\infty,0)$的整个复平面。当$|x|\leqslant 2$时，式(5.128)收敛很快，取级数的前若干项就可用于计算；当$|x|>2$时，这个级数收敛很慢。自从1824年提出贝塞尔函数至今，人们对它做了详细研究，今天它已成为数学、物理学、天文学等学科中广泛应用的重要函数。目前通过3种方法计算贝塞尔函数：一是事先作出表格或曲线，通过查表或查曲线近似计算；二是通过事先拟合的近似多项式计算；三是编写程序在计算机上计算，现有的商用软件都把它作为专用函数事先编好程序，计算时直接调用即可。

为确定式(5.127)中的常量 C，利用积分公式

$$\int_0^z\mathrm{J}_0(t)t\,\mathrm{d}t=z\mathrm{J}_1(z)$$

得实心圆柱良导体内电流

$$\dot{I}=\int_S\dot{\boldsymbol{J}}\cdot\mathrm{d}\boldsymbol{S}=\int_0^{2\pi}\mathrm{d}\phi\int_0^a\dot{J}_z(\rho)\rho\mathrm{d}\rho=C\frac{2\pi a}{k_c}\mathrm{J}_1(k_ca) \tag{5.129}$$

由此式得到 C 后，进一步就得到圆柱内电流密度

$$\dot{\boldsymbol{J}}=\frac{k_c\dot{I}}{2\pi a}\frac{\mathrm{J}_0(k_c\rho)}{\mathrm{J}_1(k_ca)}\boldsymbol{e}_z \tag{5.130}$$

和电场强度

$$\dot{\boldsymbol{E}}=\frac{\dot{\boldsymbol{J}}}{\sigma}=\frac{k_c\dot{I}}{2\pi a\sigma}\frac{\mathrm{J}_0(k_c\rho)}{\mathrm{J}_1(k_ca)}\boldsymbol{e}_z \tag{5.131}$$

在此基础上，利用贝塞尔函数的导数公式 $\mathrm{J}_0'(x)=-\mathrm{J}_1(x)$，可求出圆柱内磁场强度

$$\dot{\boldsymbol{H}}=-\frac{1}{\mathrm{j}\omega\mu}\nabla\times\dot{\boldsymbol{E}}=\frac{\dot{I}}{2\pi a}\frac{\mathrm{J}_1(k_c\rho)}{\mathrm{J}_1(k_ca)}\boldsymbol{e}_\phi \tag{5.132}$$

5.8.2 圆柱良导体的内阻抗

如图 5.18 所示，设想在载流长直圆柱良导体上截取下来一段长为 l 的圆柱 V。我们把 V 看作一端口线性电路，流入端口的电流等于圆柱中的电流 $\dot{I}$，现在利用内阻抗定义式(5.77)，求这段圆柱导体的内阻抗 Z_i。

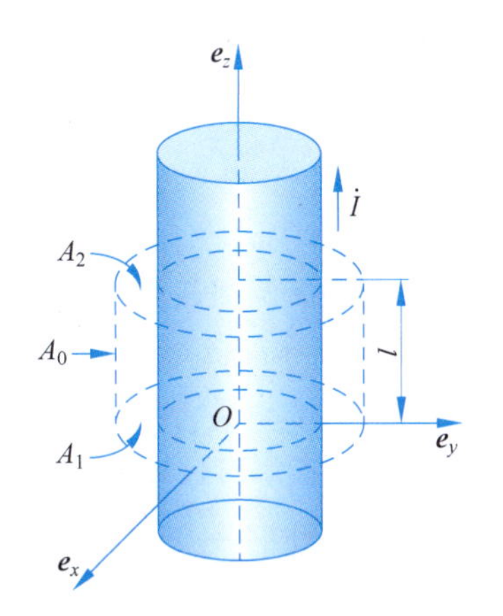

图 5.18 一段载流圆柱导体被同轴圆柱表面包围

设圆柱 V 的表面为 A，它由下底面 A_1、上底面 A_2 和侧面 A_0 组成。由式(5.131)和式(5.132)可知，圆柱面 A 上的复坡印亭矢量仅在侧面 A_0 上非零：

$$\boldsymbol{S}_{\mathrm{cpv}}=\dot{\boldsymbol{E}}\times\dot{\boldsymbol{H}}^{*}=-\frac{k_c I^2}{4\pi^2 a^2\sigma}\frac{\mathrm{J}_0(k_c a)}{\mathrm{J}_1(k_c a)}\boldsymbol{e}_\rho \tag{5.133}$$

可见 $\boldsymbol{S}_{\mathrm{cpv}}$ 只有 $\boldsymbol{e}_\rho$ 分量，所以由式(5.77)得内阻抗

$$Z_i=-\frac{1}{I^2}\oint_A \boldsymbol{S}_{\mathrm{cpv}}\cdot \mathrm{d}\boldsymbol{A}=\frac{k_c l}{2\pi a\sigma}\frac{\mathrm{J}_0(k_c a)}{\mathrm{J}_1(k_c a)} \tag{5.134}$$

进一步

$$\frac{Z_i}{r_0}=\frac{k_c a}{2}\frac{\mathrm{J}_0(k_c a)}{\mathrm{J}_1(k_c a)} \tag{5.135}$$

式中，$r_0=l/(\pi a^2\sigma)$是圆柱导体的直流电阻。

利用贝塞尔函数的级数式(5.128)和幂级数除法[(菲，1954)421 节]，得展开式

$$\frac{x}{2}\frac{\mathrm{J}_0(x)}{\mathrm{J}_1(x)}=\frac{1-\dfrac{x^2}{4}+\dfrac{x^4}{64}-\dfrac{x^6}{2304}+\cdots}{1-\dfrac{x^2}{8}+\dfrac{x^4}{192}-\dfrac{x^6}{9216}+\cdots}=1-\frac{x^2}{8}-\frac{x^4}{192}-\frac{x^6}{3072}-\cdots \tag{5.136}$$

设 $x=k_c a=2s(1-\mathrm{j})$，$s=a/(2\delta)$，当 $s\leqslant 1$ 时，利用式(5.136)，式(5.135)近似为

$$\frac{Z_i}{r_0}\approx 1+\frac{1}{3}s^4-\frac{4}{45}s^8+\mathrm{j}s^2\left(1-\frac{1}{6}s^4+\frac{13}{270}s^8\right) \tag{5.137}$$

例如，取 $s=1$，由式(5.137)计算得

$$\frac{Z_i}{r_0}\approx 1.2444+\mathrm{j}0.8815$$

而准确值为 $1.2646+\mathrm{j}0.8705$，这说明当 $s\leqslant 1$ 时近似式(5.137)的计算误差小于 1.5%。

5.8.3 特例

(1) $|ka|\ll 2$。此时 $\delta\gg a/\sqrt{2}$，频率较低。

由于 $|x|\ll 2$ 时用级数(5.128)计算贝塞尔函数 $\mathrm{J}_n(x)$ 收敛很快，所以可取级数第一项作为近似式：

$$\mathrm{J}_n(x)\approx\frac{1}{n!}\left(\frac{x}{2}\right)^n \tag{5.138}$$

从而由式(5.130)～式(5.132)，得

$$\dot{\boldsymbol{J}}\approx\frac{\dot{I}}{\pi a^2}\boldsymbol{e}_z \tag{5.139}$$

$$\dot{\boldsymbol{E}} \approx \frac{\dot{I}}{\pi a^2 \sigma}\boldsymbol{e}_z \tag{5.140}$$

$$\dot{\boldsymbol{H}} \approx \frac{\dot{I}\rho}{2\pi a^2}\boldsymbol{e}_\phi \tag{5.141}$$

这说明,当 $\delta \gg a/\sqrt{2}$ 时,圆柱内的电流密度和电场强度沿截面大体均匀分布,近似于直流电流分布;磁场沿圆柱截面的径向线性增加,轴线上磁场为零,圆柱表面的磁场最大。

此时,$s = a/(2\delta) \ll 1$,由式(5.137)可得圆柱内阻抗的近似式

$$Z_\mathrm{i} \approx r_0(1 + \mathrm{j}s^2) = r_0 + \mathrm{j}\omega L_0 \tag{5.142}$$

这里 L_0 是直流内自感:

$$L_0 = \frac{\mu l}{8\pi} \tag{5.143}$$

这说明,低频下圆柱良导体内电阻近似为圆柱导体的直流电阻,内电感近似为圆柱导体的直流内自感。

(2) $|ka| \gg 2$。此时 $\delta \ll a/\sqrt{2}$,频率较高。

当 $|x| \gg 1$ 和 $|\arg(x)| < \pi$ 时,贝塞尔函数的渐近式(数,1979)[631] 为

$$\mathrm{J}_n(x) \approx \sqrt{\frac{2}{\pi x}}\cos\left(x - \frac{n\pi}{2} - \frac{\pi}{4}\right) \tag{5.144}$$

令

$$\beta = \frac{\rho}{\delta}, \quad x = k_\mathrm{c}\rho = (1-\mathrm{j})\beta, \quad \alpha = \beta - \frac{n\pi}{2} - \frac{\pi}{4}$$

由 $\beta \gg 1$,得

$$\cos(\alpha - \mathrm{j}\beta) = \frac{1}{2}(\mathrm{e}^{\beta+\mathrm{j}\alpha} + \mathrm{e}^{-\beta-\mathrm{j}\alpha}) \approx \frac{1}{2}\mathrm{e}^{\beta+\mathrm{j}\alpha}$$

于是,利用 $2^{3/4}\sqrt{\pi} \approx 3$,式(5.144)可写成指数形式:

$$\mathrm{J}_n(k_\mathrm{c}\rho) \approx \frac{1}{3}\sqrt{\frac{\delta}{\rho}}\,\mathrm{e}^{\frac{\rho}{\delta}+\mathrm{j}\left(\frac{\rho}{\delta}-\frac{n\pi}{2}-\frac{\pi}{8}\right)} \tag{5.145}$$

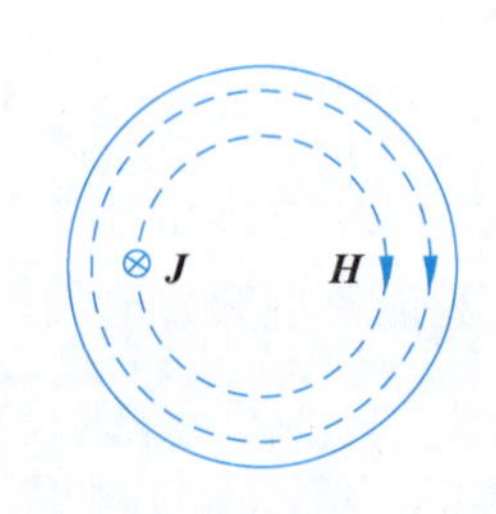

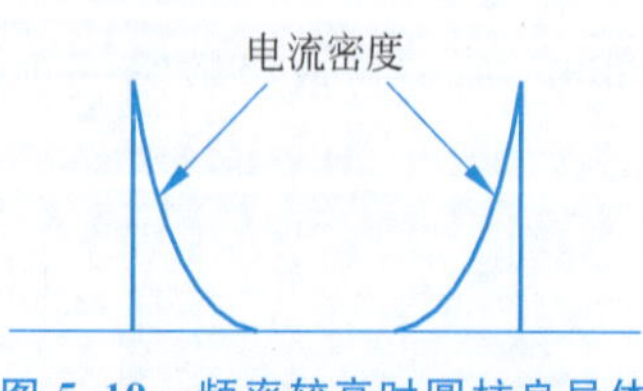

图 5.19 频率较高时圆柱良导体截面内电流密度的分布

在此基础上,由式(5.130)~式(5.132)可分别得到

$$J = |\dot{\boldsymbol{J}}| \approx \frac{I}{\pi\delta\sqrt{2a\rho}}\mathrm{e}^{-\frac{h}{\delta}} \tag{5.146}$$

$$E = |\dot{\boldsymbol{E}}| \approx \frac{I}{\pi\delta\sigma\sqrt{2a\rho}}\mathrm{e}^{-\frac{h}{\delta}} \tag{5.147}$$

$$H = |\dot{\boldsymbol{H}}| \approx \frac{I}{2\pi\sqrt{a\rho}}\mathrm{e}^{-\frac{h}{\delta}} \tag{5.148}$$

式中,$h = a - \rho$ 是圆柱表面至圆柱内场点的深度。这说明,当 $\delta \ll a/\sqrt{2}$ 时,J、E、H 从圆柱导体表面到内部都近似按指数规律衰减,趋肤效应严重。频率较高时圆柱良导体截面内电流密度的分布如图 5.19 所示。

此时,内阻抗表达式(5.134)可用式(5.145)表示成

$$Z_{\mathrm{i}} \approx (1+\mathrm{j}) \frac{l}{2a} \sqrt{\frac{\mu f}{\pi\sigma}} \tag{5.149}$$

即频率较高时圆柱良导体的内电阻和内电抗都与$\sqrt{f}$成正比。

例 5.12　对称电缆是一种广泛使用的通信电缆，它由多对铜线传输回路组合、封装而成，其中每对铜线回路是由两根线质、线径都相同的彼此绝缘的导线扭绞而成的。设对称电缆中的导线是直径为 0.5 mm 的软铜线，电导率为 50 MS/m，磁导率为 μ_0，载波信号的频率为 1 kHz，试计算导线阻抗 Z 与导线的直流电阻 r_0 之比。

解　导线回路扭绞后，可近似认为导线外的磁通相互抵消，从而没有外自感，而导线内的磁通无法抵消，所以扭绞后的导线阻抗等于导线内阻抗。

因 $\delta=1/\sqrt{\pi\sigma\mu_0 f}=2.25$ mm，满足 $\delta \gg a/\sqrt{2}$ ($a=0.25$ mm)，说明电流沿导线截面近似均匀分布。这样，由式(5.142)，得

$$\frac{Z}{r_0}=\frac{Z_{\mathrm{i}}}{r_0} \approx 1+\mathrm{j}\left(\frac{a}{2\delta}\right)^2=1+\mathrm{j}\left(\frac{0.25}{2\times 2.25}\right)^2=1+0.003\mathrm{j}$$

这说明，低频情况下导线内阻抗可用导线的直流电阻近似代替。解毕。

*5.9　平板导体内电磁场的扩散

5.9.1　问题的提出

电磁场的扩散过程普遍存在，电源接通电路或断开电路的瞬间、雷电冲击波通过电力变压器、扫频电路中信号由一个频率改变到另一个频率的过程、电源以脉冲形式供电时电磁场的变化过程等都属于电磁场的扩散过程。同时，电磁场的扩散过程具有广泛的应用，如用脉冲涡流电磁场可检测带包覆层的金属管道的腐蚀情况等。因此，研究电磁场的扩散过程具有重要的实际意义。

下面通过求解一个例子，来说明导体中电磁场的扩散过程的求解方法，并给出它的一个应用。

5.9.2　数学模型的建立

厚度为 a、电导率为 σ、磁导率为 μ 的平板导体置于均匀磁场中，平板的长度和宽度都远大于厚度 a，外部均匀磁场与平板表面平行，平板外为无限大真空。建立直角坐标系 $Oxyz$，原点 O 位于平板中心，$\boldsymbol{e}_x$ 垂直于平板平面。平板导体外磁场的正向及坐标系均与图 5.13 相同，所不同的是外磁场随时间的变化规律。

设外磁场 H_{ex} 随时间 t 的变化如图 5.20 所示。$t<0$ 时，施加在平板内、外的磁场为 $\boldsymbol{H}_{\mathrm{ex}}=H_0\boldsymbol{e}_z$（$H_0$ 为正常量）；$t=0$ 时，外磁场迅速减少；$t>0$ 后，外磁场为零。

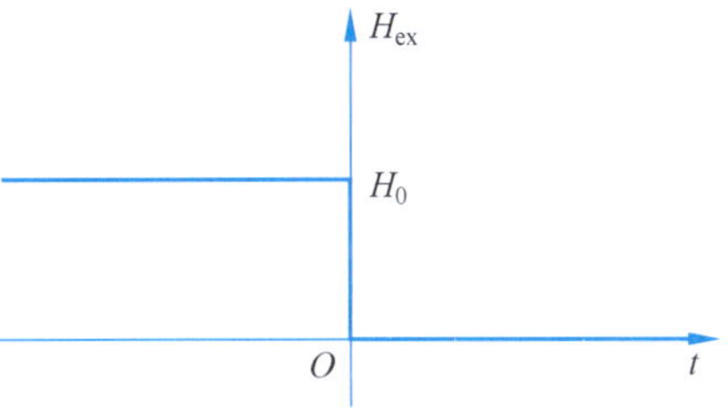

图 5.20　外磁场随时间的变化

根据以上叙述，平板内、外的磁场只有 $\boldsymbol{e}_z$ 方向分量。设平板导体内、外的磁场分别为 $\boldsymbol{H}_{\mathrm{in}}=H_1(x,t)\boldsymbol{e}_z$ 和 $\boldsymbol{H}_{\mathrm{out}}=H_2(x,t)\boldsymbol{e}_z$。在此基础上，可以写出以下初边值问题：

(1) 方程。$t>0$ 时，外磁场为 0，忽略位移电流，平板内、外磁场分别满足以下扩散方程

$$\frac{\partial^2 H_1}{\partial x^2}=\sigma\mu\frac{\partial H_1}{\partial t} \tag{5.150}$$

$$\frac{\partial^2 H_2}{\partial x^2}=0 \tag{5.151}$$

(2) 时间渐近性条件。$t\to\infty$时,外磁场的激励作用消失,平板内、外磁场趋于0,即

$$\lim_{t\to\infty}H_1(x,t)=0 \tag{5.152}$$

$$\lim_{t\to\infty}H_2(x,t)=0 \tag{5.153}$$

(3) 对称性条件。平板内、外磁场关于中心平面 $x=0$ 对称,即

$$H_1(-x,t)=H_1(x,t) \tag{5.154}$$

$$H_2(-x,t)=H_2(x,t) \tag{5.155}$$

(4) 边界条件。$t>0$ 时,根据磁场边界条件可知,平板表面内、外磁场强度的切向分量相等,即

$$\lim_{x\to b-0}H_1(x,t)=\lim_{x\to b+0}H_2(x,t) \tag{5.156}$$

$$\lim_{x\to b-0}H_1(-x,t)=\lim_{x\to b+0}H_2(-x,t) \tag{5.157}$$

式中,$b=a/2$,是平板的一半厚度。

(5) 初始条件。$t=+0$ 时,外磁场迅速减少到0,而平板内、外磁场还要保持外磁场迅速减少前的状态:

$$\lim_{t\to+0}H_1(x,t)=H_0 \tag{5.158}$$

$$\lim_{t\to+0}H_2(x,t)=H_0 \tag{5.159}$$

因为法拉第感应定律表明,若磁场发生瞬时突变(即$\partial H_1/\partial t$ 和$\partial H_2/\partial t$ 均为无限大),则会出现无限大的电场旋度,这在物理上是不可能的。

5.9.3 电磁场表达式

第一步,求方程(5.150)的通解。

用分离变量法。设 $H_1(x,t)=X(x)T(t)$,方程(5.150)变形为

$$\frac{X''}{X}=\sigma\mu\frac{T'}{T}$$

令右端等于常量$-\lambda$,上式变成两个常微分方程:

$$\sigma\mu T'+\lambda T=0 \tag{5.160}$$

$$X''+\lambda X=0 \tag{5.161}$$

由方程(5.160)得 $T=C_1\mathrm{e}^{-\lambda t/(\sigma\mu)}$,利用时间渐近性条件(5.152),可知 $\lambda>0$。这样,根据对称性条件(5.154),由方程(5.161)得 $X=C_2\cos(x\sqrt{\lambda})$。于是

$$H_1(x,t)=XT=C\cos(x\sqrt{\lambda})\mathrm{e}^{-t\lambda/(\sigma\mu)}$$

式中,$C=C_1C_2$,C_1 和 C_2 均为待定量。

扩散方程(5.150)为线性方程,它的通解应是所有可能解的叠加。考虑到 $\lambda>0$,因此方程(5.150)的通解应写成积分形式:

$$H_1(x,t)=\int_0^\infty C(\lambda)\cos(x\sqrt{\lambda})\mathrm{e}^{-t\lambda/(\sigma\mu)}\mathrm{d}\lambda \tag{5.162}$$

式中 $C(\lambda)$ 为待定函数。设 $\alpha=\sqrt{\lambda}$，则通解(5.162)可写成

$$H_1(x,t)=\int_0^{\infty} 2\alpha C(\alpha^2)\cos(x\alpha)\mathrm{e}^{-t\alpha^2/(\sigma\mu)}\,\mathrm{d}\alpha \tag{5.163}$$

第二步，求平板导体内磁场强度的表达式。

把通解(5.163)代入初始条件(5.158)，得

$$\int_0^{\infty} 2\alpha C(\alpha^2)\cos(x\alpha)\,\mathrm{d}\alpha=H_0 \tag{5.164}$$

式中 $|x|<b$。由式(5.164)可见，待定函数 $C(\alpha^2)$ 位于积分号下，因此该式是一个积分方程。考虑到式(5.164)的积分号下含有 $\cos(x\alpha)$，所以这个积分方程可以看作函数 $f(\alpha)=2\alpha C(\alpha^2)$ 的傅里叶余弦变换。于是，尝试用逆傅里叶余弦变换求解这个积分方程。根据 $f(\alpha)$ 的傅里叶余弦变换定义式(数，1979)[571]

$$F_c(x)=\sqrt{\frac{2}{\pi}}\int_0^{\infty} f(\alpha)\cos(x\alpha)\,\mathrm{d}\alpha$$

由积分方程(5.164)，得

$$F_c(x)=\sqrt{\frac{2}{\pi}}H_0 \tag{5.165}$$

这样，由傅里叶余弦变换的反演公式，得

$$f(\alpha)=\sqrt{\frac{2}{\pi}}\int_0^{\infty} F_c(x)\cos(\alpha x)\,\mathrm{d}x \tag{5.166}$$

式中，当 $|x|>b$ 时，$F_c(x)$ 没有意义。为计算式(5.166)中的积分，假设在区间 (b,∞) 内 $F_c(x)=0$[假设的合理性可通过将式(5.167)代入积分方程(5.164)看是否满足来验证]。于是，由式(5.165)和式(5.166)得

$$\begin{aligned}2\alpha C(\alpha^2)&=\sqrt{\frac{2}{\pi}}\int_0^{b} F_c(x)\cos(\alpha x)\,\mathrm{d}x\\&=\frac{2H_0}{\pi}\int_0^{b}\cos(\alpha x)\,\mathrm{d}x\\&=\frac{2H_0}{\pi\alpha}\sin(b\alpha)\end{aligned} \tag{5.167}$$

代入通解(5.163)，得

$$H_1(x,t)=\frac{2H_0}{\pi}\int_0^{\infty}\frac{\sin(b\alpha)\cos(x\alpha)}{\alpha}\mathrm{e}^{-t\alpha^2/(\sigma\mu)}\,\mathrm{d}\alpha \tag{5.168}$$

再由公式

$$\sin x\cos y=\frac{\sin(x+y)+\sin(x-y)}{2}$$

式(5.168)化成

$$H_1(x,t)=\frac{H_0}{\pi}\int_0^{\infty}\left\{\frac{\sin[(b+x)\alpha]}{\alpha}+\frac{\sin[(b-x)\alpha]}{\alpha}\right\}\mathrm{e}^{-t\alpha^2/(\sigma\mu)}\,\mathrm{d}\alpha \tag{5.169}$$

进一步利用积分公式

$$\int_0^{\infty}\frac{\sin(\alpha x)}{x}\mathrm{e}^{-\beta x^2}\,\mathrm{d}x=\frac{\pi}{2}\mathrm{erf}\left(\frac{\alpha}{2\sqrt{\beta}}\right)$$

得平板内磁场强度(分量)的最终表达式：

$$H_1(x,t)=\frac{H_0}{2}\left[\operatorname{erf}\left(\frac{b+x}{2b}\sqrt{\frac{\tau}{t}}\right)+\operatorname{erf}\left(\frac{b-x}{2b}\sqrt{\frac{\tau}{t}}\right)\right] \tag{5.170}$$

式中

$$\tau=b^2\sigma\mu \tag{5.171}$$

$$\operatorname{erf}(z)=\frac{2}{\sqrt{\pi}}\int_0^z \mathrm{e}^{-x^2}\,\mathrm{d}x\text{（误差函数）} \tag{5.172}$$

第三步，求真空中的磁场强度。

真空中的磁场强度满足方程(5.151)，它的通解为

$$H_2(x,t)=g_1(t)x+g_2(t) \tag{5.173}$$

式中，$g_1(t)$和$g_2(t)$是t的任意函数。根据对称性条件(5.155)，可知$g_1(t)=0$，所以

$$H_2(x,t)=g_2(t) \tag{5.174}$$

即平板外真空中的磁场强度与变量x无关。

这样，将式(5.170)和式(5.174)代入边界条件(5.156)，得

$$g_2(t)=\frac{H_0}{2}\left[\operatorname{erf}\left(\sqrt{\frac{\tau}{t}}\right)+\lim_{x\to b-0}\operatorname{erf}\left(\frac{b-x}{2b}\sqrt{\frac{\tau}{t}}\right)\right] \tag{5.175}$$

前面1.6节已说明，电磁场边界条件中的距离无穷小并不是数学意义上的无穷小，而是一个绝对值很小的量Δh，认为$\Delta h=\lim\limits_{x\to b-0}(b-x)$，于是由式(5.174)和式(5.175)，得真空中磁场强度(分量)的最终表达式：

$$H_2(x,t)=\frac{H_0}{2}\left[\operatorname{erf}\left(\sqrt{\frac{\tau}{t}}\right)+\operatorname{erf}\left(\frac{\Delta h}{2b}\sqrt{\frac{\tau}{t}}\right)\right] \tag{5.176}$$

设$\beta=\frac{\Delta h}{2b}\sqrt{\frac{\tau}{t}}$，当$\beta\ll 1$即$t\gg\left(\frac{\Delta h}{2b}\right)^2\tau$时，$\operatorname{erf}(\beta)\approx 0$，此时

$$H_2(x,t)=\frac{H_0}{2}\operatorname{erf}\left(\sqrt{\frac{\tau}{t}}\right) \tag{5.177}$$

容易验证，式(5.170)和式(5.176)满足式(5.150)～式(5.159)。这里以式(5.159)为例验证。由式(5.176)，得

$$\lim_{t\to+0}H_2(x,t)=\frac{H_0}{2}\left[\lim_{t\to+0}\operatorname{erf}\left(\sqrt{\frac{\tau}{t}}\right)+\lim_{t\to+0}\operatorname{erf}\left(\frac{\Delta h}{2b}\sqrt{\frac{\tau}{t}}\right)\right]$$

利用$\operatorname{erf}(+\infty)=1$，得

$$\lim_{t\to+0}H_2(x,t)=\frac{H_0}{2}\left[\operatorname{erf}(+\infty)+\operatorname{erf}(+\infty)\right]=H_0$$

这正是初始条件(5.159)。

第四步，观察平板导体内电磁场的变化趋势。

将时间、横坐标和平板内磁场强度都作归一化处理，令归一化时间和归一化横坐标分别为$T=t/\tau$和$X=x/b$，则由式(5.170)，平板导体内归一化磁场强度(分量)为

$$H_{\mathrm{n}}=\frac{H_1}{H_0}=\frac{1}{2}\left[\operatorname{erf}\left(\frac{1+X}{2\sqrt{T}}\right)+\operatorname{erf}\left(\frac{1-X}{2\sqrt{T}}\right)\right] \tag{5.178}$$

式(5.178)函数关系的变化曲线如图5.21所示。

已知平板导体内磁场强度，平板导体内涡流密度就可容易地求出：

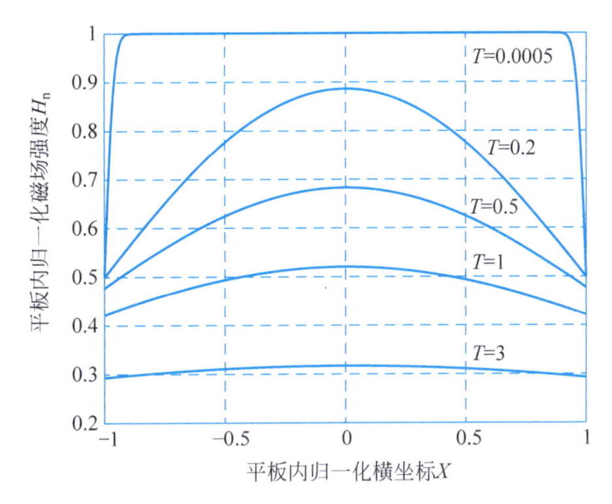

图 5.21 平板导体内归一化磁场强度的变化曲线

$$\boldsymbol{J}(x,t)=\nabla\times\boldsymbol{H}_{\text{in}}(x,t)=-\frac{\partial H_1(x,t)}{\partial x}\boldsymbol{e}_y$$

$$=J_0\sqrt{\frac{\tau}{t}}\left\{\exp\left[-\left(\frac{b-x}{2b}\right)^2\frac{\tau}{t}\right]-\exp\left[-\left(\frac{b+x}{2b}\right)^2\frac{\tau}{t}\right]\right\}\boldsymbol{e}_y \tag{5.179}$$

式中，$J_0=H_0/(2\sqrt{\pi}b)$。进一步，以 J_0 为基准的归一化涡流密度(分量)的模为

$$J_n=\frac{|J|}{J_0}=\frac{1}{\sqrt{T}}\left|\exp\left[-\frac{(1-X)^2}{4T}\right]-\exp\left[-\frac{(1+X)^2}{4T}\right]\right| \tag{5.180}$$

式(5.180)在 $T=0.25$ 时的变化曲线如图 5.22 所示。本来涡流密度函数在平板中心点沿横轴光滑连续，但由于式(5.180)给出的是绝对值，所以反映在图 5.22 中，就以 $X=0$ 为中心点将值为负数的曲线对折上去，在坐标原点处呈现一个尖峰。

已知平板导体内的涡流密度 $\boldsymbol{J}$ 后，就可以立即写出平板导体内电场强度 $\boldsymbol{E}=\boldsymbol{J}/\sigma$，这里不再写出。

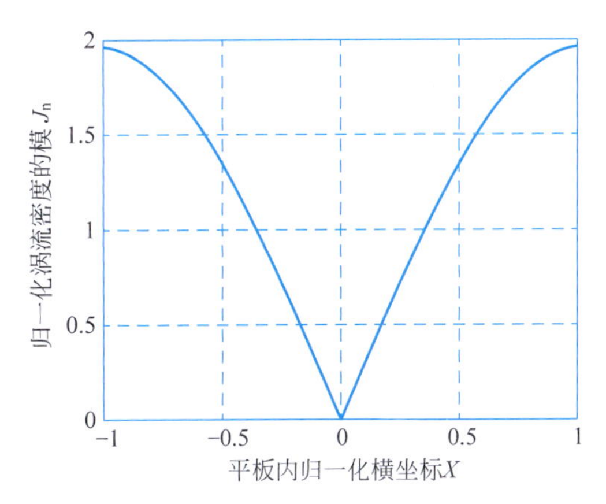

图 5.22 平板导体内归一化涡流密度的模的变化曲线

5.9.4 检测线圈的感应电压

如图 5.23 所示，在平板导体上分别均匀密绕两个线圈，一个是激磁线圈，一个是开路的检测线圈，平板导体内由激磁线圈产生的磁场垂直穿过两个线圈的横截面。当通有稳恒电流的

激磁线圈迅速断开后，平板导体内磁场会在检测线圈两端产生感应电压，这个感应电压反映了平板导体内电磁场的扩散过程。设检测线圈的匝数为 W，平板宽度为 l。令 $t=0$ 时，激磁线圈回路断开，$t>0$ 后，检测线圈两端的感应电压可由式(170)求出：

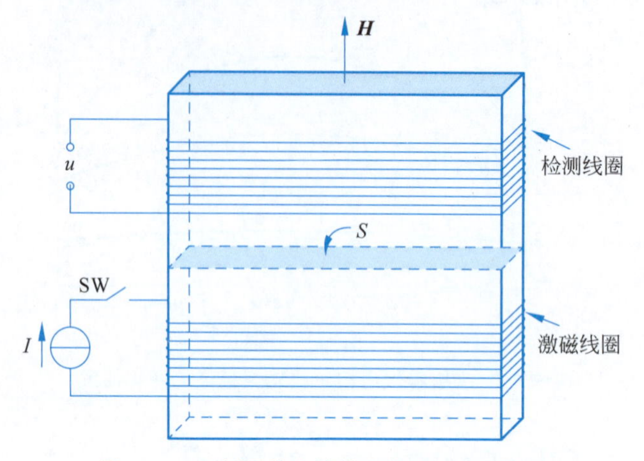

图 5.23 平板导体上的激磁线圈与检测线圈

$$u(t)=-Wl\frac{\mathrm{d}}{\mathrm{d}t}\int_{-b}^{b}\mu H_1(x,t)\mathrm{d}x=u_0\sqrt{\frac{\tau}{t}}(1-\mathrm{e}^{-\tau/t}) \tag{5.181}$$

式中

$$u_0=\frac{WH_0l}{\sqrt{\pi}b\sigma} \tag{5.182}$$

为观察检测线圈两端电压的变化，利用归一化时间 $T=t/\tau$，由式(5.181)，以 u_0 为基准的归一化电压为

$$U_\mathrm{n}=\frac{u}{u_0}=\frac{1-\mathrm{e}^{-1/T}}{\sqrt{T}} \tag{5.183}$$

式中只有一个变量 T，它的变化曲线是一条通用曲线，如图 5.24 所示。由这条曲线可见：①外磁场迅速减少至 0 后，检测线圈的感应电压将迅速单调衰减，$t>1.5\tau$ 后，衰减至 0.4 以下，以后随着时间的增长，逐渐趋于 0；②线圈电压的衰减速度取决于常量 τ，τ 越小，电压衰减越快。因对应两块不同的平板导体，设它们的 τ_1 和 τ_2 满足 $\tau_1>\tau_2$，则经过相等的时间 t_0，归一化

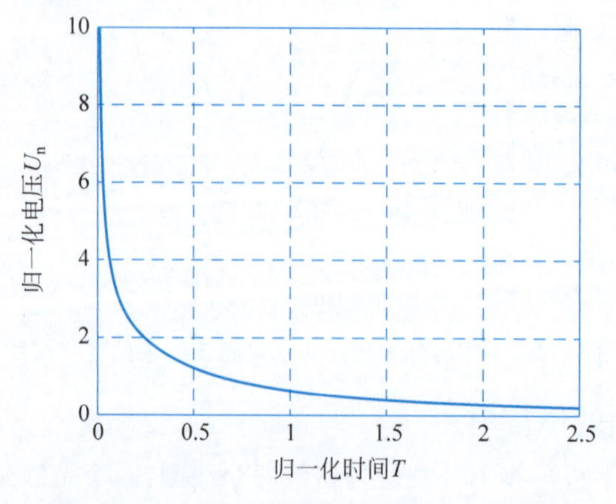

图 5.24 检测线圈两端的归一化感应电压随归一化时间的变化曲线

时间 $T_1=t_0/\tau_1<T_2=t_0/\tau_2$，反映在图 5.24 的曲线上，相比 T_1 对应的点，T_2 对应的点更接近 0，即 T_2 对应的归一化电压衰减更迅速。也就是说，参数 τ 是决定导体内电磁场衰减和线圈电压衰减的关键参数，称 τ 为松弛时间常量。不同的导体，对应的松弛时间常量表达式不同，但大体上有一个共性，就是 τ 与导体尺寸的平方、导体电导率、导体磁导率这三者的乘积成正比。

例 5.13 在图 5.23 中，设 $t=0$ 时激磁线圈中的电流迅速减少至 0，已知此后在 t_1 和 t_2 两个不同时刻分别测量检测线圈的感应电压为 u_1 和 u_2。为提高测量结果的准确性，应尽量满足 $t_1<t_2<1.5\tau$，使两个测量点均位于曲线变化剧烈的区间。求松弛时间常量 τ。

解 根据式(5.181)，可知

$$u_1=u_0\sqrt{\frac{\tau}{t_1}}\left(1-\mathrm{e}^{-\tau/t_1}\right) \quad 和 \quad u_2=u_0\sqrt{\frac{\tau}{t_2}}\left(1-\mathrm{e}^{-\tau/t_2}\right)$$

于是

$$\frac{u_1}{u_2}\sqrt{\frac{t_1}{t_2}}=\frac{1-\mathrm{e}^{-\tau/t_1}}{1-\mathrm{e}^{-\tau/t_2}} \tag{5.184}$$

令左端的已知数为 G，式(5.184)成为

$$G\mathrm{e}^{-\tau/t_2}-\mathrm{e}^{-\tau/t_1}=G-1$$

这是一个含未知数 τ 的非线性方程，无法用代数方法显式求解，但可用数值方法计算，如用牛顿迭代法(数，1979)[107] 计算，也可以用数值软件中的求根语句直接求解。求出 τ 后，进一步由平板厚度便可计算出电磁参数 $\sigma\mu=\tau/b^2$，或由电磁参数计算出平板尺寸 $b=\sqrt{\tau/\sigma\mu}$。解毕。

小　　结

1. 麦克斯韦方程组

$$\nabla\cdot\boldsymbol{D}=\rho_{\mathrm{v}}$$

$$\nabla\cdot\boldsymbol{B}=0$$

$$\nabla\times\boldsymbol{E}=-\frac{\partial\boldsymbol{B}}{\partial t}$$

$$\nabla\times\boldsymbol{H}=\boldsymbol{J}+\frac{\partial\boldsymbol{D}}{\partial t}$$

2. 线性电介质的本构关系

$$\boldsymbol{D}=\varepsilon\boldsymbol{E},\quad \boldsymbol{B}=\mu\boldsymbol{H},\quad \boldsymbol{J}=\sigma\boldsymbol{E}$$

3. 静止介质的电磁场边界条件

$$\boldsymbol{n}_{12}\cdot(\boldsymbol{D}_2-\boldsymbol{D}_1)=\rho_{\mathrm{s}}$$

$$\boldsymbol{n}_{12}\cdot(\boldsymbol{B}_2-\boldsymbol{B}_1)=0$$

$$\boldsymbol{n}_{12}\times(\boldsymbol{E}_2-\boldsymbol{E}_1)=\boldsymbol{0}$$

$$\boldsymbol{n}_{12}\times(\boldsymbol{H}_2-\boldsymbol{H}_1)=\boldsymbol{K}$$

4. 线性介质中电磁场的能量密度

$$w=\frac{1}{2}(\boldsymbol{E}\cdot\boldsymbol{D}+\boldsymbol{H}\cdot\boldsymbol{B})$$

5. 坡印亭矢量

(1) 坡印亭矢量：$\boldsymbol{S}=\boldsymbol{E}\times\boldsymbol{H}$。

(2) 复坡印亭矢量：$\boldsymbol{S}_{\mathrm{cpv}}=\dot{\boldsymbol{E}}\times\dot{\boldsymbol{H}}^{*}$。

(3) 平均能流密度：$\boldsymbol{S}_{\mathrm{av}}=\mathrm{Re}(\boldsymbol{S}_{\mathrm{cpv}})$。

6. 良导体内的涡流

(1) 在良导体内，与涡流(传导电流)相比，位移电流可以忽略不计。

(2) 良导体内涡流密度满足扩散方程

$$\nabla^{2}\boldsymbol{J}-\sigma\mu\frac{\partial\boldsymbol{J}}{\partial t}=\boldsymbol{0}$$

当导体外磁场随时间按正弦变化时，半无限良导体内的涡流是振幅随深度按指数衰减的正弦行波。

(3) 良导体内时谐涡流场的透入深度为 $\delta=1/\sqrt{\pi\sigma\mu f}$。

(4) 良导体内电磁场扩散过程的持续时间取决于松弛时间常量，它与导体尺寸的平方、电导率、磁导率这三者的乘积成正比。

(5) 时谐电磁场的能量集中分布在良导体表面 1.5 倍的透入深度内。

(6) 影响时谐涡流分布范围大小的因素有透入深度和外加磁场的大小。

(7) 平板良导体内低频时谐涡流的损耗密度为

$$p_{\mathrm{e}}=\frac{1}{24}\sigma(a\omega B_{0\mathrm{m}})^{2}F\left(\frac{a}{\delta}\right)$$

(8) 长直实心圆柱导体的内阻抗为

$$Z_{\mathrm{i}}=r_{0}\frac{k_{\mathrm{c}}a}{2}\frac{\mathrm{J}_{0}(k_{\mathrm{c}}a)}{\mathrm{J}_{1}(k_{\mathrm{c}}a)}$$

$\delta\geqslant a/2$ 时，$\dfrac{Z_{\mathrm{i}}}{r_{0}}\approx1+\dfrac{1}{3}s^{4}-\dfrac{4}{45}s^{8}+\mathrm{j}s^{2}\left(1-\dfrac{1}{6}s^{4}+\dfrac{13}{270}s^{8}\right)\quad\left(s=\dfrac{a}{2\delta}\right)$

$\delta\gg0.7a$ 时，$Z_{\mathrm{i}}\approx r_{0}+\mathrm{j}\omega\left(\dfrac{\mu l}{8\pi}\right)$

$\delta\ll0.7a$ 时，$Z_{\mathrm{i}}\approx(1+\mathrm{j})\dfrac{ar_{0}}{2\delta}$

7. 要求

(1) 了解引入位移电流的根据。

(2) 能默写麦克斯韦方程组，并能说明每个方程的物理意义。

(3) 能用物理概念解释坡印亭定理。

(4) 能说明电磁能量是如何沿导线传输的。

(5) 掌握相量法。

(6) 能说明时谐电磁场的特点。

(7) 掌握时谐涡流的分布特点，会计算良导体内时谐场的透入深度。

(8) 了解电磁场的扩散过程随时间的变化规律。

8. 注意

(1) 位移电流和传导电流一样可以激发磁场。

(2) 线性稳态电磁场与场源同频率，场量中不含新的频率成分。

(3) 只有在闭曲面积分的意义下理解坡印亭矢量才是正确的。

(4) 复坡印亭矢量没有对应的正弦量,它不直接反映时域内的能量关系。

(5) 透入深度只反映良导体内时谐场振幅的衰减程度,并不反映瞬时场量的衰减程度。

(6) 不同的脉冲涡流问题,对应的松弛时间常量不同。

附注 5A　铁磁质中的 4 类损耗能否相加

铁磁质是非线性磁介质,在周期时变场中会产生涡流损耗、电场损耗、磁滞损耗和剩余损耗。当计算铁磁质的总损耗时,这 4 类损耗能够相加吗?如果可以,它的理论根据是什么?下面叙述作者的研究。

按照麦克斯韦关于时变电磁场中能量的假说,由麦克斯韦方程组,可以导出坡印亭定理表达式[式(5.47)]

$$\int_V \boldsymbol{E}_0 \cdot \boldsymbol{J}\,\mathrm{d}V = p_{\mathrm{ed}} + p_{\mathrm{e}} + p_{\mathrm{m}} + \oint_A (\boldsymbol{E}\times\boldsymbol{H})\cdot \mathrm{d}\boldsymbol{A}$$

式中

$$p_{\mathrm{ed}} = \int_V \frac{J^2}{\sigma}\mathrm{d}V,\quad p_{\mathrm{e}} = \int_V \boldsymbol{E}\cdot\frac{\partial \boldsymbol{D}}{\partial t}\mathrm{d}V,\quad p_{\mathrm{m}} = \int_V \boldsymbol{H}\cdot\frac{\partial \boldsymbol{B}}{\partial t}\mathrm{d}V$$

分别表示瞬时的涡流损耗功率、电场损耗功率和磁场损耗功率。坡印亭定理的正确性间接说明以上 3 项可以相加。

对于周期时变场中的铁磁质,由于 $\boldsymbol{H}\cdot\dfrac{\partial \boldsymbol{B}}{\partial t}$ 位于磁滞回线上,所以瞬时值 p_{m} 具有不确定性。为了消除这种不确定性,可以让 $\boldsymbol{H}\cdot\dfrac{\partial \boldsymbol{B}}{\partial t}$ 沿磁滞回线 C 循环一周,通过计算瞬时值 p_{m} 在一周期 T 内的平均值来消除时间变量 t,而且计算平均值比计算瞬时值更有实际意义。于是,磁场损耗的平均功率为

$$P_{\mathrm{m}} = \frac{1}{T}\int_0^T p_{\mathrm{m}}\mathrm{d}t = \frac{1}{T}\int_0^T \left(\int_V \boldsymbol{H}\cdot\frac{\partial \boldsymbol{B}}{\partial t}\mathrm{d}V\right)\mathrm{d}t$$

利用(见 5.3.1 节)

$$\boldsymbol{H}\cdot\frac{\partial \boldsymbol{B}}{\partial t} = \frac{\partial}{\partial t}\int_{\boldsymbol{B}_0}^{\boldsymbol{B}} \boldsymbol{H}\cdot\mathrm{d}\boldsymbol{B}$$

可得

$$P_{\mathrm{m}} = \frac{1}{T}\int_0^T \left[\int_V \left(\frac{\partial}{\partial t}\int_{\boldsymbol{B}_0}^{\boldsymbol{B}} \boldsymbol{H}\cdot\mathrm{d}\boldsymbol{B}\right)\mathrm{d}V\right]\mathrm{d}t = \frac{1}{T}\int_0^T \frac{\mathrm{d}}{\mathrm{d}t}\left[\int_V \left(\int_{\boldsymbol{B}_0}^{\boldsymbol{B}} \boldsymbol{H}\cdot\mathrm{d}\boldsymbol{B}\right)\mathrm{d}V\right]\mathrm{d}t$$

因外部电磁场变化一周,$\boldsymbol{H}\cdot\mathrm{d}\boldsymbol{B}$ 沿磁滞回线 C 循环一周,于是

$$P_{\mathrm{m}} = \frac{1}{T}\int_V \left(\oint_C \boldsymbol{H}\cdot\mathrm{d}\boldsymbol{B}\right)\mathrm{d}V = \frac{V}{T}\oint_C \boldsymbol{H}\cdot\mathrm{d}\boldsymbol{B} = p_{\mathrm{h}}V = P_{\mathrm{h}}$$

右端 P_{h} 为铁磁质的磁滞损耗[p_{h} 见式(4.126)],V 为铁磁质的体积。与此相应,涡流损耗瞬时功率、电场损耗瞬时功率也要取一周期内的平均值计算。

考虑到铁磁质内除了涡流损耗、电场损耗和磁滞损耗外,还有其他各种损耗(如铁磁质内的电磁场在外部空间产生的损耗),为计算简便,定义铁磁质的总损耗中扣除涡流损耗、电场损耗和磁滞损耗后的其他损耗为剩余损耗。这样,令 P 为周期时变场中铁磁质内总损耗的平均功率,P_{r} 为剩余损耗的平均功率,根据坡印亭定理表达式和剩余损耗的定义,得

$$P = P_{\mathrm{ed}} + P_{\mathrm{e}} + P_{\mathrm{h}} + P_{\mathrm{r}}$$

这说明,铁磁质内 4 类损耗可以相加。

注意 ①4 类损耗可以相加并不意味着 4 类损耗相互独立,相加时必须保持同一外源和同一频率。②在铁电质内,当外部电磁场变化一周,$\boldsymbol{E} \cdot \mathrm{d}\boldsymbol{D}$ 沿电滞回线 C 循环一周,电场损耗的平均功率等于电滞损耗:

$$P_{\mathrm{e}} = \frac{1}{T}\int_V \left(\oint_C \boldsymbol{E} \cdot \mathrm{d}\boldsymbol{D}\right) \mathrm{d}V = \frac{V}{T}\oint_C \boldsymbol{E} \cdot \mathrm{d}\boldsymbol{D}$$

铁电质是极化强度随时间变化滞后于电场强度随时间变化的一种电介质,作为对比,铁磁质是磁化强度随时间变化滞后于磁场强度随时间变化的一种磁介质。③铁磁质内,$\boldsymbol{J} = \sigma\boldsymbol{E}$,$\boldsymbol{D} = \varepsilon\boldsymbol{E}$,$\varepsilon/\sigma \ll 10^{-12}$,所以

$$\frac{J^2}{\sigma} + \boldsymbol{E} \cdot \frac{\partial \boldsymbol{D}}{\partial t} = \sigma E^2 + \frac{\varepsilon}{2}\frac{\partial E^2}{\partial t} \approx \sigma E^2 = \frac{J^2}{\sigma}$$

即计算铁磁质内损耗时,p_{e} 可忽略不计。④如果外部电磁场变化缓慢,则铁磁质的损耗主要是磁滞损耗,其他几类损耗都很小。

附注 5B 脉冲电磁场

1. 脉冲电磁场的场源

场源随时间作短暂变化所激发的电磁场称为脉冲电磁场,又称为瞬变电磁场。脉冲电磁场的场源特点是脉冲宽度小,常见的波形有单次的[图 5.25(a)],或脉冲波形为双极性周期波形[图 5.25(b)]。脉冲电磁响应的特征是瞬时功率的最大值与功率的平均值之比很高。

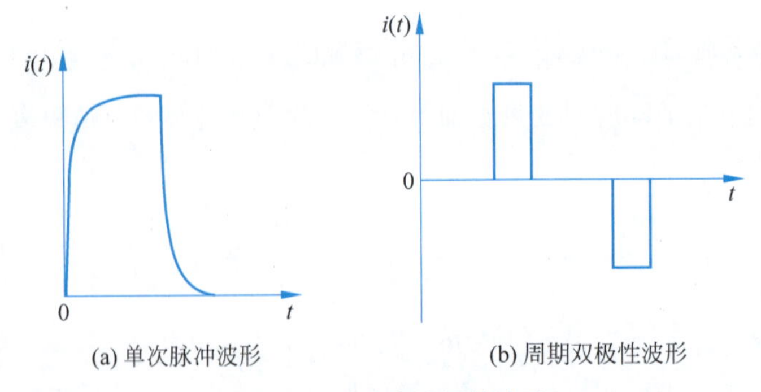

图 5.25 脉冲电流源的波形

2. 脉冲电磁场的特点

(1) 由于脉冲电流的持续时间短,系统的发热问题不严重,从而可通过增大脉冲电流源的峰值使涡流分布在导体的深部区域。脉冲激励峰值可达正弦激励峰值的几十倍至上千倍。

(2) 脉冲电源关断后,导体外部电磁场仅由导体内涡流产生,而涡流包含了导体信息,所以通过测量这个外部电磁场就可以反推导体特征(导体、尺寸、参数和性能等)。

(3) 脉冲电源关断后,脉冲涡流电磁场随时间的衰减大体上可用松弛时间常量来度量,导体的体积越大,电导率与磁导率的乘积越大,松弛时间常量的值越大,衰减越慢。脉冲电磁场中不存在透入深度的概念。

(4) 从减弱干扰的角度看,由于激励信号强,电磁响应的信号也强,从而干扰因素相对就小,信噪比提高。

(5) 脉冲电流展开成傅里叶级数后,频率成分多,信息量大。

(6) 强脉冲可使本构关系中的非线性项变得突出起来，有时表现出非线性特性。

3. 脉冲电磁场的计算

设线性定常无源场区在 $t=0$ 时接通脉冲电源，且场量(电场强度、磁通密度)的初始值为零。在这样的条件下，整个场区可当作一个线性定常无源一端口网络。利用线性电路对一个任意非周期波形输入的零状态响应的计算方法，可以写出脉冲电磁场的计算步骤(以外源是脉冲电流源 $i(t)$、求解对象是电场强度 $\boldsymbol{E}(\boldsymbol{r},t)$ 为例)：

第一步，用相量法求出角频率为 ω 的正弦电流源 $\dot{I}_0$ 产生的电场强度 $\dot{\boldsymbol{E}}_0(\boldsymbol{r},\omega)$；

第二步，计算脉冲电流源 $i(t)$ 的傅里叶变换 $\dot{I}(\omega)=\dfrac{1}{\sqrt{2\pi}}\displaystyle\int_{-\infty}^{\infty} i(t)\mathrm{e}^{-\mathrm{j}\omega t}\mathrm{d}t$；

第三步，计算时域脉冲响应 $\boldsymbol{E}(\boldsymbol{r},t)=\dfrac{1}{\sqrt{2\pi}}\displaystyle\int_{-\infty}^{\infty}\dfrac{\dot{I}(\omega)}{\dot{I}_0}\dot{\boldsymbol{E}}_0(\boldsymbol{r},\omega)\mathrm{e}^{\mathrm{j}\omega t}\mathrm{d}\omega$。

注意，以上计算方法要求外源 $i(t)$ 是非周期函数。当外源 $i(t)$ 是周期函数时，可将 $i(t)$ 展开为傅里叶级数，使用叠加原理计算各分量的响应之和，便可求出时域脉冲响应。

4. 脉冲涡流检测举例

图 5.26 是脉冲涡流无损检测的原理图。被测导体上方有一脉冲电流源激磁的线圈，脉冲电流在线圈周围产生脉冲磁场，一部分脉冲磁场进入导体后在导体内产生脉冲涡流；脉冲涡流产生的磁场又穿过位于导体外部的线圈，在线圈两端产生感应电压；通过测量线圈两端的感应电压就可反推导体特征。

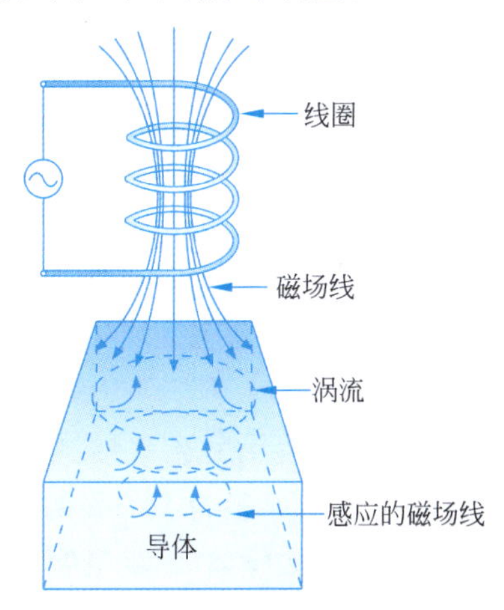

图 5.26　脉冲涡流无损检测的原理图

5. 脉冲涡流演示

如何形象地演示脉冲涡流的变化规律？根据涡流的产生原因，图 5.26 中的线圈相当于变压器的一次绕组，涡流分布区域相当于变压器的二次绕组，由于大块导体可看成由许多沿涡流路径的细导线线圈的集合，所以二次绕组都是短路连接。图 5.27 就是用变压器来模拟涡流的电路，当一次绕组中的电流变化时，二次绕组中的电流变化就代表了导体内的涡流变化。

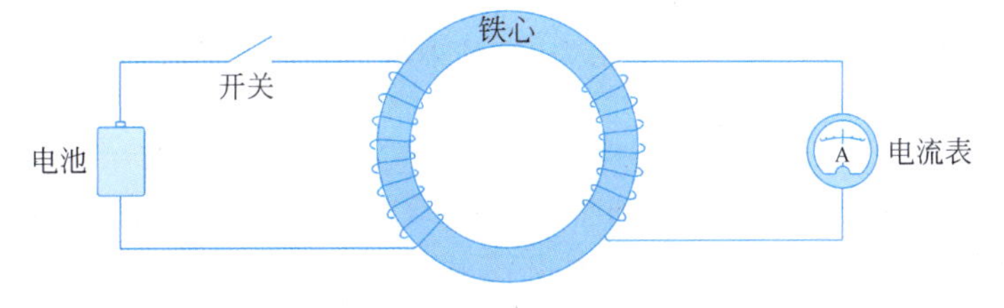

图 5.27　涡流的模拟电路

当图 5.27 中的开关接通后，由于电感的作用，线圈中的电流不能立即达到稳定值，而是由零逐渐增加到稳定值(图 5.28(a)中曲线上升沿部分)，相应地，线圈的磁通由零逐渐增加到最大值，这个磁通进入导体后，导体内产生感应电流来抵制外部磁通的增加，随着外部线圈中的电流趋于稳定，涡流逐渐减少(图 5.28(b)中曲线前半段)。当一次绕组的开关断开后，线圈中的电流迅速减少到零(图 5.28(a)中曲线下降沿部分)，线圈中的磁通也迅速减少到零，此时导体内产生一个反向涡流来阻止外部磁通的减少，此后这个涡流在导体内逐渐转换为焦耳热，涡流逐渐减少，最后趋于零(图 5.28(b)中曲线后半段)。图 5.28(a)和图 5.28(b)具有同一时间轴，这两个图对照看，就会清楚地看出脉冲涡流的扩散规律。

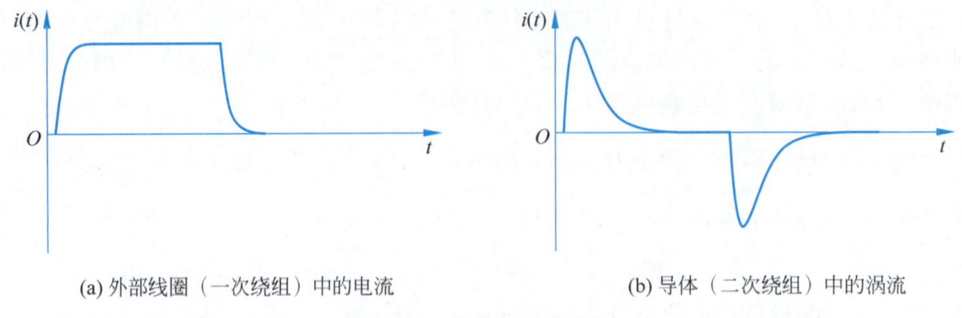

(a) 外部线圈（一次绕组）中的电流　　(b) 导体（二次绕组）中的涡流

图 5.28　脉冲涡流的演示

习　　题

5.1　在随时间 t 正弦变化的均匀磁场 $\boldsymbol{B}=B_{\mathrm{m}}\sin\omega t\boldsymbol{e}$($B_{\mathrm{m}}$ 为磁通密度的振幅，ω 为角频率，$\boldsymbol{e}$ 为磁场方向的单位矢量)中，有面积为 S 的静止单匝圆环线圈。设圆环平面的法向单位矢量 $\boldsymbol{n}$ 与 $\boldsymbol{e}$ 的夹角为 θ，求圆环中的感应电动势。

5.2　半径为 a 的圆环线圈位于稳恒均匀磁场 $\boldsymbol{B}_0$ 中，线圈以角速度 ω 绕自身的一个垂直于 $\boldsymbol{B}_0$ 的直径匀速转动。已知线圈的电阻和电感分别为 r 和 L，求圆环线圈内的稳态电流。

5.3　已知理想电介质中电场强度和磁场强度分别为

$$\boldsymbol{E}=300\pi\cos(\omega t-2y)\boldsymbol{e}_x,\quad \boldsymbol{H}=-10\cos(\omega t-2y)\boldsymbol{e}_z$$

设介质的相对磁导率 $\mu_{\mathrm{r}}=1$。试求角频率 ω 和介质的相对电容率 ε_{r}。

5.4　极板半径为 10 cm 的圆柱形平行板电容器，极板上通以电流 $i(t)=\sqrt{2}\sin(100\pi t)$，忽略电容器的边缘效应，求电容器中的磁场强度。

5.5　在直角坐标系 $Oxyz$ 中，真空中电场为 $\boldsymbol{E}=E_{\mathrm{m}}\sin(\alpha x)\cos(\omega t-\beta z)\boldsymbol{e}_y$，其中 α 和 β 均为实常量。求磁场 $\boldsymbol{H}$ 的表达式。

5.6　在磁导率为 μ 的磁介质中，电场强度为 $\boldsymbol{E}=\sqrt{2}\boldsymbol{E}_0\cos(\omega t-kx)$，$\boldsymbol{E}_0$ 是实数常矢量，k 和 ω 均为正常量。试求坡印亭矢量 $\boldsymbol{S}$。

5.7　一段长直实心圆柱导体的电阻为 R，其中电流为 I，证明导体侧面 A 上的坡印亭矢量 $\boldsymbol{S}$ 满足 $\int_A \boldsymbol{S}\cdot\mathrm{d}(-\boldsymbol{A})=RI^2$。

5.8　试分别计算频率为 1 MHz 和 1 GHz 时海水中的位移电流密度与传导电流密度的振幅之比。海水的电导率为 4.2 S/m，相对电容率为 $\varepsilon_{\mathrm{r}}=81$。

5.9　设硅钢片(一种小矫顽力的铁磁质)的厚度为 0.3 mm，电导率为 3 MS/m，相对磁导率为 5000，工作在频率为 50 Hz 的时谐电磁场中，内表面的磁通密度最大值为 0.8 T。求硅钢片的涡流损耗密度。

***5.10**　无限大真空中一根圆柱铜导线通有 6 kHz 正弦电流，导线半径为 $a=1.5$ mm，磁导率为 μ_0，电导率为 $\sigma=58$ MS/m。试计算透入深度和单位长内阻抗。

人非生而知之者，孰能无惑？

韩愈《师说》

第6章 电磁波的传播

电磁波是时变电磁场的一种表现形式。所谓波是一种向外传播的扰动，使能量从一点传播到另一点。在电磁波传播过程中物质没有位移。

本章叙述电磁波的基本传播规律，下一章叙述电磁波的辐射即电磁波的产生。从电磁波的发生次序上看，只有先辐射出来，然后才能传播，似乎应该先叙述电磁波的辐射。但从历史的发展顺序看恰恰相反，1873年，麦克斯韦提出了光的电磁学说，研究了平面波及在结晶介质中的传播，而15年后，才由赫兹做出电磁波辐射实验。本书大体是按历史发展顺序叙述的。

在波的传播过程中，最重要的有4点：波的传播形态（偏振）、反射、折射和衰减（吸收）。本章围绕这些内容展开：第一部分为理想介质中电磁波的方程，直角坐标系中的平面波解，均匀平面电磁波的性质和偏振，以及电磁波在介质边界面上的反射和折射；第二部分为导体中平面电磁波的基本传播特性；第三部分为电磁波的定向传播，主要讨论电磁波在矩形金属波导管中的传播规律。这些内容都是正弦场源激励下麦克斯韦方程组在特定边界条件下的正弦稳态解，它们呈现了电磁场的基本变化规律，是电磁波理论中的重要内容。

6.1 理想介质中电磁波的方程

理想介质是指没有电磁能量损耗的介质，它的电导率为零。

6.1.1 波动方程

当电磁波离开波源后，$\rho_v=0$，$\boldsymbol{J}=\boldsymbol{0}$，在电容率$\varepsilon$和磁导率$\mu$均为常量的理想介质中，波的传播服从以下形式的麦克斯韦方程组

$$\nabla\cdot\boldsymbol{E}=0 \tag{6.1}$$

$$\nabla\cdot\boldsymbol{H}=0 \tag{6.2}$$

$$\nabla\times\boldsymbol{E}=-\mu\frac{\partial\boldsymbol{H}}{\partial t} \tag{6.3}$$

$$\nabla\times\boldsymbol{H}=\varepsilon\frac{\partial\boldsymbol{E}}{\partial t} \tag{6.4}$$

这些方程有非零解，即使离开场源，场源外电磁场也存在。

在方程(6.3)两端取旋度，由方程(6.4)，可知

$$\nabla\times(\nabla\times\boldsymbol{E})=-\mu\frac{\partial}{\partial t}(\nabla\times\boldsymbol{H})=-\mu\varepsilon\frac{\partial^2\boldsymbol{E}}{\partial t^2}$$

利用矢量微分公式$\nabla\times(\nabla\times\boldsymbol{F})=\nabla(\nabla\cdot\boldsymbol{F})-\nabla^2\boldsymbol{F}$，得

$$\nabla(\nabla\cdot\boldsymbol{E})-\nabla^2\boldsymbol{E}=-\mu\varepsilon\frac{\partial^2\boldsymbol{E}}{\partial t^2} \tag{6.5}$$

再利用方程(6.1),得到

$$\nabla^2\boldsymbol{E}=\mu\varepsilon\frac{\partial^2\boldsymbol{E}}{\partial t^2} \tag{6.6}$$

同理,得

$$\nabla^2\boldsymbol{H}=\mu\varepsilon\frac{\partial^2\boldsymbol{H}}{\partial t^2} \tag{6.7}$$

即 $\boldsymbol{E}$ 和 $\boldsymbol{H}$ 满足同样形式的时域方程。

方程(6.6)和方程(6.7)有相同的数学形式,这种没有场源项的方程称为齐次波动方程(非齐次波动方程见7.2节)。电磁波、弦振动、棒振动、薄膜振动、声波都满足波动方程。

6.1.2 亥姆霍兹方程

设时谐电磁波的角频率为 ω,$\boldsymbol{E}$ 和 $\boldsymbol{H}$ 随时间 t 的变化规律为

$$\boldsymbol{E}(\boldsymbol{r},t)=\mathrm{Re}[\sqrt{2}\dot{\boldsymbol{E}}(\boldsymbol{r})\mathrm{e}^{\mathrm{j}\omega t}]$$

$$\boldsymbol{H}(\boldsymbol{r},t)=\mathrm{Re}[\sqrt{2}\dot{\boldsymbol{H}}(\boldsymbol{r})\mathrm{e}^{\mathrm{j}\omega t}]$$

分别代入方程(6.6)和(6.7),可得 $\dot{\boldsymbol{E}}$ 和 $\dot{\boldsymbol{H}}$ 满足的频域波动方程即亥姆霍兹方程

$$\nabla^2\dot{\boldsymbol{E}}+k^2\dot{\boldsymbol{E}}=\boldsymbol{0} \tag{6.8}$$

$$\nabla^2\dot{\boldsymbol{H}}+k^2\dot{\boldsymbol{H}}=\boldsymbol{0} \tag{6.9}$$

式中

$$k=\omega\sqrt{\varepsilon\mu} \tag{6.10}$$

是正值,单位为弧度每米(rad/m)。这两个矢量形式的亥姆霍兹方程都是用相量表示波动方程后得到的。

已知 $\dot{\boldsymbol{E}}$ 后,由 $\nabla\times\dot{\boldsymbol{E}}=-\mathrm{j}\omega\mu\dot{\boldsymbol{H}}$ 得

$$\dot{\boldsymbol{H}}=-\frac{1}{\mathrm{j}\omega\mu}\nabla\times\dot{\boldsymbol{E}} \tag{6.11}$$

同样,已知 $\dot{\boldsymbol{H}}$ 后,由 $\nabla\times\dot{\boldsymbol{H}}=\mathrm{j}\omega\varepsilon\dot{\boldsymbol{E}}$ 得

$$\dot{\boldsymbol{E}}=\frac{1}{\mathrm{j}\omega\varepsilon}\nabla\times\dot{\boldsymbol{H}} \tag{6.12}$$

6.1.3 时谐电磁波的分类

为便于描述时谐电磁波的传播特性,需要对电磁波进行分类。

设标量形式的时谐波为

$$u(\boldsymbol{r},t)=\sqrt{2}U(\boldsymbol{r})\cos[\omega t+\Phi(\boldsymbol{r})] \tag{6.13}$$

这里 ω 是角频率,$U(\boldsymbol{r})$ 和 $\Phi(\boldsymbol{r})$ 都是场点 $\boldsymbol{r}$ 的实数函数,且 $U(\boldsymbol{r})>0$。

为了看清时谐波在空间的变化情况,可以观察任意固定时刻 t 的等幅面和等相面的形状。等幅面是指时谐波的振幅 $\sqrt{2}U(\boldsymbol{r})$ 为常量的曲面,它的方程是

$$U(\boldsymbol{r})=C_1\text{(常量)} \tag{6.14}$$

等相面是指时谐波在同一时刻相位相等的点所组成的面。对于给定时刻 t,等相面方程为

$$\omega t + \Phi(\boldsymbol{r}) = C_2（常量）$$

由于时刻 t 给定，而 ω 为常量，所以等相面方程实质上是相角 $\Phi(\boldsymbol{r})$ 为常量的曲面：

$$\Phi(\boldsymbol{r}) = C_3（常量） \tag{6.15}$$

等相面又称波阵面。

等幅面和等相面都是为了使电磁波可视化而采取的数学表示方法。与等幅面相比，等相面更能形象地描述波的形状，用处更大。等相面形象地描绘了同一时刻时谐波到达空间各点位置的集合。有了等相面的概念后，可以对时谐波进行分类：等相面是平面、柱面和球面的波分别称为平面波、柱面波和球面波；等幅面与等相面重合的波称为均匀波，反之称为非均匀波，由此可以说，等相面上振幅处处相等的波是均匀波，反之是非均匀波。

6.2 均匀平面电磁波的基本性质

均匀平面电磁波是一种最简单、最重要的电磁波。无论波源具有何种形状，在远离波源的场点，通过场点的等相面上一小部分曲面就可以看作平面，例如图 6.1 是频率为 20 MHz 的电偶极子天线所辐射电磁波的等相面，可见离波源越远，等相面越接近平面。因此研究平面波的传播规律具有重要意义。

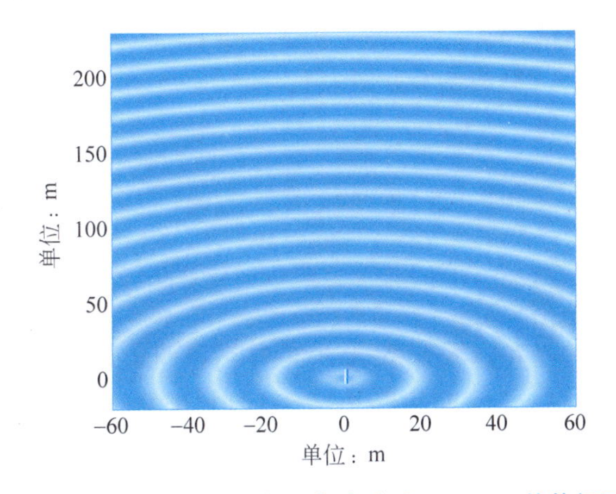

图 6.1 电偶极子辐射电磁波（频率为 20 MHz）的等相面

6.2.1 直角坐标系中亥姆霍兹方程的解

在理想介质中，时谐电磁场的有效值相量 $\dot{\boldsymbol{E}}$ 和 $\dot{\boldsymbol{H}}$ 分别满足亥姆霍兹方程(6.8)和方程(6.9)。这两个方程的数学形式相同，只要求出一个方程的解，另一个方程的解通过类比就可得到。

下面在直角坐标系 $Oxyz$ 中求解矢量形式的亥姆霍兹方程(6.8)。设

$$\dot{\boldsymbol{E}} = \dot{E}_x \boldsymbol{e}_x + \dot{E}_y \boldsymbol{e}_y + \dot{E}_z \boldsymbol{e}_z \tag{6.16}$$

代入方程 $\nabla^2 \dot{\boldsymbol{E}} + k^2 \dot{\boldsymbol{E}} = \boldsymbol{0}$，得

$$\nabla^2 \dot{E}_x + k^2 \dot{E}_x = 0, \quad \nabla^2 \dot{E}_y + k^2 \dot{E}_y = 0, \quad \nabla^2 \dot{E}_z + k^2 \dot{E}_z = 0$$

这 3 个方程可用下面标量形式的亥姆霍兹方程来统一表示：

$$\nabla^2 u + k^2 u = 0 \tag{6.17}$$

不难看出，$u=0$ 是方程的一个解，因零解意味着没有电场，所以需要求出它的非零解。

用分离变量法求解。设函数 $u(x,y,z)$ 是以下 3 个单变量函数的乘积：

$$u(x,y,z)=X(x)Y(y)Z(z) \tag{6.18}$$

代入方程(6.17)，得

$$\frac{1}{X}\frac{\mathrm{d}^2X}{\mathrm{d}x^2}+\frac{1}{Y}\frac{\mathrm{d}^2Y}{\mathrm{d}y^2}+\frac{1}{Z}\frac{\mathrm{d}^2Z}{\mathrm{d}z^2}+k^2=0 \tag{6.19}$$

左端的第一项、第二项、第三项分别是 x、y、z 的单变量函数，而 x、y、z 是 3 个互相独立的坐标变量，这意味着这 3 项都必须分别等于某个常量：

$$\frac{1}{X}\frac{\mathrm{d}^2X}{\mathrm{d}x^2}=-k_x^2 \tag{6.20}$$

$$\frac{1}{Y}\frac{\mathrm{d}^2Y}{\mathrm{d}y^2}=-k_y^2 \tag{6.21}$$

$$\frac{1}{Z}\frac{\mathrm{d}^2Z}{\mathrm{d}z^2}=-k_z^2 \tag{6.22}$$

将以上 3 式代入式(6.19)，得

$$k_x^2+k_y^2+k_z^2=k^2=\omega^2\varepsilon\mu \tag{6.23}$$

因 $\omega^2\varepsilon\mu\geqslant0$，这表明 k_x、k_y、k_z 都是实数量。不失一般性，设 $k_x\geqslant0$，$k_y\geqslant0$，$k_z\geqslant0$（不能同时为 0），此时方程(6.20)～(6.22)的通解分别为

$$X(x)=c_1\mathrm{e}^{-\mathrm{j}k_xx}+c_2\mathrm{e}^{\mathrm{j}k_xx} \tag{6.24}$$

$$Y(y)=c_3\mathrm{e}^{-\mathrm{j}k_yy}+c_4\mathrm{e}^{\mathrm{j}k_yy} \tag{6.25}$$

$$Z(z)=c_5\mathrm{e}^{-\mathrm{j}k_zz}+c_6\mathrm{e}^{\mathrm{j}k_zz} \tag{6.26}$$

式中，c_1～c_6 都是待定复常量。

从 $X(x)$、$Y(y)$、$Z(z)$ 的表达式可见，它们都分别由两个复指数函数之和所组成。根据 5.6 节后“说明”可知，$\mathrm{e}^{-\mathrm{j}k_xx}$、$\mathrm{e}^{-\mathrm{j}k_yy}$ 和 $\mathrm{e}^{-\mathrm{j}k_zz}$ 分别是向 x 轴、y 轴和 z 轴的正向传播的行波，即入射波；$\mathrm{e}^{\mathrm{j}k_xx}$、$\mathrm{e}^{\mathrm{j}k_yy}$ 和 $\mathrm{e}^{\mathrm{j}k_zz}$ 分别是向 x 轴、y 轴和 z 轴的反向传播的行波，即反射波。一般地，空间任意点的电磁波是入射波和反射波的叠加，表达式的形式要根据边界条件来确定。这里仅考虑正向传播的行波即入射波，于是，式(6.24)～(6.26)中 $c_2=c_4=c_6=0$，方程 $\nabla^2u+k^2u=0$ 的通解为

$$u(x,y,z)=X(x)Y(y)Z(z)=c_1c_3c_5\mathrm{e}^{-\mathrm{j}(k_xx+k_yy+k_zz)} \tag{6.27}$$

根据以上结果，令实矢量

$$\boldsymbol{k}=k_x\boldsymbol{e}_x+k_y\boldsymbol{e}_y+k_z\boldsymbol{e}_z \tag{6.28}$$

则

$$\boldsymbol{k}\cdot\boldsymbol{r}=k_xx+k_yy+k_zz \tag{6.29}$$

$\dot{\boldsymbol{E}}$ 在三坐标轴上的投影可写成

$$\dot{E}_x=E_{x0}\mathrm{e}^{-\mathrm{j}\boldsymbol{k}\cdot\boldsymbol{r}},\quad \dot{E}_y=E_{y0}\mathrm{e}^{-\mathrm{j}\boldsymbol{k}\cdot\boldsymbol{r}},\quad \dot{E}_z=E_{z0}\mathrm{e}^{-\mathrm{j}\boldsymbol{k}\cdot\boldsymbol{r}}$$

这里，E_{x0}、E_{y0}、E_{z0} 均为复常量。设复数常矢量（简称复常矢量）

$$\boldsymbol{E}_0=E_{x0}\boldsymbol{e}_x+E_{y0}\boldsymbol{e}_y+E_{z0}\boldsymbol{e}_z$$

于是方程$\nabla^2\dot{\boldsymbol{E}}+k^2\dot{\boldsymbol{E}}=\boldsymbol{0}$的解为

$$\dot{\boldsymbol{E}}=\dot{E}_x\boldsymbol{e}_x+\dot{E}_y\boldsymbol{e}_y+\dot{E}_z\boldsymbol{e}_z=\boldsymbol{E}_0\mathrm{e}^{-\mathrm{j}\boldsymbol{k}\cdot\boldsymbol{r}} \tag{6.30}$$

同理，方程$\nabla^2\dot{\boldsymbol{H}}+k^2\dot{\boldsymbol{H}}=\boldsymbol{0}$的解为

$$\dot{\boldsymbol{H}}=\dot{H}_x\boldsymbol{e}_x+\dot{H}_y\boldsymbol{e}_y+\dot{H}_z\boldsymbol{e}_z=\boldsymbol{H}_0\mathrm{e}^{-\mathrm{j}\boldsymbol{k}\cdot\boldsymbol{r}} \tag{6.31}$$

以上解函数是在直角坐标系中得到的。下面的分析表明，这个解函数的几何图像是一个平面波，因此称这个形式的解为平面波解。相应地，如果亥姆霍兹方程分别在圆柱坐标系和球坐标系中求解，则会分别得到柱面波解和球面波解。

6.2.2　空间特性

1. 均匀平面波

在直角坐标系$Oxyz$中，理想介质中电场$\dot{\boldsymbol{E}}=\boldsymbol{E}_0\mathrm{e}^{-\mathrm{j}\boldsymbol{k}\cdot\boldsymbol{r}}$的瞬时式为

$$\boldsymbol{E}=\mathrm{Re}(\sqrt{2}\dot{\boldsymbol{E}}\mathrm{e}^{\mathrm{j}\omega t})=\mathrm{Re}[\sqrt{2}\boldsymbol{E}_0\mathrm{e}^{\mathrm{j}(\omega t-\boldsymbol{k}\cdot\boldsymbol{r})}]$$

设$\boldsymbol{E}_0$在三个坐标轴上的投影分别为

$$E_{x0}=|E_{x0}|\mathrm{e}^{\mathrm{j}\phi_x},\quad E_{y0}=|E_{y0}|\mathrm{e}^{\mathrm{j}\phi_y},\quad E_{z0}=|E_{z0}|\mathrm{e}^{\mathrm{j}\phi_z}$$

式中，ϕ_x、ϕ_y、ϕ_z分别是复常量E_{x0}、E_{y0}、E_{z0}的辐角。这样

$$\boldsymbol{E}=\mathrm{Re}[\sqrt{2}(|E_{x0}|\mathrm{e}^{\mathrm{j}\phi_x}\boldsymbol{e}_x+|E_{y0}|\mathrm{e}^{\mathrm{j}\phi_y}\boldsymbol{e}_y+|E_{z0}|\mathrm{e}^{\mathrm{j}\phi_z}\boldsymbol{e}_z)\mathrm{e}^{\mathrm{j}(\omega t-\boldsymbol{k}\cdot\boldsymbol{r})}]$$

它在三个坐标轴上的投影分别为

$$E_x(\boldsymbol{r},t)=\sqrt{2}|E_{x0}|\cos(\omega t-\boldsymbol{k}\cdot\boldsymbol{r}+\phi_x) \tag{6.32}$$

$$E_y(\boldsymbol{r},t)=\sqrt{2}|E_{y0}|\cos(\omega t-\boldsymbol{k}\cdot\boldsymbol{r}+\phi_y) \tag{6.33}$$

$$E_z(\boldsymbol{r},t)=\sqrt{2}|E_{z0}|\cos(\omega t-\boldsymbol{k}\cdot\boldsymbol{r}+\phi_z) \tag{6.34}$$

这3个量都是$\omega t-\boldsymbol{k}\cdot\boldsymbol{r}$的函数，根据5.6节后“说明”可知，它们分别是3个同频率的正弦行波。由于t是时间的度量，$\boldsymbol{r}$是空间的度量，所以为今后行文方便，分别把$\mathrm{e}^{\mathrm{j}\omega t}$和$\mathrm{e}^{-\mathrm{j}\boldsymbol{k}\cdot\boldsymbol{r}}$称作时谐电磁场的时间因子和空间因子。

在以上3个投影中，对于任意的固定时刻t_0，它们的等相面方程可统一写成

$$\omega t_0-\boldsymbol{k}\cdot\boldsymbol{r}+\phi=\omega t_0-(k_x x+k_y y+k_z z)+\phi=C \tag{6.35}$$

式中，ϕ为初相角，C为任意实常量。以上等相面方程是一个关于坐标变量x、y、z的一次方程，而一次方程的几何图形是平面，所以式(6.32)～式(6.34)所描述的波都是平面波；而振幅$\sqrt{2}|E_{0x}|$、$\sqrt{2}|E_{0y}|$、$\sqrt{2}|E_{0z}|$均为与位置无关的非负常量，在任意等相面上振幅都分别为同一个值，换言之，等相面与等幅面重合，所以这种振幅与场点无关的时谐波是均匀波。综合起来看，式(6.32)～式(6.34)都是均匀平面波。

同样地，$\dot{\boldsymbol{H}}=\boldsymbol{H}_0\mathrm{e}^{-\mathrm{j}\boldsymbol{k}\cdot\boldsymbol{r}}$在三个坐标轴上的投影也都是均匀平面波。

2. 传播方向

设标量波在时刻t_0的等值面为$u(\boldsymbol{r},t_0)=C_0$。我们知道，等值面上的任意点有无数个方向，每个方向都有波的传播，波沿等值面的切向变化为零，沿法向变化最快，而其他方向上波的变化介于这两个方向之间。另外，等值面上任意点只有一个方向是波的传播方向，在这个方向上波沿空间变化最快。由梯度概念可知，梯度∇u的方向是u增加最快的方向，负梯度$(-\nabla u)$的方向是u减少最快的方向，这两个方向都是u沿空间变化最快的方向。考虑到正向传播的

行波的传播方向与从坐标原点 O 发出的射线同方向，所以当 u 是正向传播的行波时，它的传播方向就是 ∇u 的表达式中与从坐标原点 O 发出的射线同方向的那个方向。

根据以上分析，对于正向行波式(6.32)～式(6.34)，任取一分量，如取 E_x，设 $\theta_x=\omega t_0-\boldsymbol{k}\cdot\boldsymbol{r}+\phi_x$，当 $\sin\theta_x\neq 0$ 时，梯度 $\nabla E_x(\boldsymbol{r},t)$ 的单位矢量为

$$\frac{\nabla E_x(\boldsymbol{r},t)}{|\nabla E_x(\boldsymbol{r},t)|}=\frac{\sin\theta_x}{|\sin\theta_x|}\boldsymbol{k}^\circ=\pm\boldsymbol{k}^\circ$$

设想将矢量 $\boldsymbol{k}^\circ$ 的起点平移至坐标原点 O(矢量平移不改变矢量的方向和大小)，从而

$$\boldsymbol{k}^\circ=\boldsymbol{e}_r \tag{6.36}$$

即 $\boldsymbol{k}^\circ$ 与从原点 O 出发的射线同方向，所以 E_x 沿 $\boldsymbol{k}$ 的方向传播。同理，式(6.33)和式(6.34)均为沿 $\boldsymbol{k}$ 方向传播的波，因此称 $\boldsymbol{k}$ 为均匀平面波的传播矢量。

需要说明，梯度 ∇u 的方向是等值面 $u(\boldsymbol{r},t_0)=C_0$ 的法线方向(数，1979)[340]，且指向 u 的增加方向，所以波的传播方向与等值面的法线方向相同或相反。对于振幅为常量的正弦行波 $\dot{\boldsymbol{E}}=\boldsymbol{E}_0\mathrm{e}^{-\mathrm{j}\boldsymbol{k}\cdot\boldsymbol{r}}$ 和 $\dot{\boldsymbol{H}}=\boldsymbol{H}_0\mathrm{e}^{-\mathrm{j}\boldsymbol{k}\cdot\boldsymbol{r}}$，等值面就是等相面。

注意，不要混淆波的传播方向和波的振动方向。为建立直观印象，图 6.2 绘出了 $E_z(x,t)=\sqrt{2}|E_{0z}|\cos(\omega t-k_x x+\phi_z)$ 的波形，这是一个沿 $\boldsymbol{e}_z$ 方向振动、朝 $\boldsymbol{e}_x$ 方向传播的均匀平面行波。

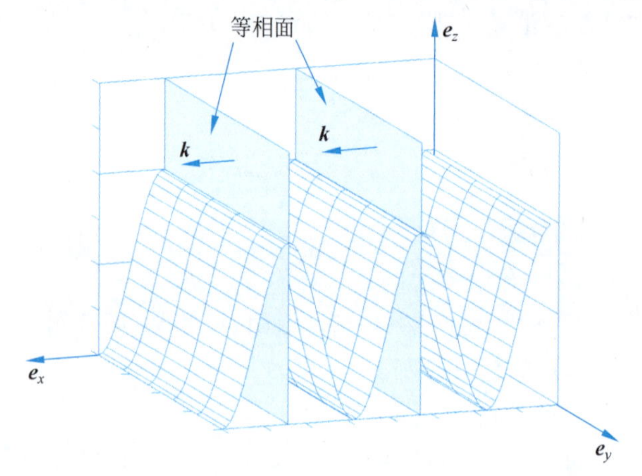

图 6.2 $\boldsymbol{e}_z$ 方向振动、$\boldsymbol{e}_x$ 方向传播的均匀平面行波

3. 电波、磁波、传播方向三者互相垂直

利用麦克斯韦方程组的时谐形式，可得均匀平面波的电场和磁场：

$$\dot{\boldsymbol{E}}=\frac{1}{\mathrm{j}\omega\varepsilon}\nabla\times(\boldsymbol{H}_0\mathrm{e}^{-\mathrm{j}\boldsymbol{k}\cdot\boldsymbol{r}})=\sqrt{\frac{\mu}{\varepsilon}}\dot{\boldsymbol{H}}\times\boldsymbol{k}^\circ \tag{6.37}$$

$$\dot{\boldsymbol{H}}=-\frac{1}{\mathrm{j}\omega\mu}\nabla\times(\boldsymbol{E}_0\mathrm{e}^{-\mathrm{j}\boldsymbol{k}\cdot\boldsymbol{r}})=\sqrt{\frac{\varepsilon}{\mu}}\boldsymbol{k}^\circ\times\dot{\boldsymbol{E}} \tag{6.38}$$

这表明，$\dot{\boldsymbol{E}}$、$\dot{\boldsymbol{H}}$、$\boldsymbol{k}$ 三者互相垂直，且顺序构成右手系。例如，一均匀平面波中的 $\boldsymbol{E}$ 固定指向 $\boldsymbol{e}_x$，$\boldsymbol{H}$ 固定指向 $\boldsymbol{e}_y$，则波的传播方向就是 $\boldsymbol{e}_z$ 方向，图 6.3 描绘了这种情况下均匀平面波在某一时刻的 $\boldsymbol{E}$ 和 $\boldsymbol{H}$ 在空间的分布情况①。

---

① 图 6.3 所示的空间波形只是均匀平面波的一种特殊传播情况，它的电场方向和磁场方向均固定不变，普遍情况下的空间波形见 6.3.3 节。

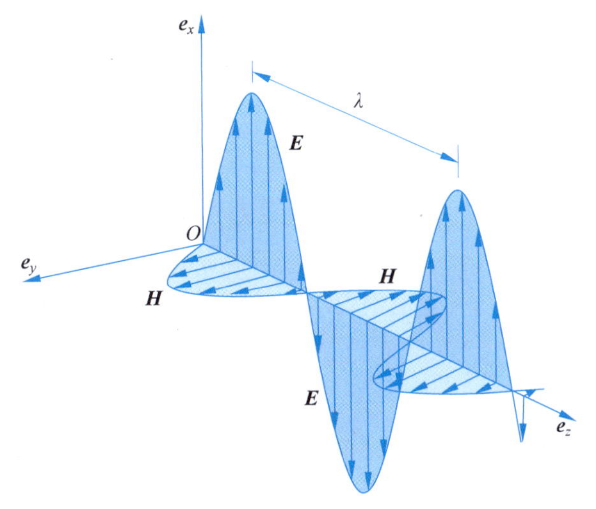

图 6.3 电场固定指向 e_x 方向、磁场固定指向 e_y 方向、朝向 e_z 方向传播的均匀平面波在某时刻的空间分布

4. 横波特性

在 ε 和 μ 都是常量的理想介质中,由

$$\nabla\cdot\dot{\boldsymbol{E}}=\nabla\cdot(\boldsymbol{E}_0\mathrm{e}^{-\mathrm{j}\boldsymbol{k}\cdot\boldsymbol{r}})=-\mathrm{j}\boldsymbol{k}\cdot\boldsymbol{E}_0\mathrm{e}^{-\mathrm{j}\boldsymbol{k}\cdot\boldsymbol{r}}=-\mathrm{j}\boldsymbol{k}\cdot\dot{\boldsymbol{E}}=0$$

$$\nabla\cdot\dot{\boldsymbol{H}}=\nabla\cdot(\boldsymbol{H}_0\mathrm{e}^{-\mathrm{j}\boldsymbol{k}\cdot\boldsymbol{r}})=-\mathrm{j}\boldsymbol{k}\cdot\boldsymbol{H}_0\mathrm{e}^{-\mathrm{j}\boldsymbol{k}\cdot\boldsymbol{r}}=-\mathrm{j}\boldsymbol{k}\cdot\dot{\boldsymbol{H}}=0$$

得

$$\dot{\boldsymbol{E}}\cdot\boldsymbol{k}=0 \tag{6.39}$$

$$\dot{\boldsymbol{H}}\cdot\boldsymbol{k}=0 \tag{6.40}$$

这说明,均匀平面波中的电波 $\boldsymbol{E}$ 和磁波 $\boldsymbol{H}$ 的振动分量均位于与传播矢量 $\boldsymbol{k}$ 相垂直的平面内,所以电波 $\boldsymbol{E}$ 和磁波 $\boldsymbol{H}$ 都是横波。

注意,并非所有电磁波都是横波。

6.2.3 相速、周期和波长

描述均匀平面电磁波传播特性的要素有相速、周期和波长。

1. 相速

等相面向波的传播方向移动的速度称为相速。设 $\boldsymbol{r}$ 是始点位于原点、终点位于等相面 S_p 上的位置矢量,则相速 v 就是 S_p 的移动速度 $\mathrm{d}\boldsymbol{r}/\mathrm{d}t$ 在传播方向 $\boldsymbol{k}^\circ$ 上的投影:

$$v=\left(\frac{\mathrm{d}\boldsymbol{r}}{\mathrm{d}t}\right)\cdot\boldsymbol{k}^\circ=\left(\frac{\mathrm{d}\boldsymbol{r}}{\mathrm{d}t}\right)\cdot\left(\frac{\boldsymbol{k}}{k}\right)=\frac{\mathrm{d}}{k\,\mathrm{d}t}(\boldsymbol{k}\cdot\boldsymbol{r})$$

利用等相面方程 $\omega t-\boldsymbol{k}\cdot\boldsymbol{r}+\phi=C$,可得相速

$$v=\frac{\mathrm{d}}{k\,\mathrm{d}t}(\omega t+\phi-C)=\frac{\omega}{k}$$

由 $k=\omega\sqrt{\varepsilon\mu}$,得理想介质中的相速

$$v=\frac{1}{\sqrt{\varepsilon\mu}} \tag{6.41}$$

特别地,真空中的相速

$$c=\frac{1}{\sqrt{\varepsilon_0\mu_0}}=299\,792\,458(\mathrm{m/s}) \tag{6.42}$$

近似写成 $c\approx3\times10^8$ m/s=300 m/μs，这说明真空中电磁波的传播速度等于光速，这从侧面说明光也是一种电磁波。

说明 1983 年 10 月在巴黎召开的第 17 届国际计量大会审议批准了米的新定义：米等于光在真空中 1/299 792 458 s 时间间隔内所经过的长度。新定义的实质是规定真空中的光速等于 299 792 458 m/s。这个定义的特点是：①米的复现不再使用实物基准和自然基准；②光在真空中的速度是一个准确值，不再是一个需要测量的量。

2. 周期

在同一场点，相角改变 2π 弧度所需要的时间称为周期 T，即

$$|[\omega(t+T)-\boldsymbol{k}\cdot\boldsymbol{r}+\phi]-(\omega t-\boldsymbol{k}\cdot\boldsymbol{r}+\phi)|=\omega T=2\pi$$

从而得到

$$T=\frac{2\pi}{\omega} \tag{6.43}$$

3. 波长

在同一时刻，相角改变 2π 弧度的两个等相面之间的距离称为波长。波长是正弦波在一个周期内传播的距离。设波长为 λ，令均匀平面电磁波在直角坐标系 $Oxyz$ 中向 $\boldsymbol{e}_z$ 方向传播，即 $\boldsymbol{k}=k\boldsymbol{e}_z$，$\boldsymbol{k}\cdot\boldsymbol{r}=kz$，则

$$|[\omega t-k(z+\lambda)+\phi]-(\omega t-kz+\phi)|=k\lambda=2\pi$$

于是波长

$$\lambda=\frac{2\pi}{k} \tag{6.44}$$

或写成

$$k=\frac{2\pi}{\lambda} \tag{6.45}$$

即传播矢量的模 k 等于任意时刻一个正弦波在相角改变 2π 弧度的空间所包含的波长数，因此也称 k 为波数。

例 6.1 设理想介质的相对电容率为 4，相对磁导率为 1，试求理想介质中频率为 300 MHz 的均匀平面电磁波的波长。

解 因波长 $\lambda=2\pi/k$，而 $k=\omega\sqrt{\varepsilon\mu}=2\pi f\sqrt{\varepsilon_r\mu_r}/c$，所以

$$\lambda=\frac{2\pi}{k}=\frac{c}{f\sqrt{\varepsilon_r\mu_r}}=\frac{3\times10^8}{300\times10^6\times\sqrt{4\times1}}=0.5(\mathrm{m})$$

解毕。

6.2.4 波阻抗

阻抗一词是亥维赛于 1886 年提出来的，用来表示由电阻和电感组成的电路中电压振幅与电流振幅的比值。1889 年洛奇、1893 年肯涅利和施泰因梅茨也推动使用这一名词。1938 年，谢昆诺夫将阻抗概念推广到时谐电磁场中[（谢，1962）[497]、（Stratton，1941）[282]]。

电路理论中，无限长均匀传输线上入射波电压相量 $\dot{U}^+$ 与入射波电流相量 $\dot{I}^+$ 之比定义为

均匀传输线的波阻抗 $Z=\dot{U}^{+}/\dot{I}^{+}$。与此对比，无限大均匀介质中的电磁波也是向无限远方向传播的行波，它没有反射波，这相当于一个负载吸收了全部电磁波，这个负载的阻抗就是电磁波的波阻抗。电磁波中的 $\dot{\boldsymbol{E}}$ 相当于 $\dot{U}^{+}$，$\dot{\boldsymbol{H}}$ 相当于 $\dot{I}^{+}$，它们的区别在于 $\dot{U}^{+}$ 和 $\dot{I}^{+}$ 都是标量，而 $\dot{\boldsymbol{E}}$ 和 $\dot{\boldsymbol{H}}$ 都是矢量，而矢量做分母无意义，所以需要取电场矢量和磁场矢量中的分量来分析。

在直角坐标系 $Oxyz$ 中，设均匀平面电磁波的电场为 $\dot{\boldsymbol{E}}=\dot{E}_x\boldsymbol{e}_x$，磁场为 $\dot{\boldsymbol{H}}=\dot{H}_y\boldsymbol{e}_y$，传播方向为 $\boldsymbol{k}^{\circ}=\boldsymbol{e}_z$，则由式(6.37)，得

$$\frac{\dot{E}_x}{\dot{H}_y}=\sqrt{\frac{\mu}{\varepsilon}}$$

这个比值具有阻抗量纲。受以上分析启发，设电磁波沿 z 轴的正向或反向传播，波阻抗定义为

$$Z=\pm\frac{\dot{E}_x}{\dot{H}_y}=\pm\frac{\dot{E}_y}{\dot{H}_x} \tag{6.46}$$

式中，比值 $\dot{E}_x/\dot{H}_y$ 或 $\dot{E}_y/\dot{H}_x$ 的实部为正时取正号“+”，反之取负号“−”。

对于真空中的均匀平面电磁波，设 $\dot{\boldsymbol{E}}=\dot{E}_x\boldsymbol{e}_x$，$\boldsymbol{k}^{\circ}=\boldsymbol{e}_z$，利用式(6.38)，可得真空波阻抗

$$Z_0=\frac{\dot{E}_x}{\dot{H}_y}=\sqrt{\frac{\mu_0}{\varepsilon_0}}\approx 376.7(\Omega) \tag{6.47}$$

Z_0 为正常量，说明真空中的均匀平面电磁波无损耗传播，且 $\boldsymbol{E}$ 和 $\boldsymbol{H}$ 同相位，电场和磁场同时达最大值，同时达最小值，同时过零点。

引入波阻抗的好处是：①已知波阻抗后，只要知道一个相量（$\dot{\boldsymbol{E}}$ 或 $\dot{\boldsymbol{H}}$）就能确定另一个相量（$\dot{\boldsymbol{H}}$ 或 $\dot{\boldsymbol{E}}$）；②在分析波的传播问题时，可以借鉴传输线理论中阻抗匹配的分析方法，使分析过程变得简单；③可以把许多平面波的反射问题统一起来，使每个具体的反射问题成为一个特例。

例 6.2 已知理想介质中角频率为 ω 的均匀平面电磁波为 $\dot{\boldsymbol{E}}=C_1\mathrm{e}^{-\mathrm{j}kz}\boldsymbol{e}_x$ 和 $\dot{\boldsymbol{H}}=C_2\mathrm{e}^{-\mathrm{j}kz}\boldsymbol{e}_y$，求坡印亭矢量 $\boldsymbol{S}$ 和波阻抗 Z。这里 ω、k、C_1、C_2 均为正常量。

解 先求坡印亭矢量。由题中条件，电场强度和磁场强度的时域式分别为

$$\boldsymbol{E}(z,t)=\mathrm{Re}(\sqrt{2}\dot{\boldsymbol{E}}\mathrm{e}^{\mathrm{j}\omega t})=\sqrt{2}C_1\cos(\omega t-kz)\boldsymbol{e}_x$$

$$\boldsymbol{H}(z,t)=\mathrm{Re}(\sqrt{2}\dot{\boldsymbol{H}}\mathrm{e}^{\mathrm{j}\omega t})=\sqrt{2}C_2\cos(\omega t-kz)\boldsymbol{e}_y$$

由此得坡印亭矢量

$$\boldsymbol{S}(z,t)=\boldsymbol{E}(z,t)\times\boldsymbol{H}(z,t)=C_1C_2\{1+\cos[2(\omega t-kz)]\}\boldsymbol{e}_z$$

可见 $\boldsymbol{S}(z,t)\cdot\boldsymbol{e}_z\geqslant 0$，这个均匀平面电磁波始终向 $\boldsymbol{e}_z$ 方向传播能量。

再求波阻抗。由空间因子 $\mathrm{e}^{-\mathrm{j}kz}$，可知 $\boldsymbol{k}\cdot\boldsymbol{r}=k_xx+k_yy+k_zz=kz$。考虑到 x、y、z 是 3 个独立变量，得 $\boldsymbol{k}=k\boldsymbol{e}_z$，从而 $\boldsymbol{k}^{\circ}=\boldsymbol{e}_z$。可见，与电磁波传播方向相垂直的平面为坐标面 xOy，这个平面内的电场相量为 $\dot{E}_x=C_1\mathrm{e}^{-\mathrm{j}kz}$，与其垂直的磁场相量为 $\dot{H}_y=C_2\mathrm{e}^{-\mathrm{j}kz}$，所以波阻抗

$$Z=\frac{\dot{E}_x}{\dot{H}_y}=\frac{C_1}{C_2}$$

解毕。

6.3 均匀平面电磁波的偏振

波有纵波与横波之分,纵波的振动方向与传播方向一致,横波的振动方向与传播方向垂直。横波的振动矢量垂直于传播方向但呈不对称分布,这种不对称分布称为波的偏振。从字面上看,偏振就是偏离传播方向的振动。纵波不存在偏振问题。

虽然均匀平面波的表达式 $\dot{\boldsymbol{E}}=\boldsymbol{E}_0\mathrm{e}^{-\mathrm{j}\boldsymbol{k}\cdot\boldsymbol{r}}$ 和 $\dot{\boldsymbol{H}}=\boldsymbol{H}_0\mathrm{e}^{-\mathrm{j}\boldsymbol{k}\cdot\boldsymbol{r}}$ 非常简单,但却蕴含了一个重要的物理现象——偏振,本节就来讨论这个现象。

6.3.1 为什么选电场强度为偏振矢量

均匀平面电磁波是横波,它的两个振动矢量 $\boldsymbol{E}$ 和 $\boldsymbol{H}$ 均位于与传播方向 $\boldsymbol{k}$ 相垂直的平面内。又因 $\boldsymbol{E}$ 和 $\boldsymbol{H}$ 垂直,而且波阻抗 Z 为常量,所以 $\boldsymbol{E}$ 和 $\boldsymbol{H}$ 的偏振情况相同,研究波的偏振只需要研究其中一个振动矢量($\boldsymbol{E}$ 或 $\boldsymbol{H}$)即可。但实际上,常取 $\boldsymbol{E}$ 作为偏振矢量,原因如下。

(1) 电磁场作用在带电粒子上的力 $\boldsymbol{F}$ 由洛伦兹力定律给出

$$\boldsymbol{F}=q(\boldsymbol{E}+\boldsymbol{v}\times\boldsymbol{B})=q(\boldsymbol{E}+\mu\boldsymbol{v}\times\boldsymbol{H}) \tag{6.48}$$

式中,q 为带电粒子的电荷,$\boldsymbol{v}=\mathrm{d}\boldsymbol{r}/\mathrm{d}t$ 为带电粒子的运动速度。可见,不论带电粒子运动状态如何,$\boldsymbol{E}$ 均产生作用,而 $\boldsymbol{H}$ 只对运动的带电粒子产生作用。

(2) 在时间间隔 $\mathrm{d}t$ 内,电磁场对点电荷的做功表现为电场 $\boldsymbol{E}$ 对点电荷的做功,而磁场 $\boldsymbol{H}$ 不做功:

$$\boldsymbol{F}\cdot\mathrm{d}\boldsymbol{r}=q(\boldsymbol{E}+\mu\boldsymbol{v}\times\boldsymbol{H})\cdot\boldsymbol{v}\mathrm{d}t=q\boldsymbol{E}\cdot\boldsymbol{v}\mathrm{d}t \tag{6.49}$$

(3) 实验表明,光波中产生感光作用(光照后引起的物理或化学变化)和生理作用的主要是光波电场 $\boldsymbol{E}$。

6.3.2 偏振波的 3 种形态

设均匀平面电磁波沿直角坐标系 $Oxyz$ 的 z 轴正向传播,则 $E_z=0$,$\boldsymbol{k}\cdot\boldsymbol{r}=(k\boldsymbol{e}_z)\cdot\boldsymbol{r}=kz$,电场强度的相量为

$$\dot{\boldsymbol{E}}=(|E_{x0}|\mathrm{e}^{\mathrm{j}\phi}\boldsymbol{e}_x+|E_{y0}|\mathrm{e}^{\mathrm{j}\psi}\boldsymbol{e}_y)\mathrm{e}^{-\mathrm{j}kz} \tag{6.50}$$

式中,ϕ 和 ψ 分别是复常量 E_{x0} 和 E_{y0} 的辐角,$-\pi<\phi\leqslant\pi$,$-\pi<\psi\leqslant\pi$。式(6.50)对应的瞬时式为

$$\begin{aligned}\boldsymbol{E}&=E_x\boldsymbol{e}_x+E_y\boldsymbol{e}_y\\&=E_{x\mathrm{m}}\cos(\omega t-kz+\phi)\boldsymbol{e}_x+E_{y\mathrm{m}}\cos(\omega t-kz+\psi)\boldsymbol{e}_y\end{aligned} \tag{6.51}$$

式中,$E_{x\mathrm{m}}=\sqrt{2}|E_{x0}|$,$E_{y\mathrm{m}}=\sqrt{2}|E_{y0}|$。可见 $\boldsymbol{E}$ 是由两个频率相同、方向垂直的正弦行波分量 E_x 和 E_y 所合成。

研究偏振就是研究均匀平面波在与传播方向相垂直的平面内振动分量的变化特性。为使偏振波可视化,在与传播方向垂直的任一平面 $z=z_0$(常量)内选定 E_x 和 E_y 的正方向分别与 x 轴和 y 轴方向相同:

$$E_x=E_{x\mathrm{m}}\cos\theta,\quad E_y=E_{y\mathrm{m}}\cos(\theta+\delta) \tag{6.52}$$

式中,参数 $\theta=\omega t-kz_0+\phi$,$E_y$ 与 E_x 的相角差

$$\delta=(\omega t-kz_0+\psi)-(\omega t-kz_0+\phi)=\psi-\phi$$

式中 $-\pi<\delta\leqslant\pi$。经此替换后,式(6.52)所表示的平面曲线就与偏振形态对应起来。

为确定这条平面曲线的形状,作以下变换。由式(6.52)中的两个分量,得

$$\frac{E_x}{E_{xm}}=\cos\theta \tag{6.53}$$

$$\frac{E_y}{E_{ym}}=\cos(\theta+\delta)=\cos\theta\cos\delta-\sin\theta\sin\delta \tag{6.54}$$

由式(6.53),得

$$\sin\theta=\pm\sqrt{1-\cos^2\theta}=\pm\sqrt{1-\frac{E_x^2}{E_{xm}^2}}$$

把此式和式(6.53)代入式(6.54)右端消去 θ,得

$$\frac{E_y}{E_{ym}}=\frac{E_x}{E_{xm}}\cos\delta\pm\sqrt{1-\frac{E_x^2}{E_{xm}^2}}\sin\delta$$

移项后,变形为

$$\pm\sqrt{1-\frac{E_x^2}{E_{xm}^2}}\sin\delta=\frac{E_y}{E_{ym}}-\frac{E_x}{E_{xm}}\cos\delta$$

两端平方,整理后得

$$\frac{E_x^2}{E_{xm}^2}-\frac{2E_xE_y}{E_{xm}E_{ym}}\cos\delta+\frac{E_y^2}{E_{ym}^2}=\sin^2\delta \tag{6.55}$$

这就是偏振波的一般表达式。

设 $A=E_{ym}/E_{xm}$。以下分 3 种情况来说明方程(6.55)所表示的曲线形状。

1. 线偏振波

令 $\delta=0$ 或 $\delta=\pi$,A 任意。

当 $\delta=0$ 时,由式(6.55),得

$$E_y=AE_x \tag{6.56}$$

此时电场强度矢量末端的轨迹是平面 $z=z_0$ 上一条通过原点、斜率为 A 的线段,如图 6.4(a)所示。这样的波叫线偏振波。

当 $\delta=\pi$ 时,由式(6.55),得

$$E_y=-AE_x \tag{6.57}$$

此时电场强度矢量末端的轨迹是平面 $z=z_0$ 上一条通过原点、斜率为$(-A)$的线段,如图 6.4(b)所示。这样的波也叫线偏振波。

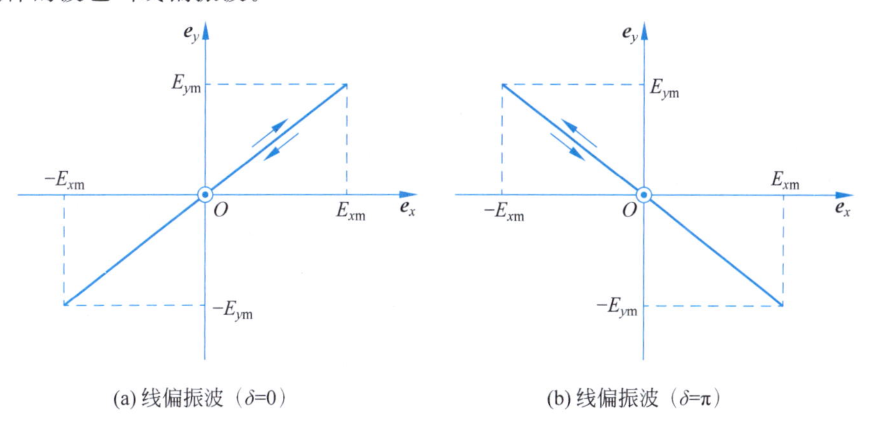

图 6.4　线偏振波及其振动方向(传播方向 e_z)

2. 圆偏振波

令 $\delta=\pm\pi/2$ 和 $A=1$。

设 $E_{xm}=E_{ym}=R$(常量)。由式(6.55)得

$$E_x^2+E_y^2=R^2 \tag{6.58}$$

这是一个半径为 R、圆心位于 z 轴的圆方程。此时电场强度矢量末端的轨迹在平面 $z=z_0$ 上是圆,如图 6.5 所示。这样的波叫圆偏振波。

$\delta=-\pi/2$ 和 $\delta=\pi/2$ 体现在圆偏振波的不同旋转方向上。考察平面 $z=z_0$ 内电场 $\boldsymbol{E}$ 与 x 轴正向的夹角

$$\alpha=\arctan\frac{E_y}{E_x} \tag{6.59}$$

当 $\delta=-\pi/2$ 时,$E_x=R\cos\theta$,$E_y=R\sin\theta$,夹角

$$\alpha=\arctan(\tan\theta)=\theta=\omega t-kz_0+\phi \tag{6.60}$$

从而电场强度矢量末端绕 z 轴旋转的角速度为

$$\frac{\mathrm{d}\alpha}{\mathrm{d}t}=\omega>0 \tag{6.61}$$

角速度等于常量 ω,说明 $\boldsymbol{E}$ 的末端绕 z 轴匀速旋转,夹角 α 随着 t 的增加而增加,如图 6.5(a)所示。同理,当 $\delta=\pi/2$ 时,$\mathrm{d}\alpha/\mathrm{d}t=-\omega<0$,说明 $\boldsymbol{E}$ 的末端绕 z 轴也是匀速旋转,夹角 α 随着 t 的增加而减少,如图 6.5(b)所示。这两种情况对应的旋转方向(简称旋向)恰好相反。为区别这两种旋向,国际电工委员会(IEC)和国际电信联盟(ITU)规定:伸直右手大拇指,指向波的传播方向,其余四指弯曲,当弯曲方向与电场强度矢量末端的旋向一致时,称这个波为右旋波,反之称这个波为左旋波。根据这个规定可知,图 6.5(a)是右旋圆偏振波,图 6.5(b)是左旋圆偏振波。

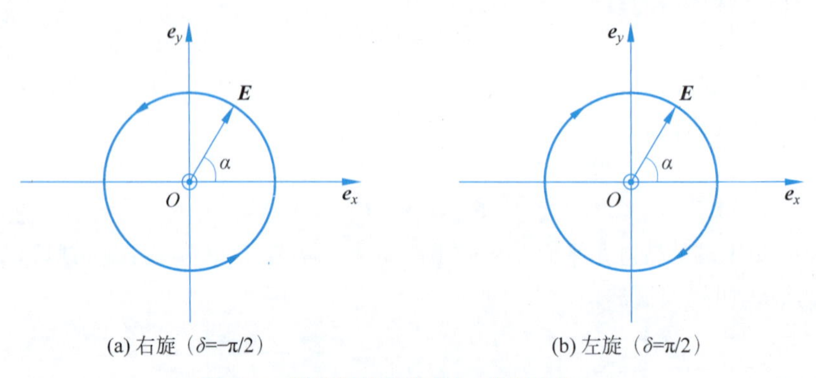

图 6.5 圆偏振波及其旋向(传播方向 $\boldsymbol{e}_z$)

于是得到结论:对于沿直角坐标系 $Oxyz$ 的 z 轴正向传播的圆偏振波,当 y 轴分量与 x 轴分量的相角差 $\delta<0$ 时是右旋波,$\delta>0$ 时是左旋波。这对于确定后面的椭圆偏振波的旋向同样适用。

例 6.3 设真空中均匀平面波为 $\dot{\boldsymbol{E}}=E_0(\boldsymbol{e}_y+\mathrm{j}\boldsymbol{e}_z)\mathrm{e}^{-\mathrm{j}kx}$,其中 $E_0>0$ 和 $k>0$。试判断平面波的偏振形态。

解 由空间因子 $\mathrm{e}^{-\mathrm{j}kx}$,可知波的传播方向为 $\boldsymbol{e}_x$。利用 $\mathrm{j}=\mathrm{e}^{\mathrm{j}\pi/2}$,则有

$$\boldsymbol{E}(x,t)=\mathrm{Re}(\sqrt{2}\dot{\boldsymbol{E}}\mathrm{e}^{\mathrm{j}\omega t})=\sqrt{2}E_0\mathrm{Re}[(\boldsymbol{e}_y+\mathrm{e}^{\mathrm{j}\pi/2}\boldsymbol{e}_z)\mathrm{e}^{\mathrm{j}(\omega t-kx)}]$$

电场强度的两个振动分量为 $E_y=\sqrt{2}E_0\cos(\omega t-kx)$ 和 $E_z=\sqrt{2}E_0\cos(\omega t-kx+\pi/2)$，从而 $E_y^2+E_z^2=(\sqrt{2}E_0)^2$。这是一个半径为$\sqrt{2}E_0$、圆心位于 x 轴的圆。

接下来在平面 $x=x_0$ 上确定波的旋向。令右手大拇指指向 $\boldsymbol{e}_x$ 方向，则 $\boldsymbol{e}_y$、$\boldsymbol{e}_z$、$\boldsymbol{e}_x$ 按次序符合右手螺旋关系，而 E_z 与 E_y 的相角差

$$\delta=\left(\omega t-kx_0+\frac{\pi}{2}\right)-(\omega t-kx_0)=\frac{\pi}{2}>0$$

所以对照上面结论，可知本题波为左旋圆偏振波。

本题还可以用"最笨"也是最可靠的作图法来确定旋向。如图 6.6 所示，在纸面上画一个直角坐标系 $Oxyz$，在平面 $x=x_0$ 内，令时刻 $t=t_1$ 时 $\omega t_1-kx_0=0$，则 $E_y(x_0,t_1)=E_m$ 和 $E_z(x_0,t_1)=0$，标出电场矢量末端 $A_1(x_0,E_m,0)$；再令后一个时刻 $t=t_2(t_2>t_1)$时 $\omega t_2-kx_0=\pi/2$，则 $E_y(x_0,t_2)=0$ 和 $E_z(x_0,t_2)=-E_m$，标出电场矢量末端 $A_2(x_0,0,E_m)$。可见随着时间的增加，电场强度矢量末端的绕向是从点 A_1 到点 A_2，符合左旋圆偏振波的旋向。解毕。

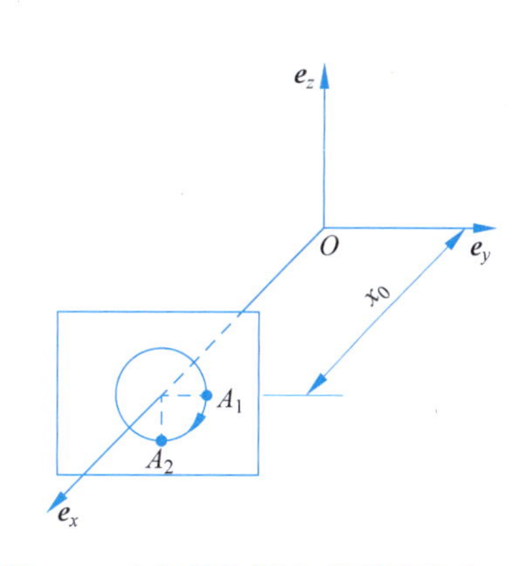

图 6.6　左旋圆偏振波(传播方向为 e_x)

注意：对于式(6.51)这样的入射波，如果空间坐标 z 不限定为定值 z_0，那么 z 就是一个变量，$\boldsymbol{E}$ 与 x 轴正向的夹角 α 就是 z 和 t 的二元函数，当 $\delta=-\pi/2$ 时，$\frac{\partial\alpha}{\partial t}=\omega>0$，$\frac{\partial\alpha}{\partial z}=-k<0$，这说明 α 随着 t 的增加而增加，随着 z 的增加而减少，这两个变量的增加导致旋向相反。同样，当 $\delta=\pi/2$ 时，α 随着 t 的增加而减少，随着 z 的增加而增加，旋向仍然相反。可见，为使旋向唯一，必须消除一个变量，使 α 成为 z 或 t 的单变量函数。由于观察者静止，所以应使空间坐标 z 固定，这样，在已知传播方向后就可以根据 α 随 t 的变化来唯一地确定波的旋向。

3. 椭圆偏振波

参数 δ 和 A 既不等于线偏振波的取值(即 $\delta\neq0$ 和 $\delta\neq\pi$)也不等于圆偏振波的取值(即$\delta\neq\pm\pi/2$ 和 $A\neq1$)。这种情形属于一般情况。

此时，为了看清方程(6.55)表示的曲线形状，将 x 轴和 y 轴同时绕原点 O 在 xOy 平面上旋转角度 α_0，得到一新的直角坐标系 $OXYz$，令新旧坐标系中的变量满足变换关系

$$\tan(2\alpha_0)=\frac{2A\cos\delta}{1-A^2}$$

$$E_x=X\cos\alpha_0-Y\sin\alpha_0$$

$$E_y=X\sin\alpha_0+Y\cos\alpha_0$$

代入方程(6.55)，则乘积 XY 的项就会相互抵消，方程(6.55)变换成

$$\frac{X^2}{a^2}+\frac{Y^2}{b^2}=1 \tag{6.62}$$

式中

$$a=\frac{E_{ym}\,|\sin\delta|}{\sqrt{|1+(A^2-1)\cos^2\alpha_0-A\cos\delta\sin2\alpha_0|}}$$

$$b=\frac{E_{ym}\mid\sin\delta\mid}{\sqrt{\mid 1+(A^2-1)\sin^2\alpha_0+A\cos\delta\sin2\alpha_0\mid}}$$

方程(6.62)是轴长分别为 a 和 b 的椭圆方程,椭圆中心位于 z 轴上。因此这样的波称为椭圆偏振波。线偏振波和圆偏振波都是椭圆偏振波的特例。

为确定椭圆偏振波的旋向,在任一平面 $z=z_0$ 上,利用 $\boldsymbol{E}$ 与 x 轴正向的夹角

$$\alpha=\arctan\frac{E_y}{E_x}=\arctan\frac{A\cos(\theta+\delta)}{\cos\theta}\tag{6.63}$$

得到 $\boldsymbol{E}$ 绕 z 轴旋转的角速度

$$\frac{\mathrm{d}\alpha}{\mathrm{d}t}=-\frac{\omega A\sin\delta}{\cos^2\theta+A^2\cos^2(\theta+\delta)}\tag{6.64}$$

式中 $\theta=\omega t-kz_0+\phi$。由式(6.64)可见:当 $-\pi<\delta<0$ 时,$\sin\delta<0$,$\mathrm{d}\alpha/\mathrm{d}t>0$,$\alpha$ 随着 t 的增加而增加,椭圆偏振波呈非匀速右旋;当 $0<\delta<\pi$ 时,$\sin\delta>0$,$\mathrm{d}\alpha/\mathrm{d}t<0$,$\alpha$ 随着 t 的增加而减少,椭圆偏振波呈非匀速左旋。图 6.7(a)和图 6.7(b)分别是平面 $z=z_0$ 上右旋和左旋的椭圆偏振波。

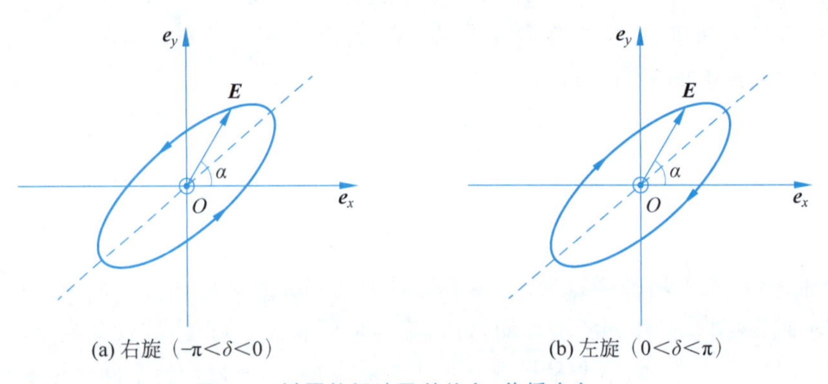

图 6.7 椭圆偏振波及其旋向(传播方向 $\boldsymbol{e}_z$)

例 6.4 在磁导率为 μ_0 的电介质内有一均匀平面电磁波,它的电场强度为

$$\boldsymbol{E}=2\cos(10^8t-0.5z)\boldsymbol{e}_x-3\sin(10^8t-0.5z)\boldsymbol{e}_y$$

求平面波的传播方向、波长、电介质的相对电容率以及偏振类型。

解 因相位 $\theta=\omega t-\boldsymbol{k}\cdot\boldsymbol{r}=10^8t-0.5z$,由此得 $\omega=10^8$ 和 $\boldsymbol{k}=0.5\boldsymbol{e}_z$。进一步得:传播方向 $\boldsymbol{k}^\circ=\boldsymbol{e}_z$,波数 $k=0.5$,波长 $\lambda=2\pi/k\approx12.6$,电介质的相对电容率

$$\varepsilon_r=\left(\frac{ck}{\omega}\right)^2=\left(\frac{3\times10^8\times0.5}{10^8}\right)^2=2.25$$

对于平面波的偏振类型,观察 $\boldsymbol{E}$ 的表达式可知

$$E_x=\boldsymbol{E}\cdot\boldsymbol{e}_x=2\cos\theta,\quad E_y=\boldsymbol{E}\cdot\boldsymbol{e}_y=-3\sin\theta$$

从而

$$\left(\frac{E_x}{2}\right)^2+\left(\frac{E_y}{3}\right)^2=\cos^2\theta+(-1)^2\sin^2\theta=1$$

这是一个椭圆方程。而 $\boldsymbol{E}$ 与 x 轴正向的夹角

$$\alpha=\arctan\frac{E_y}{E_x}=\arctan\left(-\frac{3}{2}\tan\theta\right)=-\arctan\left(\frac{3}{2}\tan\theta\right)$$

由此得 $\boldsymbol{E}$ 绕 z 轴旋转的角速度

$$\frac{\mathrm{d}\alpha}{\mathrm{d}t}=-\frac{6\times10^{8}}{4+5\sin^{2}\theta}<0$$

这说明，α 随着 t 的增加而减少，平面波为左旋椭圆偏振波。解毕。

例 6.5　证明椭圆偏振波为右旋圆偏振波与左旋圆偏振波的叠加。

证明　在直角坐标系 $Oxyz$ 中，设椭圆偏振波的相量为

$$\dot{\boldsymbol{E}}=(E_{x0}\boldsymbol{e}_x+E_{y0}\boldsymbol{e}_y)\mathrm{e}^{-\mathrm{j}kz}$$

式中，E_{x0} 和 E_{y0} 都是复常量。假定该椭圆偏振波可分解为以下的右旋圆偏振波和左旋圆偏振波：

$$\dot{\boldsymbol{E}}_1=E_{10}(\boldsymbol{e}_x-\mathrm{j}\boldsymbol{e}_y)\mathrm{e}^{-\mathrm{j}kz},\quad \dot{\boldsymbol{E}}_2=E_{20}(\boldsymbol{e}_x+\mathrm{j}\boldsymbol{e}_y)\mathrm{e}^{-\mathrm{j}kz}$$

式中，E_{10} 和 E_{20} 都是复常量。可见只要求出这两个量就能证明本题。

根据题意，$\dot{\boldsymbol{E}}=\dot{\boldsymbol{E}}_1+\dot{\boldsymbol{E}}_2$，即

$$E_{x0}\boldsymbol{e}_x+E_{y0}\boldsymbol{e}_y=E_{10}(\boldsymbol{e}_x-\mathrm{j}\boldsymbol{e}_y)+E_{20}(\boldsymbol{e}_x+\mathrm{j}\boldsymbol{e}_y)=(E_{10}+E_{20})\boldsymbol{e}_x-\mathrm{j}(E_{10}-E_{20})\boldsymbol{e}_y$$

对比两端 $\boldsymbol{e}_x$ 和 $\boldsymbol{e}_y$ 的系数，得

$$E_{10}+E_{20}=E_{x0},\quad -\mathrm{j}(E_{10}-E_{20})=E_{y0}$$

以上两式联立，解得

$$E_{10}=\frac{1}{2}(E_{x0}+\mathrm{j}E_{y0}),\quad E_{20}=\frac{1}{2}(E_{x0}-\mathrm{j}E_{y0})$$

证毕。

说明 1　由力学[①]可知，通过任意点的两个正弦波，其合成波一共可划分为 4 种情况。①方向相同，频率相同：合成波仍为同一方向、同一频率的正弦波。②方向相同，频率不同：合成波不再是正弦波，波的振幅呈现周期性地时强时弱，当两个波的频率接近时，合成波的振幅呈现脉动，这种现象叫拍。③方向垂直，频率相同：合成波是椭圆振动，它的两个特例是平面振动和圆振动。④方向垂直，频率不同：合成波随着波的参数的改变构成各种各样的图形，这样的图形叫李萨如图形。以上 4 种合成波在电磁场中都可以找到相应表现。

说明 2　在许多电动力学和光学的文献中对偏振波的旋向是这样规定的：当观察者迎着传播方向看去，电场强度矢量末端作顺时针旋转的叫右旋偏振波，作逆时针旋转的叫左旋偏振波。这个规定的旋向与 IEC 的规定正好相反。

动图显示

拓展视频：两个同频、方向垂直的正弦波的合成波见右侧二维码。

*6.3.3　偏振波的空间曲线

偏振波的两个横向振动分量都是同频率的正弦行波，它是空间坐标 z 和时间 t 的函数。为看清偏振波在空间的变化情况，必须取 $t=t_0$（定值），使函数成为仅随空间坐标 z 变化的一元函数。在此基础上，参照偏振波可视化的方法，选定 $\boldsymbol{E}$ 的分量 E_x 和 E_y 的正向分别与直角坐标系的 x 轴和 y 轴的正向相同，再从参数 $\beta=\omega t_0-kz+\phi$ 中解出 z，就可得到这条空间曲线的参数方程：

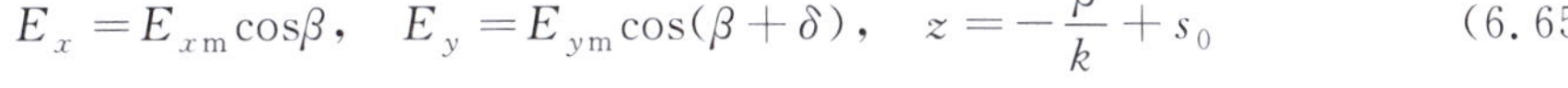

$$E_x=E_{xm}\cos\beta,\quad E_y=E_{ym}\cos(\beta+\delta),\quad z=-\frac{\beta}{k}+s_0 \tag{6.65}$$

---

① 例：梁昆淼，2010. 力学（上册）[M]. 第 4 版. 北京：高等教育出版社.

式中，$-\infty<\beta<\infty$，$s_0=(\omega t_0+\phi)/k$（s_0 为常量）。注意，任何空间曲线都可以用参数式表示，参数式不唯一。

设 $A=E_{ym}/E_{xm}$。以下分 3 种情况来说明参数方程(6.65)的曲线形状。

第 1 种：$\delta=0$ 或 $\delta=\pi$，A 任意。这种情况下，参数方程(6.65)表示一条朝 $\boldsymbol{e}_z$ 方向传播的正弦曲线，当 $\delta=0$ 时空间曲线如图 6.8(a)所示，当 $\delta=\pi$ 时空间曲线如图 6.8(b)所示。

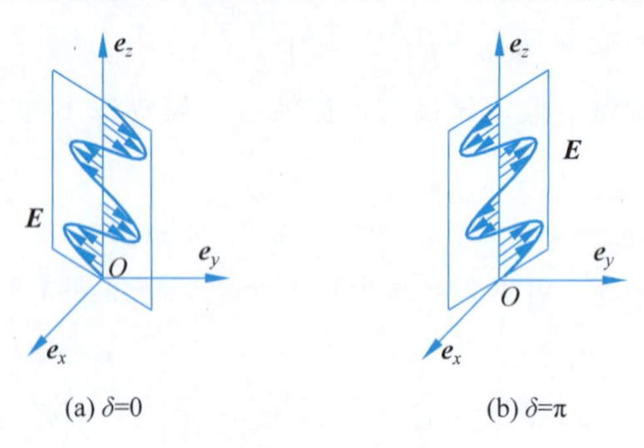

图 6.8 线偏振波的空间曲线是一条正弦曲线

第 2 种：$\delta=-\pi/2$ 或 $\delta=\pi/2$，$A=1$。这种情况下，设 $E_{xm}=E_{ym}=R$（常量），当 $\delta=-\pi/2$ 时，参数方程(6.65)为

$$E_x=R\cos\beta,\quad E_y=R\sin\beta,\quad z=-\frac{\beta}{k}+s_0$$

这个参数方程表示空间的一条圆柱螺旋线（数，1979）[411]，就像平头螺栓上的螺纹那样，旋向如图 6.9(a)所示，与图 6.5(a)所示旋向正好相反，即右旋圆偏振波的空间曲线是一条左旋圆柱螺旋线。当 $\delta=\pi/2$ 时，参数方程(6.65)为

$$E_x=R\cos(-\beta),\quad E_y=R\sin(-\beta),\quad z=\frac{1}{k}(-\beta)+s_0$$

这个参数方程的参数为$(-\beta)$，它的几何图像也是一条圆柱螺旋线，旋向如图 6.9(b)所示，与图 6.5(b)所示旋向正好相反，即左旋圆偏振波的空间曲线是一条右旋圆柱螺旋线。这两种情况表明，圆偏振波的空间曲线并不是一条正弦曲线，而是一条圆柱螺旋线。

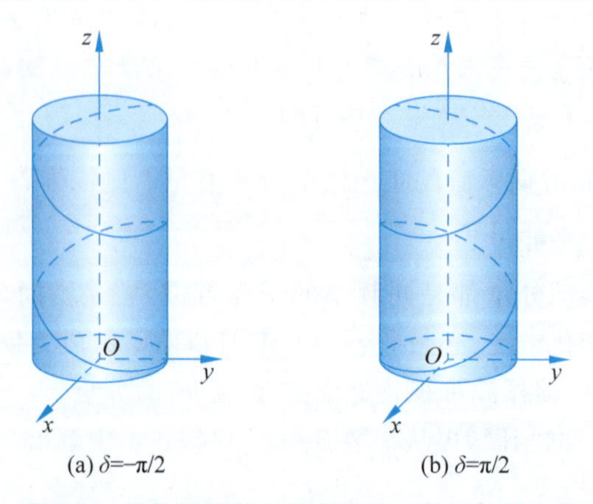

图 6.9 圆偏振波的空间曲线是一条圆柱螺旋线

第 3 种：δ 和 A 既不等于线偏振波的取值也不等于圆偏振波的取值。此时参数方程(6.65)表示长直椭圆柱面上的一条螺旋线。同样地，右旋椭圆偏振波的空间曲线是一条左旋椭圆柱螺旋线，左旋椭圆偏振波的空间曲线是一条右旋椭圆柱螺旋线。

拓展视频：线偏振波(同相)和空间正弦曲线、线偏振波(反相)和空间正弦曲线、右旋圆偏振波和空间左旋圆柱螺旋线、左旋圆偏振波和空间右旋圆柱螺旋线见右侧二维码。

动图显示

6.3.4　偏振波的应用

从应用的角度看，把均匀平面电磁波划分为线偏振波、圆偏振波和椭圆偏振波，可以方便波的接收。接收电磁波要用天线，天线是指能够辐射或接收电磁波的部件。在利用电磁波传递信息或传送电磁能量时，都要借助天线来进行。

与3种形态的偏振波对应，根据天线在远场区最大辐射方向上偏振波的不同，将天线分为线偏振天线、圆偏振天线和椭圆偏振天线。例如，对称细直天线辐射线偏振波、圆螺旋细天线辐射圆偏振波，所以对称细直天线是线偏振天线，圆螺旋细天线是圆偏振天线。电场方向始终与地面平行的偏振波称为水平偏振波，始终与地面垂直的偏振波称为垂直偏振波。目前，调频广播和电视广播使用的是水平偏振波，中波无线电广播和手机使用的是垂直偏振波，卫星广播使用的是圆偏振波①。

这里以线偏振波为例，说明天线不能接收与其垂直的偏振波。如图6.10所示，T和R分别是微波发射机和微波接收机。发射机发出的电场矢量沿与地面垂直的方向振动。在发射机T与接收机R之间放置了一个非金属支架，支架上安置了由平行的金属线制成的线栅(zhà)，线栅平面与来波方向垂直。我们把金属线栅看作接收天线，当金属线栅中有交变电流时表示能接收到信号，反之表示不能接收到信号。当金属线栅的栅条与地面垂直时(图6.10中的位置A)，接收机R接收到的信号最弱；而当金属线栅与地面平行时(图6.10中的位置B)，接收机R接收到的信号最强。我们来分析一下这个实验结果。当金属线栅与地面垂直时，它与来波中的电场矢量平行，由电场切向分量边界条件$E_{1t}=E_{2t}$可知，金属线栅的栅条中会产生感应电场，进而产生焦耳热，来波能量被吸收；当金属线栅的栅条与地面平行时，栅条与来波中的电场矢量垂直，来波在栅条中不产生感应电场，从而来波穿过线栅而到达接收机R。

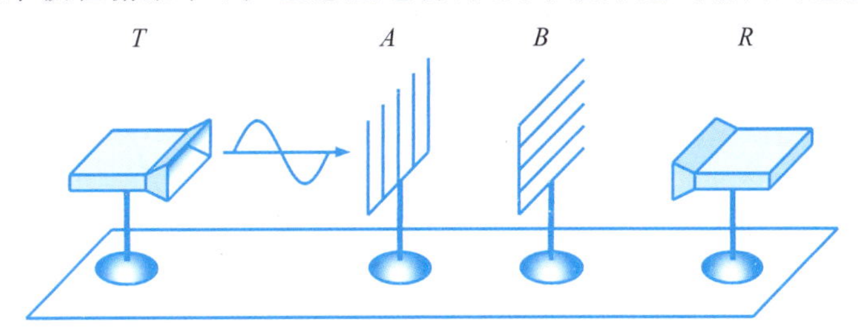

图6.10　线偏振波的接收

由以上实验可知，为了有效地接收电磁波，接收天线(金属线栅)的偏振形式应与来波的偏振形式相同。例如，在无线电通信中，当通信一方的姿态或位置不断变化时，为提高通信可靠性，根据圆偏振波中的电场矢量可旋向与来波方向相垂直的任意方向，发射天线和接收天线都可采用圆偏振天线；同理，为了干扰天线的正常接收，也可采用圆偏振天线。再例如，当不希望接收水平偏振波时，可采用垂直偏振天线；当不希望接收右旋圆偏振波时，可采用左旋圆偏振天线。

需要指出，以上讨论的是真空中均匀平面波的偏振，它在各点的偏振形态均相同；而在实际电磁场中，各点的偏振形态均不同，严格地看各点都是不同的椭圆偏振波，只在一些特殊点是线偏振波或圆偏振波，交流架空输电线周围的偏振波就是如此。

① 井上伸雄，2012. 探秘电波[M]. 乌日娜，译. 北京：科学出版社.

说明1 旋转电场和旋转磁场的形成。

根据圆偏振波的形成原理，利用两个垂直的等幅、同频率、相角差90°的正弦电场可在空间合成圆形旋转电场。图6.11所示为电场型旋转电机的结构示意图，两个静止平行板电容器的极板A和B垂直交叉放置，两个电容器分别施加电压$u_A=U_m\cos\omega t$和$u_B=U_m\sin\omega t$，从而在两个电容器垂直交叉的空间产生圆形旋转电场，将能够自由转动的电介质转子垂直放入旋转电场中，就成为电场驱动的感应异步旋转电机。

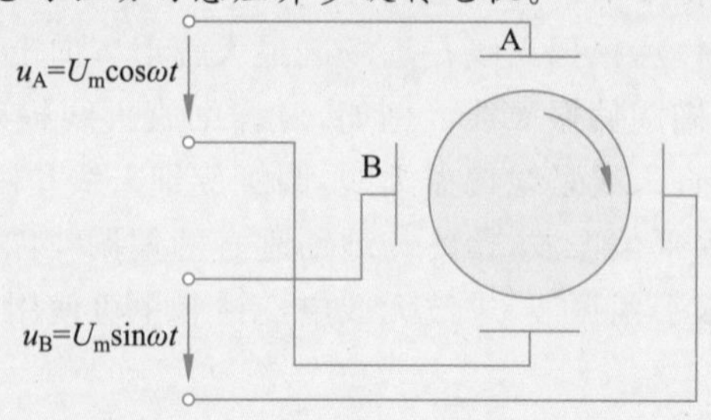

图6.11 电场型旋转电机的结构示意图

同样，利用圆偏振波的形成原理，可以在空间产生圆形旋转磁场。1885年，意大利物理学家费拉里斯给两个互相垂直的电磁铁通上相位差$\pi/2$的正弦电流，产生了旋转磁场[(美，2007)费拉里斯词条]。如图6.12所示，两组完全相同的线圈A和B的中心线在空间垂直，两组线圈上分别施加电压$u_A=U_m\cos\omega t$和$u_B=U_m\sin\omega t$，这样线圈中的电流会在两组线圈垂直交叉的空间产生圆形旋转磁场，将能够自由转动的导体转子垂直放入旋转磁场中，就成为磁场驱动的感应异步旋转电机。

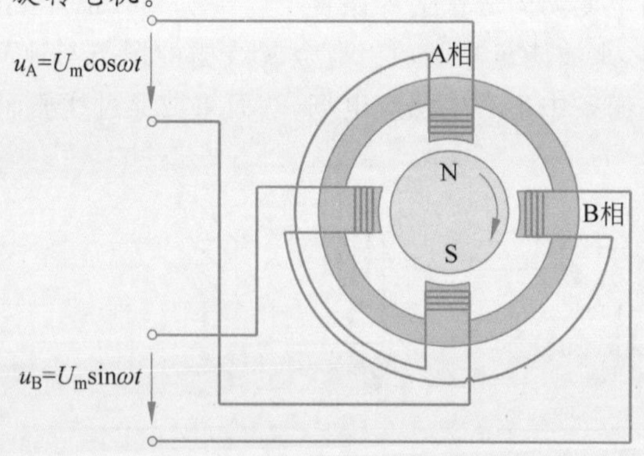

图6.12 磁场型旋转电机的结构示意图

说明2 极化还是偏振？

在一些中文文献里，波的偏振也叫波的极化。大体上，在电动力学和光学的文献中，多数叫偏振，在电气类和电子信息类的电磁场理论文献中，多数叫极化。

偏振和极化哪个词更合适？这要从偏振的“优势”和极化的“不足”谈起。从字面上看，所谓偏振就是偏离传播方向的振动，而这恰恰是横波最重要的特征，能够望文生义而又恰如其分，这就是偏振一词的字面优势。再来看极化，由于外电场的作用，电介质的表面和内部在材料分布不均匀的地方出现电荷积累的现象叫极化，宏观上电介质原来没有极性，而极化后有了极性，这是名副其实的极化，而横波的“极化”只能当作一个符号来看待。虽然电磁波在电介质中传播时也会引起电介质的极化，但这个极化并不是波的偏振。基于以上认识，对于描述横波的传播而言，用偏振比用极化合适。

中文文献把波的偏振叫波的极化可能是受英文的影响，因为英文中电介质的极化和波的偏振都是同一词 polarization。站在这个角度看，也可以把波的偏振叫波的极化。需要注意的是，波的所谓极化和电介质的极化是两个完全不同的概念。

中文术语"极化"和"偏振"的说法深受日语的影响。日文中，polarization 表示电介质的极化时译为分极，表示波的偏振时译为偏波。现代汉语中，polarization 的译名最早出现在光绪三十四年(1908 年)二月清廷学部审定科编纂的《物理学语汇》中，直接采用日语"分极"；1934 年 1 月，国民政府教育部公布的《物理学名词》中给出了两个译名"极化"和"偏极"；1937 年 3 月，国立编译馆编订的《电机工程名词(普通部)》也采用"极化"和"偏极"。1992 年 2 月，国家技术监督局组织编译的《IEEE 电气和电子术语标准辞典》译名只有"极化"，2004 年 1 月，国家标准化管理委员会组织编译的《IEC 电工电子电信英汉词典》也只采用"极化"。

6.4 介质边界面上电磁波的反射与折射

本节讨论平面电磁波在线性、均匀、各向同性理想介质的边界面附近的典型传播行为——反射和折射。

6.4.1 基本概念

电磁波在传播路径上会遇到各种各样的障碍物，例如，电磁波从一种介质进入另一种介质时，后者对前一种介质所传播的电磁波来说就是一种障碍物。当电磁波传播到两种介质的公共边界面上时，波被分解为两部分，一部分突然改变方向返回原介质，另一部分穿过边界面进入另一种介质。为便于区别，把传播到边界面上的来波称为入射波，在边界面上改变方向返回到原介质的波称为反射波，穿过边界面进入另一种介质后传播方向发生改变的波称为折射波。这里术语"折射"描述的是电磁波从一种介质进入另一种介质时传播方向发生折弯的现象，也描述同一种介质内因介质不均匀而使电磁波的传播方向发生折弯的现象。折射的起因是介质的不均匀，特征是传播方向的改变。

可这样解释反射波和折射波的产生：入射波在边界面上(介质不均匀处)引起极化电荷的振荡运动，电荷的振荡运动反过来又产生新的电磁波，这个电磁波向边界面两侧传播，就形成了反射波和折射波。

注意，当边界面两侧介质均为线性介质时，反射波和折射波的频率均等于入射波的频率，因为线性介质中时谐场不产生新的频率成分。

6.4.2 反射与折射定律

如图 6.13 所示，建立直角坐标系 $Oxyz$，平面 $z=0$ 为两种介质的公共边界面，上半空间 $z>0$ 为介质 1，下半空间 $z<0$ 为介质 2，$\boldsymbol{n}_{21}=\boldsymbol{e}_z$ 是边界面上由介质 2 指向介质 1 的法向单位矢量，$\boldsymbol{e}_y$ 垂直穿入纸面。设角频率为 ω 的平面电磁波从介质 1 入射到边界面上，由入射波传播矢量 $\boldsymbol{k}$ 与法向单位矢量 $\boldsymbol{n}_{21}$ 所组成的平面称为入射面。选取入射面为坐标平面 xOz。

在以上假定下，入射波在入射面内，传播矢量为 $\boldsymbol{k}=k_x\boldsymbol{e}_x+k_z\boldsymbol{e}_z$。设入射波电场为均匀平面波：

$$\dot{\boldsymbol{E}}=\boldsymbol{E}_0\mathrm{e}^{-\mathrm{j}\boldsymbol{k}\cdot\boldsymbol{r}} \tag{6.66}$$

假设反射波和折射波也都是均匀平面波(以下分析表明这一假设是正确的)，记反射波电场为

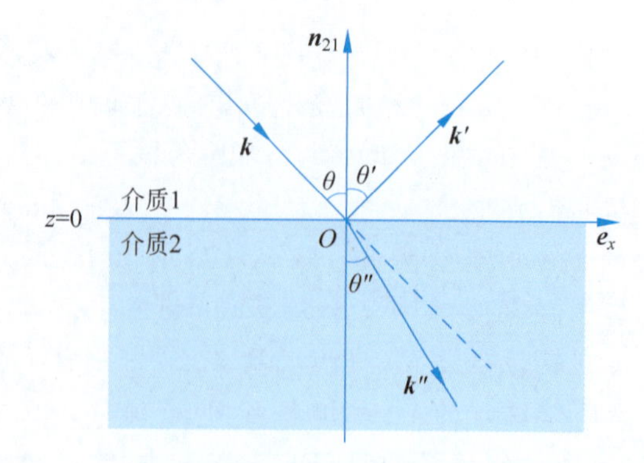

图 6.13 平面电磁波在介质边界面上的反射与折射

$\dot{\boldsymbol{E}}'$，折射波电场为 $\dot{\boldsymbol{E}}''$，则

$$\dot{\boldsymbol{E}}' = \boldsymbol{E}'_0 \mathrm{e}^{-\mathrm{j}\boldsymbol{k}'\cdot\boldsymbol{r}} \tag{6.67}$$

$$\dot{\boldsymbol{E}}'' = \boldsymbol{E}''_0 \mathrm{e}^{-\mathrm{j}\boldsymbol{k}''\cdot\boldsymbol{r}} \tag{6.68}$$

式中，$\boldsymbol{k}'=k'_x\boldsymbol{e}_x+k'_y\boldsymbol{e}_y+k'_z\boldsymbol{e}_z$ 和 $\boldsymbol{k}''=k''_x\boldsymbol{e}_x+k''_y\boldsymbol{e}_y+k''_z\boldsymbol{e}_z$ 分别是反射波和折射波的传播矢量，$\boldsymbol{r}=x\boldsymbol{e}_x+y\boldsymbol{e}_y+z\boldsymbol{e}_z$ 是场点的位置矢量，$\boldsymbol{E}_0$、$\boldsymbol{E}'_0$、$\boldsymbol{E}''_0$都是由边界条件决定的复常矢量。

介质 1 中的电场是入射波与反射波的叠加，即 $\dot{\boldsymbol{E}}_1=\dot{\boldsymbol{E}}+\dot{\boldsymbol{E}}'$；介质 2 中的电场只有折射波，即 $\dot{\boldsymbol{E}}_2=\dot{\boldsymbol{E}}''$。设 $\boldsymbol{r}_0=x\boldsymbol{e}_x+y\boldsymbol{e}_y$ 是平面 $z=0$ 内任意点的矢径，根据电场强度切向分量的边界条件，得

$$\boldsymbol{n}_{21}\times(\dot{\boldsymbol{E}}_1-\dot{\boldsymbol{E}}_2)\big|_{\boldsymbol{r}=\boldsymbol{r}_0}=\boldsymbol{e}_z\times(\boldsymbol{E}_0\mathrm{e}^{-\mathrm{j}\boldsymbol{k}\cdot\boldsymbol{r}_0}+\boldsymbol{E}'_0\mathrm{e}^{-\mathrm{j}\boldsymbol{k}'\cdot\boldsymbol{r}_0}-\boldsymbol{E}''_0\mathrm{e}^{-\mathrm{j}\boldsymbol{k}''\cdot\boldsymbol{r}_0})=\boldsymbol{0}$$

利用例 1.12 的结果，可知

$$\boldsymbol{k}\cdot\boldsymbol{r}_0=\boldsymbol{k}'\cdot\boldsymbol{r}_0=\boldsymbol{k}''\cdot\boldsymbol{r}_0$$

即

$$xk_x=xk'_x+yk'_y=xk''_x+yk''_y$$

拆开这个连等式，得

$$x(k_x-k'_x)=yk'_y,\quad x(k_x-k''_x)=yk''_y$$

x 和 y 是两个独立变量，所以必有

$$k_x-k'_x=0,\quad k'_y=0,\quad k_x-k''_x=0,\quad k''_y=0$$

即

$$k_x=k'_x=k''_x \tag{6.69}$$

$$k'_y=k''_y=0 \tag{6.70}$$

这表明，$\boldsymbol{k}$、$\boldsymbol{k}'$、$\boldsymbol{k}''$沿介质边界面的切向分量彼此相等，且这 3 个矢量均位于入射面内，如图 6.14 所示。

为确定反射波和折射波的传播方向，分别将入射波、反射波和折射波的传播矢量与边界面的法向矢量间小于直角的夹角称为入射角、反射角和折射角，分别记为 θ、θ'和 θ''。由图 6.13 中的几何关系，得

$$k_x=k\sin\theta=\frac{\omega}{v_1}\sin\theta$$

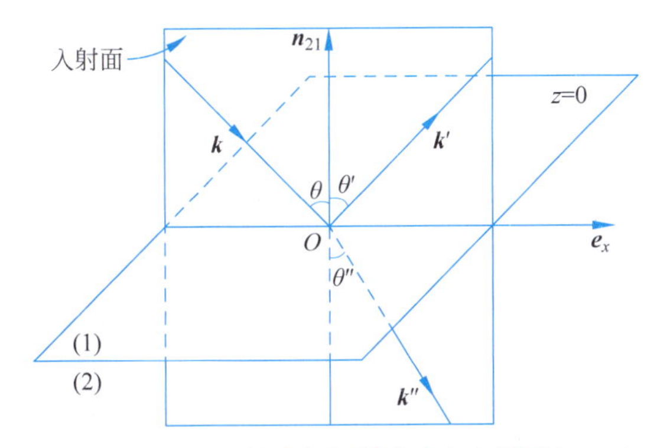

图 6.14　反射波与折射波均在入射面内

$$k'_x = k'\sin\theta' = \frac{\omega}{v_1}\sin\theta'$$

$$k''_x = k''\sin\theta'' = \frac{\omega}{v_2}\sin\theta''$$

式中，$v_1 = 1/\sqrt{\varepsilon_1\mu_1}$，$v_2 = 1/\sqrt{\varepsilon_2\mu_2}$，分别是介质 1 和介质 2 中均匀平面波的相速。将以上 3 式代入式(6.69)，得

$$\frac{\sin\theta}{v_1} = \frac{\sin\theta'}{v_1} = \frac{\sin\theta''}{v_2} \tag{6.71}$$

拆开这个连等式，可以写成以下两个等式：

$$\theta' = \theta \tag{6.72}$$

$$\frac{\sin\theta''}{\sin\theta} = \frac{v_2}{v_1} \tag{6.73}$$

这两式分别叫反射定律和折射定律。反射定律说明，反射角等于入射角。折射定律说明，折射角的正弦和入射角的正弦之比等于两介质中的相速之比。反射定律与折射定律分别给出了反射波与折射波的传播方向。

古希腊天文学家、数学家托勒密曾测量了光线的入射角和折射角，发现折射角和入射角成比例[①]。这在 θ'' 和 θ 都很小的情况下是近似成立的，因 $\sin\theta'' \approx \theta''$ 和 $\sin\theta \approx \theta$，所以由式(6.73)可知 $\theta'' \propto \theta$。历史上有许多学者曾独立发现过折射定律，例如：1621 年，荷兰天文学家、数学家斯涅耳实验发现了折射定律，但他生前没有发表；1661 年，法国数学家费马曾用“最短时间原理”(光线沿着最短时间的路径传播)从数学上推导出来。折射定律也叫斯涅耳定律。折射定律的建立是光学发展史上的一件大事，它推动了几何光学的快速发展。

定义真空中电磁波的相速 c 与介质中电磁波的相速 $v = 1/\sqrt{\varepsilon\mu}$ 之比为介质的折射率 n，即

$$n = \frac{c}{v} = \sqrt{\varepsilon_r\mu_r} \tag{6.74}$$

则折射定律(6.73)也可以写成

$$n_2\sin\theta'' = n_1\sin\theta \tag{6.75}$$

这说明两点：①已知介质的折射率 n_1 和入射角 θ_1，则 $n_1\sin\theta_1 = C$(C 是常量)。这样，平面电磁波在多层理想介质中传播时，必有

① 弗·卡约里，2002. 物理学史[M]. 戴念祖，译. 桂林：广西师范大学出版社.

$$n_1\sin\theta_1=n_2\sin\theta_2=\cdots=n_N\sin\theta_N=C \tag{6.76}$$

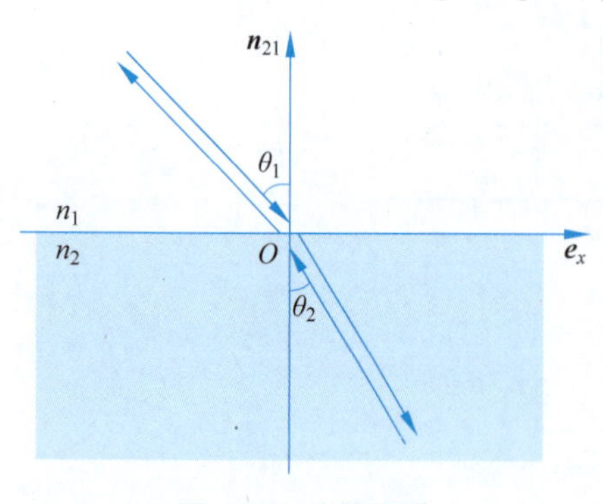

图 6.15 光线可逆

即光线在折射率小的介质中远离法线(折射角大),在折射率大的介质中靠近法线(折射角小)。我们称折射率小的介质为光疏介质,折射率大的介质为光密介质。②当光线在介质 2 中以入射角 θ_2 向介质 1 传播时,介质 1 中光线的折射角 θ_1 必然满足 $n_1\sin\theta_1=n_2\sin\theta_2$,即光线反方向传播时将沿原路返回,如图 6.15 所示,这是一个具有普遍性的结论,称为光的可逆性原理。

需要注意以下两点:①入射角、反射角和折射角必须是各自的传播矢量与边界面的法向矢量之间小于直角的夹角。因为介质表面上任意点的法向矢量只有一个,而切向矢量有无限多个,所以以上 3 个角都分别具有唯一性。②我们平时说的"光速"大多情况下指的是光在真空中的传播速度,所有电磁波在真空中的传播速度都等于同一值。在水中可见光的传播速度约为真空光速的 75%,在玻璃中约为真空光速的 65%,折射率越大,光在该介质中的传播速度越小。

例 6.6 从一个平面镜中看到自己全身,这个镜子至少应多高[①]?

解 本题可用反射定律求解。如图 6.16 所示,线段 $\overline{AB}$ 表示人站立后的全身,点 C 表示眼睛位置,线段 $\overline{PQ}$ 表示镜子顶部与底部的连线,线段 $\overline{AB}$ 和线段 $\overline{PQ}$ 平行,设它们的高度分别为 $h=\overline{AB}$ 和 $l=\overline{PQ}$。

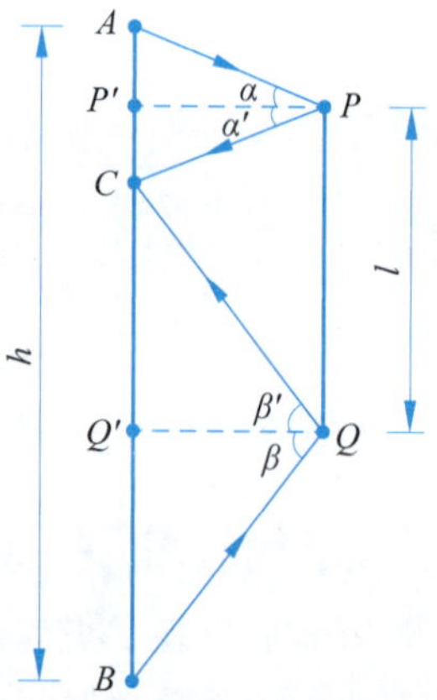

如果从平面镜中能看到自己的全身,说明眼睛 C 能同时看到头顶 A 和脚底 B 的反射光,设镜子顶部和底部分别在 AB 连线上的投影为点 P' 和点 Q',由于平面镜上反射角等于入射角,即 $\alpha'=\alpha$ 和 $\beta'=\beta$,说明直角三角形 $\triangle APP'$ 与 $\triangle CPP'$ 全等,直角三角形 $\triangle BQQ'$ 与 $\triangle CQQ'$ 全等。于是,镜高的最小值为

$$l=\overline{PQ}=\overline{P'Q'}=\overline{P'C}+\overline{CQ'}=\frac{1}{2}\overline{AC}+\frac{1}{2}\overline{CB}=\frac{1}{2}\overline{AB}=\frac{h}{2}$$

即镜高至少应达到身高的一半。解毕。

图 6.16 从平面镜中看到自己的全身像

例 6.7 玻璃对可见光的折射率约 1.55。设可见光从空气中以 45°入射角照射到玻璃上,试求可见光的折射角。

解 空气的折射率 $n_1=1.000\ 268\approx 1$,玻璃的折射率 $n_2=1.55$,入射角 $\theta_1=45°$,设折射角为 θ_2。根据折射定律,得

$$\sin\theta_2=\frac{n_1}{n_2}\sin\theta_1=\frac{1}{1.55}\sin 45°\approx 0.456$$

所以折射角 $\theta_2\approx\arcsin 0.456\approx 27°$,$\theta_2<\theta_1$。解毕。

例 6.8 设真空中波长 $\lambda_0=193$ nm 的紫外线进入水中,试计算水中该紫外线的波长 λ。已知水对该紫外线的折射率 $n=1.46$。

解 设水中该紫外线的相速和频率分别为 v 和 f,则该紫外线在水中的波长

---

① 据《物理》2020 年第 8 期,中国物理学家郝柏林(1934—2018)在一次报告中说他高中入学考试时有这道题。

$$\lambda=\frac{v}{f}=\frac{c}{nf}$$

由于时谐场中频率不变，所以该紫外线在水中频率等于真空中频率 $f=c/\lambda_0$，于是

$$\lambda=\left(\frac{c}{n}\right)\left(\frac{\lambda_0}{c}\right)=\frac{\lambda_0}{n}\approx 132\times10^{-9}(\mathrm{m})=132(\mathrm{nm})$$

即真空中波长为 193 nm 的紫外线进入水中后波长下降到 132 nm。解毕。

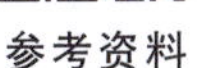

参考资料

拓展阅读：进入负折射率介质内的光的传播方向和总有光照射不到的房间见右侧二维码。

6.4.3 菲涅耳公式

已知入射波后，通过反射定律和折射定律可以分别确定反射波和折射波的传播方向，但无法确定它们的振幅和相角。下面导出的菲涅尔公式就可以解决这个问题。

设边界面两侧介质的磁导率满足 $\mu_1=\mu_2=\mu_0$(除铁磁质外，其他介质的磁导率都接近 μ_0)。为分析方便，将 $\dot{\boldsymbol{E}}$ 看作垂直于入射面的分量 $\dot{\boldsymbol{E}}_\perp$ 和平行于入射面的分量 $\dot{\boldsymbol{E}}_\parallel$ 的叠加 $\dot{\boldsymbol{E}}=\dot{\boldsymbol{E}}_\perp+\dot{\boldsymbol{E}}_\parallel$。以下分两种情况分析。

第 1 种情况：电场垂直于入射面。

如图 6.17 所示，取坐标面 xOz 为入射面，设入射波、反射波和折射波的电场矢量均垂直于纸面穿出，记此时电场强度为 $\dot{\boldsymbol{E}}_\perp$，对应的磁场强度记为 $\dot{\boldsymbol{H}}_\perp$。利用边界面 $z=0$ 两侧电场强度切向分量的边界条件，可写出

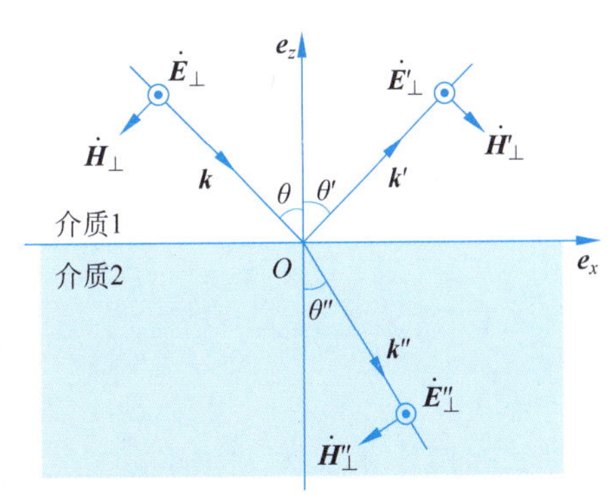

图 6.17 电场垂直于入射面

$$\boldsymbol{e}_z\times(\boldsymbol{E}_{0\perp}\mathrm{e}^{-\mathrm{j}\boldsymbol{k}\cdot\boldsymbol{r}}+\boldsymbol{E}'_{0\perp}\mathrm{e}^{-\mathrm{j}\boldsymbol{k}'\cdot\boldsymbol{r}}-\boldsymbol{E}''_{0\perp}\mathrm{e}^{-\mathrm{j}\boldsymbol{k}''\cdot\boldsymbol{r}})\big|_{z=0}$$
$$=\boldsymbol{e}_x(E_{0\perp}\mathrm{e}^{-\mathrm{j}\boldsymbol{k}\cdot\boldsymbol{r}}+E'_{0\perp}\mathrm{e}^{-\mathrm{j}\boldsymbol{k}'\cdot\boldsymbol{r}}-E''_{0\perp}\mathrm{e}^{-\mathrm{j}\boldsymbol{k}''\cdot\boldsymbol{r}})\big|_{z=0}=\boldsymbol{0}$$

于是

$$E_{0\perp}\mathrm{e}^{-\mathrm{j}k_x x}+E'_{0\perp}\mathrm{e}^{-\mathrm{j}(k'_x x+k'_y y)}=E''_{0\perp}\mathrm{e}^{-\mathrm{j}(k''_x x+k''_y y)}$$

利用 $k_x=k'_x=k''_x$ 和 $k'_y=k''_y=0$[见式(6.69)和式(6.70)]，可得

$$E_{0\perp}+E'_{0\perp}=E''_{0\perp} \tag{6.77}$$

再利用磁场强度切向分量的边界条件，由图 6.17 得

$$-H_{0\perp}\cos\theta+H'_{0\perp}\cos\theta'=-H''_{0\perp}\cos\theta''$$

进一步，根据反射定律 $\theta'=\theta$ 和平面波性质 $\dot{H}=\dot{E}/Z(Z=\sqrt{\mu/\varepsilon})$，有

$$(E_{0\perp}-E'_{0\perp})\cos\theta=\sqrt{\frac{\varepsilon_2}{\varepsilon_1}}E''_{0\perp}\cos\theta'' \tag{6.78}$$

将折射定律(6.73)变换为

$$\frac{\sin\theta}{\sin\theta''}=\frac{v_1}{v_2}=\sqrt{\frac{\varepsilon_2\mu_0}{\varepsilon_1\mu_0}}=\sqrt{\frac{\varepsilon_2}{\varepsilon_1}} \tag{6.79}$$

代入式(6.78)，得

$$(E_{0\perp}-E'_{0\perp})\cos\theta=\left(\frac{\sin\theta}{\sin\theta''}\right)E''_{0\perp}\cos\theta'' \tag{6.80}$$

联立式(6.77)和式(6.80)，解出

$$\frac{E'_{0\perp}}{E_{0\perp}}=-\frac{\sin(\theta-\theta'')}{\sin(\theta+\theta'')} \tag{6.81}$$

$$\frac{E''_{0\perp}}{E_{0\perp}}=\frac{2\cos\theta\sin\theta''}{\sin(\theta+\theta'')} \tag{6.82}$$

第 2 种情况：电场平行于入射面。

在图 6.18 中，取坐标面 xOz 为入射面，设入射波、反射波和折射波的电场矢量均平行于入射面，记此时的电场强度和磁场强度分别为 $\dot{\boldsymbol{E}}_{\parallel}$ 和 $\dot{\boldsymbol{H}}_{\parallel}$。利用边界面两侧电场强度切向分量相等和磁场强度切向分量相等这两个边界条件，由图 6.18 分别得

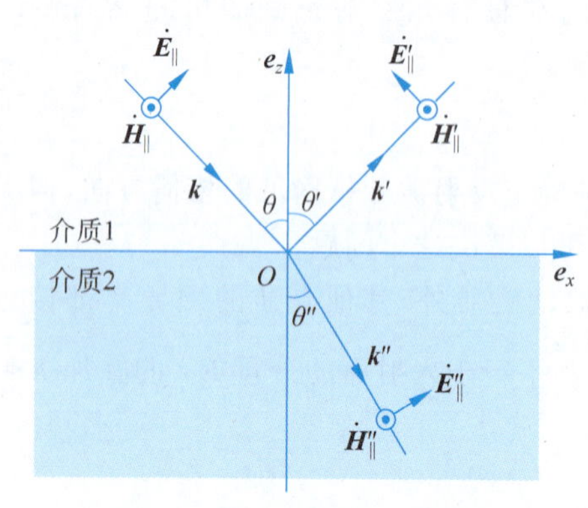

图 6.18 电场平行于入射面

$$E_{0\parallel}\cos\theta-E'_{0\parallel}\cos\theta'=E''_{0\parallel}\cos\theta'' \tag{6.83}$$

$$H_{0\parallel}+H'_{0\parallel}=H''_{0\parallel} \tag{6.84}$$

由平面波性质 $\dot{H}=\dot{E}/Z\,(Z=\sqrt{\mu/\varepsilon})$ 和式(6.79)，式(6.84)可写成

$$E_{0\parallel}+E'_{0\parallel}=\sqrt{\frac{\varepsilon_2}{\varepsilon_1}}E''_{0\parallel}=\frac{\sin\theta}{\sin\theta''}E''_{0\parallel} \tag{6.85}$$

再利用反射定律 $\theta'=\theta$，联立式(6.83)和式(6.85)，解出以下两式

$$\frac{E'_{0\parallel}}{E_{0\parallel}}=\frac{\tan(\theta-\theta'')}{\tan(\theta+\theta'')} \tag{6.86}$$

$$\frac{E''_{0\parallel}}{E_{0\parallel}}=\frac{2\cos\theta\sin\theta''}{\cos(\theta-\theta'')\sin(\theta+\theta'')} \tag{6.87}$$

以上两式在推导过程中，利用了以下三角公式：

$$\sin2\alpha-\sin2\beta=2\cos(\alpha+\beta)\sin(\alpha-\beta)$$

$$\sin2\alpha+\sin2\beta=2\sin(\alpha+\beta)\cos(\alpha-\beta)$$

式(6.81)～式(6.82)及式(6.86)～式(6.87)是由法国工程师菲涅耳于 1814 年从光的横波观点出发导出的，统称为菲涅耳公式。

例 6.9 太阳光是一种特殊的电磁波，在垂直于传播方向的平面内，太阳光中电场矢量沿各个方向随机分布。为了从太阳光中分离出线偏振光(电波只在一个方向上振动)，其中一个方法就是让太阳光在两种介质(如空气和玻璃或空气和水)的表面进行反射。如图 6.19 所示，设太阳光从空气中以特定的入射角 θ_B 入射到水的表面，此时反射光是线偏振光，试求此时的入射角 θ_B。已知水在可见光下的相对电容率是 1.78。

解 太阳光入射波的电场强度可看作垂直于入射面的电场强度 $\dot{\boldsymbol{E}}_{\perp}$ 和平行于入射面的电场强度 $\dot{\boldsymbol{E}}_{\parallel}$ 的叠加。观察反射波 $E'_{0\perp}$ 的表达式(6.81)和 $E'_{0\parallel}$ 的表达式(6.86)可见，这两式的分子均不等于零(因 $\theta>\theta''$)，所以要使反射波变成线偏振波，只能让式(6.86)的分母趋于无限大，即当 $\theta+\theta''=90°$时，才有 $\tan(\theta+\theta'')\to\infty$，$E'_{0\parallel}\to0$，反射波成为仅有分量 $E'_{\perp}$ 的线偏振波。记这种情况的入射角为 θ_B，由折射定律可知

$$\sin\theta_B=\frac{n_2}{n_1}\sin\theta''=\frac{n_2}{n_1}\sin(90°-\theta_B)=\frac{n_2}{n_1}\cos\theta_B$$

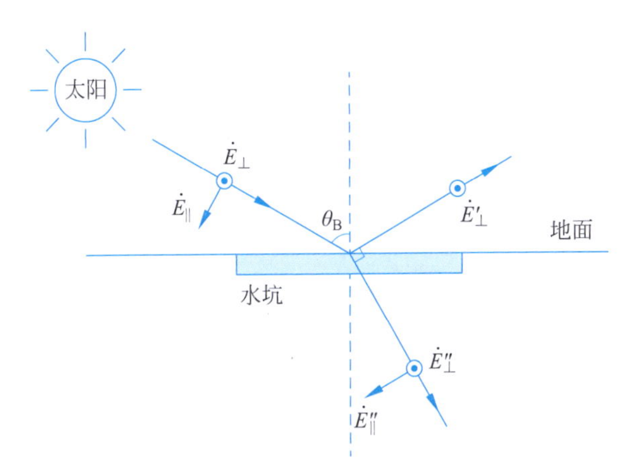

图 6.19　太阳光以入射角 θ_B 入射到水面

从而

$$\tan\theta_B = \frac{n_2}{n_1} = \sqrt{\frac{\varepsilon_{r2}}{\varepsilon_{r1}}} \tag{6.88}$$

利用 $\varepsilon_{r1}=1$ 和 $\varepsilon_{r2}\approx 1.78$，得 $\theta_B \approx 53°$。

θ_B 称为布儒斯特角，它是由苏格兰物理学家布儒斯特(以在光学和偏振光方面的实验工作而著称)于 1811 年发现的。由此例可知：①当反射波与折射波互相垂直时，入射角等于布儒斯特角；②当入射角为 θ_B 时，反射波成为线偏振波，反射波电场平行于大地，与太阳光方向垂直，这个性质可用来导航；③通过测量 θ_B 可以确定介质的折射率。解毕。

6.4.4　从光密介质到光疏介质的全反射

在图 6.13 中，设 $n_1>n_2$，即介质 1 是光密介质，介质 2 是光疏介质，波由光密介质向光疏介质传播。令

$$\sin\theta_c = \frac{n_2}{n_1} \quad (\sin\theta_c < 1) \tag{6.89}$$

由折射定律(6.75)，得

$$\sin\theta'' = \frac{n_1}{n_2}\sin\theta = \frac{\sin\theta}{\sin\theta_c} \tag{6.90}$$

当入射角 θ 满足 $\theta_c<\theta<90°$时，$\sin\theta_c<\sin\theta$，可见折射角 θ''满足 $\sin\theta''>1$。这意味着光疏介质中没有通常意义的折射波。设这种情况下的电磁波仍然用形式 $\dot{\boldsymbol{E}}=\boldsymbol{E}_0 e^{-jk\cdot r}$ 表示。

先分析入射角 θ 满足 $\theta_c<\theta<90°$时的反射波。记

$$a = \sqrt{\sin^2\theta''-1} = \sqrt{\left(\frac{\sin\theta}{\sin\theta_c}\right)^2 - 1} \quad (a>0)$$

则 $\cos\theta''=\pm\sqrt{1-\sin^2\theta''}=\pm ja$。这里取 $\cos\theta''=-ja$，这是由于 $\cos\theta''=ja$ 时，折射波的振幅无穷大(见式(6.92)中的指数部分)。

当入射波电场强度 $\dot{\boldsymbol{E}}$ 垂直于入射面时，由式(6.81)，得

$$\left|\frac{E'_{0\perp}}{E_{0\perp}}\right| = \left|\frac{\sin\theta\cos\theta''-\cos\theta\sin\theta''}{\sin\theta\cos\theta''+\cos\theta\sin\theta''}\right| = \left|\frac{ja\sin\theta+\cos\theta\sin\theta''}{ja\sin\theta-\cos\theta\sin\theta''}\right|$$

把式(6.90)写成 $\sin\theta=\sin\theta''\sin\theta_c$，代入上式整理后，得

$$\left|\frac{E'_{0\perp}}{E_{0\perp}}\right|=\left|\frac{\cos\theta+\mathrm{j}a\sin\theta_{\mathrm{c}}}{\cos\theta-\mathrm{j}a\sin\theta_{\mathrm{c}}}\right|=1$$

当入射波电场强度 $\dot{\boldsymbol{E}}$ 平行于入射面时，将

$$\tan\theta''=\frac{\sin\theta''}{\cos\theta''}=\mathrm{j}\frac{\sin\theta}{a\sin\theta_{\mathrm{c}}}$$

代入式(6.86)，得

$$\left|\frac{E'_{0\parallel}}{E_{0\parallel}}\right|=\left|\frac{\tan\theta-\tan\theta''}{\tan\theta+\tan\theta''}\right|\left|\frac{1-\tan\theta\tan\theta''}{1+\tan\theta\tan\theta''}\right|=1$$

从而

$$|\dot{\boldsymbol{E}}'|=|\boldsymbol{E}'_0||\mathrm{e}^{-\mathrm{j}\boldsymbol{k}'\cdot\boldsymbol{r}}|=\sqrt{|E'_{0\perp}|^2+|E'_{0\parallel}|^2}=\sqrt{|E_{0\perp}|^2+|E_{0\parallel}|^2}=|\dot{\boldsymbol{E}}| \quad (6.91)$$

这说明当入射角 θ 满足 $\theta_{\mathrm{c}}<\theta<90°$ 时，反射波的有效值与入射波的有效值相等。这种现象称为电磁波的全反射。θ_{c} 称为全反射临界角。

接下来分析入射角 θ 满足 $\theta_{\mathrm{c}}<\theta<90°$ 时的折射波。根据式(6.69)和式(6.70)以及图6.13中的几何关系，折射波传播矢量 $\boldsymbol{k}''$ 的各分量分别为

$$k''_x=k_x=k_1\sin\theta,\quad k''_y=0,\quad k''_z=k''\cos\theta''=k_2\cos\theta''=-\mathrm{j}ak_2$$

所以

$$\boldsymbol{k}''=k''_x\boldsymbol{e}_x+k''_y\boldsymbol{e}_y+k''_z\boldsymbol{e}_z=k_1\sin\theta\boldsymbol{e}_x-\mathrm{j}ak_2\boldsymbol{e}_z$$

这样，在光疏介质中，场点 $\boldsymbol{r}=x\boldsymbol{e}_x+y\boldsymbol{e}_y+z\boldsymbol{e}_z$ 处的折射波电场强度为

$$\dot{\boldsymbol{E}}''=\boldsymbol{E}''_0\mathrm{e}^{-\mathrm{j}\boldsymbol{k}''\cdot\boldsymbol{r}}=(E''_{x0}\boldsymbol{e}_x+E''_{y0}\boldsymbol{e}_y+E''_{z0}\boldsymbol{e}_z)\mathrm{e}^{-ak_2z}\mathrm{e}^{-\mathrm{j}k_1x\sin\theta} \quad (6.92)$$

式中，复常矢量 $\boldsymbol{E}''_0$ 的3个分量 E''_{x0}、E''_{y0}、E''_{z0} 可用菲涅耳公式确定。

由式(6.92)可知：①折射波 $\boldsymbol{E}''$ 是非均匀平面波，因等相面 $k_1x\sin\theta=C_1$ 和等幅面 $ak_2z=C_2$ 不重合，这里 C_1 和 C_2 均为常数；②折射波 $\boldsymbol{E}''$ 朝 x 轴的正向传播，并在传播方向上有电波分量，电波不再是横波；③折射波 $\boldsymbol{E}''$ 只存在于光疏介质的表面附近，因它的振幅随深度 z 的增加呈指数衰减，透入深度为

$$\delta=\frac{1}{k_2a}=\frac{\lambda_2}{2\pi a} \quad (6.93)$$

式中，λ_2 是光疏介质中电磁波的波长，一般情况下，δ 与 λ_2 同数量级。这种在介质表面传播的波称为表面波。图6.20是全反射示意图。

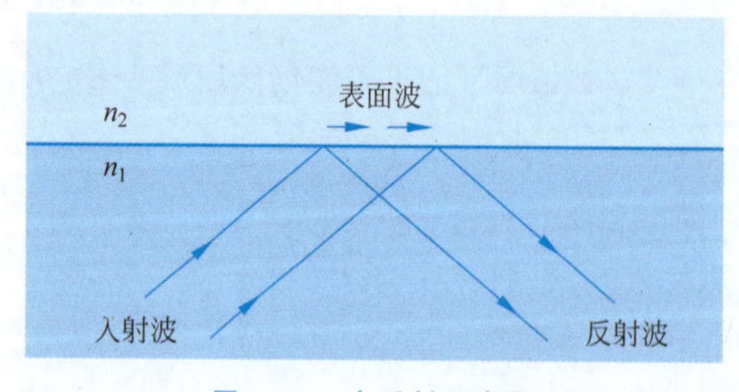

图6.20 全反射示意图

全反射现象有许多应用，光导纤维就是利用全反射现象来传播光信号的。光导纤维是由同心圆柱状的双层透明介质制成的细丝，介质一般为石英玻璃。双层介质的折射率不同，内层纤芯的折射率大于外层介质的折射率。现在通信用光纤的纤芯直径为5～65 μm，比人的头发

还细，包层直径为100～200 μm，比人的头发稍粗。

例 6.10 图6.21为一段光导纤维沿轴线的断面图，纤芯折射率为 n_1，包层折射率为 n_2，$n_1>n_2$。设入射光从折射率为 n_3 的介质经点A以入射角 α 进入纤芯，试求光线在纤芯中发生全反射时入射角 α 应满足的条件。

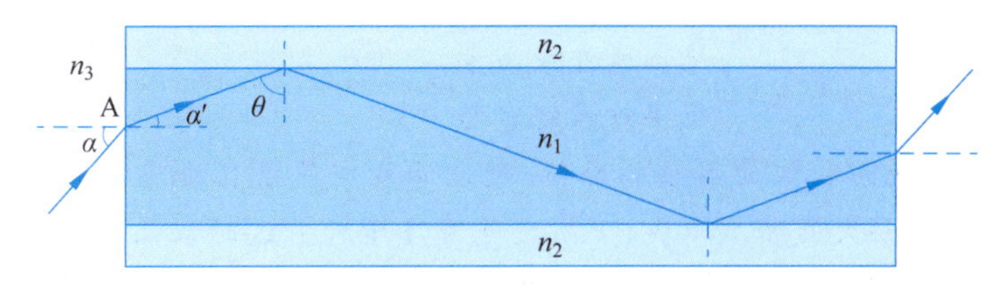

图 6.21 光纤中的全反射

解 如图6.21所示，要使光线在纤芯中发生全反射，必须满足关系

$$\theta>\theta_c=\arcsin\frac{n_2}{n_1} \tag{6.94}$$

观察图6.21，可见 $\theta=\frac{\pi}{2}-\alpha'$，代入式(6.94)，有 $\frac{\pi}{2}-\alpha'>\theta_c$，两端取正弦，得

$$\cos\alpha'>\sin\theta_c=\frac{n_2}{n_1} \tag{6.95}$$

由折射定律式(6.75)，可知

$$\cos\alpha'=\sqrt{1-\sin^2\alpha'}=\sqrt{1-\left(\frac{n_3\sin\alpha}{n_1}\right)^2}$$

代入式(6.95)，解得 $\sin\alpha<\frac{\sqrt{n_1^2-n_2^2}}{n_3}$。当 $\sqrt{n_1^2-n_2^2}>n_3$ 时，总有 $\sin\alpha<1$，即当

$$n_1^2>n_2^2+n_3^2 \tag{6.96}$$

时，只要光线在点A能进入纤芯，不论入射角 α 多大，纤芯中总会发生全反射现象。解毕。

例 6.11 如图6.22所示，水下有一点光源，试求从空气中看到该点光源发出的光是从水中多大的锥角发出的。水对可见光的折射率约1.335。

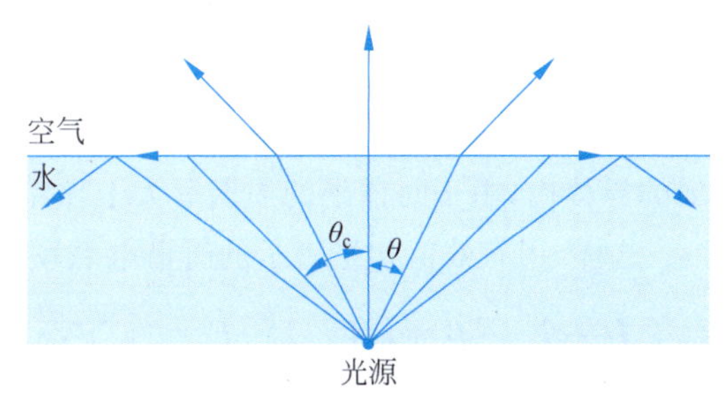

图 6.22 光从水到空气的折射

解 因入射波的传播矢量与边界面的法向矢量间小于直角的夹角是入射角，所以图6.22中 θ 等于入射角。由折射定律，当 $\theta<\theta_c$ 时空气中才会看到折射光。因空气和水的折射率分别是 $n_{air}=1$ 和 $n_{water}=1.335$，所以

$$\theta_c=\arcsin\frac{n_{air}}{n_{water}}=\arcsin\frac{1}{1.335}\approx 48.5^\circ$$

从而可得最大锥角 $2\theta_c=97^\circ$。解毕。

说明 声波的传播也遵守反射定律与折射定律，也有全反射现象。唐代张继（？—779）的诗《枫桥夜泊》就反映了声波的一些传播特点：

"月落乌啼霜满天，
江枫渔火对愁眠。
姑苏城外寒山寺，
夜半钟声到客船。"

在晴朗的夜晚，由于地面和江面温度的降低，近地面处空气层在垂直方向上出现逆温现象（上层暖、下层冷），上层大气密度减少，下层大气密度增加。这时寒山寺的钟声由下层向上层传播时，在边界面上除了发生反射与折射外，当声波的入射角大于临界角时还会发生全反射现象，传播的距离就会比白天远，如图 6.23 所示。

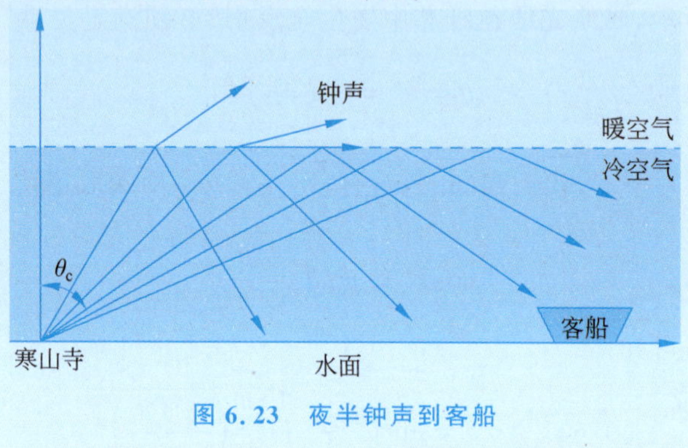

图 6.23 夜半钟声到客船

6.5 导体中平面电磁波的传播

在欧姆定律成立的导体内，有电场便有电流。正是这个电流，才使电磁波在导体内产生衰减和色散现象。衰减是指场量振幅在传播过程中发生减弱的现象，色散是指电磁波的传播速度随频率改变的现象。

为便于以下分析，先写出复常矢量 $\boldsymbol{E}_0$ 的模 $|E_0|=\sqrt{\boldsymbol{E}_0\cdot\boldsymbol{E}_0^*}$，$|E_0|\geqslant 0$。

6.5.1 导体中电磁场的平面波解

1. 亥姆霍兹方程

在线性、各向同性、均匀的导体内，由于时谐场的周期远大于导体的松弛时间常量，故认为导体内自由电荷密度 $\rho_v=0$。这样，用有效值相量表示的时谐电磁场的场量满足

$$\dot{\boldsymbol{D}}=\varepsilon\dot{\boldsymbol{E}},\quad \dot{\boldsymbol{J}}=\sigma\dot{\boldsymbol{E}},\quad \dot{\boldsymbol{B}}=\mu\dot{\boldsymbol{H}},\quad \nabla\cdot\dot{\boldsymbol{E}}=0,\quad \nabla\cdot\dot{\boldsymbol{H}}=0$$

麦克斯韦方程组中两个旋度方程的相量形式分别为

$$\nabla\times\dot{\boldsymbol{E}}=-\mathrm{j}\omega\mu\dot{\boldsymbol{H}} \tag{6.97}$$

$$\nabla\times\dot{\boldsymbol{H}}=(\sigma+\mathrm{j}\omega\varepsilon)\dot{\boldsymbol{E}} \tag{6.98}$$

将方程(6.97)变形为 $\dot{\boldsymbol{H}}=-\nabla\times\dot{\boldsymbol{E}}/(\mathrm{j}\omega\mu)$，代入方程(6.98)中，得

$$\nabla\times(\nabla\times\dot{\boldsymbol{E}})+\mathrm{j}\omega\mu(\sigma+\mathrm{j}\omega\varepsilon)\dot{\boldsymbol{E}}=\boldsymbol{0}$$

再由矢量微分公式 $\nabla\times(\nabla\times\boldsymbol{F})=\nabla(\nabla\cdot\boldsymbol{F})-\nabla^2\boldsymbol{F}$ 和 $\nabla\cdot\dot{\boldsymbol{E}}=0$，得到导体中电场满足的亥姆霍

兹方程

$$\nabla^2 \dot{\boldsymbol{E}} + \tilde{k}^2 \dot{\boldsymbol{E}} = \boldsymbol{0} \tag{6.99}$$

式中

$$\tilde{k} = \omega \sqrt{\mu \tilde{\varepsilon}} \tag{6.100}$$

$$\tilde{\varepsilon} = \varepsilon - \mathrm{j} \frac{\sigma}{\omega} \tag{6.101}$$

都是复常量，这里称 $\tilde{\varepsilon}$ 为复电容率或复介电常量。同理，可写出导体中磁场满足的亥姆霍兹方程

$$\nabla^2 \dot{\boldsymbol{H}} + \tilde{k}^2 \dot{\boldsymbol{H}} = \boldsymbol{0} \tag{6.102}$$

需要指出，$\sigma=0$ 时，$\tilde{\varepsilon}=\varepsilon$ 和 $\tilde{k}=k$，分别与理想介质中的 ε 和 k 相等。符号 $\tilde{\varepsilon}$ 和 $\tilde{k}$ 的引入，将导体中时谐波的传播问题与理想介质中时谐波的传播问题在数学形式上等同起来，从而通过类比可得到导体中平面波解的数学表达式。正是这个原因，为与理想介质情况下 $k>0$ 相吻合，取 $\mathrm{Re}(\tilde{k})>0$，这意味着无限大导体中只有入射波。

2. 平面波解

方程(6.99)和方程(6.102)与理想介质中时谐电磁场的方程(6.8)和方程(6.9)具有相同的数学形式，仿照解(6.30)的导出过程，可以分别写出以上两个方程在直角坐标系 $Oxyz$ 中的平面波解

$$\dot{\boldsymbol{E}} = \boldsymbol{E}_0 \mathrm{e}^{-\mathrm{j}\tilde{\boldsymbol{k}} \cdot \boldsymbol{r}} \tag{6.103}$$

$$\dot{\boldsymbol{H}} = \boldsymbol{H}_0 \mathrm{e}^{-\mathrm{j}\tilde{\boldsymbol{k}} \cdot \boldsymbol{r}} \tag{6.104}$$

这里，$\boldsymbol{E}_0$、$\boldsymbol{H}_0$ 和 $\tilde{\boldsymbol{k}}$ 都是复常矢量，其中

$$\tilde{\boldsymbol{k}} = \tilde{k}_x \boldsymbol{e}_x + \tilde{k}_y \boldsymbol{e}_y + \tilde{k}_z \boldsymbol{e}_z \tag{6.105}$$

满足

$$\tilde{\boldsymbol{k}} \cdot \tilde{\boldsymbol{k}} = \tilde{k}_x^2 + \tilde{k}_y^2 + \tilde{k}_z^2 = \omega^2 \mu \tilde{\varepsilon} = \tilde{k}^2 \tag{6.106}$$

式中，分量 $\tilde{k}_x$、$\tilde{k}_y$、$\tilde{k}_z$ 均为复常量。

为看清一般解(6.103)和解(6.104)的特点，设

$$\tilde{k}_x = \beta_x - \mathrm{j}\alpha_x, \quad \tilde{k}_y = \beta_y - \mathrm{j}\alpha_y, \quad \tilde{k}_z = \beta_z - \mathrm{j}\alpha_z$$

$$\boldsymbol{\alpha} = \alpha_x \boldsymbol{e}_x + \alpha_y \boldsymbol{e}_y + \alpha_z \boldsymbol{e}_z, \quad \boldsymbol{\beta} = \beta_x \boldsymbol{e}_x + \beta_y \boldsymbol{e}_y + \beta_z \boldsymbol{e}_z$$

其中，$\boldsymbol{\alpha}$ 和 $\boldsymbol{\beta}$ 都是实矢量。于是

$$\tilde{\boldsymbol{k}} = \boldsymbol{\beta} - \mathrm{j}\boldsymbol{\alpha} \tag{6.107}$$

这样，一般解(6.103)和解(6.104)变形为

$$\dot{\boldsymbol{E}} = \boldsymbol{E}_0 \mathrm{e}^{-\boldsymbol{\alpha} \cdot \boldsymbol{r}} \mathrm{e}^{-\mathrm{j}\boldsymbol{\beta} \cdot \boldsymbol{r}} \tag{6.108}$$

$$\dot{\boldsymbol{H}} = \boldsymbol{H}_0 \mathrm{e}^{-\boldsymbol{\alpha} \cdot \boldsymbol{r}} \mathrm{e}^{-\mathrm{j}\boldsymbol{\beta} \cdot \boldsymbol{r}} \tag{6.109}$$

式中，$\mathrm{e}^{-\boldsymbol{\alpha} \cdot \boldsymbol{r}}$ 为衰减因子，当 $\boldsymbol{r}$ 沿着 $\boldsymbol{\alpha}$ 的方向增加时，场量的值迅速减少。

以上两个一般解的正确性，可分别通过代入方程(6.99)和方程(6.102)得到验证。以式(6.108)为例，代入方程(6.99)，得 $\nabla^2 \dot{\boldsymbol{E}} + \tilde{k}^2 \dot{\boldsymbol{E}} = (-\tilde{\boldsymbol{k}} \cdot \tilde{\boldsymbol{k}} + \tilde{k}^2) \dot{\boldsymbol{E}} = \boldsymbol{0}$。

3. 波的传播特性

由式(6.108)和式(6.109)可知以下两点。

(1) 导体中的电磁波不是严格的横波。因$|\boldsymbol{\alpha}|\neq 0$时，$\boldsymbol{E}\cdot\nabla|\boldsymbol{E}|\neq 0$(见6.2.2节)，即$\boldsymbol{E}$在传播方向存在振动分量。

(2) 导体中的电磁波为非均匀平面波。因波的等幅面和等相面均为平面，方程分别为

$$\boldsymbol{\alpha}\cdot\boldsymbol{r}=C_1(\text{常数}) \tag{6.110}$$

$$\boldsymbol{\beta}\cdot\boldsymbol{r}=C_2(\text{常数}) \tag{6.111}$$

一般情况下，这两个平面的夹角(数，1979)[342]

$$\phi=\arccos\frac{\boldsymbol{\alpha}\cdot\boldsymbol{\beta}}{|\boldsymbol{\alpha}||\boldsymbol{\beta}|} \tag{6.112}$$

满足$0<\phi<\pi$，即等幅面和等相面不重合。如果$\boldsymbol{\alpha}$和$\boldsymbol{\beta}$平行，则存在非零实数c，使

$$\boldsymbol{\alpha}=c\boldsymbol{\beta} \tag{6.113}$$

于是

$$\phi=\arccos\frac{c\boldsymbol{\beta}\cdot\boldsymbol{\beta}}{|c\boldsymbol{\beta}||\boldsymbol{\beta}|}=\arccos\frac{c}{|c|}=\begin{cases}0, & c>0\\ \pi, & c<0\end{cases} \tag{6.114}$$

说明等幅面和等相面重合。下面讨论的就是这种情况。

6.5.2 平面电磁波垂直入射到导体表面

1. 传播矢量表达式

在直角坐标系$Oxyz$中，设$z<0$区域为真空，$z>0$区域为导体，导体的磁导率为μ，真空中一平面电磁波沿$\boldsymbol{e}_z$方向垂直入射到导体表面($z=0$平面)，如图6.24所示。这样，真空中入射波传播矢量可表示为

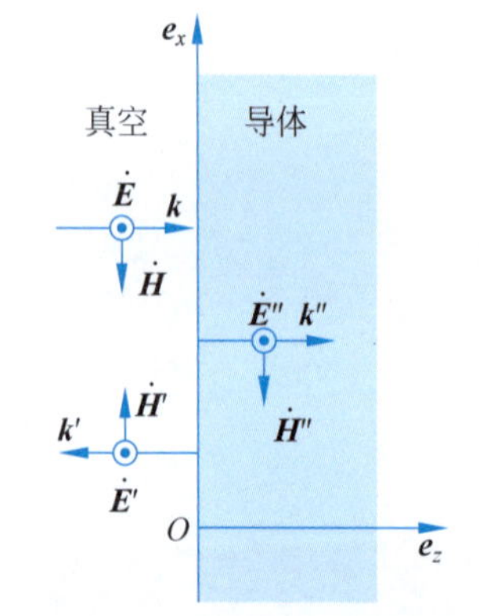

图6.24 平面电磁波垂直入射到导体表面

$$\boldsymbol{k}=k\boldsymbol{e}_z=\omega\sqrt{\varepsilon_0\mu_0}\,\boldsymbol{e}_z \tag{6.115}$$

利用电场强度切向分量的边界条件，模仿式(6.69)和式(6.70)的导出过程，可知反射波的传播矢量和进入导体内电磁波的传播矢量沿边界面的切向分量均为0，从而可分别写出真空中反射波的传播矢量

$$\boldsymbol{k}'=k(-\boldsymbol{e}_z)=-\omega\sqrt{\varepsilon_0\mu_0}\,\boldsymbol{e}_z \tag{6.116}$$

和进入导体内电磁波的传播矢量

$$\tilde{\boldsymbol{k}}''=(\beta-\mathrm{j}\alpha)\boldsymbol{e}_z \tag{6.117}$$

其中，α和β都是实常量，这里取$\beta>0$。由于$\tilde{\boldsymbol{k}}''$和$\boldsymbol{k}$同方向，即导体内电磁波的传播方向没有折弯，我们把这种情况下的电磁波称为透射波①。

由透射波传播矢量，得

$$\tilde{\boldsymbol{k}}''\cdot\tilde{\boldsymbol{k}}''=(\beta-\mathrm{j}\alpha)^2=\omega^2\mu\tilde{\varepsilon}=\omega\mu(\omega\varepsilon-\mathrm{j}\sigma)$$

或写成

$$\beta^2-\alpha^2-\mathrm{j}2\alpha\beta=\omega^2\varepsilon\mu-\mathrm{j}\omega\sigma\mu$$

对比两端的实部和虚部，得到以下方程组

$$\beta^2-\alpha^2=\omega^2\varepsilon\mu$$

① 许多英文电磁场文献对折射波和透射波并不区分，而统一用 transmitted wave(传输波)表示，例如(Stratton，1941)和(Ulaby，2015)就是这样。

$$2\alpha\beta=\omega\sigma\mu$$

求解这个方程组，得

$$\alpha=\omega\sqrt{\frac{\varepsilon\mu}{2}}\left[\sqrt{1+\left(\frac{\sigma}{\omega\varepsilon}\right)^{2}}-1\right]^{1/2} \tag{6.118}$$

$$\beta=\omega\sqrt{\frac{\varepsilon\mu}{2}}\left[\sqrt{1+\left(\frac{\sigma}{\omega\varepsilon}\right)^{2}}+1\right]^{1/2} \tag{6.119}$$

在良导体中，传导电流密度远大于位移电流密度，即 $\sigma/(\omega\varepsilon)\gg 1$，从而由以上两式得

$$\alpha\approx\beta\approx\sqrt{\frac{\omega\sigma\mu}{2}} \tag{6.120}$$

而在弱导电介质中，传导电流密度远小于位移电流密度，即 $\sigma/(\omega\varepsilon)\ll 1$，式(6.118)和式(6.119)分别变形为

$$\alpha\approx\frac{\sigma}{2}\sqrt{\frac{\mu}{\varepsilon}} \tag{6.121}$$

$$\beta\approx\omega\sqrt{\varepsilon\mu} \tag{6.122}$$

式(6.121)的导出使用了近似公式 $\sqrt{1+x^2}\approx 1+x^2/2(x^2\ll 1)$。

2. 垂直入射电磁波在导体表面的反射和透射

如图6.24所示，设入射波、反射波和透射波的电场参考方向都垂直于纸面穿出，则由 $\boldsymbol{k}=k\boldsymbol{e}_z$、$\boldsymbol{k}'=-k\boldsymbol{e}_z$、$\tilde{\boldsymbol{k}}''=(\beta-\mathrm{j}\alpha)\boldsymbol{e}_z$ 可分别写出真空中入射波的电场强度

$$\dot{\boldsymbol{E}}=\boldsymbol{E}_0\mathrm{e}^{-\mathrm{j}\boldsymbol{k}\cdot\boldsymbol{r}}=(E_0\boldsymbol{e}_y)\mathrm{e}^{-\mathrm{j}kz}=E_0\mathrm{e}^{-\mathrm{j}kz}\boldsymbol{e}_y \tag{6.123}$$

真空中反射波的电场强度

$$\dot{\boldsymbol{E}}'=\boldsymbol{E}'_0\mathrm{e}^{-\mathrm{j}\boldsymbol{k}'\cdot\boldsymbol{r}}=E'_0\mathrm{e}^{\mathrm{j}kz}\boldsymbol{e}_y \tag{6.124}$$

和导体中透射波的电场强度

$$\dot{\boldsymbol{E}}''=\boldsymbol{E}''_0\mathrm{e}^{-\mathrm{j}\boldsymbol{k}''\cdot\boldsymbol{r}}=E''_0\mathrm{e}^{-\alpha z}\mathrm{e}^{-\mathrm{j}\beta z}\boldsymbol{e}_y \tag{6.125}$$

以上3式中，$k=\omega\sqrt{\varepsilon_0\mu_0}$，$\alpha>0$，$\beta>0$。可见，与真空中电场相比，导体中电场表达式中含有 $\mathrm{e}^{-\alpha z}$，表示导体中电场的传播会发生衰减现象。后面的式(6.128)表明，导体中磁场的传播也发生衰减现象。

利用以上表达式，由真空波阻抗 $Z_0=\sqrt{\mu_0/\varepsilon_0}$ 和公式 $\dot{\boldsymbol{H}}=-\nabla\times\dot{\boldsymbol{E}}/(\mathrm{j}\omega\mu)$，可分别求出真空中入射波的磁场强度

$$\dot{\boldsymbol{H}}=-\frac{E_0}{Z_0}\mathrm{e}^{-\mathrm{j}kz}\boldsymbol{e}_x \tag{6.126}$$

和反射波的磁场强度

$$\dot{\boldsymbol{H}}'=\frac{E'_0}{Z_0}\mathrm{e}^{\mathrm{j}kz}\boldsymbol{e}_x \tag{6.127}$$

以及导体中透射波的磁场强度

$$\dot{\boldsymbol{H}}''=-\frac{E''_0}{Z}\mathrm{e}^{-\alpha z}\mathrm{e}^{-\mathrm{j}\beta z}\boldsymbol{e}_x \tag{6.128}$$

这里 Z 为导体波阻抗：

$$Z=-\frac{\dot{E}''_y}{\dot{H}''_x}=-\frac{\dot{\boldsymbol{E}}''\cdot\boldsymbol{e}_y}{\dot{\boldsymbol{H}}''\cdot\boldsymbol{e}_x}=\frac{\mathrm{j}\omega\mu}{\alpha+\mathrm{j}\beta}=\frac{\beta+\mathrm{j}\alpha}{\sqrt{\sigma^2+(\omega\varepsilon)^2}} \tag{6.129}$$

Z 为复量说明透射波是衰减的行波，且电场和磁场不同相，如图 6.25 所示。

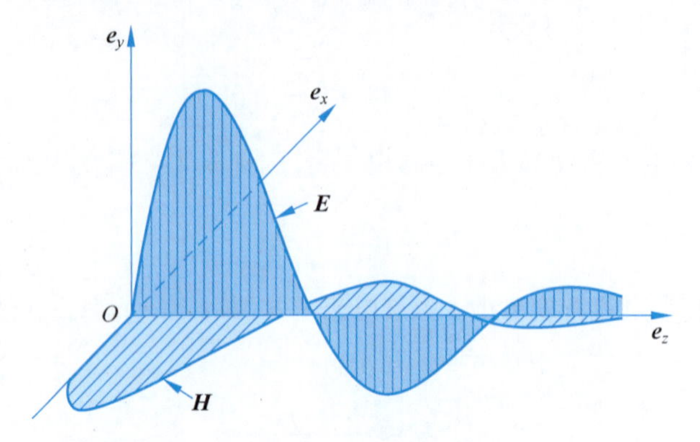

图 6.25 导体中某一时刻平面电磁波的分布

下面在已知 E_0 的条件下求 E'_0 和 E''_0。在图 6.24 中，利用式(6.123)～式(6.128)，由边界面 $z=0$ 上的电磁场切向分量的边界条件

$$\boldsymbol{e}_z\times[\dot{\boldsymbol{E}}''-(\dot{\boldsymbol{E}}+\dot{\boldsymbol{E}}')]\big|_{z=0}=\boldsymbol{0}$$

$$\boldsymbol{e}_z\times[\dot{\boldsymbol{H}}''-(\dot{\boldsymbol{H}}+\dot{\boldsymbol{H}}')]\big|_{z=0}=\boldsymbol{0}$$

得

$$E_0+E'_0=E''_0$$

$$E_0-E'_0=\frac{Z_0}{Z}E''_0$$

以上两式联立，以 E_0 为基准，可解出

$$\text{反射系数：}r_\perp=\frac{E'_0}{E_0}=\frac{Z-Z_0}{Z+Z_0} \tag{6.130}$$

$$\text{透射系数：}t_\perp=\frac{E''_0}{E_0}=\frac{2Z}{Z+Z_0} \tag{6.131}$$

这两个系数满足

$$t_\perp=r_\perp+1 \tag{6.132}$$

式中，符号 $r_\perp$ 和 $t_\perp$ 的下标“⊥”表示这两个量与“垂直”入射波有关。对于理想导体，$\sigma\to\infty$，反射系数 $r_\perp\to(-1)$，透射系数 $t_\perp\to0$。

已知垂直入射波后，反射波和透射波最终为

$$\dot{\boldsymbol{E}}'=r_\perp E_0\mathrm{e}^{\mathrm{j}kz}\boldsymbol{e}_y \tag{6.133}$$

$$\dot{\boldsymbol{H}}'=r_\perp\frac{E_0}{Z_0}\mathrm{e}^{\mathrm{j}kz}\boldsymbol{e}_x \tag{6.134}$$

$$\dot{\boldsymbol{E}}''=t_\perp E_0\mathrm{e}^{-\alpha z}\mathrm{e}^{-\mathrm{j}\beta z}\boldsymbol{e}_y \tag{6.135}$$

$$\dot{\boldsymbol{H}}''=-t_\perp\frac{E_0}{Z}\mathrm{e}^{-\alpha z}\mathrm{e}^{-\mathrm{j}\beta z}\boldsymbol{e}_x \tag{6.136}$$

例 6.12　真空中的平面电磁波垂直入射到很厚的金属平板上。证明金属板内透射波能量全部转化成了焦耳热。

证　如图 6.24 所示，设 $z>0$ 区域是金属导体(只要金属平板厚度远大于透入深度，就可以认为金属平板是半无限导体)，$z<0$ 区域是真空。由于导体内电磁场为

$$\dot{\boldsymbol{E}}''=E''_0\mathrm{e}^{-\alpha z}\mathrm{e}^{-\mathrm{j}\beta z}\boldsymbol{e}_y \quad 和 \quad \dot{\boldsymbol{H}}''=-\frac{E''_0}{Z}\mathrm{e}^{-\alpha z}\mathrm{e}^{-\mathrm{j}\beta z}\boldsymbol{e}_x$$

从而复坡印亭矢量为

$$\boldsymbol{S}_{\mathrm{cpv}}=\dot{\boldsymbol{E}}''\times\dot{\boldsymbol{H}}''^{*}=\frac{\beta+\mathrm{j}\alpha}{\omega\mu}|E''_0|^2\mathrm{e}^{-2\alpha z}\boldsymbol{e}_z$$

于是，通过平面 $z=0$ 进入导体内单位面积的有功功率为

$$\mathrm{Re}(\boldsymbol{S}_{\mathrm{cpv}})|_{z=0}\cdot\boldsymbol{e}_z=\frac{\beta}{\omega\mu}|E''_0|^2 \tag{6.137}$$

另外，在垂直于导体表面 $z=0$ 的半无限长直柱状导体 V 内，涡流的焦耳热平均功率为

$$P_{\mathrm{ed}}=\int_V\frac{J^2}{\sigma}\mathrm{d}V=\int_A\mathrm{d}A\int_0^\infty\frac{J^2}{\sigma}\mathrm{d}z=\frac{A}{\sigma}\int_0^\infty\dot{\boldsymbol{J}}\cdot\dot{\boldsymbol{J}}^*\mathrm{d}z$$

式中，A 是长直柱状导体的横截面，$\dot{\boldsymbol{J}}=\sigma\dot{\boldsymbol{E}}''=\sigma E''_0\mathrm{e}^{-\alpha z}\mathrm{e}^{-\mathrm{j}\beta z}\boldsymbol{e}_y$ 是涡流密度。于是

$$P_{\mathrm{ed}}=\sigma A|E''_0|^2\int_0^\infty\mathrm{e}^{-2\alpha z}\mathrm{d}z=\frac{\sigma A}{2\alpha}|E''_0|^2$$

利用关系式 $2\alpha\beta=\omega\sigma\mu$，可得

$$\frac{\mathrm{d}P_{\mathrm{ed}}}{\mathrm{d}A}=\frac{\sigma}{2\alpha}|E''_0|^2=\frac{\beta}{\omega\mu}|E''_0|^2 \tag{6.138}$$

对比式(6.137)和式(6.138)可见，进入导体内的电磁场能量全部转化成了焦耳热。证毕。

例 6.13　真空中的平面电磁波以入射角 θ 传播到半无限弱磁性良导体表面，令良导体的电导率和磁导率分别为 σ 和 μ_0，证明良导体内折射角 θ'' 满足

$$\sin\theta''\approx 0 \tag{6.139}$$

证　仿照式(6.69)的推导，得 $k\sin\theta=k''\sin\theta''$，于是

$$\sin\theta''=\frac{k\sin\theta}{k''}=\frac{\omega\sqrt{\varepsilon_0\mu_0}\sin\theta}{\beta-\mathrm{j}\alpha}$$

对良导体，$\omega\varepsilon_0/\sigma\ll 1$，由式(6.120)知 $\alpha\approx\beta\approx\sqrt{\omega\sigma\mu_0/2}$，从而

$$\sin\theta''=\frac{\sin\theta}{1-\mathrm{j}}\sqrt{\frac{2\omega\varepsilon_0}{\sigma}}\approx 0$$

这说明进入良导体内的电磁波几乎垂直于导体表面向内部传播。证毕。

3. 垂直入射时真空中的电场分布

在导体外的真空区域，根据叠加原理和电场切向分量的边界条件 $E_0+E'_0=E''_0$，垂直入射时真空中的电场强度为

$$\begin{aligned}\dot{\boldsymbol{E}}_{\mathrm{vac}}&=\dot{\boldsymbol{E}}+\dot{\boldsymbol{E}}'\\&=(\dot{\boldsymbol{E}}-E_0\mathrm{e}^{\mathrm{j}kz}\boldsymbol{e}_y)+(\dot{\boldsymbol{E}}'+E_0\mathrm{e}^{\mathrm{j}kz}\boldsymbol{e}_y)\\&=E_0(\mathrm{e}^{-\mathrm{j}kz}-\mathrm{e}^{\mathrm{j}kz})\boldsymbol{e}_y+(E'_0+E_0)\mathrm{e}^{\mathrm{j}kz}\boldsymbol{e}_y\\&=-\mathrm{j}2E_0\sin kz\boldsymbol{e}_y+E''_0\mathrm{e}^{\mathrm{j}kz}\boldsymbol{e}_y\end{aligned} \tag{6.140}$$

此式反映了电磁波垂直入射到导体表面时真空中电磁波的传播特点：当反射波和入射波沿同一路径传播时，真空中电波就不是行波，而是驻波与行波的叠加。式(6.140)右端第一项是电场驻波，它的振幅随空间位置而变；第二项是向($-\boldsymbol{e}_z$)方向传播的电场反射行波，它的振幅取决于导体内透射波的振幅，当透射波为零时真空中只有驻波而没有行波。

图 6.26 绘出了 $E_0=1\ \text{V/m}$，$\sigma=300\ \text{S/m}$，$f=300\ \text{MHz}$，$\omega t=\pi/4$ 时真空中和弱磁性导体内电场沿 z 轴的分布波形。图中纵坐标为 E_{vac}/E_0，横坐标为 z/λ，$z<0$ 为真空($\lambda=1\ \text{m}$)，$z>0$ 为导体($\delta=1.68\ \text{mm}$)。由此图可见，真空中的电场近似为驻波，而导体内电场非常小；但导体内电场并不为零，这是由于真空中电场、导体内电场以相同比例画出它们的变化曲线后，导体内电场因为数值相比极小就近似为一条水平线。图 6.27 单独绘出了 $\omega t=\pi/4$ 时导体内电场行波波形，图中纵坐标为 E''/E_0，横坐标为 z/δ，由此图可见，导体内电场主要分布在离表面 0.5%的透入深度内，E''的最大值小于 E_0 的 1%。

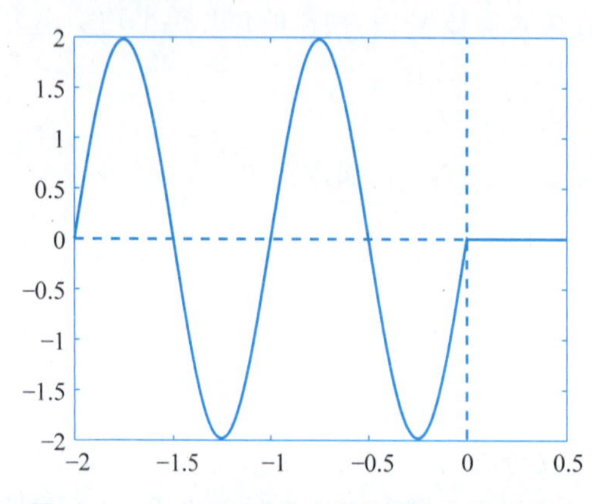

图 6.26　$\omega t=\pi/4$ 时真空中和导体内电场波形

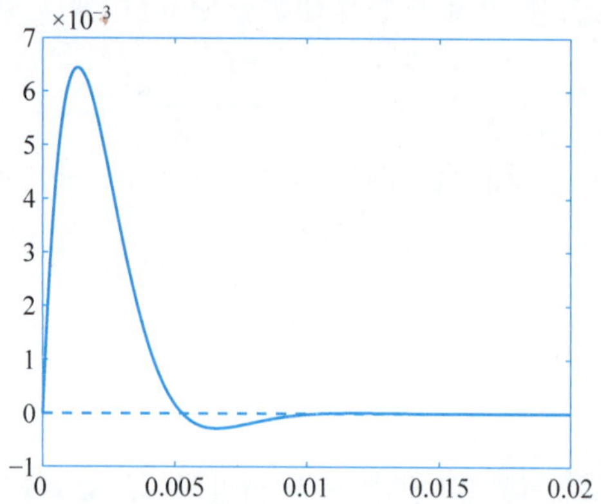

图 6.27　$\omega t=\pi/4$ 时导体内电场的行波波形

例 6.14　线偏振波从真空垂直入射到理想导体表面，试求真空中的电磁场和理想导体表面的电流分布。

解　建立直角坐标系 $Oxyz$，如图 6.24 所示。设真空中入射波电场强度和反射波电场强度(有效值相量)分别为 $\dot{\boldsymbol{E}}=E_0\mathrm{e}^{-\mathrm{j}kt}\boldsymbol{e}_y$ 和 $\dot{\boldsymbol{E}}'=E_0'\mathrm{e}^{\mathrm{j}kz}\boldsymbol{e}_y$，这里 E_0 和 E_0'都是复常量，$k=2\pi/\lambda$ (λ 是真空中波长)。理想导体的电导率 $\sigma\to\infty$，因此 $r_\perp\to(-1)$，$t_\perp\to0$，从而真空中电场强度为

$$\dot{\boldsymbol{E}}_{\text{vac}}=\dot{\boldsymbol{E}}+\dot{\boldsymbol{E}}'=E_0(\mathrm{e}^{-\mathrm{j}kz}-\mathrm{e}^{\mathrm{j}kz})\boldsymbol{e}_y=-\mathrm{j}2E_0\sin\frac{2\pi z}{\lambda}\boldsymbol{e}_y$$

进一步，真空中的磁场强度为

$$\dot{\boldsymbol{H}}_{\text{vac}}=-\frac{1}{\mathrm{j}\omega\mu_0}\nabla\times\dot{\boldsymbol{E}}_{\text{vac}}=-\frac{2E_0}{Z_0}\cos\frac{2\pi z}{\lambda}\boldsymbol{e}_x$$

利用 $\sigma\to\infty$时 $\alpha\to\infty$，可知对于任意 $z>0$，必有 $\mathrm{e}^{-\alpha z}\to0$，从而由式(6.135)和式(6.136)分别得透射波电场强度 $\dot{\boldsymbol{E}}''\to\boldsymbol{0}$ 和透射波磁场强度 $\dot{\boldsymbol{H}}''\to\boldsymbol{0}$。在此基础上，理想导体表面的面电流密度为

$$\dot{\boldsymbol{K}}=\boldsymbol{e}_z\times(\lim_{z\to+0}\dot{\boldsymbol{H}}''-\lim_{z\to-0}\dot{\boldsymbol{H}}_{\text{vac}})=\frac{2E_0}{Z_0}\boldsymbol{e}_y$$

设 $z_0=|Z_0|,E_0=|E_0|\mathrm{e}^{\mathrm{j}\phi},E_{0\mathrm{m}}=\sqrt{2}|E_0|,H_{0\mathrm{m}}=\sqrt{2}|E_0|/z_0$，则以上各量的时域式为

$$\boldsymbol{E}_{\mathrm{vac}}(z,t)=\mathrm{Re}(\sqrt{2}\dot{\boldsymbol{E}}_{\mathrm{vac}}\mathrm{e}^{\mathrm{j}\omega t})=2E_{0\mathrm{m}}\sin\frac{2\pi z}{\lambda}\sin(\omega t+\phi)\boldsymbol{e}_y$$

$$\boldsymbol{H}_{\mathrm{vac}}(z,t)=\mathrm{Re}(\sqrt{2}\dot{\boldsymbol{H}}_{\mathrm{vac}}\mathrm{e}^{\mathrm{j}\omega t})=-2H_{0\mathrm{m}}\cos\frac{2\pi z}{\lambda}\cos(\omega t+\phi)\boldsymbol{e}_x$$

$$\boldsymbol{K}(t)=\mathrm{Re}(\sqrt{2}\dot{\boldsymbol{K}}\mathrm{e}^{\mathrm{j}\omega t})=2H_{0\mathrm{m}}\cos(\omega t+\phi)\boldsymbol{e}_y$$

由这组表达式可见：①当平面波从真空垂直入射到理想导体表面时，真空中的电磁波是驻波；点 $z=0,-\lambda/2,-\lambda,-3\lambda/2,\cdots$ 是电场的波节、磁场的波腹，如图 6.28 所示；而点 $z=-\lambda/4,-3\lambda/4,-5\lambda/4,-7\lambda/4,\cdots$ 是磁场的波节、电场的波腹，如图 6.28 所示。相邻波节间的距离和相邻波腹间的距离都等于半个波长。②驻波电场的振幅最大值和磁场振幅最大值分别是入射波的电场振幅和磁场振幅的 2 倍。③理想导体表面分布着随时间按正弦变化的电流。解毕。

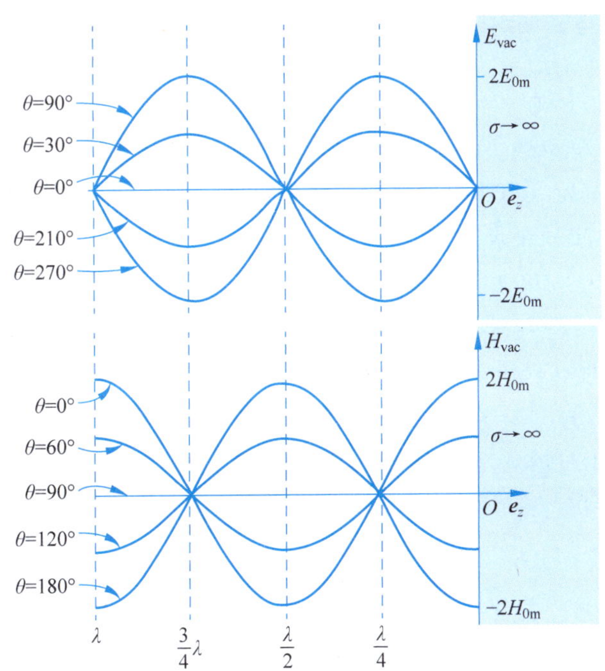

图 6.28　理想导体外的真空中的电场驻波和磁场驻波

4. 透射波的透入深度

观察图 6.24 导体中电场式(6.135)和磁场式(6.136)可见，它们的振幅都随着导体内深度 z 的增加而以指数 $\mathrm{e}^{-\alpha z}$ 的形式衰减，所以透入深度

$$\delta=\frac{1}{\alpha} \tag{6.141}$$

式中，α 的表达式为式(6.118)。

下面研究两个重要特例。

特例 1　良导体的透入深度

对于良导体，$\sigma/(\omega\varepsilon)\gg1$，利用式(6.120)，透入深度为

$$\delta=\frac{1}{\alpha}\approx\frac{1}{\sqrt{\pi\sigma\mu f}} \tag{6.142}$$

即良导体的 δ 与 $\sqrt{f}$ 成反比，频率越高，趋肤效应越显著。例如，对于金属铜，$\sigma=58$ MS/m，$\varepsilon\approx\varepsilon_0$，$\mu=\mu_0$，当 $f=50$ Hz 时，$\delta\approx9.35$ mm；当 $f=1$ kHz 时，$\delta\approx2.09$ mm；当 $f=1$ MHz 时，$\delta\approx0.066$ mm。

这说明高频电磁场仅分布在良导体表面很薄的一层区域内。在不考虑良导体内的电磁场时，高频电磁场中的铜、铝等电导率很大的导体可看作理想导体。

良导体对电磁波有很强的反射作用，导体的电导率越大，进入导体内的电磁能量越少，被反射回去的电磁能量越多。假若人眼能够看见电磁波，那么导体表面就像镜子一样，在电磁波的照耀下闪闪发光。利用良导体表面对电磁波的反射作用，可以通过测量导体表面的反射波探测导体的位置和表面状况，例如，雷达、微波无损检测装置就具有这样的功能；另外，也可以利用金属的反射作用制成波导管、谐振腔、角反射器、电磁屏蔽体等。

例 6.15 一平面电磁波垂直进入海水，取海水的电磁参数为 $\sigma=4$ S/m，$\varepsilon=81\varepsilon_0$，$\mu=\mu_0$。设海水表面的电场强度有效值为 1 V/m，试分别求频率为 70 Hz 和 100 MHz 的平面电磁波在 100 m 深的海水中的电场强度有效值。

需要说明，海水电导率取决于海水温度和含盐量，海水温度随四季有相当大的变化，而含盐量在一年之内比较稳定。海水电导率的数值范围是 1～10 S/m。在温度为 20℃、含盐量为 3.43%的情况下，海水电导率是 4.717 S/m①。

解 已知 $|\boldsymbol{E}''_0|=1$ V/m，由题中参数，可知

(1) 当 $f=70$ Hz 时，$\sigma/(\omega\varepsilon)\approx12.7\times10^6\gg1$，此时海水是良导体，由式(6.142)得 $\delta\approx30$ m，代入式(6.125)可计算出 100 m 深的海水中电场强度有效值

$$|\dot{\boldsymbol{E}}''|=|\boldsymbol{E}''_0|\,\mathrm{e}^{-z/\delta}=1\times\mathrm{e}^{-100/30}\approx0.036(\mathrm{V/m})$$

(2) 当 $f=100$ MHz 时，$\sigma/(\omega\varepsilon)\approx8.88$，此时海水是良导体，由式(6.142)得 $\delta\approx0.025$ m，代入式(6.125)可计算出 100 m 深的海水中电场强度有效值

$$|\dot{\boldsymbol{E}}''|=|\boldsymbol{E}''_0|\,\mathrm{e}^{-z/\delta}=1\times\mathrm{e}^{-100/0.025}\approx6.6\times10^{-1738}\approx0$$

此例说明，低频电磁波可以在海水表面附近传播，高频电磁波不能在海水中传播。解毕。

特例 2 弱导电介质的透入深度

对于弱导电介质，$\sigma/(\omega\varepsilon)\ll1$，利用式(6.121)，透入深度为

$$\delta=\frac{1}{\alpha}\approx\frac{2}{\sigma}\sqrt{\frac{\varepsilon}{\mu}} \tag{6.143}$$

即弱导电介质的透入深度与频率无关。根据这个特性，可用反射波探测弱导电介质的参数和尺寸，如用兆赫兹波段的电磁波探测冰河的厚度(Shen，2003)[3-27]。

例 6.16 设频率为 $f=1$ MHz 的电磁波垂直入射冰表面，这个频率下冰的电磁参数为 $\sigma=10^{-6}$ S/m，$\varepsilon\approx3.2\varepsilon_0$，$\mu=\mu_0$。求冰中电磁波的透入深度。

解 由题中参数，可得

$$\frac{\sigma}{\omega\varepsilon}=\frac{10^{-6}}{2\pi\times10^6\times(3.2\times8.854\times10^{-12})}=5.62\times10^{-3}\ll1$$

---

① 高橋健彦，1986. 図解接地技術入門[M]. 東京：オーム社.

即冰在兆赫兹波段的电磁场中是弱导电介质，利用式(6.143)，得透入深度

$$\delta=\frac{2}{\sigma}\sqrt{\frac{\varepsilon}{\mu}}=\frac{2}{10^{-6}}\sqrt{\frac{3.2\times 8.854\times 10^{-12}}{4\pi\times 10^{-7}}}=9.5\times 10^{3}(\mathrm{m})$$

解毕。

6.5.3 色散

广义上，任何物理量只要随频率而改变都称为色散。例如：①当频率不太高时，金属的电导率为常量，电磁波进入金属内衰减很快，可是当频率达到了 X 射线波段，电磁波在金属内衰减减少，从而可以穿透薄金属板。②在电磁场中，液态水的水分子固有电偶极矩跟随外电场方向的变化而变化，它的相对电容率很大，$\varepsilon_r=80.84(18℃)$[①]；可是在可见光下，水分子的固有电偶极矩跟不上外电场的变化，液态水的相对电容率变小，$\varepsilon_r=1.78$。③低频电磁波会被电离层良好反射，而某些波段的微波则可以穿过电离层。这些都是电磁波的色散现象。

下面以平面电磁波垂直入射到半无限导体表面后导体内电磁波的传播为例，来说明色散现象。

在图 6.24 中，当平面电磁波垂直入射到半无限导体内时，导体内电场强度的时域式为

$$\boldsymbol{E}''=\sqrt{2}\ |E''_0|\ \mathrm{e}^{-\alpha z}\cos(\omega t-\beta z+\phi_y)\boldsymbol{e}_y \tag{6.144}$$

式中，ϕ_y 是复常量 E''_0 的辐角。这样，由式(6.144)可写出时刻 t 等相面 S_p 的方程：

$$\omega t-\beta z+\phi_y=C \tag{6.145}$$

式中，C 是常量。设 $\boldsymbol{r}$ 是 S_p 上的位置矢量，则 S_p 向电磁波传播方向传播的速度为

$$v=\boldsymbol{v}\cdot\boldsymbol{e}_z=\frac{\mathrm{d}\boldsymbol{r}}{\mathrm{d}t}\cdot\boldsymbol{e}_z=\frac{\mathrm{d}z}{\mathrm{d}t}$$

从式(6.145)中解出 $z=(\omega t+\phi_y-C)/\beta$，于是

$$v=\frac{\mathrm{d}z}{\mathrm{d}t}=\frac{\omega}{\beta}=\sqrt{\frac{2}{\varepsilon\mu}}\left[1+\sqrt{1+\left(\frac{\sigma}{\omega\varepsilon}\right)^2}\right]^{-1/2} \tag{6.146}$$

可见，只要介质电导率 $\sigma>0$，相速 v 必与角频率 ω 有关，即所有导体都是色散介质，如金属、海水、土壤、电离层都是色散介质。

导电介质的色散现象将导致传播信号的波形发生畸变，因为信号可以分解为一系列不同频率的正弦波，而不同频率的正弦波在色散介质中传播速度不同，频率低的传播慢，频率高的传播快，所以在信号的接收端，高频正弦波先到达，低频正弦波后到达，合成电磁波的波形就与发射端电磁波的波形不同，造成传输信号的畸变。

在色散介质中，电磁波的波长比真空中电磁波的波长小。根据波长定义(同一时刻相角差为 2π 弧度的两个等相面之间的距离)，由等相面方程可写出波长

$$\lambda=\frac{v}{f}=\frac{1}{f}\sqrt{\frac{2}{\varepsilon\mu}}\left[1+\sqrt{1+\left(\frac{\sigma}{\omega\varepsilon}\right)^2}\right]^{-1/2} \tag{6.147}$$

可见：①σ 越大，λ 越小。②对于良导体，$\sigma/(\omega\varepsilon)\gg 1$，从而

$$\lambda\approx 2\pi\delta\approx 4\times(1.5\delta) \tag{6.148}$$

因良导体内电磁场能量集中分布在距离导体表面约 1.5 倍透入深度内(见 5.6.3 节)，所以由式(6.148)可知，电磁场能量集中分布在约 1/4 波长的导体内。

① 周公度，2019. 化学辞典[M]. 第 2 版. 北京：化学工业出版社.

例 6.17 设频率为 f 的平面电磁波在无限大固体金属中传播，金属的电容率为 ε、电导率为 σ、磁导率为 μ_0。若 $\sigma/(\omega\varepsilon)\gg 1$，求平面波的相速 v。

解 由 $\sigma/(\omega\varepsilon)\gg 1$ 和式(6.146)，得 $v\approx\sqrt{\frac{2\omega}{\sigma\mu_0}}$，代入 $\mu_0=4\pi\times10^{-7}$ H/m 和 $\omega=2\pi f$，得

$$v\approx 3162\sqrt{\frac{f}{\sigma}} \tag{6.149}$$

解毕。

6.6 波导管中电磁波的传播

6.6.1 电磁波的定向传播

电磁波的定向传播是指电磁波离开波源后沿给定路径传播到负载。电磁波的定向传播有两个作用：一是传输电能，用来驱动电气设备做功；二是传播信号，用来传递信息。

把电磁波定向导引至负载的实体结构有许多种，典型的有平行输电线、同轴线、金属波导管以及光导纤维等，如图 6.29 所示。从信号传播的角度看，平行输电线适用于传播距离不长且波源频率不高的场合，当传播距离较长或波源频率较高时，平行输电线会向开放的空间辐射电磁波而出现损耗，同时由导线所组成的回路又接收外界电磁场，从而在回路中产生感应电流，干扰传播信号。为了克服这些缺点，可以用同轴线，它由线芯和与之绝缘的同轴中空导体管组成。由于同轴线外导体的屏蔽作用，外部电磁场不会干扰同轴线内传播的信号，同时传播信号也不向外部辐射电磁波。同轴线的缺点是不适合传播高频电磁波，它产生的涡流损耗与

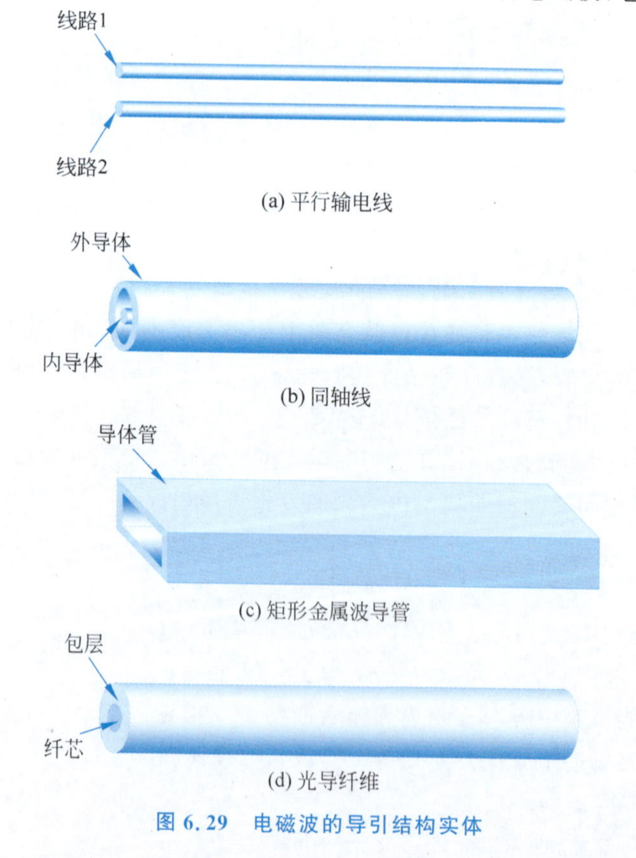

图 6.29 电磁波的导引结构实体

频率 f 的关系近似按$\sqrt{f}$成比例增加[见式(5.149)的实部],频率越高损耗越大。当频率达到微波波段后,需要用波导传播。用金属作管壁的波导管可用来约束或导引电磁波,它的优点是涡流损耗和介质损耗都很小(管内介质一般为空气),传输容量大,没有辐射损耗,结构简单,易于制造。随着波源频率的提高,尤其是进入光波波段,金属就不再是良导体,而成为损耗很高的介质,此时就需要用光波导。光导纤维是光波导的一种,它具有传输频带宽、抗电磁干扰能力强、损耗低、质量小、不产生电火花等优点,缺点是抗拉强度低、怕水,因此常用加强筋和防水套来保护。

历史上,人们对金属空管内能否传播电磁波曾有完全对立的意见,这主要是由于人们对金属管内电磁波传播的数学分析的正确性存疑,而且当时无法产生微波从而不能实验验证。基于这种情况,为了消除疑惑,本节以矩形金属波导管为分析对象,首先建立矩形金属波导管的时谐电磁场边值问题,然后仅仅利用微积分知识求解这个边值问题,求解过程中不是先给出解的假设形式而后补充论证,而是直接从边值问题出发,循序渐进地导出解的解析表达式;在此基础上,分析解析表达式的特点,得出波导管的最重要特性——截止频率的概念,继而得到其他传播特性。尽管圆形波导管比矩形波导管的结构更简单,但由于分析圆形波导管内的电磁场时要用到贝塞尔函数,而分析矩形波导管内的电磁场时仅用到复指数函数,所以本节选取矩形金属波导管为分析对象。

说明　波导理论的建立以及人们对它的认识经历了一段曲折的过程。1897 年,英国物理学家瑞利最早完成了矩形波导管和圆形波导管内电磁波传播模式的理论分析,他纠正了1893 年亥维赛关于没有内导体的金属管不能传播电磁波的认识(毛,2016)。但此后 35 年中,因在产生高频电磁波方面所遇到的困难,瑞利的理论并没有得到重视和传播,在实践方面也未获得实质性进展。直到 1932 年 3 月,美国贝尔电话实验室的索思沃思观察到充水的铜管可以传播电磁波,1933 年,他又发现 20 英尺(1 英尺=0.3048 米)长的空心铜管也可以传播电磁波。在实验成功之前,由于索思沃思的工作与常识相背离,贝尔电话实验室的一位主要数学家总结性地写下了不同的计算结论:提出的系统是不可能实现传播的。1936 年4 月 30 日,索思沃思向美国物理学会提交了一份学术报告,波导管被“再次发现”。此后,波导的理论、实验和应用才有了重大发展,并日趋完善。

6.6.2　金属波导管的电磁场边值问题

习惯上,波导狭义地指各种形式的空心金属波导管和表面波波导,前者又称封闭波导,后者将导引的电磁波约束在波导结构的周围,又称开波导。波导管的横截面可以制作成各种形状,如矩形、圆形、椭圆形和三角形等,其中以矩形和圆形最简单、最常用。目前它们广泛用在无线电发射机与天线之间、无线电接收机与天线之间、微波炉的磁控管与炉腔之间。

设波导管内为真空,电磁场随时间按正弦变化,角频率是 ω,麦克斯韦方程组的相量形式为

$$\nabla\cdot\dot{\boldsymbol{E}}=0 \tag{6.150}$$

$$\nabla\cdot\dot{\boldsymbol{H}}=0 \tag{6.151}$$

$$\nabla\times\dot{\boldsymbol{E}}=-\mathrm{j}\omega\mu_0\dot{\boldsymbol{H}} \tag{6.152}$$

$$\nabla\times\dot{\boldsymbol{H}}=\mathrm{j}\omega\varepsilon_0\dot{\boldsymbol{E}} \tag{6.153}$$

在方程(6.152)两端取旋度运算,再把方程(6.153)代入,得

$$\nabla\times\nabla\times\dot{\boldsymbol{E}}=k^2\dot{\boldsymbol{E}}$$

式中,$k=\omega\sqrt{\varepsilon_0\mu_0}=\omega/c$。展开左端的双旋度运算,利用方程(6.150),可写出波导内以 $\dot{\boldsymbol{E}}$ 为求解对象的约束方程组:

$$\begin{cases}\nabla^2\dot{\boldsymbol{E}}+k^2\dot{\boldsymbol{E}}=\boldsymbol{0}\\ \nabla\cdot\dot{\boldsymbol{E}}=0\end{cases}\tag{6.154}$$

金属波导管管壁的电导率很大,一般用铜、铝等良导体制成,有时管壁上镀银。假定金属管壁是电导率为无限大的理想导体,因此管壁内 $\dot{\boldsymbol{E}}=\boldsymbol{0}$,管壁内侧表面就是场区的外边界面,边界条件为

$$\boldsymbol{n}\times\dot{\boldsymbol{E}}=\boldsymbol{0}\tag{6.155}$$

式中,$\boldsymbol{n}$ 是外边界面上指向场区外侧的法向单位矢量。

方程组(6.154)和外边界条件(6.155)联立,就组成了金属波导管内电磁场的边值问题。

6.6.3 矩形金属波导管内电磁波的一般表达式

下面基于边值问题(6.154)~(6.155),求解由金属壁组成的矩形波导管内的电磁场,其他横截面形状波导管内的电磁场求解方法也都与此类似。

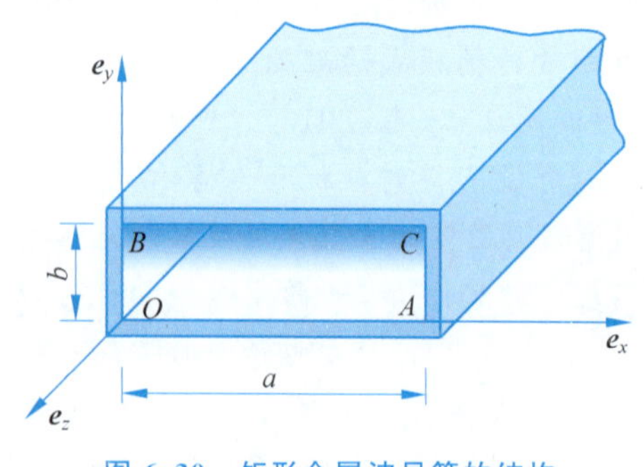

图 6.30 矩形金属波导管的结构

1. 电磁场边值问题

矩形金属波导管的结构如图 6.30 所示。设金属波导管沿 z 轴方向无限长,横截面是矩形,内壁上的 4 个顶点分别是 A、B、C、O,两个边长分别为 a 和 b。

在直角坐标系 $Oxyz$ 中,设矩形波导管内电场强度为

$$\dot{\boldsymbol{E}}(x,y,z)=\dot{E}_x(x,y,z)\boldsymbol{e}_x+\dot{E}_y(x,y,z)\boldsymbol{e}_y+\dot{E}_z(x,y,z)\boldsymbol{e}_z\tag{6.156}$$

代入方程 $\nabla^2\dot{\boldsymbol{E}}+k^2\dot{\boldsymbol{E}}=\boldsymbol{0}$ 中,可知 $\dot{E}_x$、$\dot{E}_y$、$\dot{E}_z$ 分别满足相同形式的亥姆霍兹方程:

$$\nabla^2u+k^2u=\frac{\partial^2u}{\partial x^2}+\frac{\partial^2u}{\partial y^2}+\frac{\partial^2u}{\partial z^2}+k^2u=0\tag{6.157}$$

利用外边界面上 $\boldsymbol{n}\times\dot{\boldsymbol{E}}=\boldsymbol{0}$,可知矩形波导管的 4 个内壁平面附近的电场强度切向分量为 0,即

$$\text{平面 } OA:\ \dot{E}_x(x,0,z)=0,\quad \dot{E}_z(x,0,z)=0\quad(0\leqslant x\leqslant a)\tag{6.158}$$

$$\text{平面 } BC:\ \dot{E}_x(x,b,z)=0,\quad \dot{E}_z(x,b,z)=0\quad(0\leqslant x\leqslant a)\tag{6.159}$$

$$\text{平面 } OB:\ \dot{E}_y(0,y,z)=0,\quad \dot{E}_z(0,y,z)=0\quad(0\leqslant y\leqslant b)\tag{6.160}$$

$$\text{平面 } AC:\ \dot{E}_y(a,y,z)=0,\quad \dot{E}_z(a,y,z)=0\quad(0\leqslant y\leqslant b)\tag{6.161}$$

2. 电场分量的通解

用分离变量法求解。设

$$u=X(x)Y(y)Z(z)$$

代入方程(6.157)，得

$$\frac{X''(x)}{X(x)}+\frac{Y''(y)}{Y(y)}+\frac{Z''(z)}{Z(z)}+k^2=0 \tag{6.162}$$

式中，x 和 y 都是矩形横截面内的变量，在方程中位置相同，因此可取以上方程左端的前两项分别为

$$\frac{X''}{X}=-k_x^2 \tag{6.163}$$

和

$$\frac{Y''}{Y}=-k_y^2 \tag{6.164}$$

这里 k_x 和 k_y 都是常量。于是，方程(6.162)为

$$\frac{Z''}{Z}=-k_z^2 \tag{6.165}$$

式中

$$k_z^2=k^2-(k_x^2+k_y^2) \tag{6.166}$$

由于 $X(x)$ 和 $Y(y)$ 在方程(6.162)中具有相同位置，所以以下分 3 种情况讨论。

(1) $k_x^2<0, k_y^2<0$。此时

$$u=XYZ=\left(c_1\mathrm{e}^{\sqrt{-k_x^2}x}+c_2\mathrm{e}^{-\sqrt{-k_x^2}x}\right)\left(c_3\mathrm{e}^{\sqrt{-k_y^2}y}+c_4\mathrm{e}^{-\sqrt{-k_y^2}y}\right)Z(z)$$

式中，c_1、c_2、c_3、c_4 都是待定常量。由边界条件(6.158)～(6.161)，得 $c_1=c_2=c_3=c_4=0$，即 $\dot{\boldsymbol{E}}=\boldsymbol{0}$，零解不符合求解要求。

(2) $k_x^2=0, k_y^2=0$。此时

$$u=(c_1+c_2x)(c_3+c_4y)Z(z)$$

利用边界条件(6.158)～(6.161)，可得待定常量 $c_1=c_2=c_3=c_4=0$，从而 $\dot{\boldsymbol{E}}=\boldsymbol{0}$，这也不符合求解要求。

(3) $k_x^2>0, k_y^2>0$。此时不妨设 $k_x>0$ 和 $k_y>0$，得

$$u=(c_1\cos k_xx+c_2\sin k_xx)(c_3\cos k_yy+c_4\sin k_yy)Z(z)$$

考虑到波导管在 x 轴和 y 轴的方向上尺寸均有限，管壁为理想导体，所以在波导管的横截面上将存在驻波，这说明 $k_x>0$ 和 $k_y>0$ 符合物理概念。

对于常量 k_z，基于以上分析，从方程(6.165)出发，分以下 3 种情况确定取值范围。

(1) $k_z^2<0$。此时

$$u=XYZ=X(x)Y(y)\left(c_1\mathrm{e}^{\sqrt{-k_z^2}z}+c_2\mathrm{e}^{-\sqrt{-k_z^2}z}\right)$$

式中，c_1 和 c_2 都是待定常量。考虑到 $|u|<\infty$，应有 $c_1=0$，否则 $z\to\infty$ 时 $|u|\to\infty$。于是，$z\to\infty$ 时 $u\to 0$ 和 $\dot{\boldsymbol{E}}=\boldsymbol{0}$。可见 $k_z^2<0$ 不符合求解要求。

(2) $k_z^2=0$。此时

$$u=X(x)Y(y)(c_1+c_2z)$$

为保证 $z\to\infty$ 时 $|u|<\infty$，应有 $c_2=0$，即场量与 z 无关，说明波导管内没有沿 z 轴方向传播的行波，即 $k_z^2=0$ 不符合求解要求。

(3) $k_z^2>0$。此时不妨设 $k_z>0$，则

$$u=XYZ=X(x)Y(y)(c_1\mathrm{e}^{\mathrm{j}k_z z}+c_2\mathrm{e}^{-\mathrm{j}k_z z})$$

由于长直波导管内介质均匀，没有反射波，所以向 z 轴反向传播的反射波 $\mathrm{e}^{\mathrm{j}k_z z}$ 不能出现在表达式中，应有 $c_1=0$。这样波导管内只能存在向 z 轴正向传播的入射波 $\mathrm{e}^{-\mathrm{j}k_z z}$。这个结果符合物理概念，所以 $k_z>0$。

综合以上分析，矩形波导管内电场分量的通解应为

$$\dot{E}_x(x,y,z)=(c_{1x}\cos k_x x+c_{2x}\sin k_x x)(c_{3x}\cos k_y y+c_{4x}\sin k_y y)\mathrm{e}^{-\mathrm{j}k_z z} \tag{6.167}$$

$$\dot{E}_y(x,y,z)=(c_{1y}\cos k_x x+c_{2y}\sin k_x x)(c_{3y}\cos k_y y+c_{4y}\sin k_y y)\mathrm{e}^{-\mathrm{j}k_z z} \tag{6.168}$$

$$\dot{E}_z(x,y,z)=(c_{1z}\cos k_x x+c_{2z}\sin k_x x)(c_{3z}\cos k_y y+c_{4z}\sin k_y y)\mathrm{e}^{-\mathrm{j}k_z z} \tag{6.169}$$

式中，$c_{1x},c_{2x},\cdots,c_{4z}$ 都是待定常量。

3. 利用边界条件求电磁场表达式

利用边界条件 $\dot{E}_x(x,0,z)=0(0\leqslant x\leqslant a)$，由式(6.167)得

$$\dot{E}_x(x,0,z)=(c_{1x}\cos k_x x+c_{2x}\sin k_x x)c_{3x}\mathrm{e}^{-\mathrm{j}k_z z}=0$$

若 $c_{3x}\neq 0$，则必有 $c_{1x}=0$ 和 $c_{2x}=0$，从而 $\dot{E}_x(x,y,z)=0$，而零解不符合求解要求，于是应有 $c_{3x}=0$。这样，式(6.167)可写成

$$\dot{E}_x(x,y,z)=(A_x\cos k_x x+G_x\sin k_x x)\sin(k_y y)\mathrm{e}^{-\mathrm{j}k_z z}$$

式中，A_x 和 G_x 都是待定常量。再利用边界条件 $\dot{E}_x(x,b,z)=0(0\leqslant x\leqslant a)$，得

$$\dot{E}_x(x,b,z)=(A_x\cos k_x x+G_x\sin k_x x)\sin(k_y b)\mathrm{e}^{-\mathrm{j}k_z z}=0$$

这意味着 $\sin k_y b=0$，从而

$$k_y=\frac{n\pi}{b}\quad(n=0,1,2,\cdots) \tag{6.170}$$

同理，利用边界条件 $\dot{E}_y(0,y,z)=0$ 和 $\dot{E}_y(a,y,z)=0(0\leqslant y\leqslant b)$，由式(6.168)得

$$\dot{E}_y(x,y,z)=(A_y\cos k_y y+G_y\sin k_y y)\sin(k_x x)\mathrm{e}^{-\mathrm{j}k_z z}$$

式中，A_y 和 G_y 都是待定常量，其中

$$k_x=\frac{m\pi}{a}\quad(m=0,1,2,\cdots) \tag{6.171}$$

对于分量 $E_z(x,y,z)$，利用边界条件 $\dot{E}_z(x,0,z)=0(0\leqslant x\leqslant a)$ 和 $\dot{E}_z(0,y,z)=0(0\leqslant y\leqslant b)$，由式(6.169)得

$$\dot{E}_z(x,y,z)=A_z\sin(k_x x)\sin(k_y y)\mathrm{e}^{-\mathrm{j}k_z z}$$

式中，A_z 是待定常量。

把以上分量 $\dot{E}_x$、$\dot{E}_y$、$\dot{E}_z$ 的表达式代入方程 $\nabla\cdot\boldsymbol{E}=0$，得

$$\begin{aligned}\nabla\cdot\dot{\boldsymbol{E}}&=\frac{\partial\dot{E}_x}{\partial x}+\frac{\partial\dot{E}_y}{\partial y}+\frac{\partial\dot{E}_z}{\partial z}\\&=G_x k_x\cos(k_x x)\sin(k_y y)\mathrm{e}^{-\mathrm{j}k_z z}+G_y k_y\sin(k_x x)\cos(k_y y)\mathrm{e}^{-\mathrm{j}k_z z}\end{aligned}$$

$$-(A_x k_x + A_y k_y + \mathrm{j}A_z k_z)\sin(k_x x)\sin(k_y y)\mathrm{e}^{-\mathrm{j}k_z z} = 0$$

此式与 x 和 y 无关，应有 $G_x = 0$ 和 $G_y = 0$ 及

$$A_x k_x + A_y k_y + \mathrm{j}A_z k_z = 0 \tag{6.172}$$

于是矩形波导管内 $\dot{\boldsymbol{E}}$ 的 3 个分量分别为

$$\dot{E}_x = A_x \cos(k_x x)\sin(k_y y)\mathrm{e}^{-\mathrm{j}k_z z} \tag{6.173}$$

$$\dot{E}_y = A_y \sin(k_x x)\cos(k_y y)\mathrm{e}^{-\mathrm{j}k_z z} \tag{6.174}$$

$$\dot{E}_z = A_z \sin(k_x x)\sin(k_y y)\mathrm{e}^{-\mathrm{j}k_z z} \tag{6.175}$$

在此基础上，由 $\dot{\boldsymbol{H}} = -(\nabla\times\dot{\boldsymbol{E}})/(\mathrm{j}\omega\mu_0)$ 可求出 3 个分量：

$$\dot{H}_x = \frac{C_x}{\omega\mu_0}\sin(k_x x)\cos(k_y y)\mathrm{e}^{-\mathrm{j}k_z z} \tag{6.176}$$

$$\dot{H}_y = \frac{C_y}{\omega\mu_0}\cos(k_x x)\sin(k_y y)\mathrm{e}^{-\mathrm{j}k_z z} \tag{6.177}$$

$$\dot{H}_z = \frac{C_z}{\omega\mu_0}\cos(k_x x)\cos(k_y y)\mathrm{e}^{-\mathrm{j}k_z z} \tag{6.178}$$

式中，$C_x = \mathrm{j}A_z k_y - A_y k_z$，$C_y = A_x k_z - \mathrm{j}A_z k_x$，$C_z = \mathrm{j}(A_y k_x - A_x k_y)$。待定常量 A_x、A_y、A_z 除了应满足式(6.172)外，还需由波源来确定。

式(6.173)～式(6.178)就是矩形金属波导管内可能存在的电磁波。这些表达式是关于 x 和 y 的正弦函数，说明波导管横截面内的电磁波是驻波；电磁波的全部分量中都含有空间因子 $\mathrm{e}^{-\mathrm{j}k_z z}$，说明沿波导管方向传播的是平面波。

6.6.4 矩形金属波导管内电磁波的传播特性

1. 截止频率

把 $k_x = \frac{\pi m}{a}$ 和 $k_y = \frac{\pi n}{b}$ 代入式(6.166)，得

$$k_z = \sqrt{k^2 - k_x^2 - k_y^2} = \sqrt{\left(\frac{\omega}{c}\right)^2 - \left(\frac{m\pi}{a}\right)^2 - \left(\frac{n\pi}{b}\right)^2} \tag{6.179}$$

式中：c 是真空中的光速；m 和 n 不能同时为零，否则将有 $k_x = 0$，$k_y = 0$，$\dot{\boldsymbol{E}} = \boldsymbol{0}$。令

$$f_{mn} = \frac{c}{2}\sqrt{\left(\frac{m}{a}\right)^2 + \left(\frac{n}{b}\right)^2} \tag{6.180}$$

$$\lambda_{mn} = \frac{c}{f_{mn}} = \frac{2}{\sqrt{(m/a)^2 + (n/b)^2}} \tag{6.181}$$

式(6.179)变形为

$$k_z = \frac{2\pi}{c}\sqrt{f^2 - f_{mn}^2} = 2\pi\sqrt{\frac{1}{\lambda^2} - \frac{1}{\lambda_{mn}^2}} \tag{6.182}$$

式中，$\lambda = c/f$ 是真空中电磁波的波长。前已分析，为保证波导管内传播电磁波，应有 $k_z > 0$，即波源频率 f、波长 λ 应分别满足

$$f > f_{mn},\quad \lambda < \lambda_{mn}$$

式中，f_{mn} 称为截止频率，λ_{mn} 称为截止波长。波导管具有截止频率，这是波导管的一个最重

要性质。注意，f_{mn} 和 λ_{mn} 都是由波导尺寸和数组(m,n)所决定的量，而与波源频率无关。

2. 色散波

前已假定长直矩形波导管的管壁由理想导体制成，管内真空。在这样的波导管内，按电磁波沿波导管的纵向（轴向方向）是否有振动分量，可以把电磁波分成以下 4 种情况。

情况 1：$\dot{E}_z=0$ 和 $\dot{H}_z=0$。即电磁波沿波导管的纵向没有振动分量，只在波导管的横截面内有振动分量，这种情况的电磁波称为横电磁波，记为 TEM 波。此时，由式(6.175)和式(6.178)分别得 $A_z=0$ 和 $C_z=k_xA_y-k_yA_x=0$，再联立 $k_xA_x+k_yA_y+\mathrm{j}k_zA_z=0$，可知 $A_x=A_y=A_z=0$，从而 $\dot{\boldsymbol{E}}=\boldsymbol{0}$ 和 $\dot{\boldsymbol{H}}=\boldsymbol{0}$，即矩形波导管内不能传播 TEM 波。注意，TEM 波可以在无限大均匀介质、平行传输线、长直同轴电缆以及带状线中传播，它的一个重要特性是传播特性与频率无关，传输过程不失真，是一种非色散波。

情况 2：$\dot{E}_z=0$ 和 $\dot{H}_z\neq0$。因为纵向电波为零，所以波导管内的电波振动分量必然分布在波导管的横截面内，这样的电磁波称为横电波，记为 TE 波。由 $\dot{H}_z$ 表达式(6.178)可见，它含有空间因子 $\mathrm{e}^{-\mathrm{j}k_zz}$，而 k_z 是频率的函数，所以 TE 波是色散波。

情况 3：$\dot{E}_z\neq0$ 和 $\dot{H}_z=0$。因为纵向磁波为零，所以波导管内的磁波振动分量必然分布在波导管的横截面内，这样的电磁波称为横磁波，记为 TM 波。由 $\dot{E}_z$ 的表达式(6.175)可见，TM 波也是色散波。

情况 4：$\dot{E}_z\neq0$ 和 $\dot{H}_z\neq0$。此时可看作 TE 波和 TM 波的叠加。

由以上 4 种情况的分析可知，波导管内能够传播的电磁波必然是色散波，这是波导管的另一个重要性质。

由电场表达式(6.173)～式(6.175)可以看出，在波导管的横截面上，场的变化取决于数组(m,n)的取值情况，(m,n)不同，场分布不同，我们称模式不同。对应于(m,n)的不同取值，TE 波记为 TE_{mn} 波，TM 波记为 TM_{mn} 波。一般情况下，波导管内的电磁场是这些波的叠加。

3. TM_{mn} 波的传播特点

TM_{mn} 波的表达式是

$$\dot{E}_z=A_z\sin\frac{m\pi x}{a}\sin\frac{n\pi y}{b}\mathrm{e}^{-\mathrm{j}k_zz}\neq0 \tag{6.183}$$

$$\dot{H}_z=0 \tag{6.184}$$

当 $m=0$ 或 $n=0$ 时，$\dot{E}_z=0$，导致全部场量为零，这表明矩形波导管内不能传播 TM_{0n} 波和 TM_{m0} 波。由此可知矩形波导管中 TM_{mn} 波的最小模式为 TM_{11}，对应的最小截止频率和最大截止波长分别为

$$f_{11}=\frac{c}{2ab}\sqrt{a^2+b^2} \tag{6.185}$$

$$\lambda_{11}=\frac{2ab}{\sqrt{a^2+b^2}} \tag{6.186}$$

即当波源频率 $f\leqslant f_{11}$ 或波长 $\lambda\geqslant\lambda_{11}$ 时，矩形波导管内不能传播横磁波，此时若有电磁波传播，一定是横电波。

4. TE_{mn} 波的传播特点

TE_{mn} 波的表达式是

$$\dot{E}_z = 0 \tag{6.187}$$

$$\dot{H}_z = C_z \cos\frac{m\pi x}{a}\cos\frac{n\pi y}{b}e^{-jk_z z} \neq 0 \tag{6.188}$$

可见，波导管内可以存在 TE_{0n} 波($n\geqslant 1$)和 TE_{m0} 波($m\geqslant 1$)，这可从电场表达式(6.173)～式(6.175)和磁场表达式(6.176)～式(6.178)看出：若 $m=0$ 和 $n\geqslant 1$，则 $\dot{E}_x\neq 0$ 和 $\dot{H}_y\neq 0$；若 $m\geqslant 1$ 和 $n=0$，则 $\dot{E}_y\neq 0$ 和 $\dot{H}_x\neq 0$。

设 $a>b$，则 TE_{mn} 波的最小模式为 TE_{10}，由式(6.180)和式(6.181)可得最小截止频率和最大截止波长分别为

$$f_{10} = \frac{c}{2a} \tag{6.189}$$

$$\lambda_{10} = 2a \tag{6.190}$$

在矩形波导管的 TE_{mn} 波中，f_{10} 为最小频率，λ_{10} 为最大波长。在 TE_{10} 波中，$k_x=\pi/a$，$k_y=0$，$A_z=0$，根据式(6.173)～式(6.178)，可知电磁波表达式为

$$\dot{\boldsymbol{E}} = A_y \sin\frac{\pi x}{a}e^{-jk_z z}\boldsymbol{e}_y \tag{6.191}$$

$$\dot{\boldsymbol{H}} = -\frac{A_y}{\omega\mu_0}\left(k_z\sin\frac{\pi x}{a}\boldsymbol{e}_x - j\frac{\pi}{a}\cos\frac{\pi x}{a}\boldsymbol{e}_z\right)e^{-jk_z z} \tag{6.192}$$

式中，$k_z=\frac{2\pi}{c}\sqrt{f^2-f_{10}^2}$。

TE_{10} 波的表达式简单，传播过程稳定，损耗小，是实际应用中最常用的传播模式。由于波导管尺寸不能做得很大，一般在厘米量级，所以矩形波导管的工作频率一般在微波范围。

通过以上分析可知，当波源频率 $f\leqslant f_{10}$ 时，矩形波导管内没有行波传播；当 $f_{10}<f<f_{11}$ 时，波导管中只可以传播 TE 波；当 $f>f_{11}$ 时，波导管中的电磁波是 TE 波和 TM 波的叠加。波导管好像滤波器，频率 $f\leqslant f_{10}$ 的电磁波不能通过，只有频率 $f>f_{10}$ 的电磁波才可以在波导管内传播。

例 6.18　设矩形波导管内是真空，管壁是理想导体，长边 $a=7.5$ cm，短边 $b=4$ cm，波源频率 $f=2500$ MHz，试求出波导管内电磁波的波长 λ。

解　波导管的截止频率为

$$f_{mn} = \frac{c}{2}\sqrt{\left(\frac{m}{a}\right)^2+\left(\frac{n}{b}\right)^2} = 15\times 10^9\sqrt{\left(\frac{m}{7.5}\right)^2+\left(\frac{n}{4}\right)^2}$$

经计算，$f_{10}=2000$ MHz，$f_{01}=3750$ MHz，即 $f_{10}<f<f_{01}$，这说明该波导管只能传播 TE_{10} 波。

设波导管沿 z 轴无限长。由 $\mathrm{Re}[e^{j(\omega t-k_z z)}]=\cos(\omega t-k_z z)$，根据波长的定义，得

$$|[\omega t-k_z(z+\lambda)]-(\omega t-k_z z)|=k_z\lambda=2\pi$$

所以波长

$$\lambda=\frac{2\pi}{k_z}=\frac{c}{\sqrt{f^2-f_{10}^2}}=\frac{3\times 10^8\ \mathrm{m/s}}{\sqrt{(2.5\times 10^9\ \mathrm{Hz})^2-(2\times 10^9\ \mathrm{Hz})^2}}=0.2\ \mathrm{m}$$

解毕。

例 6.19 中空矩形金属波导管的长边 $a=10$ cm，短边 $b=4$ cm，波源频率 $f=4000$ MHz，试求出可以传播电磁波的全部模式。

解 认为管壁是理想导体。矩形波导管内能够传播的电磁波的频率应满足

$$f>f_{mn}=\frac{c}{2}\sqrt{\left(\frac{m}{a}\right)^2+\left(\frac{n}{b}\right)^2}$$

即

$$\left(\frac{m}{a}\right)^2+\left(\frac{n}{b}\right)^2<\left(\frac{2f}{c}\right)^2$$

代入数据后，得

$$\left(\frac{m}{10}\right)^2+\left(\frac{n}{4}\right)^2<\left(\frac{1}{3.75}\right)^2$$

经试算，满足这个不等式的模式只有 3 个：

$$m=1,\quad n=0$$
$$m=2,\quad n=0$$
$$m=0,\quad n=1$$

由于矩形波导管内不存在 TM_{0n} 波和 TM_{m0} 波，所以能够传播的只有 TE_{10} 波、TE_{20} 波和 TE_{01} 波，对应的截止频率分别为 1500 MHz，3000 MHz 和 3750 MHz。解毕。

例 6.20 设矩形波导管的管壁为理想导体，短边长为 b，长边长为 $a=2b$，管内真空，求截止波长。

解 由矩形波导管的截止波长表达式，可知

$$\lambda_{mn}=\frac{2}{\sqrt{(m/a)^2+(n/b)^2}}=\frac{2a}{\sqrt{m^2+(2n)^2}}$$

可得

$$\lambda_{01}=a,\quad \lambda_{10}=2a,\quad \lambda_{11}\approx 0.89a,\quad \lambda_{02}=0.5a,$$
$$\lambda_{20}=a,\quad \lambda_{12}\approx 0.49a,\quad \lambda_{21}\approx 0.71a,\quad \lambda_{22}\approx 0.45a,$$
$$\lambda_{03}\approx 0.33a,\quad \lambda_{30}\approx 0.67a,\quad \lambda_{31}\approx 0.55a,\cdots$$

把以上计算结果从小到大排列，绘出图 6.31 所示的截止波长分布图。由该图可见，对于 $a=2b$ 的矩形波导管：当 $0<\lambda<a$ 时，波导管中会出现大量不同模式的波，属于多模区；当 $a<\lambda<2a$ 时，波导管中只有 TE_{10} 波，属于单模区；当 $\lambda>2a$ 时，波导管中没有电磁波，属于截止区。解毕。

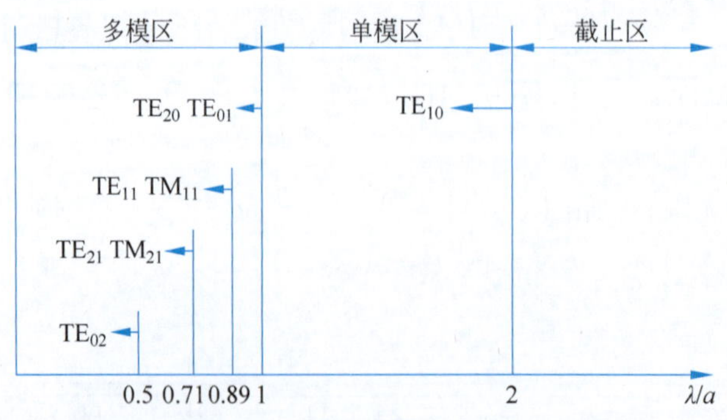

图 6.31 矩形金属波导管（$a=2b$）的截止波长

小　结

1. 理想介质中时谐电磁波的方程组

电场强度满足$\nabla^2\dot{\boldsymbol{E}}+k^2\dot{\boldsymbol{E}}=\boldsymbol{0}$和$\nabla\cdot\dot{\boldsymbol{E}}=0$。

磁场强度满足$\nabla^2\dot{\boldsymbol{H}}+k^2\dot{\boldsymbol{H}}=\boldsymbol{0}$和$\nabla\cdot\dot{\boldsymbol{H}}=0$。

2. 均匀平面电磁波

(1) 等相面为平面的波叫平面波。等相面和等幅面重合的平面波叫均匀平面波。

(2) 波在某点的传播方向与通过该点等值面的法线平行。

(3) 均匀平面波的相量形式是$\dot{\boldsymbol{E}}=\boldsymbol{E}_0\mathrm{e}^{-\mathrm{j}\boldsymbol{k}\cdot\boldsymbol{r}}$和$\dot{\boldsymbol{H}}=\boldsymbol{H}_0\mathrm{e}^{-\mathrm{j}\boldsymbol{k}\cdot\boldsymbol{r}}$,$\boldsymbol{E}_0$和$\boldsymbol{H}_0$都是复常矢量,$\boldsymbol{r}$是场点的位置矢量,$\boldsymbol{k}$是传播矢量,$\boldsymbol{k}$指向均匀平面波的传播方向。

(4) 均匀平面波是电磁波的一种最重要传播形式,无论波源以何种形状分布,只要场点远离波源,等相面上的局部曲面就可看作平面。

(5) 均匀平面电磁波是横波,$\boldsymbol{E}$、$\boldsymbol{H}$、$\boldsymbol{k}$互相垂直,并顺次构成右手螺旋关系。

3. 均匀平面电磁波的偏振

偏振是均匀平面电磁波中电场矢量垂直于传播方向以不对称方式振动的一种现象。在与传播方向相垂直的任意固定平面内,电场强度矢量的末端运动轨迹为线段的平面波是线偏振波,运动轨迹为圆的平面波是圆偏振波,运动轨迹为椭圆的平面波是椭圆偏振波。在任意固定平面内,电场强度矢量的末端旋向与波的传播方向符合右手螺旋关系的叫右旋偏振波,反之叫左旋偏振波。

4. 理想介质边界面上平面电磁波的反射与折射

(1) 反射定律:反射角等于入射角,即$\theta'=\theta$。

(2) 折射定律:折射角正弦与入射角正弦之比等于两种介质的相速之比:$\dfrac{\sin\theta''}{\sin\theta}=\dfrac{v_2}{v_1}$或$n_1\sin\theta=n_2\sin\theta''$。

(3) 菲涅耳公式

$$\text{反射波:}E'_{0\parallel}=\frac{\tan(\theta-\theta'')}{\tan(\theta+\theta'')}E_{0\parallel},\quad E'_{0\perp}=-\frac{\sin(\theta-\theta'')}{\sin(\theta+\theta'')}E_{0\perp}$$

$$\text{折射波:}E''_{0\parallel}=\frac{2\cos\theta\sin\theta''}{\cos(\theta-\theta'')\sin(\theta+\theta'')}E_{0\parallel},\quad E''_{0\perp}=\frac{2\cos\theta\sin\theta''}{\sin(\theta+\theta'')}E_{0\perp}$$

(4) 当入射角等于布儒斯特角时,反射波是线偏振波。

(5) 当入射波从光密介质传播到与光疏介质的边界面上时,如果入射角大于临界角,则会发生全反射现象。

5. 导体表面平面电磁波的反射与折射

(1) 在满足欧姆定律的导体中,电磁波为非均匀平面波,相量形式为$\dot{\boldsymbol{E}}=\boldsymbol{E}_0\mathrm{e}^{-\boldsymbol{\alpha}\cdot\boldsymbol{r}}\mathrm{e}^{-\mathrm{j}\boldsymbol{\beta}\cdot\boldsymbol{r}}$和$\dot{\boldsymbol{H}}=\boldsymbol{H}_0\mathrm{e}^{-\boldsymbol{\alpha}\cdot\boldsymbol{r}}\mathrm{e}^{-\mathrm{j}\boldsymbol{\beta}\cdot\boldsymbol{r}}$,传播矢量为$\boldsymbol{\beta}$。当矢量$\boldsymbol{\beta}$和$\boldsymbol{\alpha}$平行时,导体中电磁波为均匀平面波。

(2) 电磁波在导体中传播有能量损耗。

(3) 良导体中时谐电磁波的透入深度$\delta=1/\sqrt{\pi\sigma\mu f}$,它与频率的平方根成反比。

(4) 弱导电介质中时谐电磁波的透入深度 $\delta=\frac{2}{\sigma}\sqrt{\frac{\varepsilon}{\mu}}$，它由介质的电磁参数所决定，而与频率无关。

(5) 良导体对电磁波有很强的反射作用；如果反射波和入射波沿同一路径传播，则空间电磁波是驻波与行波的叠加；如果发生全反射，则空间只有驻波而无行波。

(6) 理想导体表面存在面电流密度 $\boldsymbol{K}=\boldsymbol{n}\times\boldsymbol{H}$($\boldsymbol{n}$ 是理想导体表面指向外侧的法向单位矢量，$\boldsymbol{H}$ 是理想导体外侧的磁场强度)。

(7) 色散是指相速随频率改变的现象。导体是色散介质。

6. 电磁波在矩形金属波导管中的传播

(1) 电磁波在矩形金属波导管内传播时，任意横截面内的电磁波是驻波，沿轴向传播的电磁波是平面波。

(2) 矩形金属波导管内不能传播 TEM 波。

(3) 波导管存在截止频率。

(4) 波导管内传播的电磁波是色散波。

7. 要求

(1) 了解理想介质中时谐电磁场方程的求解方法。

(2) 能写出均匀平面波的表达式。

(3) 掌握理想介质中均匀平面电磁波的传播特点和偏振特性。

(4) 掌握均匀平面电磁波的反射与折射定律。

(5) 掌握全反射发生的条件。

(6) 理解良导体表面附近电磁波的反射和折射特点。

(7) 了解矩形波导管内电磁波的传播特点。

8. 注意

(1) 偏振波的振动矢量特指电场强度矢量。

(2) 入射角、反射角和折射角分别是入射波、反射波和折射波的传播矢量与边界面的法向矢量间小于直角的那个夹角。

(3) 发生全反射时，光疏介质中的电磁波并不为零。

(4) 电磁波在线性介质中传播时，频率保持不变。

(5) 电磁波并不都是横波。

(6) 术语“横波”是指振动方向垂直于波的传播方向的波，而波导管中的“横电波”和“横磁波”分别是指电波和磁波只在波导管的横截面内振动的波。

附注 6A　微波的特点

微波是电磁波谱中位于高频无线电波与红外线之间的电磁波，波长范围没有严格规定，约在 1 m 到 0.1 mm 之间，对应频率在 300 MHz 到 3000 GHz 之间。微波又可细分为分米波(1～10 dm)、厘米波(1～10 cm)、毫米波(1～10 mm)和亚毫米波(0.1～1 mm)。微波的“微”形容的是波长，虽然号称微波，但在自然界的波长谱系中微波的波长还是比较长的，它与我们身边大部分物品的尺寸具有相同的量级。

微波有以下几个主要特点。

(1) 直线传播。波长越小，波动的直线传播特性越显著。与频率较低的电磁波相比，微波的频率更高、波长更小，更能像可见光一样直线前进和集中。当微波照射到某些物体上时，会发生显著的反射现象，就像可见光的反射一样，因此微波可用于探测和导航，能对目标的距离和位置完成精确测量。需要注意，直线传播特性是波长趋于零时波的传播行为，对电磁波而言，这个特性只是近似成立，对于可见光，它的波长不足 1 μm，比通常障碍物线度小很多，所以不容易觉察到偏离直线传播的现象。

(2) 穿透性。与红外线相比，微波照射非金属介质时更容易深入介质内部。利用微波的穿透性，可使介质内的水分子高频振动而产生介质热损耗，从而对物体加热，可用于食品、纸张、木材、皮革等的加热和干燥，也可将细小的微波照射器送至人体的肿瘤部位，通过微波加热消灭肿瘤细胞。利用微波对电离层的穿透性，可以进行卫星与地面间的通信，考虑到对流层的降雨衰减要尽可能减少，适用于卫星通信的频率范围是 1～10 GHz，这个范围也称为电波窗口。微波含有振幅和相位两种信息，利用微波的穿透性，通过记录介质对照射微波所产生的散射场(二次场)的振幅和相位可以再现介质的等相面，因而能够重建介质的外观像和内部结构的立体像。这可用于机场的安全检查，也可通过卫星对地球作全天候微波照射获得农作物生长情况和病虫害情况、火山及冰川的活动情况。当利用微波重建介质内部的图像时，需要考虑衰减和分辨率这两个因素：微波进入介质后振幅会衰减，为了得到清晰的图像，衰减要适度，衰减过度的微波进入不到介质内部，衰减很少的微波几乎全部穿过介质；而且微波的波长应尽量小，否则它在介质的不均匀处会显著地偏离原来传播方向，导致分辨率降低。

(3) 可通信。以电磁波作为信息载体传递的信息量与电磁波的带宽成正比。微波的带宽约$(3\times10^{12}-3\times10^{8})$ Hz$\approx3\times10^{12}$ Hz，能够传递的信息量巨大。现代通信系统广泛使用微波通信，它主要有两种传播方式，一是通过微波波束在空间传播，二是通过同轴线或波导的定向传播。

(4) 非电离。微波照射到介质上时不能直接，也不能间接地将介质分子的轨道电子打出而电离，微波只改变介质分子的运动状态，而不改变介质分子的内部结构。在微波频率范围内，某些介质的分子、原子和原子核在外加电磁场的周期力作用下呈现共振现象，所以通过测量共振吸收或受激辐射可以探索物质结构。

附注 6B　微波加热

当某些电介质的分子具有固有电偶极矩时，这些分子在外部交变电场作用下，就会随着电场方向的改变而急剧地发生转向运动，从而使分子间互相激烈摩擦，产生热量，使电介质的温度升高。分子不具有固有电偶极矩的电介质的微波热效应可以忽略。电磁波从空气进入电介质内部，其场强通常按指数规律衰减。

微波加热的优点是加热速度快、热效率高、温度分布均匀；用于食物加热时，清洁卫生。不同的物品，微波加热的频率范围不同，频率太低，电偶极子转向慢，产生热量少；频率太高，电偶极子跟不上外电场的转向，从而产生的热量也少。国际上规定的微波加热专用频率是

$$(915\pm25)\ \text{MHz},\quad(2450\pm50)\ \text{MHz},\quad(5800\pm75)\ \text{MHz},\quad(22125\pm125)\ \text{MHz}$$

微波炉是生活中常见的微波加热装置。图 6.32 是微波炉的结构示意图，由磁控管(微波发生装置)产生的频率为 2450 MHz(波长为 122 mm)的微波通过波导管导引照射到食物上。加热室的内壁材料是金属板，用来反射电磁波。由于微波在金属空腔内反射后会形成驻波，从而加热室内有的地方能量密度大，有的地方能量密度小，所以为使微波照射均匀，可将食物放

置在能转动的转盘上(也可使用金属片制成的搅拌扇搅拌电磁波)。

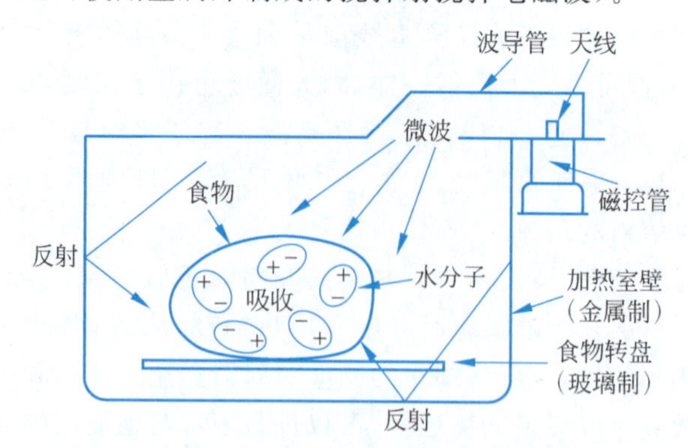

图 6.32 微波炉的结构示意图

我们知道,食物含水,一个水分子相当于一个具有固有电偶极矩的电偶极子,所以食物放进微波炉后就会被加热。微波带动水、脂肪、糖及某些其他物质的分子发生振动而生热,而周围空气并未被加热,从而极大缩短加热时间。由于热量的产生取决于分子振动的过程,所以微波炉对各种食物加热所用时间并不相同。例如,含水较多的食物加热快。如果食物的外层水分多,则微波未达到食物内部时先被外部吸收了大部分,因而对内部的加热会慢些。此外,"微波炉不能把食物的外层烤出棕黄色或发脆。大多数类型的玻璃、泡沫聚苯乙烯(商标)、聚乙烯、纸以及其他类似的材料都不吸收微波,所以不致发热。放在金属器皿内的食物在微波炉里无法烹调,因为微波穿不进金属。"[(美,2007)微波炉词条]

需要说明,微波炉也可以加热含有固有磁偶磁矩的物品,因为电磁波含有磁波,频率与电波相同。

微波炉可用于电磁波实验。下面介绍本书作者设计的两个实验。

实验 1 微波炉内的电磁波是驻波吗?

物品:微波炉,1000 g 奶糖。

实验:先拿掉微波炉内放置食物的转盘,然后在加热室的底面上均匀摆满一层奶糖,通电加热 30 s 后关断电源,发现有的被加热而变软,有的没有被加热还保持原状。这说明微波炉内的电磁波是驻波,电磁能量分布不均匀。

实验 2 微波炉中的电磁波可以点亮白炽灯吗?

物品:微波炉,1 只 100 W 的白炽灯,1 只盛水的玻璃杯。

实验:将 1 只 100 W 的白炽灯放入微波炉中,灯丝是金属,它的直径小于 1 mm,远小于微波的波长。金属丝中的自由电子在交变电场作用下受到一个交变电场力,驱使电子与晶格剧烈碰撞产生热量而使灯丝发光,如图 6.33 所示。如果微波炉的输出功率过大或白炽灯的功率过小,就会使灯丝产生的热量迅速加热白炽灯中的惰性气体,几秒钟就会造成白炽灯爆炸。为了安全起见,灯丝点亮后要立即

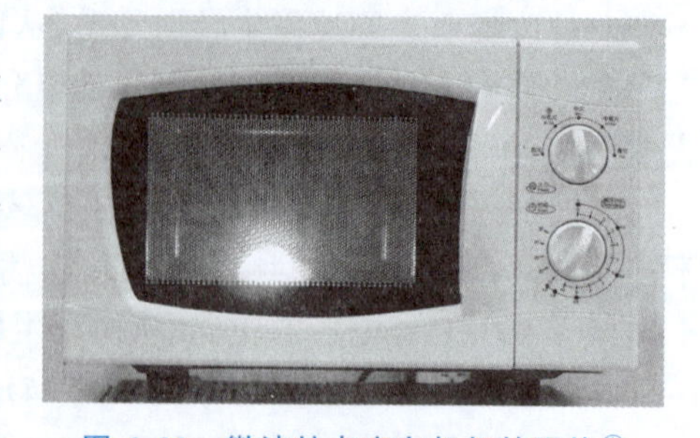

图 6.33 微波炉点亮白炽灯的照片①

① 此图由博士生陈兴乐拍摄,特此致谢。

关断电源。为防止白炽灯爆炸，实验完毕后不要立即打开微波炉的炉门，等白炽灯冷却后再打开。

拓展视频：微波炉点亮白炽灯实验、微波炉加热永磁体实验、香皂在微波炉中的加热实验见右侧二维码。

实验视频

习　题

6.1 真空中均匀平面电磁波的磁通密度为

$$\boldsymbol{B}=\sqrt{2}\boldsymbol{B}_0\cos\left(\omega t+x-y-3z+\frac{\pi}{6}\right)。$$

试求波的传播方向、波长和角频率。

6.2 证明真空中均匀平面电磁波的坡印亭矢量满足 $|\boldsymbol{S}|=cw$，这里 c 是真空中的光速，w 是电磁场能量密度。

6.3 真空中电场振动方向为 $\boldsymbol{e}_z$ 的均匀平面电磁波的传播方向为 $\boldsymbol{e}_y$，角频率为 ω，试分别写出电场强度和磁场强度的瞬时式。

6.4 求直角坐标系 $Oxyz$ 中振幅为常量的正弦行波 $\dot{\boldsymbol{E}}(\boldsymbol{r})=\boldsymbol{E}_0\mathrm{e}^{-\mathrm{j}\boldsymbol{k}\cdot\boldsymbol{r}}$ 的传播方向，这里 $\boldsymbol{E}_0$ 为复常矢量。

6.5 试求真空中均匀平面电磁波 $\dot{\boldsymbol{E}}=E_0\mathrm{e}^{-\mathrm{j}kz}\boldsymbol{e}_y$（$k>0$ 和 $E_0>0$）的波阻抗。

6.6 已知理想介质的电容率为 ε，磁导率为 μ，均匀平面电磁波的电场相量为 $\dot{\boldsymbol{E}}=\dot{E}\boldsymbol{e}_n$，磁场相量为 $\dot{\boldsymbol{H}}=\dot{H}\boldsymbol{e}_t$，传播方向为 $\boldsymbol{e}_k$，3 个单位矢量 $\boldsymbol{e}_n$、$\boldsymbol{e}_t$、$\boldsymbol{e}_k$ 互相垂直，满足 $\boldsymbol{e}_n=\boldsymbol{e}_t\times\boldsymbol{e}_k$。求波阻抗 Z。

6.7 试分别指出 $\dot{\boldsymbol{E}}=(\boldsymbol{e}_x+\mathrm{j}\boldsymbol{e}_y)\mathrm{e}^{-\mathrm{j}kz}$ 和 $\dot{\boldsymbol{H}}=[(1+\mathrm{j})\boldsymbol{e}_y+(1-\mathrm{j})\boldsymbol{e}_z]\mathrm{e}^{-\mathrm{j}kx}$ 是何种偏振波。

6.8 设均匀平面电磁波中电场强度的两个分量分别为 $E_x=\sqrt{2}|E_{x0}|\cos(kz-\omega t)$ 和 $E_y=\sqrt{2}|E_{y0}|\cos(kz-\omega t+n\pi)$，$n$ 为正整数。试分别说明在平面 $z=z_0$（常量）上电场强度矢量和磁场强度矢量的末端轨迹是什么曲线。

6.9 证明圆偏振波的坡印亭矢量是常矢量。

6.10 证明线偏振波可以表示为两个振幅相等的右旋圆偏振波与左旋圆偏振波的叠加。

6.11 均匀平面电磁波以 30°入射角从空气中折射到 $\varepsilon_r=2.1$ 的电介质中。试计算折射角，然后调换区域重新以 30°入射角入射到边界面，再计算折射角。

6.12 真空中平面电磁波的波长为 0.2 m，当折射到理想介质中时波长变为 0.09 m，理想介质的相对磁导率 $\mu_r=1$。试确定介质的相对电容率 ε_r 和理想介质中波的相速 v。

6.13 均匀平面电磁波的电场强度垂直于入射面以 15°入射角从理想电介质折射到真空。已知理想介质的电磁参数 $\varepsilon_r=8.5$ 和 $\mu_r=1$，入射波的电场强度振幅为 1.0 μV/m，求反射波和折射波的电场强度振幅。

6.14 真空中均匀平面电磁波垂直入射到 $\varepsilon_r=3$ 的半无限理想介质上。试以入射波振幅为基准，比较反射波振幅和透射波振幅的大小。

6.15 电场强度振幅为 1 mV/m 的均匀平面电磁波从真空垂直入射到理想导体表面，试求真空中磁场强度振幅和理想导体表面的电流密度振幅。

6.16 角频率为 ω 的平面电磁波垂直进入半无限大弱磁性导体内，导体内电场强度为

$\boldsymbol{E}=\sqrt{2}E_0\mathrm{e}^{-\alpha z}\cos(\omega t-\beta z+\phi)\boldsymbol{e}_y$，这里 E_0 是电场强度的有效值，α、β 和 ϕ 均大于零。求平面波的波阻抗。

6.17 在直角坐标系 $Oxyz$ 中，$z<0$ 是理想导体，$z>0$ 是真空，设理想导体表面外侧真空中磁场强度为 $\dot{\boldsymbol{H}}=3\boldsymbol{e}_x+4\boldsymbol{e}_y$ A/m。试求理想导体表面上的面电流密度 $\dot{\boldsymbol{K}}$。

6.18 求频率为 1 kHz 的平面电磁波在以下金属中的透入深度：①铜 $\sigma=58$ MS/m，$\mu=\mu_0$；②铝 $\sigma=36$ MS/m，$\mu=\mu_0$；③铁 $\sigma=2.9$ MS/m，$\mu=200\mu_0$。

6.19 为防止房间受到外来电磁波的干扰，可用 3 倍透入深度厚度的铜板围起来。如果要屏蔽的电磁波的频率范围为 10 kHz～1 GHz，求铜板厚度。取铜的电磁参数为 $\sigma=58$ MS/m，$\varepsilon=\varepsilon_0$，$\mu=\mu_0$。

6.20 角频率为 ω 的均匀平面电磁波从真空垂直入射到半无限大弱导电介质表面，介质的电磁参数为 ε、σ、μ。试写出介质内电磁波的瞬时表达式。

6.21 角频率为 ω 的均匀平面电磁波从真空垂直入射到半无限良导体表面，导体的电磁参数为 ε_0，σ，μ_0。证明反射系数满足 $|r_\perp|\approx 1-\sqrt{\dfrac{2\omega\varepsilon_0}{\sigma}}\approx 1$。

***6.22** 已知长直矩形截面金属波导管内时谐电磁波的纵向分量，管内为真空，求波导管内电磁波。提示：设波导管的纵向方向为 $\boldsymbol{e}_z$，已知纵向分量 E_z 和 H_z，长直波导管内入射波的形式为 $u=u_0(x,y)\mathrm{e}^{-\mathrm{j}k_z z}$，$k_z>0$。

6.23 设矩形波导管内是真空，管壁是理想导体，试求波导管内电磁波的相速。

6.24 波导管中电场强度受介质击穿强度的限制存在最大值。设波导管内是真空，其击穿强度是 E_{br}。试求管壁为理想导体的矩形波导管传播 TE_{10} 波时的极限功率。

6.25 矩形金属波导管的横截面尺寸为 $a=12.5$ mm 和 $b=7.5$ mm，波导管内是真空，工作频率是 15 GHz。试求波导管的工作模式。

一切严肃的作品说到底必然都是自传性质的，而且一个人如果想要创造出任何一件具有真实价值的东西，他便必须使用他自己生活中的素材和经历。

［美］沃尔夫(作家)

第7章 电磁波的辐射

历史上，最先提出产生无线电波方法的是爱尔兰物理学家菲茨杰拉德，他根据麦克斯韦方程组，研究得出振荡电流会产生电磁辐射，并计算出辐射功率与线圈磁矩的2次方成正比，与振荡电流周期的4次方成反比。他在1883年发表的一篇论文中提出了具体产生办法。后来德国物理学家赫兹进一步发展了他的工作，用实验验证了电磁波的存在。再后来，意大利的马可尼将电磁波用于无线电报，一直发展到今天的无线电广播、无线电通信、遥测、遥控等。

第6章讨论了被激发出来的电磁波在传播过程中的基本特性，至于电磁波与波源本身有什么联系，并没有涉及，本章就来讨论无限大真空中载流导线作为波源时的电磁辐射。实际波源的形状多种多样，本章只讨论电磁辐射的基本概念和几种典型导体结构的电磁辐射。7.1节讨论电磁辐射的特性，说明如何描述电磁辐射，如何产生电磁辐射，电磁场的大小与距离、时间的关系。7.2节分别给出了洛伦茨规范下电标位和磁矢位的一般解。7.3节和7.4节分别讨论电偶极子和磁偶极子产生的电磁场及辐射特性，由于电偶极子和磁偶极子都是基本辐射源，代表了两类典型天线，所以这两节是本章的重要内容。7.5节分析对称细直天线上的电流分布，求出远区场量的表达式，绘出方向图，并计算辐射电阻。

7.1 电磁辐射的特性

7.1.1 场源和辐射

电磁场的场源有天然的和人工的，它的存在极其普遍。天然场源有太阳、星星(如脉冲星)、闪电、飓风、地震等。人工场源有核爆炸、由伦科夫高压感应圈构成的火花放电振荡电路、由三极管组成的反馈振荡电路、磁控管、半导体固态器件等。此外，家用电器、手机、计算机、变频器、开关电源、发电机、电动机、交流输电线等也都是人工场源。

辐射是指通过波动的方式或粒子运动的方式向所有方向发射能量，并以有限速度在空间传播的过程，如天线辐射、粒子辐射等。如果辐射能直接或间接地将被作用物质中的轨道电子打出而引起电离，称为电离辐射，反之称为非电离辐射。一些高能电磁波[①]，如X射线、γ射线和几乎所有的高能粒子都能产生电离辐射；波长约大于30 nm的电磁波、激光和紫外线通常为非电离辐射。

本章叙述载流导体的电磁辐射，它属于非电离辐射。

---

① 高能电磁波可看作一束以光速传播的光子(一个电磁辐射波包)，每个光子的能量等于普朗克常量乘以频率，频率越高能量越大。

7.1.2 电磁辐射的描述

假定无限大真空中有一载流导体，该导体位于一个有限区域内，在载流导体外任取一个有限真空区域 V，V 的表面是闭曲面 A，如图 7.1 所示。当导体向外辐射电磁波时，将有一部分电磁能量进入区域 V，然后穿出区域 V 向更远处传播。设闭曲面 A 上的电场是 $\boldsymbol{E}$，磁场是 $\boldsymbol{H}$，我们使用从 V 内辐射出去的瞬时电磁功率

$$p(t)=\oint_A(\boldsymbol{E}\times\boldsymbol{H})\cdot \mathrm{d}\boldsymbol{A}=\oint_A \boldsymbol{S}\cdot\boldsymbol{n}\mathrm{d}A \tag{7.1}$$

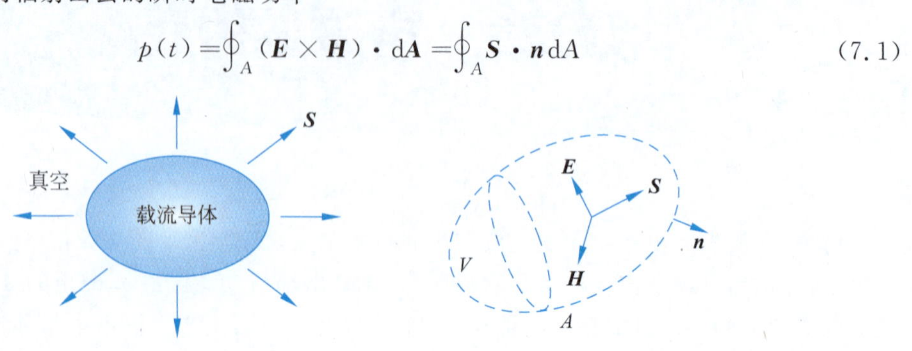

图 7.1 载流导体的电磁辐射

来描述电磁辐射。式中，$\boldsymbol{S}$ 是 A 上的坡印亭矢量，$\boldsymbol{n}$ 是 A 上指向外侧的法向单位矢量。$p(t)$ 不能恒为正，因为 V 内没有电磁辐射源；$p(t)$ 不能恒为负，因为 V 是有限真空区域，不消耗能量；$p(t)$ 也不能恒为零，因为电磁波要穿过区域 V 向远处传播。$p(t)$ 的变化规律必然是：在一段时间内辐射源将电磁能量辐射进区域 V，$p(t)<0$；在另一段时间内进入区域 V 中的电磁能量辐射出去，$p(t)>0$。所以，利用 p 是否恒等于 0 就可以描述是否产生电磁辐射，即 $p(t)$ 恒等于 0 意味着载流导体没有电磁辐射，反之产生电磁辐射。

7.1.3 载流导体产生电磁辐射的条件

以图 7.1 为例，下面分两种情况分析载流导体作为场源时产生电磁辐射的情况。

第 1 种情况：稳恒电流。不随时间变化的电流是稳恒电流，即稳恒电流的电流密度 $\boldsymbol{J}$ 对时间 t 的偏导数 $\partial\boldsymbol{J}/\partial t=\boldsymbol{0}$，稳恒电流同时产生电场 $\boldsymbol{E}\neq\boldsymbol{0}$ 和磁场 $\boldsymbol{H}\neq\boldsymbol{0}$，并分别满足方程 $\nabla\times\boldsymbol{E}=\boldsymbol{0}$ 和 $\nabla\times\boldsymbol{H}=\boldsymbol{J}$。在图 7.1 中的真空区域 V 中，$\boldsymbol{J}=\boldsymbol{0}$，从 V 内辐射出去的瞬时电磁功率为

$$\begin{aligned}p(t)&=\oint_A(\boldsymbol{E}\times\boldsymbol{H})\cdot\mathrm{d}\boldsymbol{A}=\int_V\nabla\cdot(\boldsymbol{E}\times\boldsymbol{H})\mathrm{d}V\\&=\int_V[\boldsymbol{H}\cdot(\nabla\times\boldsymbol{E})-\boldsymbol{E}\cdot(\nabla\times\boldsymbol{H})]\mathrm{d}V=0\end{aligned}\tag{7.2}$$

即稳恒电流不产生电磁辐射。

第 2 种情况：时变电流。电流的大小或方向随时间变化的电流是时变电流，即时变电流的电流密度 $\boldsymbol{J}$ 对时间 t 的偏导数 $\partial\boldsymbol{J}/\partial t\neq\boldsymbol{0}$。此时，由时变电流产生的 $\boldsymbol{E}$ 和 $\boldsymbol{H}$ 在 V 中(见图 7.1)满足方程组：

$$\nabla\times\boldsymbol{E}=-\mu_0\frac{\partial\boldsymbol{H}}{\partial t}\tag{7.3}$$

$$\nabla\times\boldsymbol{H}=\varepsilon_0\frac{\partial\boldsymbol{E}}{\partial t}\tag{7.4}$$

从而可写出通过闭曲面 A 向外辐射的瞬时电磁功率

$$p(t)=\int_V[\boldsymbol{H}\cdot(\nabla\times\boldsymbol{E})-\boldsymbol{E}\cdot(\nabla\times\boldsymbol{H})]\mathrm{d}V=-\frac{\mathrm{d}W}{\mathrm{d}t}\tag{7.5}$$

式中

$$W=\frac{1}{2}\int_V\left(\varepsilon_0 E^2+\frac{B^2}{\mu_0}\right)\mathrm{d}V \tag{7.6}$$

是区域 V 内的电磁能量，W 是时间 t 的函数。式(7.5)的右端可能非零，说明时变电流可能辐射电磁波。

注意以下两点。①如果载流导体能连续稳定地辐射电磁波，电流必然随时间波动。当电流 i 不随时间 t 波动时，则意味着 $\mathrm{d}i/\mathrm{d}t$ 不变号，即电流随时间单调增或单调减，这将导致 $\lim\limits_{t\to\infty}|i(t)|\to C$(常量)或 $\lim\limits_{t\to\infty}|i(t)|\to\infty$。前一种情况不能连续稳定辐射电磁波，后一种情况物理上不可能发生。②导体中载有时变电流是电磁辐射的必要条件，但不是充分条件。就是说，如果载流导体辐射电磁波，则其中电流必然随时间变化；反过来，如果载流导体没有辐射电磁波，则其中电流未必不随时间变化，下面的例子说明了这种情况。

例 7.1　证明导体圆盘上以圆心为中心放射状分布的时变电流不辐射电磁波。

证　利用麦克斯韦方程组证明。建立以圆盘圆心为坐标原点的圆柱坐标系 $O\rho\phi z$，如图 7.2 所示。因圆盘中的电流呈放射状分布，所以圆盘中的电流密度可写成 $\boldsymbol{J}=J_\rho\boldsymbol{e}_\rho$，相应地 $\boldsymbol{E}=E_\rho\boldsymbol{e}_\rho$。

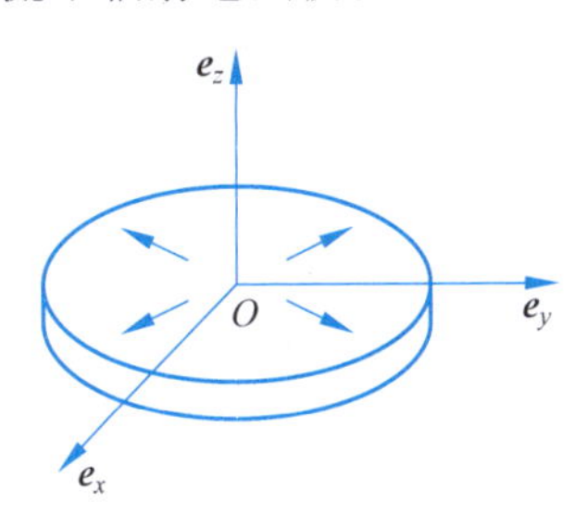

图 7.2　导体圆盘上以圆心为中心放射状分布的时变电流

设 $\boldsymbol{H}=H_\rho\boldsymbol{e}_\rho+H_\phi\boldsymbol{e}_\phi+H_z\boldsymbol{e}_z$。由 $\nabla\times\boldsymbol{H}=\boldsymbol{J}+\varepsilon_0\partial\boldsymbol{E}/\partial t$，利用 $\boldsymbol{E}$ 和 $\boldsymbol{H}$ 均与分量 ϕ 无关的性质，得

$$-\frac{\partial H_\phi}{\partial z}\boldsymbol{e}_\rho+\left(\frac{\partial H_\rho}{\partial z}-\frac{\partial H_z}{\partial\rho}\right)\boldsymbol{e}_\phi+\frac{1}{\rho}\frac{\partial(\rho H_\phi)}{\partial\rho}\boldsymbol{e}_z=\left(J_\rho+\varepsilon_0\frac{\partial E_\rho}{\partial t}\right)\boldsymbol{e}_\rho$$

等式两端对应分量相等，得

$$\frac{1}{\rho}\frac{\partial(\rho H_\phi)}{\partial\rho}=0$$

即

$$\rho H_\phi(\rho,\phi,z,t)=C$$

式中，C 是与 ρ 无关的常量。当场点位于 z 轴上时，$\rho=0$，此时如果 $H_\phi(0,\phi,z,t)\neq 0$，则不同的 $\boldsymbol{e}_\phi$ 方向有不同的分量 $H_\phi\boldsymbol{e}_\phi$，但这不可能，所以必有 $H_\phi(0,\phi,z,t)=0$，从而 $C=0$ 和 $H_\phi(\rho,\phi,z,t)=0$(ρ 为任意非负数)。这样

$$\nabla\times\boldsymbol{H}=\left(\frac{\partial H_\rho}{\partial z}-\frac{\partial H_z}{\partial\rho}\right)\boldsymbol{e}_\phi=\boldsymbol{0}$$

再由 $\nabla\times\boldsymbol{E}=-\mu_0\partial\boldsymbol{H}/\partial t$，可得

$$\frac{\partial E_\rho}{\partial z}\boldsymbol{e}_\phi=-\mu_0\frac{\partial H_\rho}{\partial t}\boldsymbol{e}_\rho-\mu_0\frac{\partial H_z}{\partial t}\boldsymbol{e}_z$$

等式两端对应分量相等，可得

$$\frac{\partial E_\rho}{\partial z}=0,\quad \frac{\partial H_\rho}{\partial t}=0,\quad \frac{\partial H_z}{\partial t}=0$$

这说明

$$\nabla\times\boldsymbol{E}=\frac{\partial E_\rho}{\partial z}\boldsymbol{e}_\phi=\boldsymbol{0}$$

$$\frac{\partial\boldsymbol{H}}{\partial t}=\frac{\partial H_\rho}{\partial t}\boldsymbol{e}_\rho+\frac{\partial H_z}{\partial t}\boldsymbol{e}_z=\boldsymbol{0}$$

于是

$$p(t)=\oint_A(\boldsymbol{E}\times\boldsymbol{H})\cdot \mathrm{d}\boldsymbol{A}=\int_V[\boldsymbol{H}\cdot(\nabla\times\boldsymbol{E})-\boldsymbol{E}\cdot(\nabla\times\boldsymbol{H})]\mathrm{d}V=0$$

以上分析表明，导体圆盘上放射状分布的时变电流可以产生时变电场和稳恒磁场，但不辐射电磁波。证毕。

7.1.4 场量随距离的衰减

导体中电流随时间变化可能辐射电磁波，现在的问题是：当载流导体周围是无限大三维真空时，空间中 E、H 与 r（场点与源点之间的距离）的关系如何？下面我们来分析。

在无限大三维真空中，设远离场源处的电场强度、磁场强度与距离的关系为

$$|\boldsymbol{E}|\propto\frac{1}{r^{1+\alpha}}\quad 和 \quad |\boldsymbol{H}|\propto\frac{1}{r^{1+\alpha}}$$

从而坡印亭矢量的模与距离的关系为

$$|\boldsymbol{S}|=|\boldsymbol{E}\times\boldsymbol{H}|\propto\frac{1}{r^{2+2\alpha}}$$

这里 α 为实数。在远离载流导体的地方，可把载流导体看作点源，作以点源为球心的球面 A，则从 A 上辐射出来的电磁功率满足

$$|p(t)|=\left|\oint_A(\boldsymbol{E}\times\boldsymbol{H})\cdot \mathrm{d}\boldsymbol{A}\right|\propto\frac{4\pi r^2}{r^{2+2\alpha}}=\frac{4\pi}{r^{2\alpha}}$$

如果 $\alpha>0$，当 $r\to\infty$ 时，右端是零，说明载流导体没有向周围空间辐射电磁波；如果 $\alpha<0$，当 $r\to\infty$ 时，右端是无限大，说明载流导体具有无限大能量，但这不可能。所以只有 $\alpha=0$ 才能保证从球面 A 上辐射出去的电磁功率既不是无限大也不恒等于零，即只有满足以下关系

$$|\boldsymbol{E}|\propto\frac{1}{r}\tag{7.7}$$

$$|\boldsymbol{H}|\propto\frac{1}{r}\tag{7.8}$$

时，载流导体才能向周围空间辐射电磁波。

在无限大真空中，电磁场随距离 r 的变化规律与场源的性质有关。在静电场中，电偶极子的场强以 r^{-3} 衰减，点电荷的场强以 r^{-2} 衰减；在稳恒磁场中，磁偶极子的场强以 r^{-3} 衰减，有限长线电流的场强以 r^{-2} 衰减；而在随时间变化的电磁场中，场强中含有以 r^{-1} 衰减的项，因此这样的电磁场能够到达更远的地方。这种场强以 r^{-1} 衰减、能够到达更远处的电磁场是由随时间变化的电场和磁场相互激发而产生的，电场与磁场相互依存，以波动的形式向远处传播。

说明 只有分布在有限区域内的场源向无限大三维空间辐射电磁波时，场量与距离之间才满足 $E\propto r^{-1}$ 和 $H\propto r^{-1}$。如果电磁波定向辐射，这样的关系并不成立，例如，波导管内的电磁波就不符合这种关系，见6.6节。

7.2 时变场的磁矢位和电标位

7.2.1 位函数的引入

当场源位于无限大真空中时，设场源的电荷密度和电流密度分别为 ρ_v 和 $\boldsymbol{J}$，则电磁场满

足麦克斯韦方程组：

$$\nabla\cdot \boldsymbol{E}=\frac{\rho_{\mathrm{v}}}{\varepsilon_0} \tag{7.9}$$

$$\nabla\cdot \boldsymbol{B}=0 \tag{7.10}$$

$$\nabla\times \boldsymbol{E}=-\frac{\partial \boldsymbol{B}}{\partial t} \tag{7.11}$$

$$\nabla\times \boldsymbol{H}=\boldsymbol{J}+\varepsilon_0\frac{\partial \boldsymbol{E}}{\partial t} \tag{7.12}$$

为了求解以上麦克斯韦方程组，通过引入位函数可以使方程简单、求解容易。

由方程$\nabla\cdot\boldsymbol{B}=0$，对比矢量恒等式$\nabla\cdot(\nabla\times\boldsymbol{F})=0$，可引入矢量函数$\boldsymbol{A}$满足

$$\boldsymbol{B}=\nabla\times \boldsymbol{A} \tag{7.13}$$

这里$\boldsymbol{A}$称为磁矢位。于是式(7.11)变形为

$$\nabla\times \boldsymbol{E}+\frac{\partial \boldsymbol{B}}{\partial t}=\nabla\times\left(\boldsymbol{E}+\frac{\partial \boldsymbol{A}}{\partial t}\right)=\boldsymbol{0}$$

与矢量恒等式$\nabla\times(\nabla f)=\boldsymbol{0}$对比，可引入标量函数$\varphi$，满足

$$\boldsymbol{E}+\frac{\partial \boldsymbol{A}}{\partial t}=-\nabla\varphi$$

即

$$\boldsymbol{E}=-\nabla\varphi-\frac{\partial \boldsymbol{A}}{\partial t} \tag{7.14}$$

这里φ称为电标位。右端项$(-\nabla\varphi)$是电荷聚集产生的电场，项$(-\partial\boldsymbol{A}/\partial t)$是电流变化产生的电场。注意：这里的电标位$\varphi$和磁矢位$\boldsymbol{A}$都是场点$\boldsymbol{r}$和时间$t$的函数，静电场中的电位$\varphi$、稳恒磁场中的磁矢位$\boldsymbol{A}$可认为是这两个位函数的特例。

7.2.2 库仑规范和洛伦茨规范

利用引入的位函数，将$\boldsymbol{E}=-\nabla\varphi-\partial\boldsymbol{A}/\partial t$代入$\nabla\cdot\boldsymbol{E}=\rho_{\mathrm{v}}/\varepsilon_0$中，得

$$\nabla^2\varphi+\frac{\partial}{\partial t}\nabla\cdot \boldsymbol{A}=-\frac{\rho_{\mathrm{v}}}{\varepsilon_0} \tag{7.15}$$

再把$\boldsymbol{B}=\mu_0\boldsymbol{H}=\nabla\times\boldsymbol{A}$代入式(7.12)中，得

$$\nabla\times\frac{1}{\mu_0}(\nabla\times \boldsymbol{A})=\boldsymbol{J}-\varepsilon_0\nabla\frac{\partial\varphi}{\partial t}-\varepsilon_0\frac{\partial^2 \boldsymbol{A}}{\partial t^2}$$

根据公式$\nabla\times(\nabla\times\boldsymbol{F})=\nabla(\nabla\cdot\boldsymbol{F})-\nabla^2\boldsymbol{F}$，可得

$$\nabla^2\boldsymbol{A}-\varepsilon_0\mu_0\frac{\partial^2 \boldsymbol{A}}{\partial t^2}=-\mu_0\boldsymbol{J}+\nabla\left(\nabla\cdot \boldsymbol{A}+\varepsilon_0\mu_0\frac{\partial\varphi}{\partial t}\right) \tag{7.16}$$

可见，电标位φ和磁矢位$\boldsymbol{A}$耦合在方程(7.15)和方程(7.16)中。

由矢量场解的唯一性定理可知，为了确定$\boldsymbol{A}$的变化规律，需要同时知道$\nabla\times\boldsymbol{A}$和$\nabla\cdot\boldsymbol{A}$。现在$\nabla\times\boldsymbol{A}=\boldsymbol{B}$已知，而$\nabla\cdot\boldsymbol{A}$未知，因此需要给出$\nabla\cdot\boldsymbol{A}$的限制条件。常见的限制条件有以下两个。

一个是取

$$\nabla\cdot \boldsymbol{A}=0 \tag{7.17}$$

此式称为库仑规范。此时式(7.15)变为泊松方程：

$$\nabla^2\varphi=-\frac{\rho_{\mathrm{v}}}{\varepsilon_0} \tag{7.18}$$

这与静电场中电位方程的数学形式相同，这就是将式(7.17)称为库仑规范的原因。仿照无限大真空中静电场电位表达式(2.27)的导出过程，可以直接写出这个方程的解：

$$\varphi(\boldsymbol{r},t)=\frac{1}{4\pi\varepsilon_0}\int_V\frac{\rho_{\mathrm{v}}(\boldsymbol{r}',t)}{|\boldsymbol{r}-\boldsymbol{r}'|}\mathrm{d}V(\boldsymbol{r}') \tag{7.19}$$

可见，时刻 t 的电标位 $\varphi(\boldsymbol{r},t)$ 由此时的电荷密度 $\rho_{\mathrm{v}}(\boldsymbol{r}',t)$ 立即确定，这意味着电标位从场源传播到场点不需要时间，或者说电标位的传播速度为无限大。由于电标位是电磁场分析过程中引入的一个辅助量，所以电标位的这个特点并不表示真实的电磁场也是这样。库仑规范的优点有：一是电标位的计算非常简单，见式(7.19)；二是基于 $\nabla\cdot\boldsymbol{A}=0$ 可引入一个矢量 $\boldsymbol{W}$ 满足 $\boldsymbol{A}=\nabla\times\boldsymbol{W}$，进一步如果能将 $\boldsymbol{W}$ 表示为两个互相垂直的矢量和①，就可以解析求解一大类涡流问题和辐射问题。

另一个是取

$$\nabla\cdot\boldsymbol{A}=-\varepsilon_0\mu_0\frac{\partial\varphi}{\partial t} \tag{7.20}$$

此式称为洛伦茨规范(注意，洛伦茨和洛伦兹是两位不同的物理学家，见二维码“外国人名索引”)。此时方程(7.15)和方程(7.16)变成同样形式的波动方程：

$$\nabla^2\varphi-\frac{1}{c^2}\frac{\partial^2\varphi}{\partial t^2}=-\frac{\rho_{\mathrm{v}}}{\varepsilon_0} \tag{7.21}$$

$$\nabla^2\boldsymbol{A}-\frac{1}{c^2}\frac{\partial^2\boldsymbol{A}}{\partial t^2}=-\mu_0\boldsymbol{J} \tag{7.22}$$

式中，$c=(\varepsilon_0\mu_0)^{-1/2}\approx 3\times10^8(\mathrm{m/s})$ 为真空中的光速。在分析无限大真空中的电磁辐射问题时，人们更多地采用洛伦茨规范，这是因为电标位和磁矢位都具有波动性，而且以上两个波动方程以及洛伦茨规范均有与坐标系选取无关的特点②。本章分析使用洛伦茨规范。

在真空时谐场中，洛伦茨规范的相量形式为

$$\dot{\varphi}=\frac{\mathrm{j}}{\omega\varepsilon_0\mu_0}\nabla\cdot\dot{\boldsymbol{A}}=\frac{\mathrm{j}\omega}{k^2}\nabla\cdot\dot{\boldsymbol{A}} \tag{7.23}$$

式中，$k=\omega\sqrt{\varepsilon_0\mu_0}$。从而电场和磁场分别成为

$$\dot{\boldsymbol{E}}=-\nabla\dot{\varphi}-\mathrm{j}\omega\dot{\boldsymbol{A}}=-\mathrm{j}\omega\left[\dot{\boldsymbol{A}}+\frac{1}{k^2}\nabla(\nabla\cdot\dot{\boldsymbol{A}})\right] \tag{7.24}$$

$$\dot{\boldsymbol{B}}=\nabla\times\dot{\boldsymbol{A}} \tag{7.25}$$

即利用相量 $\dot{\boldsymbol{A}}$ 可求出时谐电磁场的所有场量。

说明 如果不引入电标位 φ 和磁矢位 $\boldsymbol{A}$，而是直接求解麦克斯韦方程组(7.9)~(7.12)，则会得到以下两个方程：

---

① 斯迈思，1985. 静电学和电动力学[M]. 戴世强，译. 北京：科学出版社. 第 7.04 节。

② 与坐标系选取无关反映在狭义相对论中就是式(7.20)~式(7.22)均为协变式，希望进一步了解的读者可阅读(Jackson，2004)11.9 节。

$$\nabla^2 \boldsymbol{E} - \frac{1}{c^2}\frac{\partial^2 \boldsymbol{E}}{\partial t^2} = \mu_0 \frac{\partial \boldsymbol{J}}{\partial t} + \frac{1}{\varepsilon_0}\nabla \rho_{\mathrm{v}}$$

$$\nabla^2 \boldsymbol{B} - \frac{1}{c^2}\frac{\partial^2 \boldsymbol{B}}{\partial t^2} = -\mu_0 \nabla \times \boldsymbol{J}$$

以上两式与波动方程(7.21)～(7.22)相比，右端项变得复杂了。所以当求解含有场源 $\boldsymbol{J}$ 和 ρ_{v} 的电磁场问题时，引入位函数常常能使方程的求解变得简单。

7.2.3 时域推迟位

设 $\rho_{\mathrm{v}}(\boldsymbol{r},t)$ 和 $\boldsymbol{J}(\boldsymbol{r},t)$ 分别为无限大真空中分布在有限区域内的电荷密度和电流密度，下面分别给出场源产生的电标位 $\varphi(\boldsymbol{r},t)$ 和磁矢位 $\boldsymbol{A}(\boldsymbol{r},t)$ 的表达式。

先写出电标位的表达式。

由于场区为无限大三维真空，所以电标位的定解问题中只有初始条件而没有边界条件。可以设想，符合实际要求的初始条件应是：$t=0$ 时，电标位及对时间 t 的偏导数都等于 0。即电标位的初值问题应为

$$\nabla^2 \varphi(\boldsymbol{r},t) - \frac{1}{c^2}\frac{\partial^2 \varphi(\boldsymbol{r},t)}{\partial t^2} = -\frac{\rho_{\mathrm{v}}(\boldsymbol{r},t)}{\varepsilon_0} \quad (t>0) \tag{7.26}$$

$$\varphi(\boldsymbol{r},t)\big|_{t=0} = 0 \tag{7.27}$$

$$\left.\frac{\partial \varphi(\boldsymbol{r},t)}{\partial t}\right|_{t=0} = 0 \tag{7.28}$$

式中，c 是真空中的光速。有多种方法可以求解以上初值问题，其中容易理解的求解方法是：先对场点坐标 x、y、z 作傅里叶变换，得到一个以时间 t 为变量的二阶非齐次常系数常微分方程(常系数是指方程的系数都是常数，常微分方程是指只有一个自变量的微分方程，这两个"常"含义不同)；然后，求解这个常微分方程；最后，对这个常微分方程的解作逆傅里叶变换，就可求出以上初值问题的解。这里不写出以上初值问题的求解过程，而直接给出电标位的积分表达式：

$$\varphi(\boldsymbol{r},t) = \frac{1}{4\pi\varepsilon_0}\int_{|\boldsymbol{r}'-\boldsymbol{r}|<ct} \frac{1}{|\boldsymbol{r}-\boldsymbol{r}'|}\rho_{\mathrm{v}}\left(\boldsymbol{r}', t-\frac{|\boldsymbol{r}-\boldsymbol{r}'|}{c}\right)\mathrm{d}V(\boldsymbol{r}') \tag{7.29}$$

其中，$\boldsymbol{r}$ 是场点矢径，$\boldsymbol{r}'$ 是源点矢径，$\mathrm{d}V(\boldsymbol{r}')$ 是源点体元，在直角坐标系 $Oxyz$ 中 $\mathrm{d}V(\boldsymbol{r}')=\mathrm{d}x'\mathrm{d}y'\mathrm{d}z'$。

电标位积分表达式的导出过程见右侧二维码。

参考资料

需要注意，式(7.29)的积分区域是一个随 $|\boldsymbol{r}-\boldsymbol{r}'|$ 和 t 而变化的球区域，这是因为 $\rho_{\mathrm{v}}(\boldsymbol{r},t)$ 中的变量 $t>0$，因此被积函数中关于时间的变量应该满足

$$t-\frac{|\boldsymbol{r}-\boldsymbol{r}'|}{c}>0 \quad 或 \quad |\boldsymbol{r}'-\boldsymbol{r}|<ct$$

记这个球区域为 T_{ct}^{P}，右上角表示球心 $P(\boldsymbol{r})$(也就是场点)，右下角表示球半径 ct。

式(7.29)说明，只有球 T_{ct}^{P} 内的场源才对场点 P、时刻 t 的电标位 φ 产生贡献，而且场点 P 在时刻 t 的 φ 值不由同一时刻 t 的场源产生，而由较早时刻 $t-|\boldsymbol{r}-\boldsymbol{r}'|/c$ 的场源产生。换言之，位置 $\boldsymbol{r}'$ 的场源在位置 $\boldsymbol{r}$ 处产生的电标位 φ 需要推迟一段时间才能传播过来，推迟时间为 $|\boldsymbol{r}-\boldsymbol{r}'|/c$。因此，式(7.29)这个电标位 $\varphi(\boldsymbol{r},t)$ 被称为推迟位。如图 7.3 所示，从场源到场点的距离越远，推迟时间越长。注意：推迟时间是由电磁波传播速度 c 为有限值所决定的，如果

c 为无限大，则波动方程(7.26)中的项$\frac{1}{c^2}\frac{\partial^2\varphi}{\partial t^2}\to 0$，波动方程变成泊松方程$\nabla^2\varphi=-\rho_v/\varepsilon$，此时方程的解与推迟时间无关。

令 $R=|\boldsymbol{r}-\boldsymbol{r}'|$，随着时间 t 的增加，球 T_{ct}^P 的半径 ct 越来越大，场点 P 离场源 V 越来越远；如图 7.4 所示，设 $R_{\min}$ 和 $R_{\max}$ 分别为场点 P 至场源 V 的最近距离和最远距离。在场源 V 是有限尺寸的前提下，我们来分析场点 $P(\boldsymbol{r})$处在以下两种不同时间的电标位。

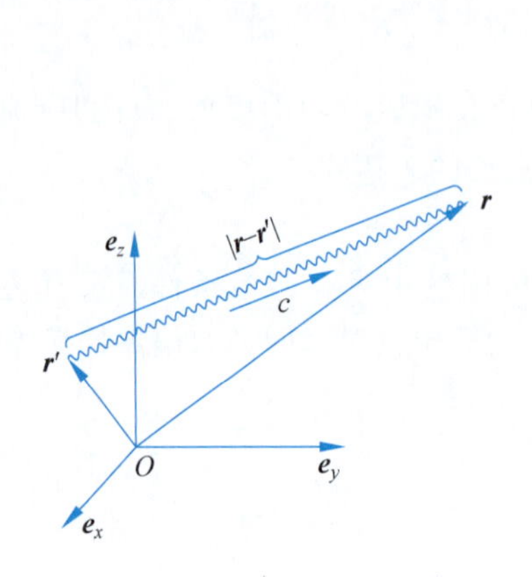

图 7.3 电标位以速度 c 从位置 $\boldsymbol{r}'$ 传播到 $\boldsymbol{r}$

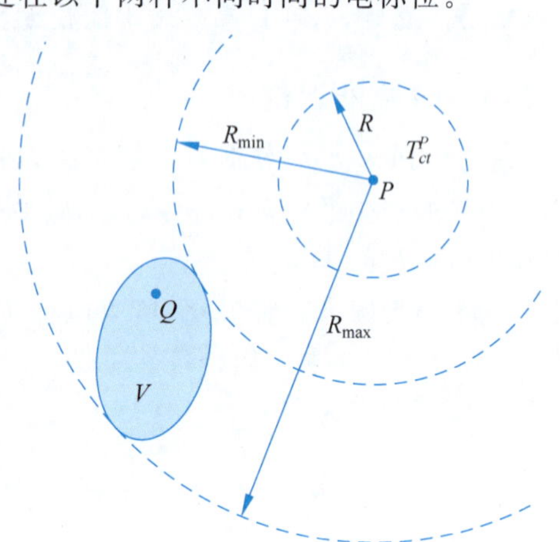

图 7.4 推迟位的积分区域

(1) $0<t<\frac{R_{\min}}{c}$，则球 T_{ct}^P 的半径 $R=tc<R_{\min}$，球 T_{ct}^P 内没有场源，此时式(7.29)的被积函数中 $\rho_v=0$，于是

$$\varphi(\boldsymbol{r},t)=0 \tag{7.30}$$

即场源产生的电标位尚未抵达场点 P。

(2) $t>\frac{R_{\max}}{c}$，则球 T_{ct}^P 的半径 $R=ct>R_{\max}$，球 T_{ct}^P 内包含全部场源 V，考虑到场源外真空中 $\rho_v=0$，所以场点 P 的电标位是

$$\varphi(\boldsymbol{r},t)=\frac{1}{4\pi\varepsilon_0}\int_V\frac{1}{|\boldsymbol{r}-\boldsymbol{r}'|}\rho_v\left(\boldsymbol{r}',t-\frac{|\boldsymbol{r}-\boldsymbol{r}'|}{c}\right)\mathrm{d}V(\boldsymbol{r}') \tag{7.31}$$

此时积分区域为全部场源 V 所占据的区域。这说明，在有限尺寸场源产生的电磁场中，只要时间 t 足够长，球 T_{ct}^P 就可以完全包含场源 V，球心 P 的电磁场就由全部场源产生。

下面写出磁矢位 $\mathbf{A}(\boldsymbol{r},t)$的表达式。

磁矢位的初值问题是

$$\nabla^2\mathbf{A}(\boldsymbol{r},t)-\frac{1}{c^2}\frac{\partial^2\mathbf{A}(\boldsymbol{r},t)}{\partial t^2}=-\mu_0\boldsymbol{J}(\boldsymbol{r},t)\quad(t>0) \tag{7.32}$$

$$\mathbf{A}(\boldsymbol{r},t)\big|_{t=0}=\mathbf{0} \tag{7.33}$$

$$\left.\frac{\partial\mathbf{A}(\boldsymbol{r},t)}{\partial t}\right|_{t=0}=\mathbf{0} \tag{7.34}$$

将 $\mathbf{A}(\boldsymbol{r},t)$和 $\boldsymbol{J}(\boldsymbol{r},t)$写成直角坐标系 $Oxyz$ 中的分量形式

$$\mathbf{A}=A_x\boldsymbol{e}_x+A_y\boldsymbol{e}_y+A_z\boldsymbol{e}_z$$

$$\boldsymbol{J}=J_x\boldsymbol{e}_x+J_y\boldsymbol{e}_y+J_z\boldsymbol{e}_z$$

然后代入初值问题式(7.32)～(7.34)，便得到分量 A_x、A_y、A_z 各自满足的初值问题。仿照初值问题式(7.26)～(7.28)的解(7.29)的形式，可立即写出这 3 个分量的表达式，之后再将这 3 个分量合并成矢量，得到初值问题式(7.32)～(7.34)的推迟位

$$\boldsymbol{A}(\boldsymbol{r},t)=\frac{\mu_0}{4\pi}\int_{|\boldsymbol{r}'-\boldsymbol{r}|<ct}\frac{1}{|\boldsymbol{r}-\boldsymbol{r}'|}\boldsymbol{J}\left(\boldsymbol{r}',t-\frac{|\boldsymbol{r}-\boldsymbol{r}'|}{c}\right)\mathrm{d}V(\boldsymbol{r}') \tag{7.35}$$

式中积分是在以场点 $P(\boldsymbol{r})$ 为球心、ct 为半径的球 T_{ct}^P 内进行的，$\mathrm{d}V'$ 是球 T_{ct}^P 内源点矢径 $\boldsymbol{r}'$ 处的体元。

同样，当球 T_{ct}^P 完全包含场源 V 时，球心 P 的磁矢位由全部场源产生：

$$\boldsymbol{A}(\boldsymbol{r},t)=\frac{\mu_0}{4\pi}\int_V\frac{1}{|\boldsymbol{r}-\boldsymbol{r}'|}\boldsymbol{J}\left(\boldsymbol{r}',t-\frac{|\boldsymbol{r}-\boldsymbol{r}'|}{c}\right)\mathrm{d}V(\boldsymbol{r}') \tag{7.36}$$

例 7.2　一无限长直细导线中，当时间 $t\leqslant 0$ 时电流 $i=0$，当 $t=0$ 时突然出现电流 I_0(常量)。求 $t>0$ 时导线周围的电磁场。

解　采用洛伦茨规范。将长直细导线放在圆柱坐标系 $O\rho\phi z$ 的 z 轴，则源点矢径为 $\boldsymbol{r}'=z'\boldsymbol{e}_z$，源点电流元为 $\boldsymbol{J}'\mathrm{d}V'=i'\mathrm{d}z'\boldsymbol{e}_z$，场点矢径为 $\boldsymbol{r}=\rho\boldsymbol{e}_\rho+z\boldsymbol{e}_z(\rho>0)$，由式(7.35)可写出场点 $P(\rho,\phi,z)$ 的磁矢位

$$\boldsymbol{A}(\boldsymbol{r},t)=\frac{\mu_0}{4\pi}\int_{|\boldsymbol{r}'-\boldsymbol{r}|<ct}\frac{i(\boldsymbol{r}',t')}{|\boldsymbol{r}-\boldsymbol{r}'|}\mathrm{d}z'\boldsymbol{e}_z \tag{7.37}$$

这里 $t'=t-|\boldsymbol{r}-\boldsymbol{r}'|/c$。

以下分两种情况分析。

第 1 种情况，当 $t'\leqslant 0$ 时，$i(\boldsymbol{r}',t')=0$。由式(7.37)得 $\boldsymbol{A}(\boldsymbol{r},t)=\boldsymbol{0}$，利用洛伦茨规范，得

$$\frac{\partial\varphi}{\partial t}=-\frac{1}{\varepsilon_0\mu_0}\nabla\boldsymbol{\cdot}\boldsymbol{A}=0$$

这说明 $\varphi(\boldsymbol{r},t)$ 与 t 无关。我们只考虑时变量，取 $\varphi(\boldsymbol{r},t)=0$，从而细导线周围场点的电场和磁场分别为 $\boldsymbol{E}=-\nabla\varphi-\dfrac{\partial\boldsymbol{A}}{\partial t}=\boldsymbol{0}$ 和 $\boldsymbol{B}=\nabla\times\boldsymbol{A}=\boldsymbol{0}$。

第 2 种情况，当 $t'>0$ 时，$i(\boldsymbol{r}',t')=I_0$，代入式(7.37)，得

$$\boldsymbol{A}(\boldsymbol{r},t)=\boldsymbol{e}_z\frac{\mu_0 I_0}{4\pi}\int_{\sqrt{\rho^2+(z-z')^2}<ct}\frac{\mathrm{d}z'}{\sqrt{\rho^2+(z-z')^2}}$$

令 $Z=z'-z$，积分区域变换成 $\sqrt{\rho^2+Z^2}<ct$，这说明 $|Z|<\sqrt{(ct)^2-\rho^2}$。于是磁矢位可表示为

$$\begin{aligned}\boldsymbol{A}(\boldsymbol{r},t)&=\boldsymbol{e}_z\frac{\mu_0 I_0}{4\pi}\int_{-\sqrt{(ct)^2-\rho^2}}^{\sqrt{(ct)^2-\rho^2}}\frac{\mathrm{d}Z}{\sqrt{\rho^2+Z^2}}\\&=\boldsymbol{e}_z\frac{\mu_0 I_0}{4\pi}\left[\ln(Z+\sqrt{Z^2+\rho^2})\right]\Bigg|_{-\sqrt{(ct)^2-\rho^2}}^{\sqrt{(ct)^2-\rho^2}}\\&=\boldsymbol{e}_z\frac{\mu_0 I_0}{2\pi}\ln\frac{ct+\sqrt{(ct)^2-\rho^2}}{\rho}\end{aligned}$$

再由洛伦茨规范，得

$$\frac{\partial\varphi}{\partial t}=-\frac{1}{\varepsilon_0\mu_0}\nabla\boldsymbol{\cdot}\boldsymbol{A}=-\frac{1}{\varepsilon_0\mu_0}\frac{\partial A_z}{\partial z}=0$$

取 $\varphi=0$，从而细导线周围场点的电场和磁场分别为

$$\boldsymbol{E}=-\nabla\varphi-\frac{\partial \boldsymbol{A}}{\partial t}=-\frac{\partial \boldsymbol{A}}{\partial t}=-\frac{\mu_0 c I_0}{2\pi\sqrt{(ct)^2-\rho^2}}\boldsymbol{e}_z$$

$$\boldsymbol{B}=\nabla\times\boldsymbol{A}=-\frac{\partial A_z}{\partial\rho}\boldsymbol{e}_\phi=\frac{\mu_0 I_0}{2\pi\rho}\frac{ct}{\sqrt{(ct)^2-\rho^2}}\boldsymbol{e}_\phi$$

其中，$ct>\sqrt{\rho^2+Z^2}$，由此得 $ct>\rho$。

综合以上分析，$t>0$ 时细导线周围的电场和磁场分别为

$$\boldsymbol{E}(\rho,\phi,z,t)=\begin{cases}\boldsymbol{0}, & ct\leqslant\rho\\ -\dfrac{\mu_0 c I_0}{2\pi\sqrt{(ct)^2-\rho^2}}\boldsymbol{e}_z, & ct>\rho\end{cases}\tag{7.38}$$

$$\boldsymbol{B}(\rho,\phi,z,t)=\begin{cases}\boldsymbol{0}, & ct\leqslant\rho\\ \dfrac{\mu_0 I_0}{2\pi\rho}\dfrac{ct}{\sqrt{(ct)^2-\rho^2}}\boldsymbol{e}_\phi, & ct>\rho\end{cases}\tag{7.39}$$

令 $t\to\infty$，由以上两式得 $\boldsymbol{E}=\boldsymbol{0}$ 和 $\boldsymbol{B}=\boldsymbol{e}_\phi\mu_0 I_0/(2\pi\rho)$，此时电磁场成为稳恒场。

通过此题，可以看到式(7.35)的积分区间如何确定，如何用位函数分析电磁场。本例分析参考了(Griffiths，1999)[425]。解毕。

说明　历史上第一次给出推迟位的是德国数学家黎曼，他在1858年发表的一篇论文中写道："电流的受力作用可通过一个假定得到说明：一个电荷对另一个电荷的作用并不是瞬间完成的，而是以一定速度传播来作用。"有一个典型例子可以说明推迟位的存在：1987年2月24日夜晚，智利天文台观测到了离地球17万光年的大麦哲伦星云中的一个超新星(一类猛烈爆发，随之光度突然增大超过其正常状态下几百万倍甚至几十亿倍的恒星)，这颗恒星的爆发时间是在距今17万年之前，它产生的电磁波一直到1987年2月24日才传播到地球。这个例子同时说明，电磁波可以脱离场源而独立存在。

7.2.4 频域推迟位

在无限大真空中，当场源分布在有限区域 V 内且场量随时间按正弦变化时，说明场源作用初期产生的瞬态过程已消失，电磁场已达稳态，从而时谐场中场点 $P(\boldsymbol{r})$ 处推迟位的积分区域应是场源区域 V。这种情况下，随时间按正弦变化的自由电荷密度表示为

$$\begin{aligned}\rho_{\mathrm{v}}(\boldsymbol{r},t)&=\sqrt{2}\rho_{\mathrm{ve}}(\boldsymbol{r})\cos(\omega t+\phi)\\&=\mathrm{Re}[\sqrt{2}\rho_{\mathrm{ve}}(\boldsymbol{r})\mathrm{e}^{\mathrm{j}\phi}\mathrm{e}^{\mathrm{j}\omega t}]\\&=\mathrm{Re}[\sqrt{2}\dot{\rho}_{\mathrm{v}}(\boldsymbol{r})\mathrm{e}^{\mathrm{j}\omega t}]\end{aligned}$$

式中，$\rho_{\mathrm{ve}}(\boldsymbol{r})$是正弦量 $\rho_{\mathrm{v}}(\boldsymbol{r},t)$的有效值，$\dot{\rho}_{\mathrm{v}}(\boldsymbol{r})=\rho_{\mathrm{ve}}(\boldsymbol{r})\mathrm{e}^{\mathrm{j}\phi}$。同理，随时间按正弦变化的传导电流密度表示为

$$\boldsymbol{J}(\boldsymbol{r},t)=\mathrm{Re}[\sqrt{2}\dot{\boldsymbol{J}}(\boldsymbol{r})\mathrm{e}^{\mathrm{j}\omega t}]$$

于是

$$\rho_{\mathrm{v}}\left(\boldsymbol{r}',t-\frac{R}{c}\right)=\mathrm{Re}[\sqrt{2}\dot{\rho}_{\mathrm{v}}(\boldsymbol{r}')\mathrm{e}^{-\mathrm{j}kR}\mathrm{e}^{\mathrm{j}\omega t}]$$

$$\boldsymbol{J}\left(\boldsymbol{r}',t-\frac{R}{c}\right)=\mathrm{Re}[\sqrt{2}\dot{\boldsymbol{J}}(\boldsymbol{r}')\mathrm{e}^{-\mathrm{j}kR}\mathrm{e}^{\mathrm{j}\omega t}]$$

式中 $R=|\boldsymbol{r}-\boldsymbol{r}'|$，$k=\omega/c=2\pi/\lambda$，$k$ 是真空中的波数，λ 是波长。

经过以上变换后，R 和 t 分离，利用式(7.31)和式(7.36)，可分别写出电标位和磁矢位的相量形式：

$$\dot{\varphi}(\boldsymbol{r})=\frac{1}{4\pi\varepsilon_0}\int_V\frac{\mathrm{e}^{-\mathrm{j}kR}}{R}\dot{\rho}_{\mathrm{v}}(\boldsymbol{r}')\mathrm{d}V(\boldsymbol{r}') \tag{7.40}$$

$$\dot{\boldsymbol{A}}(\boldsymbol{r})=\frac{\mu_0}{4\pi}\int_V\frac{\mathrm{e}^{-\mathrm{j}kR}}{R}\dot{\boldsymbol{J}}(\boldsymbol{r}')\mathrm{d}V(\boldsymbol{r}') \tag{7.41}$$

式中积分区域 V 是全部场源所占据的区域。

从以上两式可见，时谐电磁波的推迟体现在因子 $\mathrm{e}^{-\mathrm{j}kR}$ 上，频域中相位的推迟 $kR=\omega R/c$ 对应于时域中时间的推迟 R/c，因此称 $\mathrm{e}^{-\mathrm{j}kR}$ 为推迟因子。相位推迟的实质是时间的推迟，因时谐场中相位的一般式为

$$\theta=\omega t-kR+\phi=\omega\left(t-\frac{R}{c}\right)+\phi$$

两者的区别是：推迟时间 R/c 与场源无关，而推迟相位 $\omega R/c$ 与场源频率成正比。

作为特例，考虑场点在场源附近，此时 $kR\ll1$，$R\ll1/k\approx\lambda/6$，$\mathrm{e}^{-\mathrm{j}kR}\approx1$，相位推迟可以忽略不计，由式(7.40)和式(7.41)可分别得时谐场的电标位和磁矢位：

$$\dot{\varphi}(\boldsymbol{r})=\frac{1}{4\pi\varepsilon_0}\int_V\frac{\dot{\rho}_{\mathrm{v}}(\boldsymbol{r}')}{R}\mathrm{d}V(\boldsymbol{r}') \tag{7.42}$$

$$\dot{\boldsymbol{A}}(\boldsymbol{r})=\frac{\mu_0}{4\pi}\int_V\frac{\dot{\boldsymbol{J}}(\boldsymbol{r}')}{R}\mathrm{d}V(\boldsymbol{r}') \tag{7.43}$$

这两式在数学表达形式上分别与无限大真空中静止电荷的电位表达式和稳恒电流的磁矢位表达式相同，说明时谐场源附近的电场和磁场可分别用静电场的方法和稳恒磁场的方法计算。

拓展阅读：杰斐缅柯公式的导出见右侧二维码。

参考资料

7.3 电偶极子的辐射

当导线中电流随时间振荡变化时，一个电流元(一小段载流细直导线)就是一个电偶极子。用电偶极子可以构成复杂的天线，而且许多电磁辐射现象可用电偶极子的辐射来模拟和解释，因此对电偶极子辐射特性的研究成为本章的主要内容。

7.3.1 电偶极子的电磁场

1. 场量表达式

图 7.5 中有一电流元，设其中电流密度的方向是 $\boldsymbol{e}_z$，由 3.2 节特例 3 可知，电流元的上端面分布着正电荷，下端面分布着等量的负电荷，侧面没有电荷。基于电流元的这个特点，可以把它看成一个电偶极子。所以在时变场情况下，电偶极子、电流元、一小段载流细直导线这几个说法都是指同一个概念。

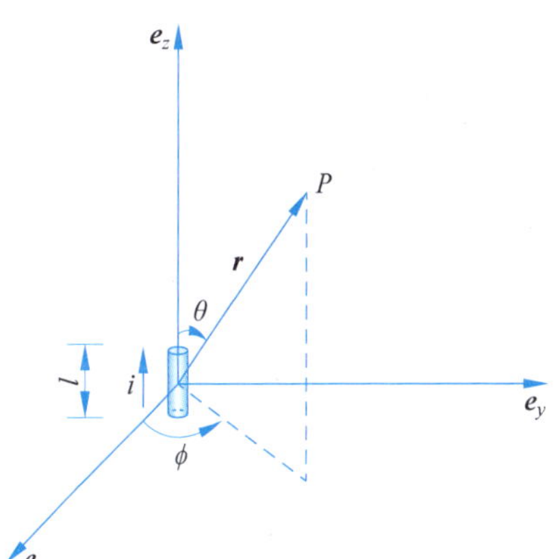

图 7.5 电偶极子

设电偶极子(电流元)长度 l 远小于波长 λ,即 $l \ll \lambda$,这意味着电偶极子上同一时刻的电流处处相等,再设电偶极子的半径远小于长度。如图 7.5 所示,把电偶极子放置在球坐标系 $Or\theta\phi$ 的原点 O。设电偶极子中的电流为 $i(t)=\sqrt{2}I\cos(\omega t)$,则用有效值表示的相量是 $\dot{I}=I$。这样,电偶极子上点 $\boldsymbol{r}'=z'\boldsymbol{e}_z$ 处的电流元是

$$\dot{\boldsymbol{J}}(\boldsymbol{r}')\mathrm{d}V(\boldsymbol{r}')=\left(\frac{\dot{I}\boldsymbol{e}_z}{\Delta S}\right)(\Delta S\mathrm{d}z')=\dot{I}\mathrm{d}z'\boldsymbol{e}_z$$

式中,$\dot{I}$ 是标量,ΔS 是电流元的横截面面积。

由式(7.41)可知,图 7.5 中电偶极子在场点 $\boldsymbol{r}$ 产生的磁矢位为

$$\dot{\boldsymbol{A}}(\boldsymbol{r})=\frac{\mu_0\dot{I}}{4\pi}\int_{-l/2}^{l/2}\frac{\mathrm{e}^{-\mathrm{j}kR}}{R}\mathrm{d}z'\boldsymbol{e}_z$$

式中,$R=|\boldsymbol{r}-\boldsymbol{r}'|$,$\boldsymbol{r}'=z'\boldsymbol{e}_z$。将 $\mathrm{e}^{-\mathrm{j}kR}/R$ 在点 $\boldsymbol{r}'=\boldsymbol{0}$ 处展开成泰勒级数(附录 A)

$$\frac{\mathrm{e}^{-\mathrm{j}kR}}{R}=\frac{\mathrm{e}^{-\mathrm{j}kr}}{r}\left[1+\frac{\boldsymbol{r}'\cdot\boldsymbol{r}}{r^2}(1+\mathrm{j}kr)-\frac{(kr')^2}{6}+\cdots\right]$$

保留级数前两项,磁矢位为

$$\dot{\boldsymbol{A}}=\boldsymbol{e}_z\frac{\mu_0\dot{I}\mathrm{e}^{-\mathrm{j}kr}}{4\pi r}\int_{-l/2}^{l/2}\left[1+\frac{\boldsymbol{e}_z\cdot\boldsymbol{r}}{r^2}(1+\mathrm{j}kr)z'\right]\mathrm{d}z'=\frac{\mu_0\dot{I}l\mathrm{e}^{-\mathrm{j}kr}}{4\pi r}\boldsymbol{e}_z \tag{7.44}$$

可见,图 7.5 所示的电偶极子在空间产生的磁矢位仅有 z 轴分量。由直角坐标系与球坐标系之间基本单位矢量的转换公式(附录 A),式(7.44)在球坐标系 $Or\theta\phi$ 中可表示成

$$\dot{\boldsymbol{A}}=\frac{\mu_0\dot{I}l\mathrm{e}^{-\mathrm{j}kr}}{4\pi r}(\cos\theta\boldsymbol{e}_r-\sin\theta\boldsymbol{e}_\theta) \tag{7.45}$$

代入式(7.24)和式(7.25),得球坐标系 $Or\theta\phi$ 中电偶极子产生的电场强度和磁场强度:

$$\dot{\boldsymbol{E}}=\frac{\dot{I}lZ_0k^2\mathrm{e}^{-\mathrm{j}kr}}{4\pi}\left\{\left[\frac{1}{(kr)^2}-\frac{\mathrm{j}}{(kr)^3}\right]2\cos\theta\boldsymbol{e}_r+\left[\frac{\mathrm{j}}{kr}+\frac{1}{(kr)^2}-\frac{\mathrm{j}}{(kr)^3}\right]\sin\theta\boldsymbol{e}_\theta\right\} \tag{7.46}$$

$$\dot{\boldsymbol{H}}=\frac{\dot{I}lk^2\mathrm{e}^{-\mathrm{j}kr}}{4\pi}\left(\frac{\mathrm{j}}{kr}+\frac{1}{(kr)^2}\right)\sin\theta\boldsymbol{e}_\phi \tag{7.47}$$

式中,$Z_0=\sqrt{\mu_0/\varepsilon_0}\approx 376.7(\Omega)$(真空波阻抗),$k=2\pi/\lambda$。

由式(7.46)和式(7.47)可绘出图 7.6 所示的电偶极子电磁场的空间分布图,其中实线为电场线,虚线为磁场线。从该图可见,在电偶极子附近,电波和磁波均近似为球面波,在远离电偶极子的地方,局部的电磁波近似为平面波。图 7.7 分别绘出了电场线和磁场线的完整形状:图 7.7(a)中电场线位于过电偶极子中心轴线的平面内,在电偶极子附近,电场线的分布与静电场中电偶极子的电场线分布相似,而在远离电偶极子的区域,电场线围绕磁场线形成闭合曲线;图 7.7(b)中磁场线位于与电偶极子垂直的平面内,磁场线为环绕电偶极子中心轴线的同心圆。

2. 复功率

利用式(7.46)和式(7.47),可求出穿出以电偶极子为球心,r 为半径的球面 A 向外传输的复功率:

$$\widetilde{S}=\oint_A\boldsymbol{S}_{\mathrm{cpv}}\cdot\mathrm{d}\boldsymbol{A}=\oint_A(\dot{\boldsymbol{E}}\times\dot{\boldsymbol{H}}^*)\cdot\mathrm{d}\boldsymbol{A}=\int_0^{\pi}\mathrm{d}\theta\int_0^{2\pi}\dot{E}_\theta\dot{H}_\phi^*r^2\sin\theta\mathrm{d}\phi$$

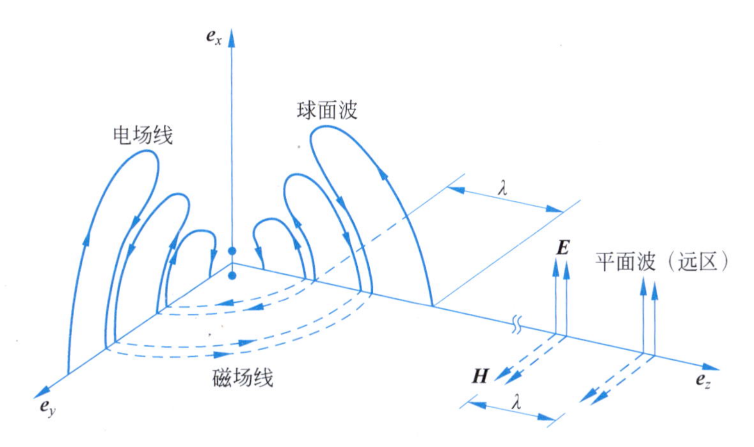

图 7.6　电偶极子的电场线和磁场线的空间分布(绘图参考见“配套资源”中“插图来源”说明)

注意，$\widetilde{S}$ 并不对应于时域中的正弦量，因而不是相量。利用积分$\int_0^{\pi}\sin^3\theta\mathrm{d}\theta=4/3$，得

$$\widetilde{S}=\frac{2\pi Z_0}{3}\left(\frac{Il}{\lambda}\right)^2\left[1-\frac{\mathrm{j}}{(kr)^3}\right] \tag{7.48}$$

式中，Z_0 是真空波阻抗，λ 是电磁波的波长。与电路理论中复功率 $\dot{U}\dot{I}^*=P+\mathrm{j}Q$ 对比可见：$\widetilde{S}$ 的实部为正，并与半径 r 无关，说明电偶极子向外输送恒定的有功功率；$\widetilde{S}$ 的虚部为负，说明电偶极子相当于电容器，它附近电场能量占优，大小与$(kr)^3$ 成反比。

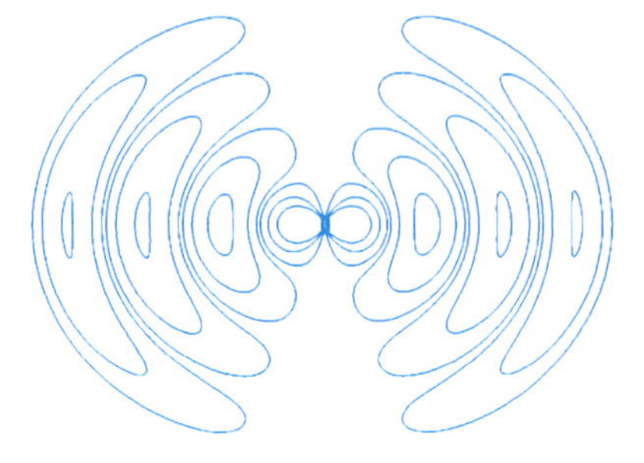

(a) 电偶极子的电场线分布

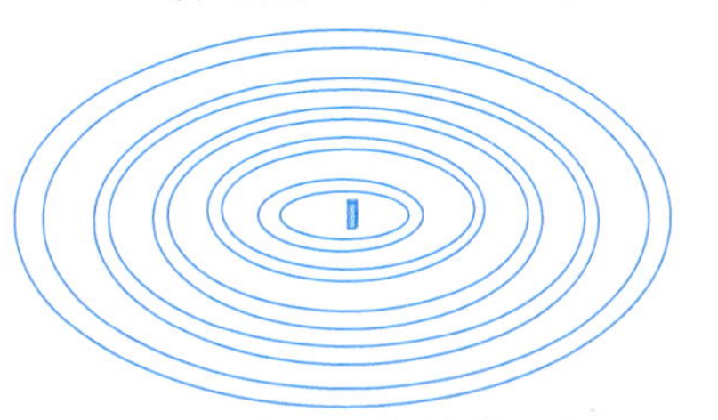

(b) 电偶极子的磁场线分布

图 7.7　电偶极子的电场线和磁场线的分布

例 7.3　试简要分析载流开关在断开过程中周围电磁场的变化①。

解　通有电流的开关断开时会发生复杂的电磁现象，下面从概念上简要说明。

我们知道，导体中的电流不可能“突然中断”。因为电流周围分布着磁场，如果切断电流，那么周围磁通就会随时间减少，根据法拉第感应定律，导体回路中就会产生一个感应电流来阻止回路中电流的减少。

如图 7.8(a)所示，在电路断开前瞬间，可认为电路中的电压和电流都是常量，设电路对地电压为 U，电流为 I，对地电容为 C，电路自感为 L，则电路在断开前瞬间存储的电磁能量为 $W=(CU^2+LI^2)/2$。在电路断开瞬间，断开导体的两端截面上就会迅速产生互为反号的电荷[见式(3.15)和式(3.16)]，使空气隙内的空间电场$|\boldsymbol{E}|$急剧增大，于是空气隙内就产生位移电流，位移电流在数值上等于导体中的电流，满足连续性方程。此刻，$|\boldsymbol{E}|$随时间单调增加[见图 7.8(b)]，当增加到某个数值时，空气被击穿，两导体之间放电，产生电弧，此后电流就通过电弧流通，见图 7.8(c)。开关断开后，两端面之间产生位移电流，辐射电磁波；另外，电弧的产生和维持要消耗一部分能量。这两部分能量都来自电路断开前瞬间存储的电磁能量。经过短

① 桂井誠，2000. 基礎電磁気学[M]. 東京：オーム社.

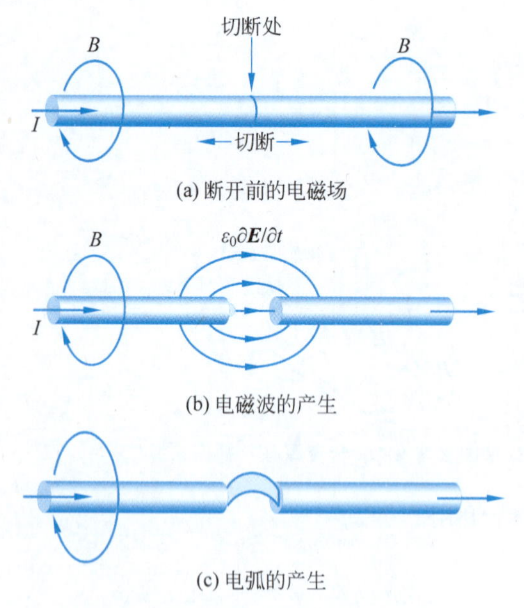

(a) 断开前的电磁场

(b) 电磁波的产生

(c) 电弧的产生

图 7.8 开关断开前后电磁场的变化

暂的时间后，电磁能量迅速减少，电路中电流减弱至零，电弧随之消失。

从以上分析可知，开关断开过程中两电极之间辐射电磁波并产生电弧，其根本原因是电流必须满足连续性方程。这个现象在具有活动触点的电器中普遍存在，例如，通过拉线开关关断电灯、从通电插座上拔掉插头、直流电动机中电刷与整流子的换位等都会产生电火花，并同时辐射电磁波。电焊机就是利用这个现象制成的：开始电焊时，先把焊条与焊件作短暂接触，使焊条与焊件都成为载流回路的一部分，然后将焊条迅速离开焊件(电路断开)，保持 4～5 mm 的距离，电弧在空气隙中产生，把焊件熔接。

需要指出，开关接通(使电路构成回路)过程中也会辐射电磁波并产生电弧，只是弱得多。

解毕。

3. 场区的划分

电偶极子是点源，它的场量表达式中含有 $1/(kr)^3$、$1/(kr)^2$ 和 $1/(kr)$ 这 3 项。当 $kr \ll 1$ 时，项 $1/(kr)^3$ 占优，其他两项可以忽略不计，此时场区称为近区。当 $kr \gg 1$ 时，项 $1/(kr)$ 占优，另外两项可以忽略不计，此时场区称为远区。当 $kr=1$ 时，这 3 项的贡献相等：

$$\frac{1}{(kr)^3}=\frac{1}{(kr)^2}=\frac{1}{kr}$$

此时 $r=1/k=\lambda/(2\pi)\approx 0.16\lambda$，在此附近场区称为中间区。中间区介于近区和远区之间。

上面用到了比较数值大小的两个数学符号：$\ll$(远小于)和$\gg$(远大于)。究竟两个正数 a 和 b 满足什么样的数值关系才算 $a \ll b$(或 $b \gg a$)？这个问题并没有明确答案，本书这样处理：当$\dfrac{a}{b}<0.1$ 时认为$\dfrac{a}{b}\ll 1$，于是就有 $0.1 \ll 1$，或 $10 \gg 1$。基于这样的认识，场区如下划分。

近区：$kr<0.1$ 或 $r<0.016\lambda$ 时，$kr \ll 1$，场点位于电偶极子附近，场量表达式中主要由含有 $1/(kr)^3$ 的项起支配作用，电场能量占优，呈似稳场的特点，对应的场叫似稳场或准静态场。

远区：$kr>10$ 或 $r>1.6\lambda$ 时，$kr \gg 1$，场点远离电偶极子，场量表达式中主要由含有 $1/(kr)$ 的项起支配作用，没有这一项就没有电磁波，对应的场叫辐射场。

中间区：$0.1 \leqslant kr \leqslant 10$ 或 $0.016\lambda \leqslant r \leqslant 1.6\lambda$ 时，场量表达式中含有 $1/(kr)^3$、$1/(kr)^2$ 和 $1/(kr)$ 的项共同对场量作贡献，这个区域的场是似稳场、感应场和辐射场的叠加，对应的场叫混合场。

例 7.4 将手机的天线看作电偶极子，设天线中正弦电流的频率是 1.8 GHz，假定天线离头部距离为 $r=3$ cm，试判断头部所处场区。

解 因为

$$kr=\frac{2\pi fr}{c}=\frac{2\pi\times 1.8\times 10^9\times 0.03}{3\times 10^8}\approx 1.13$$

此时 $0.1<kr<10$，所以头部位于手机电磁场的中间区。由于随着 r 的增大，场量减少，所以为减弱头部接受的电磁场，应尽可能加大手机与头部之间的距离。解毕。

7.3.2　电偶极子的近区电磁场

在电偶极子的近区，电偶极子周围的电磁场主要是电场，磁场可以忽略不计。设电偶极子的端部电荷为 $\dot{q}$，则电偶极矩为 $\dot{\boldsymbol{p}}=\dot{q}l\boldsymbol{e}_z$，其中传导电流为 $\dot{I}=\mathrm{j}\omega\dot{q}$，由 $\mathrm{e}^{-\mathrm{j}kr}\approx1$ 和式(7.46)可写出电偶极子附近的电场：

$$\dot{\boldsymbol{E}}\approx\frac{\dot{p}}{4\pi\varepsilon_0 r^3}(2\cos\theta\boldsymbol{e}_r+\sin\theta\boldsymbol{e}_\theta)=\frac{1}{4\pi\varepsilon_0 r^3}[3(\dot{\boldsymbol{p}}\cdot\boldsymbol{r}^\circ)\boldsymbol{r}^\circ-\dot{\boldsymbol{p}}] \tag{7.49}$$

此式与静电场中电偶极子的电场强度[式(2.40)]在表达形式上相同，区别在于式(2.40)中的电偶极矩恒定不变，而式(7.49)中的电偶极矩随时间按正弦变化，因此式(7.49)所表示的电场也随时间按正弦变化，这个电场不是真正意义上的静电场，而是准静态场。

同理，由式(7.47)可写出电偶极子近区的磁场：

$$\dot{\boldsymbol{H}}\approx\frac{\dot{I}l\sin\theta\boldsymbol{e}_\phi}{4\pi r^2}=\frac{\dot{I}\boldsymbol{l}\times\boldsymbol{r}}{4\pi r^3} \tag{7.50}$$

这与毕奥-萨伐尔定律的表达式在表达形式上相同，区别在于毕奥-萨伐尔定律表达式中的电流是稳恒电流，而式(7.50)中的电流随时间按正弦变化，因此式(7.50)表示的磁场不是真正意义上的稳恒磁场，而是似稳场，即与稳态磁场性质类似的磁场。

通过以上分析可见，在电偶极子的近区，电场可仿照静电场中电偶极子的电场公式求出，磁场可仿照毕奥-萨伐尔定律的表达式求出。

7.3.3　电偶极子的远区电磁场

1. 电磁场表达式

在电偶极子的远区，电磁场是辐射场。此时利用

$$k=\omega\sqrt{\varepsilon_0\mu_0}=\frac{2\pi}{\lambda}$$

可由式(7.46)和式(7.47)分别求得远区的电场、磁场和波阻抗：

$$\dot{\boldsymbol{E}}=\dot{E}_\theta\boldsymbol{e}_\theta=\frac{\mathrm{j}\dot{I}lZ_0\mathrm{e}^{-\mathrm{j}kr}}{2\lambda r}\sin\theta\boldsymbol{e}_\theta \tag{7.51}$$

$$\dot{\boldsymbol{H}}=\dot{H}_\phi\boldsymbol{e}_\phi=\frac{\mathrm{j}\dot{I}l\mathrm{e}^{-\mathrm{j}kr}}{2\lambda r}\sin\theta\boldsymbol{e}_\phi \tag{7.52}$$

$$Z_0=\frac{\dot{E}_\theta}{\dot{H}_\phi}=\sqrt{\frac{\mu_0}{\varepsilon_0}}\approx376.7(\Omega) \tag{7.53}$$

三者之间满足关系

$$\dot{\boldsymbol{E}}=Z_0\dot{\boldsymbol{H}}\times\boldsymbol{e}_r \tag{7.54}$$

可见：①电偶极子在远区产生的辐射波是球面波(因等相面为球面 $kr=$常量)，但它是非均匀球面波，因等相面与等幅面($\sin\theta/r=$常量)不重合；②远区场量与 r 成反比，满足 $\dot{\boldsymbol{E}}\perp\dot{\boldsymbol{H}}$ 和 $\sqrt{\varepsilon_0}E_\theta=\sqrt{\mu_0}H_\phi$。

2. 波的传播方向

为求出波的传播方向，利用6.2.2节的方法，从式(7.51)可得到电场的标量瞬时式，进一步求梯度，保留分母中含r的项(此项占比最大)，得

$$\nabla E_\theta(\boldsymbol{r},t_0)=\frac{Ilkz_0}{2\lambda r}\sin\theta\cos(\omega t_0-kr+\theta_0)\boldsymbol{e}_r \tag{7.55}$$

式中，$\boldsymbol{e}_r$方向与从原点发出的射线方向相同，所以波的传播方向为$\boldsymbol{e}_r$，即电偶极子在远区产生的电磁波沿径向传播。

3. 辐射功率

根据以上远区电磁波的表达式，可求出复坡印亭矢量

$$\boldsymbol{S}_{\mathrm{cpv}}=\dot{\boldsymbol{E}}\times\dot{\boldsymbol{H}}^*=Z_0\left(\frac{Il\sin\theta}{2\lambda r}\right)^2\boldsymbol{e}_r \tag{7.56}$$

式中，I是电流有效值。在此基础上，进一步可求出电偶极子在远区的平均能流密度(坡印亭矢量在一周期内的平均值)：

$$\boldsymbol{S}_{\mathrm{av}}=\mathrm{Re}(\boldsymbol{S}_{\mathrm{cpv}})=z_0\left(\frac{Il\sin\theta}{2\lambda r}\right)^2\boldsymbol{e}_r \tag{7.57}$$

式中，$z_0=|Z_0|=\sqrt{\mu_0/\varepsilon_0}$。这样，通过远区球面$A$：$r=C$(常量)的辐射功率为

$$P_{\mathrm{rd}}=\oint_A\boldsymbol{S}_{\mathrm{av}}\cdot\mathrm{d}\boldsymbol{A}=\int_0^\pi\mathrm{d}\theta\int_0^{2\pi}\boldsymbol{S}_{\mathrm{av}}\cdot\boldsymbol{e}_r r^2\sin\theta\mathrm{d}\phi$$

再利用式(7.57)、积分$\int_0^\pi\sin^3\theta\mathrm{d}\theta=4/3$和$\lambda=2\pi c/\omega$，得

$$P_{\mathrm{rd}}=\frac{2\pi z_0}{3}\left(\frac{Il}{\lambda}\right)^2=\frac{\mu_0}{6\pi c}(Il)^2\omega^2 \tag{7.58}$$

式(7.58)也可用电偶极矩表示。设电偶极子两个端面上的电荷分别为$q(t)$和$-q(t)$，其中$q(t)=\sqrt{2}Q\cos\omega t$，则电偶极子的电流$i(t)=\mathrm{d}q(t)/\mathrm{d}t$，它的相量$\dot{I}=\mathrm{j}\omega Q$，于是$I=\omega Q$，这样式(7.58)变形为

$$P_{\mathrm{rd}}=\frac{\mu_0}{6\pi c}p^2\omega^4 \tag{7.59}$$

式中，$p=Ql$为电偶极矩，Q为端面电荷的有效值。对比式(7.58)和式(7.59)可知：当电流元Il一定时，$P_{\mathrm{rd}}\propto\omega^2$；当电偶极矩$p$一定时、$P_{\mathrm{rd}}\propto\omega^4$。这说明辐射功率随着频率的提高而迅速增加。注意，$Il$一定意味着场源为电流源，$p$一定意味着场源为电压源。

由以上远区电磁场的分析可见：①辐射功率与球面半径r无关，单位时间内通过不同球面的能量相等，空间没有能量积累，电磁能量辐射到无穷远；②电场、磁场和波的传播方向三者互相垂直，电磁波是横波；③电场和磁场同相位，随时间同步正弦变化；④辐射功率为常量，电偶极子始终沿径向向外辐射固定的电磁能。

7.3.4 电偶极子的辐射特性

电偶极子的辐射特性可用多个参数来描述。

1. 方向函数

由电偶极子的远区电磁场表达式(7.51)和式(7.52)可知，$\dot{\boldsymbol{E}}$和$\dot{\boldsymbol{H}}$都是非均匀球面波，式中都含因子$\sin\theta$，它反映了电偶极子的辐射场在不同方向上的分布特点。在线性介质中，发射电磁波的装置(天线)在远区激发的电场$E=|\dot{\boldsymbol{E}}|$与天线上电流有效值I成正比，与场点到源

点的距离 r 成反比，同时还是极角 θ 和周向角 ϕ 的函数，时谐电场的模可写成如下形式

$$E(r,\theta,\phi)=\frac{60I}{r}F(\theta,\phi)$$

式中，$F(\theta,\phi)$称为方向函数，可表示为

$$F(\theta,\phi)=\frac{rE(r,\theta,\phi)}{60I} \tag{7.60}$$

方向函数描述了天线在远区不同方向上电场强度的分布特点。

为便于比较不同天线的方向性，可采用归一化方向函数，它定义为方向函数与方向函数最大值的比值，即

$$f(\theta,\phi)=\frac{F(\theta,\phi)}{\max\limits_{\theta,\phi}[F(\theta,\phi)]} \tag{7.61}$$

式中 $\max\limits_{\theta,\phi}[F(\theta,\phi)]$表示在变量 θ 和 ϕ 的取值范围内函数 $F(\theta,\phi)$的最大值。可见，$0\leqslant f(\theta,\phi)\leqslant 1$。

对于电偶极子，利用式(7.51)，由式(7.60)得电偶极子的方向函数

$$F(\theta,\phi)=\frac{\pi l}{\lambda}|\sin\theta| \tag{7.62}$$

因$|\sin\theta|$的最大值是1，所以电偶极子辐射场的归一化方向函数为

$$f(\theta,\phi)=|\sin\theta| \tag{7.63}$$

这说明：在电偶极子轴线的延长线方向，即 $\theta=0$ 或 $\theta=\pi$ 处，$f(\theta,\phi)=0$，没有电磁波的辐射，也就是“灯下黑”；在与电偶极子相交的垂直平面内，即 $\theta=\pi/2$ 处，$f(\theta,\phi)=1$，场强取得最大值。

2. 方向图

为了形象地表示场强在空间随方向的变化，可以用图形表示归一化方向函数，这个图形称为方向图。方向图可在球坐标系 $Or\theta\phi$ 中绘制，令位置矢量的长度表示归一化方向函数 $f(\theta,\phi)$ 的大小，则方向图的曲面方程是 $r=f(\theta,\phi)$。电偶极子的方向图如图 7.9 所示，左侧是平面图，图中有两个相同的外切圆，z 轴是它们的公共切线；右侧是立体图，从外形看好像没有孔的手镯。

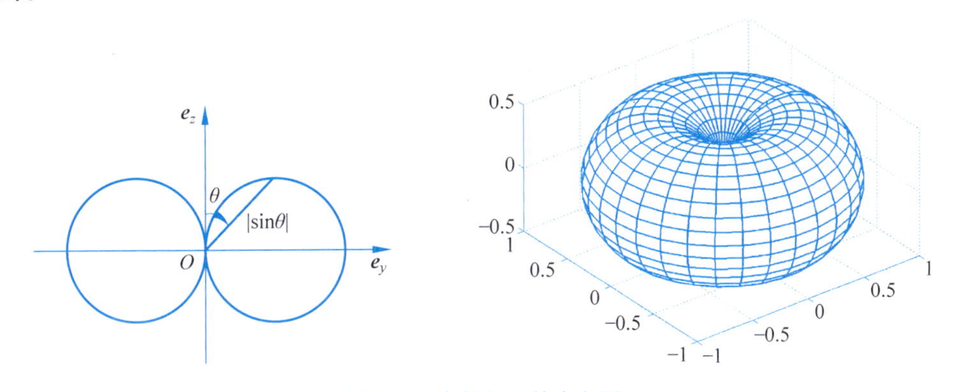

图 7.9 电偶极子的方向图

3. 方向系数

场强的方向函数和方向图描绘了时谐电场强度的模在空间的分布，但它们不能反映能量辐射的集中程度。为了比较不同天线之间定向辐射能量的能力，引入方向系数，记为 D，它的

定义是：在相同辐射功率和同一距离的条件下，天线在最大辐射方向上的平均能流密度 $\max\limits_{\theta,\phi}[S_{av}(r,\theta,\phi)]$ 和无方向性天线的平均能流密度 S_{av0} 之比，即

$$D=\frac{\max\limits_{\theta,\phi}[S_{av}(r,\theta,\phi)]}{S_{av0}} \tag{7.64}$$

所谓无方向性天线是一个假想天线，它在各个方向上均匀辐射能量，它的辐射功率等于给定天线的辐射功率，可以证明(附注 7C)，这样的天线并不存在，但它是一个有用的概念。设天线的辐射功率为 P_{rd}，则无方向性天线在任意方向的平均能流密度就是天线的辐射功率与球面面积之比：

$$S_{av0}=\frac{P_{rd}}{4\pi r^2} \tag{7.65}$$

容易理解，方向系数 D 越大，天线定向辐射能力越强。对于电偶极子，设球面半径 r 固定，由式(7.57)可知，当 $\theta=\pi/2$ 时，$S_{av}(r,\theta,\phi)$ 取得最大值：

$$\max_{\theta,\phi}[S_{av}(r,\theta,\phi)]=z_0\left(\frac{Il}{2\lambda r}\right)^2$$

而由式(7.58)，得

$$S_{av0}=\frac{P_{rd}}{4\pi r^2}=\frac{2z_0}{3}\left(\frac{Il}{2\lambda r}\right)^2$$

所以电偶极子的方向系数为

$$D=1.5 \tag{7.66}$$

这说明电偶极子的定向集中辐射能力不强。

4. 辐射电阻

从天线辐射出去的能量不再返回到天线，天线需要提供一定的功率来维持辐射，就相当于辐射出去的能量被一个电阻吸收，显然这个电阻吸收的能量越多，意味着天线的辐射能力越强，称这个电阻为辐射电阻，记为 R_{rd}。根据电路基本理论，电阻消耗的功率为

$$P_{rd}=I^2R_{rd} \tag{7.67}$$

式中，I 是天线中电流的有效值。这样，结合式(7.58)，得电偶极子的辐射电阻：

$$R_{rd}=\frac{P_{rd}}{I^2}=\frac{2\pi z_0}{3}\left(\frac{l}{\lambda}\right)^2\approx 789\left(\frac{l}{\lambda}\right)^2 \tag{7.68}$$

由于 $l\ll\lambda$，所以 R_{rd} 的数值不大，如当 $l=0.01\lambda$ 时，$R_{rd}=0.08\Omega$，这说明电偶极子的辐射能力不强。

注意：辐射电阻并不是真正的电阻，其意义为衡量天线上电流转换为天线辐射功率的一个指标。辐射电阻小的天线表示达到发射功率所需要的电流大，辐射电阻大的天线表示达到发射功率所需要的电流小。

例 7.5 一个天线的方向系数为 160，要使相距天线 10 km 处的平均能流密度达到 2 μW/m^2，试计算天线的最小功率。

解 由于天线的方向系数为

$$D=\frac{4\pi r^2}{P_{rd}}\max_{\theta,\phi}[S_{av}(r,\theta,\phi)]$$

所以，向天线输送的最小功率为

$$P_{\rm rd}=\frac{4\pi r^2}{D}\max_{\theta,\phi}[S_{\rm av}(r,\theta,\phi)]=\frac{4\pi\times(10\times10^3)^2}{160}\times2\times10^{-6}=15.7(\rm W)$$

解毕。

例 7.6　为使接收天线具有良好的接收效果，假定电场强度的振幅不应小于 100 μV/m。求电偶极子（见图 7.5）的辐射功率为多大时，位于远区 $r=100$ km 处的接收天线有良好的接收效果。

解　设电偶极子位于球坐标系 $Or\theta\phi$ 的原点，取 $\theta=\pi/2$，远区电场的有效值为

$$E=\left|\frac{\mathrm{j}\dot{I}lZ_0\mathrm{e}^{-\mathrm{j}kr}}{2\lambda r}\sin\theta\right|=\frac{z_0}{2r}\left(\frac{Il}{\lambda}\right)$$

它与辐射功率的关系为

$$P_{\rm rd}=\frac{2\pi z_0}{3}\left(\frac{Il}{\lambda}\right)^2=\frac{2\pi z_0}{3}\left(\frac{2rE}{z_0}\right)^2=\frac{4\pi r^2}{3z_0}E_{\rm m}^2$$

代入 $r=100$ km 和 $E_{\rm m}=\sqrt{2}E=100$ μV/m，得

$$P_{\rm rd}=\frac{4\pi\times(100\times10^3)^2}{3\times376.7}\times(100\times10^{-6})^2=1.11(\rm W)$$

即在理想条件下，辐射功率为几瓦的天线就能使位于 100 km 远的天线具有良好的接收效果。解毕。

说明　严格地说，短直细导线上同一时刻的电流并不处处相等，因为导线两端的端面处传导电流必须为零（它是导线中传导电流驻波的节点）。短直细导线上电流处处相等的导体结构是如图 7.10 所示的平板电容器天线，导体两端的圆盘上电流呈放射状分布，例 7.1 已证明，这样分布的电流不辐射电磁波，因此这个导体结构中的短直细导线可看作电偶极子天线（Shen，2003）[7-11]。

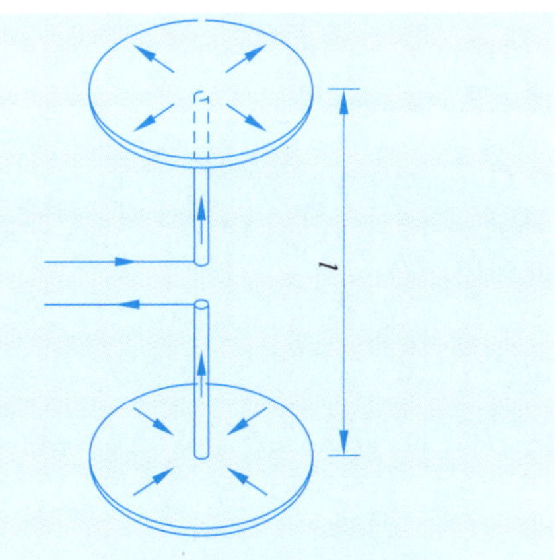

图 7.10　平板电容器天线中短直细导线上的电流处处相等

动图显示

拓展视频：电偶极子的电场线和电偶极子的方向图投影见右侧二维码。

7.4　磁偶极子的辐射

7.4.1　磁偶极子的电磁场

1. 场量表达式

如图 7.11 所示，无限大真空中半径为 a 的载流圆环 C 位于直角坐标系的 xOy 平面，圆环的圆心和坐标原点 O 重合。设圆环 C 中的电流随时间 t 按正弦变化 $i(t)=\sqrt{2}I\cos(\omega t+\theta_0)$，它的相量形式是 $\dot{I}=I\mathrm{e}^{\mathrm{j}\theta_0}$。设电流 $\dot{I}$ 的参考方向与 z 轴正向成右手螺旋关系，电流 $\dot{I}$ 和初相角 θ_0 都是与位置无关的常量，圆环半径 a 远小于波长 λ。

图 7.11 中的载流圆环就是一个磁偶极子，圆环上点 $\boldsymbol{r}'$ 处电流元是 $\dot{I}\mathrm{d}\boldsymbol{r}'$。于是，由

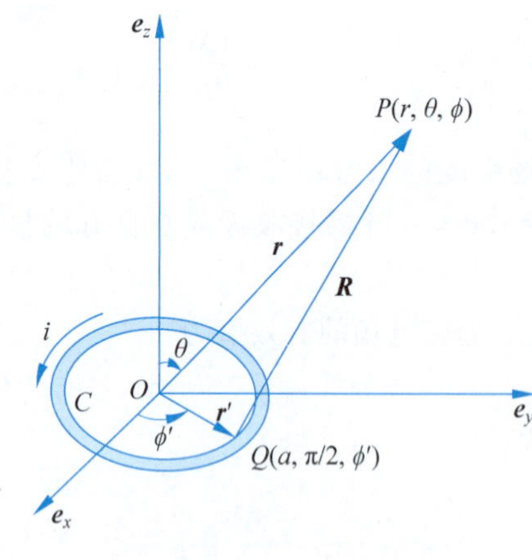

图 7.11 磁偶极子

式(7.41)可写出磁偶极子产生的磁矢位：

$$\dot{\boldsymbol{A}}(\boldsymbol{r})=\frac{\mu_0\dot{I}}{4\pi}\oint_C\frac{\mathrm{e}^{-\mathrm{j}kR}}{R}\mathrm{d}\boldsymbol{r}' \tag{7.69}$$

式中，$R=|\boldsymbol{r}-\boldsymbol{r}'|$，$\boldsymbol{r}$ 是空间场点 P 的位置矢量，$\boldsymbol{r}'$ 是圆环 C 上源点 Q 的位置矢量。式(7.69)的右端积分难以得到解析式，下面求它的近似式。

在 $r'=a\ll r$ 的条件下，将被积函数 $\mathrm{e}^{-\mathrm{j}kR}/R$ 在点 $\boldsymbol{r}'=\boldsymbol{0}$ 处展开成泰勒级数(附录 A)，取级数前 3 项代入式(7.69)，得

$$\dot{\boldsymbol{A}}=\frac{\mu_0\dot{I}}{4\pi r}\mathrm{e}^{-\mathrm{j}kr}\oint_C\left[1+\frac{\boldsymbol{r}'\cdot\boldsymbol{r}}{r^2}(1+\mathrm{j}kr)-\frac{(kr')^2}{6}\right]\mathrm{d}\boldsymbol{r}' \tag{7.70}$$

由直角坐标系与球坐标系之间的变换公式(附录 A)，可知

$$\boldsymbol{r}=x\boldsymbol{e}_x+y\boldsymbol{e}_y+z\boldsymbol{e}_z=r(\boldsymbol{e}_x\sin\theta\cos\phi+\boldsymbol{e}_y\sin\theta\sin\phi+\boldsymbol{e}_z\cos\theta)$$

$$\boldsymbol{r}'=x'\boldsymbol{e}_x+y'\boldsymbol{e}_y=a(\boldsymbol{e}_x\cos\phi'+\boldsymbol{e}_y\sin\phi')$$

$$\boldsymbol{r}'\cdot\boldsymbol{r}=ar\sin\theta\cos(\phi-\phi')$$

$$\mathrm{d}\boldsymbol{r}'=a(-\boldsymbol{e}_x\sin\phi'+\boldsymbol{e}_y\cos\phi')\mathrm{d}\phi'$$

代入式(7.70)，得

$$\dot{\boldsymbol{A}}=\frac{\mu_0\dot{I}}{4\pi r}\mathrm{e}^{-\mathrm{j}kr}\oint_C\left[1+\frac{a}{r}(1+\mathrm{j}kr)\sin\theta\cos(\phi-\phi')-\frac{(ka)^2}{6}\right]\mathrm{d}\boldsymbol{r}' \tag{7.71}$$

再利用积分

$$\oint_C\mathrm{d}\boldsymbol{r}'=a\int_{-\pi}^{\pi}(-\boldsymbol{e}_x\sin\phi'+\boldsymbol{e}_y\cos\phi')\mathrm{d}\phi'=\boldsymbol{0}$$

$$\int_{-\pi}^{\pi}\sin^2\phi'\mathrm{d}\phi'=\int_{-\pi}^{\pi}\cos^2\phi'\mathrm{d}\phi'=\pi$$

$$\begin{aligned}\oint_C\cos(\phi-\phi')\mathrm{d}\boldsymbol{r}'&=a\int_{-\pi}^{\pi}(\cos\phi\cos\phi'+\sin\phi\sin\phi')(-\boldsymbol{e}_x\sin\phi'+\boldsymbol{e}_y\cos\phi')\mathrm{d}\phi'\\&=a\left(-\boldsymbol{e}_x\sin\phi\int_{-\pi}^{\pi}\sin^2\phi'\mathrm{d}\phi'+\boldsymbol{e}_y\cos\phi\int_{-\pi}^{\pi}\cos^2\phi'\mathrm{d}\phi'\right)\\&=\pi a(-\boldsymbol{e}_x\sin\phi+\boldsymbol{e}_y\cos\phi)=\pi a\boldsymbol{e}_\phi\end{aligned}$$

式(7.71)变形为

$$\dot{\boldsymbol{A}}=\dot{A}_\phi\boldsymbol{e}_\phi=\frac{\mu_0\dot{I}S_0\mathrm{e}^{-\mathrm{j}kr}}{4\pi r^2}(1+\mathrm{j}kr)\sin\theta\boldsymbol{e}_\phi \tag{7.72}$$

式中，$S_0=\pi a^2$，是圆环的面积，$\boldsymbol{e}_\phi$ 是场点的周向单位矢量。

由式(7.72)可见，在球坐标系 $Or\theta\phi$ 中，磁偶极子产生的磁矢位仅有周向分量 $\dot{A}_\phi$，且 $\dot{A}_\phi$ 与 ϕ 无关，从而

$$\nabla\cdot\dot{\boldsymbol{A}}=\nabla\cdot(\dot{A}_\phi\boldsymbol{e}_\phi)=\frac{1}{r\sin\theta}\frac{\partial\dot{A}_\phi}{\partial\phi}=0$$

$$\dot{\boldsymbol{E}}=-\mathrm{j}\omega\left[\dot{\boldsymbol{A}}+\frac{1}{k^2}\nabla(\nabla\cdot\dot{\boldsymbol{A}})\right]=-\mathrm{j}\omega\dot{\boldsymbol{A}}=-\mathrm{j}\omega\dot{A}_\phi\boldsymbol{e}_\phi$$

$$\dot{\boldsymbol{H}}=\frac{\nabla\times\dot{\boldsymbol{A}}}{\mu_0}=\frac{1}{\mu_0 r}\left[\frac{\boldsymbol{e}_r}{\sin\theta}\frac{\partial}{\partial\theta}(\sin\theta\dot{A}_\phi)-\boldsymbol{e}_\theta\frac{\partial}{\partial r}(r\dot{A}_\phi)\right]$$

于是，得磁偶极子产生的电场强度

$$\dot{\boldsymbol{E}}=\frac{\dot{I}S_0Z_0k^3\mathrm{e}^{-\mathrm{j}kr}}{4\pi}\left[\frac{1}{kr}-\frac{\mathrm{j}}{(kr)^2}\right]\sin\theta\boldsymbol{e}_\phi \tag{7.73}$$

和磁场强度

$$\dot{\boldsymbol{H}}=\frac{\dot{I}S_0k^3\mathrm{e}^{-\mathrm{j}kr}}{4\pi}\left\{\left[\frac{\mathrm{j}}{(kr)^2}+\frac{1}{(kr)^3}\right]2\cos\theta\boldsymbol{e}_r-\left[\frac{1}{kr}-\frac{\mathrm{j}}{(kr)^2}-\frac{1}{(kr)^3}\right]\sin\theta\boldsymbol{e}_\theta\right\} \tag{7.74}$$

以上两式就是磁偶极子在 $r\gg a$（a 是线圈半径）处产生的电磁场。

2. 复功率

由 $k=\frac{2\pi}{\lambda}=\frac{2\pi}{cT}$，得磁偶极子穿出半径为 r 的球面 A 向外传输的复功率：

$$\tilde{S}=\oint_A(\dot{\boldsymbol{E}}\times\dot{\boldsymbol{H}}^*)\cdot\mathrm{d}\boldsymbol{A}\approx 320\left(\frac{\pi}{c}\right)^4\frac{m^2}{T^4}\left[1+\frac{\mathrm{j}}{(kr)^3}\right] \tag{7.75}$$

式中，$m=IS_0$ 是磁偶极矩的有效值，T 是电磁波的周期。与电路理论中复功率表达式 $\dot{U}\dot{I}^*=P+\mathrm{j}Q$ 对比可见：$\tilde{S}$ 的实部为正，并与半径 r 无关，说明磁偶极子向外输送恒定的有功功率；$\tilde{S}$ 的虚部为正，且大小与 $(kr)^3$ 成反比，说明磁偶极子相当于电感器，磁偶极子附近磁场能量占优。

3. 场区的划分

观察式(7.73)和式(7.74)可见，磁偶极子的电磁场随着 kr 由小到大呈现不同的变化规律。磁偶极子的电磁场在 3 个场区的变化特点如下。

近区：$kr<0.1$，场点在磁偶极子附近，场量表达式中起支配作用的是含 $1/(kr)^3$ 的项，磁场能量占优。这个区域的电磁场是似稳场。

远区：$kr>10$，场点远离磁偶极子，场量表达式中起支配作用的是含 $1/(kr)$ 的项。这个区域的电磁场是辐射场。

中间区：$0.1\leqslant kr\leqslant 10$，场点位于近区和远区之间，场量表达式中含 $1/(kr)^3$、$1/(kr)^2$ 和 $1/(kr)$ 的项共同对场量作贡献。这个区域的电磁场是似稳场、感应场和辐射场的混合场。

7.4.2　磁偶极子的远区电磁场

在磁偶极子远区，$kr\gg 1$，电磁场为辐射场，利用 $k=2\pi/\lambda$ 和 $Z_0=\sqrt{\mu_0/\varepsilon_0}$，分别得远区的电场、磁场和波阻抗：

$$\dot{\boldsymbol{E}}=\dot{E}_\phi\boldsymbol{e}_\phi=\frac{\pi\dot{I}S_0Z_0\mathrm{e}^{-\mathrm{j}kr}}{\lambda^2 r}\sin\theta\boldsymbol{e}_\phi \tag{7.76}$$

$$\dot{\boldsymbol{H}}=\dot{H}_\theta\boldsymbol{e}_\theta=-\frac{\pi\dot{I}S_0\mathrm{e}^{-\mathrm{j}kr}}{\lambda^2 r}\sin\theta\boldsymbol{e}_\theta \tag{7.77}$$

$$Z_0=-\frac{\dot{E}_\phi}{\dot{H}_\theta}=\sqrt{\frac{\mu_0}{\varepsilon_0}}=376.7(\Omega) \tag{7.78}$$

三者之间满足关系

$$\dot{\boldsymbol{E}}=Z_0\dot{\boldsymbol{H}}\times\boldsymbol{e}_r \tag{7.79}$$

可见，远区场量与 r 成反比，满足 $\dot{\boldsymbol{E}}\perp\dot{\boldsymbol{H}}$ 和 $E_\phi=z_0H_\theta(z_0=|Z_0|)$，电磁波为非均匀球面波。在此基础上，复坡印亭矢量为

$$\boldsymbol{S}_{\text{cpv}}=\dot{\boldsymbol{E}}\times\dot{\boldsymbol{H}}^*=Z_0\left(\frac{\pi IS_0\sin\theta}{\lambda^2 r}\right)^2\boldsymbol{e}_r \tag{7.80}$$

从而，平均能流密度(单位面积上辐射的有功功率)为

$$\boldsymbol{S}_{\text{av}}=\text{Re}(\boldsymbol{S}_{\text{cpv}})=z_0\left(\frac{\pi IS_0\sin\theta}{\lambda^2 r}\right)^2\boldsymbol{e}_r \tag{7.81}$$

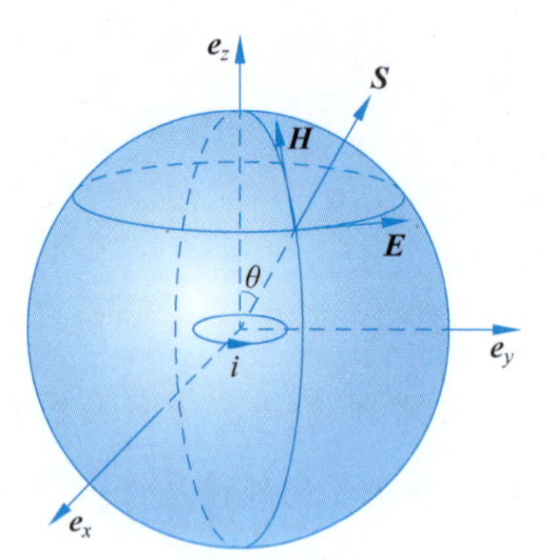

图 7.12 磁偶极子远区的电磁场

这说明磁偶极子远区的电磁波是横波，电场、磁场、波的传播方向互相垂直，方向如图 7.12 所示。

由式(7.81)可求出磁偶极子在远区通过任意球面 A：$r=C$(常量)的辐射功率

$$P_{\text{rd}}=\oint_A\boldsymbol{S}_{\text{av}}\cdot\text{d}\boldsymbol{A}=\int_0^\pi\text{d}\theta\int_0^{2\pi}\boldsymbol{S}_{\text{av}}\cdot\boldsymbol{e}_r r^2\sin\theta\text{d}\phi$$

$$=\frac{8\pi^5 z_0}{3}\left(\frac{a}{\lambda}\right)^4 I^2 \tag{7.82}$$

此式也可以用磁偶极矩 $m=\pi a^2 I$ 和角频率 ω 来表示：

$$P_{\text{rd}}=\frac{\mu_0}{6\pi c^3}m^2\omega^4 \tag{7.83}$$

式中，c 是真空中的光速。这说明，当磁偶极矩 m 一定(场源为电流源)时，$P_{\text{rd}}\propto\omega^4$。

例 7.7 当太阳与地球处在平均距离时，在地球的大气上界，单位时间到达与太阳辐射光垂直的单位面积上的太阳辐射能称为太阳常量。目前利用人造卫星测量的太阳常量是 1368 W/m^2。试计算大气上界太阳辐射的电场强度和磁场强度的最大值。

解 太阳常量等于大气上界坡印亭矢量在一周期内的平均值。设大气层上界电场强度的有效值是 E，把太阳看作位于图 7.11 原点的磁偶极子(也可看作电偶极子)，利用式(7.76)和式(7.77)可得

$$|\boldsymbol{S}_{\text{cpv}}|=|\dot{\boldsymbol{E}}\times\dot{\boldsymbol{H}}^*|=|\dot{E}_\phi\dot{H}_\theta^*|=\frac{E^2}{z_0}$$

而由式(7.80)和式(7.81)可知 $|\boldsymbol{S}_{\text{cpv}}|=|\boldsymbol{S}_{\text{av}}|$，所以电场最大值和磁场最大值分别为

$$E_{\text{m}}=\sqrt{2}E=\sqrt{2z_0|\boldsymbol{S}_{\text{av}}|}=\sqrt{2\times376.7\times1368}=1015(\text{V/m})$$

$$H_{\text{m}}=\frac{E_{\text{m}}}{z_0}=2.7(\text{A/m})$$

解毕。

7.4.3 磁偶极子的辐射特性

由磁偶极子的远区电场强度式(7.76)，可得归一化方向函数

$$f(\theta,\phi)=\frac{F(\theta,\phi)}{\max\limits_{\theta,\phi}[F(\theta,\phi)]}=|\sin\theta| \tag{7.84}$$

这说明磁偶极子的归一化方向函数与电偶极子的归一化方向函数相同，因此二者的方向图也相同，如图 7.9 所示。

根据方向系数的定义式，由式(7.81)和式(7.82)可知磁偶极子的方向系数：

$$D=\frac{\max\limits_{\theta,\phi}[S_{\mathrm{av}}(r,\theta,\phi)]}{S_{\mathrm{av0}}}=\frac{4\pi z_0 r^2}{P_{\mathrm{rd}}}\left(\frac{\pi IS_0}{\lambda^2 r}\right)^2=1.5 \tag{7.85}$$

在辐射能力方面，由式(7.82)可得磁偶极子的辐射电阻：

$$R_{\mathrm{rd}}=\frac{P_{\mathrm{rd}}}{I^2}=\frac{8\pi^5 z_0}{3}\left(\frac{a}{\lambda}\right)^4\approx 320\pi^6\left(\frac{a}{\lambda}\right)^4 \tag{7.86}$$

这说明，磁偶极子的辐射电阻与比值$(a/\lambda)^4$成正比，而电偶极子的辐射电阻与比值$(l/\lambda)^2$成正比，它们分别满足$a\ll\lambda$和$l\ll\lambda$，所以磁偶极子的辐射能力远比电偶极子的辐射能力弱。产生这种状况的原因是载流圆环的同一直径上相对两段电流元的电流大小相等，方向相反，它们在远处产生的场量具有抵消作用。

载流圆环是一种实用天线。对任意形状的载流回路，如果回路的周长远小于波长λ，则该天线的辐射特性与载流圆环的辐射特性近似相同。

例 7.8　设长为 1 m 的导线通有频率为 10 MHz 的正弦电流，试分别计算单根直导线和绕成单匝圆环两种情况的辐射电阻。

解　由于载流导线辐射电磁波的波长为

$$\lambda=\frac{c}{f}=\frac{3\times10^8}{10\times10^6}=30(\mathrm{m})$$

即$\lambda\gg l=1$ m，即波长远大于直导线长度，所以可分别将单根直导线看成电偶极子、将单匝圆环看成磁偶极子。于是：①由式(7.68)，单根直导线的辐射电阻为

$$R_{\mathrm{rd}}=789\left(\frac{l}{\lambda}\right)^2=0.878(\Omega)$$

② 由式(7.86)和圆环半径$a=l/(2\pi)$可知，单匝圆环的辐射电阻为

$$R_{\mathrm{rd}}=320\pi^6\left(\frac{l}{2\pi\lambda}\right)^4=20\pi^2\left(\frac{l}{\lambda}\right)^4=0.244\times10^{-3}(\Omega)$$

对比以上两种情形可见，磁偶极子的辐射能力远小于电偶极子的辐射能力。解毕。

*7.5　对称细直天线的辐射

7.5.1　天线中的电流

在半径远小于长度的细直圆柱导线中间断开一个小间隙，由此输入振荡电流，这样的天线是对称细直天线。在各种各样的天线中，对称细直天线是最简单的一种。

天线上电流在天线周围产生电磁场，这个电磁场反过来又影响天线上电流的分布，所以为了准确得到天线上电流的分布，需要求解天线上电流密度满足的定解问题。历史上，一些研究者以不同的模型计算、测量过正弦激励的天线中电流的分布问题，结果表明，当细直天线的直径远小于其长度时，天线上电流接近正弦驻波分布，此时确定天线中电流就不必求解定解问题，可以直接用正弦驻波来近似表示电流分布。

如图 7.13 所示，细直天线放在球坐标系$Or\theta\phi$的z轴上，导线中点和原点O重合。设细直天线的长为l，它的中点有一小间隙，电流由此输入给天线。设天线上电流密度只有z轴分量，天线上任意点z'处电流随时间t按正弦变化，角频率为ω；电流大小沿z轴关于原点对称分布。由于天线两端$z'=\pm l/2$处传导电流为零，所以可认为细直天线上电流近似为正弦驻

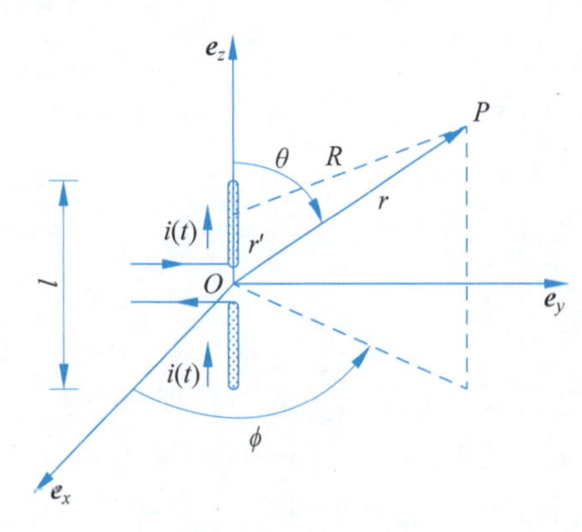

图 7.13 对称细直天线

波形式：

$$i(z',t)=\sqrt{2}I_0\sin\left(\frac{kl}{2}-k\mid z'\mid\right)\cos(\omega t+\theta_0) \tag{7.87}$$

式中，$k=2\pi/\lambda$。此式可这样解释：从天线中点间隙输送到天线上的电流是入射行波，当该行波传播到天线两端时，在端面近似发生全反射，产生反射行波，入射行波与反射行波叠加，就形成了电流驻波。设 $\dot{I}_0=I_0e^{j\theta_0}$，式(7.87)对应的电流相量为

$$\dot{I}(z')=\dot{I}_0\sin\left(\frac{kl}{2}-k\mid z'\mid\right) \tag{7.88}$$

7.5.2 远区电磁场

以下只研究辐射场。因 $r'=z'$，场点离天线很远，也就是场点矢径 $r\gg l>|z'|$，从而

$$R=(r^2-2rz'\cos\theta+z'^2)^{1/2}\approx r-z'\cos\theta,\quad \frac{1}{R}\approx\frac{1}{r}$$

这样，场点 P 的磁矢位为

$$\dot{\boldsymbol{A}}=\frac{\mu_0}{4\pi}\int_{-l/2}^{l/2}\frac{\dot{I}(z')e^{-jkR}}{R}dz'\boldsymbol{e}_z$$

$$\approx\frac{\mu_0\dot{I}_0e^{-jkr}}{4\pi r}\int_{-l/2}^{l/2}\sin\left(\frac{kl}{2}-k\mid z'\mid\right)e^{jkz'\cos\theta}dz'\boldsymbol{e}_z$$

式中，被积函数的虚部是积分变量 z' 的奇函数，而奇函数在对称区间上的积分为零，所以

$$\dot{\boldsymbol{A}}=\frac{\mu_0\dot{I}_0e^{-jkr}}{2\pi r}\int_0^{l/2}\sin\left(\frac{kl}{2}-kz'\right)\cos(kz'\cos\theta)dz'\boldsymbol{e}_z$$

$$=\frac{\mu_0\dot{I}_0e^{-jkr}}{2\pi kr\sin^2\theta}\left(\cos\frac{kl\cos\theta}{2}-\cos\frac{kl}{2}\right)\boldsymbol{e}_z \tag{7.89}$$

令 m 等于天线长 l 与波长 λ 之比，即 $m=l/\lambda$，则 $kl=2\pi l/\lambda=2\pi m$；再令函数

$$U_m(\theta)=\frac{\cos(\pi m\cos\theta)-\cos(\pi m)}{\sin\theta} \tag{7.90}$$

这样，式(7.89)可写成

$$\dot{\boldsymbol{A}}=\frac{\mu_0\dot{I}_0e^{-jkr}}{2\pi kr}\frac{U_m(\theta)}{\sin\theta}\boldsymbol{e}_z \tag{7.91}$$

利用圆柱坐标系与球坐标系之间基本单位矢量变换式 $\boldsymbol{e}_z=\boldsymbol{e}_r\cos\theta-\boldsymbol{e}_\theta\sin\theta$，在球坐标系 $Or\theta\phi$ 下，式(7.91)可表示为

$$\dot{\boldsymbol{A}}=\frac{\mu_0\dot{I}_0e^{-jkr}}{2\pi kr}\left(\frac{1}{\tan\theta}\boldsymbol{e}_r-\boldsymbol{e}_\theta\right)U_m(\theta) \tag{7.92}$$

在场量表达式

$$\dot{\boldsymbol{E}}=-j\omega\left[\dot{\boldsymbol{A}}+\frac{1}{k^2}\nabla(\nabla\cdot\dot{\boldsymbol{A}})\right]$$

和

$$\dot{\boldsymbol{H}}=\frac{1}{\mu_0}\nabla\times\dot{\boldsymbol{A}}$$

中仅保留含 $1/r$ 的项，分别得到远区的电场、磁场、复坡印亭矢量以及波阻抗：

$$\dot{\boldsymbol{E}}=\frac{\mathrm{j}\dot{I}_0 Z_0 \mathrm{e}^{-\mathrm{j}kr}}{2\pi r}U_m(\theta)\boldsymbol{e}_\theta \tag{7.93}$$

$$\dot{\boldsymbol{H}}=\frac{\mathrm{j}\dot{I}_0 \mathrm{e}^{-\mathrm{j}kr}}{2\pi r}U_m(\theta)\boldsymbol{e}_\phi \tag{7.94}$$

$$\boldsymbol{S}_{\mathrm{cpv}}=\dot{\boldsymbol{E}}\times\dot{\boldsymbol{H}}^*=Z_0\left(\frac{I_0}{2\pi r}\right)^2 U_m^2(\theta)\boldsymbol{e}_r \tag{7.95}$$

$$Z_0=\frac{\dot{E}_\theta}{\dot{H}_\phi}=\frac{\dot{\boldsymbol{E}}\cdot\boldsymbol{e}_\theta}{\dot{\boldsymbol{H}}\cdot\boldsymbol{e}_\phi}=\sqrt{\frac{\mu_0}{\varepsilon_0}}\approx 376.7(\Omega) \tag{7.96}$$

对称细直天线在远区产生的电磁波如图 7.14 所示。

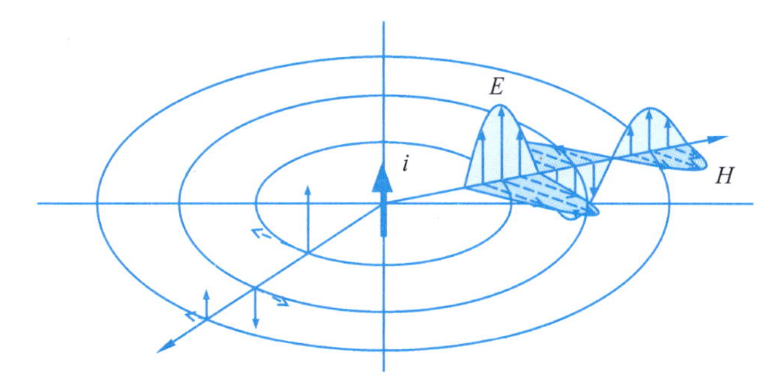

图 7.14　对称细直天线在远区产生的电磁波

7.5.3　辐射特性

1. 方向函数

根据方向函数的定义式[见式(7.60)]，得对称细直天线的方向函数

$$F(\theta,\phi)=\frac{rE(r,\theta,\phi)}{60I_0}=|U_m(\theta)| \tag{7.97}$$

m 取值为 0.5、1、1.5、2 时，对称细直天线上的电流分布和对应的方向图分别如图 7.15 和图 7.16 所示。

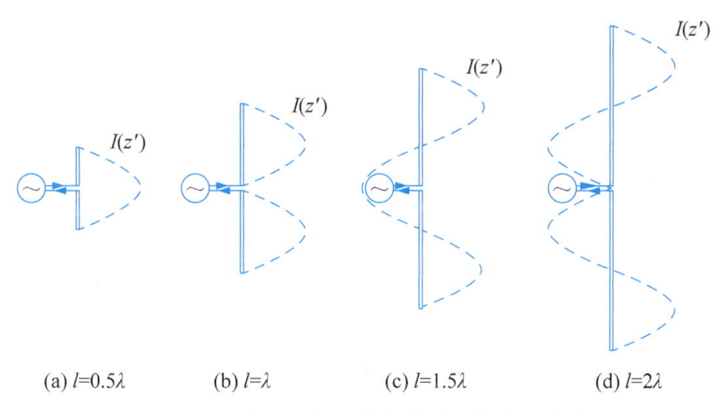

图 7.15　对称细直天线上某时刻的电流分布

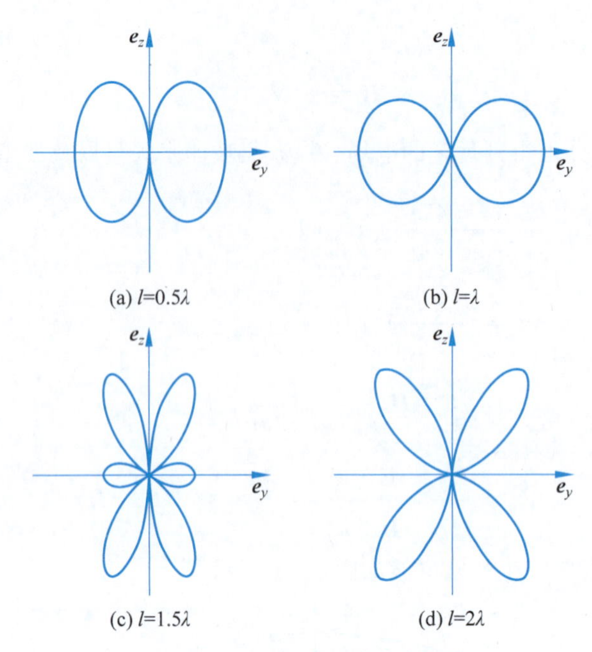

图 7.16 对称细直天线的方向图

2. 传播方向

由式(7.93)可得电场强度分量的瞬时式

$$E_\theta(r,\theta,\phi,t)=-\frac{I_0 z_0}{\sqrt{2}\pi r}U_m(\theta)\sin(\omega t-kr+\theta_0)$$

进一步求梯度,保留分母中含 r 的项,得

$$\nabla E_\theta(r,\theta,\phi,t)=\frac{I_0 z_0 k}{\sqrt{2}\pi r}U_m(\theta)\cos(\omega t-kr+\theta_0)\boldsymbol{e}_r \tag{7.98}$$

可见波的传播方向为 $\boldsymbol{e}_r$ 方向,即对称细直天线在远区产生的电磁波沿径向传播。

3. 辐射功率和辐射电阻

利用式(7.95),可求出对称细直天线产生的、通过远区球面 A:$r=C$(常量)的辐射功率

$$P_{\text{rd}}=\int_0^{\pi}\mathrm{d}\theta\int_0^{2\pi}\mathrm{Re}(\boldsymbol{S}_{\text{cpv}})\cdot\boldsymbol{e}_r r^2\sin\theta\mathrm{d}\phi=60I_0^2\int_0^{\pi}\sin\theta U_m^2(\theta)\mathrm{d}\theta$$

进一步,利用式(7.90),可得

$$P_{\text{rd}}=I_0^2 R_{\text{rd}}(m) \tag{7.99}$$

式中

$$R_{\text{rd}}(m)=60\int_0^{\pi}\frac{[\cos(\pi m\cos\theta)-\cos(\pi m)]^2}{\sin\theta}\mathrm{d}\theta \tag{7.100}$$

是对称细直天线的辐射电阻,$m=l/\lambda$。数学推导表明,式(7.100)的右端积分无法用初等函数的有限形式所表示,只能用正弦积分和余弦积分来表达,需要通过数值积分才能计算。用正弦积分和余弦积分表示对称细直天线的辐射电阻的推导见左侧二维码。函数 $R_{\text{rd}}(m)$的变化曲线如图 7.17 所示。几组典型的辐射电阻(精确到 4 位有效数字)分别为

参考资料

$$m=0.5,\quad R_{\text{rd}}=73.13\ \Omega$$

$$m=0.9,\quad R_{\text{rd}}=212.7\ \Omega$$

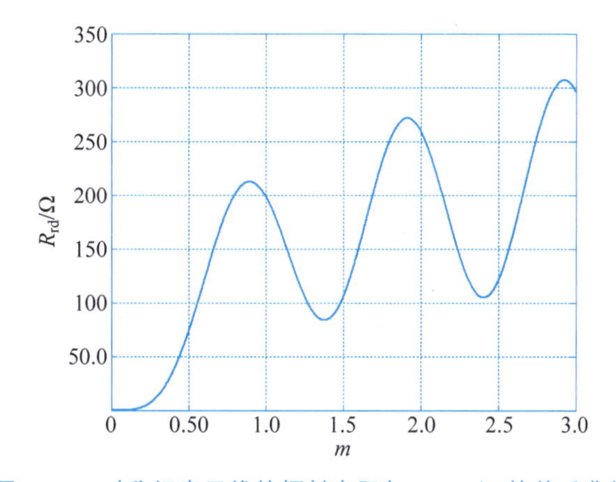

图 7.17 对称细直天线的辐射电阻与 $m=l/\lambda$ 的关系曲线

$$m=1.0,\quad R_{rd}=199.1\ \Omega$$

$$m=1.4,\quad R_{rd}=84.73\ \Omega$$

$$m=1.9,\quad R_{rd}=271.4\ \Omega$$

$$m=2.4,\quad R_{rd}=105.0\ \Omega$$

$$m=2.9,\quad R_{rd}=305.9\ \Omega$$

观察图 7.17 可见：①当天线长度小于 0.9 倍波长时，辐射电阻随着天线长度的增加而迅速增加，这是由于天线上电流都朝同一方向[见图 7.15(a)～(b)]，电场在远区大体同方向，场量增强。②当天线长度大于 0.9 倍波长时，辐射电阻并没有随着天线长度的增加而单调增加，这是由于天线上同时存在方向相反的电流[见图 7.15(c)～(d)]，电场在远区具有抵消作用。③当天线长度约为波长的 $n+0.9(n=0,1,2,\cdots)$ 倍时，辐射电阻达到极大值。由于天线长度约从 0.3 倍波长增加到 0.9 倍波长时，辐射电阻单调增加最快，所以从辐射的角度看，天线长度在这个范围取值很有效。

说明 本节研究的是对称细直天线上电流驻波的辐射，通过对导线端部的适当加载，反射波可以被部分或全部消除，天线上的电流成为行波。例如，高压传输线中的电流就是行波。理论分析表明，在相同波长和相同天线情况下，行波的辐射电阻大于驻波的辐射电阻(Stratton，1941)[445]。

例 7.9 某广播电台的发射天线是位于大地上方且垂直于大地的 1/4 波长细直天线(大地看作理想导体)。为了在 15 km 范围内接收到的电场强度不小于 25 mV/m，试计算天线辐射的最小功率。

解 如图 7.18(a)所示，长为 $\lambda/4$ 的细直天线垂直于半无限理想导体表面，由于导线中的传导电流是由电荷运动形成的，所以利用 2.7.2 节中镜像法，可将半无限理想导体撤去，换成半无限大真空，再在天线的镜像位置放置镜像天线，如图 7.18(b)所示，就能够求解。

镜像电流的方向这样确定：设时刻 t 天线上电流 $i(t)$ 的参考方向是垂直地面指向上空，根据 3.2 节，此时天线的上端面分布正电荷，下端面分布负电荷。而正电荷的镜像电荷是负电荷，它位于天线的上端面对应的镜像位置；负电荷的镜像电荷是正电荷，它位于天线的下端面对应的镜像位置。为了在镜像天线的两个端面上产生这样的电荷分布，镜像电流的方向必然是由镜像负电荷指向镜像正电荷，如图 7.18(b)所示，这与图 7.13 所示的对称细直天线上的电流分布完全相同。

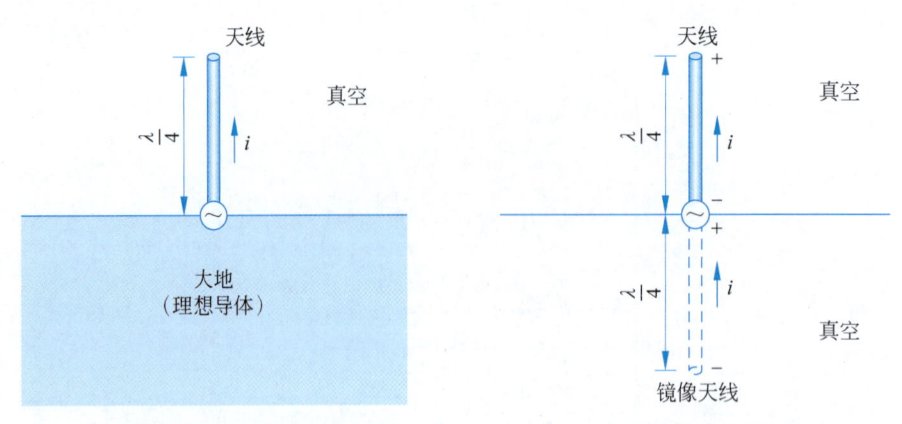

图 7.18 大地上方 1/4 波长竖直细直天线及镜像天线

根据以上分析，图 7.18(b)中天线长度 $l=2\times(\lambda/4)=\lambda/2$，比值 $m=l/\lambda=0.5$，从而由式(7.90)知 $U_{0.5}(\pi/2)=1$。利用式(7.93)，可知电场强度有效值应满足

$$E\left(r,\frac{\pi}{2},\phi\right)=\frac{I_0 z_0}{2\pi r}U_{0.5}\left(\frac{\pi}{2}\right)=\frac{I_0 z_0}{2\pi r}\geqslant\frac{E_m}{\sqrt{2}}$$

于是

$$I_0\geqslant\frac{\sqrt{2}\,\pi r E_m}{z_0}$$

代入 $E_m=25\ \mathrm{mV/m}$ 和 $r=15\ \mathrm{km}$，得电流有效值 $I_0\geqslant 4.423\ \mathrm{A}$。

如图 7.19 所示，天线的辐射区域是地面以上半空间，地面以下半空间并不耗能，所以天线辐射的最小功率应是式(7.99)的值的一半：

$$P_{rd}=\frac{1}{2}I_0^2R_{rd}(0.5)=\frac{1}{2}\times 4.423^2\times 73.13=715(\mathrm{W})$$

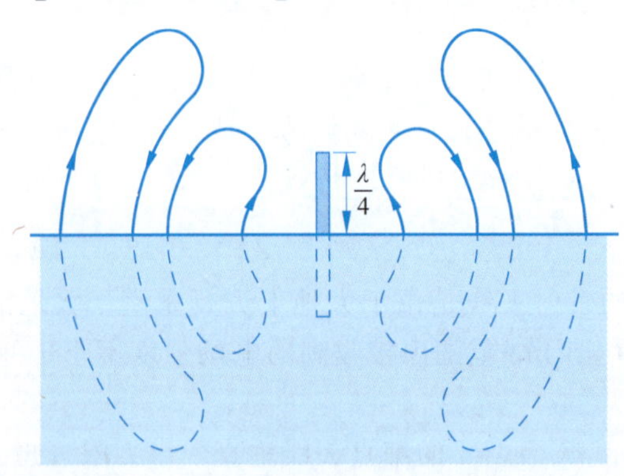

图 7.19 大地上方竖直细直天线的电场线

式中，$R_{rd}(0.5)=73.13\ \Omega$，是半波天线的辐射电阻，前已给出。解毕。

小 结

1. 电磁辐射的特性

能够辐射电磁波的场必然是时变场，但并非所有的时变场一定辐射电磁波。在无限大三维空间中，辐射场的场量与距离成反比。如果载流导体能连续稳定地辐射电磁波，电流的大小必然随时间上下波动。

2. 电磁位的约束方程

无限大真空中，当采用洛伦茨规范时，电标位和磁矢位分别满足标量波动方程和矢量波动方程

$$\nabla^2\varphi-\frac{1}{c^2}\frac{\partial^2\varphi}{\partial t^2}=-\frac{\rho_v}{\varepsilon_0}\quad 和\quad \nabla^2\boldsymbol{A}-\frac{1}{c^2}\frac{\partial^2\boldsymbol{A}}{\partial t^2}=-\mu_0\boldsymbol{J}$$

3. 推迟位

在洛伦茨规范下，无限大真空中时变场源产生的电标位和磁矢位分别为

$$\varphi(\boldsymbol{r},t)=\frac{1}{4\pi\varepsilon_0}\int_{R\leqslant ct}\frac{1}{R}\rho_v\left(\boldsymbol{r}',t-\frac{R}{c}\right)\mathrm{d}V(\boldsymbol{r}')$$

$$\boldsymbol{A}(\boldsymbol{r},t)=\frac{\mu_0}{4\pi}\int_{R\leqslant ct}\frac{1}{R}\boldsymbol{J}\left(\boldsymbol{r}',t-\frac{R}{c}\right)\mathrm{d}V(\boldsymbol{r}')$$

积分是在以场点 P 为球心、ct 为半径的球 T_{ct}^{P} 中进行的，推迟时间 R/c 是由电磁波的传播速度有限引起的。时谐场中的电标位和磁矢位分别为

$$\dot{\varphi}(\boldsymbol{r})=\frac{1}{4\pi\varepsilon_0}\int_V\frac{\mathrm{e}^{-\mathrm{j}kR}}{R}\dot{\rho}_v(\boldsymbol{r}')\mathrm{d}V(\boldsymbol{r}')$$

$$\dot{\boldsymbol{A}}(\boldsymbol{r})=\frac{\mu_0}{4\pi}\int_V\frac{\mathrm{e}^{-\mathrm{j}kR}}{R}\dot{\boldsymbol{J}}(\boldsymbol{r}')\mathrm{d}V(\boldsymbol{r}')$$

积分区域 V 为场源区域。

4. 电偶极子的辐射场

(1) 辐射场的电场强度、磁场强度和复坡印亭矢量分别为

$$\dot{\boldsymbol{E}}=Z_0\dot{H}\boldsymbol{e}_\theta,\quad \dot{\boldsymbol{H}}=\dot{H}\boldsymbol{e}_\phi,\quad \boldsymbol{S}_{\mathrm{cpv}}=Z_0H^2\boldsymbol{e}_r$$

式中，$\dot{H}=\dfrac{\mathrm{j}\dot{I}l\mathrm{e}^{-\mathrm{j}kr}}{2\lambda r}\sin\theta$。

(2) 天线的辐射特性可用多个参数来描述。电偶极子的归一化方向函数为 $f(\theta,\phi)=|\sin\theta|$，方向图好像无孔的手镯，方向系数 $D=1.5$，辐射电阻 $R_{\mathrm{rd}}=789(l/\lambda)^2$。

5. 磁偶极子的辐射场

(1) 辐射场的电场强度、磁场强度和复坡印亭矢量分别为

$$\dot{\boldsymbol{E}}=Z_0\dot{H}\boldsymbol{e}_\phi,\quad \dot{\boldsymbol{H}}=\dot{H}(-\boldsymbol{e}_\theta),\quad \boldsymbol{S}_{\mathrm{cpv}}=Z_0H^2\boldsymbol{e}_r$$

式中，$\dot{H}=\dfrac{\pi\dot{I}S_0\mathrm{e}^{-\mathrm{j}kr}}{\lambda^2r}\sin\theta$。

(2) 磁偶极子的归一化方向函数为 $f(\theta,\phi)=|\sin\theta|$，方向图好像无孔的手镯，方向系数 $D=1.5$，辐射电阻 $R_{\mathrm{rd}}=320\pi^6(a/\lambda)^4$。

(3) 磁偶极子的辐射能力远小于电偶极子的辐射能力。

6. 对称细直天线的辐射

(1) 对称细直天线的直径远小于天线长度，天线上电流接近正弦驻波分布。

(2) 辐射场的电场强度、磁场强度和复坡印亭矢量分别为

$$\dot{\boldsymbol{E}}=Z_0\dot{H}\boldsymbol{e}_\theta,\quad \dot{\boldsymbol{H}}=\dot{H}\boldsymbol{e}_\phi,\quad \boldsymbol{S}_{\mathrm{cpv}}=Z_0H^2\boldsymbol{e}_r$$

式中，$\dot{H}=\dfrac{\mathrm{j}\dot{I}_0\mathrm{e}^{-\mathrm{j}kr}}{2\pi r}U_m(\theta)$。

(3) 对称细直天线的辐射电阻为

$$R_{\mathrm{rd}}(m)=60\int_0^{\pi}\frac{[\cos(\pi m\cos\theta)-\cos(\pi m)]^2}{\sin\theta}\mathrm{d}\theta$$

当 $m=0.5$ 时，$R_{\mathrm{rd}}=73.13\ \Omega$；$m=0.9$ 时，$R_{\mathrm{rd}}=212.7\ \Omega$。

7. 要求

(1) 理解电磁辐射的产生条件和辐射特点。

(2) 掌握推迟位的概念。

(3) 掌握电偶极子的电磁场在近区和远区的分布特点。

(4) 了解磁偶极子的辐射特性。

(5) 了解对称细直天线的辐射特性。

附注 7A 赫兹实验

麦克斯韦虽然预言了电磁波，但他并没有利用电流振荡来实现电磁波的发射。通过实验验证电磁波存在的是德国物理学家赫兹。1886 年，赫兹在做放电实验时，发现近旁未闭合的线圈出现了火花，从此直至 1888 年他进行了关于电磁波的多次实验。

赫兹实验的电路原理如图 7.20 所示，它由感应线圈、电磁开关、电源(已充电的莱顿瓶)、相隔微小距离的两个放电小金属球以及与这两个放电小球相连接的金属蓄电球所组成。

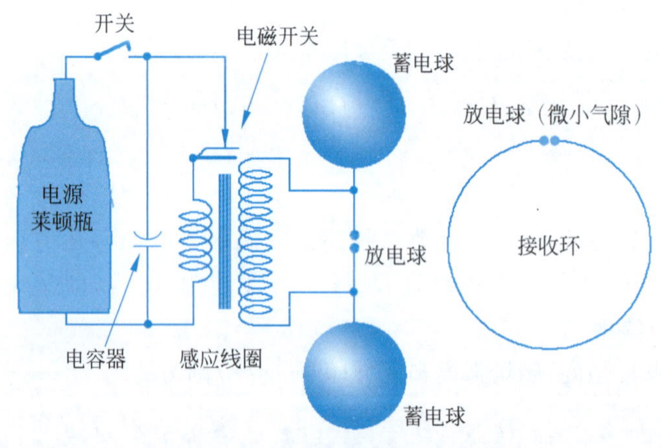

图 7.20 赫兹实验的电路原理

在图 7.20 中，接通电源开关后，感应线圈的初级回路中会产生电流，这个电流将铁芯磁化，磁化后的铁芯吸引其端面上方的弹簧片把初级回路断开，断开瞬间在次级线圈产生高压电动势，这个高压电动势施加在两个大的蓄电球上(两个蓄电球相当于一个电容器)，于是它充电到两个放电小球间产生高压电场，击穿两小球间的气隙产生火花放电，次级回路导通，蓄电球上的电荷从一个蓄电球流向另一个蓄电球；初级回路一断开，该回路中便没有电流，因而铁芯失去磁性，弹簧片返回原位，返回原位后初级回路又构成闭合回路，初级回路中就又有电流产生，这个电流在铁芯中产生磁性，弹簧片再次被铁芯吸住。弹簧片循环往复运动的结果，在放电小球与大蓄电球的连接导线上出现振荡的电流，使次级回路中的两放电金属小球间出现振幅衰减、快速振荡的高压电场，这个变化电场在周围空间产生变化磁场，变化磁场再产生变化电场，形成向外传播的电磁波。

为了验证电磁波的存在，赫兹在上述装置附近放置了一个未闭合金属圆环，圆环的断开处连接有两个小金属球，球间距离微小，这个金属圆环就是电磁波的探测器(接收天线)。在黑暗的教室中，赫兹发现，当与金属蓄电球相连的两个小金属球间有火花产生时，接收环中的两个小球间也产生火花。赫兹正是通过探测器上产生的火花，证实了麦克斯韦所预言的电磁波的存在。后来，赫兹在教室的一面墙壁上钉上高 4 m、宽 2 m 的锌皮，用来反射电磁波以产生驻波(电场驻波的波形见图 7.21)。他把发射源放在离锌板 13 m 的地方，对着锌板发射电磁波，探测器沿着驻波分布的空间移动，测得了驻波的波长，进一步计算得到电磁波的周期。

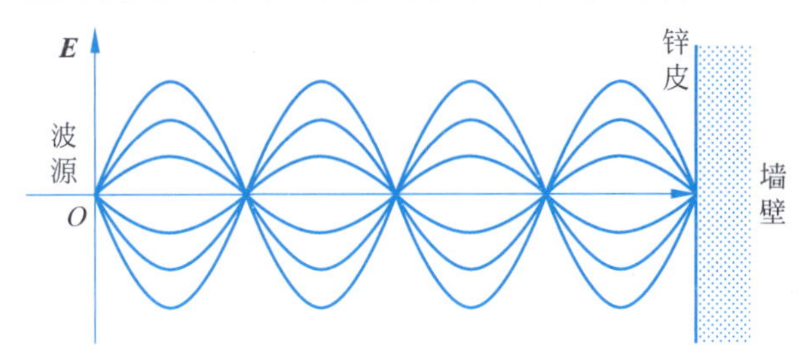

图 7.21　电场驻波的形成

1888 年，赫兹又做了一系列实验，证实了电磁波的反射、折射等性质，验证了电磁波和光波的同一性。

后来的历史证明，赫兹实验成为电气发展史上最经典的实验之一。赫兹实验不仅证实了麦克斯韦电磁场理论的正确性，而且为人类利用电磁波奠定了基础。在赫兹宣布他的发现后不到 3 年，人类便首次实现了无线电远距离传播。此后，1901 年跨越大西洋的无线电报试验成功，1920 年开始无线电广播，1923 年开始短波通信，1931 年开始超短波通信，1935 年雷达研制成功，1939 年开始电视广播，1942 年实现无线电导航，1963 年实现卫星通信，直至今天的无线电遥控、遥测、移动通信等，无线电技术的应用大大促进了人类文明的进程。

赫兹的一生非常短暂，1894 年 1 月 1 日去世时不到 37 岁。今天，他的姓 Hertz(读赫兹)已作为频率单位，被千千万万人所使用，成为后人对他的最好纪念。

拓展视频：赫兹实验的原理见右侧二维码。

动图显示

附注 7B　频率及单位

频率是周期运动经历的完整周期数与所需时间之比。有一种常见说法，“频率是物体每秒振动的次数”，这个说法不妥，因为①频率定义不能与单位“秒”有关，物理量的定义应独立于单位；②“振动”的含义不明确；③去掉定语后是“频率是次数”，语意不当。

对于正弦交流电流的频率，19 世纪末期采用的单位是 Alternations/min，它表示电流在 1 min 时间内方向变化的次数；20 世纪上半叶，频率的单位比较多，有周波、周、周/秒、～/秒(分子位置上是一个波浪号)、赫兹。20 世纪 20 年代初，德国科学家建议把“赫兹”作为频率单位，1933 年 10 月国际电工委员会的一次会议上采用了这个建议。经 1960 年第 11 届国际计量大会通过，统一用“赫兹”作为国际单位制中的频率单位，符号是 Hz。

任何周期现象的频率都可以用赫兹作单位。赫兹数等于“周期数/秒”，1 Hz 是指 1 s 完成 1 个完整周期循环，1000 Hz 是指 1 s 完成 1000 个完整周期循环。

附注 7C 无方向性天线不存在

用反证法可以证明无方向性天线不存在。

假设无限大真空中存在一个有限尺寸的无方向性天线，这意味着在天线的远区存在一个半径为 r 的球面 A，A 上任意点坡印亭矢量 $\boldsymbol{S}$ 的方向为该点法线方向(指向球外)，它的模 S 仅与半径 r 有关，且 $S>0$。由于 $\boldsymbol{S}=\boldsymbol{E}\times\boldsymbol{H}$，说明球面 A 上的法线方向同时垂直于矢量 $\boldsymbol{E}$ 和 $\boldsymbol{H}$，即 $\boldsymbol{E}$ 和 $\boldsymbol{H}$ 均与球面 A 相切。考虑到球面 A 所处区域为真空，所以 $\boldsymbol{E}$ 和 $\boldsymbol{H}$ 必然是球面 A 上的光滑、连续函数。由数学中的毛球定理(hairy ball theorem)，球面上的连续矢量场一定有零点，从而球面 A 上必存在 $\boldsymbol{E}$ 的零点和 $\boldsymbol{H}$ 的零点，在这些点上 $S=|\boldsymbol{E}\times\boldsymbol{H}|=0$，但这与 $S>0$ 矛盾。这表明，无方向性天线不存在。

毛球定理是一种形象直观的称呼，它是拓扑学中庞加莱-霍普夫定理[①]的一个特例。毛球定理指出，在三维空间中的球面上连续又处处不为零的切向矢量场是不存在的。由这个定理，我们可以得到很多有趣的结论，例如，不可能抚平一个毛球(如网球)，地球表面每时每刻必有一处的水平风速为零，台风一定会有一个风眼等。

附注 7D 电磁场与人体的相互作用

在现代社会，移动通信、交通工具、电力系统、广播、电视及各种各样的电气设备在工作中都产生电磁场，尤其是随着家用电器和手机的普及，环境中人工电磁水平急剧上升，因此电磁场与人体的相互作用成为人们关注的问题。

人体是弱磁性导体。电磁场与人体的相互作用有热效应和非热效应[②]。

热效应：人体质量约 60%由水构成，水是人体中含量最多的物质，年龄越小水的百分比越大。每个水分子都可看作一个电偶极子，在交变电磁场中水分子之间相互摩擦，引起机体升温；当升温过高，超过了人体的自身调节能力时，就会对身体组织和器官产生影响。

非热效应：人体的组织和器官都存在稳定、有序、微弱的电磁场，一旦受到外界电磁场的干扰，这种微弱的电磁场即失去平衡，人体的机能可能受到影响。

目前，热效应已被实验完全证实(例如微波加热)，非热效应尚有争议。

习 题

7.1 证明无限大真空中随时间放射状振动的球对称电荷分布只产生电场，不产生磁场，因此不辐射电磁波。提示：球坐标系 $Or\theta\phi$ 中的磁矢位为 $\mathbf{A}=A_r(r,t)\boldsymbol{e}_r$。

7.2 试确认函数 $E_x=F(z-ct)+G(z+ct)$ 满足波动方程 $\dfrac{\partial^2 E_x}{\partial z^2}=\dfrac{1}{c^2}\dfrac{\partial^2 E_x}{\partial t^2}$，这里 F 是入射波，G 是反射波，它们都是关于 z 和 t 的二阶可微函数。

7.3 求长度为 1 m 的细直导线在频率 $f=1$ MHz 的交流电源激励下的辐射电阻。

7.4 无限大真空中，位于球坐标系 $Or\theta\phi$ 原点 O 的天线在辐射区产生的电场为

① 谷超豪，1992. 数学词典[M]. 上海：上海辞书出版社.

② 李宝兴，2013. 物理现象的探索性研究[M]. 杭州：浙江大学出版社. 164.

$$\boldsymbol{E}(\boldsymbol{r},t)=\frac{U\sin\theta}{r}\cos(\omega t-kr)\boldsymbol{e}_\theta$$

其中，$U>0$，$k=2\pi/\lambda$。求天线辐射的有功功率。

7.5　设天线无方向性，试求 1 kW 辐射功率的天线分别在距离 1 km 和 100 km 处的电场强度振幅。

7.6　假设供给白炽灯的电能全部以电磁辐射能的形式辐射出来，且在各个方向上均匀辐射能量，试计算 100 W 的白炽灯在距离 1 m 处产生的电场强度和磁场强度的振幅。

7.7　无限大真空中的电偶极子和磁偶极子共同位于球坐标系 $Or\theta\phi$ 的原点 O，电偶极子中传导电流的方向与 z 轴正向重合，磁偶极子中传导电流的方向与 z 轴正向成右手螺旋关系，两者中的电流相等。如果电偶极子的长度 l 与磁偶极子的面积 S_0 满足关系 $l=kS_0$（$k=2\pi/\lambda$），证明辐射场为圆偏振波。

***7.8**　对称细直天线的长度是 1.5 m，150 MHz 时天线中电流振幅是 0.2 A，辐射电阻是 100 Ω。试求相距天线 5 km 处的电场强度振幅。

***7.9**　设对称细直天线的长度为 l，天线上分布有波长为 λ 的正弦驻波电流，$l\ll\lambda$。验证天线上的电流近似三角形分布，并求出磁矢位 $\boldsymbol{A}$ 的表达式。

***7.10**　两个半波细直天线在空间垂直交叉在一起，这两个天线上输送有振幅相等的正弦驻波电流，如果两电流具有：①同相角，②$\pi/2$ 的相角差，③$\pi/4$ 的相角差。试分别回答以上 3 种情况在以交叉点为球心，以 r 为半径的远区球面 S 上是何种形态的偏振波。

我每看运动会时，常常这样想：优胜者固然可敬，但那虽然落后而仍非跑至终点不止的竞技者，和见了这样竞技者而肃然不笑的看客，乃正是中国将来的脊梁。

鲁迅《华盖集·这个与那个》

第8章　超导电磁场

前面各章叙述了真空、电介质、磁介质、导体中电磁场的基本性质，和边值问题及其求解方法，本章叙述超导体这种介质中电磁场的基本性质、边值问题及其求解方法。

自 1911 年人类发现超导体以后，由于它的一系列异乎寻常的性质和广泛的应用前景，长期以来成为现代科学中的重要研究对象。

超导体有哪些奇异电磁现象？为什么超导电流可以长久流动？如何描述超导体的电磁场？超导体是理想导体吗？如何求解一些典型的超导电磁场问题？这些就是本章重点讨论的几个问题，希望通过讨论，读者对超导电磁场能有一个初步认识。

8.1　超导体的基本电磁现象

8.1.1　温度的认识

温度是一个表征物体冷热程度的物理量。国际单位制中采用热力学温度，用符号 T 表示，单位为开(K)。热力学温度没有负值。人们日常生活中广泛使用的摄氏温度，用符号 t 表示，单位是摄氏度(℃)。摄氏温度 t 与热力学温度 T 之间的换算关系为

$$t = T - T_0 \tag{8.1}$$

式中，$T_0 = 273.15$ K。可见，热力学温度 0 K 等于摄氏温度 -273.15℃，摄氏温度 0℃等于热力学温度 273.15 K。

宇宙中的温度没有上限。太阳的表面温度约 5770 K，太阳内部约 1.5×10^7 K。太阳系中，离太阳越远温度越低，冥王星是离太阳遥远的一颗小行星，在阳光的直射下，表面温度约 50 K，背阳的夜间约 20 K。温度的理论下限为 0 K，到了这个温度，物质中的原子就停止运动，但这不可能，所以人们只能接近 0 K，而不能达到 0 K。

在低温环境下，物质呈现各种各样的奇妙性质。绿色树枝放在液氮中会失去韧性而变脆，把它从液氮中取出后在地面上摔打，树枝就会折断成几截。超导电性就是超导体在低温下的奇异表现。

8.1.2　零电阻性

1908 年 7 月，荷兰莱顿大学教授卡末林·昂内斯将氦气液化成功，从而在 1 个大气压下获得了 4.2 K 的低温。1911 年 4 月，他安排助手用真空泵降低液氦蒸气压的方法降低液氦温度，观察汞样品的电阻变化。汞通称水银，因常温下状似水色如银而得名，它的熔点为 -38.9℃，低于这个温度就成为固体。实验过程中，助手发现当温度 T 降到 4.19 K 时，汞的电阻突然降为零，如图 8.1 所示。他们把这种具有特殊电性质的状态称为超导态，而把具有超导态的物体

称为超导体,电阻突然消失的温度称为超导体的临界温度,记为 T_c。1912 年,卡末林·昂内斯还发现金属锡和铅也有与汞一样的超导转变方式。

为说明超导体处于超导态时电阻为零,卡末林·昂内斯设计了一个巧妙的实验。他用铅导线制成了一个闭合线圈,放在外磁场中,让磁场穿过闭合线圈,然后降低温度,当用铅线绕成的线圈进入超导态后,撤去外磁场,如图 8.2 所示。根据法拉第感应定律,此时闭合线圈中就产生了感应电流 $i(t)$,此后这个感应电流就相当于电阻 R 和电感 L 串联电路的零输入响应,它满足方程

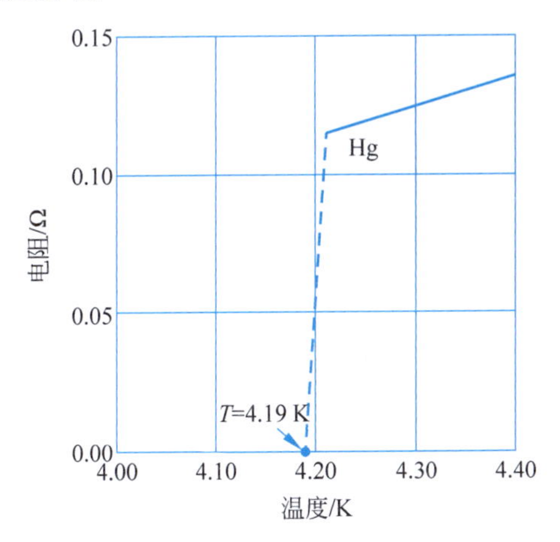

图 8.1 低温下汞的电阻随温度的变化曲线

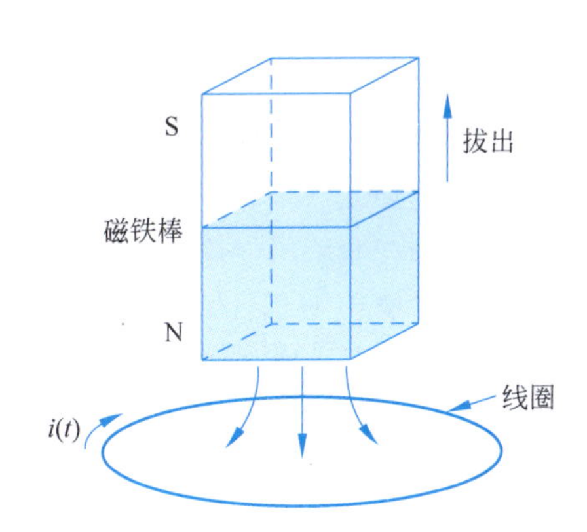

图 8.2 从超导闭合线圈中拔出永磁体

$$L\frac{\mathrm{d}i}{\mathrm{d}t}+Ri=0 \tag{8.2}$$

式中,L 是线圈电感,R 是线圈电阻。方程的解为

$$i(t)=I_0\mathrm{e}^{-\frac{R}{L}t} \tag{8.3}$$

式中,I_0 是撤去外磁场瞬间线圈中产生的感应电流。可见,如果线圈电阻 $R>0$,感应电流就会以指数形式迅速衰减。但实际上,卡末林·昂内斯观察到,在实验所用液氦完全蒸发掉以前的两个多小时内,电流并没有衰减,这个电流的存在可由线圈附近小磁针的偏转得到证明。这个实验表明,超导线圈的电阻 R 接近于零或 $R=0$。现在已经知道,超导体处于超导态时电阻率小于 $10^{-28}\ \Omega\cdot\mathrm{m}$,与 20℃时铜的电阻率 $1.72\times10^{-8}\ \Omega\cdot\mathrm{m}$ 相比,确实可以把超导体在超导态时的电阻当作零。此后,人们又重复了这个实验,确认线圈中感应电流 $i(t)=I_0$ 与时间无关,可以一直无衰减地流动下去。

后来的实验又表明,超导态可以被外加磁场所破坏。对于温度 $T<T_c$ 的超导体,当外磁场的磁场强度 H 超过某一数值 H_c 时超导态会变成正常态(电阻尚未消失前的状态),这个 H_c 称为临界磁场强度。临界磁场强度与温度的近似关系为

$$H_c(T)=H_c(0)\left[1-\left(\frac{T}{T_c}\right)^2\right] \tag{8.4}$$

式中,$H_c(0)$是 $T=0$ K 时超导体的临界磁场强度。H_c 随 T 的变化曲线如图 8.3 所示。

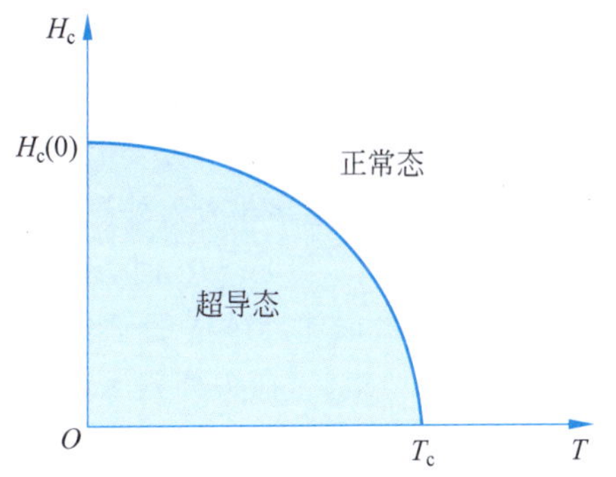

图 8.3 临界磁场强度随温度的变化曲线

除了温度超过临界温度、外加磁场强度超过临界磁场强度都可以破坏超导态之外，实验还发现，当超导体中的电流密度超过某一数值 J_c 时，超导态也会被破坏，这个 J_c 称为临界电流密度。超导体的临界电流密度与温度的近似关系为

$$J_c(T)=J_c(0)\left[1-\left(\frac{T}{T_c}\right)^2\right] \tag{8.5}$$

式中，$J_c(0)$是 $T=0$ K 时超导体的临界电流密度。

8.1.3 完全抗磁性

超导体能否看成电导率为无限大的理想导体？为了回答这个问题，我们先从理论上分析一下理想导体的性质。由欧姆定律的微分形式 $\boldsymbol{J}=\sigma\boldsymbol{E}$ 可知，理想导体意味着电导率 σ 无穷大，理想导体内的电场强度 $\boldsymbol{E}$ 必然为零，于是由法拉第感应定律的微分形式，得 $\partial\boldsymbol{B}/\partial t=-\nabla\times\boldsymbol{E}=\boldsymbol{0}$，即理想导体内磁通密度 $\boldsymbol{B}$ 为与时间 t 无关的常矢量，既不会失去原有的磁通，也不会增加新的磁通。

假若处于超导态的超导体是理想导体，下面借助图 8.4 来分析会发生什么情况。设一实心超导球放入外磁场 H 中，$H<H_c$，当温度 $T>T_c$ 时，超导球为正常态，此时超导球中会有磁场线穿过；接下来，降低温度，使 $T<T_c$，此时超导球处于超导态，前已假定处于超导态的超导体是理想导体，所以根据以上分析，超导球内原来有磁场线穿过，现在仍有磁场线穿过，如图 8.4(a)所示；现在撤去外磁场，由于理想导体内的磁通保持不变，所以外磁场撤去后理想导体内仍保持着撤去外磁场之前的磁场线，如图 8.4(b)所示。也就是说，假如超导体是理想导体，那么把超导体放入外磁场之后降低温度使 $T<T_c$，再撤掉外磁场后超导体内仍然保存有磁场。这个磁场就是历史上所谓的“冻结磁场”。

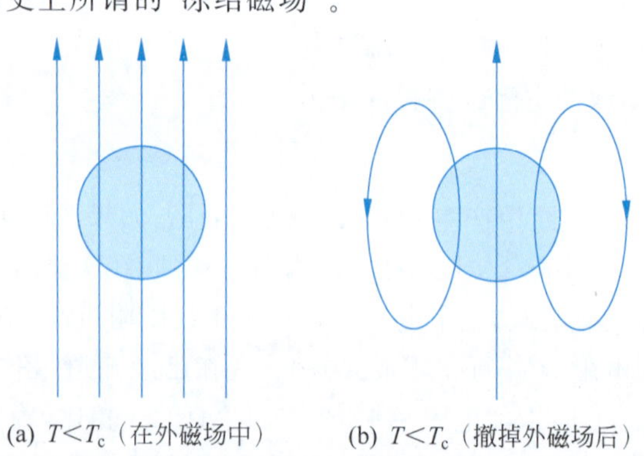

图 8.4 理想导体球内磁通量保持不变

1933 年，德国学者迈斯纳和奥谢菲尔德测量了锡和铅样品的外部磁场分布，结果表明，不论是先降温后加磁场，还是先加磁场后降温，只要样品处于超导态，无论外部是否施加磁场，超导体内总有 $\boldsymbol{B}=\boldsymbol{0}$。此时，由 $\boldsymbol{B}=\mu_0(1+\chi_m)\boldsymbol{H}$ 可知，$\chi_m=-1$，超导体进入超导态后呈现完全抗磁性。通过实心超导球放入外磁场中的实验可以验证这个结果：将实心超导球放入外磁场 H 中，使 $H<H_c$；当 $T>T_c$ 时，超导球为正常态，此时超导球中有磁场线穿过；然后降低温度，使 $T<T_c$，此时超导球内的磁场线被排斥到球外，球外赤道处磁场线隆起，磁场增加，如图 8.5(a)所示；最后，撤去外磁场，此时球内外均无磁场，如图 8.5(b)所示。超导体这种特殊的磁性质称为迈斯纳效应，用超导体的零电阻性无法解释这个现象。

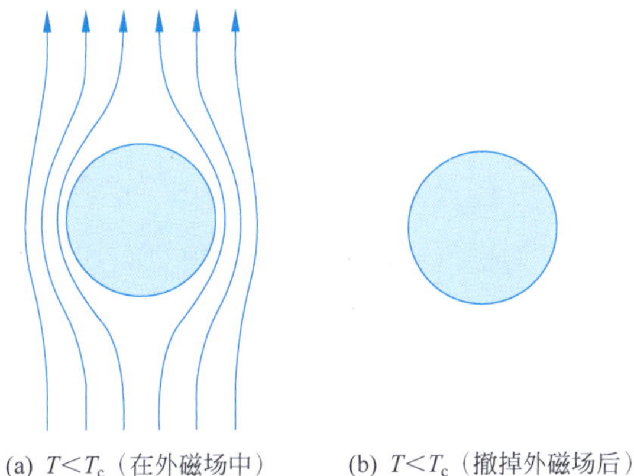

(a) $T<T_c$（在外磁场中） (b) $T<T_c$（撤掉外磁场后）

图 8.5 外磁场中的实心超导球实验

8.1.4 第一类超导体和第二类超导体

1957 年，苏联学者阿布里科索夫从理论上预言，可能存在具有两个临界磁场强度 H_{c1} 和 H_{c2} 的超导体，其中 $H_{c2}>H_{c1}$，H_{c1} 称为下临界磁场强度，H_{c2} 称为上临界磁场强度。当外磁场强度 $H<H_{c1}$ 时，超导体呈现迈斯纳效应（$\boldsymbol{B}=\mathbf{0}$）；当外磁场强度 H 满足 $H_{c1}<H<H_{c2}$ 时，超导体内一部分区域处于超导态，另一部分区域处于正常态，超导体的这种状态称为混合态；当外磁场强度 $H>H_{c2}$ 时，超导态被破坏，超导体全部变成正常态。为了与只有一个临界磁场强度的超导体相区别，把只有一个临界磁场强度的超导体称为第一类超导体，把有两个临界磁场强度的超导体称为第二类超导体。第二类超导体的临界磁场强度 H_c 与温度 T 的关系曲线见图 8.6。

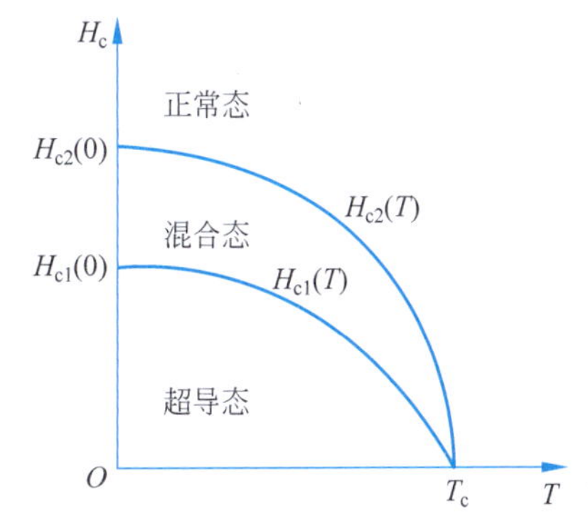

图 8.6 第二类超导体的 H_c-T 曲线

当超导体处于混合态时，进入第二类超导体内的磁通并非均匀分布，而是磁场线周期性地排列成磁场线阵，如图 8.7 所示，外磁场越强，磁场线的数量越多，磁场线位于正常态柱状区域内，每个柱体穿过一条磁场线，每条磁场线的磁通都是 $\phi_0=2.07\times10^{-15}$ Wb。ϕ_0 是磁通的最小值，称为磁通量子。各个正常态柱体之间的区域处于超导态，呈现完全抗磁性。

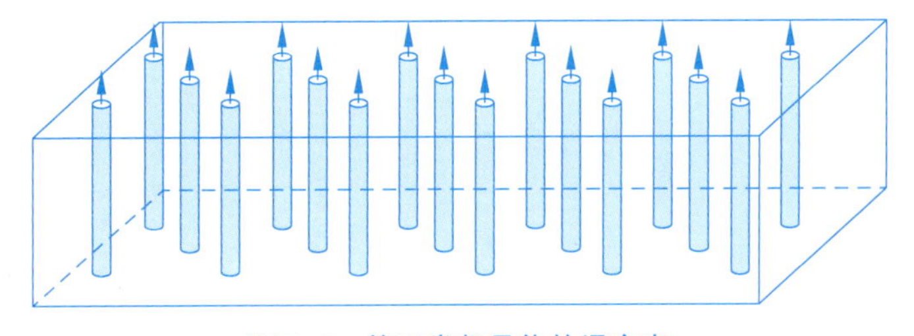

图 8.7 第二类超导体的混合态

混合态时的磁场线阵可以用一种直观的方法观察到：把微小的磁性颗粒放在第二类超导体样品上，然后把样品放在外磁场中降低温度到混合态，再用电子显微镜观察样品表面，就会看到如图 8.8 所示的图像，图中黑点是被磁场线阵吸引的磁性微粒。

当第二类超导体内组织成分均匀分布，不存在各种晶格缺陷时，这样的超导体称为理想第

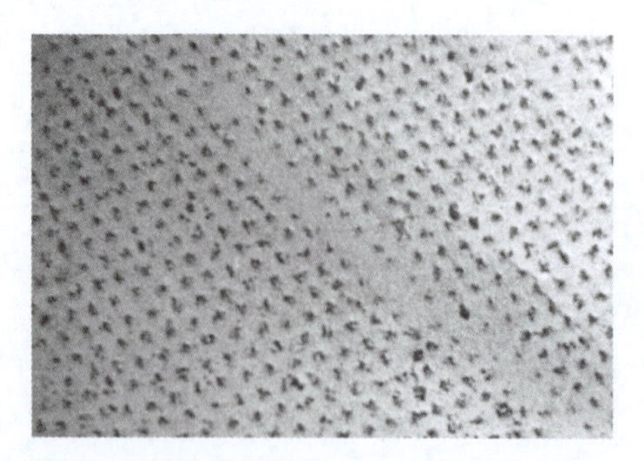

图 8.8 铅钛合金的磁场线阵(插图来源见“配套资源”中说明)

二类超导体,反之称为非理想第二类超导体。

理想第二类超导体中磁场线均匀分布,每条磁场线在其周围产生超导涡旋电流,它们恰好互相抵消,这样的超导体内就不能出现宏观上的定向超导电流,所以理想第二类超导体的实用价值不大。

当采用适当工艺使第二类超导体内产生晶格缺陷时,就会大幅度提高临界电流密度。非理想第二类超导体内晶格缺陷的存在将阻碍磁场线的运动。因此,可以把晶格缺陷看作一些对磁场线运动产生钉扎作用的钉扎体,也称为磁通钉扎中心。钉扎作用的强弱可用钉扎力的大小来表示。钉扎力使非理想第二类超导体内磁场线的分布不均匀,各处的涡旋电流不能抵消,因此可得到一定大小的宏观超导电流。也就是说,采用合适的工艺控制晶格缺陷可以提高钉扎力,从而非理想第二类超导体可以承载大的超导电流密度。

非理想第二类超导体的重要特点是具有高的临界电流密度和高的上临界磁场强度,可以在大电流、强磁场下工作,具有重要的实用价值。例如,实用的超导材料 Nb_3Sn,在 $T=4.2$ K 下,$B_{c1}=0.019$ T,$B_{c2}=22$ T。当非理想第二类超导体工作在混合态时,体内载流效果从整体上看与超导体整体处于超导态一样,超导电流在超导区域内流动,有电阻的正常区域好像不存在,与整个超导体处于超导态时的情况相比,只是超导体的载流截面小了一些而已。两种典型的非理想第二类超导体以临界电流密度、临界磁通密度、临界温度为 3 个直角坐标轴所组成的超导区域如图 8.9 所示。容易看出,这个区域越大,超导材料的性能越好。

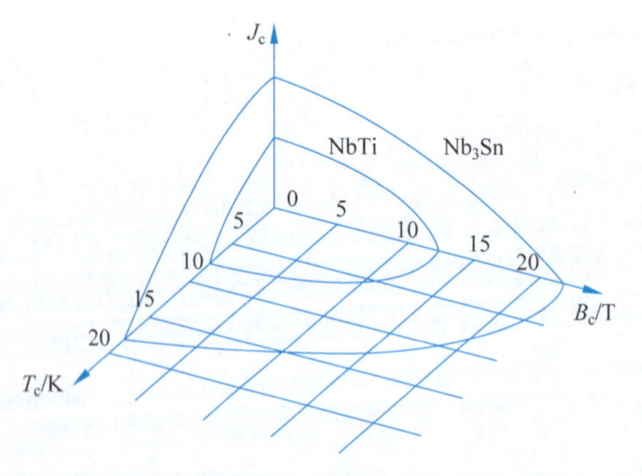

图 8.9 非理想第二类超导体的超导特性(绘图参考见“配套资源”中“插图来源”说明)

到目前为止,已发现元素周期表中有 28 种元素在常压下是超导体,这些元素大部分是第一类超导体,只有铌和钒是第二类超导体。大量的合金、化合物超导体都是第二类超导体。与第一类超导体相比,第二类超导体有一个重要特点,就是它们的上临界磁场强度 H_{c2} 往往很大，特别是 1986 年以后发现的临界温度超过 90 K 的 Y-Ba-Cu-O 系氧化物（简称 YBCO）超导体，它工作在液氮（77.4 K）温度下，上临界磁通密度 B_{c2} 可达 100 T，这对于超导应用大有好处。

*8.1.5　第二类超导体的磁化曲线

超导体在外磁场中的性质，可以通过磁化曲线反映出来。

为了得到超导体的磁化曲线，在未加外磁场以前，先把超导体降温至临界温度 T_c 以下，保持温度 $T<T_c$，把这样的状态叫超导体的原始状态。

对于理想第二类超导体，从原始状态出发增加外磁场 H，当 $H<H_{c1}$ 时，超导体处于迈斯纳态，此时 $M=-H$，反映在 $M\sim H$ 磁化曲线上是直线段，见图 8.10 中的线段 $O\rightarrow P$。继续增加外磁场 H，当 H 满足 $H_{c1}<H<H_{c2}$ 时，超导体样品处于混合态，磁场线穿过样品，随着外磁场 H 的增加，$|M|$ 逐渐减少，直至外磁场增加到 $H=H_{c2}$ 时 $M=0$，此时整个样品进入正常态。混合态对应的磁化曲线如图 8.10 中的曲线段 $P\rightarrow Q$ 所示。反过来，当外磁场 H 从 H_{c2} 逐步减少时，磁化强度 M 从点 Q 沿原路返回到点 P，再按原路返回到点 O。可见，理想第二类超导体的磁化曲线是可逆的。

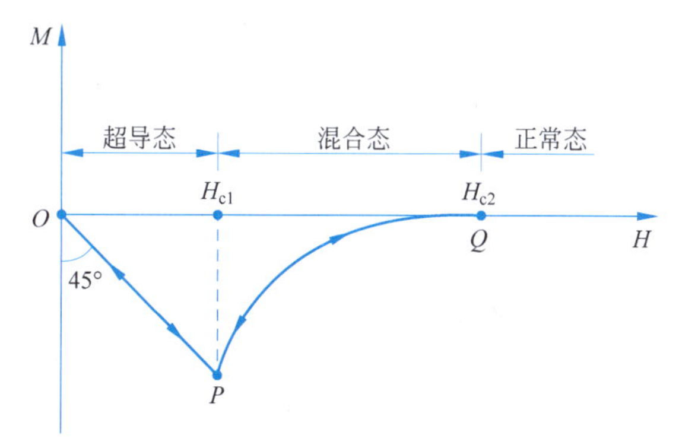

图 8.10　理想第二类超导体的磁化曲线

对于非理想第二类超导体，它的磁化曲线如图 8.11 所示。从原始状态出发增加外磁场 H，当 $0<H<H_{c1}$ 时，与理想第二类超导体的磁化曲线一样为直线段，如图 8.11 中的线段 $O\rightarrow P$ 所示。当继续增加外磁场 H，使 $H>H_{c1}$ 后，磁场线穿过样品，随着 H 的增加，$|M|$ 达到极大值点 D 后开始减少，直到外磁场增加到 $H=H_{c2}$ 时，$M=0$，这期间样品处于混合态，如图 8.11 中的曲线段 $P\rightarrow D\rightarrow U\rightarrow Q$ 所示。当外磁场 H 从 H_{c2} 减少时，磁化强度并不沿着原路返回，而是沿着点 Q 至点 G 再到点 A。在点 A 处 $H=0$，$M=M_r\neq 0$，$B_r=\mu_0 M_r$。也就是说，磁化强度的变化滞后于外磁场的变化，非理想第二类超导体具有磁滞现象。当从点 A 再继续减少外磁场，则沿 $A\rightarrow F\rightarrow K$ 到达点 L，该点 $H=-H_{c2}$，$M=0$；接下来增加外磁场直到 $H=H_{c2}$，则曲线沿 $L\rightarrow S\rightarrow C\rightarrow T\rightarrow U$ 再到点 Q，形成一个闭合回线，这条回线称为非理想第二类超导体的磁滞回线。可见，非理想第二类超导体的磁化曲线是不可逆的，它不能沿原路返回。

为了全面理解第二类超导体的磁化曲线，需要指出以下几点。

（1）非理想第二类超导体中的各种缺陷、杂质和其他不均匀性是造成磁滞现象的根本原因，同时使样品中的磁场线分布不均匀，磁场线既不容易进入样品，也不容易离开样品。

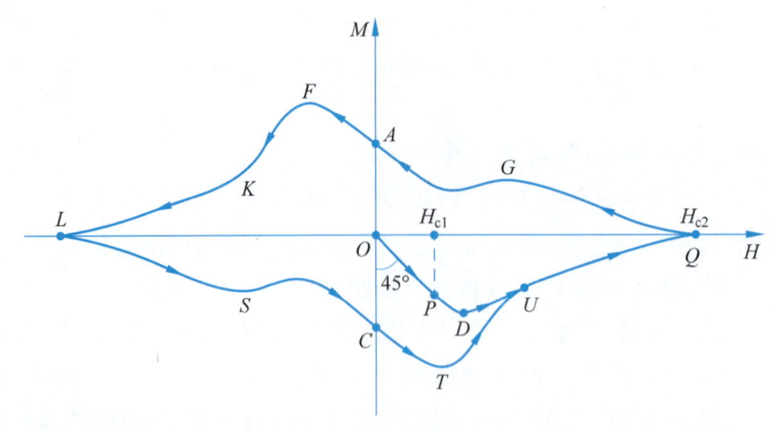

图 8.11 非理想第二类超导体的磁化曲线(绘图参考见"配套资源"中"插图来源"说明)

(2) 磁化曲线的横坐标 H 和纵坐标 M 都应看作体积平均性质的物理量,即 $M \sim H$ 磁化曲线反映的是 $M_{\text{avg}} = \dfrac{\int_V M \mathrm{d}V}{V}$ 和 $H_{\text{avg}} = \dfrac{\int_V H \mathrm{d}V}{V}$ 之间的函数关系,式中 V 是非理想第二类超导体所占据的区域。因为第二类超导体处于混合态时,内部既有正常区又有超导区,我们无法明确指出任意点的磁化率究竟是哪个区的磁化率,此时,用体积平均的概念就可以避开这个困难。

(3) 磁滞回线没有统一的形状,不同的超导体对应不同的磁滞回线,即使同一样品,不同温度对应的磁滞回线也不同,例如超导体 Bi-2212 单晶在不同温度下的 $B \sim H$ 曲线(已知 $M \sim H$ 磁化曲线后,利用 $\boldsymbol{B} = \mu_0(\boldsymbol{M} + \boldsymbol{H})$ 即可得到 $B \sim H$ 曲线)如图 8.12 所示。

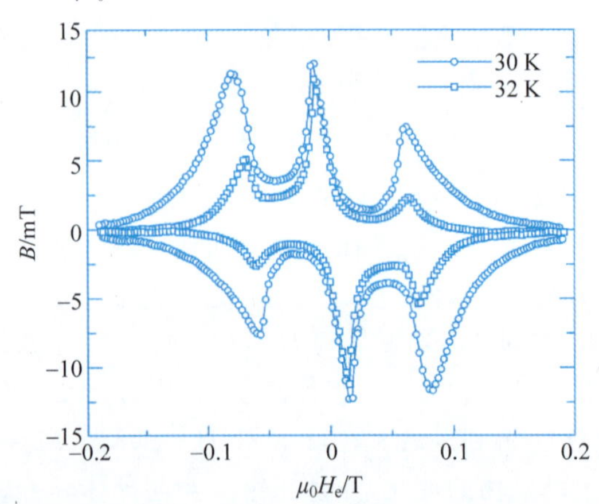

图 8.12 用霍尔探头测量 Bi-2212 单晶的 $\boldsymbol{B} \sim \boldsymbol{H}$ 曲线(插图来源见"配套资源"中说明)

(4) 实验表明,非理想第二类超导体的磁滞回线具有中心对称性质(吴,2014),中心点是原点,即在 $M \sim H$ 平面内磁滞回线绕原点旋转 180°后仍与原回线重合。

(5) 实验表明,非理想第二类超导体处于混合态时,能够悬浮在永磁体下方。以 YBCO 超导块材为例,首先将超导块材放入容器内,然后把液氮倒入容器,使其浸没超导块材,再将永磁体放置在超导块材上方,用手把永磁体向上方提起,可以看到超导块材也随之提升而不会掉落,如图 8.13 所示。这个现象可用超导块材的磁滞回线得到解释。

图 8.13　YBCO 超导块材稳定悬浮在永磁体下方，上方手拿物体为永磁体，下方物体为超导块材（插图来源见“配套资源”中说明）

说明　如何判断一种材料为超导体？

超导体的零电阻性和完全抗磁性是超导体的两个独立的基本电磁性质。判断一种材料是否为超导体，就要判断这种材料是否同时具有这两个性质。应用上，最诱人的性质是零电阻性，如果这个性质不具备，材料就不是超导体。

验证零电阻性是否可用电阻表直接测量样品电阻？我们知道，无论电阻表多么精密，它总有误差，即使显示电阻为零，也无法证明样品的电阻就一定等于零。这需要采用间接的测量方法来验证。目前最简单也是最可靠的验证方法就是像图 8.2 那样，用样品做成一个闭合环，在高于临界温度 T_c 的温度下，让外部稳恒磁场穿过环孔，然后降低温度到 T_c 以下，使闭合环进入超导态，这时撤去外磁场，闭合环中会有感应电流，如果样品是超导体，则这个电流就是稳恒电流，产生的磁场是稳恒磁场，在环孔附近放置一个小磁针，则小磁针的偏转角度会长时间保持不变，反之，当样品不是超导体时，撤去外磁场后小磁针会迅速返回原位。

确认样品的零电阻性后就需要验证完全抗磁性，即验证样品磁化率 $\chi_m=-1$。由关系式 $\boldsymbol{M}=\chi_m\boldsymbol{H}$ 可知，在外磁场中降低温度，冷却样品，通过测量样品中 M 的变化与 H 的变化就可计算得到 χ_m，从而作出 χ_m 与温度 T 的关系曲线。如果这条曲线的一部分能与水平线 $\chi_m=-1$ 相切并重合，则样品就具有完全抗磁性。

注意，完全抗磁性实验不能用磁悬浮实验代替。例如，由图 4.35 可知，热解石墨片能够稳定悬浮在永磁体阵列上方，但热解石墨片并不具有完全抗磁性。再例如，1947 年，莫斯科大学学者阿卡捷夫在他的文章中介绍了尺寸为 4 mm×4 mm×10 mm 的条形铁镍铝永磁体悬浮在直径 40 mm 的凹形超导铅盘上方的实验，如图 8.14 所示。这说明，铅盘表面产生了超导电流，超导电流又产生了磁场，使铅盘与永磁体之间产生斥力，斥力与重力相平衡，从而将永磁体悬浮在铅盘上方，但这并不能证明铅盘内 $\boldsymbol{B}=\boldsymbol{0}$。这两个例子说明，不论样品悬浮在永磁体上方，还是永磁体悬浮在样品上方，只能说明样品有抗磁性，并不能证明样品有完全抗磁性。

图 8.14　永磁体稳定悬浮在超导铅盘上方的照片（插图来源见“配套资源”中说明）

8.2 超导体的唯象理论

1935 年，伦敦兄弟(F. London 和 H. London)基于解释超导现象的二流体模型，共同提出了伦敦第一、第二方程，建立了描述超导电磁现象的唯象理论。伦敦方程可看作超导体的本构关系，利用这个关系，结合麦克斯韦方程组和边界条件就可以唯象描述超导体的电磁场。

8.2.1 二流体模型和电磁场方程组

为了解释超导电磁现象，1934 年，荷兰学者戈特和卡西米尔联合提出了二流体模型。

二流体模型把超导体看成普通导体，其电容率 $\varepsilon=\varepsilon_0$，磁导率 $\mu=\mu_0$。二流体模型认为，超导体内自由电子由两部分组成，一部分与普通导体中的自由电子相同，称为正常电子，正常电子流动产生的电流密度 $\boldsymbol{J}_{\mathrm{n}}$ 服从欧姆定律的微分形式 $\boldsymbol{J}_{\mathrm{n}}=\sigma\boldsymbol{E}$；另一部分是超导电子，它们在运动时不呈现电阻性，超导电子流动产生的电流密度 $\boldsymbol{J}_{\mathrm{s}}$ 不满足欧姆定律的微分形式。两部分电子占据同一区域，在空间上互相渗透，彼此独立运动。正常电子的密度和超导电子的密度都是温度的函数，随着温度的降低，超导体中有越来越多的正常电子转变为超导电子。

根据二流体模型，超导体内电磁场方程组为

$$\nabla\cdot\boldsymbol{D}=\rho_{\mathrm{vn}}+\rho_{\mathrm{vs}} \tag{8.6}$$

$$\nabla\cdot\boldsymbol{B}=0 \tag{8.7}$$

$$\nabla\times\boldsymbol{E}=-\frac{\partial\boldsymbol{B}}{\partial t} \tag{8.8}$$

$$\nabla\times\boldsymbol{H}=\boldsymbol{J}_{\mathrm{n}}+\boldsymbol{J}_{\mathrm{s}}+\frac{\partial\boldsymbol{D}}{\partial t} \tag{8.9}$$

对应的积分方程组为

$$\oint_S\boldsymbol{D}\cdot\mathrm{d}\boldsymbol{S}=\int_V(\rho_{\mathrm{vn}}+\rho_{\mathrm{vs}})\mathrm{d}V \tag{8.10}$$

$$\oint_S\boldsymbol{B}\cdot\mathrm{d}\boldsymbol{S}=0 \tag{8.11}$$

$$\oint_C\boldsymbol{E}\cdot\mathrm{d}\boldsymbol{r}=-\frac{\mathrm{d}}{\mathrm{d}t}\int_S\boldsymbol{B}\cdot\mathrm{d}\boldsymbol{S} \tag{8.12}$$

$$\oint_C\boldsymbol{H}\cdot\mathrm{d}\boldsymbol{r}=\int_S\left(\boldsymbol{J}_{\mathrm{n}}+\boldsymbol{J}_{\mathrm{s}}+\frac{\partial\boldsymbol{D}}{\partial t}\right)\cdot\mathrm{d}\boldsymbol{S} \tag{8.13}$$

式中，$\boldsymbol{D}=\varepsilon_0\boldsymbol{E}$，$\boldsymbol{B}=\mu_0\boldsymbol{H}$，$\boldsymbol{J}_{\mathrm{n}}=\sigma\boldsymbol{E}$，$\rho_{\mathrm{vn}}$ 和 ρ_{vs} 分别是正常电子的电荷密度和超导电子的电荷密度。

方程(8.9)中含有超导电流密度 $\boldsymbol{J}_{\mathrm{s}}$，如果不知道 $\boldsymbol{J}_{\mathrm{s}}$ 所遵循的规律，就无法利用以上方程组确定超导体内的电磁场。

8.2.2 伦敦第一方程

在超导体内，质量为 m，电荷量为 q_{s} 的超导电子不受晶格点阵的阻碍，所以在电场 $\boldsymbol{E}$ 的作用下将加速运动，其运动符合牛顿第二定律：

$$m\frac{\mathrm{d}\boldsymbol{v}_{\mathrm{s}}}{\mathrm{d}t}=q_{\mathrm{s}}\boldsymbol{E} \tag{8.14}$$

其中，$\boldsymbol{v}_{\mathrm{s}}$ 是超导电子的运动速度。设单位体积内超导电子的数目是 n_{s}，则超导电流密度

$$\boldsymbol{J}_{\mathrm{s}}=\rho_{\mathrm{vs}}\boldsymbol{v}_{\mathrm{s}}=n_{\mathrm{s}}q_{\mathrm{s}}\boldsymbol{v}_{\mathrm{s}} \tag{8.15}$$

两端对时间 t 求导，利用式(8.14)，得

$$\frac{\mathrm{d}\boldsymbol{J}_{\mathrm{s}}}{\mathrm{d}t}=\frac{n_{\mathrm{s}}q_{\mathrm{s}}^{2}}{m}\boldsymbol{E} \tag{8.16}$$

而

$$\frac{\mathrm{d}\boldsymbol{J}_{\mathrm{s}}}{\mathrm{d}t}=\frac{\partial \boldsymbol{J}_{\mathrm{s}}}{\partial x}\frac{\mathrm{d}x}{\mathrm{d}t}+\frac{\partial \boldsymbol{J}_{\mathrm{s}}}{\partial y}\frac{\mathrm{d}y}{\mathrm{d}t}+\frac{\partial \boldsymbol{J}_{\mathrm{s}}}{\partial z}\frac{\mathrm{d}z}{\mathrm{d}t}+\frac{\partial \boldsymbol{J}_{\mathrm{s}}}{\partial t}$$

对于静止的超导体，它的运动速度

$$\boldsymbol{v}=\frac{\mathrm{d}\boldsymbol{r}}{\mathrm{d}t}=\frac{\mathrm{d}x}{\mathrm{d}t}\boldsymbol{e}_{x}+\frac{\mathrm{d}y}{\mathrm{d}t}\boldsymbol{e}_{y}+\frac{\mathrm{d}z}{\mathrm{d}t}\boldsymbol{e}_{z}=\boldsymbol{0}$$

即 $\frac{\mathrm{d}x}{\mathrm{d}t}=0,\frac{\mathrm{d}y}{\mathrm{d}t}=0,\frac{\mathrm{d}z}{\mathrm{d}t}=0$。于是，式(8.16)变形为

$$\boldsymbol{E}=\frac{m}{q_{\mathrm{s}}^{2}n_{\mathrm{s}}}\frac{\partial \boldsymbol{J}_{\mathrm{s}}}{\partial t} \tag{8.17}$$

令

$$\delta_{\mathrm{L}}=\frac{1}{q_{\mathrm{s}}}\sqrt{\frac{m}{\mu_{0}n_{\mathrm{s}}}} \tag{8.18}$$

于是，式(8.17)可写成

$$\boldsymbol{E}=\mu_{0}\delta_{\mathrm{L}}^{2}\frac{\partial \boldsymbol{J}_{\mathrm{s}}}{\partial t} \tag{8.19}$$

式中，μ_0 是真空磁导率。式(8.19)称为伦敦第一方程。

伦敦第一方程说明以下两点。

(1) 如果超导电流是稳恒电流，即$\partial \boldsymbol{J}_{\mathrm{s}}/\partial t=\boldsymbol{0}$，则 $\boldsymbol{E}=\boldsymbol{0}$。根据二流体模型，正常电子的电流密度 $\boldsymbol{J}_{\mathrm{n}}=\sigma\boldsymbol{E}=\boldsymbol{0}$，这表明稳恒电流情况下超导体没有电阻。

(2) 如果超导电流是交流，即$\partial \boldsymbol{J}_{\mathrm{s}}/\partial t\neq\boldsymbol{0}$，则 $\boldsymbol{E}\neq\boldsymbol{0}$，于是正常电流密度 $\boldsymbol{J}_{\mathrm{n}}=\sigma\boldsymbol{E}\neq\boldsymbol{0}$，这表明交流情况下超导体会出现交流损耗，产生焦耳热。设电流的角频率为 ω，则伦敦第一方程的相量形式为

$$\dot{\boldsymbol{E}}=\mathrm{j}\omega\mu_{0}\delta_{\mathrm{L}}^{2}\dot{\boldsymbol{J}}_{\mathrm{s}}$$

而 $\dot{\boldsymbol{J}}_{\mathrm{n}}=\sigma\dot{\boldsymbol{E}}$，所以

$$\frac{|\dot{\boldsymbol{J}}_{\mathrm{n}}|}{|\dot{\boldsymbol{J}}_{\mathrm{s}}|}=(\sigma\mu_{0}\delta_{\mathrm{L}}^{2})\omega \tag{8.20}$$

对于大多数超导体，$|\dot{\boldsymbol{J}}_{\mathrm{n}}|/|\dot{\boldsymbol{J}}_{\mathrm{s}}|\approx10^{-12}\omega$。这表明，当电流频率小于 10^{9} Hz 时，超导体的交流损耗可忽略不计。

8.2.3 伦敦第二方程

把伦敦第一方程 $\boldsymbol{E}=\mu_{0}\delta_{\mathrm{L}}^{2}\partial \boldsymbol{J}_{\mathrm{s}}/\partial t$ 代入法拉第感应定律的微分形式中，得

$$\nabla\times\boldsymbol{E}+\frac{\partial \boldsymbol{B}}{\partial t}=\frac{\partial}{\partial t}(\mu_{0}\delta_{\mathrm{L}}^{2}\,\nabla\times\boldsymbol{J}_{\mathrm{s}}+\boldsymbol{B})=\boldsymbol{0}$$

即

$$\mu_{0}\delta_{\mathrm{L}}^{2}\,\nabla\times\boldsymbol{J}_{\mathrm{s}}+\boldsymbol{B}=\boldsymbol{C}$$

式中,$\boldsymbol{C}$ 是常矢量。取 $\boldsymbol{C}=\boldsymbol{0}$,得

$$\boldsymbol{B}=-\mu_0\delta_{\mathrm{L}}^2\ \nabla\times\boldsymbol{J}_{\mathrm{s}} \tag{8.21}$$

此式称为伦敦第二方程。

伦敦第二方程说明以下 3 点。

(1) 超导电流 $\boldsymbol{J}_{\mathrm{s}}$ 是靠磁场 $\boldsymbol{B}$ 来维持的,当 $\boldsymbol{B}\neq\boldsymbol{0}$ 时 $\boldsymbol{J}_{\mathrm{s}}\neq\boldsymbol{0}$,当 $\boldsymbol{B}=\boldsymbol{0}$ 时 $\boldsymbol{J}_{\mathrm{s}}=\boldsymbol{0}$。下面对此给予解释。

由伦敦第二方程可知,当 $\boldsymbol{B}\neq\boldsymbol{0}$ 时,必有 $\nabla\times\boldsymbol{J}_{\mathrm{s}}\neq\boldsymbol{0}$,从而 $\boldsymbol{J}_{\mathrm{s}}\neq\boldsymbol{0}$;另外,在超导体内任取一区域 V,它的表面是 S,利用亥姆霍兹定理(附录 A),V 内任意点 $\boldsymbol{r}$ 的磁通密度 $\boldsymbol{B}$ 可表示成 $\boldsymbol{B}=\nabla\times\boldsymbol{A}-\nabla\varphi$,其中

$$\boldsymbol{A}(\boldsymbol{r},t)=\int_V\frac{\nabla'\times\boldsymbol{B}(\boldsymbol{r}',t)}{4\pi\,|\boldsymbol{r}-\boldsymbol{r}'|}\mathrm{d}V(\boldsymbol{r}')+\oint_S\frac{\boldsymbol{B}(\boldsymbol{r}',t)\times\mathrm{d}\boldsymbol{S}(\boldsymbol{r}')}{4\pi\,|\boldsymbol{r}-\boldsymbol{r}'|}$$

对比 $\boldsymbol{B}=\nabla\times\boldsymbol{A}-\nabla\varphi$ 和 $\boldsymbol{B}=-\mu_0\delta_{\mathrm{L}}^2\ \nabla\times\boldsymbol{J}_{\mathrm{s}}$,可知 $\boldsymbol{A}=-\mu_0\delta_{\mathrm{L}}^2\boldsymbol{J}_{\mathrm{s}}$ 和 $\nabla\varphi=\boldsymbol{0}$,于是

$$\boldsymbol{J}_{\mathrm{s}}(\boldsymbol{r},t)=-\frac{1}{4\pi\mu_0\delta_{\mathrm{L}}^2}\left[\int_V\frac{\nabla'\times\boldsymbol{B}(\boldsymbol{r}',t)}{|\boldsymbol{r}-\boldsymbol{r}'|}\mathrm{d}V(\boldsymbol{r}')+\oint_S\frac{\boldsymbol{B}(\boldsymbol{r}',t)\times\boldsymbol{n}(\boldsymbol{r}')}{|\boldsymbol{r}-\boldsymbol{r}'|}\mathrm{d}S(\boldsymbol{r}')\right] \tag{8.22}$$

可见在超导体内 V 中,当 $\boldsymbol{B}=\boldsymbol{0}$ 时 $\boldsymbol{J}_{\mathrm{s}}=\boldsymbol{0}$。

作为对比,在普通导体中,$\boldsymbol{J}_{\mathrm{n}}=\sigma\boldsymbol{E}$,所以普通导体中的电流是靠电场维持的。

(2) 超导体内磁场为零。下面结合电磁场方程组和伦敦第一、第二方程来分析。

设超导体内电流是稳恒电流,此时 $\partial\boldsymbol{J}_{\mathrm{s}}/\partial t=\boldsymbol{0}$,由伦敦第一方程,可知 $\boldsymbol{E}=\boldsymbol{0}$ 和 $\boldsymbol{J}_{\mathrm{n}}=\boldsymbol{0}$,方程(8.9)变形为

$$\nabla\times\boldsymbol{H}=\boldsymbol{J}_{\mathrm{s}} \tag{8.23}$$

两端取旋度运算,并利用伦敦第二方程 $\boldsymbol{B}=-\mu_0\delta_{\mathrm{L}}^2\ \nabla\times\boldsymbol{J}_{\mathrm{s}}$,可得

$$\nabla\times\nabla\times\boldsymbol{H}=\nabla\times\boldsymbol{J}_{\mathrm{s}}=-\frac{1}{\mu_0\delta_{\mathrm{L}}^2}\boldsymbol{B}$$

或写成

$$\nabla\times\nabla\times\boldsymbol{B}+\frac{1}{\delta_{\mathrm{L}}^2}\boldsymbol{B}=\boldsymbol{0}$$

由于 $\nabla\times\nabla\times\boldsymbol{B}=\nabla(\nabla\cdot\boldsymbol{B})-\nabla^2\boldsymbol{B}=-\nabla^2\boldsymbol{B}$,于是

$$\nabla^2\boldsymbol{B}-\frac{1}{\delta_{\mathrm{L}}^2}\boldsymbol{B}=\boldsymbol{0} \tag{8.24}$$

为了看清方程(8.24)的意义,我们讨论下面的问题。

如图 8.15 所示,建立直角坐标系 $Oxyz$,$x>0$ 是超导体区域,$x<0$ 是分布有均匀磁场的真空,均匀磁场方向平行于超导体表面。容易看出,超导体内场量的大小只是坐标 x 的函数,因此设

$$\boldsymbol{B}=B_x(x)\boldsymbol{e}_x+B_y(x)\boldsymbol{e}_y+B_z(x)\boldsymbol{e}_z$$

代入方程(8.24),得到分量 B_x、B_y、B_z 所共同满足的标量方程

$$\frac{\mathrm{d}^2u}{\mathrm{d}x^2}-\frac{u}{\delta_{\mathrm{L}}^2}=0$$

它的通解为

$$u(x)=A_1\mathrm{e}^{-x/\delta_{\mathrm{L}}}+A_2\mathrm{e}^{x/\delta_{\mathrm{L}}}$$

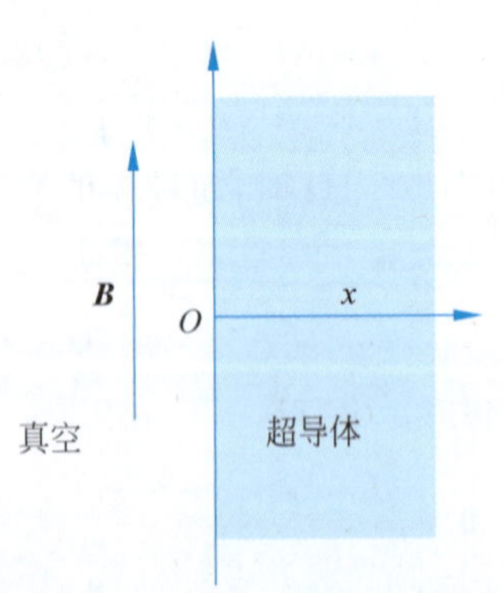

图 8.15 均匀磁场中的半无限大超导体

式中，A_1 和 A_2 都是待定常量。当 $x\to\infty$ 时，$|\boldsymbol{B}|<\infty$，因此 $A_2=0$，超导体内磁场可写成

$$\boldsymbol{B}(x)=(C_1\boldsymbol{e}_x+C_2\boldsymbol{e}_y+C_3\boldsymbol{e}_z)\mathrm{e}^{-x/\delta_L}$$

式中，C_1、C_2、C_3 都是待定常量。由 $\nabla\cdot\boldsymbol{B}=0$，得 $C_1=0$。这样，超导体内磁通密度为

$$\boldsymbol{B}(x)=(C_2\boldsymbol{e}_y+C_3\boldsymbol{e}_z)\mathrm{e}^{-x/\delta_L}=\boldsymbol{B}_0\mathrm{e}^{-x/\delta_L} \tag{8.25}$$

式中，$\boldsymbol{B}_0$ 是超导体内表面 $x=+0$ 处的磁场，它的方向与超导体表面平行。

由式(8.25)可知，随着深度 x 的增加，磁场以指数形式衰减，超导体表面磁场最强，进入超导体内部越深，磁场越弱。定义透入深度为磁通密度衰减到表面值的 1/e 时经过的距离。根据这个定义，对照式(8.25)可知，磁场的透入深度就是 δ_L，当 $x>3\delta_L$ 时，$B(x)\approx0$。这说明磁场还是进入了超导体内，但主要分布在超导体内沿表面很薄的一层区域内，在超导体内部 $\boldsymbol{B}=\boldsymbol{0}$ 才成立，这就是迈斯纳效应。历史上，由伦敦方程首先预言的透入深度于1939年被实验证实。实验测得，汞(Hg)、钛(Ti)和铝(Al)的透入深度分别约为 4.0×10^{-8} m、9.2×10^{-8} m 和 5.0×10^{-8} m。

(3) 超导电流只能分布在超导体表面附近的薄层内。在伦敦第二方程两端取旋度运算，得

$$\nabla\times\nabla\times\boldsymbol{J}_s=-\frac{1}{\delta_L^2}\nabla\times\boldsymbol{H}$$

设超导体中的电流是稳恒电流，利用方程 $\nabla\times\boldsymbol{H}=\boldsymbol{J}_s$，进一步可得

$$\nabla\times\nabla\times\boldsymbol{J}_s+\frac{1}{\delta_L^2}\boldsymbol{J}_s=\boldsymbol{0}$$

因 $\nabla\cdot\boldsymbol{J}_s=\nabla\cdot(\nabla\times\boldsymbol{H})=0$，最终成为

$$\nabla^2\boldsymbol{J}_s-\frac{1}{\delta_L^2}\boldsymbol{J}_s=\boldsymbol{0} \tag{8.26}$$

对比方程(8.24)和方程(8.26)可知，稳恒电流情况下，超导体内 $\boldsymbol{J}_s$ 和 $\boldsymbol{B}$ 满足同样的方程，具有相同的分布规律，即超导电流只能分布在超导体内沿表面很薄的一层区域内。例如，对于图8.15所示的半无限超导体，利用式(8.25)，可得超导电流密度

$$\boldsymbol{J}_s(x)=\nabla\times\boldsymbol{H}(x)=\frac{1}{\mu_0}\nabla\times\boldsymbol{B}(x)=\boldsymbol{J}_s(0)\mathrm{e}^{-x/\delta_L} \tag{8.27}$$

式中

$$\boldsymbol{J}_s(0)=\frac{1}{\mu_0\delta_L}\boldsymbol{B}_0\times\boldsymbol{e}_x \tag{8.28}$$

这说明，超导体表层内超导电流是由磁场激发的，超导电流起到了屏蔽外磁场的作用。

说明 不能把超导体看作理想导体，这是因为：①超导体是自然界中普遍存在的一种物质，而理想导体在自然界中并不存在，它是电磁场理论中为分析问题简便而引入的一个理论模型；②超导体具有迈斯纳效应，而理想导体不存在透入深度的概念；③在交变电磁场中，超导体产生交流损耗，释放焦耳热，而理想导体无论在直流状态下还是在交流状态下都不产生焦耳热；④超导体的电导率下限大于 10^{28} S/m，是否存在上限目前无法确定，而理想导体的电导率为无穷大。

8.2.4 类磁通守恒

如图8.16所示，有一超导环，环中有稳定的超导电流。在环内围绕空洞作闭曲线 C，设以

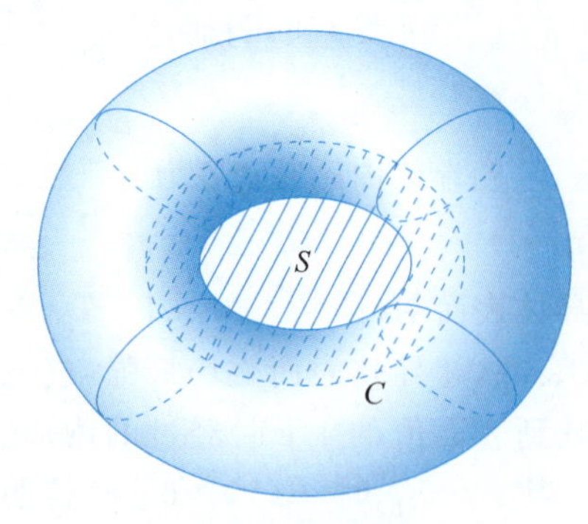

图 8.16 超导环

曲线 C 为边界所张成的曲面是 S。把伦敦第一方程 $\boldsymbol{E}=\mu_0\delta_L^2\partial\boldsymbol{J}_s/\partial t$ 代入法拉第感应定律的积分形式

$$\frac{\mathrm{d}}{\mathrm{d}t}\int_S\boldsymbol{B}\cdot\mathrm{d}\boldsymbol{S}+\oint_C\boldsymbol{E}\cdot\mathrm{d}\boldsymbol{r}=0$$

得

$$\frac{\mathrm{d}}{\mathrm{d}t}\int_S\boldsymbol{B}\cdot\mathrm{d}\boldsymbol{S}+\mu_0\delta_L^2\oint_C\frac{\partial\boldsymbol{J}_s}{\partial t}\cdot\mathrm{d}\boldsymbol{r}=0$$

设闭曲线 C 和曲面 S 都不随时间 t 变化，于是

$$\frac{\mathrm{d}}{\mathrm{d}t}\left(\int_S\boldsymbol{B}\cdot\mathrm{d}\boldsymbol{S}+\mu_0\delta_L^2\oint_C\boldsymbol{J}_s\cdot\mathrm{d}\boldsymbol{r}\right)=0$$

这说明括号中的量为常量，即

$$\int_S\boldsymbol{B}\cdot\mathrm{d}\boldsymbol{S}+\mu_0\delta_L^2\oint_C\boldsymbol{J}_s\cdot\mathrm{d}\boldsymbol{r}=\Phi_L \tag{8.29}$$

式中，Φ_L 是常量。左端第一个积分是穿过曲面 S 的磁通；第二个积分是由超导电流沿闭曲线 C 的环量，它具有磁通量纲，但不是真正意义上的磁通。这两个积分之和 Φ_L 称为类磁通。由于 Φ_L 与时间 t 无关，所以类磁通是一个守恒量。

取闭曲线 C 位于超导体内部，它上面的每一点离超导体表面的距离都远大于透入深度，由迈斯纳效应和伦敦第二方程可知，闭曲线 C 上 $\boldsymbol{J}_s=\boldsymbol{0}$。这样，式(8.29)可写成

$$\int_S\boldsymbol{B}\cdot\mathrm{d}\boldsymbol{S}=\Phi_L \tag{8.30}$$

此时，Φ_L 成为闭曲线 C 所包围的磁通，它包括两部分，极少一部分磁通穿过超导体，绝大部分磁通穿过超导环的空洞。因 Φ_L 恒定，所以可作为永磁体使用。目前，人们使用超导线制成螺线管线圈作为超导磁体来产生强磁场，与常规电磁铁相比，它体积小、重量轻、电能损耗(制冷能量)少。

8.2.5 边界条件

设超导体区域为 V_1，与超导体相邻的正常区域为 V_2，$\boldsymbol{n}_{12}$ 是超导体表面由 V_1 指向 V_2 的法向单位矢量。利用 1.6 节结果，可写出微分形式的场方程(8.6)～(8.9)所对应的边界条件。

1. 电通密度的边界条件

设超导体内超导电子的电荷密度为 ρ_{vs}，运动速度为 $\boldsymbol{v}_s$；正常电子的电荷密度为 ρ_{vn}，运动速度为 $\boldsymbol{v}_n$。因超导电流密度 $\boldsymbol{J}_s=\rho_{vs}\boldsymbol{v}_s$ 和正常电流密度 $\boldsymbol{J}_n=\rho_{vn}\boldsymbol{v}_n$ 都是有限值，总的自由电荷密度 $\rho_v=\rho_{vs}+\rho_{vn}$ 就一定是有限值，所以超导体的面电荷密度

$$\rho_s=\lim_{\substack{\Delta h_1\to 0\\ \Delta h_2\to 0}}(\rho_{v1}\Delta h_1+\rho_{v2}\Delta h_2)=0$$

于是，方程 $\nabla\cdot\boldsymbol{D}=\rho_v$ 对应的边界条件是 $\boldsymbol{n}_{12}\cdot(\boldsymbol{D}_2-\boldsymbol{D}_1)=0$。

进一步，由伦敦第一方程 $\boldsymbol{E}=\mu_0\delta_L^2\partial\boldsymbol{J}_s/\partial t$，可写出超导体 V_1 内电通密度

$$\boldsymbol{D}_1=\varepsilon_0\boldsymbol{E}_1=\varepsilon_0\mu_0\delta_L^2\frac{\partial\boldsymbol{J}_s}{\partial t}$$

它在超导体 V_1 内表面的法向分量为

$$\boldsymbol{n}_{12}\cdot\boldsymbol{D}_1=\varepsilon_0\mu_0\delta_L^2\frac{\partial}{\partial t}(\boldsymbol{n}_{12}\cdot\boldsymbol{J}_s)$$

由于超导电流 $\boldsymbol{J}_s$ 不可能穿过 V_1 的表面，即 V_1 内表面上 $\boldsymbol{n}_{12}\cdot\boldsymbol{J}_s=0$，从而 $\boldsymbol{n}_{12}\cdot\boldsymbol{D}_1=0$。这样，电通密度在 V_1 和 V_2 的公共边界面上满足的边界条件为

$$\boldsymbol{n}_{12}\cdot\boldsymbol{D}_2=0 \tag{8.31}$$

即正常区表面内侧电通密度的法向分量为0。

2. 磁通密度的边界条件

方程 $\nabla\cdot\boldsymbol{B}=0$ 对应的边界条件是 $\boldsymbol{n}_{12}\cdot(\boldsymbol{B}_2-\boldsymbol{B}_1)=0$。根据亥姆霍兹定理（附录A），由闭曲面 S 包围的区域 V_1 内任意点 $\boldsymbol{r}$ 的磁通密度 $\boldsymbol{B}_1$ 可表示成 $\boldsymbol{B}_1=\nabla\times\boldsymbol{A}-\nabla\varphi$，其中

$$\varphi(\boldsymbol{r},t)=\int_V\frac{\nabla'\cdot\boldsymbol{B}_1(\boldsymbol{r}',t)}{4\pi|\boldsymbol{r}-\boldsymbol{r}'|}\mathrm{d}V(\boldsymbol{r}')-\oint_S\frac{\boldsymbol{B}_1(\boldsymbol{r}',t)\cdot\boldsymbol{n}(\boldsymbol{r}')}{4\pi|\boldsymbol{r}-\boldsymbol{r}'|}\mathrm{d}S(\boldsymbol{r}') \tag{8.32}$$

利用 $\nabla\cdot\boldsymbol{B}_1=0$，可得

$$\varphi(\boldsymbol{r},t)=-\oint_S\frac{\boldsymbol{B}_1(\boldsymbol{r}',t)\cdot\boldsymbol{n}(\boldsymbol{r}')}{4\pi|\boldsymbol{r}-\boldsymbol{r}'|}\mathrm{d}S(\boldsymbol{r}') \tag{8.33}$$

对比 $\boldsymbol{B}_1=\nabla\times\boldsymbol{A}-\nabla\varphi$ 和伦敦第二方程 $\boldsymbol{B}=-\mu_0\delta_L^2\nabla\times\boldsymbol{J}_s$，可知 $\boldsymbol{A}=-\mu_0\delta_L^2\boldsymbol{J}_s$ 和 $\nabla\varphi=\boldsymbol{0}$，于是

$$\nabla\varphi(\boldsymbol{r},t)=-\oint_S\boldsymbol{B}_1(\boldsymbol{r}',t)\cdot\boldsymbol{n}_{12}(\boldsymbol{r}')\nabla\frac{1}{4\pi|\boldsymbol{r}-\boldsymbol{r}'|}\mathrm{d}S(\boldsymbol{r}')=\boldsymbol{0}$$

这意味着闭曲面 S 内侧有 $\boldsymbol{B}_1\cdot\boldsymbol{n}_{12}=0$，所以磁通密度满足的边界条件为

$$\boldsymbol{n}_{12}\cdot\boldsymbol{B}_2=0 \tag{8.34}$$

即正常区表面内侧磁通密度的法向分量为0。

3. 电场强度的边界条件

因 $\left|\dfrac{\partial\boldsymbol{B}}{\partial t}\right|<\infty$，所以 $\nabla\times\boldsymbol{E}=-\dfrac{\partial\boldsymbol{B}}{\partial t}$ 对应的边界条件是

$$\boldsymbol{n}_{12}\times(\boldsymbol{E}_2-\boldsymbol{E}_1)=\boldsymbol{0} \tag{8.35}$$

4. 磁场强度的边界条件

方程 $\nabla\times\boldsymbol{H}=\boldsymbol{J}_n+\boldsymbol{J}_s+\partial\boldsymbol{D}/\partial t$ 对应的边界条件是 $\boldsymbol{n}_{12}\times(\boldsymbol{H}_2-\boldsymbol{H}_1)=\boldsymbol{K}$，其中

$$\boldsymbol{K}=\lim_{\substack{\Delta h_1\to0\\ \Delta h_2\to0}}\left[\left(\boldsymbol{J}_{n1}+\boldsymbol{J}_{s1}+\frac{\partial\boldsymbol{D}_1}{\partial t}\right)\Delta h_1+\left(\boldsymbol{J}_{n2}+\frac{\partial\boldsymbol{D}_2}{\partial t}\right)\Delta \boldsymbol{h}_2\right]$$

式中：$\left|\dfrac{\partial\boldsymbol{D}_1}{\partial t}\right|<\infty$，$\left|\dfrac{\partial\boldsymbol{D}_2}{\partial t}\right|<\infty$；$|\boldsymbol{J}_{n1}|<\infty$，$|\boldsymbol{J}_{n2}|<\infty$，否则能量损耗无穷大；$|\boldsymbol{J}_{s1}|$ 不可能大于临界电流密度。这样，$\boldsymbol{K}=\boldsymbol{0}$，磁场强度的边界条件为

$$\boldsymbol{n}_{12}\times(\boldsymbol{H}_2-\boldsymbol{H}_1)=\boldsymbol{0} \tag{8.36}$$

观察以上4个边界条件可知，不论是从正常区到超导体，还是从超导体到正常区，电场和磁场都是平行于超导体表面进出的。

8.2.6　关于伦敦理论的说明

一个理论的有效性主要体现在两方面，一是能解释已知的物理现象，二是能预测新的物理现象并能被实验证实。解释超导现象的理论有唯象理论和微观理论。唯象理论是从物理现象出发而提出的能拟合这些现象的理论；微观理论是从微观粒子出发而提出的试图从本质上说明物理现象的理论。

伦敦理论是唯象理论，由该理论得到的超导体本构关系——伦敦第一方程和伦敦第二方程，成功地解释了超导体的零电阻性和完全抗磁性，并预言了表面趋肤层的存在。但对于锡

(Sn)、铟(In)等，透入深度的测量值与伦敦理论的预测值并不一致。为了解释伦敦理论与一些实验结果之间的差异，1950 年，金茨堡和朗道提出了金茨堡—朗道方程即 G-L 方程。G-L 方程也是唯象理论，它能解决许多超导问题，如阿布里科索夫所预言的第二类超导体混合态就是基于 G-L 方程得到的。超导体的微观理论是 1957 年由美国学者巴丁、库珀和施里弗共同提出的 BCS 理论。从 BCS 理论出发可以导出与伦敦方程、G-L 方程相类似的方程，可以解释大量超导现象和实验事实，因此 BCS 理论是一个成功的理论。基于 BCS 理论的一个重要进展，是 1962 年英国剑桥大学研究生约瑟夫森所预言的约瑟夫森效应，并得到了实验证实。

目前尚没有能解释所有超导现象的完善理论，现有的理论都有各自的局限性；相比之下，伦敦理论简单、直观，将它与麦克斯韦方程组相结合，可以较好地描述超导体的宏观电磁场。

*8.3 稳恒磁场中的超导球

8.3.1 边值问题的建立

如图 8.17 所示，在稳恒均匀磁场 $\boldsymbol{B}_0=\mu_0\boldsymbol{H}_0$ 中放置半径为 a 的第一类超导体实心球，记球内为区域 1，球外真空为区域 2。建立球坐标系 $Or\theta\phi$，原点 O 位于球心，z 轴正向与 $\boldsymbol{H}_0$ 方向相同。这是一个稳恒磁场问题，球内外的电场强度均等于 $\boldsymbol{0}$。

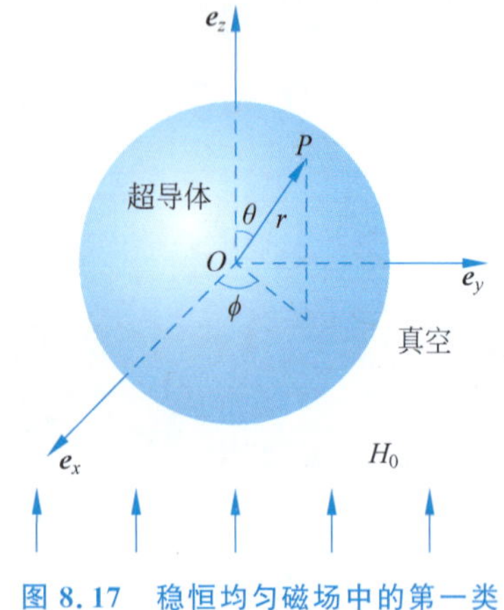

图 8.17 稳恒均匀磁场中的第一类超导体实心球

以下分别研究超导球内、外的磁场分布。

分 4 步建立边值问题。

第一步，写出超导球内($r<a$)电流密度的约束方程。根据问题的轴对称性，球内超导电流只有周向分量，电流大小与周向坐标 ϕ 无关，超导电流密度可表示为

$$\boldsymbol{J}_{\mathrm{s}}=J_{\mathrm{s}\phi}(r,\theta)\boldsymbol{e}_\phi \tag{8.37}$$

$\boldsymbol{J}_{\mathrm{s}}$ 满足方程 $\nabla^2\boldsymbol{J}_{\mathrm{s}}-\boldsymbol{J}_{\mathrm{s}}/\delta_{\mathrm{L}}^2=\boldsymbol{0}$，周向分量 $J_{\mathrm{s}\phi}$ 满足方程：

$$\nabla^2 J_{\mathrm{s}\phi}-\left(\frac{1}{r^2\sin^2\theta}+\frac{1}{\delta_{\mathrm{L}}^2}\right)J_{\mathrm{s}\phi}=0 \tag{8.38}$$

式中，$|J_{\mathrm{s}\phi}|<\infty$。

第二步，写出超导球外($r>a$)磁场的约束方程。由麦克斯韦方程组可知，球外磁场强度满足以下两个方程：

$$\nabla\times\boldsymbol{H}_2=\boldsymbol{0} \tag{8.39}$$

$$\nabla\cdot\boldsymbol{H}_2=0 \tag{8.40}$$

由方程(8.39)可引入磁标位 φ_{m}，使 $\boldsymbol{H}_2=-\nabla\varphi_{\mathrm{m}}$，代入方程(8.40)，得

$$\nabla^2\varphi_{\mathrm{m}}=0 \tag{8.41}$$

利用 φ_{m} 与周向坐标 ϕ 无关的特性，方程(8.41)可写成

$$\frac{1}{r^2}\frac{\partial}{\partial r}\left(r^2\frac{\partial\varphi_{\mathrm{m}}}{\partial r}\right)+\frac{1}{r^2\sin\theta}\frac{\partial}{\partial\theta}\left(\sin\theta\frac{\partial\varphi_{\mathrm{m}}}{\partial\theta}\right)=0 \tag{8.42}$$

第三步，写出内边界面($r=a$)上的边界条件。将球内磁场强度 $\boldsymbol{H}_1=-\delta_{\mathrm{L}}^2\nabla\times\boldsymbol{J}_{\mathrm{s}}$ 和球外磁场强度 $\boldsymbol{H}_2=-\nabla\varphi_{\mathrm{m}}$ 分别代入边界条件(8.34)和边界条件(8.36)，可得

$$\boldsymbol{e}_r\cdot\boldsymbol{B}_2\big|_{r=a}=B_{2r}\big|_{r=a}=-\mu_0\frac{\partial\varphi_{\mathrm{m}}}{\partial r}\bigg|_{r=a}=0 \tag{8.43}$$

$$\boldsymbol{e}_r\times(\boldsymbol{H}_2-\boldsymbol{H}_1)\big|_{r=a}=-\frac{1}{a}\left[\frac{\partial\varphi_{\mathrm{m}}}{\partial\theta}+\delta_{\mathrm{L}}^2\frac{\partial}{\partial r}(rJ_{\mathrm{s}\phi})\right]\Bigg|_{r=a}\boldsymbol{e}_\phi=\boldsymbol{0} \tag{8.44}$$

第四步，写出无限远条件。在远离超导球的地方，超导球对外加磁场的影响可以忽略不计，从而有

$$\lim_{r\to\infty}\boldsymbol{H}_2=-\lim_{r\to\infty}\nabla\varphi_{\mathrm{m}}=H_0\boldsymbol{e}_z$$

在图 8.17 所示的直角坐标系 $Oxyz$ 中，其分量满足

$$\lim_{r\to\infty}\frac{\partial\varphi_{\mathrm{m}}}{\partial x}=0,\quad \lim_{r\to\infty}\frac{\partial\varphi_{\mathrm{m}}}{\partial y}=0,\quad \lim_{r\to\infty}\frac{\partial\varphi_{\mathrm{m}}}{\partial z}=-H_0$$

这 3 个极限积分后，得

$$\lim_{r\to\infty}\varphi_{\mathrm{m}}=-H_0z+C_0=-H_0r\cos\theta+C_0 \tag{8.45}$$

式中，C_0 是积分常量，取 $C_0=0$。

8.3.2 超导球外的磁场分布

对于磁标位方程(8.42)，利用场的轴对称性，用分离变量法可求出球外($r>a$)磁标位的非零通解(附录 C)：

$$\varphi_{\mathrm{m}}(r,\theta)=\sum_{n=0}^{\infty}\left(D_nr^n+\frac{G_n}{r^{n+1}}\right)\mathrm{P}_n(\cos\theta)$$

再利用边界条件(8.43)和无限远条件(8.45)，得球外磁标位表达式：

$$\varphi_{\mathrm{m}}(r,\theta)=-\left(r+\frac{a^3}{2r^2}\right)H_0\cos\theta \tag{8.46}$$

从而球外磁场强度为

$$\boldsymbol{H}_2=-\nabla\varphi_{\mathrm{m}}=\boldsymbol{H}_0+2\pi a^3\,\nabla\left(\frac{\boldsymbol{H}_0\cdot\boldsymbol{r}}{4\pi r^3}\right) \tag{8.47}$$

利用超导球体积 $V=4\pi a^3/3$，可进一步变形为

$$\boldsymbol{H}_2=\boldsymbol{H}_0-\nabla\left[V\left(-\frac{3\boldsymbol{H}_0}{2}\right)\cdot\frac{\boldsymbol{r}}{4\pi r^3}\right] \tag{8.48}$$

右端梯度项与磁偶极子的磁场强度表达式完全相同。这说明，如果把超导球看成一个磁偶极子，那么超导球就是均匀磁化球，磁化强度是 $\boldsymbol{M}=-3\boldsymbol{H}_0/2$，磁偶极矩是 $\boldsymbol{m}=\boldsymbol{M}V$，磁偶极子在球外产生的磁场强度是

$$\boldsymbol{H}_{\mathrm{m}}=-\nabla\left(\frac{\boldsymbol{m}\cdot\boldsymbol{r}}{4\pi r^3}\right) \tag{8.49}$$

球外总的磁场强度是

$$\boldsymbol{H}_2=\boldsymbol{H}_0+\boldsymbol{H}_{\mathrm{m}} \tag{8.50}$$

超导球外的磁场线分布如图 8.18 所示。

以上分析告诉我们，从计算球外磁场的角度看，超导球放入稳恒均匀磁场后将被均匀磁化，超导球成为一个磁偶极子，球外磁场是外加磁场与磁偶极子磁场的叠加。

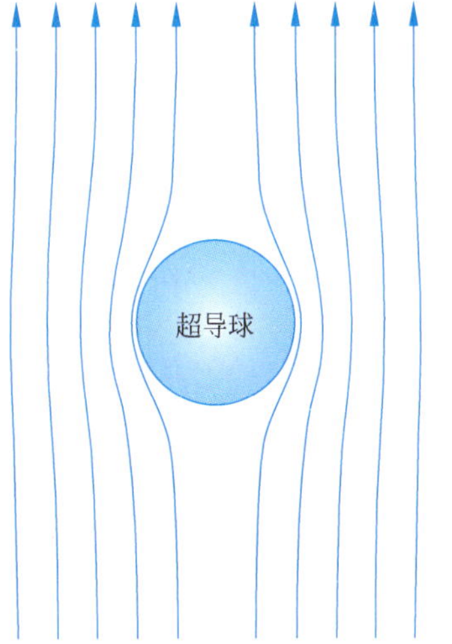

图 8.18　超导球外的磁场线分布

8.3.3 超导球内的电流分布

用分离变量法求解方程(8.38)。令 $J_{s\phi}=R(r)\Theta(\theta)$，方程(8.38)变形为

$$\frac{1}{R}\left(r^2R''+2rR'-\frac{r^2}{\delta_{\mathrm{L}}^2}R\right)=-\frac{1}{\Theta}\left(\Theta''+\frac{1}{\tan\theta}\Theta'-\frac{1}{\sin^2\theta}\Theta\right)$$

左端是 r 的函数，右端是 θ 的函数，意味着等式两端均等于某一常量 C。于是，得到以下两个方程：

$$\Theta''+\frac{1}{\tan\theta}\Theta'+\left(C-\frac{1}{\sin^2\theta}\right)\Theta=0 \tag{8.51}$$

$$r^2R''+2rR'-\left[C+\left(\frac{r}{\delta_L}\right)^2\right]R=0 \tag{8.52}$$

为使解 Θ 非零且数值有限，方程(8.51)中的常量 C 必须取(雷，2000)[28]

$$C=n(n+1)\quad(n=1,2,3,\cdots)$$

此时，方程(8.51)在数学上已有成熟的求解方法，它的通解为

$$\Theta(\theta)=A_n\mathrm{P}_n^1(\cos\theta) \tag{8.53}$$

式中，A_n 是待定常量，$\mathrm{P}_n^1(\cos\theta)$是 n 次 1 阶连带勒让德函数。

设 $u=\sqrt{r}R$，方程(8.52)变形为

$$r^2u''+ru'-\left[\left(\frac{r}{\delta_L}\right)^2+(n+0.5)^2\right]u=0$$

这是 $n+0.5$ 阶变形贝塞尔方程，它的非零解为

$$u=U_n\mathrm{I}_{n+0.5}\left(\frac{r}{\delta_L}\right)$$

式中，U_n 是待定常量，$\mathrm{I}_{n+0.5}(r/\delta_L)$是 $n+0.5$ 阶第一类变形贝塞尔函数。从而方程(8.52)的通解为

$$R(r)=\frac{u(r)}{\sqrt{r}}=\frac{U_n}{\sqrt{r}}\mathrm{I}_{n+0.5}\left(\frac{r}{\delta_L}\right) \tag{8.54}$$

可见，$R(r)$和 $\Theta(\theta)$都随着正整数 n 而变化，考虑到本题是线性问题，方程(8.38)的通解应是所有可能取值的叠加，于是

$$J_{s\phi}(r,\theta)=\frac{1}{\sqrt{r}}\sum_{n=1}^{\infty}F_n\mathrm{I}_{n+0.5}\left(\frac{r}{\delta_L}\right)\mathrm{P}_n^1(\cos\theta) \tag{8.55}$$

式中，$F_n=A_nU_n$。

把式(8.46)和式(8.55)代入边界条件(8.44)，再由

$$\mathrm{P}_1^1(\cos\theta)=\sin\theta\quad 和\quad \mathrm{I}_{1.5}(x)=\sqrt{\frac{2}{\pi x}}\left(\cosh x-\frac{\sinh x}{x}\right)$$

可知 $F_1\neq0,F_2=F_3=\cdots=0$。这样，球内($r<a$)超导电流密度的表达式为

$$J_{s\phi}(r,\theta)=-\frac{3a^3H_0}{2\delta_Lr^2}\frac{(r-\delta_L)\mathrm{e}^{r/\delta_L}+(r+\delta_L)\mathrm{e}^{-r/\delta_L}}{(a^2-a\delta_L+\delta_L^2)\mathrm{e}^{a/\delta_L}-(a^2+a\delta_L+\delta_L^2)\mathrm{e}^{-a/\delta_L}}\sin\theta \tag{8.56}$$

为了看清超导电流的分布特点，设透入深度远小于超导球的半径，即 $\delta_L\ll a$，从而当 $r\gg\delta_L$ 时，由式(8.56)可写出超导电流密度的近似式

$$\boldsymbol{J}_s(r,\theta)=\frac{aJ_{s0}}{r}\mathrm{e}^{-(a-r)/\delta_L}\sin\theta(-\boldsymbol{e}_\phi) \tag{8.57}$$

式中

$$J_{s0}=\frac{3H_0}{2\delta_L} \tag{8.58}$$

取透入深度的典型值为 $\delta_L=10^{-8}$ m，超导球的半径为 $a=10^{-3}$ m，超导球内的超导电流密度随半径的变化如图 8.19 所示。

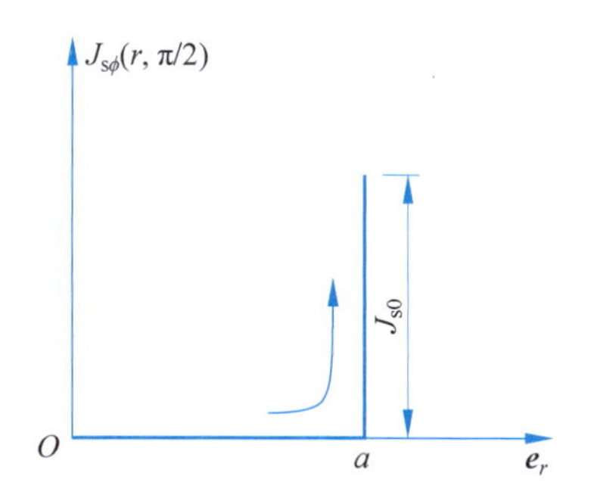

图 8.19 超导球内的超导电流密度随半径的变化

以上分析表明，球内超导电流密度的分布规律如下。

(1) 超导电流集中分布在近表面深度为 $3\delta_L$ 的区域内，球内没有超导电流。

(2) 在球的两极($\theta=0$ 和 $\theta=\pi$)没有超导电流，从两极到赤道($\theta=\pi/2$)超导电流密度按正弦规律增加，赤道处($\theta=\pi/2$)达最大值。

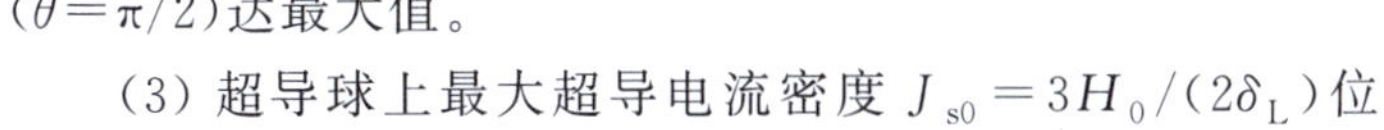

(3) 超导球上最大超导电流密度 $J_{s0}=3H_0/(2\delta_L)$ 位于球表面赤道($r=a,\theta=\pi/2$)处，超导电流方向与外加磁场方向成左手螺旋关系，超导电流的产生是为了抵消外部磁场进入球内。

8.3.4 超导球内的磁场分布

由超导电流密度式(8.56)和伦敦第二方程 $\boldsymbol{H}_1=-\delta_L^2(\nabla\times\boldsymbol{J}_s)$，可得球心附近磁场强度

$$\lim_{r\to 0}\boldsymbol{H}_1=\boldsymbol{0} \tag{8.59}$$

如果 $\delta_L\ll a$，则当 $r\gg\delta_L$ 时，球内磁场强度为

$$\boldsymbol{H}_1=\frac{3aH_0}{2r}\mathrm{e}^{-(a-r)/\delta_L}\sin\theta(-\boldsymbol{e}_\theta) \tag{8.60}$$

根据式(8.57)，式(8.60)可表示成

$$\boldsymbol{H}_1=\delta_L\,|\boldsymbol{J}_s(r,\theta)|\,(-\boldsymbol{e}_\theta) \tag{8.61}$$

可见，球内磁场的分布规律如下。

(1) 磁场分布与超导电流分布相似，这两个矢量垂直，大小成正比。

(2) 磁场集中分布在近表面深度为 $3\delta_L$ 的区域内，球内没有磁场。

(3) 在球的两极($\theta=0$ 和 $\theta=\pi$)磁场为零；在球表面($r=a$)，从两极到赤道($\theta=\pi/2$)磁场按正弦规律增加，赤道处达最大值 $H_1=3H_0/2$。

8.3.5 中间态

现在考虑位于外加稳恒均匀磁场 $\boldsymbol{H}_0$ 中的超导球。由上面分析可知，超导体内磁场被排出，使外部磁场产生畸变，球外两极处减少，赤道处增加，如图 8.18 所示。球表面赤道处最大磁场强度为 $H_1(a,\pi/2)=3H_0/2$。若取 $H_0=2(H_c+\alpha)/3$(H_c 为临界磁场强度，α 满足 $0<\alpha\ll H_c$)，于是 $H_1(a,\pi/2)=H_c+\alpha$，赤道处将首先失去超导态。由于球内其他地方的磁场强度仍然小于临界磁场强度 H_c，所以整个球并没有完全丧失超导态。可以想到，此时球中应该同时存在超导区和正常区。

超导球中的超导区和正常区是如何分布的呢？假想此时赤道附近的正常区如图 8.20 所示，这样正常区内磁场线变得稀疏起来，其中的磁场强度就会小于临界磁场强度 H_c，正常区又会转变成超导区，这就出现了矛盾。为了克服这个矛盾，人们提出了分层模型：当$(2H_c/3)<H_0<H_c$ 时，球体顺着外加磁场方向被分成许多交替出现的正常层和超导层，磁场线从正常区穿过，在正常区与超导区的边界面上磁场强度保持 H_c，如图 8.21 所示。超导体的这种分布状态称为中间态。实验证实，在比较高的外加磁场中第一类超导体内确实存在中间态。

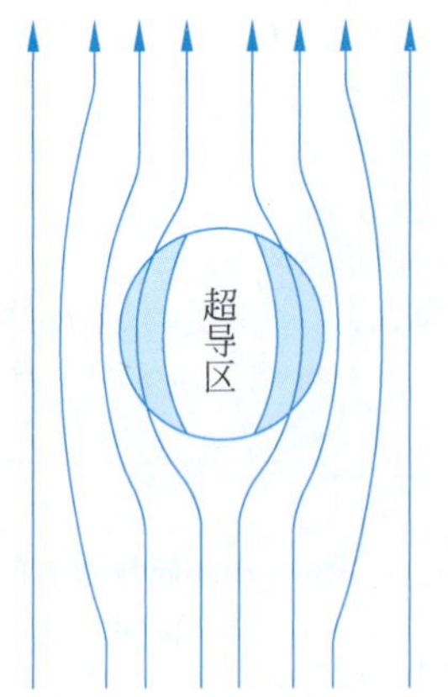

图 8.20 假想的超导球内的正常区和超导区

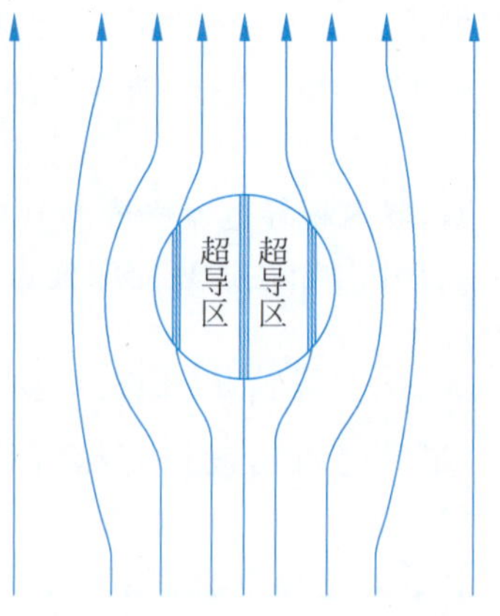

图 8.21 超导体内的中间态

8.4 超导体的应用

超导理论、超导材料、超导应用的研究进展将给电气工程带来重大变革。采用超导体的电工器件和设备，其主要特点是功率损耗低、磁场强、电流密度大、动作迅速和灵敏度高。

自从 1961 年人类第一次成功制造出超导磁体(通有稳恒超导电流的线圈)以来，超导磁体获得了广泛应用。超导磁体可以产生强磁场(远大于 2 T)，体积小、重量轻(无铁芯)、消耗电能少，是目前应用最多的超导装置，而超导磁体应用最多的是超导磁共振成像仪(MRI)，它是 20 世纪诞生的最重要的医疗诊断设备之一。

在电力工业领域，利用超导体可以制造超导发电机、超导变压器、超导电动机、超导故障限流器、超导储能装置、超导电缆、超导磁流体发电装置等。在电子工业领域，利用超导体可以制造超导量子干涉仪、超导计算机、超导滤波器、超导重力仪、超导磁屏蔽系统、超导微波器件等。在交通领域，利用超导体可以制造超导磁悬浮列车、超导轴承、超导陀螺仪等。在军事领域，超导体可用于制造超导电磁炮、超导电磁推进船等。超导体还可以用于加速器、选矿、微弱信号检测等领域。可以这样说，凡是使用电、磁的地方都可以使用超导体。

有朝一日，出现了成本低廉、制造容易、电流密度大、使用方便的室温超导体，将会使现代文明的一切技术都发生根本性的改变，其中获益最大的领域可能是电力输送、电能存储和强磁场产生等领域。目前随着超导材料研究的进展，实现工业规模的超导应用在技术上和经济上已有了可能，我们正迈向超导电气时代。

小 结

1. 超导体的基本电磁特性

超导体具有零电阻现象($R=0$)，稳恒电流情况下不产生焦耳热损耗。对于大块超导体，当外加稳恒磁场不大时，超导体内没有磁场($B=0$)，磁场被排斥到体外，具有完全抗磁性。零电阻性和完全抗磁性是超导体的两个基本电磁特性。

2. 超导体的临界参数

超导体有 3 个临界参数，分别是临界电流密度、临界温度和临界磁场强度。

3. 第一类、第二类超导体的特点

第一类超导体只有一个临界磁场强度，第二类超导体有两个临界磁场强度 H_{c1} 和 H_{c2}。

对于第二类超导体，当外磁场强度 $H<H_{c1}$ 时，超导体内磁通密度为零，呈现完全抗磁性；当外磁场强度 H 满足 $H_{c1}<H<H_{c2}$ 时，超导体处于混合态；当外磁场强度 $H>H_{c2}$ 时，整个超导体变成正常区。非理想第二类超导体具有磁滞现象、高的临界电流密度和高的上临界磁场强度，可以在大电流、强磁场下工作，具有重要的实用价值。

4. 二流体模型

二流体模型把超导体看成普通导体，其电容率为 ε_0，磁导率为 μ_0；超导体中的自由电子由正常电子和超导电子所组成，正常电子的电流密度 $\boldsymbol{J}_n$ 服从欧姆定律的微分形式 $\boldsymbol{J}_n=\sigma\boldsymbol{E}$，超导电子的电流密度 $\boldsymbol{J}_s$ 不满足欧姆定律的微分形式，不呈现电阻性；两部分电子占据同一区域，空间上互相渗透，彼此独立运动；正常电子密度和超导电子密度都是温度的函数，随着温度的降低，超导体中有越来越多的正常电子转变为超导电子。

基于二流体模型，超导体的电磁场方程组为

$$\nabla\cdot\boldsymbol{D}=\rho_{vn}+\rho_{vs}$$

$$\nabla\cdot\boldsymbol{B}=0$$

$$\nabla\times\boldsymbol{E}=-\frac{\partial\boldsymbol{B}}{\partial t}$$

$$\nabla\times\boldsymbol{H}=\boldsymbol{J}_n+\boldsymbol{J}_s+\frac{\partial\boldsymbol{D}}{\partial t}$$

式中，$\boldsymbol{D}=\varepsilon_0\boldsymbol{E}$，$\boldsymbol{B}=\mu_0\boldsymbol{H}$，$\boldsymbol{J}_n=\sigma\boldsymbol{E}$，$\rho_{vn}$ 和 ρ_{vs} 分别是正常电子的电荷密度和超导电子的电荷密度。

5. 伦敦方程

根据二流体模型，超导体的本构关系可以用伦敦第一方程

$$\boldsymbol{E}=\mu_0\delta_L^2\frac{\partial\boldsymbol{J}_s}{\partial t}$$

和伦敦第二方程

$$\boldsymbol{B}=-\mu_0\delta_L^2\nabla\times\boldsymbol{J}_s$$

来描述。伦敦第一方程说明：稳恒电流情况下超导体没有电阻，交流情况下超导体出现交流损耗。伦敦第二方程说明：超导电流靠磁场来维持，有超导电流的地方必有磁场；大块超导体内磁通密度为零；超导电流只能分布在超导体表面几倍透入深度的薄层内。

6. 类磁通守恒

$$\int_S\boldsymbol{B}\cdot d\boldsymbol{S}+\mu_0\delta_L^2\oint_C\boldsymbol{J}_s\cdot d\boldsymbol{r}=\Phi_L\text{（常量）}$$

7. 边界条件

在超导体1与正常区2的边界面两侧，电磁场边界条件为

$$\boldsymbol{n}_{12}\cdot\boldsymbol{D}_2=0$$

$$\boldsymbol{n}_{12}\cdot\boldsymbol{B}_2=0$$

$$\boldsymbol{n}_{12}\times(\boldsymbol{E}_2-\boldsymbol{E}_1)=\boldsymbol{0}$$

$$\boldsymbol{n}_{12}\times(\boldsymbol{H}_2-\boldsymbol{H}_1)=\boldsymbol{0}$$

外部电磁场都是以平行于超导体表面切向方向进入超导体的。

8. 要求

（1）掌握超导体的基本电磁特性。

（2）理解第二类超导体混合态情况下的磁通分布。

（3）了解二流体模型的内容。

（4）理解伦敦方程的物理意义。

9. 注意

（1）不能把超导体看作理想导体。

（2）伦敦理论是唯象理论。

（3）第一类超导体内并不是完全没有磁通，磁通分布在超导体的近表面区域。

（4）利用超导体的抗磁性或非理想第二类超导体的磁滞特性可以实现稳定悬浮。

习　　题

8.1　半径为 a 的长直实心圆柱第一类超导体中通有稳恒电流 I。如果 I 很大，使超导体内表面处的磁场 H_s 超过临界磁场 H_c，超导体就失去超导态。试写出超导体中的临界电流 I_c 与温度 T 之间的函数关系。

8.2　证明：当没有外加磁场时，实心超导球内不存在稳定流动的电流。注：有空洞的超导体内才可能存在稳定流动的电流。

8.3　在稳恒均匀磁场 $\boldsymbol{B}_0$ 中，放入宽度为 $2a$ 的平板超导体，外磁场方向与平板表面平行。试求超导体内的磁场。

附　　录

附录 A　矢量分析公式

A.1　3 种常用坐标系及变换公式

3 种常用坐标系是指直角坐标系、圆柱坐标系和球坐标系，分别如图 1.1、图 1.2 和图 1.3 所示。

A.1.1　直角坐标系

基本单位矢量	$\boldsymbol{e}_x, \boldsymbol{e}_y, \boldsymbol{e}_z$
位置矢量	$\boldsymbol{r} = x\boldsymbol{e}_x + y\boldsymbol{e}_y + z\boldsymbol{e}_z$
长度元矢量	$\mathrm{d}\boldsymbol{r} = \boldsymbol{e}_x \mathrm{d}x + \boldsymbol{e}_y \mathrm{d}y + \boldsymbol{e}_z \mathrm{d}z$
面积元矢量	$\mathrm{d}\boldsymbol{S} = \boldsymbol{e}_x \mathrm{d}y\mathrm{d}z + \boldsymbol{e}_y \mathrm{d}z\mathrm{d}x + \boldsymbol{e}_z \mathrm{d}x\mathrm{d}y$
体积元	$\mathrm{d}V = \mathrm{d}x\mathrm{d}y\mathrm{d}z$
矢量表示式	$\boldsymbol{F} = F_x\boldsymbol{e}_x + F_y\boldsymbol{e}_y + F_z\boldsymbol{e}_z$

A.1.2　圆柱坐标系

基本单位矢量	$\boldsymbol{e}_\rho, \boldsymbol{e}_\phi, \boldsymbol{e}_z$
位置矢量	$\boldsymbol{r} = \rho\boldsymbol{e}_\rho + z\boldsymbol{e}_z$
长度元矢量	$\mathrm{d}\boldsymbol{r} = \boldsymbol{e}_\rho \mathrm{d}\rho + \boldsymbol{e}_\phi \rho\mathrm{d}\phi + \boldsymbol{e}_z \mathrm{d}z$
面积元矢量	$\mathrm{d}\boldsymbol{S} = \boldsymbol{e}_\rho \rho\mathrm{d}\phi\mathrm{d}z + \boldsymbol{e}_\phi \mathrm{d}z\mathrm{d}\rho + \boldsymbol{e}_z \rho\mathrm{d}\rho\mathrm{d}\phi$
体积元	$\mathrm{d}V = \rho\mathrm{d}\rho\mathrm{d}\phi\mathrm{d}z$
矢量表示式	$\boldsymbol{F} = F_\rho\boldsymbol{e}_\rho + F_\phi\boldsymbol{e}_\phi + F_z\boldsymbol{e}_z$

A.1.3　球坐标系

基本单位矢量	$\boldsymbol{e}_r, \boldsymbol{e}_\theta, \boldsymbol{e}_\phi$
位置矢量	$\boldsymbol{r} = r\boldsymbol{e}_r$
长度元矢量	$\mathrm{d}\boldsymbol{r} = \boldsymbol{e}_r \mathrm{d}r + \boldsymbol{e}_\theta r\mathrm{d}\theta + \boldsymbol{e}_\phi r\sin\theta\mathrm{d}\phi$
面积元矢量	$\mathrm{d}\boldsymbol{S} = \boldsymbol{e}_r r^2\sin\theta\mathrm{d}\theta\mathrm{d}\phi + \boldsymbol{e}_\theta r\sin\theta\mathrm{d}r\mathrm{d}\phi + \boldsymbol{e}_\phi r\mathrm{d}r\mathrm{d}\theta$
体积元	$\mathrm{d}V = r^2\sin\theta\mathrm{d}r\mathrm{d}\theta\mathrm{d}\phi$
矢量表示式	$\boldsymbol{F} = F_r\boldsymbol{e}_r + F_\theta\boldsymbol{e}_\theta + F_\phi\boldsymbol{e}_\phi$

A.1.4 直角坐标系与圆柱坐标系之间的变换公式

$$\begin{cases} x=\rho\cos\phi \\ y=\rho\sin\phi \\ z=z \end{cases} \qquad \begin{cases} \boldsymbol{e}_x=\boldsymbol{e}_\rho\cos\phi-\boldsymbol{e}_\phi\sin\phi \\ \boldsymbol{e}_y=\boldsymbol{e}_\rho\sin\phi+\boldsymbol{e}_\phi\cos\phi \\ \boldsymbol{e}_z=\boldsymbol{e}_z \end{cases}$$

$$\begin{cases} \rho=\sqrt{x^2+y^2} \\ \phi=\arctan\dfrac{y}{x} \\ z=z \end{cases} \qquad \begin{cases} \boldsymbol{e}_\rho=\boldsymbol{e}_x\cos\phi+\boldsymbol{e}_y\sin\phi \\ \boldsymbol{e}_\phi=-\boldsymbol{e}_x\sin\phi+\boldsymbol{e}_y\cos\phi \\ \boldsymbol{e}_z=\boldsymbol{e}_z \end{cases}$$

A.1.5 直角坐标系与球坐标系之间的变换公式

$$\begin{cases} x=r\sin\theta\cos\phi \\ y=r\sin\theta\sin\phi \\ z=r\cos\theta \end{cases} \qquad \begin{cases} \boldsymbol{e}_x=\boldsymbol{e}_r\sin\theta\cos\phi+\boldsymbol{e}_\theta\cos\theta\cos\phi-\boldsymbol{e}_\phi\sin\phi \\ \boldsymbol{e}_y=\boldsymbol{e}_r\sin\theta\sin\phi+\boldsymbol{e}_\theta\cos\theta\sin\phi+\boldsymbol{e}_\phi\cos\phi \\ \boldsymbol{e}_z=\boldsymbol{e}_r\cos\theta-\boldsymbol{e}_\theta\sin\theta \end{cases}$$

$$\begin{cases} r=\sqrt{x^2+y^2+z^2} \\ \theta=\arctan\dfrac{\sqrt{x^2+y^2}}{z} \\ \phi=\arctan\dfrac{y}{x} \end{cases} \qquad \begin{cases} \boldsymbol{e}_r=\boldsymbol{e}_x\sin\theta\cos\phi+\boldsymbol{e}_y\sin\theta\sin\phi+\boldsymbol{e}_z\cos\theta \\ \boldsymbol{e}_\theta=\boldsymbol{e}_x\cos\theta\cos\phi+\boldsymbol{e}_y\cos\theta\sin\phi-\boldsymbol{e}_z\sin\theta \\ \boldsymbol{e}_\phi=-\boldsymbol{e}_x\sin\phi+\boldsymbol{e}_y\cos\phi \end{cases}$$

A.1.6 圆柱坐标系与球坐标系之间的变换公式

$$\begin{cases} \rho=r\sin\theta \\ \phi=\phi \\ z=r\cos\theta \end{cases} \qquad \begin{cases} \boldsymbol{e}_\rho=\boldsymbol{e}_r\sin\theta+\boldsymbol{e}_\theta\cos\theta \\ \boldsymbol{e}_\phi=\boldsymbol{e}_\phi \\ \boldsymbol{e}_z=\boldsymbol{e}_r\cos\theta-\boldsymbol{e}_\theta\sin\theta \end{cases}$$

$$\begin{cases} r=\sqrt{\rho^2+z^2} \\ \theta=\arcsin\dfrac{\rho}{\sqrt{\rho^2+z^2}} \\ \phi=\phi \end{cases} \qquad \begin{cases} \boldsymbol{e}_r=\boldsymbol{e}_\rho\sin\theta+\boldsymbol{e}_z\cos\theta \\ \boldsymbol{e}_\theta=\boldsymbol{e}_\rho\cos\theta-\boldsymbol{e}_z\sin\theta \\ \boldsymbol{e}_\phi=\boldsymbol{e}_\phi \end{cases}$$

A.2 梯度、散度和旋度在3种常用坐标系中的表达式

A.2.1 直角坐标系中的表达式

$$\nabla\varphi=\boldsymbol{e}_x\frac{\partial\varphi}{\partial x}+\boldsymbol{e}_y\frac{\partial\varphi}{\partial y}+\boldsymbol{e}_z\frac{\partial\varphi}{\partial z}$$

$$\nabla\cdot\boldsymbol{F}=\frac{\partial F_x}{\partial x}+\frac{\partial F_y}{\partial y}+\frac{\partial F_z}{\partial z}$$

$$\nabla\times\boldsymbol{F}=\begin{vmatrix} \boldsymbol{e}_x & \boldsymbol{e}_y & \boldsymbol{e}_z \\ \dfrac{\partial}{\partial x} & \dfrac{\partial}{\partial y} & \dfrac{\partial}{\partial z} \\ F_x & F_y & F_z \end{vmatrix}=\boldsymbol{e}_x\left(\frac{\partial F_z}{\partial y}-\frac{\partial F_y}{\partial z}\right)+\boldsymbol{e}_y\left(\frac{\partial F_x}{\partial z}-\frac{\partial F_z}{\partial x}\right)+\boldsymbol{e}_z\left(\frac{\partial F_y}{\partial x}-\frac{\partial F_x}{\partial y}\right)$$

$$\nabla^2\varphi=\frac{\partial^2\varphi}{\partial x^2}+\frac{\partial^2\varphi}{\partial y^2}+\frac{\partial^2\varphi}{\partial z^2}$$

$$\nabla^2 \boldsymbol{F}=\boldsymbol{e}_x \nabla^2 F_x+\boldsymbol{e}_y \nabla^2 F_y+\boldsymbol{e}_z \nabla^2 F_z$$

A.2.2 圆柱坐标系中的表达式

$$\nabla \varphi=\boldsymbol{e}_\rho \frac{\partial \varphi}{\partial \rho}+\boldsymbol{e}_\varphi \frac{1}{\rho} \frac{\partial \varphi}{\partial \phi}+\boldsymbol{e}_z \frac{\partial \phi}{\partial z}$$

$$\nabla \cdot \boldsymbol{F}=\frac{1}{\rho} \frac{\partial\left(\rho F_\rho\right)}{\partial \rho}+\frac{1}{\rho} \frac{\partial F_\phi}{\partial \phi}+\frac{\partial F_z}{\partial z}$$

$$\nabla \times \boldsymbol{F}=\boldsymbol{e}_\rho\left(\frac{1}{\rho} \frac{\partial F_z}{\partial \phi}-\frac{\partial F_\phi}{\partial z}\right)+\boldsymbol{e}_\phi\left(\frac{\partial F_\rho}{\partial z}-\frac{\partial F_z}{\partial \rho}\right)+\boldsymbol{e}_z \frac{1}{\rho}\left[\frac{\partial\left(\rho F_\phi\right)}{\partial \rho}-\frac{\partial F_\rho}{\partial \phi}\right]$$

$$\nabla^2 \varphi=\frac{1}{\rho} \frac{\partial}{\partial \rho}\left(\rho \frac{\partial \varphi}{\partial \rho}\right)+\frac{1}{\rho^2} \frac{\partial^2 \varphi}{\partial \phi^2}+\frac{\partial^2 \varphi}{\partial z^2}$$

$$\nabla^2 \boldsymbol{F}=\boldsymbol{e}_\rho\left(\nabla^2 F_\rho-\frac{F_\rho}{\rho^2}-\frac{2}{\rho^2} \frac{\partial F_\phi}{\partial \phi}\right)+\boldsymbol{e}_\phi\left(\nabla^2 F_\phi-\frac{F_\phi}{\rho^2}+\frac{2}{\rho^2} \frac{\partial F_\rho}{\partial \phi}\right)+\boldsymbol{e}_z \nabla^2 F_z$$

A.2.3 球坐标系中的表达式

$$\nabla \varphi=\boldsymbol{e}_r \frac{\partial \varphi}{\partial r}+\boldsymbol{e}_\theta \frac{1}{r} \frac{\partial \varphi}{\partial \theta}+\boldsymbol{e}_\phi \frac{1}{r \sin \theta} \frac{\partial \varphi}{\partial \phi}$$

$$\nabla \cdot \boldsymbol{F}=\frac{1}{r^2} \frac{\partial\left(r^2 F_r\right)}{\partial r}+\frac{1}{r \sin \theta} \frac{\partial\left(\sin \theta F_\theta\right)}{\partial \theta}+\frac{1}{r \sin \theta} \frac{\partial F_\phi}{\partial \phi}$$

$$\nabla \times \boldsymbol{F}=\frac{\boldsymbol{e}_r}{r \sin \theta}\left[\frac{\partial\left(\sin \theta F_\phi\right)}{\partial \theta}-\frac{\partial F_\theta}{\partial \phi}\right]+\frac{\boldsymbol{e}_\theta}{r}\left[\frac{1}{\sin \theta} \frac{\partial F_r}{\partial \phi}-\frac{\partial\left(r F_\phi\right)}{\partial r}\right]+\frac{\boldsymbol{e}_\phi}{r}\left[\frac{\partial\left(r F_\theta\right)}{\partial r}-\frac{\partial F_r}{\partial \theta}\right]$$

$$\nabla^2 \varphi=\frac{1}{r^2}\left[\frac{\partial}{\partial r}\left(r^2 \frac{\partial \varphi}{\partial r}\right)+\frac{1}{\sin \theta} \frac{\partial}{\partial \theta}\left(\sin \theta \frac{\partial \varphi}{\partial \theta}\right)+\frac{1}{\sin ^2 \theta} \frac{\partial^2 \varphi}{\partial \phi^2}\right]$$

$$\nabla^2 \boldsymbol{F}=\boldsymbol{e}_r\left[\nabla^2 F_r-\frac{2}{r^2}\left(F_r+\cot \theta F_\theta+\frac{\partial F_\theta}{\partial \theta}+\frac{1}{\sin \theta} \frac{\partial F_\phi}{\partial \phi}\right)\right]+\boldsymbol{e}_\theta\left[\nabla^2 F_\theta-\frac{2}{r^2}\left(\frac{1}{2 \sin ^2 \theta} F_\theta-\frac{\partial F_r}{\partial \theta}+\right.\right.$$
$$\left.\left.\frac{\cot \theta}{\sin \theta} \frac{\partial F_\phi}{\partial \phi}\right)\right]+\boldsymbol{e}_\phi\left[\nabla^2 F_\phi-\frac{2}{r^2}\left(\frac{1}{2 \sin ^2 \theta} F_\phi-\frac{1}{\sin \theta} \frac{\partial F_r}{\partial \phi}-\frac{\cot \theta}{\sin \theta} \frac{\partial F_\theta}{\partial \phi}\right)\right]$$

A.3 矢量运算及微积分

A.3.1 标积、矢积和三重积的计算式

设矢量 $\boldsymbol{A}$ 和 $\boldsymbol{B}$ 的夹角满足 $0 \leqslant (\boldsymbol{A},\boldsymbol{B}) \leqslant \pi$，$A=|\boldsymbol{A}|$，$B=|\boldsymbol{B}|$，则

标积(标量积) $\boldsymbol{A} \cdot \boldsymbol{B}=AB\cos(\boldsymbol{A},\boldsymbol{B})$

矢积(矢量积) $\boldsymbol{A} \times \boldsymbol{B}=\boldsymbol{n}AB\sin(\boldsymbol{A},\boldsymbol{B})$ 或 $\boldsymbol{A} \times \boldsymbol{B}=\boldsymbol{n}\sqrt{(AB)^2-(\boldsymbol{A} \cdot \boldsymbol{B})^2}$（$\boldsymbol{n}$ 是同时垂直于 $\boldsymbol{A}$ 和 $\boldsymbol{B}$ 的单位矢量，$\boldsymbol{A}$、$\boldsymbol{B}$、$\boldsymbol{n}$ 顺次构成右手系）

在直角坐标系 $Oxyz$ 中，设

$$\boldsymbol{A}=A_x \boldsymbol{e}_x+A_y \boldsymbol{e}_y+A_z \boldsymbol{e}_z, \quad \boldsymbol{B}=B_x \boldsymbol{e}_x+B_y \boldsymbol{e}_y+B_z \boldsymbol{e}_z, \quad \boldsymbol{C}=C_x \boldsymbol{e}_x+C_y \boldsymbol{e}_y+C_z \boldsymbol{e}_z$$

则

标积 $\boldsymbol{A} \cdot \boldsymbol{B}=A_x B_x+A_y B_y+A_z B_z$

矢积 $\boldsymbol{A} \times \boldsymbol{B}=\begin{vmatrix} \boldsymbol{e}_x & \boldsymbol{e}_y & \boldsymbol{e}_z \\ A_x & A_y & A_z \\ B_x & B_y & B_z \end{vmatrix}$

三重积 $\boldsymbol{A}\cdot(\boldsymbol{B}\times\boldsymbol{C})=\begin{vmatrix} A_x & A_y & A_z \\ B_x & B_y & B_z \\ C_x & C_y & C_z \end{vmatrix}$

A.3.2 矢量基本运算公式

$\boldsymbol{A}\cdot\boldsymbol{B}=\boldsymbol{B}\cdot\boldsymbol{A}$

$\boldsymbol{A}\times\boldsymbol{B}=-\boldsymbol{B}\times\boldsymbol{A}$

$\boldsymbol{A}\cdot(\boldsymbol{B}\times\boldsymbol{C})=\boldsymbol{B}\cdot(\boldsymbol{C}\times\boldsymbol{A})=\boldsymbol{C}\cdot(\boldsymbol{A}\times\boldsymbol{B})$

$\boldsymbol{A}\times(\boldsymbol{B}\times\boldsymbol{C})=\boldsymbol{B}(\boldsymbol{C}\cdot\boldsymbol{A})-\boldsymbol{C}(\boldsymbol{A}\cdot\boldsymbol{B})$

$(\boldsymbol{A}\times\boldsymbol{B})\cdot(\boldsymbol{C}\times\boldsymbol{D})=\begin{vmatrix} \boldsymbol{A}\cdot\boldsymbol{C} & \boldsymbol{B}\cdot\boldsymbol{C} \\ \boldsymbol{A}\cdot\boldsymbol{D} & \boldsymbol{B}\cdot\boldsymbol{D} \end{vmatrix}=(\boldsymbol{A}\cdot\boldsymbol{C})(\boldsymbol{B}\cdot\boldsymbol{D})-(\boldsymbol{A}\cdot\boldsymbol{D})(\boldsymbol{B}\cdot\boldsymbol{C})$

A.3.3 矢量微分公式

$\nabla(f+g)=\nabla f+\nabla g$

$\nabla(fg)=f\nabla g+g\nabla f$

$\nabla F(\varphi)=F'(\varphi)\nabla\varphi$

$\nabla(\boldsymbol{A}\cdot\boldsymbol{B})=(\boldsymbol{A}\cdot\nabla)\boldsymbol{B}+(\boldsymbol{B}\cdot\nabla)\boldsymbol{A}+\boldsymbol{A}\times(\nabla\times\boldsymbol{B})+\boldsymbol{B}\times(\nabla\times\boldsymbol{A})$

$\nabla(\boldsymbol{A}\cdot\boldsymbol{B})=(\boldsymbol{A}\times\nabla)\times\boldsymbol{B}+\boldsymbol{A}(\nabla\cdot\boldsymbol{B})+\boldsymbol{B}\times(\nabla\times\boldsymbol{A})+(\boldsymbol{B}\cdot\nabla)\boldsymbol{A}$

$\nabla\cdot(\boldsymbol{A}+\boldsymbol{B})=\nabla\cdot\boldsymbol{A}+\nabla\cdot\boldsymbol{B}$

$\nabla\cdot(f\boldsymbol{A})=f\,\nabla\cdot\boldsymbol{A}+\boldsymbol{A}\cdot\nabla f$

$\nabla\cdot(\boldsymbol{A}\times\boldsymbol{B})=\boldsymbol{B}\cdot(\nabla\times\boldsymbol{A})-\boldsymbol{A}\cdot(\nabla\times\boldsymbol{B})$

$\nabla\cdot\nabla f=(\nabla\cdot\nabla)f=\nabla^2 f$

$\nabla\cdot(\nabla\times\boldsymbol{A})=0$

$\nabla\times(\boldsymbol{A}+\boldsymbol{B})=\nabla\times\boldsymbol{A}+\nabla\times\boldsymbol{B}$

$\nabla\times(f\boldsymbol{A})=f\,\nabla\times\boldsymbol{A}-\boldsymbol{A}\times\nabla f$

$\nabla\times(\boldsymbol{A}\times\boldsymbol{B})=\boldsymbol{A}(\nabla\cdot\boldsymbol{B})-\boldsymbol{B}(\nabla\cdot\boldsymbol{A})+(\boldsymbol{B}\cdot\nabla)\boldsymbol{A}-(\boldsymbol{A}\cdot\nabla)\boldsymbol{B}$

$\nabla\times(\nabla\times\boldsymbol{A})=\nabla(\nabla\cdot\boldsymbol{A})-\nabla^2\boldsymbol{A}$

$(\boldsymbol{A}\cdot\nabla)\boldsymbol{A}+\boldsymbol{A}\times(\nabla\times\boldsymbol{A})=A\nabla A$（其中 $A=|\boldsymbol{A}|$）

$\boldsymbol{A}(\nabla\cdot\boldsymbol{A})+(\boldsymbol{A}\times\nabla)\times\boldsymbol{A}=A\nabla A$

$\nabla\times\nabla f=\boldsymbol{0}$

$\nabla\times(f\nabla g)=\nabla f\times\nabla g$

$(\boldsymbol{A}\cdot\nabla)f=\boldsymbol{A}\cdot(\nabla f)$

$(\boldsymbol{A}\times\nabla)f=\boldsymbol{A}\times(\nabla f)$

$\nabla^2(f\boldsymbol{A})=f\nabla^2\boldsymbol{A}+\boldsymbol{A}\nabla^2 f+2(\nabla f\cdot\nabla)\boldsymbol{A}$

A.3.4 矢量积分公式

(1) 闭曲面积分与体积分的关系

$\int_V \nabla\cdot\boldsymbol{F}\,\mathrm{d}V=\oint_S \boldsymbol{F}\cdot\mathrm{d}\boldsymbol{S}$（散度定理）

$\int_V \nabla\times\boldsymbol{F}\,\mathrm{d}V=\oint_S \mathrm{d}\boldsymbol{S}\times\boldsymbol{F}$

$\int_V \nabla f\,\mathrm{d}V=\oint_S f\,\mathrm{d}\boldsymbol{S}$

(2) 闭曲线积分与曲面积分的关系

$$\int_S (\nabla\times \boldsymbol{F})\cdot \mathrm{d}\boldsymbol{S} = \oint_C \boldsymbol{F}\cdot \mathrm{d}\boldsymbol{r}\text{（斯托克斯定理）}$$

$$\int_S (\mathrm{d}\boldsymbol{S}\times\nabla)\times \boldsymbol{F} = \oint_C \mathrm{d}\boldsymbol{r}\times \boldsymbol{F}$$

$$\int_S \mathrm{d}\boldsymbol{S}\times\nabla f = \oint_C f\,\mathrm{d}\boldsymbol{r}$$

A.3.5 对时间的导数公式

$$\frac{\mathrm{d}\boldsymbol{F}}{\mathrm{d}t} = \frac{\partial \boldsymbol{F}}{\partial t} + (\nabla\cdot\boldsymbol{F})\boldsymbol{v} + \nabla\times(\boldsymbol{F}\times\boldsymbol{v})$$

$$\frac{\mathrm{d}}{\mathrm{d}t}\oint_C \boldsymbol{F}\cdot\mathrm{d}\boldsymbol{r} = \oint_C\left[\frac{\partial \boldsymbol{F}}{\partial t} + (\nabla\times\boldsymbol{F})\times\boldsymbol{v}\right]\cdot\mathrm{d}\boldsymbol{r}$$

$$\frac{\mathrm{d}}{\mathrm{d}t}\int_S \boldsymbol{F}\cdot\mathrm{d}\boldsymbol{S} = \int_S\left(\frac{\partial \boldsymbol{F}}{\partial t} + \boldsymbol{v}\,\nabla\cdot\boldsymbol{F}\right)\cdot\mathrm{d}\boldsymbol{S} - \oint_C(\boldsymbol{v}\times\boldsymbol{F})\cdot\mathrm{d}\boldsymbol{r}$$

$$\frac{\mathrm{d}}{\mathrm{d}t}\int_V f\,\mathrm{d}V = \int_V\left[\nabla\cdot(f\boldsymbol{v}) + \frac{\partial f}{\partial t}\right]\mathrm{d}V = \oint_S f\boldsymbol{v}\cdot\mathrm{d}\boldsymbol{S} + \int_V\frac{\partial f}{\partial t}\mathrm{d}V$$

这里，时间 t 是一个与空间坐标 x、y、z 无关的独立变量，速度 $\boldsymbol{v}=\mathrm{d}\boldsymbol{r}/\mathrm{d}t$。

A.3.6 与 $|\boldsymbol{r}-\boldsymbol{r}'|$ 有关的泰勒级数和公式

$$\frac{\mathrm{e}^{-\mathrm{j}k|\boldsymbol{r}-\boldsymbol{r}'|}}{|\boldsymbol{r}-\boldsymbol{r}'|} = \frac{\mathrm{e}^{-\mathrm{j}kr}}{r}\left[1+\frac{\boldsymbol{r}'\cdot\boldsymbol{r}}{r^2}(1+\mathrm{j}kr) - \frac{(kr')^2}{6} + \frac{3(\boldsymbol{r}'\cdot\boldsymbol{r})^2 - r'^2r^2}{2r^4}\left(1+\mathrm{j}kr-\frac{k^2r^2}{3}\right)+\cdots\right]$$

$$\nabla\cdot\frac{\boldsymbol{r}-\boldsymbol{r}'}{|\boldsymbol{r}-\boldsymbol{r}'|^3} = -\nabla^2\frac{1}{|\boldsymbol{r}-\boldsymbol{r}'|} = 4\pi\delta(\boldsymbol{r}-\boldsymbol{r}')$$

$$\int_V f(\boldsymbol{r}')\delta(\boldsymbol{r}'-\boldsymbol{r})\mathrm{d}V(\boldsymbol{r}') = f(\boldsymbol{r})\text{（}\delta\text{ 函数的取样公式）}$$

A.4 亥姆霍兹定理

在区域 V 内及其闭曲面 S 上具有连续偏导数的任意矢量 $\boldsymbol{F}(\boldsymbol{r},t)$ 可以表示成一个矢量函数的旋度和一个标量函数的梯度之和，即

$$\boldsymbol{F}(\boldsymbol{r},t) = \nabla\times\boldsymbol{A}(\boldsymbol{r},t) + \nabla[-\varphi(\boldsymbol{r},t)]$$

式中

$$\boldsymbol{A}(\boldsymbol{r},t) = \int_V\frac{\nabla'\times\boldsymbol{F}(\boldsymbol{r}',t)}{4\pi|\boldsymbol{r}-\boldsymbol{r}'|}\mathrm{d}V(\boldsymbol{r}') + \oint_S\frac{\boldsymbol{F}(\boldsymbol{r}',t)\times\mathrm{d}\boldsymbol{S}(\boldsymbol{r}')}{4\pi|\boldsymbol{r}-\boldsymbol{r}'|}$$

$$\varphi(\boldsymbol{r},t) = \int_V\frac{\nabla'\cdot\boldsymbol{F}(\boldsymbol{r}',t)}{4\pi|\boldsymbol{r}-\boldsymbol{r}'|}\mathrm{d}V(\boldsymbol{r}') - \oint_S\frac{\boldsymbol{F}(\boldsymbol{r}',t)\cdot\mathrm{d}\boldsymbol{S}(\boldsymbol{r}')}{4\pi|\boldsymbol{r}-\boldsymbol{r}'|}$$

附录 B δ 函数

B.1 δ 函数的定义和性质

δ 函数也称为狄拉克 δ 函数，它通过积分来定义：

$$\int_{-\infty}^{\infty}\delta(x)\mathrm{d}x = 1 \tag{B.1}$$

$$\delta(x) = \begin{cases}0, & x\neq 0\\ \infty, & x=0\end{cases} \tag{B.2}$$

它的各种性质可以通过以上定义式推导出来。

δ 函数具有一个重要性质——抽样性质：对任意连续函数 $f(x)$，有

$$\int_{-\infty}^{\infty} f(x)\delta(x)\mathrm{d}x = f(0) \tag{B.3}$$

其他性质有

$$\delta(-x) = \delta(x) \tag{B.4}$$

$$f(x)\delta(x-x_0) = f(x_0)\delta(x-x_0) \tag{B.5}$$

$$\delta(ax-x_0) = \frac{1}{|a|}\delta\left(x-\frac{x_0}{a}\right) \quad (a \neq 0) \tag{B.6}$$

B.2 二维 δ 函数和三维 δ 函数

如果 δ 函数只在直角坐标系的 xOy 平面内变化，则二维 δ 函数被定义为

$$\delta(\boldsymbol{r}-\boldsymbol{r}_0) = \delta(x-x_0)\delta(y-y_0) \tag{B.7}$$

其中，$\boldsymbol{r} = x\boldsymbol{e}_x + y\boldsymbol{e}_y$，$\boldsymbol{r}_0 = x_0\boldsymbol{e}_x + y_0\boldsymbol{e}_y$。

同样，在直角坐标系 $Oxyz$ 中，三维 δ 函数被定义为

$$\delta(\boldsymbol{r}-\boldsymbol{r}_0) = \delta(x-x_0)\delta(y-y_0)\delta(z-z_0) \tag{B.8}$$

其中，$\boldsymbol{r} = x\boldsymbol{e}_x + y\boldsymbol{e}_y + z\boldsymbol{e}_z$，$\boldsymbol{r}_0 = x_0\boldsymbol{e}_x + y_0\boldsymbol{e}_y + z_0\boldsymbol{e}_z$。

二维 δ 函数和三维 δ 函数分别满足取样性质：

$$\int_S f(\boldsymbol{r})\delta(\boldsymbol{r}-\boldsymbol{r}_0)\mathrm{d}S(\boldsymbol{r}) = f(\boldsymbol{r}_0) \tag{B.9}$$

$$\int_V g(\boldsymbol{r})\delta(\boldsymbol{r}-\boldsymbol{r}_0)\mathrm{d}V(\boldsymbol{r}) = g(\boldsymbol{r}_0) \tag{B.10}$$

式(B.9)中矢径 $\boldsymbol{r}_0$ 的终点位于曲面 S 上，式(B.10)中矢径 $\boldsymbol{r}_0$ 的终点位于区域 V 内。以上我们用同一个符号 $\delta(\boldsymbol{r}-\boldsymbol{r}_0)$来表示任意维数的 δ 函数，在一个具体问题中，δ 函数的维数要由宗量 $\boldsymbol{r}$ 的维数来确定。

需要注意形如 $\delta[g(\boldsymbol{r})]$的 δ 函数。设 $\boldsymbol{r}$ 是 n 维空间中的一个点，函数 $g(\boldsymbol{r})$是一个标量函数，所以 $\delta[g(\boldsymbol{r})]$是一维 δ 函数，并不是 n 维 δ 函数。

B.3 δ 函数的量纲

下面用$[g]$表示物理量 g 的量纲。

由式(B.10)可知$[g][\delta][\mathrm{d}V]=[g]$，即

$$[\delta][\mathrm{d}V] = 1 \tag{B.11}$$

式中右端“1”表示左端两个量纲的乘积为 1。于是

$$[\delta(\boldsymbol{r})] = \left[\frac{1}{\mathrm{d}V}\right] \tag{B.12}$$

即 δ 函数的量纲是 n 维空间元素 $\mathrm{d}V$ 量纲的倒数。例如：如果 $\mathrm{d}V$ 是长度元素，则 δ 函数的量纲就是 L^{-1}(L 表示长度的量纲)；如果 $\mathrm{d}V$ 是面积元素，则 δ 函数的量纲就是 L^{-2}；如果 $\mathrm{d}V$ 是三维空间的体积元素，则 δ 函数的量纲就是 L^{-3}。也就是说，δ 函数没有固定的量纲，它随应用场合不同而不同。

B.4 证明 $\nabla^2\frac{1}{|\boldsymbol{r}-\boldsymbol{r}'|} = -4\pi\delta(\boldsymbol{r}-\boldsymbol{r}')$

设 $\boldsymbol{r}$ 和 $\boldsymbol{r}'$分别是点 $P(x,y,z)$和点 $Q(x',y',z')$的位置矢量。三维空间 V 中 δ 函数满足

$$\int_V \delta(\boldsymbol{r}-\boldsymbol{r}')\mathrm{d}V(\boldsymbol{r})=\begin{cases}1, & Q\in V\\ 0, & Q\notin V\end{cases} \tag{B.13}$$

记 $R=|\boldsymbol{r}-\boldsymbol{r}'|$。先计算面积分$\oint_S \nabla\frac{1}{R}\cdot\mathrm{d}\boldsymbol{S}(\boldsymbol{r})$，这里积分区域 S 是三维区域 V 的表面，位置矢量 $\boldsymbol{r}$ 的终点位于闭曲面 S 上。以下分两种情况考虑。

（1）当点 $Q(x',y',z')$在闭曲面 S 外时，$R>0$，而且

$$\begin{aligned}\nabla^2\frac{1}{R}&=\frac{\partial^2}{\partial x^2}\left(\frac{1}{R}\right)+\frac{\partial^2}{\partial y^2}\left(\frac{1}{R}\right)+\frac{\partial^2}{\partial z^2}\left(\frac{1}{R}\right)\\&=\left[\frac{3(x-x')^2}{R^5}-\frac{1}{R^3}\right]+\left[\frac{3(y-y')^2}{R^5}-\frac{1}{R^3}\right]+\left[\frac{3(z-z')^2}{R^5}-\frac{1}{R^3}\right]=0\end{aligned}$$

于是，由散度定理可知

$$\oint_S \nabla\frac{1}{R}\cdot\mathrm{d}\boldsymbol{S}=\int_V \nabla\cdot\nabla\frac{1}{R}\mathrm{d}V=\int_V \nabla^2\frac{1}{R}\mathrm{d}V=0 \tag{B.14}$$

（2）当点 $Q(x',y',z')$在闭曲面 S 内时，则当 $\boldsymbol{r}=\boldsymbol{r}'$时$\nabla^2\frac{1}{R}$无界，此时以点 Q 为球心、以小正数 a 为半径作一球 V_a，记 V_a 的球面为 S_a，设 a 足够小，球 V_a 完全被包围在 S 内。这样在由 S 和 S_a 所共同包围的区域 $V-V_a$ 及其闭曲面 $S+S_a$ 上，$R>0$，根据式(B.14)，得

$$\oint_{S+S_a} \nabla\frac{1}{R}\cdot\mathrm{d}\boldsymbol{S}=\oint_S \nabla\frac{1}{R}\cdot\mathrm{d}\boldsymbol{S}-\oint_{S_a} \nabla\frac{1}{R}\cdot(\boldsymbol{n}_a\mathrm{d}S_a)=0$$

式中，$\mathrm{d}\boldsymbol{S}$ 的方向指向 V_a 外侧；$\boldsymbol{n}_a$ 是 S_a 上的法向单位矢量，方向由球心 Q 指向球面 S_a，$\boldsymbol{n}_a=\boldsymbol{R}/R$。于是

$$\oint_S \nabla\frac{1}{R}\cdot\mathrm{d}\boldsymbol{S}=\oint_{S_a}\left(\nabla\frac{1}{R}\cdot\boldsymbol{n}_a\right)\mathrm{d}S_a=\oint_{S_a}\left(-\frac{\boldsymbol{R}}{R^3}\right)\cdot\left(\frac{\boldsymbol{R}}{R}\right)\mathrm{d}S_a=-\frac{1}{a^2}\oint_{S_a}\mathrm{d}S_a=-4\pi \tag{B.15}$$

综合以上两种情况，可知

$$\oint_S \nabla\frac{1}{R}\cdot\mathrm{d}\boldsymbol{S}(\boldsymbol{r})=\begin{cases}-4\pi, & Q\in V\\ 0, & Q\notin V\end{cases} \tag{B.16}$$

进一步，利用散度定理，得

$$\oint_S \nabla\frac{1}{R}\cdot\mathrm{d}\boldsymbol{S}=\int_V \nabla^2\frac{1}{R}\mathrm{d}V=\begin{cases}-4\pi, & Q\in V\\ 0, & Q\notin V\end{cases} \tag{B.17}$$

对照式(B.13)，得

$$-\frac{1}{4\pi}\nabla^2\frac{1}{|\boldsymbol{r}-\boldsymbol{r}'|}=\delta(\boldsymbol{r}-\boldsymbol{r}') \tag{B.18}$$

证毕。

有关 δ 函数的更多内容可参考(巴雷特，1988. 放射成像(第 1 卷)[M]. 张万里，译. 北京：科学出版社.)。

附录 C　二维拉普拉斯方程的通解

C.1　圆柱坐标系中的平行平面场

在圆柱坐标系 $O\rho\phi z$ 中，设标量函数 φ 与坐标分量 z 无关，则拉普拉斯方程$\nabla^2\varphi(\rho,\phi)=0$

的展开式(附录 A)为

$$\nabla^2\varphi=\frac{1}{\rho}\frac{\partial}{\partial\rho}\left(\rho\frac{\partial\varphi}{\partial\rho}\right)+\frac{1}{\rho^2}\frac{\partial^2\varphi}{\partial\phi^2}=0 \tag{C.1}$$

用分离变量法求解。设非零解为 $\varphi(\rho,\phi)=R(\rho)\Phi(\phi)$。代入以上方程,得

$$\rho^2\frac{R''}{R}+\rho\frac{R'}{R}=-\frac{\Phi''}{\Phi}$$

等式左端仅是 ρ 的函数,等式右端仅是 ϕ 的函数,而 ρ 和 ϕ 是两个独立变量,所以两端必然等于某个常量 λ(分离常量)。这样,可分离得到以下两个微分方程

$$\rho^2R''+\rho R'-\lambda R=0 \tag{C.2}$$

$$\Phi''+\lambda\Phi=0 \tag{C.3}$$

可见,求出 $R(\rho)$和 $\Phi(\phi)$的关键是确定分离常量 λ。假定 $\Phi(\phi)$满足周期性条件

$$\Phi\mid_{\phi=0}=\Phi\mid_{\phi=2\pi} \tag{C.4}$$

$$\Phi'\mid_{\phi=0}=\Phi'\mid_{\phi=2\pi} \tag{C.5}$$

下面从这两个周期性条件出发,以任何有意义的物理场都应非零且数值有限为基础,分 3 种情况来确定边值问题(C.3)～(C.5)的解。

(1) $\lambda<0$。方程(C.3)的通解为

$$\Phi(\phi)=A\mathrm{e}^{\sqrt{-\lambda}\phi}+B\mathrm{e}^{-\sqrt{-\lambda}\phi}$$

式中,A 和 B 都是待定常量。代入周期性条件(C.4)～(C.5),得矩阵方程

$$\begin{bmatrix}1-\mathrm{e}^{2\pi\sqrt{-\lambda}} & 1-\mathrm{e}^{-2\pi\sqrt{-\lambda}}\\ 1-\mathrm{e}^{2\pi\sqrt{-\lambda}} & -1+\mathrm{e}^{-2\pi\sqrt{-\lambda}}\end{bmatrix}\begin{bmatrix}A\\ B\end{bmatrix}=\begin{bmatrix}0\\ 0\end{bmatrix}$$

系数行列式为

$$\Delta=\begin{vmatrix}1-\mathrm{e}^{2\pi\sqrt{-\lambda}} & 1-\mathrm{e}^{-2\pi\sqrt{-\lambda}}\\ 1-\mathrm{e}^{2\pi\sqrt{-\lambda}} & -1+\mathrm{e}^{-2\pi\sqrt{-\lambda}}\end{vmatrix}=2(\mathrm{e}^{2\pi\sqrt{-\lambda}}+\mathrm{e}^{-2\pi\sqrt{-\lambda}}-2)\neq 0$$

所以 $A=B=0$,从而 $\Phi=0$。这说明,$\lambda<0$ 不满足非零解要求。

(2) $\lambda=0$。方程(C.3)的通解为

$$\Phi(\phi)=A+B\phi$$

代入周期性条件(C.4)～(C.5),可得

$$A=A+2\pi B \quad 和 \quad B=B$$

可见 $B=0$;为满足非零解要求,需要 $A\neq 0$。这说明 $\lambda=0$ 满足非零解要求。

(3) $\lambda>0$。方程(C.3)的通解为

$$\Phi(\phi)=A\cos(\sqrt{\lambda}\phi)+B\sin(\sqrt{\lambda}\phi)$$

代入周期性条件(C.4)～(C.5),得矩阵方程

$$\begin{bmatrix}1-\cos(2\pi\sqrt{\lambda}) & -\sin(2\pi\sqrt{\lambda})\\ \sin(2\pi\sqrt{\lambda}) & 1-\cos(2\pi\sqrt{\lambda})\end{bmatrix}\begin{bmatrix}A\\ B\end{bmatrix}=\begin{bmatrix}0\\ 0\end{bmatrix}$$

系数行列式为

$$\Delta=[1-\cos(2\pi\sqrt{\lambda})]^2+\sin^2(2\pi\sqrt{\lambda})=2[1-\cos(2\pi\sqrt{\lambda})]$$

如果 $\cos(2\pi\sqrt{\lambda})\neq 1$,则 $\Delta\neq 0$,从而 $A=B=0$ 和 $\Phi=0$,这不满足非零解要求;如果 $\Delta=0$,即

$\cos(2\pi\sqrt{\lambda})=1$，从而$\sqrt{\lambda}=n(n=1,2,\cdots)$，此时只要 A 和 B 不同时为零，就有 $\Phi\neq0$，满足非零解要求。

综合以上分析，得到分离常量 $\lambda=n^2(n=0,1,2,\cdots)$。此时，作变换 $\rho=\mathrm{e}^t$，即 $t=\ln\rho$，从而方程(C.2)化为

$$\rho^2\frac{\mathrm{d}^2R}{\mathrm{d}\rho^2}+\rho\frac{\mathrm{d}R}{\mathrm{d}\rho}-n^2R=\frac{\mathrm{d}^2R}{\mathrm{d}t^2}-n^2R=0$$

当 $n=0$ 时，$R_0(\rho)=B_0\ln\rho$；当 $n\geqslant1$ 时，$R_n(\rho)=A_n\rho^{-n}+B_n\rho^n$；而方程(C.3)的通解为 $\Phi_n(\phi)=C_n\cos n\phi+D_n\sin n\phi$。这样，方程(C.1)的通解为

$$\varphi(\rho,\phi)=A_0+B_0\ln\rho+\sum_{n=1}^{\infty}(A_n\rho^{-n}+B_n\rho^n)(C_n\cos n\phi+D_n\sin n\phi) \tag{C.6}$$

式中，A_0、B_0、A_n、B_n、C_n、D_n 都是待定常量。需要注意，计算式(C.6)中的 $\ln\rho$ 时，真数 ρ 必须是无量纲的数，因有量纲时 $\ln\rho$ 无意义。

C.2　球坐标系中的轴对称场

在球坐标系 $Or\theta\phi$ 中，设标量函数 φ 与坐标分量 ϕ 无关，则拉普拉斯方程$\nabla^2\varphi(r,\theta)=0$ 的展开式(附录 A)为

$$\nabla^2\varphi=\frac{1}{r^2}\frac{\partial}{\partial r}\left(r^2\frac{\partial\varphi}{\partial r}\right)+\frac{1}{r^2\sin\theta}\frac{\partial}{\partial\theta}\left(\sin\theta\frac{\partial\varphi}{\partial\theta}\right)=0 \tag{C.7}$$

用分离变量法求解。设 φ 是以下两个函数的乘积：

$$\varphi(r,\theta)=R(r)\Theta(\theta) \tag{C.8}$$

式中，$R(r)$是仅含有自变量 r 的函数，$\Theta(\theta)$是仅含有自变量 θ 的函数。把式(C.8)代入方程(C.7)，可得

$$\frac{1}{R}(r^2R''+2rR')=-\frac{1}{\Theta}\left(\Theta''+\frac{1}{\tan\theta}\Theta'\right)$$

式中的坐标变量 r 和 θ 是两个独立变量，这意味着等式两端都等于某个分离常量 λ。这样，可分离成两个常微分方程：

$$\Theta''+\frac{1}{\tan\theta}\Theta'+\lambda\Theta=0 \tag{C.9}$$

$$r^2R''+2rR'-\lambda R=0 \tag{C.10}$$

为求解以上两个方程，需要知道分离常量 λ 的取值范围。对于方程(C.9)，可以证明(雷，2000)[28]，要使 $\Theta(\theta)$在定义域 $0\leqslant\theta\leqslant\pi$ 上非零且数值有限，分离常量只能取 $\lambda=n(n+1)$，其中 n 为 0 或正整数。从而方程(C.9)和方程(C.10)分别变形为

$$\Theta''+\frac{1}{\tan\theta}\Theta'+n(n+1)\Theta=0 \tag{C.11}$$

$$r^2R''+2rR'-n(n+1)R=0 \tag{C.12}$$

方程(C.11)称为勒让德方程，它在数学物理方法中已被详细研究过，其解为

$$\Theta_n(\theta)=A_n\mathrm{P}_n(\cos\theta)$$

式中，A_n 是待定常量，$\mathrm{P}_n(\cos\theta)$是 n 次勒让德多项式。设 $x=\cos\theta$，$\mathrm{P}_n(x)$的前两个表达式是 $\mathrm{P}_0(x)=1$ 和 $\mathrm{P}_1(x)=x$。$\mathrm{P}_n(x)$满足如下递推关系式

$$n\mathrm{P}_n(x)=(2n-1)x\mathrm{P}_{n-1}(x)-(n-1)\mathrm{P}_{n-2}(x) \tag{C.13}$$

利用这个递推关系式可得到 n 为任意正整数的勒让德多项式。

对于方程(C.12)，令 $r=e^t$，可转化成

$$\frac{d^2R}{dt^2}+\frac{dR}{dt}-n(n+1)R=0$$

它的解为

$$R_n(r)=B_n e^{-(n+1)t}+C_n e^{nt}=B_n r^{-(n+1)}+C_n r^n$$

式中，B_n 和 C_n 均为待定常量。

于是，轴对称情况下，拉普拉斯方程在球坐标系中的通解就是所有可能乘积 $R_n(r)\Theta_n(\theta)$ 之和：

$$\varphi(r,\theta)=\sum_{n=0}^{\infty}R_n(r)\Theta_n(\theta)=\sum_{n=0}^{\infty}[D_n r^{-(n+1)}+G_n r^n]\mathrm{P}_n(\cos\theta) \tag{C.14}$$

式中，D_n 和 G_n 均为待定常量。

附录D 希腊字母及读音

字母顺序	大写	小写	名称	英语音标	汉语读音
1	Α	α	alpha	/ˈælfə/	艾欧法
2	Β	β	beta	/ˈbiːtə/	彼特
3	Γ	γ	gamma	/ˈgæmə/	改马
4	Δ	δ	delta	/ˈdeltə/	呆欧塔
5	Ε	ε	epsilon	/ˈepsɪlɒn/	艾普西隆
6	Ζ	ζ	zeta	/ˈziːtə/	泽塔
7	Η	η	eta	/ˈiːtə/	易塔
8	Θ	θ,ϑ	theta	/ˈθiːtə/	西塔
9	Ι	ι	iota	/aɪˈəʊtə/	艾尧塔
10	Κ	κ	kappa	/ˈkæpə/	卡帕
11	Λ	λ	lambda	/ˈlæmdə/	兰姆达
12	Μ	μ	mu	/mjuː/	谬
13	Ν	ν	nu	/njuː/	纽
14	Ξ	ξ	xi	/ksaɪ/	克赛
15	Ο	ο	omicron	/əʊˈmaɪkrɒn/	欧迈克隆
16	Π	π	pi	/paɪ/	派
17	Ρ	ρ	rho	/rəʊ/	柔
18	Σ	σ	sigma	/ˈsɪgmə/	西格马
19	Τ	τ	tau	/taʊ/	陶
20	Υ	υ	upsilon	/ʌpˈsaɪlən/	欧普西隆
21	Φ	ϕ,φ	phi	/faɪ/	夫艾
22	Χ	χ	chi	/kaɪ/	卡埃
23	Ψ	ψ	psi	/psaɪ/	普赛
24	Ω	ω	omega	/ˈəʊmɪgə/	欧米伽

说明 ①表中“名称”取自(大，1994)第13卷第137页，“汉语读音”由模仿英语读音而来。②希腊字母读音没有唯一性，例如π和χ的希腊语读音分别近似为“币”和“希”，而英语读音分别为“派”和“卡埃”。由于近代最早的科学中心在英国，英语是现代自然科学的主流语言，所以本书中表示物理量的希腊字母采用英语读音。

附录 E　材料的电磁参数

E.1　真空中的几个常量

量的名称	数　　值	单位符号
真空电容率	$\varepsilon_0=\dfrac{1}{\mu_0 c^2}=8.854\,187\,817\cdots\times10^{-12}\approx8.854\times10^{-12}$	F/m
真空磁导率	$\mu_0=4\pi\times10^{-7}\approx1.257\times10^{-6}$	H/m
真空中的光速	$c=\dfrac{1}{\sqrt{\varepsilon_0\mu_0}}=299\,792\,458\approx3\times10^8$	m/s
真空波阻抗	$Z_0=\sqrt{\dfrac{\mu_0}{\varepsilon_0}}=376.730\,313\cdots\approx377$	Ω

E.2　常见材料的相对电容率

材　　料	相对电容率	材　　料	相对电容率
空气(海平面)	1.0006	土壤(干燥)	2.5～3.5
石油	2.1	有机玻璃	3.4
木材(干燥)	1.5～4	玻璃	4.5～10
石蜡	2.2	石英	3.8～5
聚乙烯	2.25	瓷	5.7
聚苯乙烯	2.6	云母	5.4～6
纸	2～4	海水	72～80
橡胶	2.2～4.1	蒸馏水	81

注：表中数据是在低频、20℃环境下得到的。本表取自(Ulaby,2015)。

E.3　部分材料的电导率参考值

材　　料	电导率/(S/m)	材　　料	电导率/(S/m)
银	61.7×10^6	纯净水	4×10^{-6}
铜	58.0×10^6	海水	4
铝	38.2×10^6	湿地	$10^{-2}\sim10^{-3}$
铁	2.9×10^6	干地	$10^{-4}\sim10^{-5}$

附录 F　电磁波的波段

电磁波名称	频率范围	真空中的波长范围	人工产生方法	典型应用
直流	0	∞	电池 直流发电机 整流器	便携式电子产品 超导磁体 直流输电

续表

电磁波名称	频率范围	真空中的波长范围	人工产生方法	典型应用
低频	≤60 Hz	≥5×10^6 m	交流发电机	交流电力系统 地球物理勘探
中频	60～10^4 Hz	5×10^6～3×10^4 m	振荡器 交流发电机 逆变器	有线电话 感应加热 飞机交流电源
高频	10^4～3×10^8 Hz	3×10^4～1 m	振荡电路 固态电子器件	通信 广播 导航 工业无损检测
微波	3×10^8～3×10^{12} Hz	1～0.1 mm	电真空器件 半导体器件	雷达 通信 全息术 微波加热
红外线	3×10^{12}～4×10^{14} Hz	0.1～750 nm	发光二极管 气体放电灯	红外照相 食品加工
可见光	4×10^{14}～8×10^{14} Hz	750～380 nm	发光二极管 白炽灯 气体放电管	照明 光通信 人类视觉
紫外线	8×10^{14}～3×10^{17} Hz	380～1 nm	高压汞灯 激光器 氘灯	杀菌 诱发生物突变
X射线	3×10^{17}～5×10^{19} Hz	1～0.006 nm	激光器 X射线管	人体透视 工业无损检测
γ射线	>15×10^{17} Hz	<0.2 nm	钴-60源 回旋加速器	食物储藏和保鲜 肿瘤治疗 工业无损检测

说明　表中“低频”“中频”“高频”对应的频率范围依据《IEC电工电子电信英汉词典》。各种电磁波的频率范围都没有严格界限。

名词索引

（按汉语拼音字母顺序排列，依次为中文名词、英文名词、出现章节）

A

安培定律　Ampère's law　4.1.3　4.3.2

安培力定律　Ampère's law of force　0.3　4.1.1　4.8.1

B

本构关系　constitutive relation　2.4.4　4.3.3　5.2.3

毕奥-萨伐尔定律　Biot-Savart law　0.3　4.1.2

比特线圈　Bitter coil　附注 4C

边界条件　boundary condition　1.6　2.5　3.6.2　4.3.6　5.2.4　8.2.5

边值问题　boundary value problem　1.8　2.6　3.6　4.4　5.2.5　5.4.3　8.3.1

标积　scalar(dot) product　1.1.2　附录 A

波长　wavelength　6.2.3

波导　waveguide　6.6

波动方程　wave equation　6.1.1　7.2

波阻抗　wave impedance　6.2.4　6.5.2

泊松方程　Poisson's equation　2.2.1　3.6.1

布儒斯特角　Brewster's angle　6.4.3

C

场　field　0.1　1.1.1

超导体　superconductor　8.1.2

传播矢量　propagation vector　6.2.2

传导电流　conduction current　3.1　5.2.1　5.5　7.2.3

磁标位　magnetic scalar potential　4.4.2　8.3

磁场　magnetic field　0.1　4.1.2

磁场力　magnetic field force　4.8

磁场能量　magnetic field energy　4.5　4.7.3　4.8

磁场强度　magnetic field intensity　4.3.2

磁场线　magnetic field line　1.2.2

磁导率　permeability　4.3.3　4.6.3

磁化　magnetization　4.3.1
磁化电流　magnetization current　4.3.1
磁化率　magnetic susceptibility　4.3.3　附注 4C
磁化曲线　magnetization curve　4.6　8.1.5
磁化强度　intensity of magnetization　4.3.1
磁介质　magnetic medium　4.3.1
磁偶极子　magnetic dipole　4.2　7.4
磁矢位　magnetic vector potential　4.1.3　4.3.1　4.4.1　7.2
磁通　magnetic flux　4.7.1
磁通密度　magnetic flux density　4.1.2
磁滞　magnetic hysteresis　4.6.1
磁滞回线　magnetic hysteresis loop　4.6
磁滞损耗　magnetic hysteresis loss　4.6.2　附注 5A

D

单位矢量　unit vector　1.1.2　附录 A
导体　conductor　2.5.3　2.6　2.9　6.5
等相面　equiphase surface　6.1.3
第二类超导体　type Ⅱ superconductor　8.1.4
第一类超导体　type Ⅰ superconductor　8.1.4
点电荷　point charge　2.1.2
电标位　electric scalar potential　7.2
电场　electric field　0.1　2.1.4　5.1
电场力　electric field force　2.10
电场能量　electric field energy　2.8
电场强度　electric field intensity　2.1.4
电场线　electric field line　1.2.2
电磁波　electromagnetic wave　0.3　5.2.1　6.1.3
电磁场　electromagnetic field　0.1　5.2.1
电磁场能量　energy of electromagnetic field　5.3
电磁辐射　electromagnetic radiation　7.1
电磁扰动　electromagnetic disturbances　第 5 章序　5.2.1
电磁铁　electromagnet　4.8.2
电导率　conductivity　3.3　5.2.3
电动势　electromotive force　3.5.3　5.1
电感　inductance　4.7
电荷　electric charge　2.1.1
电荷密度　electric charge density　2.1.3　3.4　5.5.3　6.5.1
电荷守恒定律　law of conservation of charge　3.2
电介质　dielectric　2.4.1
电流　electric current　3.1

电流密度　current density　3.1
电流元　current element　3.2　7.3
电偶极子　electric dipole　2.3　7.3
电容　capacitance,capacity　2.9
电容率　permittivity　2.4.4　5.2.3
电通密度　electric flux density　2.4.3
电位　electric potential　2.2.1　2.4.5　2.5.2　3.6.1
电压　voltage　2.2　5.2.4
电源　power source　3.5
电阻　resistance　3.7.2　3.8
电阻率　resistivity　3.3　3.9
叠加原理　superposition principle　2.1.3

F

法拉第感应定律　Faraday's law of induction　0.3　5.1
反射波　reflected wave　5.6.4　6.2.1　6.4　6.5.2
反射定律　reflection law　6.4.2
反射角　reflection angle　6.4.2
方向图　radiation pattern　7.3.4　7.5.3
方向系数　direction coefficient　7.3.4
菲涅耳公式　Fresnel's formulas　6.4.3
分离变量法　method of separation of variables　2.7.3　5.9.3　6.2.1　6.6.3　8.3.3　附录C
复坡印亭矢量　complex Poynting vector　5.4.4　7.3.3　7.4.2　7.5.2
辐射电阻　radiation resistance　7.3.4　7.4.3　7.5.3
辐射功率　radiation power　7.3.3　7.4.2　7.5.3

G

感应电动势　induction electromotive force　5.1
感应电流　induction current　5.5.1
高斯定律　Gauss's law　2.1.5　2.4.3
功　work　1.5　2.8.1　4.5.1
国际单位制　International System of Units(SI)　3.1

H

亥姆霍兹方程　Helmholtz equation　5.5.4　6.1.2　6.2.1　6.6.3
横波　transverse wave　6.2.2
横磁波　transverse magnetic wave　6.6.4
横电波　transverse electric wave　6.6.4
横电磁波　transverse electromagnetic wave　6.6.4
互感　mutual inductance　4.7.2

J

极化电荷　polarization charge　2.4.1

极化率　electric polarizability　2.4.4
极化强度　intensity of polarization　2.4.2
交流电流　alternating current　3.1
焦耳热　Joule heat　5.3.3　6.5.2
矫顽力　coercive force　4.6.1
接地电阻　grounding resistance　3.8.2
截止波长　cut-off wavelength　6.6.4
截止频率　cut-off frequency　6.6.4
近区　near zone　7.3.1　7.3.2　7.4.1
静电比拟　electrostatic analogy　3.7.1
静电场　electrostatic field　第2章
静电屏蔽　electrostatic shielding　2.6
静电位能　electrostatic potential energy　2.2.5
镜像法　image method　2.7.2　4.3.6　7.5.3
绝缘电阻　insulation resistance　3.8.1

K

抗磁质　diamagnetic substance　4.3.3
库仑规范　Coulomb gauge 4.4.1　7.2.2
库仑定律　Coulomb's law　0.3　2.1.2
扩散方程　diffusion equation　5.5.3

L

拉普拉斯方程　Laplace's equation　2.2.1　3.6.1
楞次定律　Lenz's law　5.1
理想导体　perfect conductor　3.3　8.1.3　8.2.3
理想介质　perfect dielectric　3.3　6.1
力矩　moment of force　2.3.3　4.2.2
连续性方程　continuity equation　3.2
临界磁场　critical magnetic field　8.1.2　8.1.4
临界电流密度　critical current density　8.1.2
临界温度　critical temperature　8.1.2
零电阻　zero resistance　8.1.2
伦敦方程　London equations　8.2
洛伦茨规范　Lorenz gauge　7.2.2
洛伦兹力定律　Lorentz force law　4.8　5.2.5　6.3.1

M

麦克斯韦方程组　Maxwell's equations　5.2　5.4.3　6.1.1
面电荷密度　surface charge density　2.1.3　2.5.1　2.5.3　8.2.5
面电流密度　surface current density　4.1.2　4.3.6　8.2.5

N

内阻抗　internal impedance　5.4.4　5.8.2

能量守恒定律　law of conservation of energy　5.3.3
能流密度　density of energy flow　5.3.3
O
欧姆定律　Ohm's law　3.3　3.5.3
P
偏振　polarization　6.3
频率　frequency　5.4　6.6.4　附注 7B
平均功率　average power　5.4.4
平面波　plane wave　6.1.3　6.2.2
坡印亭定理　Poynting's theorem　5.3.2
坡印亭矢量　Poynting vector　5.3.3
Q
球坐标系　spherical coordinate system　1.1.2
趋肤效应　skin effect　5.6.1　5.6.4
全反射　total reflection　6.4.4
R
入射波　incident wave　5.6.4　6.2.1　6.4.2
入射角　incident angle　3.6.2　6.4.2
入射面　plane of incidence　6.4.2
S
散度　divergence　1.4　2.1.5　2.4.3　4.1.3　4.3.2
散度定理　divergence theorem　1.4
色散　dispersion　6.5.3　6.6.4
时变电磁场　time-varying electromagnetic field　第 5 章
时谐电磁场　time-harmonic electromagnetic field　5.4
矢积　vector(cross) product　1.2.2　附录 A
矢量分析　vector analysis　第 1 章
矢量线　line of vector　1.2.2
顺磁质　paramagnetic substance　4.3.3
斯涅尔定律　Snell's laws　6.4.2
斯托克斯定理　Stokes's theorem　1.5
T
体电荷密度　volume charge density　2.1.3
梯度　gradient　1.3　6.2.2
天线　antenna　6.3.4　7.3　7.4　7.5
铁磁质　ferromagnetic substance　4.3.3　4.6.1
透入深度　depth of penetration　5.6.1　5.6.3　6.5.2　8.2.3
透射波　transmitted wave　6.5.2
推迟位　retarded potential　7.2.3　7.2.4
椭圆偏振　elliptical polarization　6.3.2

W

完全抗磁性　perfect diamagnetism　4.3.3　8.1.3
微波　microwave　附注 6A　附注 6B　附录 F
唯一性定理　uniqueness theorem　1.8　2.6
位移电流　displacement current　5.2.1　5.5.2
位置矢量　position vector　1.1.2
稳恒磁场　magnetostatic field　第 4 章
稳恒电场　electrostatic field　第 3 章
涡流　eddy current　5.5　5.6.3　附注 5B
涡流损耗　eddy current loss　5.7.2　附注 5A

X

线电荷密度　linear charge density　2.1.3
线偏振　linear polarization　6.3.2
线圈　coil　0.2　0.3　4.1.3　5.9.4　附注 5B　6.3.4　8.2.4
相量法　phasor method　5.4.2
相速　phase velocity　6.2.3
行波　travelling wave　5.6.4
虚位移原理　principle of virtual displacement　2.10.2
旋度　rotation,curl　1.5　2.1.5　2.4.3　4.1.3　4.3.2

Y

忆阻器　memristor　附注 4B
有功功率　active power　5.4.4
有效值　effective value　5.4.2
圆偏振　circular polarization　6.3.2
圆柱坐标系　cylindrical coordinate system　1.1.2
远区　far zone　7.3.1　7.3.3　7.4.1　7.4.2　7.5.2

Z

折射波　refracted wave　6.4.1　6.5.2
折射定律　refraction law　6.4.2
折射角　refraction angle　3.6.2　6.4.2
折射率　refraction index　6.4.2
振幅　amplitude　5.4.2
正弦波　sinusoidal wave　0.3　5.4.2
直角坐标系　orthogonal coordinate system　1.1.2
直流电流　direct current　3.1
周期　period　6.2.3
驻波　standing wave　6.5.2
自感　self-inductance　4.7.1
阻抗　impedance　0.3　5.4.1　5.4.2　5.4.4
δ 函数　delta function(又称 Dirac delta function)　1.4　附录 A　附录 B

参考文献

(先按中文、日文、英文次序排序,再按出版年先后排序)

电磁场教材

[1] 克鲁格,1952.电工原理[M].俞大光,戴声琳,蒋卡林,等,译.沈阳:东北教育出版社.
[2] 卡兰达罗夫,聂孟,1953.电工学底理论基础(第3册)[M].钟兆琥,译.上海:龙门联合书局.
[3] 俞大光,1961.电工基础[M].北京:人民教育出版社.
[4] 克劳斯,1979.电磁学[M].安绍萱,译.北京:人民邮电出版社.
[5] 冯慈璋,1979.电磁场(电工原理Ⅱ)[M].北京:人民教育出版社.
[6] 毕德显,1985.电磁场理论[M].北京:电子工业出版社.
[7] 谢处方,饶克谨,1987.电磁场与电磁波[M].2版.北京:高等教育出版社.
[8] 马信山,张济世,王平,1995.电磁场基础[M].北京:清华大学出版社.
[9] 冯慈璋,马西奎,2000.工程电磁场导论[M].北京:高等教育出版社.
[10] 倪光正,2002.工程电磁场原理[M].北京:高等教育出版社.
[11] 蔡圣善,朱耘,徐建军,2002.电动力学[M].2版.北京:高等教育出版社.
[12] ShenL.C.,Kong J.A.,2003.应用电磁学[M].吴清水,曾振东,编译.台北:全华科技图书股份有限公司.
[13] 雷银照,2010.电磁场[M].2版.北京:高等教育出版社.
[14] 捷米尔强,涅依曼,卡洛夫,等,2011.电工理论基础[M].赵伟,肖曦,王玉祥,等译.4版.北京:高等教育出版社.
[15] 副島光積,堀内和夫,1964.電磁気学[M].東京:コロナ社.
[16] 小塚洋司,1998.電気磁気学[M].東京:森北出版.
[17] 砂川重信,1999.理論電磁気学[M].3版.東京:紀伊國屋書店.(第1版写于1964年。书中第10章和第11章叙述运动介质的电磁理论)
[18] Griffiths D.J.,1999.Introduction to Electrodynamics[M].Third Edition.Upper Saddle River,New Jersey:Prentice Hall.(中译本:大卫J.格里菲斯,2014.电动力学导论[M].贾瑜,胡行,孙强,译.3版.北京:机械工业出版社.)
[19] Ulaby Fawwaz T.,Ravaioli U.,2015.Fundamentals of Applied Electromagnetics[M].Seventh Edition.Upper Saddle River,New Jersey 07458:Pearson Education,Inc..(第4版有中译本:Ulaby Fawwaz T.,2007.应用电磁学基础[M].尹华杰,译.北京:人民邮电出版社.)

电磁场习题集

[20] 包德修,罗耀煌,1984.静电场的分析与解法[M].昆明:云南人民出版社.
[21] 埃德米尼斯特尔,2002.工程电磁场基础[M].雷银照,吴静,等译.北京:科学出版社.
[22] 後藤憲一,山崎修一郎,1970.詳解電磁気学演習[M].東京:共立出版.

电气史文献

[23] 宋德生,李国栋,1987.电磁学发展史[M].南宁:广西人民出版社.
[24] 張大凱,2011.電的旅程[M].台北:天下遠見出版股份有限公司.
[25] 马洪,2011.麦克斯韦:改变一切的人[M].肖明,译.长沙:湖南科学技术出版社.
[26] 毛春波,2016.电信技术发展史[M].北京:清华大学出版社.
[27] 山崎俊雄,木本忠昭,1976.電気の技術史[M].東京:オーム社.
[28] 高橋雄造,2006.百万人の電気技術史[M].東京:工業調査会.

专题文献

[29] 菲赫金哥尔茨,1954—1959.微积分学教程[M].合计3卷8册.叶彦谦,徐献瑜,路见可,等译.北京:人民教育出版社.(全书深刻、全面,详细叙述了大量典型问题的求解方法,思路巧妙,视野开阔,是经典微积分理论的不朽之作。2006年1月高等教育出版社出版有该书第8版的中译本。)
[30] 拉姆,惠勒,1958.近代无线电中的场与波[M].张世璘,箫笃墀,译.北京:人民邮电出版社.

[31] 解广润,1962.高压静电场[M].上海:上海科学技术出版社.
[32] 谢昆诺夫,1962.电磁波[M].廖世静,译.北京:人民邮电出版社.
[33] 狄苏尔,葛守仁,1979.电路基本理论[M].林争辉,译.北京:人民教育出版社.
[34] 吴杭生,管惟炎,李宏成,1979.超导电性——第二类超导体和弱连接超导体[M].北京:科学出版社.
[35] 管惟炎,李宏成,蔡建华,等,1981.超导电性——物理基础[M].北京:科学出版社.
[36] 盛剑霓,1991.工程电磁场数值分析[M].西安:西安交通大学出版社.
[37] 雷银照,1991.轴对称线圈磁场计算[M].北京:中国计量出版社.
[38] 唐统一,张钟华,张叔涵,等,1992.近代电磁测量[M].北京:中国计量出版社.
[39] 林为干,符果行,邬琳若,等,1996.电磁场理论[M].2版.北京:人民邮电出版社.
[40] 宛德福,马兴隆,1999.磁性物理学[M].2版.北京:电子工业出版社.
[41] 夏平畴,2000.永磁机构[M].北京:北京工业大学出版社.
[42] 雷银照,2000.时谐电磁场解析方法[M].北京:科学出版社.
[43] 玻恩,沃耳夫,2006.光学原理[M].杨葭荪,译.7版.北京:电子工业出版社.
[44] 李寿星,2008.量、单位及数字实用300问[M].北京:中国标准出版社.
[45] 程隽,2008.静电磁理论[M].2版.台北:文笙书局股份有限公司.
[46] 程隽,2009.电磁波理论[M].2版.台北:文笙书局股份有限公司.
[47] 雷银照,2016.关于电磁场解析方法的一些认识[J].电工技术学报,31(9):11-25.
[48] 雷银照,2023.电磁场理论及其教学中的11个问题[J].电工技术学报,38(11):3084-3093.
[49] 太田浩一,2002.マクスウェル理論の基礎-相対論と電磁気学[M].東京:東京大学出版会.(书末参考文献499篇,几乎涵盖了1747年之后250年间电磁场理论所有重要进展的原始文献。)
[50] Stratton J. A.,1941. Electromagnetic Theory[M]. London and New York: McGraw-Hill.(分析深刻、常读常新的电磁场理论名著。中译本有:①斯特莱顿,1986. 电磁理论[M]. 何国瑜,译. 北京:北京航空学院出版社.②斯特莱顿,1992. 电磁理论[M]. 方能航,译. 北京:科学出版社.)
[51] Jackson J. D.,2004. Electrodynaics classical[M].第3版影印版.北京:高等教育出版社.(第2版有中译本《经典电动力学》,朱培豫译,人民教育出版社分别于1978年和1980年出版上、下册。)
[52] Maxwell J. C.,2017. A Treatise on Electricity and Magnetism[M]. Beijing: Higher Education Press.(经典物理学名著,1873年由英国the Clarendon出版社首次出版。该书奠定了现代电磁场理论的基础和构架。今天电磁场理论教科书中的许多处理方法都能从该书找到源头。书中名词、符号与今天相比有较大不同。1994年武汉出版社首次出版该书第3版的中译本《电磁通论》,译者为中国石油大学研究生院(北京)教授戈革。注意,第3版中的部分注释并非麦克斯韦本人所写。)

工具书

[53] 数学手册编写组,1979.数学手册[M].北京:高等教育出版社.(内容全面、实用方便的数学工具书,截至2021年7月已印刷29次。但因全书涉及数学的方方面面,难以保证完全正确,所以查到公式后需要验证,简单、有效的验证方法就是在计算机上用数值软件做特例计算。)
[54] 刘鹏程,1991.工程电磁场简明手册[M].北京:高等教育出版社.
[55] 大美百科全书编委会,1994.大美百科全书[M].北京:外文出版社.
[56] 曾根悟,小谷诚,向殿政男,2002.图解电气大百科[M].程君实,刘岳元,陈敏,等译.北京:科学出版社.
[57] IEC电工电子电信英汉词典编译委员会,2004.IEC电工电子电信英汉词典[M].北京:中国标准出版社.
[58] 徐龙道,等,2004.物理学词典[M].北京:科学出版社.
[59] 电气学会,2004.电工电子技术手册[M].徐国鼐,刘辅宜,王友功,等译.北京:科学出版社.
[60] 美国不列颠百科全书公司,2007.不列颠百科全书[M].中文第2版.中国大百科全书出版社《不列颠百科全书》国际中文版编辑部,编译.北京:中国大百科全书出版社.(原版首次出版距今已逾250年,是一部享有盛誉的大型综合性工具书,学术性强,内容丰富,包含许多电磁学词条以及重要的电气史内容。法拉第为该书写过词条,麦克斯韦做过该书第9版编辑和撰稿人。全书20卷,词条84300余条。最初版权归英国所有,20世纪初归美国所有。)